Kraftwerkstechnik

Karl Strauß

Kraftwerkstechnik

zur Nutzung fossiler, nuklearer und regenerativer Energiequellen

6., aktualisierte Auflage

Springer

Prof. em. Dr.-Ing. Karl Strauß
Technische Universität Dortmund
Fakultät Bio- und Chemieingenieurwesen
Emil-Figge-Str. 68
44221 Dortmund
Deutschland
karl.strauss@udo.edu

ISBN 978-3-642-01430-7 e-ISBN 978-3-642-01431-4
DOI 10.1007/978-3-642-01431-4
Springer Heidelberg Dordrecht London New York

Die Deutsche Nationalbibliothek verzeichnet diese Publikation in der Deutschen Nationalbibliografie; detaillierte bibliografische Daten sind im Internet über http://dnb.d-nb.de abrufbar.

Einbandentwurf: WMXDesign GmbH, Heidelberg

Gedruckt auf säurefreiem Papier

Springer ist Teil der Fachverlagsgruppe Springer Science+Business Media (www.springer.com)

Meinen Enkeln Tim, Tadeus und Florian

Vorwort der Neuauflage

Für die vorliegende sechste Auflage wurden bekannt gewordene sachliche Unstimmigkeiten berichtigt und der gesamte Text aktualisiert. Weiter wurde der Abschnitt über die CO_2–Sequestrierung neu gestaltet.

Mein Dank gilt Herrn Thomas Krischik, der bei der Fertigstellung der druckfertigen Vorlage eine große Hilfe war. Für die Unterstützung beim Korrekturlesen danke ich meiner Frau Ursula Strauß, Herrn Eugen Hesselmann und Herrn Michael Wiederholz.

Ich weiß, wie sehr ich von Anregungen und Kommentaren meiner Mitarbeiter profitiert habe; für verbliebene Schwächen bin ich aber selbst verantwortlich. Gerne werde ich Vorschläge von interessierter Seite bei zukünftigen Auflagen berücksichtigen.

Dortmund, im Mai 2009 Karl Strauß

Vorwort der 5. Auflage

Motor des technischen Fortschritts und der Entwicklung des Wohlstandes in den Industrieländern ist die elektrische Energie. Seit etwa 110 Jahren wird sie durch Energiewandlung in Kraftwerken zur allgemeinen Verwendung bereitgestellt. Der technische Fortschritt in dieser Zeitspanne kann wohl am deutlichsten anhand der Entwicklung des thermischen Kraftwerks dargestellt werden. Bei der ersten Anlage, die mit geringem Wirkungsgrad in New York einen Straßenblock mit elektrischem Licht versorgte, handelte es sich um einen kohlebefeuerten Kessel mit einer Dampfmaschine und einem Generator. Der Stand der Technik wird dagegen durch Kernkraftwerke mit einer Bruttoleistung von 1 300 MW charakterisiert, die durch die Ausnutzung aller physikalischen Möglichkeiten der Energieumwandlung Strom in ein großes Verbundnetz liefern.

Trotz des dadurch gekennzeichneten technischen Fortschritts ist die Ingenieurwissenschaft von der Energieumwandlung keineswegs konsolidiert. In der Folge großer Anstrengungen in Forschung und technischer Entwicklung ist das Fachgebiet vielmehr durch einen fortlaufenden Wandel gekennzeichnet. So wurden in den letzten 25 Jahren neuartige technische Lösungen für die Nutzung fossiler, nuklearer und auch regenerativer Energiequellen entwickelt. Als Beispiele sind zu nennen: die Wirbelschichtfeuerungen, die Kombikraftwerke mit Kohlevergasung, die Brennstoffzellen, die Solarzellen und gegenwärtig die Renaissance der kohlegefeuerten Kraftwerke mit CO_2–Sequestrierung und das ITER Projekt für den Fusionsreaktor. Das vorliegende Buch behandelt den heutigen Stand der Technik und weist auch auf zukünftige Entwicklungsmöglichkeiten hin. Zu diesem Zweck werden folgende Aspekte behandelt:

- Übersicht über die verfügbaren Energiequellen,

- Prinzipien zur Umwandlung der jeweiligen Primärenergie in Strom,
- aus der Energieumwandlung resultierende Umweltbelastungen,
- Aussagen über Wirkungsgrade, Anlagenverfügbarkeit und Kosten.

Von anderen Büchern unterscheidet sich das vorliegende insofern, als die Grundlagen zur Nutzung aller wesentlichen Energiequellen vorgestellt werden. Gemäß der dominierenden Bedeutung fossiler Brennstoffe für die Energiewirtschaft nimmt deren Nutzung allerdings einen großen Teil des Buches ein, aber auch hier wird der Gesamtprozess der Energieumwandlung dargestellt. In den Text sind zahlreiche Beispiele nebst Lösungen eingearbeitet. Der Leser soll damit in den Stand versetzt werden, die Größenordnung von Energie- und Stoffströmen sowie die Abmessungen von Komponenten und Bauteilen abzuschätzen.

Ziel des Buches ist es, den Leser in die Lage zu versetzen, die Möglichkeiten für die Nutzung der verschiedenen Energiequellen zu beurteilen, den dafür notwendigen Aufwand abzuschätzen und eventuell damit verbundene Risiken zu erkennen. Folglich wendet es sich hauptsächlich an Studenten und in der Praxis tätige Ingenieure der Energie- und Kraftwerkstechnik. Es ist aber auch für technisch und naturwissenschaftlich vorgebildete Leser gedacht, die sich einen Überblick über die Möglichkeiten der Energiebereitstellung mit Kraftwerken verschaffen wollen.

In das Buch sind zahlreiche Erfahrungen eingegangen, die ich während meiner Tätigkeit in der Kraftwerksindustrie und durch die Zusammenarbeit mit Fachkollegen sammeln konnte. Mein Dank gilt in diesem Zusammenhang Herrn Rudolf Pich, der mir als Geschäftsführer der EVT (Energie- und Verfahrenstechnik GmbH) Gelegenheit gegeben hat, an interessanten Entwicklungen mitzuarbeiten und all meinen ehemaligen Kollegen, insbesondere den Herren Peter Fröhlich (EVT), Fritz Läubli (Sulzer AG) und Joe Singer (Combustion Engineering Inc.).

Für die vorliegende fünfte Auflage wurden bekannt gewordene sachliche Unstimmigkeiten berichtigt und der gesamte Text aktualisiert. Weiter wurde der Abschnitt über regenerative Energiequellen neu gestaltet und ein Abschnitt über die CO_2–Sequestrierung eingefügt.

Bei der viel Sorgfalt erfordernden Bearbeitung des Buches wurde ich von meinen Mitarbeitern auf das Wirksamste unterstützt. Mein Dank gilt an erster Stelle Herrn Dr.-Ing. Christian Bergins, der bei der Fertigstellung der druckfertigen Vorlage eine große Hilfe war. Mein Dank geht an meine Frau Ursula Strauß, an Frau Dipl.-Ing. Bettina Wälter und an Frau Dipl.-Ing. Kerstin Heinen, die einen Großteil der Korrekturen gelesen haben.

Dortmund, im Frühjahr 2006 — Karl Strauß

Inhaltsverzeichnis

Teil I Grundlagen

Teil III Nutzung nuklearer und regenerativer Energien

Teil IV Zukunftsperspektiven

Teil I

Grundlagen

1 Einführung

Energie ist für uns ein so vertrautes Wort, dass wir nicht mehr daran denken, wie schwierig es ist, seine Bedeutung zu definieren. Der Begriff Energie wurde Anfang des 19. Jahrhunderts eingeführt, um eine Reihe von scheinbar unzusammenhängenden Erscheinungen einer gemeinsamen Beschreibung und quantitativen Berechnung zugänglich zu machen. Die Größe *Energie* ist dabei so konzipiert, dass für sie ein Erhaltungssatz gilt: Energie kann weder erzeugt noch vernichtet werden. Dies ist auch der Inhalt des 1. Hauptsatzes der Thermodynamik[1], der wie folgt definiert werden kann:

Die Energie eines adiabat abgeschlossenen Systems ist konstant.

Unter einem System verstehen wir eine Anordnung von miteinander in Wechselwirkung stehenden Elementen, die eindeutig von ihrer Umgebung abgrenzbar sind und vollständig von einer Fläche umschlossen werden können. Ein System heißt offen, abgeschlossen oder adiabat abgeschlossen, je nachdem ob über die Systemgrenzen Materie und Energie, nur Energie oder weder Materie noch Energie strömen können.
In Form einer Gleichung lautet der 1. Hauptsatz für ein geschlossenes System:

$$\Delta E = \Delta Q + \Delta W \tag{1.1}$$

Hier ist ΔE die Änderung des Energieinhalts des Systems, ΔQ ist die dem System zugeführte Wärme und ΔW die zugeführte Arbeit, entsprechend erscheint dem System entnommene Wärme oder Arbeit mit negativem Vorzeichen. Für Anwendungen ist es üblich, Gl.(1.1) zu modifizieren:

$$\Delta E = \Delta U + \Delta E_p + \Delta E_k = \Delta Q + \Delta W_{tA} - \Delta W_{pV} \tag{1.2}$$

Gl.(1.2) sagt, dass die Änderung des Energieinhalts E eines geschlossenen Systems aufgeschlüsselt werden kann in die Änderung der *inneren Energie* U, der *potentiellen Energie* E_p und der *kinetischen Energie* E_k. Die innere Energie eines Systems kann sich ändern durch Modifikation seiner Temperatur, seines Aggregatzustandes, seiner molekularen Struktur infolge chemischer Reaktionen oder seiner atomaren Struktur infolge von Kernreaktionen. Die potentielle

[1] Die Thermodynamik ist die Lehre von den Energieformen und Energieumwandlungen. Sie nahm im 19. Jahrhundert ihren Ausgang von der Frage nach der Existenz prinzipieller Grenzen für die Umwandlung von Wärme in Arbeit mit Wärmekraftmaschinen. Die Grundlagen der Thermodynamik werden als bekannt vorausgesetzt, vgl. z.B. [2].

Energie ändert sich bei Verschiebung des Systems in einem Kraftfeld und die kinetische Energie bei Änderung seiner Geschwindigkeit. Wenn einem System nur eine Wärmemenge ΔQ zugeführt wird und sich E_p, E_k nicht ändern, so ist nach Gl.(1.2) bei konstantem Volumen $\Delta U = \Delta Q$. Vergrößert sich aber durch Erwärmung das Volumen um ΔV, so ist $\Delta U \neq \Delta Q$, denn ein Teil der zugeführten Energie wird vom System zur Vergrößerung seines Volumens um ΔV gegen den Druck p im System verwendet. Die dafür erforderliche Energie heißt *Volumenarbeit* $\Delta W_{pV} = p \cdot \Delta V$. Diese zur Vergrößerung des Volumens erforderliche Arbeit wird vom System geleistet und an seine Umgebung abgegeben, sie erscheint deshalb in Gl.(1.2) mit negativem Vorzeichen. Für Wärmezufuhr unter konstantem Druck und variablem Volumen gilt damit: $\Delta U = \Delta Q - p\Delta V$. Für Anwendungen ist es zweckmäßig, die innere Energie U mit der Volumenarbeit pV zu einer neuen Variablen zusammenzufassen:

$$H = U + pV \tag{1.3}$$

Die resultierende thermodynamische Variable H heißt *Enthalpie.* Zur Beschreibung von technischen Prozessen wird der Begriff *technische Arbeit* W_{tA} eingeführt. Wir bezeichnen damit die Arbeit, die z.B. bei einem mechanischen System mittels einer Welle aus dem System entnommen oder in das System eingebracht werden kann.
Wir führen die Begriffe technische Arbeit W_{tA}, Volumenarbeit W_{pV} und Enthalpie H in Gl.(1.2) ein und erhalten für Prozesse bei konstantem Volumen und konstantem Druck:

$$\Delta U + \Delta E_p + \Delta E_k = \Delta Q + \Delta W_{tA} \qquad \text{[bei konstantem Volumen]} \tag{1.4}$$

$$\Delta H + \Delta E_p + \Delta E_k = \Delta Q + \Delta W_{tA} \qquad \text{[bei konstantem Druck]} \tag{1.5}$$

Der Unterschied zwischen den beiden Prozessen besteht in der Volumenarbeit, die bei einem isochoren Prozess gleich Null ist und bei einem isobaren Prozess den Wert $\Delta W_{pV} = p\Delta V$ hat.

Die Bedeutung des 1. Hauptsatzes für die mengenartige Größe Energie, die bei allen technischen und physikalischen Systemen eine Rolle spielt, ergibt sich daraus, dass dieser Satz die Grundlage für die Bilanzierung der Energieströme liefert.[2]

Beispiel 1.1. Energiewandlung in einem Dampfkraftwerk
Als Beispiel wollen wir die in einem fossil gefeuerten Kraftwerk auftretenden Energieformen und Energieumwandlungen betrachten (vgl. Abb. 1.1). Zunächst wird

[2] Die Geschichte der Physik lehrt, dass der Begriff Energie zuerst für mechanische Systeme definiert und für diese als eine Größe erkannt wurde, die einen Erhaltungssatz – den 1. Hauptsatz – erfüllt. J. R. Mayer (1814–1878), J. P. Joule (1818–1889) und H. v. Helmholtz (1821–1894) erkannten dann, dass die Größe Energie auch für thermische Systeme existiert und ebenfalls den Erhaltungssatz erfüllt. Seitdem hat sich der 1. Hauptsatz in so vielen Fällen bestätigt, dass wir davon überzeugt sind, in ihm ein Prinzip allgemeinster Geltung gefunden zu haben.

Energie in Form von chemisch gebundener Energie als Brennstoff/Luft-Gemisch der Feuerung zugeführt. In der Feuerungsanlage findet eine chemische Reaktion statt: Der Brennstoff und der Sauerstoff der Luft reagieren miteinander und es entstehen heiße Rauchgase. Im Dampferzeuger wird der größte Teil der Rauchgaswärme dazu verwendet, hochgespannten Dampf zu erzeugen und zu überhitzen. Die Energie des hochgespannten Dampfes – seine Enthalpie – wird in der Turbine in mechanische Rotationsenergie umgesetzt. Diese wird schließlich im Generator in elektrische Energie umgewandelt. Der entspannte Dampf aus der Turbine wird einem Kühlsystem zugeführt, dort durch Wärmeentzug kondensiert und schließlich in flüssiger Phase wieder dem Dampferzeuger als Speisewasser zugeführt.

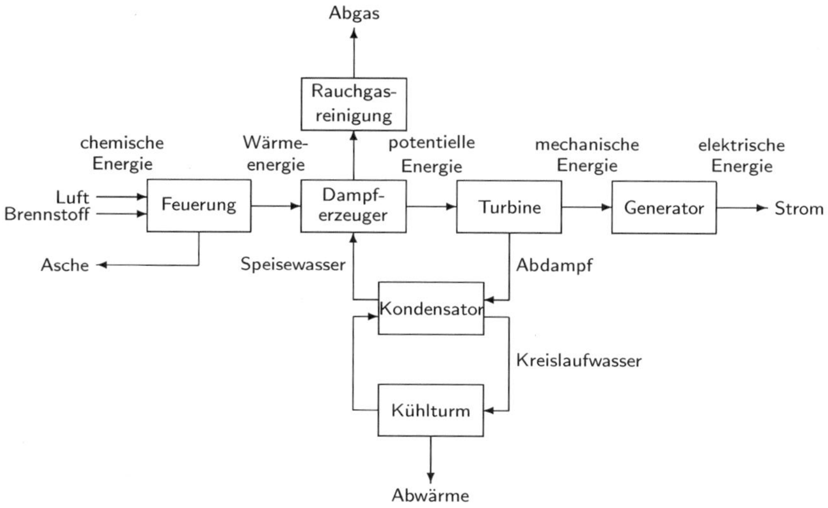

Abbildung 1.1. Schema eines Dampfkraftwerkes

Bei dem skizzierten Dampfkraftprozess können wir sechs Energiearten unterscheiden:

1. die chemische Energie des Brennstoffes
2. die Wärmeenergie der Rauchgase
3. die Energie des hochgespannten Dampfes
4. die mechanische Energie an der Turbinenwelle
5. die elektrische Energie aus dem Generator
6. die an die Umgebung abgegebene Kondensationswärme (Abwärme)

Nach dem 1. Hauptsatz bleibt Energie nur innerhalb eines adiabat abgeschlossenen Systems konstant, das weder Energie noch Masse aufnehmen oder abgeben kann. Das System Kraftwerk ist demnach ein offenes System. Es wird erst zu einem adiabat abgeschlossenen System, wenn wir die Brennstoff- und Sauerstoffressourcen, die Verbraucher des elektrischen Stromes und die Wärmesenke Kühlturm hinzunehmen würden. Die chemische Energie des Brennstoffes wird schließlich durch die Energieanwendung des Verbrauchers in Wärme bei Umgebungstemperatur umgewandelt.

Im Jahr 1905 hat Einstein mit seiner *speziellen Relativitätstheorie* gezeigt, dass Masse als eine andere Form der Energie behandelt werden kann. Der Energieerhaltungssatz erfasst demnach die Erhaltung von Masse und Energie. Zuvor ging man davon aus, dass bei chemischen Reaktionen Masse und Energie unabhängig voneinander erhalten blieben. In der Tat ist die Massenänderung, z.B. bei der Verbrennung von einem kg Kohle, so gering, dass diese auch mit den genauesten Laborbilanzen nicht nachgewiesen werden kann. Im Unterschied dazu wird bei Kernreaktionen, z.B. der Spaltung von einem kg Uran in einem Reaktor, Millionen Mal mehr Energie umgesetzt, so dass die Masse-Energie-Umwandlung quantitativ nachgewiesen werden kann. Der Grund besteht darin, dass bei chemischen Reaktionen nur die Elektronen in den Atomhüllen miteinander in Wechselwirkung treten, bei Kernreaktionen dagegen die Struktur der Atomkerne verändert wird.
Einstein zeigte, dass die Masse eines Objekts m und sein Energieinhalt E_0 dem Produkt aus m und dem Quadrat der Lichtgeschwindigkeit c äquivalent sind:

$$E_0 = mc^2 \tag{1.6}$$

Die spezielle Relativitätstheorie lehrt weiter, dass die Lichtgeschwindigkeit in einem gegebenen Medium konstant ist und sich die Masse eines Objekts mit seiner Geschwindigkeit v ändert:

$$m(v) = \frac{m_0}{\sqrt{1 - \frac{v^2}{c^2}}} \tag{1.7}$$

In Gl.(1.7) ist $m_0 = m(v = 0)$ die Ruhemasse des Objekts, entspechend nennt man E_0 die Ruheenergie. Solange $v \ll c$ ist, braucht wegen

$$m(v) = \frac{m_0}{\sqrt{1 - \frac{v^2}{c^2}}} = m_0 \, [1 + \frac{1}{2}\frac{v^2}{c^2} + \frac{3}{8}\frac{v^4}{c^4} + ...] \approx m_0$$

die Massenänderung nicht berücksichtigt werden. Aus der Verknüpfung der Gleichungen (1.2, 1.6 und 1.7) folgt für die Gesamtenergie einer Masse m:

$$E_{ges} = mc^2 + E_p + E_k \tag{1.8}$$

Die Deltas wurden hier weggelassen, weil der absolute Energieinhalt betrachtet wird; für die Differenz des Energieinhalts eines geschlossenen Systems in zwei Zuständen folgt mit der rechten Seite von Gl.(1.1):

$$\Delta mc^2 + \Delta E_p + \Delta E_k = \Delta Q + \Delta W \tag{1.9}$$

Aus Gl.1.9 erkennt man, dass bei Umwandlung einer geringen Masse eine riesige Menge an Energie frei wird. Wenn wir z.B. 1 Gramm Materie in Wärme umwandeln könnten, ergäbe dies eine Energiemenge von $9 \cdot 10^{13}$ Joule.

Obgleich der 1. Hauptsatz eine Aussage über die Äquivalenz der Energieformen macht, sagt er nichts über die Möglichkeit, die einzelnen Energieformen ineinander umzuwandeln aus. Eine Einschränkung für die Umwandlung in andere Energieformen gibt es für die Wärme: Es entspricht unserer Erfahrung, dass ein Ball, den wir auf den Boden werfen, nach einiger Zeit zur Ruhe kommt. Dabei geht die mit der gerichteten Bewegung all seiner Moleküle verbundene mechanische Energie infolge der inneren Reibung spontan in eine ungerichtete, chaotische Wärmebewegung über. Es ist aber nie beobachtet worden, dass ein ruhender Ball sich abkühlt und spontan zu springen beginnt. Diese Asymmetrie in den Naturvorgängen drückt offensichtlich eine Richtung in den Energieumwandlungsprozessen aus, die durch den 2. Hauptsatz der Thermodynamik beschrieben wird, der wie folgt formuliert werden kann:

> *Es kann keinen Prozess geben, bei dem als einziges Resultat Wärme aus einem Reservoir absorbiert und vollständig in Arbeit verwandelt wird.*

Eine quantitative Formulierung des Satzes ist durch Einführung des thermodynamischen Begriffs der *Entropie* S möglich:

> *Natürliche Vorgänge innerhalb eines abgeschlossenen Systems sind stets mit einer Zunahme der Entropie verbunden.*

Die Entropie S eines Systems ist dabei über die Entropieänderung $\mathrm{d}S$ aufgrund einer infinitesimalen Wärmezufuhr δQ definiert, die reversibel bei einer Temperatur T vor sich geht:

$$\mathrm{d}S = \frac{\delta Q_{rev}}{T} \tag{1.10}$$

Für die Entropieänderung eines geschlossenen Systems aus einem Zustand 1 in einen Zustand 2 folgt durch Integration:

$$\Delta S = S_2 - S_1 = \int_{Zustand\ 1}^{Zustand\ 2} \frac{\delta Q_{rev}}{T} \tag{1.11}$$

Im Unterschied zur Energie gilt für die Entropie kein Erhaltungssatz; ihr Wert kann sich zwar bei *Abnahme durch Austausch mit einem anderen System verringern*, bei *Zunahme aber auch durch Erzeugung erhöhen*. Die Entropie erfüllt damit sozusagen nur einen *halben* Erhaltungssatz in Richtung der Abnahme: Nimmt beim Übergang von einem Zustand eines Systems in einen anderen die Entropie z.B. um einen Betrag ΔS ab, muss gleichzeitig in einem anderen System, z.B. in seiner Umgebung, ein Übergang stattfinden, bei dem die Entropie mindestens um ΔS zunimmt[3]:

$$\Delta S_{System} + \Delta S_{Umgebung} \geq 0 \tag{1.12}$$

Prozesse, bei denen sich die Entropie nur durch Austausch ändert, heißen *reversibel*. Bei diesen gilt für die Entropie ein Erhaltungssatz. Prozesse, bei denen die Entropie sich auch durch Erzeugung ändert, heißen *irreversibel*. Jede

[3] Rudolf J. E. Clausius (1822 - 1888) hat dies so formuliert: Die Energie der Welt ist konstant - die Entropie der Welt strebt einem Maximum zu.

Änderung der Entropie S eines Systems setzt sich daher aus zwei Anteilen zusammen: einem Anteil durch Austausch und einem durch Erzeugung.

$$\mathrm{d}S = \mathrm{d}S_{Austausch} + \mathrm{d}S_{Erzeugung} \tag{1.13}$$

Ein Beispiel für einen *irreversiblen Prozess* mit Entropieerzeugung ist die Umwandlung von mechanischer Energie in Wärme durch Reibung: Bei dem zur Ruhe gekommenen Ball wurde die kinetische Energie ΔW_k in Wärme ΔQ überführt – entsprechend hat die Entropie um $\Delta S = \Delta Q/T$ zugenommen. Es wurde Entropie erzeugt.

Beispiel 1.2. Ein Ball mit der Masse $m_{Ball} = 1kg$ fliegt mit der Geschwindigkeit $v = 5m/s$ gegen den Fußboden, springt zurück und bleibt nach einiger Zeit liegen. Die Temperatur des Balls, des Fußbodens und der Umgebung beträgt anfangs $T = 293K$ und ändert sich nicht merklich, wenn der Ball schließlich am Boden liegen bleibt. Berechne die Entropieänderung bei dem Vorgang.

Lösung. Die anfängliche Bewegungsenergie des Balls beträgt $m_{Ball}v^2/2$. Sie wird schließlich in innere Energie (Wärme) des Systems aus Ball, Fußboden und Umgebung umgewandelt. Die Entropieänderung ist ebenso groß, als würde die Wärmemenge $\Delta Q = m_{Ball}v^2/2$ dem System reversibel zugeführt.
Die Entropieänderung beträgt:

$$\Delta S_U = \frac{\Delta Q}{T} = \frac{m_{Ball}v^2/2}{T} = \frac{1kg \cdot (5m/s)^2/2}{293K} = 0,043JK^{-1}$$

Kommentar: Die Gesamtenergie bleibt erhalten, die kinetische Energie wird in Wärme umgewandelt, aber die Wärmeenergie $T\Delta S_U = m_{Ball}v^2/2$ kann nicht wieder in mechanische Energie zurückverwandelt werden. Der Prozess ist nicht umkehrbar, also irreversibel!

Wie das Beispiel des springenden Balls nahelegt, ist die Entropie eine Größe, die in gewisser Weise die *Ordnung* eines Systems kennzeichnet, denn die Umwandlung der geordneten mechanischen Energie in Wärme erfolgt spontan – die Entropie nimmt zu –, während der umgekehrte Prozess eines technischen Aufwandes bedarf. Dies zeigt sich auch in der Entwicklung der Technik: Schon in der Steinzeit hatten unsere Vorfahren gelernt, mechanische Arbeit durch Reibung zweier Holzstücke in Wärme umzuwandeln, um damit die Holzstücke zum Glimmen zu bringen und ein Feuer zu entfachen.[4] Die Umkehrung dieses Vorganges, die Umwandlung von Wärme in mechanische Energie, ist erst durch die Erfindung der Dampfmaschine durch Watt[5] im Jahr 1764 gelungen. Mit dieser Erfindung war es erstmals möglich, die in den Brennstoffen gespeicherte Energie gezielt in nutzbringende Arbeit umzuwandeln. Diese Erfindung ist eine der großen Errungenschaften der Technik; sie wird vielfach an den Beginn des industriellen Zeitalters gestellt.

[4] Das Holzfeuer als Wärmequelle wird von den Menschen schon seit mehr als 1 Mio. Jahren genutzt.
[5] James Watt (1736–1819).

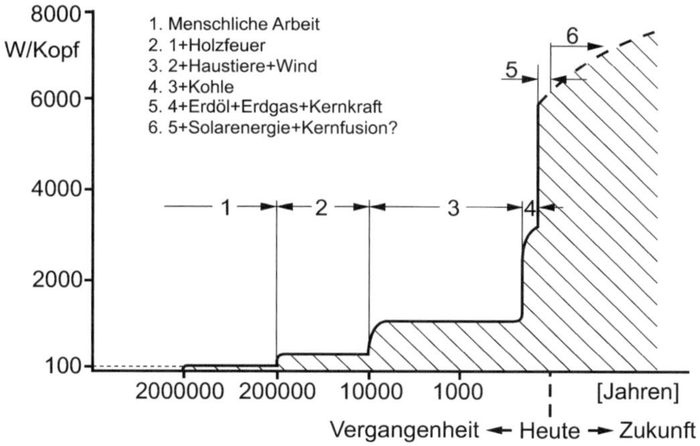

Abbildung 1.2. Energiequellen in der Geschichte der Menschheit

Durch die Erfindung der Dampfmaschine wurde die Begrenzung des Energieeinsatzes, die durch das beschränkte Leistungsvermögen der Haustiere gegeben war, aufgehoben. Auf der anderen Seite wurde ein Bedarf für billige Wärmeenergie geschaffen, vgl. Abb. 1.2. Was das Feuer als Wärmeenergie freigibt, ist dabei letztlich gespeicherte Sonnenenergie. Durch den Übergang von dem nachwachsenden Brennstoff Holz auf den Brennstoff Kohle vor ca. 250 Jahren[6] hat sich daran im Prinzip nichts geändert, denn der einzige Unterschied besteht darin, dass der fossile Brennstoff Sonnenenergie aus früheren Zeiten birgt. Der Wandel stellte aber insofern eine Revolution des Energiewesens dar, als er den Übergang von der Verwendung regenerativer Energiequellen auf die Nutzung fossiler, also nach historischen Maßstäben nicht erneuerbarer Energieressourcen markierte. Durch die Erschließung der Kohle wurde billige Energie in großen Mengen verfügbar. Die Energiequelle Kohle hat die industrielle Entwicklung getragen und mit ihr zusammen die starke Bevölkerungszunahme in Europa bei gleichzeitiger Zunahme des Wohlstandes möglich gemacht.

Auch die heutige Zivilisation deckt ihren Energiebedarf aus Reserven, die in einer fernen Vergangenheit angelegt wurden. So werden gegenwärtig neben der Kohle noch gewaltige Mengen an Erdöl und Erdgas verbraucht,[7] die zum Teil durch die Zersetzung einstiger Meereslebewesen entstanden sind und deren gespeicherte Sonnenenergie wir uns heute zunutze machen.

[6] In China wurde Kohle schon vor 2 000 Jahren als Brennstoff genutzt. Die Verwendung im industriellen Maßstab begann erst im 18. Jahrhundert in England.

[7] Erdöl war in Ostasien bereits vor 1 000 Jahren bekannt. Die Nutzung im großen Maßstab begann um 1900 in Amerika und Europa. Erdgas galt lange Zeit als nutzloses Nebenprodukt der Erdölförderung und wurde größtenteils einfach abgefackelt. Die industrielle Nutzung begann um 1950 in Texas.

Unser Erfindungsgeist hat es uns ermöglicht, auch über Energiequellen aus frühester Zeit verfügen zu können, indem wir Energiereserven anzapfen, die von fremden, längst erloschenen Sternen angelegt wurden. Denn das Uran, das wir in unseren Kernkraftwerken verbrennen, ist ein Geschenk, das uns bei der Entstehung der Erde gegeben wurde. Für die Bildung von schweren Elementen wie Gold, Uran und Thorium im Kosmos mussten riesige Energiemengen aufgewendet werden. Diese sind nach unserem heutigen Kenntnisstand allein bei einer Supernova gegeben – dem Tod eines massereichen Sterns. Der Stern endet dabei in einer gewaltigen Explosion, die die Leuchtkraft einer ganzen Galaxis mit all ihren Sternen übertrifft und bei der Energie mit einer Leistung von etwa 10^{35} W abgestrahlt wird. Diese Leistung übersteigt die unserer Sonne milliardenfach. Während einer Supernova treten Kernreaktionen auf, die zur Bildung von schweren Elementen führen. Durch die Wucht der Explosion werden ferner enorme Mengen der durch Kernreaktionen veränderten stellaren Materie in den Weltraum geschleudert. Eine Supernova ist so die Quelle von schweren Elementen vom Eisen bis zum Uran in der interstellaren Materie. Auf diese Weise gelangten die radioaktiven Elemente, die wir auf unserer Erde finden, in den Urnebel der Sonne. Aus der Materie dieses Urnebels hat sich vor ca. 4,5 Mrd. Jahren die Sonne mit all ihren Planeten gebildet.

Die Suche nach Energie führt uns aber noch weiter in die Vergangenheit zurück. Wenn wir versuchen, durch kontrollierte Kernfusion Wasserstoff in Helium zu verwandeln, zielen wir darauf ab, Energievorräte aus der Zeit der Weltentstehung für uns nutzbar zu machen. Dieses Zurückgreifen auf Energiereserven, die bei der Evolution unserer Erde angelegt wurden, ist offensichtlich charakteristisch für die Methoden der Energiegewinnung unserer fortschreitenden Zivilisation. Der Antrieb ist der zunehmende Energiebedarf sowohl des Einzelnen, als auch der Gesamtheit aller Menschen. Die Ablösung des im Prinzip regenerierbaren Energieträgers Holz durch fossile Brennstoffe wurde dabei durch seine lokale Erschöpfung mehr oder weniger erzwungen.[8] Ein wesentlicher Grund war aber auch, dass sich durch den Übergang auf den konzentrierteren Energieträger Kohle die Kosten verminderten. Geringere Kosten, der vergleichsweise einfache Transport, die bequeme Lagerung und der geringe Aufwand für die Nutzbarmachung waren auch die Ursache für die zunehmende Verwendung von Öl und Gas in der jüngeren Vergangenheit (vgl. Abb. 1.3). Der Primärenergieverbrauch und der relative Beitrag, den die verschiedenen Energiequellen dazu leisten, widerspiegeln sowohl unsere Bedürfniswelt als auch das Bevölkerungswachstum. Gegenwärtig leben

[8] Aus unserer europäischen Sicht vergessen wir meist, dass auch heute noch etwa ein Drittel der Weltbevölkerung in der sog. dritten Welt zum Kochen und Heizen auf Holz und Dung angewiesen ist. Jährlich werden in diesen Ländern ca. 15 Mio. ha Wald zur Energieversorgung verbraucht. Die Aufforstungsrate liegt in den meisten Gebieten unter 10%. Als Folge des geringer werdenden Waldbestandes wird dort der Aufwand für das Sammeln des Brennholzes immer größer. In einigen ehemals waldreichen Gebieten Nepals und Tansanias sind hierfür pro Familie bereits 200–300 Arbeitstage pro Jahr erforderlich.

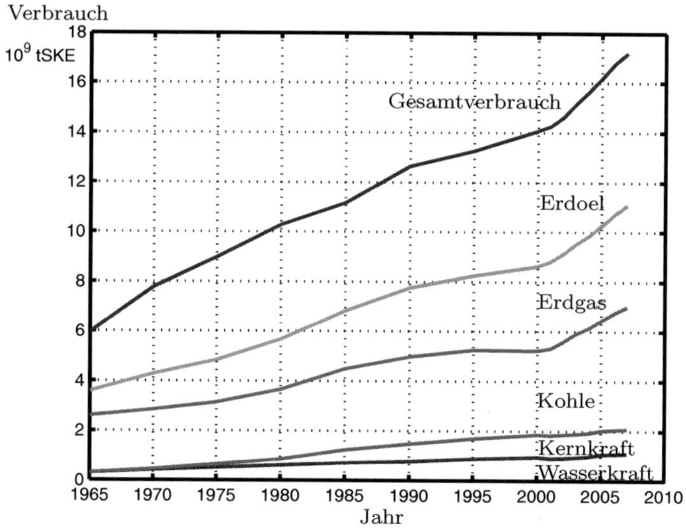

Abbildung 1.3. Beitrag der wichtigsten kommerziellen Energiequellen zur Bedarfsdeckung, zusammengestellt nach Daten aus [3]. In den Jahren 2000 bis 2005 nahm der weltweite Energieverbrauch jährlich um 3% zu; die Zuwachsrate war größer als die der Weltbevölkerung. Bemerkenswert ist die Zunahme des Kohleverbrauchs. Allein in China hat der Verbrauch an Braun- und Steinkohle von ca. 1 Mrd. t im Jahr 2000 auf ca. 2,2 Mrd t im Jahr 2005 zugenommen.

ca. 6,4 Mrd. Menschen auf der Erde. Sie haben etwa 2 Mrd. Wohnungen gebaut, halten etwa 2 Mrd. Haustiere und betreiben ~1 Mrd. Kraftfahrzeuge sowie ca. 20 000 große Verkehrsflugzeuge. Zur Aufrechterhaltung der Bequemlichkeit des Wohnens, der Fortbewegung und der Kommunikation sowie zur Sicherung der Ernährung wird ein gewaltiger Energiestrom gebraucht. Dieser betrug im Jahr 2006 rd. 16,5 Mrd. tSKE[9]. Weil die Weltbevölkerung ständig wächst und immer mehr Menschen ihren Lebensstandard verbessern wollen, wird der Energiebedarf weiter zunehmen.

In der Vergangenheit wurde der Energiebedarf fast ausschließlich durch die Nutzung fossiler Brennstoffe gedeckt. Seit etwa 1980 sind die nachteiligen Folgen dieser Energiebeschaffung wie saurer Regen, Smog in den Ballungsgebieten und der sog. Treibhauseffekt in der öffentlichen Diskussion stark in den Vordergrund getreten. Viele Menschen sind mittlerweile der Meinung, dass der mit dem Bevölkerungswachstum einhergehende steigende Energiebedarf mit all seinen Folgen unseren Planeten schon in naher Zukunft stark verändern wird. Um uns selbst ein Urteil über diese Vorgänge bilden zu können, wollen wir uns zuerst eine Vorstellung über die Größenordnung des von unserer Zi-

[9] SKE: Steinkohleneinheit, vgl. Abschn. 2.

vilisation hervorgerufenen Energiestromes verschaffen. Zu diesem Zweck soll dieser mit den in der Natur vorkommenden Energieströmen verglichen werden.

1.1 Energieströme der Erde

Unser Planet Erde ist eine kugelförmige Masse aus mehr oder weniger fester Materie, die durch ihr eigenes Gravitationsfeld zusammengehalten wird. Sie ist etwa 4,5 Mrd. Jahre alt, hat eine Masse von $6 \cdot 10^{24}$ kg, einen Durchmesser von 12 000 km und besteht hauptsächlich aus den Elementen Silizium, Sauerstoff, Eisen, Magnesium, Aluminium, Nickel und Schwefel. Im Laufe der Evolution wurde sie zu einem heterogenen Körper mit einer stark ausgeprägten chemischen Differenzierung, wobei sich das dichte Eisen, Nickel und ein Teil des Schwefels im Zentrum ansammelten und einen festen Kern bildeten, während verschiedene Silikatgesteine als flüssiger Mantel und feste Kruste den Kern wie eine Schale einschlossen. Nach ihren Erscheinungsformen kann die irdische Materie in fünf *Sphären* unterteilt werden:

1. *Lithosphäre:* Darunter verstehen wir die Sphäre der Materie im festen Zustand, also die etwa 20–50 km dicke kontinentale und ozeanische Erdkruste. Sie umschließt den flüssigen Erdmantel und den festen Erdkern.
2. *Atmosphäre:* Dies ist die Sphäre der Luft, also der gasförmigen irdischen Materie. Ihre Masse beträgt ca. $5 \cdot 10^{18}$ kg oder 0,8 ppm[10] der Gesamtmasse.[11]
3. *Hydrosphäre:* Der Wasservorrat unseres Planeten bildet ebenfalls eine Sphäre, die den größten Teil der Lithosphäre umschließt. Die Masse der Hydrosphäre macht ca. $1{,}4 \cdot 10^{21}$ kg oder 0,024% der irdischen Masse aus.[12]
4. *Biosphäre:* Alle Formen des Lebens existieren in einer dünnen, konzentrischen Schale um den Erdkern.[13] Die Masse der durch das Leben organisierten Materie beträgt ca. $1 \cdot 10^{15}$ kg oder $1 \cdot 10^{-3}$ ppm der Gesamt-

[10] ppm ist die Abkürzung für parts per million.

[11] Die Erde ist der einzige Planet unseres Sonnensystems mit Sauerstoff in seiner Atmosphäre.

[12] Innerhalb unseres Planetensystems ist nur noch auf dem Mars, unserem äußeren Nachbarplaneten, Wasser zu finden. Wegen der geringen Mitteltemperatur liegt es dort aber hauptsächlich in der Form von Eis im Dauerfrostboden bzw. zum geringeren Teil als Wasserdampf in den Wolken vor.

[13] Die Existenz der Biosphäre ist der herausragende Unterschied zu allen anderen Planeten unserer Sonne. Eine der wichtigsten Folgen der Existenz von pflanzlichem Leben war, dass der Erdatmosphäre Kohlendioxid entzogen wurde. Der Kohlenstoff wurde größtenteils in Form mariner Sedimente, aber auch in Form fossiler Brennstoffe abgelagert, während der Sauerstoff in die Atmosphäre abgegeben wurde. Dass auf unserer Erde die Voraussetzungen für Leben erfüllt sind, liegt neben dem Vorhandensein von Sauerstoff und Wasser insbesondere am Druck und der Temperatur – dem Klima – in unserer Atmosphäre.

masse.[14] Die Biosphäre könnte ohne die anderen Sphären nicht bestehen. Deshalb ist sie auch jünger als diese. Man schätzt, dass das Leben vor 3,5 Mrd. Jahren auf der Erde begann.

5. *Technosphäre:* Darunter verstehen wir alle von Menschen gezielt gebauten Objekte. Ihre Gesamtmasse beträgt ca. $5 \cdot 10^{12}$ kg oder $1 \cdot 10^{-6}$ ppm der irdischen Gesamtmasse.[15] Die Elemente dieser Sphäre wurden durch die Aktivität der Menschen geschaffen. Die Technosphäre umfasst auch Elemente der anderen Sphären, ist aber nicht Teil von ihnen. Aus den Abschätzungen ist zu sehen, dass die Masse der durch die Menschen geschaffenen Objekte nur noch um den Faktor 10^3 geringer ist als die Masse allen Lebens. Damit kann der Einfluss der Technosphäre im Zusammenspiel des Systems Erde a priori nicht mehr vernachlässigt werden. Daraus ergibt sich eine folgenschwere Konsequenz: Da die Technosphäre Elemente der Biosphäre umfasst, ohne selbst deren Regelvorgängen zu unterliegen, besteht die Gefahr, dass die Biosphäre in die Abhängigkeit eines ihrer Untersysteme gerät.[16] Auf diesen Gesichtspunkt werden wir bei der Behandlung der Umweltaspekte der Energienutzung zurückkommen.

1.1.1 Das Energiesystem Erde

Vom Standpunkt der Thermodynamik aus ist die Erde ein offenes System: Sie empfängt Energie niederer Entropie von der Sonne und gibt sie als Wärmestrahlung mit hoher Entropie wieder in den Weltraum ab. Alles Leben ging und geht damit von der Sonne aus. Ohne die Sonnenstrahlung würde die Temperatur auf der Oberfläche unseres Planeten fast auf den absoluten Nullpunkt sinken und das Leben von der Erde verschwinden. Das Licht der Sonne gehört damit zu den Wohltaten, die wir als selbstverständlich hinnehmen, ohne uns viele Gedanken darüber zu machen.[17] So wissen viele nicht, dass wir nur knapp die Hälfte von dem, was tagtäglich von der Sonne zu uns kommt, überhaupt sehen können. Die Solarstrahlung setzt sich nämlich aus dem *sichtbaren Licht* und zwei nichtsichtbaren Komponenten zusammen, der *infraroten* (IR) und

---

[14] Die Nettoproduktion der Biosphäre beträgt ca. $160 \cdot 10^{12}$ kg pro Jahr. Der wichtigste Produzent ist der Wald mit einem Anteil von ca. 45%.

[15] Der heutige globale „Materialverbrauch“ in der Technosphäre wird auf etwa $20 \cdot 10^{12}$ kg/a geschätzt. Davon waren im Jahr 2006 rd. $5{,}2 \cdot 10^{12}$ kg SKE Braun- und Steinkohle, $3{,}8 \cdot 10^{12}$ kg SKE Rohöl, $2{,}4 \cdot 10^{12}$ kg SKE Erdgas, $3{,}5 \cdot 10^{12}$ kg Holz und $1{,}3 \cdot 10^{12}$ kg Eisenerz. Zum Vergleich: Die Weltgetreideernte (Weizen, Reis, Mais) im Jahr 2005 betrug $2,3 \cdot 10^{12}$ kg.

[16] Ein Beispiel hierfür ist die Anreicherung von Pestiziden und auch Quecksilber in der Nahrungskette von Menschen und Tieren, vgl. [6].

[17] Wie Aristoteles, der lehrte, dass die Sonne eine makellose Kugel aus reinem Feuer sei, sehen auch wir die Sonne als eine Invariante unserer Welt an. Wir merken nicht, dass der gewaltige nukleare Ofen Sonne brodelnd und schäumend seine Bahn zieht. Und wir ahnen nichts von den gewaltigen Explosionen, die riesige Mengen von Materie in Richtung unseres winzigen Planeten schleudern.

der *ultravioletten Strahlung* (UV). Die langwellige Infrarotstrahlung ist der *Heizanteil* des Sonnenlichts. Der sichtbare Anteil ermöglicht uns nicht nur zu sehen, es ist auch der Teil der Sonnenenergie, der bei der Photosynthese von den Pflanzen genutzt werden kann. Ein großer Teil des ultravioletten Lichts wird von der Ozonschicht der oberen Atmosphäre abgeschirmt. Zum Glück, denn UV-Licht ist für ungeschütztes Zytoplasma[18] tödlich.

Die Energiedichte der Sonnenstrahlung beträgt am äußeren Rand der Atmosphäre ca. 1,37 kW/m^2. Etwa 30% dieser Strahlung wird bei gleicher Frequenz und Wellenlänge unmittelbar reflektiert, so dass an einem wolkenlosen Tag noch ca. 1 kW/m^2 auf der Erdoberfläche ankommt. Diese Strahlungsenergie besteht zu etwa 10% aus ultraviolettem, zu 45% aus infrarotem und zu 45% aus sichtbarem Licht. Die gesamte von der Erde absorbierte Sonneneinstrahlung entspricht so einer Leistung von $1{,}2 \cdot 10^{17}$ W, im zeitlichen und geographischen Mittel entspricht dies, bezogen auf die Erdoberfläche, einer spezifischen Leistungsdichte von 160 W pro m^2. Damit wird in ca. 45 Minuten so viel Energie von der Sonne auf die Erde eingestrahlt wie z.Zt. innerhalb eines Jahres von allen Menschen verbraucht wird.

Nachdem ca. 30% der eingestrahlten Energie direkt reflektiert werden, wird der verbleibende Anteil zunächst von der Erde aufgenommen. Etwa 25% der Sonneneinstrahlung wird von der Atmosphäre absorbiert, hauptsächlich durch die Wolken sowie durch das Ozon und den Wasserdampf in der Troposphäre. Der Rest wird für die Erwärmung des Bodens und als Triebkraft für den Wasserkreislauf, den Kohlenstoffzyklus etc. genutzt. Eine zur Gesamteinstrahlung äquivalente Energiemenge wird schließlich mit großer Wellenlänge als Niedertemperaturwärme, d.h. bei hoher Entropie, wieder in den Weltraum abgestrahlt. Nur etwa 0,043% wird von Pflanzen eingefangen und in Wälder, Wiesen, Früchte und Plankton verwandelt. Die so eingefangene Sonnenenergie wird teilweise von den Lebewesen (Tiere und Menschen) als Nahrung genutzt, da diese nicht die Fähigkeit besitzen, Sonnenenergie direkt aufzunehmen, vgl. Abb. 1.4.

Für *schwarze Körper*[19] ist die rechnerische Behandlung des Strahlungswärmeaustausches relativ einfach und es lassen sich damit viele praktisch wichtige Fälle erfassen. Wäre die Erde ein solcher Körper, könnte das Gleichgewicht zwischen der ankommenden Solarstrahlung und der Infrarotrückstrahlung in den Weltraum mit dem Stefan-Boltzmann'schen Gesetz beschrieben werden. Die Erde ist aber kein schwarzer Körper, da die Wolken, die Eisdecke an den Polen und die Wüsten einen Teil des Sonnenlichtes reflektieren. Für solche *grauen Körper* kann dies bei der Anwendung des Stefan-Boltzmann'schen Gesetzes durch einen Faktor $(1 - \alpha)$ berücksichtigt werden:

---

[18] Darunter versteht man die Grundsubstanz einer Zellmembran.

[19] Ein schwarzer Körper absorbiert die auftreffende Strahlung vollständig und verwandelt diese in Wärme, vgl. dazu Abschn. 18.2.

$$\underbrace{\pi r^2\,\dot{q}_\text{S}\,(1-\alpha)}_{\substack{\text{Einstrahlung auf die}\\ \text{projezierte Fläche}}} \quad = \quad \underbrace{4\pi r^2\,\sigma_\text{S}\,T_\text{E}^4}_{\substack{\text{Abstrahlung von der}\\ \text{Oberfläche}}} \,. \tag{1.14}$$

Hier bedeutet:

- $\dot{q}_\text{S}$ die Energiedichte der Sonneneinstrahlung am äußeren Rand der Atmosphäre ($\dot{q}_\text{S} = 1{,}37\ \text{kW/m}^2$)
- r den Radius der Erde
- α die *Albedo* der Erde, die dem in den Weltraum reflektierten Anteil der ankommenden Strahlung entspricht ($\alpha = 0{,}3$)
- σ_S die Stefan-Boltzmann-Konstante ($\sigma_\text{S} = 5{,}67 \cdot 10^{-8}\ \text{W/m}^2\text{K}^4$)
- T_E die durchschnittliche Strahlungstemperatur der Erde vom Weltall aus gesehen

Setzt man die angegebenen Werte in die Gleichung ein, ergibt sich für T_E ein Wert von 255 K oder -18°C. Wäre die teilweise Reflektion der einfallenden Strahlung der einzige Unterschied zu einem schwarzen Körper, betrüge die Temperatur auf der Erdoberfläche -18°C, d.h. das gesamte Wasser wäre gefroren. Nun enthält aber die Erdatmosphäre Moleküle, die aus drei oder mehr Atomen bestehen. Solche Moleküle können Teile der ausgestrahlten langwelligen Wärmestrahlung zurückhalten. In diesem Zusammenhang spielen die

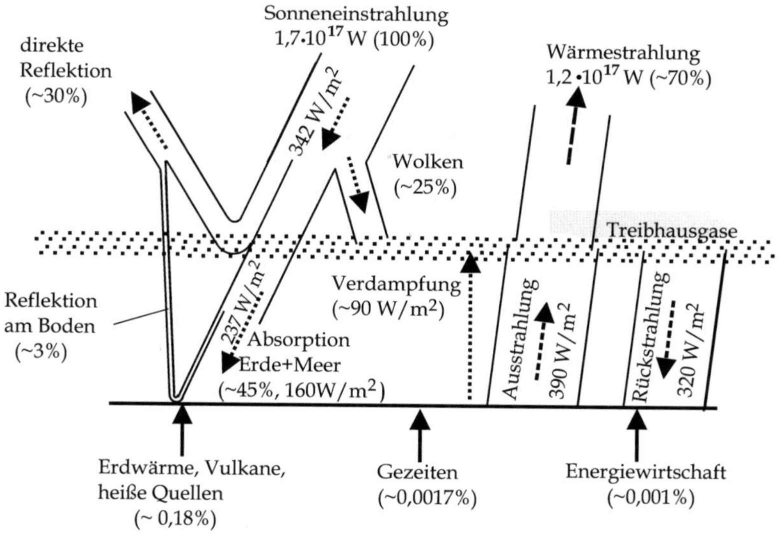

Abbildung 1.4. Energieflussbild für unsere Erde. Im zeitlichen und geographischen Mittel beträgt die Sonneneinstrahlung pro Quadratmeter Erdoberfläche 237 W. Davon werden 160 W von der Erdoberfläche absorbiert. Die Nutzung der fossilen und nuklearen Brennstoffe spielt bei der Bilanz keine Rolle.

Treibhausgase Wasserdampf, Kohlendioxid, Methan und Lachgas (N_2O) eine wichtige Rolle. In unserer Gleichung können wir dies berücksichtigen, indem wir den effektiven atmosphärischen Transmissionsfaktor f_{Tr} einführen:

$$\frac{1}{4}\,\dot{q}_S\,(1-\alpha) = f_{Tr}\,\sigma_S\,T_O^4\,. \tag{1.15}$$

Wenn man von einer globalen Mitteltemperatur auf der Erdoberfläche von $T_O = 15°C$ ausgeht, erhält man für den f_{Tr} den Wert 0,61.
Die globale Energiebilanz in Abb. 1.4 zeigt, dass die vom Menschen hervorgerufenen Energieströme im Vergleich zu den natürlichen noch recht klein sind. Selbst bei einer Vergrößerung dieses Stroms um den Faktor 100 würde sich daran nichts ändern: Die mittlere Temperatur auf der Erde würde sich bei sonst gleichen Bedingungen um weniger als 1 Grad Kelvin erhöhen.

Es gibt aber noch ein anderes Vergleichsmaß für die Größe des von uns freigesetzten Energiestroms: Die von der Erde im Lauf der Zeit eingespeicherte Energiemenge. Der Sauerstoff in unserer Atmosphäre stammt fast ausschließlich aus der Photosynthese. Seine bloße Existenz zeigt, dass sich unsere Erde unter Einschluss der Atmosphäre nicht im Gleichgewicht befindet. Im Gleichgewicht wäre der Sauerstoff nicht frei, sondern chemisch gebunden. Zur Abschätzung der Größe dieses Energiespeichers nehmen wir die Bruttoreaktionsgleichung für die Synthese bzw. Verbrennung von Traubenzucker:

$$C_6H_{12}O_6 + 6\,O_2 \rightleftharpoons 6\,H_2O + 6\,CO_2 + \text{Energie}\,. \tag{1.16}$$

Die Menge des vorhandenen Sauerstoffs schätzen wir ab, indem wir uns die Erde von einer 7 km dicken Luftschicht konstanter Dichte umgeben denken. Ein Kubikmeter der Atmosphäre enthält bei 0°C und 1 bar $2{,}7\cdot 10^{25}$ Moleküle. Da die Luft nur zu 20,9% aus Sauerstoff besteht, sind in der Atmosphäre ca. $2\cdot 10^{43}$ O_2-Moleküle vorhanden. Bei der Verbrennung von Traubenzucker werden pro O_2-Molekül $5\cdot 10^{-19}$ Ws in Form von Wärme frei. Die Reaktion des gesamten Sauerstoffes der Atmosphäre liefert demnach die Energiemenge

$$Q = 2\cdot 10^{43}\cdot 5\cdot 10^{-19}\ \text{Ws} = 1\cdot 10^{25}\ \text{Ws} \approx 2{,}8\cdot 10^{18}\ \text{kWh}.$$

Ein Vergleich der Mächtigkeit dieses Energiespeichers mit dem Energiestrom der Photosynthese[20] ergibt

$$\frac{2{,}8\cdot 10^{18}\ \text{kWh}}{9,2\cdot 10^{10}\ \text{kW}} = 3\cdot 10^{7}\ \text{h} \approx 3\,000\ \text{Jahre}.$$

Der Sauerstoff unserer Atmosphäre könnte demnach bei vollständiger Speicherung innerhalb von etwa 3 000 Jahren durch Photosynthese erzeugt werden. Eine anderes Maß liefert ein Vergleich des Energiespeichers mit dem derzeitigen Primärenergieverbrauch, der im Jahr 2006 etwa 16,5 GtSKE $\approx 1{,}37\cdot 10^{14}$ kWh betrug:

[20] Die Pflanzen extrahieren aus der Solarstrahlung eine Leistung von ca. $9{,}2\cdot 10^{10}$ kW, vgl. Abschnitt 2.4.

$$\frac{2{,}8 \cdot 10^{18}\ \mathrm{kWh}}{1{,}2 \cdot 10^{14}\ \mathrm{kWh/a}} \approx 20\,000\ \text{Jahre}.$$

Aus dem Speicher könnte unser derzeitiger zivilisatorischer Energiestrom sogar für 20 000 Jahre gedeckt werden.

Die hergeleiteten Vergleichszahlen machen deutlich, dass die Verbrennungsvorgänge in unseren Haushalten, Industrien und Kraftfahrzeugen allein von der Quantität her nur eine geringe Störung des von der Sonne im Laufe von mehreren Milliarden Jahren gefüllten Energiespeichers darstellen. Eine Begrenzung in der Nutzung dieses Speichers ist nach diesem Maßstab wohl eher durch die Kosten für die Gewinnung der über die Erde verstreuten Vorräte gegeben. Allerdings wissen wir nicht, wie stark das „System Erde" gestört werden darf, ohne seine Struktur zu ändern und wie lange eine Störung braucht, um sich auszuwirken. Dabei ist auch zu bedenken, dass der Energiestrom aus der Photosynthese, der den Energiespeicher aufgebaut hat und der für diesen wahrscheinlich ein Korrektiv ist, heute nur noch um einen Faktor 6 größer ist als der zivilisatorische Energiestrom, der praktisch vollständig aus fossilen Brennstoffen gewonnen wird.

Ein Hinweis auf eine unzulässige Störung könnte z.B. der Anstieg der mittleren CO_2-Konzentration in der Atmosphäre durch die Verbrennung fossiler Brennstoffe sein, die sich seit 1900 von 290 ppm auf ca. 380 ppm erhöhte. Ebenso gravierend ist der Abbau der stratosphärischen Ozonschicht und die globale Zunahme bzw. Verbreitung der Luftverschmutzung. Kohlendioxid wirkt in der Atmosphäre ähnlich wie die Verglasung eines Treibhauses: Das Kohlendioxid lässt die kurzwellige Sonnenstrahlung passieren, reflektiert aber die von der Erde zurückgestrahlte langwellige Wärmestrahlung und erhöht dadurch die mittlere Temperatur in der unteren Atmosphäre, vgl. Abb.(1.4).

1.1.2 Kohlendioxidemission, Auswirkungen auf das Klima

Die gegenwärtige Atmosphäre enthält einen Volumenanteil von 380 ppm CO_2 bzw. einen Gewichtsanteil von 575 ppm. In der fernen Vergangenheit war die CO_2-Konzentration um etwa den Faktor 10 größer. Durch den seit Beginn des Lebens auf unserer Erde bestehenden Prozess der Photosynthese wurde das CO_2 bis auf einen Gehalt von 280 ppm abgebaut und in der Biomasse und den fossilen Brennstoffen gespeichert. Seit etwa 100 Jahren nimmt das atmosphärische CO_2 als Resultat anthropogener Aktivitäten stetig zu. Die gegenwärtige Zunahme beträgt etwa 3 ppm pro Jahr; sie wird verursacht durch die Verbrennung von ca. $7 \cdot 10^{12}$ kg Kohlenstoff, die in den fossilen Brennstoffen enthalten sind[21]. Zusätzlich wird noch etwa ein Fünftel dieser Menge durch Brandrodung von Urwäldern freigesetzt. Insgesamt werden so etwa $8{,}5 \cdot 10^{12}$ kg Kohlenstoff zusätzlich zum natürlichen Kreislaufstrom in die

[21] Zum Vergleich: Der natürliche Kohlenstoffkreislauf, der Träger der Energie in der Biosphäre, hat die Größenordnung von $77 \cdot 10^{12}$ kg C pro Jahr

Atmosphäre abgegeben. Bei den prognostizierten Emissionsraten wird sich der CO_2-Anteil in ca. 100 Jahren verdoppeln.

Die Zunahme des CO_2-Anteils hat in Verbindung mit dem Treibhauseffekt verstärkt an Aufmerksamkeit gewonnen.[22] Aus diesem Effekt kann bei einer CO_2-Zunahme schlüssig eine Erwärmung der Erdatmosphäre hergeleitet werden, vgl. z.B. [15]. Die mittlere Temperatur in den erdnahen Luftschichten ist wesentlich von der Strahlungstransparenz der Atmosphäre abhängig. Diese wiederum hängt essentiell vom Anteil der die infrarote Wärmestrahlung absorbierenden/emittierenden mehr als zweiatomigen Gase ab. Es gibt Schätzungen, nach denen ein Anstieg der CO_2-Konzentration von 380 auf ca. 700 ppm zu einer Erhöhung der mittleren Temperatur der Erde um 2–4°C führen wird. Neben dem CO_2 gibt es noch andere Treibhausgase, z.B. Methan (CH_4), chlorierte Kohlenwasserstoffe (FCKW), Distickstoffmonoxid (N_2O) und troposphärisches Ozon (O_3), die zwar nur in geringen Konzentrationen auftreten, aber doch zu etwa 50% zum Treibhauseffekt beitragen; des Weiteren laufen auch Prozesse ab, die dem genannten Effekt entgegenwirken.[23]

Seit das Leben auf der Erde begonnen hat, gab es einen Anteil von CO_2 in der Atmosphäre, und schon immer wurde davon ein gewisser Anteil des Sonnenlichtes absorbiert und die Erdoberfläche erwärmt. Gäbe es kein CO_2, wäre die Erde wahrscheinlich so kalt wie unser Nachbarplanet Mars und es hätte sich kein Leben auf ihr ausbilden können. Auf der uns ebenfalls benachbarten Venus besteht die Atmosphäre zu 96% aus CO_2. Auch wegen des dann um einige Größenordnungen intensiveren Treibhauseffektes liegt dort die Temperatur in Bodennähe bei 750 K. Dieses Beispiel illustriert, wie eng der Korridor für das Leben in unserem Sonnensystem ist.

Zur Abschätzung der Folgen menschlichen Tuns werden von verschiedenen Forschergruppen Modelle entwickelt, um die Zukunft des Klimas zu prognostizieren. Diese Modelle basieren auf Annahmen über die Wechselwirkung der Zyklen für die Luftströmungen, den Wasserkreislauf, die Zirkulation der Ozeane, den Vegetations-Zyklus und auch den Sonnenflecken-Zyklus, der seinerseits die Sonneneinstrahlung beeinflusst.[24]

Um aus der Fülle der Studien eine kohärente Darstellung des aktuellen Wissensstands zu erarbeiten, wurde 1988 im Rahmen des Umweltprogramms der

---

[22] Der Mathematiker J. B. J. Fourier (1768–1830) hat als Erster erkannt, dass die Atmosphäre uns warm hält. Er verglich ihren Einfluss auf unser Klima mit einem Gewächshaus.

[23] 1896 erkannte S. A. Arrhenius (1859–1927), dass Kohlendioxid die Transparenz der Atmosphäre verändert.

[24] Auf die möglichen fatalen Folgen des Treibhauseffektes haben 1957 R. Revelle und H. E. Suess [16] hingewiesen. Sie eröffnen ihre Arbeit mit den Zeilen: „Die Menschen führen ein langfristiges geophysikalisches Experiment einer Art aus, das in der Vergangenheit nicht möglich gewesen wäre und in der Zukunft nicht wiederholbar sein wird. Das Experiment könnte tiefe Einsicht in die Prozesse gewähren, die Wetter und Klima bestimmen."

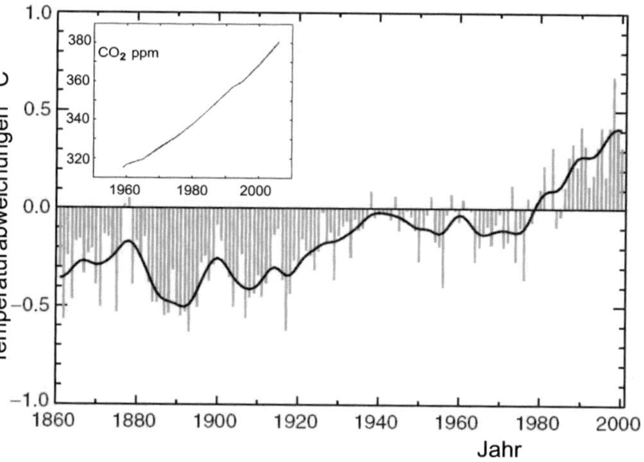

Abbildung 1.5. Weltweiter Temperaturverlauf in den letzten 150 Jahren nach [7]. Dargestellt sind die Abweichungen relativ vom Mittelwert von 1960 bis 1990. Das Teilbild zeigt die auf Hawaii gemessene über das jeweilige Jahr gemittelte Kohlendioxid-Konzentration in der Luft. Bemerkenswert ist der Temperaturverlauf in den Jahren von 1945 bis 1975. Obwohl die Kohlendioxid-Konzentration weiter kontinuierlich zunahm, war der Temperaturanstieg unterbrochen.

Vereinten Nationen das *Intergovernmental Panel on Climate Change (IPCC)* gebildet. Der Ausschuss legt seine Ergebnisse in *IPCC Assessment Reports* vor. Jeder beteiligte Forscher kann in drei aufeinander folgenden Versionen eines Reports Kommentare, Kritik und Vorschläge einbringen. Im 3. Assessment Report im Jahr 2001 machte das IPCC Aussagen über die zukünftige Klimaentwicklung, die immer noch die Basis für die politische und wissenschaftliche Diskussion über die Klimaerwärmung bilden [7].
Obwohl die Auswirkungen des menschlichen Tuns auf das Klima wegen der Komplexität des Systems „Erde" nicht genau berechenbar sind, sind die im 3. IPCC Assessment Report mitgeteilten Erkenntnisse über mögliche Folgen aus dem Treibhauseffekt so gravierend, dass sie hier erwähnt werden müssen. Sie bestehen in einer Änderung des globalen Klimas, die sich folgendermaßen äußern wird:

- Verschiebung der Klimazonen
- Verschiebung der Niederschlagsgebiete bei größeren Niederschlagsmengen
- Zunahme der extremen Wetterlagen (Stürme, Gewitter etc.)
- Veränderung der Meeresströmungen – Versiegen des Golfstroms
- Anstieg des Meeresspiegels

Das Problem ist äußerst komplex, daher ist es nicht verwunderlich, dass unter den Klimatologen keine Einigkeit bzgl. der Auswirkungen des Treibhauseffektes besteht. Eine Mehrheit ist davon überzeugt, anhand von Modellrechnungen schlüssig nachweisen zu können, dass pro 100 ppm CO_2 in der Atmosphäre die Mitteltemperatur auf der Erdoberfläche um 1 K steigen wird. Deren Argumentation wird aber wegen der stark vereinfachten Modelle von einigen Forschern nicht anerkannt.[25] Sie weisen darauf hin, dass es zwischen 1940 und 1975 zu einer Abkühlung kam, obwohl auch in diesen Jahren der CO_2-Anteil in der Atmosphäre angestiegen ist, vgl. Abb. 1.5 . Diese Gruppe von Wissenschaftlern ist sich vielmehr sicher, dass auch eine Erde mit 600 ppm CO_2 in der Atmosphäre noch ein ganz guter Platz zum Leben wäre und die gegenwärtige Erwärmung Teil einer zyklischen Schwankung ist, wie sie aus der Vergangenheit bekannt sind.

Bei der öffentlichen Debatte über mögliche Auswirkungen des CO_2-Anstiegs wird meist übersehen, dass die Wirkung auf die Biosphäre bereits Realität ist und sich ein schleichender Wandel der Vegetation vollzieht, der auf die direkte Wirkung des CO_2 auf den Stoffwechsel der Pflanzen zurückzuführen ist. Allerdings erwies sich die Vorstellung, Pflanzen würden den antropogenen CO_2-Ausstoß durch vermehrte CO_2-Bindung kompensieren, als falsch. Das erhöhte CO_2-Angebot verändert die Interaktion zwischen den Pflanzen, aber auch zwischen Pflanzen, Tieren und Mikroben, wobei es Gewinner und Verlierer gibt. In [10] wird berichtet, dass in den Wäldern der gemäßigten Zonen Lianengewächse die Oberhand gewinnen, die den Wäldern eine erhöhte Dynamik und damit reduzierte Kohlenstoffvorräte aufzwingen, was schließlich den CO_2-Anstieg beschleunigen könnte.

In diesem Zusammenhang stellt sich die Frage, wie viel wir unserer Biosphäre noch zumuten können, ohne unsere gemeinsamen Lebensgrundlagen zu unserem Nachteil zu verändern. Nach dem heutigen Wissensstand gibt es darauf keine gesicherte Antwort. Die Schwierigkeit in der Auffindung noch zulässiger Störungen des Energiesystems Erde besteht dabei in den langen Latenz- bzw. Totzeiten des Systems: Die Zeitspanne zwischen Störung und Störungsauswirkung kann die Lebenszeit mehrerer Generationen umfassen.[26]

---

[25] Eine Übersicht über neue Forschungsergebnisse der Physik und Chemie der Atmosphäre wird z. B. in [8] und [9] gegeben. Die Position der Minderheit der Klimatologen in der Frage des Treibhauseffektes wird z. B. in [12] und [13] dargestellt. In [11] versucht der Geologe Kroonenberg aufzuzeigen, dass der Anstieg der Durchschnittstemperatur auf der Erde noch deutlich innerhalb der Bandbreite der natürlichen Schwankungen liegt, sich der menschliche Einfluss also auf lange Sicht als vernachlässigbar erweisen könnte.

[26] Lange Latenzzeiten von Klimaänderungen entsprechen der gegenwärtigen Lehrmeinung in der Klimatologie. Diese Ansicht wird aber durch Ergebnisse des Greenland Icecore Projects mehr und mehr in Frage gestellt. Ziel des Projekts ist, durch Auswertung der Kernbohrung durch den Grönländischen Eisschild Aufschluss über die Umwelt und Klimageschichte der letzten 250 000 Jahre zu bekommen. Erste Ergebnisse besagen, dass das stabile Klima der letzten 8 000 Jahre eher die Ausnahme war und abrupte Temperaturänderungen innerhalb von weniger als einem Jahrzehnt abgelaufen sind, vgl. [19].

Erste Schritte zur Stabilisierung der CO_2–Emissionen wurden auf der dritten Weltklimakonferenz unternommen, die 1997 in der japanischen Stadt Kyoto stattfand. Auf der Konferenz wurde ein Zusatzprotokoll zur Ausgestaltung der Klima-Rahmenkonvention der Vereinten Nationen für den Klimaschutz verhandelt und verabschiedet, das sogenannte *Kyoto–Protokoll*. Die Vertragsstaaten haben das Ziel, ihre Emissionen bis zum Jahr 2012 um durchschnittlich 5,2% unter das Niveau von 1990 zu senken. Die einzelnen Länder haben dabei unterschiedliche Vorgaben, die von ihrer wirtschaftlichen Entwicklung abhängen. Für die EU ist eine Senkung um 8% vorgesehen, der Volksrepublik China, Indien und anderen Entwicklungsländern sind dagegen keine Beschränkungen vorgegeben. Nach dem Kyoto–Protokoll sind flexible Mechanismen der Reduktion von Treibhausgasen zulässig, so z.B. die Berücksichtigung von Aufforstungen zur CO_2–Minderung und der Handel mit Emissionszertifikaten zwischen Ländern, die ihre Emissionsmengen nicht ausschöpfen, mit solchen, die die zugeteilten Mengen überschritten haben.
Das Kyoto–Protokoll wird von verschiedenen Seiten kritisiert: Den Umweltschützern geht es nicht weit genug, andere weisen auf die Kosten hin. Die Kritiker übersehen, dass es ein erster Schritt ist, der weitere Schritte unter Berücksichtigung wissenschaftlicher Erkenntnisse, der bei der Umsetzung gemachten Erfahrungen und der eventuell bei der weiteren Entwicklung beobachtbaren Änderungen der CO_2–Folgen möglich macht. Der Ablauf der Konferenz und der Text des Protokolls ist in [14] dargestellt.
Die Unsicherheit über die weitere Entwicklung unseres Klimas und Zweifel an der Wirksamkeit der Maßnahmen zur Eindämmung der CO_2–Emissionen haben bereits Anlass gegeben, über mögliche Mechanismen zur Gegensteuerung nachzudenken, vgl. Abb. 1.6. So hatte M.I. Budyco vom Geophysikalischen Observatorium in Leningrad bereits 1974 vorgeschlagen, die Albedo der Erdatmosphäre durch Ausbringen von Aerosolen zu vergrößern [5]. Um dies zu erreichen, wären pro Jahr $\sim$ 35 Mio.t Schwefeldioxid SO_2 mit Flugzeugen in der Stratosphäre zu verteilen. Dort würde das SO_2 mit Sauerstoff und Wasser H_2SO_4 bilden, welches seinerseits Kondensationskeim für Wasserdampf wäre. Der Effekt ist vergleichbar mit Folgeerscheinungen von Vulkanausbrüchen. So hat der Ausbruch des Pinatubo 1991 ca. 20 Mio.t SO_2 ausgestoßen, in der Folge kam es zu einer globalen Abkühlung von $0,5^0C$. Zum Vergleich: Pro Jahr werden $\sim$55 Mio.t SO_2 durch das Verbrennen fossiler Brennstoffe in die niedrige Atmosphäre abgegeben.
Als weitere Möglichkeit wurde 1990 von Eduard Teller erwogen, eine große Zahl metallischer Partikel zur Abschirmung der Sonnenstrahlung im Lagrange Punkt des Weltraums zu positionieren [1]. Der Lagrange Punkt ist der Ort zwischen Erde und Sonne in dem sich die Anziehungskräfte von Sonne und Erde kompensieren.
Ein eher realistischer Weg scheint die CO_2– Sequestrierung zu sein. Bei den großen Kraftwerken gibt es die Möglichkeit, das bei der Verbrennung entstehende CO_2 aus den Rauchgasen mit vergleichsweise geringen Kosten abzuscheiden, für den Transport zu konditionieren und in geeigneten unterirdischen

Abbildung 1.6. Handlungsmöglichkeiten zur Verminderung des $C0_2$–Treibhauseffektes und seiner Folgen.

Lagern zu speichern; wir werden darauf im Kapitel (11) zurückkommen. Die genannten Vorschläge zeigen, dass die Manipulation des globalen Klimas in den Bereich des technisch Machbaren gerückt ist. Ideen und Vorschläge zum *Geo-Engineering* haben in der wissenschaftlichen Gemeinschaft einen großen Stellenwert bekommen. Seit 2002 finden internationale Konferenzen zum Geo-Engineering statt, bei denen Ideen der vorgenannten Art durchaus kontrovers diskutiert werden [17].

1.2 Kraftwerke und Umwelt

Die Zunahme des CO_2-Anteils in der Atmosphäre zeigt, dass die Nebenwirkungen der Energienutzung globale Dimensionen erreicht haben. Diese Nebenwirkungen sind ursprünglich nicht gewollt oder bekannt gewesen, die Möglichkeit ihres Auftretens wurde aber zunächst im Interesse des Erreichens eines Zieles als ein Kostenfaktor billigend in Kauf genommen. Einflüsse auf kleinere Gebiete, die infolge menschlichen Handelns zu lokalen Umweltkrisen führten, hat es schon vor langer Zeit gegeben. Bekannte Beispiele aus historischer Zeit sind die Verkarstung des östlichen Mittelmeerraums durch den Raubbau an den Wäldern und auch die Versalzung großer Ackerflächen im alten Mesopotamien, die infolge der Bewässerung auftrat. Diese Ackerflächen mussten schließlich aufgegeben werden und bilden heute eine Wüste. Diese Beispiele zeigen, dass wir zwar die Macht haben, die Umwelt zu verändern – wir können z.B. innerhalb einer kurzen Zeitspanne einen Regenwald abholzen – wir haben aber keine Gewalt über die Natur, denn wir können die entstehende Wüste nicht aufhalten, die in ihrer Art genau so natürlich ist wie der Regenwald.

Die aus der Energieumwandlung in der Technosphäre resultierenden Auswirkungen auf die Biosphäre lassen sich nur schwer quantifizieren. Allerdings sind insbesondere für die fossilen Brennstoffe die möglichen Gefahren gut bekannt. Es handelt sich um saure Niederschläge, Luftverschmutzung in den Ballungsgebieten und die weltweite Erwärmung. Um uns eine erste Vorstellung über die mit der Energieumwandlung verbundene Umweltbeeinflussung zu verschaffen, sind in Abb. 1.7 die bei einem mit Steinkohle gefeuerten Dampfkraftwerk anfallenden Mengenströme an Hilfs- und Abfallstoffen angegeben. Die Abfälle aus Kraftwerksanlagen sind nicht nur von vielfältiger Art, sondern fallen auch in riesigen Mengen an. Bei einem 700 MW-Kohlekraftwerk, das

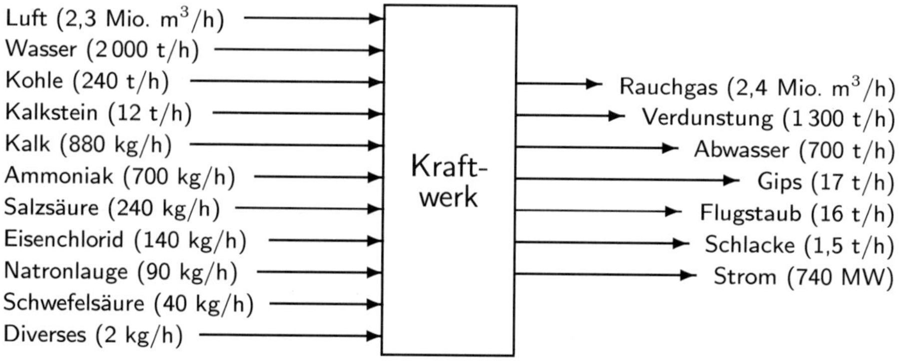

Abbildung 1.7. Mengenströme bei einem steinkohlegefeuerten 740 MW-Kraftwerk. Kalkstein und Ammoniak sind zur Rauchgasreinigung notwendig, die anderen Chemikalien zur Wasseraufbereitung. Der Verdunstungsstrom entsteht im Nasskühlturm wie auch der größte Teil des Abwassers. Flugstaub, Gips und Schlacke werden in der Bauindustrie verarbeitet.

mit Steinkohle gefeuert und als *Grundlastkraftwerk* mit Vollast betrieben wird, sind dies im Verlauf von 25 Jahren:

$125 \cdot 10^9$ kg CO_2
$1{,}3 \cdot 10^9$ kg SO_2
$0{,}3 \cdot 10^9$ kg NO_2
$4 \cdot 10^9$ kg Schlacke und Asche

Damit fallen in der Bundesrepublik, bezogen auf eine Person mit einer Lebensdauer von 75 Jahren, die ihren Strom ausschl. aus einem Kohlekraftwerk bezieht, folgende Mengen an:

$7{,}0 \cdot 10^5$ kg CO_2 oder 9 000 mal das Körpergewicht,
$5{,}5 \cdot 10^3$ kg SO_2 oder 70 mal das Körpergewicht,
$1{,}7 \cdot 10^4$ kg Asche oder 220 mal das Körpergewicht

Würde diese Person ihren ganzen Energiebedarf mit Kohle decken, wären diese Zahlen etwa um den Faktor 3 größer.[27]

Kernkraftwerke verschmutzen unsere Umwelt nicht mit Schadgasen wie SO_2 und NO_2 oder mit Staub, aber sie senden im Normalbetrieb radioaktive Strahlen aus, haben das Potential für schwere Unfälle und produzieren radioaktive Abfälle. Bezüglich der Bewertung dieser drei Gefahrenquellen wird auf Abschn. 16.5 verwiesen. Hier sei nur darauf hingewiesen, dass die Menge der

[27] Der Stromverbrauch pro Kopf der Bevölkerung betrug 1990 in der Bundesrepublik ca. 7 000 kWh/a. Die Bereitstellung erfolgte mit einer Kraftwerksleistung von 1,6 kW/Einwohner. Die Zahlenwerte für die erzeugten Abfallmengen beziehen sich auf eine Anlage mit einer Nettoleistung von 750 MW, Kohleverbrauch 240 t/h, Heizwert 28 MJ/kg, Aschegehalt der Kohle 8%, Schwefelgehalt 1,2%. Von den angegebenen Mengen werden von den Rauchgasreinigungsanlagen mehr als 99% der Asche und über 95% der bei der Verbrennung erzeugten Schadgase (SOx und NOx) zurückgehalten.

erzeugten Abfälle gering ist. Bezogen auf die Lebenszeit eines Menschen in der Bundesrepublik sind dies im Falle der Versorgung mit Kernkraftstrom:

- ca. 0,3 kg radioaktive Spaltprodukte
- ca. 10 kg radioaktive Strukturmaterialien, die am Ende der Nutzungszeit eines Kraftwerks anfallen

Radioaktive Stoffe dieser Art sind der Biosphäre fremd und müssen daher über eine lange Zeit (ca. 10^5 Jahre) sicher gelagert werden. Diese grobe Abschätzung der bei thermischen Kraftwerken anfallenden Abfallmengen zeigt, dass dem Umweltschutz innerhalb der Energietechnik eine herausragende Rolle zukommt.

1.3 Energieumwandlung

Die Hauptaufgabe der Energietechnik ist die rationelle Umwandlung der verschiedenen Arten von Primärenergie in Nutzenergie. Als Nutzenergie soll im folgenden mechanische Arbeit oder elektrische Energie verstanden werden. Die Möglichkeiten zur Umwandlung von potentieller Lageenergie, chemischer Brennstoffenergie oder Kernenergie in diese beiden Energieformen sind schematisch in Abb. 1.8 dargestellt. Großtechnisch erfolgt die Umwandlung chemischer und nuklearer Energie in mechanische Energie und Elektrizität mit Wärmekraftwerken. Dabei wird die Brennstoffenergie zunächst in Wärme überführt. Die Umwandlung der Wärme in mechanische Energie erfolgt mit thermodynamischen Kreisprozessen, die in Energiewandlersystemen ausgeführt werden. Dasjenige Teilsystem, das die Umwandlung der Wärme in mechanische Energie ausführt, nennt man thermodynamische Maschine oder einfach Maschine. Dem System wird dazu Hochtemperaturwärme zugeführt, es leistet daraus nutzbare Arbeit und gibt schließlich Niedertemperaturwärme ab.

Der Wärmetransport innerhalb des Prozesses erfolgt mit Arbeitsmitteln. In der industriellen Kraftwerkstechnik wird zwischen Prozessen unterschieden, die bei allen im Prozessablauf vorkommenden Zustandsänderungen mit einem homogenen Medium (Gas) und solchen, die mit einem heterogenen Medium arbeiten (Wasser/Dampf). Im Wärmekraftwerk wird die Primärenergie über zwei Zwischenstufen in elektrische Nutzenergie überführt. Daneben gibt es auch Prozesse, bei denen die Umwandlung direkt oder nur über eine Stufe erfolgt. Die bekanntesten sind:

- die Brennstoffzelle zur direkten Umwandlung von chemischer Brennstoffenergie
- die Solarzelle zur direkten Umwandlung von Strahlungsenergie
- thermoelektrische Energiewandler
- thermoionische Energiewandler und
- magnetohydrodynamische Energiewandler (MHD)

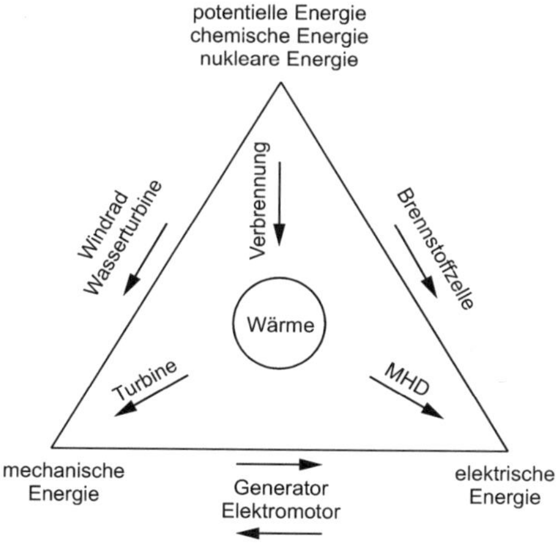

Abbildung 1.8. Hauptpfade zur Energieumwandlung. MHD ist die Abkürzung für Magneto-Hydro-Dynamische Energiewandler.

Die diesen Umwandlungsprozessen zugrundeliegenden Effekte sind bereits seit mehr als 100 Jahren bekannt. Ihre Anwendung blieb bei den ersten zwei Verfahren auf Sonderfälle beschränkt. Der Grund dafür liegt im Wesentlichen an den großen Aufwendungen für Material und den damit verbundenen Kosten. Thermoelektrische und thermoionische Umwandlungsprozesse eignen sich nur für kleine Leistungen und finden großtechnisch keine Anwendung. Die Nichtanwendung des MHD-Prozesses ist durch technologische Schwierigkeiten und die Nichtverfügbarkeit von Werkstoffen mit einer hohen Beständigkeit gegen Erosion durch staubbeladene Gase bei Temperaturen im Bereich von 2 000°C bedingt.
Neben den Kosten für den Bau, Betrieb und Unterhalt einer Anlage spielen für die Bewertung eines Umwandlungsverfahrens im Hinblick auf den Einsatz in einem Kraftwerk noch weitere Anforderungen eine Rolle. Die wichtigsten davon sind

- der Wirkungsgrad
- die Sicherheit des Betriebs
- die Zuverlässigkeit

Unter Wirkungsgrad verstehen wir das Verhältnis der gewonnenen Nutzenergie zur eingesetzten Energie:

$$\eta = \frac{\text{umgewandelteEnergiemenge}}{\text{eingesetzteEnergiemenge}}.$$

Wirkungsgrade ausgewählter technischer und natürlicher Wandlungsprozesse sind in Tabelle (1.1) zusammengestellt.

1.4 Energieverbrauch bei der Energiegewinnung

Bei der Beurteilung von Verfahren zur Umwandlung von Primärenergie in Nutzenergie ist nicht nur der Wirkungsgrad als Verhältnis zwischen gewon-

Tabelle 1.1. Wirkungsgrad technischer und natürlicher Wandlungsprozesse

Umwandlungsprozess	Energieart	Wirkungsgrad [%]
Globale Photosynthese	$s \to c$	0,3
Photosynthese von Getreide	$s \to c$	1–2
Photosynthese von Zuckerrohr	$s \to c$	3–5
Zugpferd	$c \to m$	10–15
Dampflokomotive	$c \to m$	15–20
Benzinmotor	$c \to m$	25–30
Dieselmotor	$c \to m$	30–35
Große Gasturbine	$c \to m$	35–40
Dampfkraftwerk	$c \to e$	40–48
GuD-Kraftwerk	$c \to e$	55–60
Wasserturbine	$m \to e$	85–95
Solarzelle (kommerziell)	$s \to e$	10–12
Solarzelle (Labor)	$s \to e$	15–25
Windturbine	$m \to e$	35–45

Es bedeuten: c = chemische Energie, e = elektrische Energie, m = mechanische Energie, s = Sonnenstrahlung

nener Nutzenergie und eingesetzter Primärenergie von Bedeutung, sondern auch das Verhältnis von der während der Lebenszeit einer Anlage gewonnenen Nutzenergie zu der für Bau, Betrieb und Unterhalt erforderlichen Energie. Dieses Verhältnis wird als *Erntefaktor* bezeichnet. Eine Gegenüberstellung von Erntefaktoren verschiedener Kraftwerkssysteme ist in Tabelle 1.2 gegeben. Zusätzlich aufgenommen sind Angaben über die zugrunde gelegte Auslastung in äquivalenten Vollaststunden pro Jahr, den spezifischen Materialverbrauch und die zu erwartende Lebensdauer des Kraftwerkstyps. In der Tabelle sind

Tabelle 1.2. Energiebilanzen für einige Kraftwerkstypen[a]

Anlagentyp	Vollast-stunden $[a^{-1}]$	Energie-rückflusszeit [a]	Erntefaktor Nutzungs-dauer 25 Jahre
Kohlekraftwerk	7 000	0,2 – 0,3	100
GuD-Kraftwerk	7 000	0,15	120
Kernkraftwerk	7 000	0,4	60
Wasserkraft	7 000	1 – 2	10 – 20
Windkonverter	2 500	0,5 – 0,75	8 – 40
Photovoltaik	1 400	5 – 20	1 – 4

[a] Basis für die Werte sind Literaturangaben, mündliche Mitteilungen von Fachkollegen und eigene Abschätzungen.

die Kosten nicht berücksichtigt, die für Exploration, Erschließung, Förderung, Aufbereitung und Verteilung der Brennstoffe anfallen. Bei der großen Variation der Brennstoffe und den Unterschieden in der Förderung, der Aufbereitung und dem Transport ist eine allgemeine Aussage hierüber nicht möglich. So ist z.B. bei Steinkohlen, die im Tagebau aus oberflächennahen mächtigen Flözen gewonnen werden, für die Förderung ein Energieaufwand von ca. 200 kJ/kg erforderlich. Bei Kohlen aus tief liegenden Lagerstätten und dünnen Flözen müssen demgegenüber bis zu 4 MJ/kg aufgewendet werden. Der Lieferungswirkungsgrad variiert demnach zwischen 83 und 99,7%.
Ähnlich unterschiedlich ist der Energieaufwand bei der Erdölförderung; dieser liegt im Nahen Osten bei weniger als 10 kJ/kg und für Nordseeöl bei ca. 500 kJ/kg. Hinzu kommen noch die Aufwendungen für den Transport einschl. des Aufwandes für Tanker, Verladestationen und Vorratslager sowie die Verarbeitung in Raffinerien. Für Öl aus dem Nahen Osten ist hierfür ein Aufwand von ca. 2 MJ/kg erforderlich, so dass der Lieferwirkungsgrad des Brennstoffes bei ca. 93% liegt.
Auch bei der Nutzung der Kernenergie ist ein beachtlicher Energieaufwand für die Bereitstellung des Brennstoffes erforderlich. Für eine grobe Abschätzung gehen wir von folgender Annahme aus: Das für die üblichen Druckwasserreaktoren erforderliche $^{235}_{92}U$ muss aus Granit extrahiert werden. In kommerziell ausgebeuteten Lagerstätten findet man Uran in einer Konzentration von einem Prozent. Da der Anteil des leicht spaltbaren Isotops $^{235}_{92}U$ im Uran 0,7% beträgt, liegt die Konzentration des spaltbaren Materials im Roherz bei 70 ppm. Für ein Kraftwerk mit einer Leistung von 1 200 MW und einem Wirkungsgrad von 33% sind pro Tag ca. 4,5 kg $^{235}_{92}U$ erforderlich. Für dessen Gewinnung müssen bei der angegebenen Konzentration ca. 65 t Gestein gebrochen, gemahlen und chemisch aufbereitet werden, um das enthaltene $^{235}_{92}U$ zu isolieren. Das nicht verwendbare Gestein muss wieder kompaktiert und deponiert werden. Pro Kilo Einsatzmaterial sind allein für die mechanische Aufbereitung ca. 2 kWh an Energie erforderlich. Noch aufwendiger ist die Abtrennung des Isotops $^{235}_{92}U$, so dass sich für den Kernbrennstoff schließlich ein Lieferwirkungsgrad von ca. 95% ergibt. Selbst bei der Nutzung unserer anwendungsfreundlichsten Brennstoffe sind damit die Energiekosten für die Gewinnung neuer Nutzenergie beträchtlich.

1.5 Verbundnetz, Anforderungen an Kraftwerke

Für die Verwendung einer Energieform spielt neben der Bereitstellung ihre Transportfähigkeit eine entscheidende Rolle. Dies zeigt sich auch darin, dass die meisten Gas-, Erdöl- und Elektrizitätsgesellschaften gleichzeitig auch Energietransportunternehmen sind, die für diese Energieformen in allen Industrieländern flächendeckende Verteilernetze entwickelt haben.
Von diesen Energieformen hat sich die elektrische Energie sowohl für die Haushalte als auch für die Industrie als eine bequem und sicher zu handhabende Energieform erwiesen. Ihr besonderer Vorteil ist, dass jedem Nutzer zu der

gewünschten Zeit Energie in der von ihm benötigten Menge und mit der gewünschten Leistung zur Verfügung gestellt werden kann. Seit der Erfindung des Wechselstroms hat sich für die Verknüpfung der Bereitsteller elektrischer Energie (Kraftwerke) und der Nutzer (Verbraucher) aus technischen und wirtschaftlichen Gründen das *Verbundnetz* durchgesetzt. Darunter versteht man das die Kraftwerke und Verbraucher eines Verteilungsgebiets verknüpfende System aus elektrischen Leitungen zur Fortleitung und Verteilung der elektrischen Energie. Durch die Einrichtung des Verbundnetzes konnte ein wesentlicher Nachteil der Energieform Elektrizität ausgeglichen werden: Diese hat nämlich die Eigenschaft, dass sie im gleichen Moment, in dem sie bereit gestellt wird, auch genutzt werden muss. Die Bereitstellung von elektrischer Energie wird aus diesem Grunde ausschl. von den Verbrauchern bestimmt. Eine direkte Speicherung ist nur in geringen Mengen als Gleichstrom in Kondensatoren möglich, nicht aber in der handelsüblichen Form des Wechselstroms. Zur Speicherung großer Mengen muss der elektrische Strom vielmehr wieder in andere Energieformen umgewandelt werden, z.B. in potentielle Lageenergie bei sog. Pumpspeicherwerken oder chemische Energie bei Verwendung von Batterien als Speicher.

Bei der Verknüpfung einer großen Zahl von Verbrauchern mit mehreren Kraftwerken in einem Verbundnetz gleichen sich statistische Bedarfsschwankungen in einem gewissen Umfang aus, so dass sich die Partner Verbraucher und Kraftwerke einfacher aufeinander abstimmen können. Gelingt es nicht, Stromerzeugung und Verbrauch momentan einander anzugleichen, kommt es zunächst zu einem Ausgleich infolge eines Selbstregelungseffektes: Sinkt z.B. in einem Netz die Frequenz, reagieren die Drehstrommotoren mit einem Rückgang der Drehzahl und folglich der Leistungsaufnahme. So geht beispielsweise die Leistungsaufnahme eines Ventilators mit der dritten Potenz der Drehzahl zurück. Geht die Absenkung der Frequenz mit einer Spannungsabsenkung einher, nehmen auch die Ohm'schen Verbraucher eine geringere Leistung auf. In den Industrieländern kann mit einem Selbstregelungseffekt von 1–2% pro 1 Hz Frequenzänderung gerechnet werden. Um Maschinen und Geräte mit konstanter Leistung betreiben zu können, dürfen aber andererseits Spannung und Frequenz in einem Verbundnetz nur wenig schwanken.

Ein Beispiel für eine Netzfrequenzänderung infolge eines plötzlichen zusätzlichen Leistungsbedarfs ist in Abb. 1.9 gegeben [4]. Hervorgerufen durch eine Pause in einer Fernsehsendung am 10.1.1966 gegen 22.00 Uhr entstand im Netz der RWE ein zusätzlicher Leistungsbedarf von ca. 1 100 MW, der innerhalb von ca. 1 Minute zu decken war. Weil dieses Ereignis vorauszusehen war, wurde schon 10 Minuten vorher begonnen, die Netzfrequenz auf 50,1 Hz zu erhöhen. Trotz dieser Vorsorgemaßnahme sank die Netzfrequenz durch die kurzzeitige Leistungsanforderung auf unter 50 Hz ab. Aus dem Bild ist ferner zu sehen, dass die Frequenzschwankungen sich in der Regel innerhalb eines Bandes von 0,05 Hz bewegen.

In einem Verbundnetz ist eine Vielzahl unterschiedlicher Kraftwerke und Verbraucher zusammengeschlossen. Das geordnete Zusammenspiel der Sys-

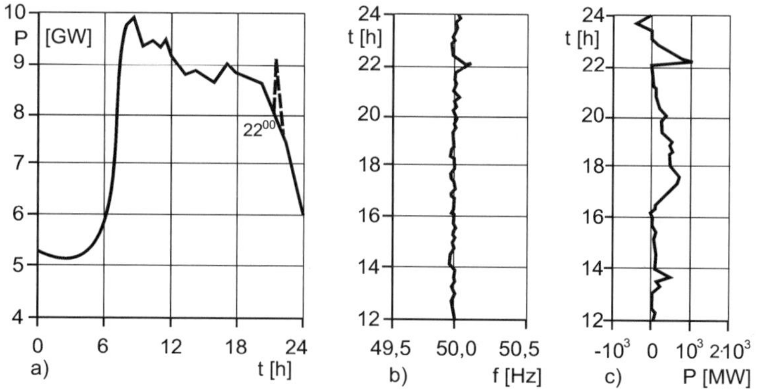

Abbildung 1.9. Belastung des RWE-Netzes am 10.1.1966: a) Tagesbelastungskurve, b) Netzfrequenz, c) Zusätzliche Leistungsabgabe.

tempartner ist heute weitgehend automatisiert. Aufgrund von Erfahrungswerten und Prognosen wird dabei zunächst ein Bedarfsprofil für die Strombereitstellung für einen gewissen Zeitraum ermittelt. Unter Berücksichtigung von Wirtschaftlichkeitsüberlegungen wird darauf aufbauend ein Einsatzplan für die einzelnen Kraftwerke erstellt und in ein *Fahrprogramm* umgesetzt. Für den genauen Ausgleich zwischen Bereitstellung und Verbrauch sorgt dann die Netzfrequenzregelung (Primärregelung). Weitere Korrekturen der Leistungsabgabe einzelner Kraftwerke erfolgen zur Einhaltung eventueller vertraglicher Abgabeverpflichtungen und zur Begrenzung der Leistungsbeanspruchung (Sekundärregelung).

Um die geforderte Netzleistung bei gleichzeitiger Einhaltung der zulässigen Abweichungen für Netzspannung und Netzfrequenz zu erhalten, müssen alle Systempartner zusammenarbeiten. Das Erreichen dieses Zieles ist oft erschwert durch die Größe des Netzsystems und die damit verbundene Unübersichtlichkeit. Ferner ergibt sich eine Erschwernis dadurch, dass die Regelung und Steuerung der Systempartner in dezentrale Einzelsysteme aufgelöst ist. Bei dieser Aufsplitterung besteht die Gefahr, dass trotz richtiger Einstellung der Regelung der Einzelsysteme das Gesamtsystem „Netz" nicht im gewünschten Maße optimiert ist. Jeder Systempartner strebt nach Eigenschonung und Eigennutzen und neigt daher dazu, vom Gesamtsystem geforderte Leistungsänderungen den anderen Systempartnern zuzuschieben. Es ergibt sich daraus die Frage, wie die Dynamik der Energiebereitstellung in optimaler Weise beschaffen sein muss.

Neben regelungstechnischen Gesichtspunkten sind dafür auch die Dynamikeigenschaften des Teilsystems „Kraftwerk" entscheidend. Bei mit fossilen Brennstoffen gefeuerten Wärmekraftwerken sind diese Eigenschaften weitgehend durch die Manövrierfähigkeit der Feuerungsanlage und die Werkstoffbeanspruchung dickwandiger Bauteile von Dampferzeuger und Turbine (instati-

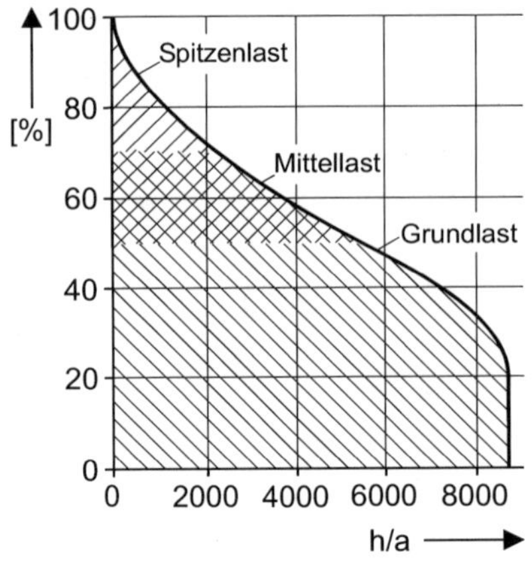

Abbildung 1.10. Geordnete Jahresbelastung eines Netzes und deren Abdeckung. Grundlastkraftwerke haben niedrige Erzeugungskosten und geringe Last- Änderungsgeschwindigkeiten; Mittellastkraftwerke lassen sich über einen weiten Lastbereich regeln; Spitzenlastkraftwerke müssen jeder Leistungsveränderung im Netz folgen können und somit eine hohe Dynamik besitzen.

onäre Wärmespannungen, Langzeitlebensdauer) bestimmt. Ebenso spielt auch die Schonung der Stellglieder eine wichtige Rolle. Um die von den Verbrauchern verlangten Laständerungen bei zulässigen Schwankungen von Spannung und Frequenz erfüllen zu können, werden von modernen Kraftwerken Lastgradienten von 6–10% pro Minute verlangt. Bei Störungen soll dieser Leistungsanstieg als Sprung sofort zur Verfügung stehen und anschließend zwischen 40 und 100% Last ein Leistungsanstieg mit einem Gradienten von 6% pro Minute ausgefahren werden können. Bei großen Störungen, die nur selten vorkommen, soll die Leistung innerhalb von 5 s um 20% gesteigert werden können.

Das Ausbalancieren von Verbrauch und Erzeugung im Stromnetz ist infolge des starken Ausbaus der Stromerzeugung aus Windenergie eine anspruchsvolle Aufgabe geworden. Da die Leistungsabgabe der Windenergieanlagen und die Netzlast nicht korreliert sind, entsteht zur Frequenzstützung und Stabilisierung des Netzes ein zunehmender Bedarf an Regelleistung. Dabei muss in Schwachwindphasen Energie, in Deutschland meist aus Wärmekraftwerken, in das Netz eingespeist werden und in Starkwindphasen Energie, die das Netz nicht aufnehmen kann, auf Vorrat gespeichert werden; dies ist im Prinzip mit Pumpspeicherkraftwerken und auch thermischen Speicherkraftwerken möglich, vgl. das Kapitel 18 und [18].

Der in Abb. 1.9 in Abhängigkeit der Tageszeit dargestellte Verlauf der Stromabgabe eines Netzes ist mit Ausnahme der Lastspitze um 22 Uhr typisch für einen Wintertag. In den Sommermonaten ist der Verlauf ähnlich, nur die Spitzen liegen etwa 20% tiefer. Ermittelt man aus den Tagesbelastungskurven eines Jahres die Betriebsstunden gleicher Belastung und normiert diese mit der im betrachteten Jahr aufgetretenen Höchstleistung, erhält man die in Abb. 1.10 dargestellte *geordnete Jahresbelastung*. Es ist üblich, den Einsatzbereich bis etwa 2 000 h/a als *Spitzenlast*, den Bereich zwischen 2 000 und 5 000 h/a als *Mittellast* und den oberhalb von 5 000 h/a als *Grundlast* zu bezeichnen.

Es ist klar, dass der Einsatz von Kraftwerken in den verschiedenen Lastbereichen nach wirtschaftlichen Gesichtspunkten zu erfolgen hat. In einer ersten Näherung setzen sich die Kosten für Elektrizitätserzeugung mit Kraftwerken aus einem vorwiegend investitionsabhängigen Festkostenanteil K_I und einem im wesentlichen von den Brennstoffkosten abhängigen Anteil K_B zusammen. Damit gilt für die Gesamtkosten:

$$K = K_\mathrm{I} + K_\mathrm{B} \; [€/\mathrm{a}] \, . \tag{1.17}$$

Bezeichnet k_I die spezifischen Investitionskosten in €/kW, p die Annuität[28] in %/a und P die Nennleistung eines Blockes in MW, folgt für den Investitionsanteil

$$K_\mathrm{I} = k_\mathrm{I}\, p\, P \cdot 10 \; [€/\mathrm{a}] \, . \tag{1.18}$$

Für k_I galten 1992 die in Tabelle 1.3 angegebenen Werte.

Tabelle 1.3. Spezifische Investitionskosten für Kraftwerke

Kraftwerkstyp	k_I [€/kW]
Gasturbinen-Spitzenlast KW	300 – 400
Gas- und Dampf KW	600 – 750
Steinkohle KW 740 MW	900 – 1 050
Braunkohle KW 900 MW	1 300
Kernkraftwerk 1 200 MW	2 400

Für den Kostenanteil K_B kann entsprechend

$$K_\mathrm{B} = k_\mathrm{B}\, \tau_\mathrm{eff} \; [€/\mathrm{a}] \tag{1.19}$$

gesetzt werden. Der Brennstoffaktor k_B ergibt sich aus dem Wirkungsgrad η, dem Brennstoffpreis b in €/GJ[29], den Kosten für die Aufbereitung des Brennstoffes und die Beseitigung der Rückstände $\left(f_\mathrm{B} - 1\right) b$ sowie der Nennleistung zu

$$k_\mathrm{B} = \frac{3\,600}{\eta} f_\mathrm{B}\, b\, P \cdot 10^{-3} \; [€/\mathrm{h}] \, . \tag{1.20}$$

Der Faktor $3\,600/\eta$ ist der *spezifische Wärmeverbrauch* in kJ/kWh. τ_eff ist die effektive Betriebszeit des Blocks, welche sich aus der *Auslastung* f_A und der *Verfügbarkeit* f_V ergibt. Die beiden Faktoren sind wie folgt definiert:

[28] Mit Annuität bezeichnet man die Summe aus Kapitalzins und Tilgung. Hier wird der Einfachheit halber von einer konstanten Annuität ausgegangen.

[29] 1 GJ = 1 Gigajoule = 10^9 Joule.

$$f_{\mathrm{A}} = \frac{\text{An das Netz abgegebene Energie in MWh/a}}{\text{Nennleistung in MW} \cdot \text{Betriebsbereitschaft in h/a}} , \tag{1.21}$$

$$f_{\mathrm{V}} = \frac{\text{Betriebsbereitschaft in h/a}}{8\,760 \text{ h/a}} . \tag{1.22}$$

Damit ist

$$\tau_{\mathrm{eff}} = f_{\mathrm{A}}\, f_{\mathrm{V}} \cdot 8\,760 \; [\mathrm{h/a}] . \tag{1.23}$$

Mit der Jahresstromabgabe

$$E = P\, \tau_{\mathrm{eff}} \cdot 10^3 \; [\mathrm{kWh/a}] \tag{1.24}$$

kann aus den vorstehenden Beziehungen schließlich eine Gleichung für die *Stromgestehungskosten*

$$\epsilon = \frac{K}{E} = \frac{k_{\mathrm{I}}\, p \cdot 10^{-2}}{f_{\mathrm{A}}\, f_{\mathrm{V}} \cdot 8\,760} + \frac{3\,600}{\eta} f_{\mathrm{B}}\, b \cdot 10^{-6} \; [€/\mathrm{kWh}] \tag{1.25}$$

hergeleitet werden. Nicht berücksichtigt sind hierbei die Kosten für Personal und Instandhaltung. Diese sind aber i.a. gering im Vergleich zu den hier abgeschätzten Kosten für das Investitionskapital und den Brennstoff.
Durch technische Maßnahmen im engeren Sinn können nur die Investitionskosten, der Wirkungsgrad und die Verfügbarkeit der Anlage beeinflusst werden. Es ist eine allgemeine Erfahrung, dass die Investitionskosten für eine Anlage mit ihrem Wirkungsgrad steigen. Auf der anderen Seite sind Anlagen mit einem hohen Wirkungsgrad in aller Regel komplexer und aufwendiger bzgl. der Wartung. Deshalb nimmt die Verfügbarkeit zumindest in der Tendenz mit zunehmendem Wirkungsgrad ab. Anhand von Gl.(1.25) kann man leicht zeigen, dass es vom wirtschaftlichen Standpunkt aus keinen Sinn macht, den Wirkungsgrad auf Kosten der Verfügbarkeit zu verbessern. Durch zusätzliche Anstrengungen in der Wartung muss dann vielmehr sichergestellt werden, dass die Verfügbarkeit nicht unzulässig vermindert wird.

Mit Hilfe von Gl.(1.25) kann in erster Näherung die Eignung der verschiedenen Kraftwerkstypen für den Einsatz in den einzelnen Lastbereichen beurteilt werden. Es liegt nahe, dass man für die Grundlast die Anlagen mit den zwar höheren Investitionskosten, dafür aber den geringeren Brennstoffkosten heranzieht. Dies sind derzeit die Kern- und Braunkohlekraftwerke. Für den Mittellastbereich zwischen 2 000 und 5 000 Betriebsstunden werden z.Zt. Steinkohlekraftwerke eingesetzt. Diese sind deshalb für häufigen Teillastbetrieb und tägliches An- und Abfahren (Zweischichtbetrieb) ausgelegt. Für den Spitzenlastbereich schließlich werden Anlagen mit niedrigen Investitionskosten und eventuell höheren Brennstoffkosten herangezogen. Zusätzlich müssen diese Anlagen noch kurze Zugriffszeiten und Anfahrzeiten aufweisen. Derzeit werden dafür offene Gasturbinen und mit Gas oder Öl gefeuerte Kombikraftwerke eingesetzt.

Beispiel 1.3. Für ein mit Steinkohle gefeuertes Kraftwerk mit einer Nettoleistung von 680 MW gelten folgende Daten:

spezifische Investitionskosten	k_{I}	$= 1\,050$ €/kW,
Kapitaldienst Annuität	p	$= 10\%$,
Auslastungsfaktor	f_{A}	$= 0{,}6$,
Verfügbarkeit	f_{V}	$= 0{,}85$,
Wirkungsgrad	η	$= 0{,}37$,
Faktor für Handhabungskosten	f_{B}	$= 1{,}15$,
Brennstoffkosten	b	$= 2{,}5$ €/GJ.

Man bestimme die Stromgestehungskosten ϵ. Wie ändert sich ϵ, wenn f_{V} bzw. η sich um je 1% ändern?

Lösung. Nach (1.25) ist $\epsilon = 0{,}051$ €/kWh. Für die Änderung von ϵ ergibt sich:

$$\Delta\epsilon = \frac{\partial\epsilon}{\partial f_{\mathrm{V}}}\Delta f_{\mathrm{V}} + \frac{\partial\epsilon}{\partial\eta}\Delta\eta\,.$$

Bei einer Änderung von f_{V} um Δf_{V} wird

$$\Delta\epsilon = \frac{-k_{\mathrm{I}}\,p\cdot 10^{-2}}{f_{\mathrm{A}}\cdot 8\,760}\,\frac{\Delta f_{\mathrm{V}}}{f_{\mathrm{V}}^2} = -0{,}027\,\Delta f_{\mathrm{V}}\,.$$

Entsprechend gilt bei einer Änderung von η

$$\Delta\epsilon = -f_{\mathrm{B}}\,b\cdot 3\,600\cdot 10^{-6}\,\frac{\Delta\eta}{\eta^2} = -0{,}075\,\Delta\eta\,.$$

Eine Änderung von drei Prozentpunkten der Verfügbarkeit hat bzgl. der Kosten die gleiche Auswirkung wie ein Prozentpunkt des Wirkungsgrades.

1.6 Fazit

Die modernen Gesellschaften leben nicht von der Natur, sondern von ihrer Umwelt. Unter naturnahen Bedingungen könnte nur ein kleiner Teil der heute lebenden Menschen ein Auskommen finden. Erst durch die Entwicklung der Techniken zur Nutzbarmachung fossiler und anderer Energiequellen war es möglich, die Grenzen soweit hinauszuschieben, dass weiteres Wachstum der Wirtschaft und des Wohlstandes für die heute lebenden Menschen möglich wurde. In diesem Kapitel wurden Randbedingungen benannt, die bei der Konzeption derartiger Energieumwandlungsverfahren zu beachten sind, damit diese den Anforderungen der Nutzer gerecht werden. Diese Bedingungen betreffen die Kosten, den Materialaufwand, die Verfügbarkeit und die Umweltbeeinflussung.

Die Einrichtung von Verbundnetzen für die Verteilung von Elektrizität, Erdgas und Öl zu Beginn des vergangenen Jahrhunderts war eine Voraussetzung für die steile Entwicklung der Wirtschaft. Mit diesen Netzen können drei Voraussetzungen, die wir an Energiesysteme stellen, sicher erfüllt werden:

- Sicherung der quantitativen Übereinstimmung von Energieangebot und -nachfrage

- die rechtzeitige Bereitstellung der benötigten Energie
- die örtliche Übereinstimmung: Bereitstellung der geforderten Energie nach Menge und Leistung an dem vom Verbraucher vorgegebenen Ort

Wir haben ferner erkannt, dass bei vielen energietechnischen Prozessen ein Eingriff in Bereiche erfolgt, die der Biosphäre zuzurechnen sind. Weil diese Eingriffe nicht dem Regelmechanismus der Biosphäre unterworfen sind, kann es dadurch zu tiefgreifenden Änderungen unserer Umwelt kommen. Dem kommt deshalb besondere Bedeutung zu, weil sich Veränderungen in der Biosphäre mit technischen Verfahren praktisch nicht rückgängig machen lassen.

Literatur

1. Angel, R.: Feasability of Cooling the Earth with a Cloud of Small Spacecraft near the inner Lagrange Point. PNAS **103**, 17184–17189 (2006)
2. Baehr, H.D.: Thermodynamik, 9. Auflage. Springer, Berlin Heidelberg New York 1996
3. BP Statistical Review of World Energy. London, versch. Jahrgänge
4. Brünecke, E.: Regelversuche an Dampfkesseln im Hinblick auf die Anforderungen des Verbundnetzes. Mitteilungen des VGB **46**, 237–247 (1966)
5. Budyco, M.I., Golistin, G.S., Izrael, J.A.: Global climatic catastrophes. Springer, Berlin Heidelberg New York 1988
6. Carson, R.: Der stumme Frühling. Biederstein, München 1962
7. IPCC Climat Change 2001: The Scientific Basis. Cambridge University Press UK
8. Graedel, T.E., Crutzen, P.J.: Chemie der Atmosphäre. Spektrum, Heidelberg 1996
9. Hansen, J., Sato, M., Ruedy, R., Lo, K., Lea, D., Medina-Ekizade, M.: Global Temperature Change. PNAS **103**, 14288–14293 (2006)
10. Körner, Ch.: Wald, Biodiversität und CO_2-Überraschungen sind sicher. Naturwiss. Rundschau **58**, Heft 2, 61–89 (2005)
11. Kroonenberg, S.: Der lange Zyklus. Wiss. Buchgesellschaft, Darmstadt (2008)
12. Linzen, R.S.: Über die wissenschaftliche Basis für globale Erwärmungsszenarien. Energiewirtschaftliche Tagesfragen **43**, 507–516 (1993)
13. Lomberg, B.: Apocalypse No! zu Klampen, Lüneburg 2002
14. Oberthür, S., Ott, H.E.: Das Kyoto–Protokoll. Leske und Budrich, Opladen 2000
15. Revelle, R.: Weltklima: Wärmer und feuchter durch Kohlendioxid. Spektrum der Wissenschaft **10**, 16–25 (1982)
16. Revelle, R., Suess, H.E.: Carbon dioxide exchange between atmosphere and ocean and the question of an increase in atmospheric CO_2 during the last decades. Tellus **9**, 18–27 (1957)
17. Schneider, S.H.: Geoengineering: could or shoud we make it? Phil. Trans. R. Soc. A **366**, 3842–3862 (2008)
18. Schwarz,J., Stachschus, K.: Voraussetzungen für eine sichere Stromversorgung. Energiewirtschaftliche Tagesfragen. H3, 446–450 (2003)
19. Stauffer, B.: Ist ein über mehrere Jahrtausende stabiles Klima die Ausnahme? Spektrum der Wissenschaft **11**, 16–18 (1993)

2

Energiequellen

Energie wird in der Weise gewonnen, dass fossile oder mineralische Bodenschätze gefördert und die in ihnen gespeicherte Energie nutzbar gemacht wird oder indem auf die Erde einfallende Energieströme verfügbar gemacht werden. Im Einzelnen sind dies:

- die chemische Energie der fossilen Brennstoffe Kohle, Erdgas und Erdöl
- die nukleare Energie der schweren Atomkerne (Uran und Thorium); sie kann durch Spaltung freigesetzt werden
- die nukleare Energie der leichten Atomkerne (Wasserstoff, Lithium); sie kann durch Kernverschmelzung nutzbar gemacht werden
- die Erdwärme; sie kommt überwiegend durch den radioaktiven Zerfall der Spurenelemente Uran und Thorium in der Erdkruste zustande
- der Energiefluss aus der Sonne auf die Erde in der Form elektromagnetischer Wellen
- die Gravitation zwischen Sonne, Mond und Erde

Diese Energieströme sind insofern zu unterscheiden, als es sich bei den drei Erstgenannten um in der Erdkruste gespeicherte, hochkonzentrierte Energierohstoffe handelt, die nach Bedarf gefördert und verwendet werden können. Bei den drei Letztgenannten handelt es sich dagegen um Energieströme, die ohne Zutun des Menschen bestehen. Da diese in menschlichen Zeitmaßstäben gemessen unerschöpflich sind, spricht man von regenerativen Energiequellen. Nach der Kenntnis der Gesetzmäßigkeiten der Natur und dem heutigen Stand der Technik ist es zumindest unwahrscheinlich, dass in Zukunft weitere, bisher noch nicht bekannte Energiequellen gefunden werden.

Im allgemeinen Sprachgebrauch nennt man die in der Natur vorkommenden Energiearten *Primärenergie*, die durch technische Prozesse in anwendungsreife *Sekundärenergie* (z.B. Heizöl, Benzin, Braunkohlenbriketts) und dann nach Bedarf in *Nutzenergie* (z.B. Wärme, elektrischer Strom, mechanische Energie) umgewandelt wird. Die hier aufgeführten Energiequellen sind aber vom Standpunkt ihrer technischen Nutzbarkeit nicht gleichwertig. Es gibt erhebliche Unterschiede bzgl.

- der Zugänglichkeit
- der Ergiebigkeit
- der potentiellen Umweltbeeinflussung

Tabelle 2.1. Vorräte an nicht regenerierbaren Energien in Gt SKE

	Bekannte Vorräte[a]	Zusätzliche Vorräte[b]	Spekulative Vorräte[c]	Statistische Reichweite in Jahren[d]
Kohle	566	3 900	–	240
Erdöl	330	490	260	41
Erdgas	240	400	–	68
Uran[e]	40	45	150	–
Gesamt	1 650	4 660	410	–

[a] Mit derzeitigen Mitteln wirtschaftlich förderbare Vorräte, diese Vorräte werden auch als konventionelles Erdöl, Erdgas etc. bezeichnet; zusammengestellt nach [2], [22].
[b] Mit großer Wahrscheinlichkeit vorhanden und förderbar.
[c] Fundorte nicht genau bekannt, Fördermöglichkeiten offen.
[d] Reichweite der bekannten Vorräte bei dem gegenwärtigen Verbrauch.
[e] Bei Nutzung in Leichtwasserreaktoren der gegenwärtigen Bauart, ohne Einsatz von Brutreaktoren und ohne Wiederaufbereitung einmal benutzter Brennstäbe.

- der Risiken bei ihrer Gewinnung und Nutzung
- des Energieeinsatzes für ihre Förderung und Aufbereitung
- der Verfügbarkeit der Mittel für ihre Gewinnung und Verwertung

Eine erste Bewertung der genannten Quellen ist in den Tabellen 2.1 und 2.2 gegeben. In Abb. 1.3 ist bereits die Entwicklung des Weltenergieverbrauches nach Energieträgern graphisch dargestellt worden. Bemerkenswert bei dem Vergleich zwischen dem Verbrauch und der Mächtigkeit der Vorräte der fossilen Energieträger ist, dass die Kohle im Weltmaßstab zwar über 80% der mit den derzeitigen technischen Mitteln förderbaren Vorräte stellt, aber nur zu 20% am Verbrauch beteiligt ist.

Als Maß für die Vorrats- und Verbrauchsmengen der einzelnen Energiearten werden üblicherweise die *Steinkohleneinheit* (SKE), die *Rohöleinheit* (OE) und die SI-Einheit *Terawattjahr* (TWa) verwendet. Es gilt die Umrechnung:

$$1 \text{ kgSKE} = 7\,000 \text{ kcal} = 29{,}308 \text{ MJ} = 8{,}161 \text{ kWh} = 0,70 \text{ kgOE} \tag{2.1}$$

$$1 \text{ kgOE} = 10\,000 \text{ kcal} = 41{,}868 \text{ MJ} = 11{,}63 \text{ kWh} = 1{,}43 \text{ kgSKE} \tag{2.2}$$

$$1 \text{ TWa} = 10^{12} \text{ W} \cdot 365 \text{ d/a} \cdot 24 \text{ h/d} \cdot 3600 \text{ s/h} = 31,536 \cdot 10^{18} \text{ J} \tag{2.3}$$

Die abstrakte Einheit TWa gewinnt an Anschaulichkeit, wenn man sie in kg SKE ausdrückt; man findet:

$$1 \text{ TWa} = 31,536 \cdot 10^{6} \cdot 10^{12} \text{ J} \approx 10^{12} \text{ kg SKE} = 1 \text{ Gt SKE}$$

Kann man die Menge der in der Erdkruste liegenden fossilen Brennstoffe, die noch niemand gesehen hat, überhaupt abschätzen? Für unsere wichtigste

Tabelle 2.2. Bewertung der Möglichkeiten der Energieversorgung

Primärenergie	Ergiebigkeit [TWa]	Risiken/ Nebenwirkungen	Technologische Reife/ Entwicklungspotential
Fossile Brennstoffe	$3 \cdot 10^3$	CO_2 und andere Emissionen, großer Flächenbedarf	gut entwickelt für Klein- und Großanlagen, Wirkungsgradverbesserung bei Energieumwandlung möglich
Kernbrennstoffe Uran und Thorium	$2 \cdot 10^4$ [a] $1 \cdot 10^2$ [b]	Emission von Radionukliden, Endlagerung von Spaltprodukten, hoher Materialbedarf	Brennstoffzyklus noch nicht geschlossen
Fusion	∞	Endlagerung von aktiviertem Material, Emission von Radionukliden, hoher Materialbedarf	zu entwickeln
Sonnenenergie	∞	großer Flächenbedarf, hoher Materialbedarf, lokale Klimabeeinflussung	zu entwickeln für Anwendungen im großen Stil
Geowärme	∞	Lagerung von mineralischen Abfällen, Schadstoffemissionen, Bodensenkungen	gut entwickelt
Wasserkraft	Angebot beschränkt	Flächenbedarf, lokale Klimaänderungen	gut entwickelt
Meeresströmungen	Angebot beschränkt	Materialbedarf	gut entwickelt
Windenergie	Angebot beschränkt	großer Flächenbedarf	gut entwickelt für Anlagen bis 4 MW

[a] Mit bzw.
[b] ohne Wiederaufbereitung verbrauchter Brennelemente und Einsatz von Brutreaktoren.

Energiequelle, die Mächtigkeit der Erdölvorkommen, hat der Geologe M. King Hubbert eine Methode zur Abschätzung entwickelt. Er hat gefunden, dass der zeitliche Verlauf der Produktionsmenge einer Ölquelle einer Gaußschen Glockenkurve ähnelt: Nach einer anfänglichen Steigerung fällt nach Überschreiten eines Maximums die Fördermenge stetig ab. Die Produktionsspitze markiert dabei den Zeitpunkt, zu dem die Ölquelle zur Hälfte ausgebeutet ist. Im Verlauf der Nutzung der weltweiten Ölfelder wurde Hubberts These weit-

gehend bestätigt. So hat er z. B. das Fördermaximum der US-amerikanischen Ölquellen Anfang der siebziger Jahre richtig prognostiziert. In [3] wird unter Anwendung von Hubberts Methode die Produktionsspitze der konventionellen Erdölförderung für das Ende dieses Jahrzehnts (2010) prognostiziert; zur Vertiefung vergleiche [5], [6] und die statistischen Jahresberichte der Ölgesellschaften [2].
Der größte Teil des Kohlenstoffs auf der Erde ist aber nicht in den fossilen Brennstoffen gebunden, sondern im Kalkstein ($CaCO_3$) und als Kerogen im Schiefer. Als Kerogen bezeichnen die Petrologen die organischen Substanzen, die zwischen den Mineralteilchen in den Sedimenten verstreut sind. Kerogen ist im Prinzip eine Energiequelle. Leider macht der Anteil des Kerogens selten mehr als ein Prozent des Sediments aus, so dass pro Tonne Kerogen 100 Tonnen Gestein abzubauen und 99 Tonnen Asche zu entsorgen wären.

2.1 Fossile Brennstoffe

Fossile Brennstoffe sind Produkte der Umwandlung urweltlicher pflanzlicher und tierischer Organismen und finden sich in der Natur als Kohlen, Erdöl und Erdgas, die mit dem Sauerstoff der Luft exotherm reagieren. Neben den Kohlenwasserstoffen enthalten die in der Natur vorkommenden Brennstoffe noch andere brennbare Elemente, z.B. Wasserstoff, Schwefel und auch inerte Bestandteile, z.B. Stickstoff und Wasser, sowie Metallverbindungen (Aschebildner). Dementsprechend laufen bei der Verbrennung folgende chemische Reaktionen ab:

$$\begin{array}{lllll} \mathrm{C} & + & \mathrm{O_2} & \longrightarrow \mathrm{CO_2} & \Delta h = -393{,}5\ \mathrm{MJ/kmol} \\ \mathrm{C} & + & \frac{1}{2}\,\mathrm{O_2} & \longrightarrow \mathrm{CO} & \Delta h = -110{,}5\ \mathrm{MJ/kmol} \\ \mathrm{CO} & + & \frac{1}{2}\,\mathrm{O_2} & \longrightarrow \mathrm{CO_2} & \Delta h = -283{,}0\ \mathrm{MJ/kmol} \\ \mathrm{H_2} & + & \frac{1}{2}\,\mathrm{O_2} & \longrightarrow \mathrm{H_2O} & \Delta h = -285{,}9\ \mathrm{MJ/kmol} \\ \mathrm{S} & + & \mathrm{O_2} & \longrightarrow \mathrm{SO_2} & \Delta h = -296{,}6\ \mathrm{MJ/kmol} \end{array}$$

Diese Verbrennungsvorgänge haben die gemeinsame Form

$$\text{Brennstoff} + \text{Oxidant} \longrightarrow \text{Verbrennungsprodukte} + \text{Reaktionsenthalpie.}$$

Man kann sich eine Verbrennungsreaktion so vorstellen, dass die reagierenden Moleküle vollständig in Atome zerlegt werden und auf eine neue Art zusammenfinden, um die Produktmoleküle zu bilden. Bei realen Verbrennungsvorgängen laufen eine Vielzahl von Zwischenreaktionen ab; eine Beschreibung der Verbrennung eines Brennstoffes ist deshalb nur modellhaft möglich. Nicht berücksichtigt sind in den obigen Gleichungen Nebenreaktionen, wie z.B. die NO_x-Bildung, die stark von der Reaktionsführung abhängt. Aus den Reaktionsgleichungen kann in elementarer Weise der Sauerstoff- bzw. Luftbedarf einer Verbrennungsreaktion bestimmt werden, vgl. Abschn. 5.1.

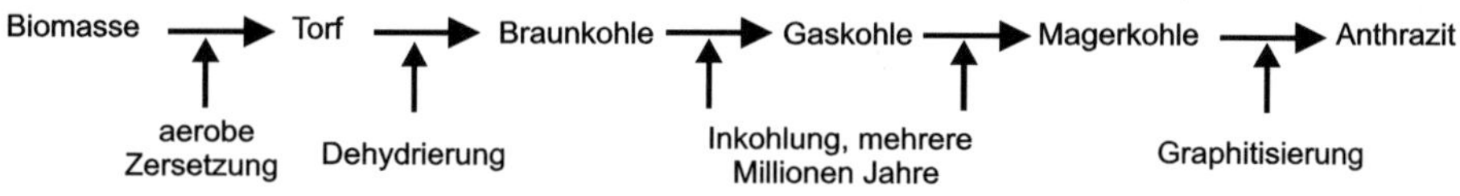

Abbildung 2.1. Schematische Darstellung der Kohlebildung. Ein Prozess, der in geologischen Zeiträumen stattfand.

Der Wert eines Brennstoffes hinsichtlich seiner Verwendung in thermischen Kraftwerken hängt im wesentlichen von der bei seiner Verbrennung freiwerdenden Wärme ab, d.h. von seinem *Heiz-* bzw. *Brennwert.* Heizwert und Brennwert sind Maße für die Wärmeenergie, die frei wird, wenn 1 kg des Brennstoffes mit chemisch nicht gebundenem Sauerstoff verbrannt wird und die Reaktionsprodukte wieder auf die Bezugstemperatur (25°C) abgekühlt werden. Beim Brennwert B, der früher oberer Heizwert genannt wurde, liegt das im Brennstoff enthaltene und bei der Verbrennung gebildete Wasser im flüssigen Zustand vor, beim Heizwert H dagegen im dampfförmigen Zustand. Brennwert und Heizwert unterscheiden sich damit um die Verdampfungswärme des ursprünglich vorhandenen und bei der Verbrennung gebildeten Wassers. Für den Zusammenhang zwischen Heiz- und Brennwert gilt

$$H = B - \mu_{\mathrm{W}}\, \Delta h_{\mathrm{V}} \ [\mathrm{MJ/kg}]\,, \tag{2.4}$$

wobei B der Brennwert in MJ/kg, μ_{W} der auf den eingesetzten Brennstoff bezogene spezifische Wassergehalt (kg Wasser/kg Brennstoff) in den Rauchgasen und $\Delta h_{\mathrm{V}} = 2{,}4425$ MJ/kg die Verdampfungswärme des Wassers unter Standardumgebungsbedingungen (25°C und 1 bar) sind.

Für die experimentelle Bestimmung des Brenn- und Heizwertes gibt es seit langem genaue Vorschriften, die in der DIN 51 900 „Bestimmung des Brennwertes mit dem Bombenkalorimeter und Berechnung des Heizwertes“ festgelegt sind. Da das Wasser bei 25°C und den bei der Messung vorhandenen Drücken nur in flüssiger Form vorliegt, kann mit dem sogenannten Bombenkalorimeter nur der Brennwert experimentell bestimmt werden; der Heizwert muss berechnet werden.

Bei chemisch reinen Stoffen können Heiz- und Brennwert mit Hilfe der jeweiligen Bildungsenthalpien berechnet werden, die in Tabellenwerken [17] zusammengestellt sind. Dies gilt im Prinzip auch für beliebige Brennstoffe, wenn die einzelnen Komponenten aus der Elementaranalyse bekannt sind. Bei aschehaltigen Brennstoffen ergibt sich dabei aufgrund der chemischen Umwandlung der Mineralstoffanteile ein Fehler, der experimentell zu ermitteln ist.

2.1.1 Kohlen

Der Begriff Kohle umfasst einen weiten Bereich organischer Mineralien von brauner bis schwarzer Farbe, die durch Karbonisierung von Pflanzenresten

(Inkohlung) entstanden sind, vgl. Abb. (2.1). Bei der Beurteilung der Kohle wird zwischen *Rohkohle* und der *wasser- und aschefreien Substanz* (waf) unterschieden.

Die Rohkohle enthält brennbare und unbrennbare Bestandteile. Letztere sind Asche, Wasser und nicht brennbare Gase wie Stickstoff und Kohlendioxid.

Die wasser- und aschefreie Substanz enthält nur das Brennbare der *festen* und *flüchtigen Bestandteile.*

Flüchtige Bestandteile sind diejenigen Anteile der organischen Brennstoffsubstanz, die beim Erhitzen auf 900°C entweichen. Diese Anteile beeinflussen in hohem Maße das Zünd- und Brennverhalten und sind bestimmend für Prinzip und Dimensionierung einer Feuerung.

Der Gehalt an Asche wird als Maß für die im Brennstoff enthaltenen Mineralstoffe benutzt; er ist aber nicht mit dem Mineralstoffgehalt identisch, da die Asche nur der Verbrennungsrückstand der Kohle bei der Veraschungstemperatur ist. Die Kenntnis der Aschezusammensetzung und des Ascheschmelzverhaltens ist wichtig für die Beurteilung der Gefahr von Verschlackungen und Staubablagerungen beim Betrieb einer Feuerungsanlage.

Die Zusammensetzung einer Kohle wird durch die *Immediatanalyse* und die *Elementaranalyse* charakterisiert. Die Immediat- oder Kurzanalyse bezieht sich auf die Rohkohle; angegeben werden:

- Aschegehalt γ_{A}
- Wassergehalt $\gamma_{\mathrm{H_2O}}$
- Flüchtige Bestandteile γ_{Fl}
- Brennwert B
- Heizwert H

Die Elementaranalyse bezieht sich auf die wasser- und aschefreie Substanz. Es werden die Massenanteile γ in kg/kg für folgende Elemente angegeben:

- Kohlenstoff γ_{C}
- Wasserstoff γ_{H}
- Sauerstoff γ_{O}
- Stickstoff γ_{N}
- Schwefel γ_{S}

Stein- und Braunkohlen sind die wichtigsten festen Brennstoffe für Kraftwerke. Die veredelten Brennstoffe wie Briketts und Koks spielen daneben nur eine untergeordnete Rolle. Zur rohstofflichen Kennzeichnung insbesondere der Steinkohlen wird die Kohlenpetrographie und die Kohlenmikroskopie herangezogen. Wie ein anorganisches Mineral besteht auch die Steinkohle aus mineralogischen Komponenten. Die mit bloßem Auge sichtbaren Strukturen werden als Streifenarten oder Lithotypen bezeichnet; nach dem Erscheinungsbild der Kohle an der Abbaufront eines Flözes als Glanz-, Matt- und Faserkohle wurden unterschiedliche Lithotypen bzw. Streifenarten festgelegt. Bei der

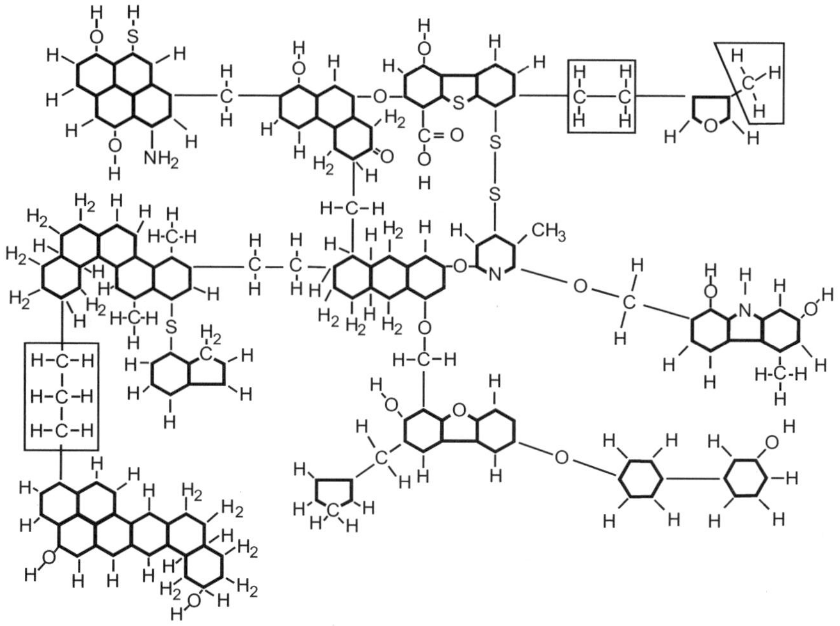

Abbildung 2.2. Modell der molekularen Struktur von Braunkohle

mikroskopischen Untersuchung erkennt man für jede Streifenart typische Vergesellschaftungen von Gefügebestandteilen, die Mazerale genannt werden. In einigen typischen Vergesellschaftungen sind die Mazerale in fast allen Steinkohlen anzutreffen. Durch die Auswertung von Erfahrungen wurde gefunden, dass eine Korrelation zwischen dem Aufbau der Kohle aus den verschiedenen Mazeralvergesellschaftungen und den technologischen Eigenschaften besteht. Die petrographische Untersuchung liefert dabei nicht nur Hinweise für die Aufbereitung, sondern auch für die thermische Veredelung durch Vergasung und Verkokung [27].

Zur weiteren Eingrenzung der technologischen Eigenschaften der Kohlen wird an der Entwicklung quantitativer Methoden zur Strukturuntersuchung gearbeitet [28]. Ziel ist es, Modelle für die organische Feinstruktur zu finden. Als Beispiel für ein Ergebnis ist in Abb. (2.2) ein Modell eines Kohlemoleküls dargestellt.

Braunkohle enthält im Vergleich zur älteren Steinkohle mehr flüchtige Bestandteile und wegen ihrer Porosität auch wesentlich mehr Wasser. Nach der Struktur unterscheidet man folgende Arten:

- *Lignit* ist von faseriger Beschaffenheit ohne Struktur
- *Weichbraunkohle* mit deutlicher Holzstruktur
- *Hartbraunkohle*, Holzstruktur ist mit bloßem Auge nicht mehr erkennbar
- *Glanzbraunkohle*, eine Übergangsstufe zur Steinkohle, wird z.B. in Schwandorf, Bayern gefunden und dort als als *Pechkohle* bezeichnet

Im Unterschied zur Steinkohle wird Braunkohle fast ausschließlich im Tagebau gewonnen.
In Anlehnung an die amerikanische Terminologie wird oft auch vom *fixierten Kohlenstoff* gesprochen (fixed carbon), der gemäß

$$C = 100 \left(1 - \gamma_A - \gamma_{H_2O} - \gamma_{Fl}\right) \ [\%] \tag{2.5}$$

definiert ist. Der fixierte Kohlenstoff ist nur eine Rechengröße, der tatsächliche Kohlenstoffgehalt ist um die C-Anteile in den Flüchtigen höher.
Aus den Analysen ergeben sich schließlich die Massenanteile der Brennstoffkomponenten γ_i in kg pro kg Brennstoff, die in der Summe 1 ergeben:

$$\gamma_C + \gamma_H + \gamma_S + \gamma_O + \gamma_N + \gamma_{H_2O} + \gamma_A = 1 \, . \tag{2.6}$$

Mit den eingeführten Bezeichnungen für die Massenanteile der Brennstoffkomponenten kann der spezifische Wassergehalt der Rauchgase bei vollständiger Verbrennung sofort berechnet werden gemäß

$$\mu_W = 8{,}9365 \, \gamma_H + \gamma_{H_2O} \, . \tag{2.7}$$

Damit folgt für den Zusammenhang zwischen Heizwert und Brennwert:

$$H = B - 2{,}4425 \left(8{,}9365 \, \gamma_H + \gamma_{H_2O}\right) \ [\mathrm{MJ/kg}] \, . \tag{2.8}$$

In der Literatur sind Formeln bekannt, mit denen der Heizwert einer Rohkohle näherungsweise aus der Elementaranalyse berechnet werden kann. Öfter angewandt wird die *Verbandsformel*, auf die sich 1912 eine vom VDI und dem Internationalen Verband der Dampfkesselüberwachungsvereine eingesetzte Kommission geeinigt hat. Sie lautet

$$H = 33{,}9 \, \gamma_C + 10{,}5 \, \gamma_S + 117{,}2 \left(\gamma_H - \frac{\gamma_O}{8}\right) - 2{,}44 \, \gamma_{H_2O} \ [\mathrm{MJ/kg}] \, . \tag{2.9}$$

Der Term $117{,}2 \left(\gamma_H - \gamma_O/8\right)$ gibt einen Hinweis auf die Genauigkeit der Formel. Offensichtlich ist man bei ihrer Herleitung von der Vorstellung ausgegangen, dass Sauerstoff und Wasserstoff als H_2O gebunden sind.

2.1.1.1 Klassifizierung, Eigenschaften

Für die Einteilung der Kohlen wurden Klassifikationssysteme und Normen geschaffen, die teilweise auf internationalen Vereinbarungen beruhen, man vgl. hierzu DIN 23 003. Für die technologische Beurteilung der Kohlen spielen die Kenntnis des Anteils an Flüchtigen, das bei der Verbrennung entstehende charakteristische Flammenbild, die Zündeigenschaften und der Aschegehalt eine Rolle. Eine Einteilung gemäß dieser Eigenschaften ist in Tabelle 2.3 gegeben. In Tabelle 2.4 sind Beispiele für die Zusammensetzung typischer deutscher Kohlen gegeben; neben den Analysewerten ist dabei noch der Heizwert aufgeführt. Ergänzend dazu sind in Tabelle 2.5 zur Orientierung die

Tabelle 2.3. Einteilung der Kohlearten

Bezeichnung	Flüchtige [%]	Flammenbild	Zündeigenschaft	Heizwert [MJ/kg]
Anthrazit	4–10	kurz, nicht leuchtend	schwer zündend	30,0–31,4
Magerkohle	10–14	kurz, nicht leuchtend	schwer zündend	27,8–32,3
Esskohle	14–19	kurz, wenig leuchtend	besser zündend	28,5–29,3
Fettkohle	20–28	leuchtend	gut zündend	25,4–31,2
Gaskohle	29–35	lang, hell leuchtend	leicht zündend	26,2–29,0
Gasflammkohle	36–40	lang, leuchtend	leicht zündend	26,3–28,9
Glanzbraunkohle	40–50	lang, mäßig leuchtend	leicht zündend	15,0–22,6
Braunkohle	50–60	lang, matt leuchtend	sehr leicht zündend	3,6–10,5

Hauptbestandteile von Steinkohlen- und Braunkohlenaschen angegeben. Dabei gibt es allerdings je nach Provenienz und Aufbereitung der Kohlen erhebliche Unterschiede. Kohlen, deren Aschen mehr als 2% Na_2O enthalten, werden als Salzkohlen bezeichnet. Die mit der Kohle zugeführte Asche ist unerwünscht, denn sie stellt einen Ballast dar, der die notwendige Kapazität der Kohlenlager, der Transporteinrichtungen, der Mühlen, der Feuerungsanlage und der Entaschungseinrichtung vergrößert. Durch die mit dem Brennstoff in eine Feuerungsanlage eingebrachte Asche kommt es zudem zu Schlackenablagerungen in den Feuerräumen und Verschmutzungen der Konvektionsheizflächen durch Ablagerungen. Umfangreiche Erfahrungen darüber wurden in der Aschen- und Schlackenkunde gesammelt, vgl. [10], [11] und [26].
Eine für die Verarbeitung einer Kohle wichtige Eigenschaft ist ihre *Mahlbarkeit*, deren Kenntnis für die Dimensionierung der Kohlemühlen notwendig ist. Die Mahlbarkeit ist von verschiedenen Einflussgrößen abhängig, die im Einzelnen nicht vollständig bekannt sind. Sie wird daher mit einer Pro-

Tabelle 2.4. Beispiele für Kohlezusammensetzungen

Bezeichnung	Immediatanalyse [%]				Elementaranalyse[a] [%]				
	H_2O	Asche	Flüchtige[a]	H^b	C	H	O	N	S
Ruhr-Fettkohle	4,5	6,1	27	31,0	86,9	4,8	5,8	1,6	0,9
Ruhr-Anthrazit	4,5	6,0	7,7	31,3	91,8	3,5	2,5	1,4	0,7
Rheinische Braunkohle	60	2,7	55	7,9	67,3	5,0	26,7	0,5	0,5

[a] Der Anteil der Flüchtigen und die Elementaranalyse beziehen sich auf die wasser- und aschefreie Substanz.
[b] Heizwert in in MJ/kg.

Tabelle 2.5. Bestandteile von Kohleaschen in % (Anhaltswerte)

	Steinkohlen	Braunkohlen
Si_2O (Sand)	30 –50	< 50
Al_2O	15 –30	< 35
Fe_2O	2 –30	4 –25
CaO	1,5–15	1,5– 3

bemühle nach Hardgrove empirisch ermittelt: Fünfzig Gramm lufttrockene Kohle mit einer Körnung von 0,6–1,2 mm werden in die Probemühle eingefüllt und der Mahlkörper mit einem Gewicht belastet. Nach sechzig Umdrehungen des Mahlkörpers wird die zerkleinerte Kohle auf ein Prüfsieb gegeben. Aus dem *Durchgang D* errechnet sich der *Hardgrove-Index* °H zu

$$°\mathrm{H} = 13 + 6{,}93\,D\,. \qquad (2.10)$$

Dieser Test liefert nur relative Werte, da die Einstellung der Probemühle mit einer bestimmten Kohle durchgeführt wird, deren Hardgrove-Index gleich 100 gesetzt wird. Der Hardgrove-Index kann daher nur zu Vergleichszwecken herangezogen werden. Bei einem hohen Wert für den Hardgrove-Index ist demnach die Mahlbarkeit der Kohle besser, d.h. der Arbeitsaufwand zum Mahlen der Kohle geringer als bei einem niedrigen. Der tatsächliche Arbeitsaufwand für die Zerkleinerung ist aber weitgehend von der Bauart der Mühlen abhängig.

Kohleverbrauch und Kohleförderung in Deutschland: Im Jahr 2000 wurden $68 \cdot 10^6$ t Steinkohle und $170 \cdot 10^6$ t Braunkohle in deutschen Kraftwerken verfeuert. Während es sich bei der Steinkohle zum überwiegenden Teil um Importkohle handelte, wurde die Braunkohle vollständig im Rheinland und in der Lausitz in Kraftwerksnähe im Tagebau gefördert. Das abzutragende Deckgebirge ist an den tiefsten Stellen der Lagerstätten bis zu 300 m hoch, die Dicke der Flöze beträgt zwischen 7 und 70 m. Es wurden insgesamt ca. $0{,}85 \cdot 10^9$ m^3 Abraum bewegt, um die $170 \cdot 10^6$ t Braunkohle zu gewinnen.

2.1.2 Erdöl

Erdöl wie auch Erdgas findet sich in kleinen und kleinsten Poren von Gesteinen der Erdkruste. Auch wenn eine Lagerstätte erschöpft ist, bleibt das Speichergestein zurück. Es gibt also keine „Ölseen", die man ausschöpfen oder „Gasblasen", die man anstechen kann und die dann wie ein Luftballon in sich zusammenfallen. Bezüglich der Reserven wird zwischen konventionellem und nicht-konventionellem Erdöl unterschieden: *Konventionelles Erdöl* ist mehr oder weniger zähflüssig, aber bei Umgebungstemperatur pumpfähig und kann mit Bohrtürmen gefördert werden; unter dem Begriff *nicht-konventionelles Erdöl* sind Schweröle, wie sie z. B. am Orinoco in Venezuela vorkommen,

zusammengefasst. Nicht-konventionelles Erdöl erfordert Förder- und Verarbeitungstechniken, die zur Zeit noch nicht voll entwickelt sind.
Die flüssige Konsistenz des konventionellen Erdöls ist der entscheidende Vorteil im Vergleich zur Kohle. Dadurch werden Transport, Lagerung und Handhabung gegenüber der Kohle wesentlich vereinfacht. In den Kraftwerken kommt als flüssiger Brennstoff hauptsächlich eine Mischung aus den bei der Rohölverarbeitung anfallenden Rückständen zum Einsatz, die als Heizöl S (S steht für schwerflüssig) bezeichnet wird. Chemisch gesehen ist Heizöl S ein komplexes Gemisch. Neben paraffinischen, naphthenischen und aromatischen Kohlenwasserstoffen von teilweise hochmolekularer Struktur sind noch Schwefel-, Stickstoff- und Sauerstoffverbindungen enthalten. Ferner enthalten die Rückstände Metalle, die meist über Schwefel, Stickstoff oder Sauerstoff gebunden sind. Der unangenehmste Bestandteil ist das Vanadiumpentoxid, dessen Schmelzpunkt durch ebenfalls in den Rückständen enthaltene Alkalien noch herabgesetzt wird, so dass bereits in einem Temperaturbereich von ca. 600–640°C mit flüssigen Ablagerungen zu rechnen ist, die zudem auf Stahloberflächen stark korrosiv einwirken.
Die in den Raffinerien aus Erdöl gewonnenen Produkte reichen von den Flüssiggasen Propan und Butan, Grundstoffen für die Petrochemie bis zum zähflüssigen Bitumen. Für die Energiewirtschaft wichtig sind die Qualitäten Heizöl S und Heizöl EL. Heizöl S ist dunkelbraun bis schwarz und bei Raumtemperatur nur wenig fließfähig. Für den Transport und die Verbrennung muss es vorgewärmt werden. Damit kann auch eine für die Zerstäubung in einem Ölbrenner günstige Viskosität, die stark temperaturabhängig ist, eingestellt werden. Die gute Zerstäubung ist eine der wichtigsten Voraussetzungen für eine einwandfreie Verbrennung. Die Mindestanforderungen an Heizöl S sind in DIN 51 603 zusammengestellt. Neben dem schwerflüssigen Produkt wird noch Heizöl EL (EL steht für extra leichtflüssig) eingesetzt, insbesondere für Zündfeuerungen und zur Befeuerung von Gasturbinen. Heizöl EL fällt bei der Destillation von Erdöl im Bereich zwischen 160°C und 400°C an. Es verbrennt bei richtiger Handhabung rückstandsfrei. Der Heizwert beider Produkte kann in guter Näherung aus der Dichte ρ bei 15°C in kg pro Liter und dem Schwefelgehalt S (Massenanteil in %) nach der empirischen Formel

$$H = 52{,}92 - 11{,}93\,\rho - 0{,}29\,S \text{ [MJ/kg]} \tag{2.11}$$

bestimmt werden. Er beträgt für Heizöl EL im Durchschnitt 42,7 MJ/kg und für Heizöl S 41,1 MJ/kg.

Die in der Öffentlichkeit gezeigte Sorglosigkeit der Energiewirtschaft und der Regierungen hinsichtlich der Versorgung mit Treibstoff in 30 Jahren wird durch die gewaltigen Ressourcen an nicht-konventionellem Erdöl genährt. Diese sind so mächtig, dass sie nur überschlägig bekannt sind. Große Vorkommen sind z. B. die Teersande in Alberta, Kanada, Ölschiefer im Green River Bassin in den USA und Schweröle im Mündungsgebiet des Orinoco in Venezuela. Teersand ist ein Gemisch aus Silikaten, Wasser und Kohlenwasserstoffen. Es wird geschätzt, dass allein in den Teersanden der kanadischen Provinz Alberta

unter einer Fläche von 140.000 km^2 genau so viel oder gar mehr Öl vorhanden ist, als in ganz Saudi Arabien, vgl. [22], [9]. Das Öl aus den Teersanden ist ein Gemisch schwerer Kohlenwasserstoffe, das die Sandkörner, noch getrennt durch eine Wasserhaut, in Form eines dünnen Films umgibt. Das Problem besteht darin, das äußerst zähe Öl vom Sand zu trennen und für die weitere Verarbeitung aufzubereiten. Der Teersand, der ca. 5 bis 20% Kohlenwasserstoffe enthält, wird im Tagebau mit Baggern gefördert. Gegenwärtig werden in Alberta pro Jahr ca 200 Millionen Tonnen abgebaut, aus denen ca. 36 Millionen t Rohöl extrahiert werden. Zum Vergleich: Der Ölverbrauch der USA liegt bei 20 Mill. Barrel pro Tag, was ca. 3,1 Millionen t pro Tag entspricht. Die Ausdehnung einer Teersandgrube mit der Förderkapazität von 50 Millionen Tonnen Teersand pro Jahr ist von der Größenordnung eines großen Braunkohle–Tagebaus im Rheinland. Von daher ist nur schwer vorstellbar, dass die Kapazität dieser Gruben um den Faktor 30 erhöht werden kann.
Ölschiefer ist ein Gestein, welches Bitumen und andere hochmolekulare Kohlenwasserstoffe enthält. Der Anteil der organischen Substanz liegt je nach Vorkommen bei bis zu 30% und der Heizwert beträgt bis zu 8 MJ/kg. Obwohl aus dem Ölschiefer Mineralöl extrahiert werden kann, erfolgt die Nutzung zweckmäßigerweise durch Verbrennung in Wirbelschichtöfen.

2.1.3 Erdgas

Erdgas besteht zum überwiegenden Teil aus Methan. In geringeren Mengen sind auch Paraffine bis zum C_5H_{12} und als saure Komponenten Kohlendioxid und Schwefelwasserstoff enthalten. CO_2 ist als Ballast anzusehen, der den Heizwert herabsetzt. H_2S dagegen führt bei den im Erdgasbetrieb üblichen hohen Drücken zu Korrosion. Die sauren Bestandteile werden vor der Weiterleitung der Gase durch geeignete Waschprozesse entfernt.
Erdgas lagert vielfach zusammen mit Erdöl. Es wirkt dann als Druckreservoir, welches das Erdöl aus der Lagerstätte drückt. Erdgas wurde noch vor der ersten Ölkrise 1972 vielfach als lästige Nebenerscheinung der Ölförderung angesehen und häufig an der Fundstelle abgefackelt. Erst nach dem Ausbau der großen Pipeline-Verteilungssysteme und der Entwicklung der Techniken zur Verflüssigung an der Fundstelle sowie des Transportes des Füssigerdgases mit großen Tankern wurde es für die Nutzung allgemein zugänglich. Es ist danach innerhalb von nur zehn Jahren weltweit nach Heizöl und Kohle zum drittwichtigsten Energieträger geworden. Der besondere Vorteil ist die einfache Handhabung und die saubere und schadgasarme Verbrennung. In den Kraftwerken kommt Erdgas für die Befeuerung von Gasturbinen zum Einsatz und wird ferner für das Zünden und Stützen von Kohleflammen verwendet.
Der Heizwert kann aus der Molekularanalyse ermittelt werden; es gilt:

$$H = 126{,}45\,\gamma_{CO} + 107{,}35\,\gamma_{H_2} + 358{,}0\,\gamma_{CH_4} + 595{,}4\,\gamma_{C_nH_m}\ [\mathrm{kJ/m^3}]\,; \quad (2.12)$$

die Gasbestandteile sind in Volumenprozent einzusetzen.
Wie beim Erdöl gibt es auch beim Erdgas nicht-konventionelle Vorkommen,

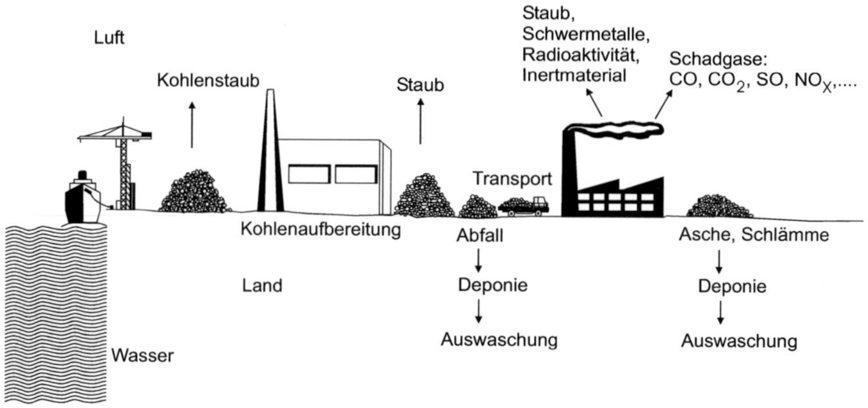

Abbildung 2.3. Mögliche Emissionen bei den verschiedenen Stufen der Kohleverarbeitung

die nicht mit den herkömmlichen Fördertechniken gewonnen werden können. Die mächtigste Ressource sind die Methanhydrate. Gashydrate sind feste, eisähnliche Gebilde aus Gas und Wasser, die in großen Mengen am Meeresboden und unter hohem Druck und niedrigen Temperaturen in den Permafrostböden Sibiriens und Alaskas vorkommen. Bisher vorliegende Untersuchungsergebnisse sprechen dafür, dass weltweit mehr Kohlenstoff in Gashydraten gebunden ist als in den bekannten Lagerstätten der anderen fossilen Brennstoffe zusammen [8]. Inwieweit die Vorkommen wirtschaftlich nutzbar sind, ist allerdings noch unklar. Seit dem Jahr 2000 ist das im MacKenzie-River Delta in Nordamerika gelegene Mallik-Field Testgebiet zur Entwicklung von Fördertechniken geworden. Das Methan liegt dort in mehreren Reservoirhorizonten in hydratisierter Form vor. Das Erschließen der Gashydratvorkommen könnte die Ressourcensituation für fossile Brennstoffe gravierend verändern.

2.1.4 Umweltbelastung durch die Nutzung fossiler Brennstoffe

Das drängendste Problem der heutigen Kraftwerksindustrie ist nicht der Mangel an Energieträgern, sondern die nur mit erheblichem Aufwand zu lösende Aufgabe der Vermeidung von Umweltbelastungen. Diese Frage ist eng mit den *Technikfolgen* verbunden, vgl. [4]. Bei der Nutzung fossiler Brennstoffe entstehen Umweltbelastungen durch: Schadgase, Staub und Abwasser.
Abb. 2.3 zeigt schematisch die möglichen Emissionen[1] bei den einzelnen Stufen der Kohleverarbeitung. Die schwerwiegendsten Belastungen ergeben sich zweifellos durch die Emissionen von Schadgas und Staub. Die Schadstoffe erreichen den Menschen direkt über die Atemluft, das Trinkwasser und die Nah-

[1] Unter Emission versteht man den Austrag von Störfaktoren in die Umwelt.

rung, können aber auch indirekt nachteilige Wirkungen haben. Zur Verminderung der resultierenden Belastungen wurden insbesondere seit 1970 große Anstrengungen unternommen, so dass heute der Immissionsanteil [2] auch in einer Gegend mit einer relativ hohen Dichte an Kohlekraftwerken (Ruhrgebiet) mit 14% weit geringer ist als der entsprechende Anteil der Haushalte (23%) und der Industrie (60%).

Um Maximalwerte für Emissionen festzuschreiben, hat der Gesetzgeber eine Reihe von Gesetzen, Verordnungen und Erlassen geschaffen. Bei mit fossilen Brennstoffen gefeuerten Kraftwerken finden insbesondere das „Bundes-Immissions-Schutz-Gesetz“ (BImSchG), in dem auch die „Verordnung über die Großfeuerungsanlagen“ enthalten ist, und die „Technische Anleitung zur Reinhaltung der Luft“ (TA-Luft) Anwendung. In diesen sind Grenzwerte festgelegt, die beim Betrieb bestehender und der Planung neuer Anlagen zwingend einzuhalten sind. Die Emissionsgrenzwerte, die bei Feuerungsanlagen für Großkraftwerke einzuhalten sind, sind auszugsweise in Tabelle 2.6 zusammengestellt. Das Bundes-Immissions-Schutz-Gesetz wurde 1974 in Kraft gesetzt, die darin enthaltenen Emmissions-Grenzwerte werden seitdem durch Erlass von Verordnungen fortlaufend dem Stand der Technik angepasst.

Tabelle 2.6. Grenzwerte für die Emission von Schadgasen aus Großfeuerungsanlagen in mg/m^3 [a]

Emissionen	feste Brennstoffe	flüssige Brennstoffe	Erdgas
Staub	50	50	5
Schwermetalle	0,5	2	0
SO_2 [b]	400 [c]	400 [c]	35
NO_x [d]	800 (200) [e]	450 (150) [e]	350 (100) [e]
	1 800 [f]		
CO	250	175	100
HCl	100	30	–
HF	15	5	–

[a] Auszug aus der Verordnung über Großfeuerungsanlagen, Ausgabe vom 20.07.2004.
[b] In mg/m_N^3 Rauchgas, bezogen auf einen Sauerstoffgehalt von 6% (7% bei Schmelzfeuerung) in Anlagen mit einer Leistung von mehr als 300 MW.
[c] 85% Minderung.
[d] Als NO_2 gerechnet.
[e] Laut Beschluss der Umweltministerkonferenz vom 5.4.1984.
[f] Bei Schmelzfeuerung.

[2] Immission ist der Eintrag eines Stoffs in ein System. Der Begriff wird hauptsächlich im Bereich des Umweltschutzes benutzt und bedeutet hier den Eintrag von Schadgasen in die Umwelt.

2.1.4.1 Emission von Schadgasen

Unter Schadgasen versteht man im wesentlichen die bei der Verbrennung gebildeten Schwefel- und Stickstoffoxide. Aus dem bei der Verbrennung des im Brennstoff enthaltenen Schwefels entstehenden SO_2 bildet sich durch Oxidation SO_3, das zusammen mit Wasser H_2SO_4 bildet. Mit den Niederschlägen gelangt diese Säure in den Boden und die Gewässer.

Stickoxide entstehen bei der Verbrennung fossiler Brennstoffe aufgrund komplexer Bildungsmechanismen hauptsächlich als NO. In der Atmosphäre oxidiert das NO zu NO_2, das zusammen mit Wasser HNO_3 bildet. Weiter ist NO_2 ein starkes Atemgift. Bereits bei einer Konzentration von 600 mg/m^3 kann der sofortige Tod eintreten. Die maximal zulässige Konzentration von NO_2 an Arbeitsplätzen beträgt z.Zt. 9 mg/m^3. Zum Vergleich sei angemerkt, dass im Rauch von Zigaretten durchschnittlich 200–450 mg NO_2/m^3 enthalten sind. Beide Schadgase sind neben anderen die Ursache für den sauren Regen, der nachweislich zu erheblichen Umweltschäden geführt hat.

Zur Minderung der gasförmigen Emissionen stehen mehrere technische Möglichkeiten zur Verfügung, die in *primäre* und *sekundäre Maßnahmen* eingeteilt werden können. Als primäre Maßnahmen bezeichnet man alle Verfahren, die entweder durch eine Vorbehandlung des Brennstoffs emissionsmindernd wirken, so z.B.

- die Pyritentfernung bei der Kohleaufbereitung
- die Vergasung bzw. Verflüssigung des Brennstoffs mit anschließender Produktentschwefelung

oder durch Modifikationen der Verbrennungsführung eine Verminderung der Emissionen bewirken:

- Verminderung der NO_x-Produktion durch Absenkung des Luftüberschusses und der Vermeidung von „Temperaturspitzen“ bei der Verbrennung
- Einbindung des SO_2 durch Zugabe von gemahlenem Kalkstein bei Wirbelschicht- und Staubfeuerungen

Die Rauchgasreinigung mit separaten Anlagen bezeichnet man dagegen als Sekundärmaßnahme. Für die Entfernung der Stickoxide hat sich die selektive katalytische Reduktion mit NH_3 durchgesetzt. Zur Minderung des SO_2 verwendet man Rauchgaswäschen

- mit Kalk (Produkt: Gips)
- mit Ammoniak (Produkt: Düngemittel)
- oder regenerative Verfahren (Produkte: Elementarschwefel und Schwefelsäure)

Eine mineralische Entschwefelung mittels mechanischer Verfahren ist nur bei Steinkohlen möglich. Je nach Anteil des anorganisch in der Form von Pyrit (FeS_2) gebundenen Schwefels können dabei etwa 30–70% des Gesamtschwefels entfernt werden. Bei der Kohleumwandlung durch Vergasung kann das Produktgas durch eine Gaswäsche entschwefelt werden. Die Kohlevergasung ist allerdings aufwendig und wird aus wirtschaftlichen Gründen bisher nur selten für Kraftwerke angewandt. Die Zugabe von Kalk in den Feuerraum führt nur bei Wirbelschichtfeuerungen zu einer ausreichenden SO_2-Reduzierung.

2.1.4.2 Staubemission

Die Gefahr von Staubemissionen besteht bereits beim Umschlag und bei der Lagerung von Feststoffen. Dem kann begegnet werden, indem der Feststoff bei offener Handhabung z.B. befeuchtet und für die Lagerung kompaktiert wird. Bei kleineren Anlagen ist es auch möglich, die Lagerung in Bunkern und den Transport mit gekapselten Systemen vorzunehmen. Die größeren Probleme bzgl. der Staubemissionen entstehen aber durch die bei der Verbrennung freiwerdende Asche. Dabei unterscheidet man zwischen Schlacke, das ist derjenige Ascheanteil, der ohne besondere Maßnahmen allein durch die Schwerkraft abgeschieden wird, und dem Flugstaub, der von den Rauchgasen mitgenommen wird. Für die Rückhaltung des Flugstaubes stehen großtechnisch erprobte Tuch- und Elektrofilter zur Verfügung, mit denen die Grenzwerte (30 mg/m^3 Rauchgas im Normalzustand) sicher einzuhalten sind, vgl. [25] und [24]. Erprobte Verfahren zur Rauchgasentstaubung werden im Abschn. 11.1.2 dargestellt.

Kohlen enthalten natürliche Radionuklide, z.B. liegt der Uran- bzw. Thoriumgehalt bei der rheinischen Braunkohle bei 1,2 mg/kg bzw. 2,5 mg/kg. Bei Saarkohle liegt der Summengehalt bei 5 mg/kg. Der größere Anteil davon wird in den Staubfiltern abgeschieden. Nach bekannten Ergebnissen liegt der Uran- und Thoriumgehalt der Kraftwerksaschen bei den Durchschnittswerten für Tongesteine (ca. 10 mg/kg).
Vergleicht man die Strahlenbelastung durch die radioaktiven Emissionen der Kohlekraftwerke bei der derzeitigen Stromerzeugung mit der durch die natürliche Strahlenexposition verursachten, erkennt man, dass deren Anteil bei 0,02 bis 0,6% liegt. Dieser Wert ist auch klein gegenüber örtlichen und individuellen Streuungen der natürlichen Strahlenexposition. Nachteilige Auswirkungen auf die Biosphäre können daher ausgeschlossen werden.

Bei Saarkohle, die einen Heizwert von ca. 33 MJ/kg hat, beträgt der Anteil an Uran und Thorium 0,005 kg/t. Diese Mengen an Uran und Thorium könnten in einem Brutreaktor in die leicht spaltbaren Isotope $^{239}_{94}$Pu bzw. $^{233}_{92}$U umgewandelt werden. Durch Kernspaltung von einem Kilogramm dieser Stoffe wird eine Energiemenge von jeweils 86 TJ freigesetzt. Bei den 0,005 kg Uran und Thorium, die im Durchschnitt aus einer Tonne der genannten Kohle extrahiert werden könnten, wären das $0{,}43 \cdot 10^{12}$ J. Diese Energiemenge ist etwa 13 mal größer als der Heizwert. Es erscheint paradox, dass wir bei der Nutzung von Kohle nur den kleineren Anteil an Energie verwerten, vgl. [13].

Beispiel 2.1. Nach Tabelle 2.1 entspricht der Vorrat der bekannten und mit derzeitigen Mitteln förderbaren fossilen Energierohstoffe dem Äquivalent von 1610

Gt SKE. Die Menge der zusätzlichen Vorräte, die mit großer Wahrscheinlichkeit vorhanden und förderbar sind, beträgt 4615 Gt SKE. Wir nehmen an, dass die bekannten Vorräte vollständig und die zusätzlichen Vorräte zur Hälfte nutzbar gemacht werden können. Damit steht ein Gesamtvorrat von $\mathrm{M(t_{Ende})}$=3917 Gt SKE zur Verfügung, der zur Zeit der Erschöpfung der fossilen Brennstoffe $\mathrm{t_{Ende}}$ vollständig verbraucht sein wird.

1. Wie viele Jahre reicht dieser Vorrat, um den gesamten gegenwärtigen Energieverbrach von $\dot{M}(t_0 = 2006) = 16$ (Gt SKE)/a) zu decken?
2. Wie lange reichen die Vorräte, wenn der Verbrach künftig stetig um n = 0,02 a^{-1} (=2% pro Jahr) wächst?

Lösung:

1. Reichweite $t_{\text{konst}\,1}$ bei konstantem Verbrauch wie im Jahr 2006:
$$\Delta t_{\text{Ende }1} = t_{\text{konst}\,1} - t_0 = \frac{M(t_{\text{Ende}}) - M(t_0)}{\dot{M}(2006)} = \frac{3917\ \text{Gt SKE}}{16\ (\text{Gt SKE})/\text{a}} = 244,8\ a$$
2. Reichweite bei einer Zunahme des Verbrauchs von $n = 0,02$?
Es gilt:
$$\dot{M}(t) = \dot{M}(t_0)e^{nt}$$
Für die ab 2007 konsumierte Energiemenge folgt:
$$M(t_{\text{Ende}}) - M(t_0) = \dot{M}(t_0)\int_0^{\Delta t_{\text{Ende}\,2}} e^{n\,t}\text{d}t =$$
$$= \dot{M}(t_0)\frac{1}{n}\,[e^{n\,\Delta\,t_{\text{Ende}\,2}} - 1]$$
$$n\Big(\frac{M(t_{\text{Ende}}) - M(t_0)}{\dot{M}(t_0)} + 1\Big) = n(t_{\text{konst}\,1} - 1) = e^{n\,\Delta t_{\text{Ende}\,2}}$$
$$\Delta t_{\text{Ende}\,2} = \frac{1}{n}\ln(n\ t_{konst} + 1) = \frac{1}{0,02\ a^{-1}}\ln((0,02\ a^{-1})244,8\ a + 1)$$
$$\Delta t_{\text{Ende}\,2} \approx 88,7a$$

Der Energieverbrauch wäre dann auf 5,8 ·M(2006)≈ 92,7 Gt SKE pro Jahr angestiegen. Bei einer zu erwartenden Weltbevölkerung von 9 Milliarden ergäbe dies einen Pro-Kopf-Verbrauch von 10 t.
Zum Vergleich: der Energieverbrauch pro Kopf im Jahr 2004 betrug in Kanada 12 t SKE, in USA 10,7 t SKE und in Deutschland 5,6 t SKE.

2.2 Nukleare Brennstoffe

Bei der Verbrennung fossiler Brennstoffe nutzen wir die Bindungsenergie der Elektronen in der Atomhülle. Bei den Kernbrennstoffen machen wir uns dagegen die um einen Faktor 10 größere Bindungsenergie der Nukleonen in den Atomkernen zunutze. In den Kapiteln 16 und 17 wird gezeigt, dass dies auf zweierlei Arten möglich ist: durch *Kernspaltung* und *Kernfusion*. Während die Kernspaltung gut entwickelt ist und bereits großtechnisch eingesetzt wird, befindet sich die Nutzung der Kernfusion erst in den Anfängen. In diesem Abschnitt wollen wir deshalb nur auf die Brennstoffe für Spaltungsreaktoren eingehen.

Die Erdwärme ist eine spezielle Form der nuklearen Energie schwerer Elemente. Sie entsteht durch den natürlichen radioaktiven Zerfall schwerer Kerne. Dabei wird aber nur ein kleiner Teil der im Kern gespeicherten Energie genutzt. Ein größerer Anteil kann freigesetzt werden, wenn der Kern in zwei etwa gleich große Teile gespalten wird. Die Spaltung schwerer Kerne erfolgt spontan auch in der Natur, allerdings sehr selten. Der Prozess kann aber technisch beliebig beschleunigt werden, wenn man den Kern mit anderen Teilchen beschießt. Man spricht dann von der *kontrollierten Kernspaltung*.

Mögliche auf unserer Erde vorhandene Brennstoffe für die Kernspaltung sind die radioaktiven Schwermetalle Uran und Thorium. Diese Elemente liegen in verschiedenen Isotopen vor. Davon weisen nur die mit einer ungeraden Massenzahl günstige Spalteigenschaften auf, die mit gerader Massenzahl müssen erst in Brutreaktoren konvertiert werden. Man spricht in diesem Zusammenhang von starken und schwachen Kernbrennstoffen, vgl. Abschn. 16.1.

2.2.1 Ressourcen an Kernbrennstoffen

Die genannten Kernbrennstoffe sind in Spuren in jeder Art von Erde und Gestein enthalten. Als Lagerstätten bezeichnet man aber heute nur Vorkommen mit einem Anteil von mehr als ca. 2 kg dieser Metalle pro Tonne Gestein. Aus diesen Vorkommen kann derzeit (1992) Uran mit einem Kostenaufwand von ca. 80 US$ pro kg extrahiert werden. Lagerstätten sind auf allen Kontinenten zu finden. Große Vorkommen gibt es in Australien ($0{,}5 \cdot 10^6$ t), Nordamerika ($1 \cdot 10^6$ t) und Südafrika ($0{,}6 \cdot 10^6$ t). Eine Zusammenstellung der gesicherten und der wahrscheinlichen Reserven gibt Tabelle 2.7 wieder. Die Größe der Reserven kann ermessen werden, wenn man sie mit der pro Jahr abgebauten Menge an Kernbrennstoffen vergleicht. Im Jahr 2000 betrug die Fördermenge an metallischem Uran weltweit ca. 40 000 t; sie dürfte für absehbare Zeit zwischen 40 000 und 45 000 t U/a schwanken. Bei der Bewertung der Ressourcen ist zu berücksichtigen, dass im Natururan nur etwa 0,7% des in unseren Leichtwasserreaktoren verarbeitbaren Isotops $^{235}_{92}U$ vorkommen. Die anderen 99,3% macht das Isotop $^{238}_{92}U$ aus, das erst in einem Brutreaktor zu dem ebenfalls durch thermische Neutronen spaltbaren $^{239}_{94}Pu$ (Plutonium) umgeformt werden muss. Allerdings wird auch in Leichtwasserreaktoren ein Teil des $^{238}_{92}U$ gespalten bzw. in $^{239}_{94}Pu$ umgewandelt.
Eine weitere Möglichkeit, die Brennstoffbasis von Kernreaktoren heutiger Bauart zu erweitern, ist mit dem Einsatz von $^{232}_{90}Th$ (Thorium) gegeben. Dieses lässt sich ähnlich wie das $^{238}_{92}U$ durch Neutroneneintrag in das leicht spaltbare Uranisotop $^{233}_{92}U$ umwandeln, vgl. Abschn. 16.3.5. Thorium hat unter den in der Natur vorkommenden Elementen nach Uran und Aktinium die

dritthöchste Ordnungszahl und besteht praktisch nur aus dem Isotop $^{232}_{90}$Th. Seine nuklearen Eigenschaften entsprechen weitgehend denen des $^{238}_{92}$U, das es bei Versorgungsschwierigkeiten ersetzen könnte. Die bekannten Vorräte an Thorium entsprechen weitgehend denjenigen an Uran, allerdings sind die Anreicherungen geringer.
Aus 1 kg Uran kann in einem thermischen Reaktor die $2 \cdot 10^4$-fache Energiemenge gewonnen werden wie aus derselben Menge Steinkohle. Die bekannten Uranvorräte entsprechen damit einem Äquivalent von ca. $4{,}0 \cdot 10^{10}$ t SKE. Bei der Nutzung in einem Brutreaktor ist die gewinnbare Energiemenge nochmals um den Faktor 50 größer und entspricht dann einem Äquivalent von $2 \cdot 10^{12}$ t SKE.

2.2.2 Brennstoffkreislauf für Leichtwasserreaktoren

Der nukleare Brennstoffkreislauf beginnt mit dem Abbau uranhaltiger Erze und endet mit der Entsorgung radioaktiver Abfallstoffe. Die wichtigsten der auf diesem Wege notwendigen Verfahrensschritte sind in Abb. 2.4 schematisch dargestellt. Die Zusammenstellung macht deutlich, dass der eigentliche Reaktor, in dem die Freisetzung der Kernenergie erfolgt, nur ein Teilsystem im Gesamtprozess der Kernenergienutzung darstellt.

Die im Kraftwerksbereich meist eingesetzten Leichtwasserreaktoren benötigen für ihren Betrieb wegen der relativ hohen Neutronenabsorption des als Moderator und zur Wärmeabfuhr eingesetzten Wassers mit dem Isotop $^{235}_{92}$U angereichertes Uran. Im Brennstoffzyklus wird deshalb in einem Teilschritt eine Anreicherung auf etwa 3,5% vorgenommen. Es könnten allerdings auch Reaktoren gebaut werden, die mit Natururan auskommen. Diese Typen haben sich aber als kostspieliger in Bezug auf die Herstellung und den Betrieb erwiesen.

Die Herstellung von Kernbrennstoffen aus Natururan wird heute im kommerziellen Maßstab in vielen Ländern durchgeführt. Offener ist noch der Prozessabschnitt *Wiederaufbereitung*, bei dem in den gebrauchten Brennelementen noch enthaltenes spaltfähiges Material zurückgewonnen werden soll. Obwohl auch hierfür technische Lösungen vorliegen, bestehen kommerzielle Anlagen bisher nur in Frankreich und Großbritannien. In den USA hat man

Tabelle 2.7. Uranreserven in 1 000 t Uranmetall[a]

Uranreserven	Gewinnungskosten [US$/kg] < 80	80–120	Insgesamt
Bekannt	1 425	575	2 000
Zusätzlich	885	305	1 190
Gesamt	2 310	880	3 190

[a] Nach [14].

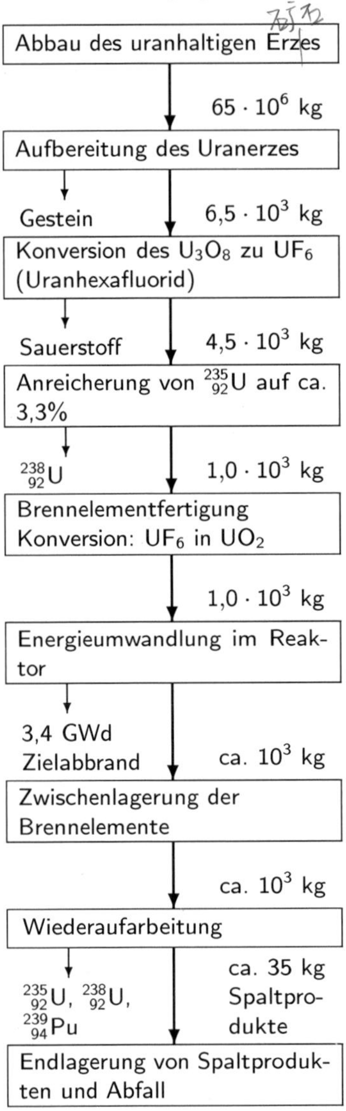

Durch die verfahrenstechnischen Operationen Mahlen, Klassieren und Extrahieren wird aus dem Erz U_3O_8 isoliert (sog. Yellow cake).

Die industriellen Anwendungsverfahren arbeiten ausschl. mit Uranhexafluorid; 0,5% U-235.

Die meist angewandten Verfahren sind: Gasdiffusion, Uranzentrifuge und Trenndüsenprinzip. Energiebedarf: ca. 2 400 kWh pro kg Endprodukt.

Das pulverförmige UO_2 wird zu Tabletten gesintert, die in gasdichte Hüllrohre aus Zirkaloy eingefüllt werden. Mehrere dieser Elemente werden zu einem Brennstab zusammengesetzt.

Im Reaktor entstehen schwach radioaktive Flüssigkeiten und Gase, insbesondere ${}^{3}_{1}H$, ${}^{14}_{6}C$, ${}^{41}_{18}Ar$ und ${}^{131}_{53}I$.

Abgebrannte Brennelemente enthalten große Mengen an ${}^{238}_{92}U$, neugebildete Isotope ${}^{239}_{94}Pu$ und radioaktive Spaltprodukte. Bei der Lagerung ist die Zerfallswärme abzuführen.

Rückgewinnung von ${}^{235}_{92}U$, ${}^{238}_{92}U$ und ${}^{239}_{94}Pu$ durch Abtrennung von Spaltprodukten und radioaktiven Konstruktionsmaterialien.

In Deutschland ist geplant, die Endlagerung von Spaltprodukten in Salzstöcken vorzunehmen. Diese sind aller Erfahrung nach undurchlässig für Gase und Flüssigkeiten.

Abbildung 2.4. Brennstoffzyklus für Leichtwasserreaktoren. Die Mengenströme beziehen sich auf 1 000 kg eines auf 3,3% ${}^{235}_{92}U$ angereicherten Kernbrennstoffes. Zum Betrieb eines Kernkraftwerkes mit einer Leistung von 1 300 MW_{el} und einem Anlagenwirkungsgrad von 0,33 sind pro Betriebsjahr (ca. 300 Tage) 34 t Kernbrennstoff erforderlich. In dieser Zeit fallen 1,2 t Spaltprodukte an.
Der abgebrannte Brennstoff enthält bei der Entnahme aus dem Reaktor noch geringe Mengen an U-235, größere Mengen an U-238 und Plutonium (Pu-239) sowie radioaktive Spaltprodukte in fester und gasförmiger Form. Aufgrund der Radioaktivität fällt noch für lange Zeit Nachzerfallswärme an, vgl. Kapitel 16.

den Bau entsprechender Einrichtungen zurückgestellt und ihn in der Bundesrepublik Deutschland aufgegeben. Ein Hauptargument der Gegner solcher *Wiederaufbereitungsanlagen* ist, dass dabei beachtliche Mengen von Material anfallen, insbesondere $^{239}_{94}Pu$, das auch für die Herstellung von Nuklearbomben verwendet werden könnte. Wenn keine Wiederaufbereitung möglich ist, werden die abgebrannten Brennelemente aus den Reaktoren nach der Zwischenlagerung direkt der Endlagerung zugeführt.

Die Zwischenlagerung von gebrauchten Brennelementen erfolgt zuerst in *Kompaktlagern* innerhalb des Reaktorgebäudes. Dies sind Anlagen, mit denen die Nachzerfallswärme abgeführt werden kann. Diese Zerfallswärme klingt von ca. 20 kW/t unmittelbar nach der Entladung aus dem Reaktor auf etwa 1 kW/t nach 10 Jahren ab; ebenso wird die Radioaktivität des Materials um den Faktor 10 geringer. Die mit einer Handhabung bzw. einer Wiederaufbereitung verbundenen Gefahren werden offensichtlich umso geringer, je länger die Zwischenlagerung gedauert hat.

Abfälle mit geringer Radioaktivität werden bereits routinemäßig endgelagert. Dazu werden sie in stabile und korrosionssichere Behälter eingepackt und entweder in oberflächenahen Erdschichten vergraben oder in der Tiefsee versenkt. Eine Endlagerung von hochradioaktiven Abfällen wird bisher noch nicht vorgenommen; als sicherste Lösung wird die Lagerung in Salzstöcken bzw. Granitformationen in ca. 1 000 m Tiefe angesehen.

2.2.3 Umweltbelastungen durch die Nutzung der Kernenergie

In einem Reaktor eines Kernkraftwerks mit einer elektrischen Leistung von 1 300 MW finden pro Sekunde etwa 10^{20} Spaltreaktionen statt. Durch diese Spaltreaktionen werden rund $2 \cdot 10^{20}$ radioaktive Atome erzeugt, die im mittleren Bereich des Periodensystems liegen. Insgesamt wird so im Jahr eine hochradioaktive Spaltproduktmenge von ca. 100 kg erzeugt. Es besteht kein Zweifel, dass diese Stoffe gefährlich für jede Art Leben sind und daher bis zum Abklingen der Radioaktivität auf ein zulässiges Niveau sicher zu lagern sind. Die dafür notwendige Zeitspanne kann als die Zeit abgeschätzt werden, die vergehen muss, bis die Konzentration der α-Strahler in den Spaltprodukten auf die Konzentration von α-Strahlern in natürlichen, nicht besonders geschützten Erzlagern abgenommen hat. Abhängig von der Lagerungsdichte beträgt diese Zeit ca. 10^4 Jahre.

Radioaktive Strahlung wird – ähnlich wie manche chemischen Gifte – von den menschlichen Sinnesorganen nicht registriert. Für ihre Erkennung sind wir vollständig auf physikalische Nachweisgeräte angewiesen. Aus diesem Grunde wird die Radioaktivität innerhalb und außerhalb von kerntechnischen Anlagen auf behördliche Anordnung hin sorgfältig überwacht.

Trotz der Gefahr durch radioaktive Strahlung ist die Kernenergie eine zur technischen Reife entwickelte Alternative zu den fossilen Brennstoffen. Viele Ingenieure und Wissenschaftler glauben, dass es sichere und zuverlässige Techniken zur Behandlung und Lagerung des nuklearen Abfalls gibt. Die Unsicherheit in der Bewertung des Risikos liegt darin begründet, dass es kein Maß für die Gefährdung gibt, das gleichzeitig objektiven und subjektiven Kriterien genügt. Eine schlüssige Antwort auf diese Frage wird sich erst aus einem Vergleich des Risikos der Kernenergie mit dem Risiko anderer Energiequellen ergeben.

2.3 Geothermie

Als Geothermie bezeichnen wir die in der uns zugänglichen Kruste unserer Erde gespeicherte Wärme. Aus Abb. 1.4 sehen wir, dass der geothermische Wärmestrom im Vergleich zu den von der Sonne kommenden Energieströmen gering ist. Dies heißt allerdings nicht, dass er für die Prozesse auf der Erde unwesentlich wäre: Man denke nur an die Aktivität der Vulkane, die Erdbeben und an die Kontinentaldrift. Seit ihrem Bestehen gibt die Erde Wärme in das Weltall ab und trotzdem ist ihr Energievorrat längst noch nicht erschöpft. Woher nimmt nun die Erde diesen Energiestrom? Die Antwort auf diese Frage ergibt sich aus der Entstehung unserer Erde. Nach einer früheren Theorie entstanden die Planeten aus der Materie der Sonne. Man vermutete, dass einst ein großer Stern nahe an der Sonne vorbeizog und eine starke Störung ihres Gravitationsfeldes bewirkte. Dadurch entstand ein riesiger Flutberg in der flüssigen Materie der Sonne. Die Anziehungskraft des vorbeifliegenden Sternes war so groß, dass die Spitze des Flutberges sich ablöste und aus dem Tropfen ein Planet entstand. Diese Theorie wird heute für unwahrscheinlich gehalten, denn die Substanzen, die wir auf der Erde finden (Eisen, Kalzium, Silizium, Aluminium usw.), kommen in der Materie der Sonne fast nicht vor.

Nach neueren Theorien nimmt man an, dass die Sonne kurze Zeit nach ihrer Entstehung einer interstellaren Staubwolke begegnete. Ein Teil dieser Wolke wurde von der Sonne eingefangen und bildete einen Ring, der um sie kreiste. Durch zufällige Kollisionen bildeten sich innerhalb des Ringes größere Ansammlungen von Materie, die durch die Gravitationskraft schließlich zu den Planeten unseres Sonnensystems zusammengefügt wurden. Die Erde hat eine Masse von ca. $6 \cdot 10^{24}$ kg. Bei der Verdichtung im Gravitationsfeld entstanden im Zentrum hohe Drücke und Temperaturen von ca. 2 000 K. Hätte der Erde aber nur diese Energie zur Verfügung gestanden, wäre sie durch die Wärmeabstrahlung in den Weltraum längst erkaltet. Man nimmt deshalb an, dass es sich bei der Materie, aus der die Erde und die anderen Planeten gebildet wurden, um Überreste einer Supernova handelt. Solche Materie besteht zu einem großen Teil aus Radioisotopen, die durch radioaktiven Zerfall unter Energieabgabe schließlich in stabile Elemente umgewandelt werden, vgl. auch Abschn. 16.1. Der durch den radioaktiven Zerfall freigesetzte Energiestrom war zur Zeit der Entstehung der Erde um ein Vielfaches größer als heute. Viele der kurzlebigen Isotope wie z.B. $^{26}_{13}$Al existierten noch und trugen einen Großteil des Energiestroms. Als Konsequenz nahm die Temperatur der Erde stark zu; ihr Kern wurde flüssig und ihr Radius verkleinerte sich um etwa 100 km. Dadurch kam es zu extremen Verschiebungen und Faltungen in der Erdkruste, was schließlich zur Formierung der Gebirgszüge führte. Infolge der

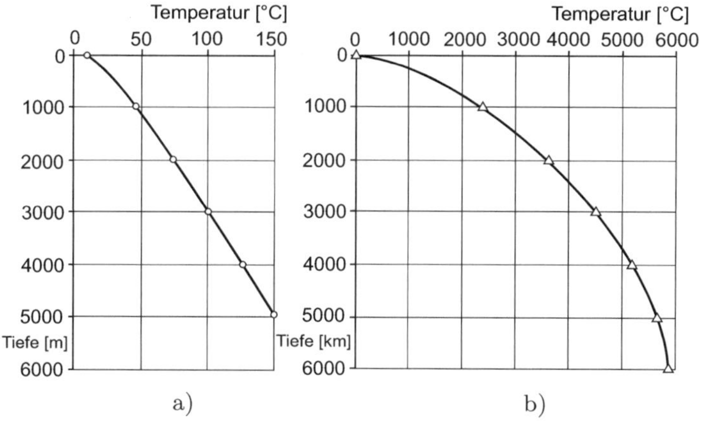

a) b)

Abbildung 2.5. Mittlerer Temperaturverlauf als Funktion der Tiefe: a) gemessene, b) berechnete Werte

Wärmeabstrahlung in den Weltraum ist die Temperatur an der Oberfläche geringer als im Kern. Der bis in eine Tiefe von etwa 10 km gemessene und für größere Tiefen modellhaft berechnete Temperaturverlauf ist in Abb. 2.5 dargestellt. Durch den radioaktiven Zerfall der die Erde konstituierenden Elemente wurde ein gigantischer Wärmespeicher aufgebaut, dessen Kapazität auf ca. 10^{31} J geschätzt wird. Er könnte den derzeitigen Energiebedarf von ca. 10^{17} J pro Jahr für alle Zukunft tragen. Der Energiestrom, den die Erde in den Weltraum abgibt, beträgt $3{,}0 \cdot 10^{12}$ W; dies entspricht einem mittleren Fluss von $6{,}6 \cdot 10^{-2}$ W/m^2. Dieser Energiestrom wird auch heute noch zu ca. 80% durch den Zerfall radioaktiver Isotope getragen und nur zu 20% durch Abgabe von Wärme aus dem Inneren. Aus Abb. 2.5 ist zu erkennen, dass i.allg. erst in einer Tiefe von über 5 km ausreichend hohe Temperaturen für eine Nutzung vorliegen. Allerdings ist die Erdkruste nicht gleichförmig; es bestehen vielmehr zahlreiche Anomalien.

Die Kruste der Erde ist in etwa ein Dutzend starrer Platten unterteilt, die auf dem viskoplastischen Erdmantel schwimmen. Die Platten bewegen sich unaufhörlich, sie verschieben sich und stoßen gegeneinander oder entfernen sich voneinander. So kommt es zur bekannten Kontinentaldrift, durch die ganze Gebirgsketten angehoben und andere abgesenkt werden. Die Kräfte, welche die tektonischen Platten bewegen, sind so gewaltig, dass Höhenunterschiede zwischen Land und Tiefsee keine Rolle spielen. So gehört z.B. Südkalifornien zur Pazifischen Platte und driftet mit ihr nordwestlich auf Sibirien zu, während Ostkalifornien zur Nordamerikanischen Platte gehört, die sich nach Südosten bewegt. Entlang der Plattengrenzen findet man Erdbebenherde. Dort, wo die Platten auseinanderdriften, entstehen Risse, die durch aus dem Erdinnern nachquellendes Magma gefüllt werden. In diesen Gebieten beträgt der Temperaturgradient 80–100°C/km und man findet Gesteinsfor-

mationen mit 300–500°C bereits in 5 km Tiefe.
Die Nutzung der Erdwärme ist besonders im Bereich geothermischer Anomalien attraktiv, wo Heißdampf- und Heißwasserreservoirs nahe an der Erdoberfläche liegen. Nassdampf und Heißwasser enthalten dabei merkliche Mengen an gelösten Salzen und auch an H_2S und NH_3, so dass es notwendig ist, diese Bestandteile abzuscheiden oder einen Wärmeaustauscher zwischenzuschalten, vgl. das Schema in Abb. 2.6.
Mit neueren Konzepten versucht man, heißen Felsschichten Wärme zu entziehen. Dazu wird beim sog. „Hot-Dry-Rock"-Verfahren über ein Bohrloch Wasser in Tiefen von einigen Kilometern eingebracht[1]. Dieses wird vom trockenen, heißen Gestein aufgeheizt und als Dampf über eine weitere Bohrung wieder nach oben geleitet, vgl. Abb. 2.7.
Die so aus der Erdkruste extrahierte Wärme kann sowohl direkt zum Heizen genutzt werden als auch z. B. in elektrischen Strom umgewandelt werden. Wegen der relativ niedrigen Temperatur der Wärmequelle wird bei den angewandten Dampfprozessen anstelle von Wasser mit organischen Arbeitsmitteln gearbeitet; meist mit Kohlenwasserstoffen wie Iso-Pentan, Iso-Oktan, Toluol oder Silikonölen. Diese Arbeitsmittel besitzen günstigere Verdampfungseigenschaften bei tiefen Temperaturen und geringen Drücken. In der Literatur werden diese Dampfprozesse als Organic-Rankine-Cycle (ORC) bezeichnet [29], [18].

Diese Technik ist bisher allerdings nur bei kleineren Pilotanlagen genutzt worden. 1990 waren in 18 Ländern geothermische Kraftwerke mit einer Leistung von ca. 6 000 MW in Betrieb, davon 2 800 MW im Westen der USA.

Beispiel 2.2. An der Erdoberfläche beträgt die mittlere geothermische Wärmestromdichte $\dot{q} = 0{,}06\ \mathrm{W/m^2}$. Für eine Granitschicht mit einer Wärmeleitfähigkeit $\lambda = 2\ \mathrm{W/mK}$ bestimme man den daraus resultierenden Temperaturgradienten.

Lösung. Es gilt das Fourier-Gesetz der Wärmeleitung:

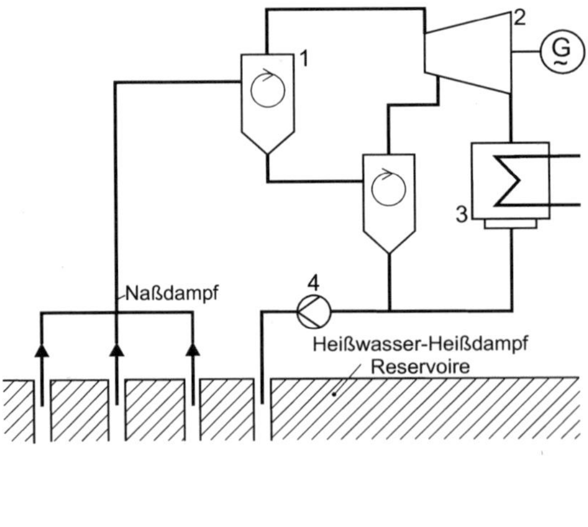

1 Wasser/Dampf-trennung
2 Turbine/Generator
3 Kondensator
4 Rückführpumpe

Abbildung 2.6. Schema eines geothermischen Kraftwerks mit Entspannungsverdampfung

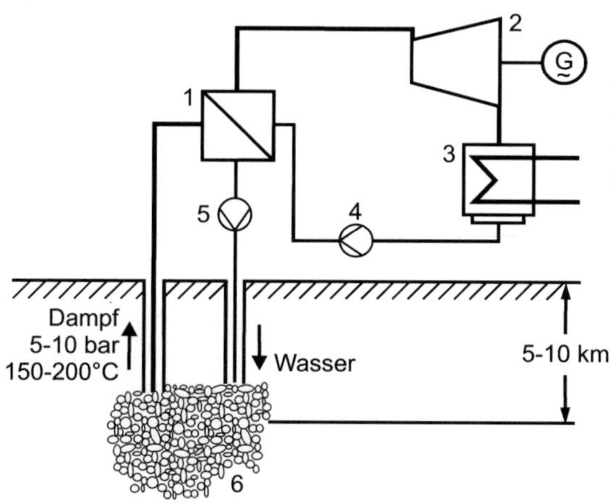

1 Dampferzeuger
2 Turbine/Generator
3 Kondensator
4 Speisepumpe
5 Rückführpumpe
6 Gestein hoher Temperatur

Abbildung 2.7. Entnahme von Erdwärme nach dem „Hot-Dry-Rock"-Verfahren

$$\dot{q} = \lambda \frac{\mathrm{d}T}{\mathrm{d}r} \, .$$

Durch Auflösen der Gleichung nach dem Temperaturgradienten erhält man das Ergebnis

$$\frac{\mathrm{d}T}{\mathrm{d}r} = \frac{\dot{q}}{\lambda} = 30 \text{ K/km.}$$

Dieser Wert stimmt für Mitteleuropa gut mit Messergebnissen überein. In Bereichen mit geothermischen Anomalien wurden dagegen Werte von 80–100 K/km gemessen.

2.3.1 Umweltbelastungen durch die Nutzung der Erdwärme

Auf der Suche nach Erdgas hatten Prospektoren im Mai 2006 nahe der Stadt Sidoarjo auf der Insel Java eine Probebohrung in 2800 m Tiefe geführt, als dampfender Schlamm aus dem Bohrloch schoss. Sie zogen den Bohrer zurück und verschlossen das Loch. Einen Tag später kam die Brühe 150 m neben dem Bohrloch herauf, seitdem quellen ununterbrochen zwischen 10.000 und 150.000 m^3 Schlamm pro Tag heraus. Bis Herbst 2008 waren alle Versuche erfolglos, den jetzt *Lusi* genannten Schlamm-Vulkan zu stoppen. Bis dahin war bereits eine Fläche von ~7 Quadratkilometer vom Schlamm überflutet.
Wie der Schlamm-Vulkan Lusi zeigt, ist die Nutzung der Hochtemperaturwärme aus großen Tiefen mit großen Risiken behaftet, so dass wohl niemand ernsthaft daran denken kann, den Hochdruckfeuerball „Erdkern" anzuzapfen. Zusätzlich stehen dem auch große technische Schwierigkeiten in Zusammenhang mit der Niederbringung der erforderlichen Tiefbohrungen entgegen. Auch die Nutzung von Quellen aus geringerer Tiefe hat ihre technischen und geologischen Tücken. Im Herbst 2007 wurden in der südbadischen Stadt Staufen im Rahmen eines Geothermieprojekts 105 bis 140 m tiefe Bohrungen niedergebracht. Schon wenige Monate danach zeigten sich Risse in den Häusern der Staufener Altstadt, nachdem sich der Boden fortlaufend um

mehrere Zentimeter pro Monat gehoben hatte. Beim Bohren für die Geothermiesonden hatte man im Boden eine Keuperschicht durchstoßen. Keuper, ein Kalziumsulfat, dehnt sich aus, sobald er mit Wasser in Berührung kommt. Infolge der Bohrungen dringt in Staufen vermutlich viel Wasser in den Keuper ein; nach einem Jahr hat sich der Boden so weit angehoben, dass sich an über 140 Häusern gravierende Schäden zeigen [7].
Neben Verwerfungen des Bodens sind bei heißen Quellen weitere Umwelteffekte zu berücksichtigen:

- Freisetzung von Mineralstoffen: Die im Thermalwasser gelösten Mineralstoffe müssen zurückgehalten und deponiert werden.
- Freisetzung von Begleitgasen: Bei heißen Quellen fallen H_2S und NH_3 an, die Schwefelmengen sind durchaus mit denen eines konventionellen Kraftwerkes vergleichbar.
- Großer Landbedarf: Die Anlagen haben einen großen Flächenbedarf (1 km^2 pro 3–7 MW_{th}). Wird das entnommene Wasser nicht ersetzt, kann es zu Landabsenkungen kommen

Mit entsprechenden Vorsorgemaßnahmen ist die Erdwärme trotz dieser Risiken eine durchaus attraktive und sichere Energiequelle, da für die Energiewandlung ausgereifte Techniken zur Verfügung stehen [15], [21].

2.4 Sonnenenergie

Die Sonne ist die wichtigste und zuverlässigste Energiequelle für das Leben auf der Erde. Die durch Kernfusion im Sonneninnern bereitgestellte Energie wird durch elektromagnetische Wellen bei einer Temperatur von $5800K$ in den Weltraum abgestrahlt. Das Spektrum der Sonnenstrahlung reicht von der Röntgenstrahlung über die sichtbare und infrarote Strahlung bis in das Gebiet der Radiowellen. Die Erdatmosphäre wirkt für die Sonnenstrahlung wie ein selektives Filter, Ursache dafür ist zunächst die Absorption der kurzwelligen Röntgen- und der UV-Strahlung durch das Ozon (O_3), die in Höhen zwischen 20 und 60 km erfolgt. Zum Glück, denn diese Strahlung ist für ungeschützte Zellen tödlich. Auch der Infrarotanteil wird durch das CO_2 und den Wasserdampf der Atmosphäre abgeschwächt. Am wenigsten abgeschwächt wird die Strahlung im Wellenlängenbereich zwischen 380 und 750 Nanometer. Dieser Anteil der Sonnenstrahlung ist das für uns sichtbare Licht und wird auch bei der Photosynthese von den Pflanzen genutzt. Die Energie des Sonnenlichts, das an einem klaren Tag die Erdoberfläche erreicht, besteht zu 10% aus ultraviolettem, zu 45% aus sichtbarem und zu 45% aus infrarotem Licht.
Der im Mittel von der Sonne auf die Erde eingestrahlte Energiestrom beträgt $1{,}73 \cdot 10^{17}$ W, von dem $1{,}21 \cdot 10^{17}$ W absorbiert und als Niedertemperaturwärme in den Weltraum abgestrahlt werden. Der absorbierte Energiestrom treibt den Wasserkreislauf und die Luftströmungen, er lässt die Pflanzen wachsen und versorgt uns mit Wärme.

Wasserkreislauf: Zum Antrieb unseres Wettersystems werden ca. $0{,}41 \cdot 10^{17}$ W genutzt, indem etwa $1{,}8 \cdot 10^{10}$ kg Wasser pro Sekunde verdampft und in die Atmosphäre eingetragen werden. Wenn wir annehmen, dass diese Dampfmengen im Mittel auf eine Höhe von 3 000 m hochgetragen werden und kondensieren, entspräche dies einer Leistung von

$$P = \dot{m}\, g\, h = 1{,}8 \cdot 10^{10}\ \mathrm{kg/s} \cdot 3\,000\ \mathrm{m} \cdot 10\ \mathrm{m/s^2} = 5{,}4 \cdot 10^{14}\ \mathrm{W} = 540\ \mathrm{TW}.$$

Der thermodynamische Wirkungsgrad des Prozesses ergibt sich durch die Division mit dem für die Verdampfung des Wassers erforderlichen Energiestrom:

$$\frac{5{,}4 \cdot 10^{14}\ \mathrm{W}}{4{,}1 \cdot 10^{16}\ \mathrm{W}} \approx 1{,}3\%.$$

Es ist einsichtig, dass die Ernte der Energie des *fallenden* Wassers nur einen Bruchteil der abgeschätzten Leistung erbringen kann. Sicher ist aber, dass die Nutzung der Wasserkraft eine mächtige Energiequelle ist, die im Jahr 2003 6% des weltweiten Energiebedarfs getragen hat, vgl. Abschnitt 18.1.

Luftströmungen: Ein Teil der durch die Kondensation des Wassers in der Atmosphäre freiwerdenden Energie wird in Windenergie umgewandelt, wobei der genaue Anteil nicht bekannt ist. Hier wird die Energie des Windes und der Wellen mit $1{,}0 \cdot 10^{15}$ W abgeschätzt, d.h. die Umwandlung der Wärme in mechanische Energie hat einen Wirkungsgrad von 2,5%.

Aus praktischen Gründen werden Anlagen zur Nutzung der Windenergie auf Bauhöhen von unter 200 m beschränkt sein. Daher muss in Kauf genommen werden, dass die Windgeschwindigkeit unter dem Einfluss der bodennahen Reibung rasch abnimmt. Unter Berücksichtigung dieser Randbedingungen beträgt die kinetische Energie der Lufthülle bis zu einer Höhe von 200 m bestenfalls 2% oder $2{,}0 \cdot 10^{13}$ W, von der nur ein kleiner Teil technisch genutzt werden kann, vgl. Abschnitt 18.3.

Sonnenlicht: Nachdem 30% der eingestrahlten Sonnenenergie direkt reflektiert werden und ca. ein Drittel der absorbierten Strahlung für das Wettersystem gebraucht werden, beträgt die Energiedichte der Sonneneinstrahlung im zeitlichen und geographischen Mittel noch 237 $\mathrm{W/m^2}$ von denen noch ca. 170 $\mathrm{W/m^2}$ die Erdoberfläche erreichen. In den industrialisierten Ländern liegt der Energiebedarf bei ca. 7 kW pro Kopf. Angenommen, man könnte die Sonnenenergie mit einem Wirkungsgrad von 10% ernten, so ließe sich der gesamte Energiebedarf einer Person durch Ernte der Sonneneinstrahlung auf einer Fläche von

$$\frac{7\,000\ \mathrm{W/Kopf}}{0{,}1 \cdot 170\ \mathrm{W/m^2}} = 410\ \mathrm{m^2/Kopf}$$

einsammeln. Dabei wurde vorausgesetzt, dass in Zeiten geringeren Energiebedarfs die nicht verbrauchte Energiemenge gespeichert wird, um für Zeiten des größeren Verbrauchs bereitzustehen. Wir werden später sehen, dass die Speicherung von Energie zwar im Prinzip möglich, aber mit einem großen Aufwand und hohen Verlusten verbunden ist. Kennzeichen der Energiequelle

Sonne ist neben der Mächtigkeit der Ressource die geringe spezifische Energiedichte. Diese geringe Dichte war eine Voraussetzung für die Entstehung des Lebens; sie ist aber ein Nachteil für die Nutzung mit den derzeit verfügbaren technischen Mitteln.

Die hier vorgenommenen Abschätzungen zeigen, dass die Sonnenenergie ein erhebliches Potential besitzt, dessen technische Realisierbarkeit in Abschn. 18.2 untersucht wird.

Biomasse: Durch Nutzung des Sonnenlichts, das mit Hilfe lichtabsorbierender Farbstoffe, der Chlorophylle, aufgenommen wird, setzen Pflanzen aus dem Kohlendioxid der Luft und aus Wasser organische Stoffe zusammen. Bei Pflanzen und anderen Lebewesen mit Photosynthese[3] sind die primären Syntheseprodukte Kohlenhydrate $(CH_2O)_n$, die sowohl als Energieträger dienen als auch Ausgangsmaterial für den Aufbau der Pflanzenmaterie sind. Die Photosynthese ist und war der Energielieferant für alles Leben auf der Erde und hat letztlich auch die fossilen Energievorräte aufgebaut.
Prinzipiell brauchen die Pflanzen für die Photosynthese nur CO_2, H_2O und Licht aus dem spektralen Bereich zwischen 400 und 700 nm (Nanometer). Wie jeder Landwirt weiß, benötigen die Pflanzen für die Durchführung der Photosynthese aber auch Dünger in Form von Phosphor und Stickstoff, die von den Pflanzen zusammen mit dem Wasser aus dem Boden aufgenommen werden. Dünger wird in der industriell betriebenen Landwirtschaft in riesigen Mengen auf die Felder gestreut; wir wollen aber hierauf nicht eingehen.[4] Die Brutto-Reaktionsgleichung der Photosynthese ist einfach:

$$nCO_2 + nH_2O + Energie \rightarrow (CH_2O)_n + nO_2 \tag{2.13}$$

Für n=6 entsteht z. B. Glukose ($C_6H_{12}O_6$), wobei gleichzeitig sechs Sauerstoffmoleküle freiwerden. Zur Aufnahme des Lichtes besitzt das Chlorophyll ausgeprägte Absorptionsbanden in den Wellenlängenbereichen zwischen 400 – 500 nm und 650 – 700 nm. Das grüne Licht mit Wellenlängen zwischen 500 und 650 nm wird größtenteils reflektiert, deshalb erscheinen auch die Blätter unserer Pflanzen in der Farbe grün. Trotz der Einfachheit der Reaktionsgleichung ist die Photosynthese ein sehr komplizierter Prozess, der noch nicht vollständig verstanden ist, vgl. [16], [23].
Die Pflanzen können also nur einen geringen Teil des Energiespektrums des Sonnenlichts nutzen. Das ist aber noch nicht alles, denn Pflanzen brauchen viel Wasser: Im Falle von Zuckerrohr etwa 500 mal mehr, als zur Bildung der Glukose notwendig ist. Dieser Überschuss an Wasser wird von den Pflanzen gebraucht, um die Temperatur der Blätter unter ∼30°C zu halten.[5] Reflexion, Wärmeabstrahlung und Verdampfung erfordern jeweils einen hohen Energieanteil. Nur wenige Prozent der am Boden verfügbaren Sonnenenergie werden

[3] Wörtliche Übersetzung aus dem Altgriechischen: Zusammensetzung durch Licht.

[4] Im Jahr 2000 wurden weltweit $15 \cdot 10^{10}$kg Dünger verbraucht.

[5] Wie alle Prozesse muss auch die Photosynthese die Hauptsätze der Thermodynamik erfüllen, vgl. hierzu [12], [20].

durch Photosynthese gebunden (Bruttoprimärproduktion). Diese beiden Effekte erklären, warum der Wirkungsgrad der Photosynthese der verschiedenen Ökosysteme so gering ist, vgl. Tabelle 2.8. Die mit der Sonneneinstrahlung von $121 \cdot 10^{15}$ W erzeugte Photosynthese-Nettoprimärproduktion, das ist die Primärproduktion abzüglich der Verluste durch Veratmung, beträgt pro Jahr $\sim 160 \cdot 10^{12}$ kg trockener Biomasse mit einem mittleren Brennwert von ~18 MJ/kg, vgl. Abb. 1.4. Der Energiestrom der Biosphäre beträgt damit rd. 92 TW, woraus sich ein Nutzungsgrad für die Photosynthese von 0,00076 errechnet. Zum Vergleich: Der weltweite Verbrauch an fossilen Energieträgern pro Jahr entspricht einem Energiestrom von rd. 16 TW. Bei einer auf Nachhaltigkeit zielenden globalen Ökonomie steht aber nur ein kleiner Teil der 160 Gt für den Einsatz als Energieträger zur Verfügung. Denn von der Biomasse lebt alles, was auf Erden kreucht und fleucht. Schon heute beansprucht der Mensch zusammen mit den von ihm gehaltenen Haustieren gut 40%; mit dem verbliebenen Anteil müssen sich die vom Menschen unabhängigen Kreaturen begnügen, darunter etwa 3 Millionen Tierarten. Nennenswerte Reserven gibt es nicht, es ist vielmehr ein Leben von der Hand in den Mund. Wir haben natürlich die Möglichkeit, unseren Anteil an der Nutzung der Biomasse weiter zu vergrößern, z.B. durch eine weitergehende Inanspruchnahme der noch verbliebenen Regenwälder. Aber wie weit können wir damit gehen, ohne uns selbst zu schaden? Diese Überlegungen zeigen, dass uns durch die Tragekapazität der Erde enge Grenzen bei der Nutzung der Biomasse gesetzt sind.

Tabelle 2.8. Nutzungsgrad der Photosynthese (Anhaltswerte)

Ökosystem	Nutzungsgrad
Intensive Landwirtschaft (Zuckerrohr)	0,01 – 0,02
Landwirtschaft, feuchte Wälder	0,003 – 0,01
Bergwälder, feuchte Wiesen	0,0005 – 0,003
Savannen	0,001
Wüsten	0,0005
Tiefsee (Algen)	0,0001

In diesem Zusammenhang muss auch der Energieeinsatz in Rechnung gestellt werden: Anbau, Ernte und Nutzung der Biomasse erfordern neben großem körperlichem Einsatz einen erheblichen Aufwand an freier Energie. Dieser Energieaufwand beträgt z.B. für Methanol aus Zuckerrohr ca. 45%, beim Rapsöl etwa 50% und selbst beim Verbrennen von Holzschnitzeln noch 15%. Wie der Wind und die Sonnenwärme kann auch die Biomasse nur einen ergänzenden Beitrag zur Deckung unseres Energiebedarfs geben und keinesfalls die fossilen Energieträger ersetzen. Diese Feststellung hat die Ökologie subtil begründet. Es besteht Konsens darüber, dass „the extraordinary agronomic improvements of recent decades have moved agriculture close to its theoretical limits "(Fedoroff and Cohen 1999), zitiert nach H. Mohr[19].

2.4.1 Umweltbelastungen durch die Nutzung von Wind und Sonne

Einer der Hauptgründe für das Interesse an den *alternativen Energien* ist die Tatsache, dass sie als weniger belastend für die Umwelt gelten als die fossilen und nuklearen Brennstoffe. Aber auch diese Technologien sind nicht völlig frei von ungewollten Begleiterscheinungen: z.B. können Windkraftanlagen und auch Absorbersysteme für das Einsammeln der Sonnenstrahlung in großflächiger Anordnung eine beträchtliche optische Beeinträchtigung landschaftlich schöner Gebiete bedeuten. Windräder verursachen zudem Lärm und können die Telekommunikation stören.

Während am Nordpol die Eisberge schmelzen, wird es in der Provinz Almeria im Südosten von Spanien durch einen ungewöhnlichen Treibhauseffekt kühler. Damit Europa zu jeder Jahreszeit mit Gemüse beliefert werden kann, wurden in Almeria Gewächshäuser mit einer Gesamtfläche von 26.000 m^2 gebaut. Diese Glashäuser halten nicht nur die Wärme im Innern zurück, sondern besitzen auch noch einenen hohen Albedo-Wert: Sie reflektieren einen Teil der Sonnenstrahlen direkt in den Weltraum zurück. In der Folge hat in Almeria die Durchschnittstemperatur seit 1983 um 0,6°C abgenommen, während Restspanien ein Plus von 0,5°C verbuchte.

Das Beispiel Almeria zeigt, dass die Erde einen eigenen Energiekreislauf hat: sie empfängt Energie in Form von Wärmestrahlung hoher Temperatur von der Sonne und gibt diese Energie auf niedrigem Temperaturniveau in den Weltraum ab. Mit der Anordnung von großflächigen Releflektorsystemen würden wir massiv in dieses System eingreifen.

2.5 Fazit

Die Erde ist ein effektiver chemischer Reaktor, der Energierohstoffe von bemerkenswerter Vielfalt und Konzentration hervorgebracht hat. Dank dieser Vielfalt steht uns im Prinzip Energie für eine lange Zukunft zur Verfügung. Wir haben aber auch gesehen, dass diese Energiequellen nicht gleichwertig im Hinblick auf ihre Verwertung durch den Menschen sind. Es gibt erhebliche Unterschiede bzgl. Ergiebigkeit, Verfügbarkeit, Kosten für ihre Erschließung sowie der Risiken für die Umwelt.

Am weitesten entwickelt sind die Techniken zur Nutzung fossiler Energiequellen. Neben der voraussehbaren Erschöpfung der einfach zu erschließenden Ressourcen haben aber auch die in der jüngeren Vergangenheit sichtbar gewordenen Umweltschädigungen, die insbesondere durch die Nutzung der Kohle hervorgerufen wurden, dazu geführt, dass mit großem Einsatz Techniken zur Nutzung alternativer Energiequellen entwickelt werden.

Große Erwartungen wurden dabei in die Verwendung der Kernenergie gesetzt. Eine erste Generation von Reaktoren befindet sich bereits großtechnisch im Einsatz und hat sich im Betrieb bewährt. Zur Verminderung erkannter Risiken und zur vollständigen Schließung des Brennstoffkreislaufs ist jedoch eine Weiterentwicklung erforderlich.

In Konkurrenz zur Kernenergie steht die Nutzung der regenerativen Energiequellen, insbesondere der Sonnenenergie. Techniken zu ihrer Nutzung sind zwar bekannt, aber noch nicht für den kommerziellen Einsatz entwickelt.

Die Gewissheit, Energie für eine unbeschränkte Zukunft zu haben, nutzt uns wenig, wenn es darum geht, heute und morgen den Energiebedarf zu decken. Daher werden wir bis weit in dieses Jahrhundert hinein nicht auf die Nutzung der fossilen Energiequellen verzichten können. Deshalb sollen auch hier zuerst die technischen Möglichkeiten zur optimalen Nutzung fossiler Brennstoffenergie behandelt werden. Daran anschließend werden die nuklearen und regenerativen Energieträger in Betracht gezogen.

Die bisherigen Überlegungen haben auch ergeben, dass jede Form der Nutzung eines Primärenergieträgers Auswirkungen auf die Umwelt hat. Dies gilt insbesondere für den Energieträger Kohle. Zu den wichtigsten Schadstoffen, die gleichzeitig in großen Mengen anfallen, gehören SO_2, NO_x, Staub und CO_2. Für die ersten drei wurden wirkungsvolle Rückhaltetechniken entwickelt, die in der Bundesrepublik Deutschland seit 1985 bei allen Kraftwerksanlagen mit Leistungen von über 50 MW eingesetzt werden. Im Hinblick auf die Reduktion der Emissionen von Schadgasen und Staub kann heute zu Recht von umweltfreundlichen Kraftwerken gesprochen werden.

Übrig geblieben ist die Emission von CO_2. Bereits heute ist absehbar, dass die Rückhaltung und Entsorgung von Kohlendioxid zwar technisch möglich, aber mit einem immensen Energie- und Kostenaufwand verbunden ist. Mithin bleibt für die nähere Zukunft allein der primäre Leistungsansatz: die Minderung des Energiebedarfs durch bessere Wirkungsgrade und eine verantwortungsvolle Nutzung.

Literatur

1. Baumgärtner, J. et al: Geothermal Energy in the Upper Rhinegraben: The European Hot Dry Rock Project at Soultz-sous-Forets. In: Geothermische Stromerzeugung. VDI-Bericht 1703, 23–31 (2002)
2. BP Weltenergiestatistik 2004, www.bp.com
3. Campbell, C. J., Jean H. Laherrèe: The end of cheap oil. Sci. American, March 1998, 78–83
4. Coenen, R.: Steinkohle – Technikfolgenabschätzung ihres verstärkten Einsatzes in der Bundesrepublik Deutschland. Springer, Berlin Heidelberg New York 1985
5. Deffeyes, K. S.: Beyond Oil: The View from Hubberts Peak. Hill and Wang 2005
6. Duncan, R. C.: Three world oil forecasts predict peak oil production. Oil Gas J., **26**, 18–21, 2003
7. Frankfurter Allgemeine Zeitung vom 16. Dezember 2008.
8. Homepage Gashydrate bei GEOMAR Kiel: www.gashydrate.de
9. Gray, M., Zhenghe Xu, Masliyah, J.: Physics of the oil sands of Alberta. Physics Today **62**, 3, 31–35 (2009)

10. Gumz, W.: Kurzes Lehrbuch der Brennstoff- und Feuerungstechnik, 3. Auflage. Springer, Berlin Heidelberg New York 1962
11. Gumz, W., Kirsch, H., Makowsky, M.T.: Schlackenkunde. Springer, Berlin Heidelberg 1958
12. Hoppe, W., Lohmann, W., Markl, H., Ziegler, H.: Biophysik, Abschnitt 8.6 Springer, Berlin Heidelberg 1988
13. Jacobi, W.: Umweltradioaktivität und Strahlenexposition durch radioaktive Emissionen von Kohlekraftwerken (GSF-Bericht 760). Gesellschaft für Strahlen- und Umweltforschung, München 1981
14. NEA/IEA (International Energy Agency): Uranium resources, production and demand. Paris 1987
15. Krüger, P.: Geothermal energy. Annual Review of Energy **1**, 159–182 (1976)
16. Kurrek, J., D. Niethammer, H. Kurrek: Primärprozesse der Photosynthese und ihre Modellierung. Chemie in unserer Zeit, **33**, 72–83 (1999)
17. Landolt, H., Börnstein, R.: Numerical data and functional relationships in science and technology. Springer, Berlin Heidelberg New York 1992
18. Legmann, H., Brown, P.: ORMAT Three Years of Operation of the 60 MW Mokai I Geothermal Project. In: Geothermische Stromerzeugung. VDI-Bericht 1703, 117–125 (2002)
19. Mohr, H.: Ökosysteme und menschliche Kultur. In: Energie und nachhaltige Entwicklung. VDI-GET, 160–168 ISBN 3-931384-29-2 (2001)
20. Müller, Ingo: Grundzüge der Thermodynamik. Springer Berlin 2001
21. Atlas Corp. (Ed.): Eighth geothermal conference and workshop. EPRI, Palo Alto, CA 1984
22. Reserven, Ressourcen und Verfügbarkeit von Energierohstoffen. Schweizbartsche Verlagsbuchhandlung, Stuttgart 2003
23. Raven, P.H., Eichhorn, S.E., Evert, R.F.: Biologie der Pflanzen. de Gruyter, Berlin 2002
24. Reichert, G.: Entwicklungsstand der Rauchgasreinigung in der Bundesrepublik Deutschland. Feuerungstechnik und Umweltschutz. Verlag TÜV Rheinland, Köln 1985
25. Schilling, H.D.: Umweltschutz in der Kraftwerkstechnik. VGB Kraftwerkstechnik **69**, 1 009–1 017 (1989)
26. Singer, J.G. (Ed.): Combustion: Fossil power. Combustion Engineering Inc., Windsor, CT 1991
27. Stach, E. et. al.: Stach's textbook of coal petrology. Gebr. Bornträger, Stuttgart 1975
28. Smith, K.L., Smoot, L.D., Fletcher, L.D., Pugmire, R.J.: The structure and reaction processes of coal. Plenum Press, New York London 1994
29. Strauss, K., Wild, Th.: Arbeitsmittel für ORC Anlagen. In: Geothermische Stromerzeugung. VDI-Bericht 1703, 85–98 (2002)

3

Umwandlung von Wärme in Arbeit

Die Umwandlung von Wärme in Arbeit wird mit Hilfe von *Kreisprozessen* durchgeführt.[1] Dabei wird einem Arbeitsmittel, etwa einem Dampf oder einem Gas, das sich in einer Maschine befindet, Hochtemperaturwärme zugeführt. Das Arbeitsmittel leistet in der Maschine mechanische Arbeit, die als Nutzarbeit entnommen werden kann, und gibt schließlich Niedertemperaturwärme ab. Ein Kreisprozess ist dadurch gekennzeichnet, dass der Endzustand des Arbeitsmittels nach einer Reihe von Zustandsänderungen wieder mit dem Anfangszustand identisch ist.

Unter den Kreisprozessen spielt der 1824 von Carnot[2] eingeführte Prozess eine besondere Rolle. Bei diesem Prozess erfährt das Arbeitsmittel – es soll sich um ein Kilogramm eines idealen Gases handeln, das mit einem Kolben in einem Zylinder eingeschlossen ist – folgende Zustandsänderungen:

a) 1–2: Isotherme Expansion unter Zufuhr der Wärme $q_{12} = q_{zu}$ und Abgabe der Arbeit w_{12}
b) 2–3: Isentrope Expansion[3] unter Abgabe der Arbeit w_{23}
c) 3–4: Isotherme Kompression unter Abfuhr der Wärme $q_{34} = q_{ab}$ und unter Zufuhr der Arbeit w_{34}
d) 4–1: Isentrope Kompression unter Zufuhr der Arbeit w_{41}

Der Prozess ist in Abb. (3.1) im p,v- und T,s-Diagramm dargestellt. Dabei wird vorausgesetzt, dass der Zustand des Arbeitsmittels jeweils durch ein Variablenpaar, z.B. p–v, T–s oder h–s, eindeutig festgelegt ist. Hier bezeichnen p den Druck, T die Temperatur, v das spezifische Volumen, h die spezifische Enthalpie und s die spezifische Entropie des Arbeitsmittels.
Für die Beschreibung eines Kreisprozesses ist eine Beziehung erforderlich, welche den Druck p mit der Temperatur T und dem spezifischen Volumen v des Arbeitmittels verknüpft, die als Zustandsgleichung bezeichnet wird. Für ein ideales Gas lautet die Zustandsgleichung:

---

[1] In diesem Kapitel werden lediglich die Grundzüge des Dampfkraftprozesses und des Gasturbinenprozesses behandelt. Für eine ausführlichere Darstellung sei auf [1] und [2] verwiesen.
[2] N. L. S. Carnot (1796–1832).
[3] Isentrop heißen Zustandsänderungen bei konstanter Entropie.

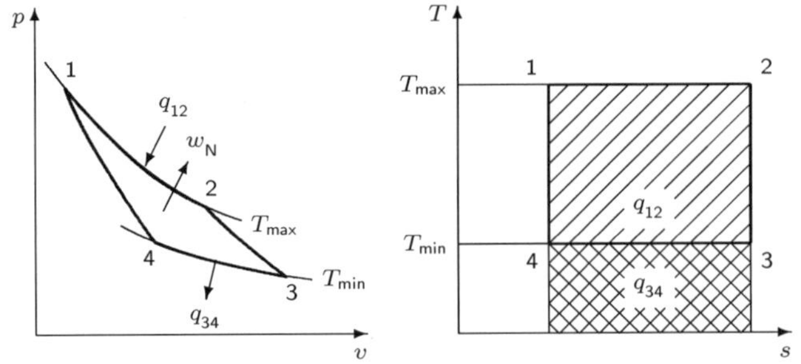

Abbildung 3.1. Carnot-Prozess für ein ideales Gas im p,v- und T,s-Diagramm.

$$pV = nRT \tag{3.1}$$

n ist die Molzahl des Gases im Volumen V, T die Temperatur in Kelvin und R die universelle Gaskonstante. Mit M, der Molmasse des Gases, kann (3.1) umgeformt werden zu:

$$pv = \mathbf{R}T \text{ oder } \frac{p}{\rho} = \mathbf{R}T\,. \tag{3.2}$$

Hierin ist $v = V/(nM)$ das spezifische Volumen pro Masseneinheit, $\rho = 1/v$ die Dichte und $\mathbf{R} = R/M$ die spezielle Gaskonstante des Arbeitsmittels.
In den Zustandsdiagrammen der Abbildungen 3.1 und 3.3 erscheint der Kreisprozess als ein geschlossener Linienzug. Bei den Kraftmaschinen, die thermische Energie in mechanische Energie umwandeln, wird der Kreisprozess in beiden Diagrammen im Uhrzeigersinn durchlaufen; dem Prozess kann die Arbeit w entnommen werden. Der Betrag dieser Arbeit erscheint im p,v-Diagramm als Fläche. Es gilt:

$$w = \oint p\,\mathrm{d}v\,. \tag{3.3}$$

Entsprechend erscheint dem Prozess zugeführte und von ihm abgegebene Wärme als Fläche im T,s-Diagramm, nach der Definition der Entropie gilt $\mathrm{d}q = T\,\mathrm{d}s$. Daraus folgt für die Summe der zu- und abgeführten Wärmemengen:

$$q_{ges} = \oint \mathrm{d}q = \oint T\,\mathrm{d}s\,. \tag{3.4}$$

Für die Anwendung des 1. Hauptsatzes der Thermodynamik auf den Kreisprozess vereinbaren wir, dass die dem Prozess zugeführte Energie positiv und die dem Prozess entzogene negativ gezählt wird. Mit dieser Vereinbarung kann das Kreisintegral (3.4) in zu- und abgeführte Wärmen zerlegt werden:

$$\oint \mathrm{d}q = q_{\mathrm{zu}} - q_{\mathrm{ab}} = T_{\mathrm{max}}\left(s_2 - s_1\right) - T_{\mathrm{min}}\left(s_3 - s_4\right)\,. \tag{3.5}$$

Der 1. Hauptsatz sagt, dass die einem System zugeführte Energie der Änderung seiner gespeicherten Energie, d.h. seiner inneren Energie u, entspricht.

Da bei einem Kreisprozess Anfangs- und Endzustand identisch sind, ändert sich die innere Energie nicht, es gilt

$$\oint \mathrm{d}u = \oint \mathrm{d}q - \oint \mathrm{d}w = 0\,. \tag{3.6}$$

Hierbei ist $\oint \mathrm{d}q$ die dem Prozess zugeführte Wärme und $\oint \mathrm{d}w$ die vom Prozess geleistete Arbeit. Die Gleichung gilt für alle Integrationswege, daher gilt für die Integranden:

$$\mathrm{d}u = \mathrm{d}q - \mathrm{d}w = \mathrm{d}q - p\mathrm{d}v. \tag{3.7}$$

Die innere Energie u ist eine Zustandsvariable des Arbeitsmittels, sie ist bei einem idealen Gas nur von der Temperatur abhängig und ändert sich proportional zur Temperatur:

$$\mathrm{d}u = c_v\,\mathrm{d}T. \tag{3.8}$$

Der Proportionalitätsfaktor c_v heißt spezifische Wärme bei konstantem Volumen, c_v ist für ideale Gase konstant. Neben der inneren Energie wird noch die *Enthalpie* h als Zustandsvariable verwendet, die sich additiv aus der inneren Energie u und der Volumenarbeit pv zusammensetzt:

$$h = u + pv\,. \tag{3.9}$$

Für die differentielle Änderung von h gilt:

$$\mathrm{d}h = \mathrm{d}u + p\mathrm{d}v + v\mathrm{d}p = \mathrm{d}q + v\mathrm{d}p\,. \tag{3.10}$$

Bei konstantem Druck nimmt die Enthalpie nach (3.10) proportional zur Temperatur des Arbeitsmittels zu:

$$\mathrm{d}h = c_p\,\mathrm{d}T\,. \tag{3.11}$$

c_p heißt spezifische Wärme bei konstantem Druck, c_p ist für ideale Gase konstant. Aus (3.6) folgt mit (3.4) und (3.5) für die dem Prozess entnehmbare *Nutzarbeit*

$$w_\mathrm{N} = \oint \mathrm{d}w = \oint \mathrm{d}q = q_\mathrm{zu} - q_\mathrm{ab}. \tag{3.12}$$

Die Nutzarbeit des Prozesses ist damit gleich der Differenz zwischen der zu- und abgeführten Wärme. Für die Umwandlung der Hochtemperaturwärme in nutzbare Arbeit kann ein thermischer Wirkungsgrad η_th definiert werden:[4]

$$\eta_\mathrm{th\,Carnot} = \eta_\mathrm{C} = \frac{w_\mathrm{N}}{q_\mathrm{zu}} = \frac{q_\mathrm{zu} - q_\mathrm{ab}}{q_\mathrm{zu}} = \frac{T_\mathrm{max} - T_\mathrm{min}}{T_\mathrm{max}} = 1 - \frac{T_\mathrm{min}}{T_\mathrm{max}}\,. \tag{3.13}$$

Nach dieser Definition verstehen wir unter einem Wirkungsgrad das Verhältnis aus der einem Prozess entnehmbaren Nutzarbeit und der zur Durchführung des Prozesses aufgewendeten Energie. Wirkungsgrade dienen zur Bewertung

[4] Bei linksläufigen Prozessen (Kältemaschinen) wird zur Bewertung der Gütegrad ε, das Verhältnis der nutzbaren Wärme zur aufgewandten Arbeit, verwendet.

stationärer Prozesse und werden für den Vergleich von Alternativen herangezogen.

Der Carnot-Prozess zeigt, dass zur Gewinnung von mechanischer Arbeit aus Wärme mit einem Kreisprozess dem Prozess Wärme auf einem hohen Temperaturniveau zugeführt und auf einem tieferen entzogen werden muss. Bei einem reversiblen Carnot-Prozess ist wegen $\oint \mathrm{d}s = 0$:

$$\oint \mathrm{d}s = \oint \frac{\mathrm{d}q}{T} = \frac{q_{12}}{T_1} + \frac{q_{34}}{T_4} = \frac{q_{zu}}{T_{max}} - \frac{q_{ab}}{T_{min}} = 0. \tag{3.14}$$

Daraus ergibt sich:

$$|q_{ab}| = \frac{T_{min}}{T_{max}} q_{zu} . \tag{3.15}$$

Aus (3.13) und (3.15) folgt, dass Wärme nicht vollständig in Arbeit umgewandelt werden kann. Eine vollständige Umwandlung wäre nur für $T_{min}/T_{max} = 0$, d.h. $T_{min} = 0$ K gegeben. Nach dem 3. Hauptsatz der Thermodynamik kann eine Temperatur von 0 K aber nicht erreicht werden. Bei realen Prozessen ist T_{min} in aller Regel durch die Umgebungstemperatur T_U vorgegeben.

Der Carnot-Prozess ist das Beispiel eines Idealprozesses. Alle Zustandsänderungen wurden so durchgeführt, dass sie sich durch die im Prinzip möglichen inversen Zustandsänderungen vollständig rückgängig machen lassen. Derartige Prozesse werden reversibel oder umkehrbar genannt. Der Carnot-Prozess stellt als reversibler Prozess mit infinitesimal kleinen Gleichgewichtsstörungen einen Grenzfall dar, der bei wirklichen Prozessen nur angenähert werden kann.

Ein Prozess verläuft irreversibel, wenn bei irgendeinem Teilprozess Arbeit in Wärme umgesetzt wird, oder bei einem Teilvorgang Wärme ohne Arbeitsleistung von einem höheren auf ein tieferes Temperaturniveau fließt. Solche Effekte sind bei wirklichen Kreisprozessen nicht zu vermeiden, die deshalb immer mehr oder weniger irreversibel verlaufen. Der Nutzeffekt eines irreversibel zwischen zwei Temperaturen arbeitenden Prozesses ist geringer als der des reversiblen Carnot-Prozesses, für seinen thermischen Wirkungsgrad gilt

$$\eta_{th} < \eta_C . \tag{3.16}$$

Eine Wärmemenge Q von einer höheren Temperatur als die Umgebungstemperatur T_U kann nach (3.13) höchstens zu einem Teil $\eta_C Q$ in nutzbare Arbeit umgewandelt werden. Diesen umwandelbaren Anteil bezeichnet man als *Exergie.* Die Wärmemenge Q kann man sich aus der Exergie E_{Ex} und der *Anergie* E_{An} zusammengesetzt denken. Die Anergie ist der nicht in Arbeit umwandelbare Teil von Q und es gilt

$$Q = E_{Ex} + E_{An} . \tag{3.17}$$

Im theoretischen Grenzfall $T_{min} = T_U$ folgt

$$E_{Ex} = \eta_C Q = \left(1 - \frac{T_U}{T_{max}}\right) Q \tag{3.18}$$

und

$$E_{\mathrm{An}} = \frac{T_{\mathrm{U}}}{T_{\mathrm{max}}} Q \,. \tag{3.19}$$

Hier gibt T_{max} das Temperaturniveau der Wärme Q an.

Die vorstehenden Überlegungen haben gezeigt, dass Wärme neben einer Quantität auch eine Qualität (Wertigkeit) besitzt. Die Beurteilung der Qualität erfolgt hier unter dem Gesichtspunkt der Umwandelbarkeit in mechanische Energie. Die Bewertung kann entweder mit Hilfe der Zustandsgröße Entropie oder mit dem durch (3.18) definierten Begriff Exergie vorgenommen werden. Es bleibt anzumerken, dass für die Exergie kein Erhaltungssatz gilt. Es ist vielmehr so, dass durch die oben erwähnten Irreversibilitäten Arbeitsfähigkeit – d.h. Exergie – verloren geht. Man spricht dann von einem *Exergieverlust* oder weniger genau von einem Energieverlust.

Bei der technischen Umsetzung der Energiewandlung mit Kreisprozessen werden wir zwischen Prozessen unterscheiden, die mit einem bei allen Zustandsänderungen homogenen Medium und solchen, die mit einem heterogenen Medium arbeiten. In der technischen Anwendung sind dies:

- der Gasturbinen-Prozess und
- der Dampfkraft-Prozess.

3.1 Der Dampfkraftprozess

3.1.1 Der ideale Clausius-Rankine-Prozess

Beim Dampfkraftprozess wird mit einer physikalisch heterogenen Substanz gearbeitet. Als Arbeitsmittel wird fast ausschließlich Wasser verwendet. Die Phasenumwandlung flüssig/gasförmig wird im Dampferzeuger und die Umwandlung gasförmig/flüssig im Kondensator vorgenommen. In Abb. 3.2 sind die notwendigen Elemente eines Dampfkraftprozesses dargestellt. Als Vergleichsprozess wird der in Abb. 3.3 im *T,s*-Diagramm dargestellte Clausius-Rankine-Prozess[5] verwendet, der aus je zwei Isobaren und Isentropen zusammengesetzt ist.

Das *T,s*-Diagramm ist ein wichtiges Hilfsmittel für die Berechnung von Kreisprozessen, da sich reversibel ausgetauschte Wärmemengen gemäß der Beziehung $q = \oint T\,\mathrm{d}s$ als Flächen darstellen lassen. Im Teilbild a) von Abb. 3.3 ist qualitativ ein *T,s*-Diagramm für Wasser dargestellt. Wir bezeichnen die Zustände auf der Siedelinie mit $'$ und auf der Taulinie mit $''$. In Abb. 3.3 ist eine Isobare 1–4 eingezeichnet. Um die Flüssigkeit von 1 ausgehend zum Sieden zu bringen, ist pro Masseneinheit die Wärme $\int_1^2 c_p\,\mathrm{d}T$ zuzuführen. Im Zustand 2 beginnt die Flüssigkeit zu sieden. Bei gleichbleibender Temperatur

[5] Nach R. J .E. Clausius (1822–1888) und W. J. M. Rankine (1820–1872).

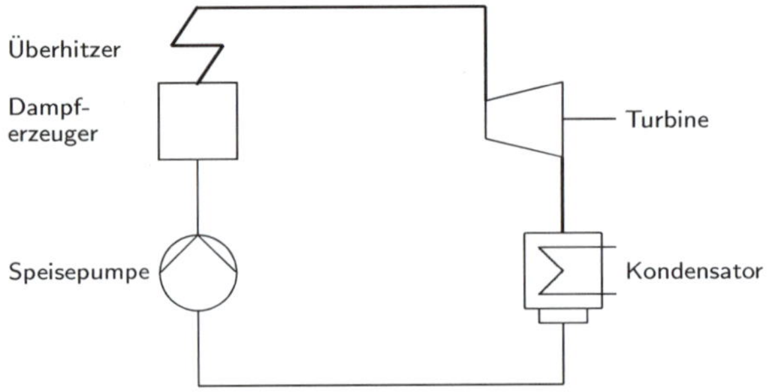

Abbildung 3.2. Notwendige Komponenten einer Dampfkraftanlage

geht mehr und mehr Flüssigkeit in die Dampfphase über. Dazu ist die Verdampfungsenthalpie $\Delta h_V = T(s'' - s') = h'' - h'$ erforderlich. Aus dem T,s-Diagramm geht hervor, dass zur Beschreibung eines Zustandes im Nassdampfgebiet außer Druck und Temperatur noch eine weitere Größe notwendig ist. Es ist üblich, hierfür den Dampfgehalt x als Zustandsgröße zu verwenden. Bei $x = 0$ siedet die Flüssigkeit und bei $x = 1$ liegt trocken gesättigter Dampf vor.

Zur Überhitzung des trocken gesättigten Dampfes ist noch die Wärmemenge $\int_3^4 c_p \, \mathrm{d}T = \int_3^4 T \, \mathrm{d}s$ notwendig. Die physikalischen Eigenschaften der gängigen Arbeitsmittel sind in der Literatur gut bekannt. Für Wasser wird auf die VDI-Wasserdampftafeln [3] verwiesen.

Im Prozessverlauf werden folgende Zustandsänderungen des Arbeitsmittels vorgenommen:

a) 1–2: Isentrope Verdichtung in der flüssigen Phase
b) 2–3: Isobare Wärmezufuhr (Vorwärmung, Verdampfung und Überhitzung)
c) 3–4: Isentrope Expansion
d) 4–1: Isobare Wärmeabfuhr und Kondensation

Zur Darstellung des Prozessverlaufes in der Turbine wird meist das h,s-Diagramm verwendet. In diesem können isobar ausgetauschte Wärmemengen und bei isentroper Zustandsänderung ausgetauschte mechanische Arbeit als Strecken abgegriffen werden, vgl. hierzu Abb. 3.4. Dort ist ein Dampfkraft-Prozess mit einfacher Überhitzung dargestellt.
Für die Umwandlung von Wärme in mechanische Energie mit dem Clausius-Rankine-Prozess kann ein thermischer Wirkungsgrad η_{th} analog zu (3.13) definiert werden. Mit den Bezeichnungen aus Abb. 3.4 gilt:

$$\eta_{th} = \frac{w_N}{q_{zu}} = 1 - \frac{|q_{ab}|}{q_{zu}} \tag{3.20}$$

Für die Wärmezufuhr und Wärmeabfuhr kann jeweils eine mittlere Temperatur definiert werden:

$$\overline{T}_{zu} = \frac{q_{zu}}{\Delta s} \tag{3.21}$$

und entsprechend

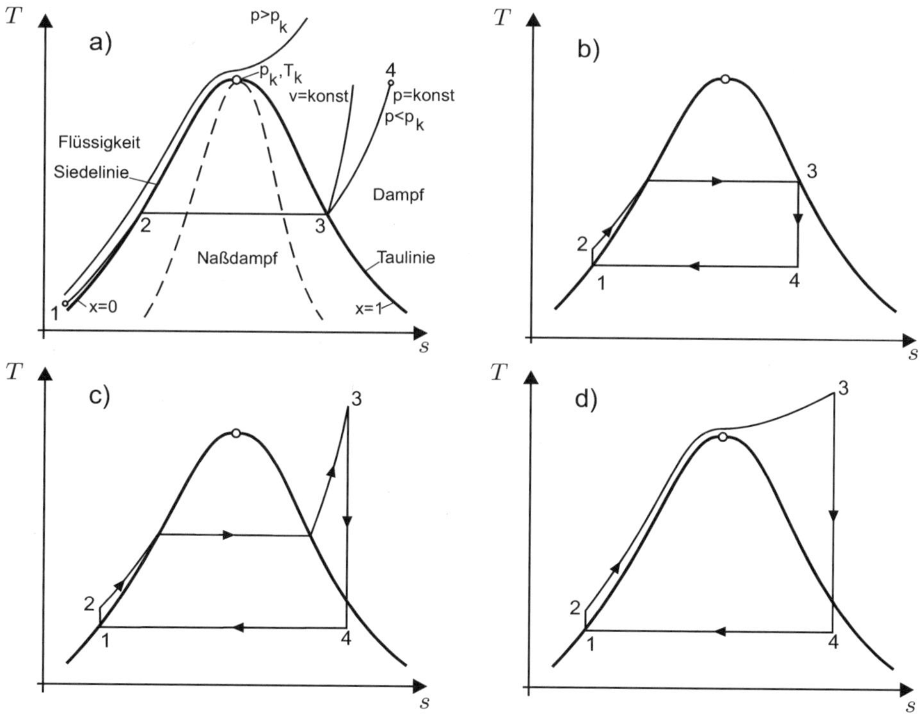

Abbildung 3.3. Clausius-Rankine-Prozess im T,s-Diagramm. a) T,s-Diagramm für Wasser; ($p_{\mathrm{k}} = 221{,}20$ bar, $T_{\mathrm{k}} = 374{,}15°\mathrm{C}$) ist der kritische Punkt, in dem die gasförmige und die flüssige Phase in all ihren Eigenschaften übereinstimmen. Oberhalb der kritischen Temperatur lässt sich ein Gas nicht verflüssigen.
In das Diagramm eingezeichnet sind: b) Sattdampfprozess, c) unterkritischer Dampfkraftprozess, d) überkritischer Dampfkraftprozess.

$$\overline{T}_{\mathrm{ab}} = \frac{|q_{\mathrm{ab}}|}{\Delta s} \,. \tag{3.22}$$

Die Entropiedifferenz ist gegeben durch $\Delta s = s_4 - s_1$. Aus Abb. 3.4 folgt sofort, dass $\overline{T}_{\mathrm{zu}} < T_3 = T_{\mathrm{max}}$ und $\overline{T}_{\mathrm{ab}} \geq T_1 = T_{\mathrm{min}}$.

Daraus folgt, dass der thermische Wirkungsgrad des Clausius-Rankine-Prozesses geringer ist als der eines Carnot-Prozesses mit $T_{\mathrm{max}} = T_3$ als oberer Temperatur.

Die zur Auslegung von Kreisprozessen erforderlichen Enthalpiedaten können entweder einer Dampftafel oder einem h,s-Diagramm entnommen werden, vgl. Anhang A.1. Für genaue Berechnungen sind die Werte der Dampftafel vorzuziehen.

Beispiel 3.1. Gegeben sei ein idealer Wasser/Dampf-Prozess mit einem Dampfzustand am Turbineneintritt von 530°C und 150 bar. Der Kondensatordruck p_K betrage 0,1 bar.

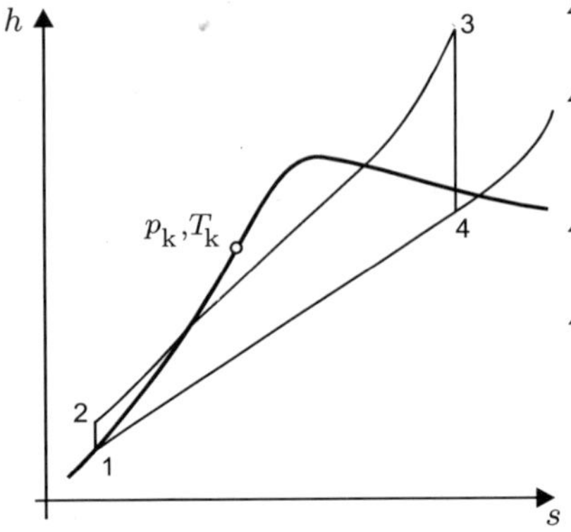

$\Delta h_T = h_3 - h_4$ Nutzarbeit der Turbine

$\Delta h_K = h_4 - h_1$ isobare Wärmeabgabe im Kondensator

$\Delta h_{Sp} = h_2 - h_1$ Energiezufuhr der Speisepumpe

$\Delta h_{DE} = h_3 - h_2$ isobare Wärmezufuhr im Dampferzeuger

Abbildung 3.4. Clausius-Rankine-Prozess im h,s-Diagramm

Berechnen Sie den thermischen Wirkungsgrad und vergleichen Sie ihn mit dem Wirkungsgrad des Carnot-Prozesses. Benutzen Sie die nachstehenden Dampftafeln, die auch für die Bearbeitung der Beispiele 3.2–3.4 vorgesehen sind.

Zustände für Wasser und überhitzten Dampf

	230°C	240°C	250°C	260°C	310°C	530°C	540°C
5 bar							
v [m³/kg]	0,4549	0,4647	0,4744	0,4841	0,5321	0,7388	0,7481
h [kJ/kg]	2 919,1	2 940,1	2 961,1	2 981,9	3 085,4	3 548,4	3 570,1
s [kJ/kgK]	7,1903	7,2317	7,2721	7,3115	7,4971	8,1699	8,1967
40 bar							
v [m³/kg]	0,001207	0,001228	0,001251	0,05172	0,06044	0,09011	0,09135
h [kJ/kg]	990,5	1 037,7	1 085,8	2 835,6	2 990,2	3 513,1	3 535,8
s [kJ/kgK]	2,6077	2,7006	2,7934	6,1353	6,4130	7,1774	7,2055
150 bar							
v [m³/kg]	0,011924	0,001212	0,001232	0,001255	0,001421	0,02208	0,02250
h [kJ/kg]	993,1	1 039,2	1 086,2	1 133,9	1 394,5	3 394,3	3 421,4
s [kJ/kgK]	2,5867	2,6775	2,7681	2,8585	3,3250	6,4548	6,4885

Zustandspunkte im Nassdampfgebiet

p	T	v'	v''	h'	h''	Δh_V	s'	s''
[bar]	[°C]	[m³/kg]	[m³/kg]	[kJ/kg]	[kJ/kg]	[kJ/kg]	[kJ/kgK]	[kJ/kgK]
0,10	45,833	0,0010102	14,67	191,83	2 584,8	2 392,9	0,6493	8,1511
0,13	51,062	0,0010126	11,47	213,70	2 594,0	2 380,3	0,7172	8,0592
5,0	151,84	0,0010928	0,3747	640,12	2 747,5	2 107,4	1,8604	6,8192
40	250,33	0,0012521	0,04975	1 087,4	2 800,3	1 712,9	2,7965	6,0685

Lösung. Zunächst werden die Enthalpien in den einzelnen Zuständen bestimmt. Am Kondensatoraustritt (Zustand 1) herrscht ein Druck von $p_K = 0,1$ bar. Aus der Dampftafel erhält man für diesen Druck und den flüssig siedenden Zustand die

Enthalpie $h_1 = 191{,}83$ kJ/kg. Das Wasser vom Zustand 1 wird mit einer Speisewasserpumpe auf einen Druck von $p_{DE} = 150$ bar komprimiert. Die dabei von der Speisepumpe zugeführte Enthalpie wird zu

$$\Delta h_{Sp} = v_1' \left(p_{DE} - p_K\right) = 15{,}14 \text{ kJ/kg}$$

berechnet. Aus der zugeführten Enthalpie lässt sich die Enthalpie im Zustand 2 bestimmen:

$$h_2 = h_1 + \Delta h_{Sp} = 206{,}97 \text{ kJ/kg}.$$

Am Verdampferaustritt (Zustand 3) hat der überhitzte Dampf einen Druck von 150 bar und eine Temperatur von 530°C. Der Dampftafel entnimmt man für diese Werte eine Enthalpie $h_3 = 3\,394{,}8$ kJ/kg. Die Enthalpie des am Turbinenaustritt in das Nassdampfgebiet entspannten Dampfes erhält man nach der Formel

$$h_4 = h_4' + x_4 \left(h_4'' - h_4'\right).$$

Der Dampfanteil x_4 lässt sich durch Interpolation der Entropien bestimmen. Die Entropie s_4 ist ebenso groß wie $s_3 = 6{,}4548$ kJ/kgK, da die Zustandsänderung von 3 nach 4 isentrop abläuft. Der Dampftafel entnimmt man für den Zustand 4 $s_4' = 0{,}6493$ kJ/kgK und $s_4'' = 8{,}1511$ kJ/kgK, so dass

$$x_4 = \frac{s_4 - s_4'}{s_4'' - s_4'} = 0{,}7739$$

resultiert. Aus diesen Werten ergibt sich $h_4 = 2\,043{,}75$ kJ/kg.

Aus den oben berechneten Enthalpien erhält man die folgenden Enthalpiedifferenzen:

$$\begin{aligned}
\Delta h_{Sp} &= h_2 - h_1 = 15{,}14 \text{ kJ/kg} && \text{(durch die Speisepumpe zugeführt)},\\
\Delta h_{DE} &= h_3 - h_2 = 3\,187{,}33 \text{ kJ/kg} && \text{(im Dampferzeuger zugeführt)},\\
\Delta h_{T} &= h_3 - h_4 = 1\,350{,}55 \text{ kJ/kg} && \text{(in der Turbine abgeführt)},\\
\Delta h_{K} &= h_4 - h_1 = 1\,851{,}92 \text{ kJ/kg} && \text{(im Kondensator abgeführt)}.
\end{aligned}$$

Daraus ergibt sich für den thermischen Wirkungsgrad

$$\eta_{th} = \frac{q_{zu} - |q_{ab}|}{q_{zu}} = \frac{\Delta h_{DE} - \Delta h_K}{\Delta h_{DE}} = \frac{|w_N|}{q_{zu}} = \frac{\Delta h_T - \Delta h_{Sp}}{\Delta h_{DE}} = 0{,}418.$$

In diesem Kreisprozess werden somit 41,8% des zugeführten Wärmestroms in mechanische Leistung umgewandelt. Zum Vergleich wird der Carnot'sche Wirkungsgrad berechnet:

$$\eta_C = 1 - \frac{T_{ab}}{T_{zu}} = 1 - \frac{T_4}{T_3} = 0{,}603.$$

Die Differenz zwischen η_C und η_{th} ist durch die isobare Wärmezufuhr zwischen den Zuständen 2 und 3 bedingt.

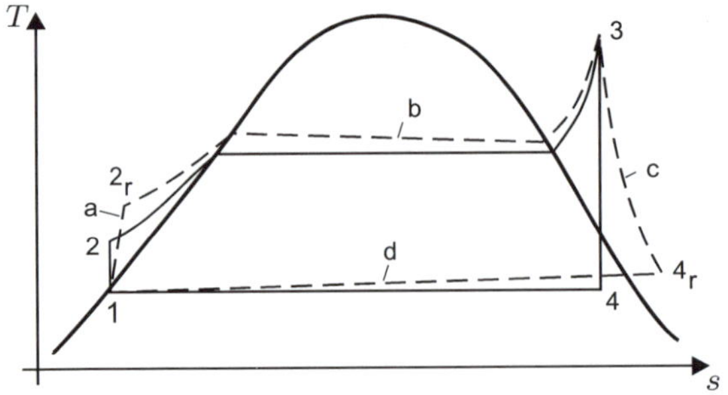

Abbildung 3.5. Realer Clausius-Rankine-Prozess im T,s-Diagramm

3.1.2 Irreversible Zustandsänderungen beim DampfkraftProzess

Wir haben bisher vorausgesetzt, dass die Zustandsänderungen des Arbeitsmittels in der Speisepumpe, dem Dampferzeuger, der Turbine und dem Kondensator reversibel verlaufen. Reale Prozesse sind aber zwangsläufig mit Irreversibilitäten verbunden, deren Einfluss auf den Prozess wir abschätzen wollen. Zu diesem Zweck sind in Abb. 3.5 die Unterschiede zwischen dem idealen und realen Prozess dargestellt.[6]

3.1.2.1 Druckerhöhung in der Speisepumpe

Die Druckerhöhung in der Speisepumpe erfolgt irreversibel und ist daher mit einer Entropiezunahme verbunden. Die Zustandsänderung erfolgt nicht von 1 nach 2, sondern nach 2_r. Die Druckerhöhung von p_2 auf p_{2_r} entspricht dem Druckabfall des Arbeitsmittels im Kessel infolge der Rohrreibung. Bei den heute üblichen Frischdampfdrücken von Zwangdurchlaufdampferzeugern beträgt die Antriebsleistung der Kesselspeisepumpen etwa 2–3% der Generatorleistung.

3.1.2.2 Verdampfung und Überhitzung

Die Irreversibilität bei der Dampferzeugung ergibt sich zum größten Teil aus der großen Temperaturdifferenz zwischen den heißen Rauchgasen und dem Arbeitsmittel. Bei der Bewertung ist aber zu berücksichtigen, dass die Höhe der Überhitzungstemperatur ϑ_3 durch die Festigkeitseigenschaften der verfügbaren Werkstoffe begrenzt wird. Die Strömung des Arbeitsmittels durch den Dampferzeuger ist mit einem Druckabfall verbunden. Die dabei pro Masseneinheit des Arbeitsmittels in Wärme umgewandelte Energie $h_{2_r} - h_2$ ist von der Speisepumpe aufzubringen.

[6] Abweichungen vom idealen Prozess werden mit dem Index r für „real" gekennzeichnet.

3.1.2.3 Expansion in der Turbine

Aufgrund des irreversiblen Expansionsverlaufs in der Turbine wird der Zustand 4_r erreicht. Die im Kondensator abzuführende Wärme erhöht sich damit um

$$\Delta q_{K_r} = h_{4_r} - h_4 \,. \tag{3.23}$$

Der Wirkungsgrad des realen Prozesses ist damit um

$$\Delta\eta = \frac{\Delta q_{K_r}}{q_{zu}} \tag{3.24}$$

geringer, als der des idealen Clausius-Rankine-Prozesses.

3.1.2.4 Dampfniederschlagung im Kondensator

Die Irreversibilität im Kondensator wird durch die technisch notwendige Temperaturdifferenz für den Wärmetransport und dem Druckabfall infolge der Rohrreibung verursacht.

Beispiel 3.2. Bei dem Dampfkraftprozess des Beispiels 3.1 habe die Speisepumpe einen Wirkungsgrad von 85% und die Turbine einen von 90%. Der Druckverlust im Kessel betrage 10 bar und im Kondensator 0,03 bar.

a) Wie groß ist der Wirkungsgrad des realen Prozesses?
b) Welche Nennleistung gibt der Prozess bei einem Dampfmassenstrom von 2 000 t/h ab?

Bei der Berechnung soll die Dampftafel aus Beispiel 3.1 verwendet werden.

Lösung. a) Zur Berechnung des realen thermischen Wirkungsgrades η_{th_r} müssen zunächst die Enthalpien in den einzelnen Zuständen bestimmt werden. Die Enthalpien in den Zuständen 1 und 3 können aus Beispiel 3.1 übernommen werden. Dort ist $h_1 = 191{,}83$ kJ/kg und $h_3 = 3\,394{,}8$ kJ/kg.
Irreversibilitäten führen zu den Zuständen 2_r und 4_r. Bei der Bestimmung der spezifischen Enthalpie des Zustandes 2_r müssen der Wirkungsgrad der Speisewasserpumpe η_{Sp} und der Druckverlust im Kessel berücksichtigt werden. Deshalb ist

$$p_{2_r} = p_{DE} + \Delta p_{DE} = 160 \text{ bar.}$$

Die spezifische Enthalpie im Zustand 2 beträgt

$$h_{2_r} = h_1 + \Delta h_{Sp} = h_1 + v_1' \left(p_{2_r} - p_K\right) \frac{1}{\eta_{Sp}} = 210{,}83 \text{ kJ/kg.}$$

Für den Zustand 4_r erhält man unter Berücksichtigung der Druckverluste und dem Wirkungsgrad der Turbine den Druck

$$p_{4_r} = p_K + \Delta p_K = 0{,}13 \text{ bar.}$$

Bei der Bestimmung der spezifischen Enthalpie im Zustand 4 muss der Enthalpieverlust auf Grund von Irreversibilitäten beachtet werden:

$$h_{4_r} = h_3 - \Delta h_T = h_3 - \left(h_3 - h_4\right) \eta_T \,.$$

Die Enthalpie im Zustand 4 für den reversiblen Fall setzt sich nach der Formel

$$h_4 = h'_4 + x_4 \left(h''_4 - h'_4\right)$$

aus der Enthalpie des reinen Dampfes $h''_4 = 2\,594{,}0$ kJ/kg und der Enthalpie der flüssige Phase $h'_4 = 213{,}70$ kJ/kg zusammen. Der Dampfanteil wird wie in Beispiel 3.1 mit Hilfe einer Interpolation von Entropien zu

$$x_4 = \frac{s_4 - s'_4}{s''_4 - s'_4} = 0{,}7815$$

bestimmt. Darin ist $s_4 = s_3$ die Entropie für den reversiblen Fall; s_3, s'_4 und s''_4 sind der Dampftafel zu entnehmen. Man erhält somit für den Zustand 4_r

$$h_{4_r} = 2\,209{,}89 \text{ kJ/kg}.$$

Aus den oben berechneten Enthalpien erhält man die folgenden Enthalpiedifferenzen:

$$\begin{aligned}
\Delta h_{Sp} &= h_{2_r} - h_1 = 19{,}00 \text{ kJ/kg} && \text{(durch die Speisepumpe zugeführt)},\\
\Delta h_{DE} &= h_3 - h_{2_r} = 3\,183{,}47 \text{ kJ/kg} && \text{(im Dampferzeuger zugeführt)},\\
\Delta h_T &= h_3 - h_{4_r} = 1\,188{,}41 \text{ kJ/kg} && \text{(in der Turbine abgeführt)},\\
\Delta h_K &= h_{4_r} - h_1 = 2\,014{,}06 \text{ kJ/kg} && \text{(im Kondensator abgeführt)}.
\end{aligned}$$

Damit berechnet man den thermischen Wirkungsgrad zu

$$\eta_{th_r} = \frac{q_{zu} - |q_{ab}|}{q_{zu}} = \frac{|w_N|}{q_{zu}} = \frac{\Delta h_{DE} - \Delta h_K}{\Delta h_{DE}} = \frac{\Delta h_T - \Delta h_{Sp}}{\Delta h_{DE}} = 0{,}367.$$

η_{th_r} ist somit um 5,1 Prozentpunkte niedriger als der verlustfreie Prozess aus Beispiel 3.1.

b) Die Nennleistung der Anlage errechnet sich zu

$$P_N = \dot{m}_D \left(\Delta h_T - \Delta h_{Sp}\right) = \eta_{th_r}\, \dot{m}_D\, q_{zu} = \eta_{th_r}\, \dot{m}_D\, \Delta h_{DE} = 649{,}7 \text{ MW}.$$

3.2 Maßnahmen zur Verbesserung des thermischen Wirkungsgrades

3.2.1 Grundsätzliche Gesichtspunkte

Wie bereits gezeigt wurde, bringt der Carnot-Prozess bei vorgegebenen Temperaturgrenzen den besten Wirkungsgrad für die Umwandlung von Wärme in mechanische Arbeit. Hieraus resultiert die Forderung, den Umwandlungswirkungsgrad eines technischen Kreisprozesses durch Annäherung an den Carnot-Prozess zu verbessern. Weitere Maßnahmen bestehen in der Erhöhung bzw. Absenkung der mittleren Temperatur der Wärmezu- bzw. Wärmeabfuhr. Beim Dampfkraftprozess bestehen dafür im wesentlichen die folgenden Möglichkeiten:

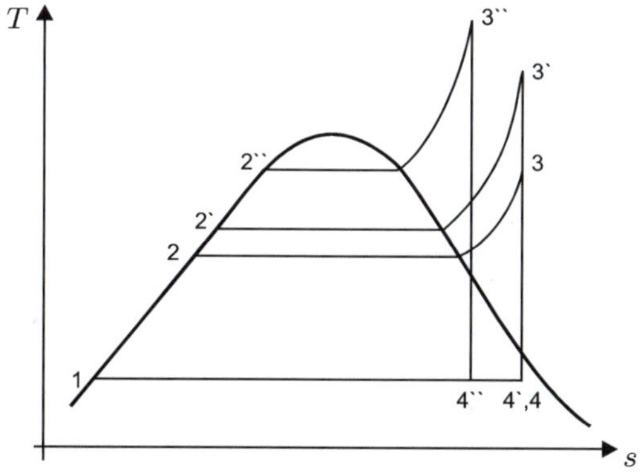

Abbildung 3.6. Verbesserung des Wirkungsgrades durch Anhebung der Frischdampftemperatur und des Frischdampfdrucks.

- Erhöhung des Frischdampfzustandes
- Zwischenüberhitzung
- regenerative Speisewasservorwärmung
- Senkung des Kondensationsdruckes

3.2.2 Erhöhung des Frischdampfzustandes

Die Anhebung des Frischdampfzustandes – darunter verstehen wir die Erhöhung von Druck und Temperatur des Arbeitsmittels vor der Turbine – ist eine grundlegende Maßnahme zur Verbesserung des Wirkungsgrades.

In Abb. 3.6 wurden die Frischdampfzustände zweier Prozesse (1–2–3–4) und (1-2′-3′-4) so gewählt, dass für beide die Wärmeabfuhr im Kondensator gleich groß ist. Die Arbeitsausbeute beider Prozesse unterscheidet sich um $\Delta w = h_3' - h_3$. Im T,s-Diagramm wird Δw durch den Inhalt der Fläche 2–2′–3′–3 dargestellt. Wichtig ist, dass die beim zweiten Prozess zusätzlich zugeführte Wärme Δq vollständig in mechanische Arbeit umgewandelt wird.

Es lassen sich auch noch höhere Frischdampfzustände 3″ derart auswählen, dass die im Kondensator abzuführende Wärmemenge geringer wird, vgl. Abb. 3.6. Aus dem Bild folgt qualitativ, dass der Wirkungsgrad mit dem Druck und der Temperatur zunimmt. Ergänzend dazu ist in Abb. 3.7 die Abhängigkeit des Wirkungsgrades von den Frischdampfparametern für einen einfachen Dampfkraftprozess dargestellt.

Dem Anheben der Frischdampftemperatur sind durch die Festigkeitseigenschaften der verfügbaren Werkstoffe Grenzen gesetzt. Zur Zeit sind bei den üblichen Dampfdrücken von ca. 250 bar Temperaturen bis 650°C erprobt. Bei Materialtemperaturen über ca. 570°C sind für Teile des Dampferzeugers, der Turbine und der verbindenden Rohrleitungen austenitische Werkstoffe erforderlich. Der Gewinn durch den höheren Wirkungsgrad wird damit fast vollständig durch den Kapitaldienst für die zusätzlichen Investitionskosten aufgezehrt. Man bevorzugte daher zunächst andere Mittel zur Erhöhung des

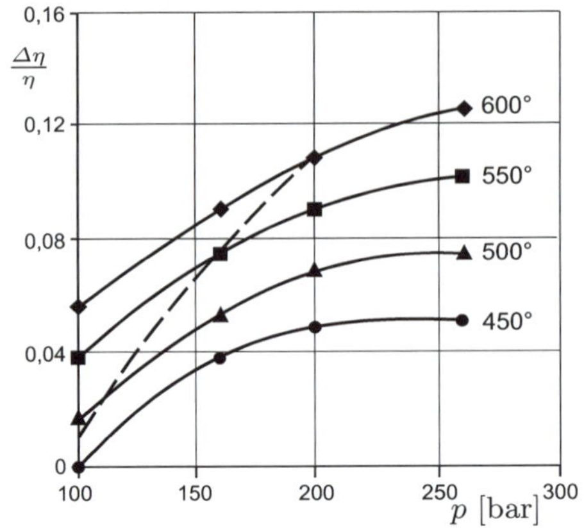

Abbildung 3.7. Relative Änderung des thermischen Wirkungsgrades in Abhängigkeit von Druck und Temperatur. Die unterbrochene Linie markiert Frischdampfzustände, die auf einen Wassergehalt von 10% im Expansionsendpunkt führen.

Wirkungsgrades als die Erhöhung der Frischdampftemperatur, die inzwischen in Großkraftwerken bei 600°C liegt.

Auch die Erhöhung des Frischdampfdruckes führt zu einem anlagentechnischen Mehraufwand bei den Speisepumpen und den Rohrleitungen. Bei der Festlegung der Frischdampfparameter sind deshalb die wirtschaftlichen Randbedingungen zu beachten.

Das Steigern des Frischdampfdruckes ist über gewisse Grenzen hinaus nur mit Anwendung der ein- oder mehrfachen Zwischenüberhitzung sinnvoll, da sonst die Dampfnässe hinter der Turbine zu groß wird. Bei großen Turbinen soll mit Rücksicht auf die erosive Wirkung der Wassertröpfchen auf die Turbinenschaufeln die Dampfnässe nicht über 10% liegen, vgl. Abb. 3.7.

3.2.3 Zwischenüberhitzung

Die Zwischenüberhitzung ist ein an den Hochdruckprozess angeschlossener Teilprozess. Dabei wird das Arbeitsmittel nach einer Teilentspannung in der Hochdruckturbine zum Dampferzeuger zurückgeführt und im Zwischenüberhitzer (ZÜ) wieder auf etwa die gleiche Temperatur wie der Hochdruckdampf erhitzt. Eine Erhöhung des thermischen Wirkungsgrades ist dann erreichbar, wenn die mittlere Temperatur der Wärmezufuhr für den Teilprozess über der des Hauptprozesses liegt, vgl. Abb. 3.8. Die Wärmezufuhr im Zwischenüberhitzer erfolgt längs der Isobaren 4–5 und die Entspannung in der Turbine längs der Isentropen 5–6 bis auf Kondensatordruck.

Für den thermischen Wirkungsgrad ergibt sich bei Vernachlässigung der Speisepumpenarbeit

$$\eta_{\mathrm{th}} = 1 - \frac{T_6\,(s_6 - s_1)}{h_3 - h_1 + h_5 - h_4}\,. \tag{3.25}$$

Damit eine Verbesserung des Wirkungsgrades erreicht wird, muss die mittlere Temperatur der Wärmezufuhr $\overline{T}_{\mathrm{ZÜ}}$ für den Teilprozess über der entsprechenden Temperatur $\overline{T}_{\mathrm{HD}}$ des Hochdruckprozesses liegen. Für die Mitteltemperatur des Hochdruckprozesses gilt

$$\overline{T}_{\mathrm{HD}} = \frac{h_3 - h_1}{s_3 - s_1}\,, \tag{3.26}$$

und entsprechend für den Teilprozess

$$\overline{T}_{\mathrm{ZÜ}} = \frac{h_5 - h_4}{s_5 - s_4} \approx \frac{1}{2}\left(T_4 + T_5\right). \tag{3.27}$$

Meist wird die Temperatur der Zwischenüberhitzung gleich der Frischdampftemperatur gewählt, so dass $T_5 = T_3$ ist. Unter dieser Voraussetzung ist $\overline{T}_{\mathrm{ZÜ}}$ größer als $\overline{T}_{\mathrm{HD}}$, wenn

$$T_4 > 2\,\overline{T}_{\mathrm{HD}} - T_5 = 2\,\overline{T}_{\mathrm{HD}} - T_3 \tag{3.28}$$

gilt. Mit der ZÜ-Eintrittstemperatur T_4 ist auch der ZÜ-Druck p_4 festgelegt. In Abb. 3.9 ist die durch eine Zwischenüberhitzung erreichbare Wirkungsgradverbesserung als Funktion des Druckverhältnisses $p_5/p_3 = p_{\mathrm{ZÜ}}/p_{\mathrm{HD}}$ dargestellt. In der Abbildung sind zusätzlich noch die resultierende ZÜ-Eintrittstemperatur T_4 und der sich ergebende Wasseranteil am Austritt der Turbine $(1 - x_6)$ angegeben. Aus der Darstellung folgt, dass die Wirkungsgradverbesserung für ein Druckverhältnis von ca. 0,2 ein Maximum hat. Der besondere Vorteil der Zwischenüberhitzung ist die Verringerung der Dampfnässe in den letzten Schaufelreihen der Turbine. Dadurch vermindert sich nicht nur die Gefahr von Erosionen durch die im Dampf enthaltenen Wassertröpfchen, sondern es ergibt sich auch eine Verbesserung des inneren Turbinenwirkungsgrades. Wegen des flachen Maximums des thermischen Wirkungsgrades erfolgt die endgültige Festlegung des *Trenndrucks* p_4 aus Systemüberlegungen.

Der Ausführung der Zwischenüberhitzung kommt die heute aus konstruktiven Gründen vorgenommene Aufteilung der Turbinen in einen Hochdruck- (HD), einen Mitteldruck- (MD) und einen Niederdruckteil (ND) entgegen. Die Zwischenüberhitzung erfolgt dabei hinter der HD-Turbine.

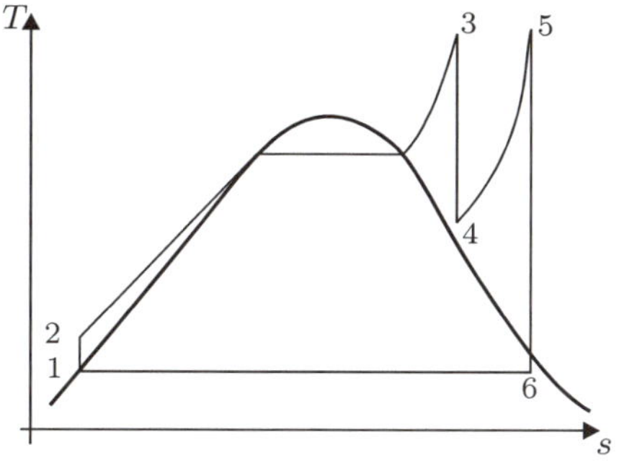

3–4: Expansion in der Hochdruckturbine

4–5: Zwischenüberhitzung

5–6: Expansion in der Mittel- und Niederdruckturbine

Abbildung 3.8. Dampfkraftprozess mit einfacher Zwischenüberhitzung

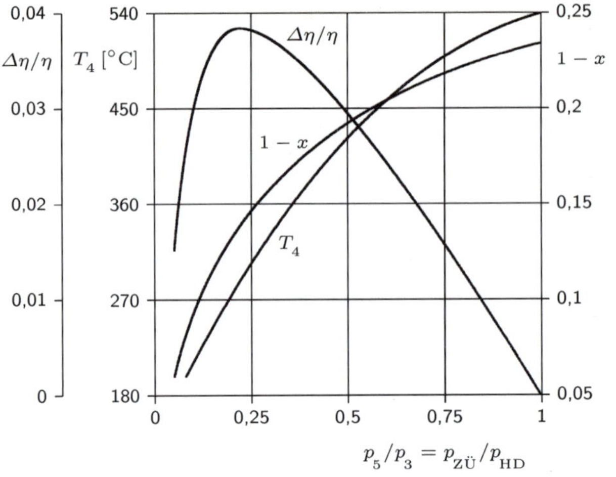

Abbildung 3.9. Verbesserung des thermischen Wirkungsgrades, ZÜ-Eintrittstemperatur und Endnässe in Abhängigkeit vom Druckverhältnis $p_{ZÜ}/p_{HD}$. Prozess mit einfacher Zwischenüberhitzung, $p_{HD} = 180$ bar, $T_{HD} = T_{ZÜ} = 540°$C.

Bei Kraftwerksanlagen ist die einfache Zwischenüberhitzung die Regel. Der durch eine weitere Zwischenüberhitzung erreichbare Wirkungsgradgewinn ist relativ gering (1–1,5%), so dass doppelte Zwischenüberhitzungen wegen des damit verbundenen Bauaufwandes nur in Sonderfällen zum Einsatz kommen.

Beispiel 3.3. Gegeben sei ein Dampfkraftprozess mit einer einfachen Zwischenüberhitzung, vgl. Abb. 3.8. Der Hochdruckdampf vor der Turbine hat einen Druck von 150 bar und eine Temperatur von 530°C, der Kondensatordruck beträgt 0,1 bar. Unter der Bedingung, dass der Zwischenüberhitzerdampf auf 540°C überhitzt wird und der Nässegehalt des Dampfes am Turbinenaustritt 12,6% nicht übersteigen soll, bestimme man

a) den Zwischenüberhitzerdruck und
b) den thermischen Wirkungsgrad.

Die Stoffwerte können der Dampftafel in Beispiel 3.1 entnommen werden.

Lösung. a) Unter den getroffenen Voraussetzungen ist der ZÜ-Druck durch die Bedingung $s_5 = s_6$ und $p_4 = p_5 = p_{ZÜ}$ festgelegt. Als erstes muss die spezifische Entropie im Zustand 6 berechnet werden. Aus der Aufgabenstellung sind der Druck $p_6 = 0{,}1$ bar und der Dampfgehalt im Zustand 6 $x_6 = 1 - 0{,}126 = 0{,}874$ bekannt. Daraus lässt sich die spezifische Entropie

$$s_6 = s_6' + x_6 \left(s_6'' - s_6'\right) = 7{,}2055 \text{ kJ/kgK}$$

bestimmen. Zur Entropie $s_5 = 7{,}2055$ kJ/kgK und der Temperatur $T_{ZÜ} = T_5 = 540°$C findet man in der Dampftafel den Zwischenenüberhitzerdruck $p_{ZÜ} = 40$ bar.

b) Der thermische Wirkungsgrad ist durch

$$\eta_{th} = \frac{q_{zu} - |q_{ab}|}{q_{zu}} = \frac{|w_N|}{q_{zu}}$$

gegeben. Zur Bestimmung der abgegebenen Leistung und der zugeführten Wärme müssen zunächst die Enthalpien in den einzelnen Zuständen bestimmt werden. Die Enthalpien in den Zuständen 1, 2 und 3 sind noch aus Beispiel 3.1 bekannt:

$$\begin{aligned} h_1 &= 191{,}83 \text{ kJ/kg}, \\ h_2 &= 206{,}97 \text{ kJ/kg}, \\ h_3 &= 3\,394{,}3 \text{ kJ/kg}. \end{aligned}$$

Die weiteren Enthalpien erhält man durch Interpolation aus der Dampftafel:

$$\begin{aligned} h_4 &= h(40 \text{ bar}; 6{,}4548 \text{ kJ/kgK}) &&= 3\,012{,}11 \text{ kJ/kg}, \\ h_5 &= h(40 \text{ bar}; 540°\text{C}) &&= 3\,535{,}8 \text{ kJ/kg}, \\ h_6 &= h_6' + x_6\left(h_6'' - h_6'\right) &&= 2\,283{,}17 \text{ kJ/kg}. \end{aligned}$$

Nachstehend sind die relevanten Enthalpiedifferenzen zusammengefasst:

$$\begin{aligned} \Delta h_{Sp} &= h_2 - h_1 = 15{,}14 \text{ kJ/kg} && \text{(durch die Speisepumpe zugeführt)}, \\ \Delta h_{DE} &= h_3 - h_2 = 3\,187{,}33 \text{ kJ/kg} && \text{(im Dampferzeuger zugeführt)}, \\ \Delta h_{HD} &= h_3 - h_4 = 382{,}19 \text{ kJ/kg} && \text{(in der HD-Turbine abgeführt)}, \\ \Delta h_{ZÜ} &= h_5 - h_4 = 523{,}69 \text{ kJ/kg} && \text{(im Zwischenüberhitzer zugeführt)}, \\ \Delta h_{ND} &= h_5 - h_6 = 1\,252{,}63 \text{ kJ/kg} && \text{(in der ND-Turbine abgeführt)}, \\ \Delta h_{K} &= h_6 - h_1 = 2\,091{,}34 \text{ kJ/kg} && \text{(im Kondensator abgeführt)}. \end{aligned}$$

Daraus ergibt sich für den thermischen Wirkungsgrad

$$\eta_{th} = \frac{|w_N|}{q_{zu}} = \frac{\Delta h_{DE} + \Delta h_{ZÜ} - \Delta h_K}{\Delta h_{DE} + \Delta h_{ZÜ}} = \frac{\Delta h_{HD} + \Delta h_{ND} - \Delta h_{Sp}}{\Delta h_{DE} + \Delta h_{ZÜ}} = 0{,}436.$$

Somit erhält man gegenüber dem Prozess ohne Zwischenüberhitzung (3.1) einen um 1,8 Prozentpunkte höheren Wirkungsgrad.

3.2.4 Regenerative Speisewasservorwärmung

Die *regenerative Speisewasservorwärmung* nähert den Clausius-Rankine-Prozess dem Carnot-Prozess dadurch an, dass das Speisewasser durch *prozessinternen Wärmeaustausch* auf eine wesentlich über der Kondensationstemperatur des im Kondensator niedergeschlagenen Dampfes liegende Temperatur aufgeheizt wird. Dies kann durch regenerativen Wärmeaustausch zwischen dem Speisewasser und *Anzapfdampf* aus der Turbine geschehen. Dabei werden aus der Turbine an verschiedenen Stellen jeweils geringe Dampfströme entnommen. In Misch- und/oder Oberflächenvorwärmern wird die Kondensationswärme dieser Dampfströme genutzt, um das Speisewasser aufzuheizen, vgl. Abb. 3.10. Durch diese Wärmeverschiebung wird der Prozess formal einem Carnot-Prozess angeglichen. Man spricht deshalb von einer *Carnotisierung*

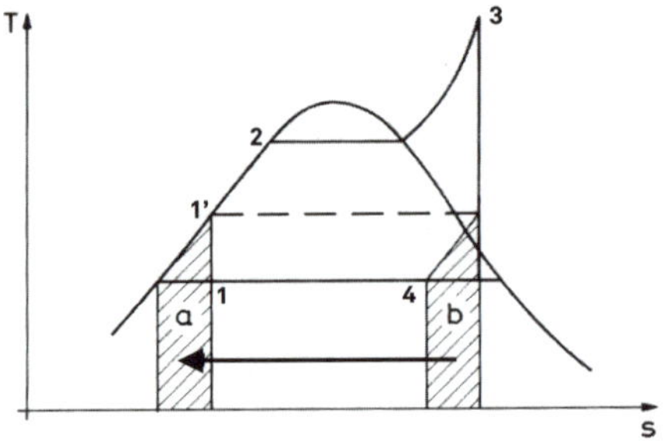

Abbildung 3.10. Vereinfachte Darstellung der regenerativen Speisewasservorwärmung. Die Wärmeverschiebung von b nach a erfolgt mit sog. Vorwärmern, vgl. Kap. 10. Damit in diesen Apparaten eine Dampfbildung vermieden wird, bringt man das Speisewasser auf einen ausreichend hohen Druck. Dazu wird die Vorwärmstrecke in eine Nieder- und eine Hochdruckvorwärmung unterteilt.

des Dampfkraftprozesses. Bei vorgegebenem Kondensatordruck und gleichbleibender Leistung der Turbine ist die in den Kondensator strömende Abdampfmenge und damit auch die an die Umgebung abgegebene Verlustwärme geringer, vgl. Abb. 3.11.

Für den thermischen Wirkungsgrad eines Prozesses mit regenerativer Speisewasservorwärmung gilt

$$\eta_{\text{th}} = 1 - \frac{|q_{\text{ab}}|}{q_{\text{zu}}} = 1 - \frac{T_1\,(s_4 - s_1)}{h_3 - h_1'} \,. \tag{3.29}$$

Infolge der regenerativen Speisewasservorwärmung vergrößert sich der Dampfstrom durch die HD-Turbine, dagegen verringern sich die Massenströme durch die MD- und ND-Turbine. Dadurch vermindern sich die sog. Spaltverluste im Hoch- und Mitteldruckteil der Turbine und die sog. Austrittsverluste in der Niederdruckturbine, was eine Verbesserung des inneren Turbinenwirkungsgrades zur Folge hat, vgl. Abschn. 8.3.

Beispiel 3.4. Bei einer Anlage mit einfacher Zwischenüberhitzung soll eine zweistufige Speisewasservorwärmung mit einem Mischvorwärmer a und einem Oberflächenvorwärmer b durchgeführt werden. Der Druck in den Vorwärmstufen ist mit 5 bar für den Mischvorwärmer und 40 bar für den Oberflächenvorwärmer vorgegeben, vgl.

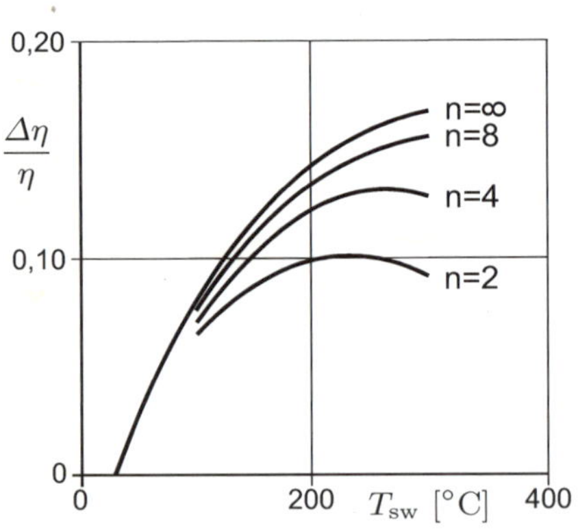

Abbildung 3.11. Verbesserung des thermischen Wirkungsgrades durch regenerative Speisewasservorwärmung in Abhängigkeit von der Speisewasserendtemperatur und der Anzahl der Vorwärmstufen n. Die Daten beziehen sich auf einen Prozess mit einfacher Zwischenüberhitzung, Leistungsgröße ca. 300 MW.

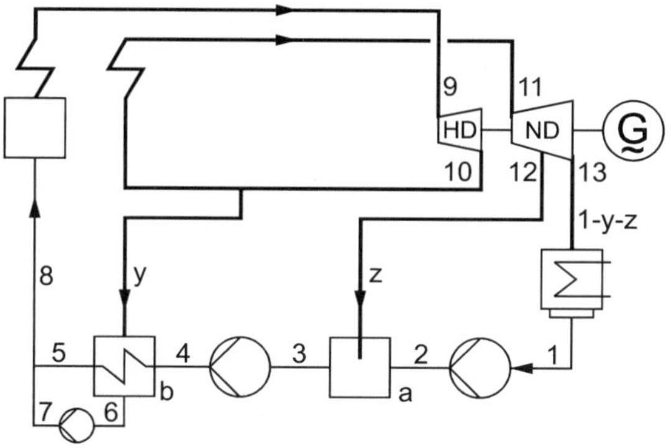

Abbildung 3.12. Dampfkraftanlage mit zweistufiger Vorwärmung und Zwischenüberhitzung

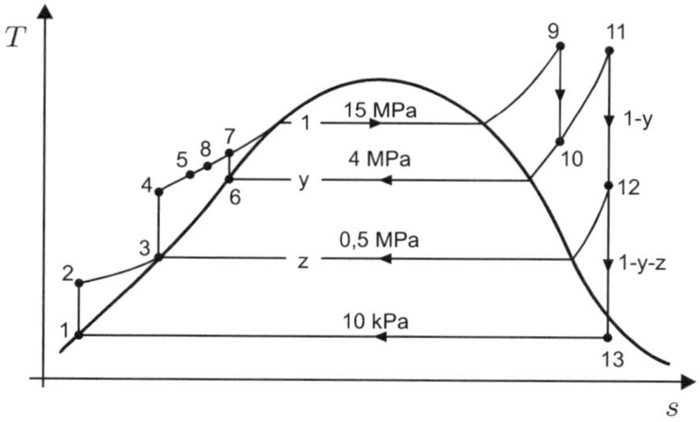

Abbildung 3.13. Dampfkraftprozess mit zweistufiger Vorwärmung und Zwischenüberhitzung im *T,s*-Diagramm

das Schema in Abb. 3.12 und das *T,s*-Diagramm in Abb. 3.13. Der Kondensatordruck beträgt 0,1 bar, der Dampfdruck vor der Hochdruckturbine 150 bar und vor der Niederdruckturbine 40 bar. Die Überhitzertemperatur beträgt 530° C; im Zwischenüberhitzer wird eine Temperatur von 540° C erreicht.

Man ermittle die erforderlichen Anzapfmengen y und z sowie den thermischen Wirkungsgrad des als ideal zu betrachtenden Prozesses.

Lösung. Unter der Voraussetzung, dass im System keine Irreversibilitäten auftreten, kann die Enthalpie in den einzelnen Abschnitten der Dampftafel entnommen werden. Man erhält für den Druck $p_1 = 0{,}1$ bar und den flüssig siedenden Zustand die Enthalpie $h_1 = 191{,}83$ kJ/kg. Die Enthalpie im Zustand 2 ergibt sich aus Zustand 1 durch eine Druckerhöhung auf $p_2 = 5$ bar und das spezifische Volumen $v_1 = 0{,}0010102$ m^3/kg zu

$$h_2 = h_1 + v_1 \left(p_2 - p_1\right) = 192{,}32 \text{ kJ/kg}.$$

Die Enthalpie des Zustands 3 lässt sich wie die Enthalpie des Zustands 1 direkt der Dampftafel entnehmen: $h_3 = 640{,}12$ kJ/kg. Analog zu h_2 ergibt sich h_4 zu

$$h_4 = h_3 + v_3 \left(p_4 - p_3\right) = 655{,}97 \text{ kJ/kg}.$$

Dem *T,s*-Diagramm entnimmt man, dass sich die Zustände 5 und 6 auf gleichem Temperaturniveau befinden und $T_6 = 250{,}33$° C der Siedetemperatur von Wasser beim Druck $p_6 = 40$ bar entspricht. Eine Interpolation der Dampftafel liefert

$$h_5 = 1087{,}8 \text{ kJ/kg}.$$

Die Enthalpie im Zustand 6 kann unmittelbar der Dampftafel entnommen werden: $h_6 = 1\,087{,}4$ kJ/kg. Mit dem spezifischen Volumen $v_6 = 0{,}0012521$ m^3/kg erhält man

$$h_7 = h_6 + v_6\left(p_7 - p_6\right) = 1\,101{,}17 \text{ kJ/kg}.$$

Zustand 8 ist das Ergebnis der Mischung von Wasser der Zustände 5 und 7:

$$h_8 = y\,h_7 + (1-y)\,h_5\ .$$

Im Zustand 9 ist nach der Dampftafel $h_9 = 3\,394{,}3$ kJ/kg und $s_9 = 6{,}4548$ kJ/kgK. Von Zustand 10 ist bekannt, dass er durch isentrope Expansion zustandekommt, weshalb $s_{10} = s_9$ ist. Durch lineare Interpolation gewinnt man

$$\begin{aligned} h_{10} &= \frac{s_{10} - s(40 \text{ bar}, 310°\text{C})}{s(40 \text{ bar}, 320°\text{C}) - s(40 \text{ bar}, 310°\text{C})} \cdot \\ &\quad \big(h(40 \text{ bar}, 320°\text{C}) - h(40 \text{ bar}, 310°\text{C})\big) + h(40 \text{ bar}, 310°\text{C}) \\ &= 3\,014{,}85 \text{ kJ/kg}. \end{aligned}$$

Mit der Dampftafel legt man $h_{11} = 3\,535{,}8$ kJ/kg fest. Analog zur Berechnung des Zustandes 10 erfolgt die Berechnung des Zustandes 12, für den eine Enthalpie $h_{12} = 2\,926{,}81$ kJ/kg gefunden wird. Die Entspannung in der Niederdruckturbine erfolgt isentrop in das Nassdampfgebiet hinein, woraus eine Enthalpie

$$\begin{aligned} h_{13} &= h'(0{,}1 \text{ bar}) + \frac{s_{13} - s'(0{,}1 \text{ bar})}{s''(0{,}1 \text{ bar}) - s'(0{,}1 \text{ bar})}\big(h''(0{,}1 \text{ bar}) - h'(0{,}1 \text{ bar})\big) \\ &= 2\,283{,}17 \text{ kJ/kg} \end{aligned}$$

resultiert.

Die Anzapfmengen y und z aus der Niederdruckturbine ergeben sich aus Energiebilanzen. Für den Oberflächenvorwärmer gilt

$$y\left(h_{10} - h_6\right) = (1-y)\left(h_5 - h_4\right).$$

Durch Auflösen der Gleichung nach y erhält man

$$y = \frac{\left(h_5 - h_4\right)}{\left(h_{10} - h_6\right) + \left(h_5 - h_4\right)} = 0{,}1830.$$

Man erhält somit für die Enthalpie im Zustand 8:

$$h_8 = 1\,090{,}25 \text{ kJ/kg},$$

weshalb z aus der Bilanz

$$z\,h_{12} + (1-y-z)\,h_2 = (1-y)\,h_3$$

berechnet werden kann. Durch Auflösen der Gleichung nach z erhält man

$$z = \frac{(1-y)\left(h_3 - h_2\right)}{\left(h_{12} - h_2\right)} = 0{,}1338.$$

Für den zu- und abgeführten Wärmestrom folgt, vgl. Abb. 3.12:

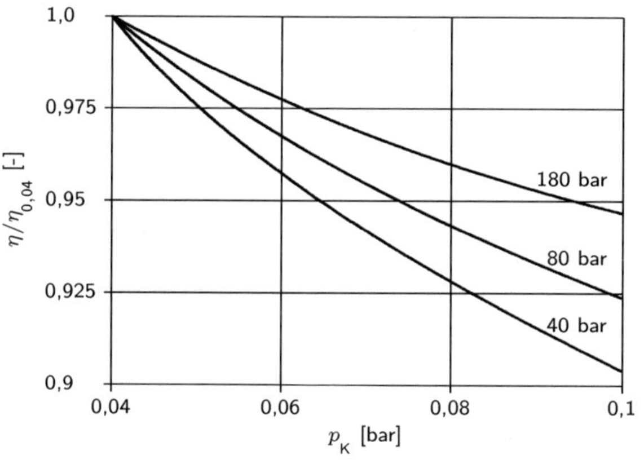

Abbildung 3.14. Abhängigkeit des thermischen Wirkungsgrades vom Kondensationsdruck. Als Parameter ist der Frischdampfdruck angegeben. Prozess ohne Zwischenüberhitzung, Anlagengröße ca. 100 MW.

$$q_{zu} = h_9 - h_8 + (1 - y)\left(h_{11} - h_{10}\right) = 2\,729{,}69 \text{ kJ/kg},$$
$$q_{ab} = (1 - y - z)\left(h_1 - h_{13}\right) = -1\,428{,}76 \text{ kJ/kg}.$$

Daraus erhält man für den thermischen Wirkungsgrad

$$\eta_{th} = 1 - \frac{|q_{ab}|}{q_{zu}} = 0{,}477.$$

Damit ergibt sich eine Verbesserung des Wirkungsgrades um 4,1 Prozentpunkte gegenüber einem Prozess mit Zwischenüberhitzung, aber ohne Vorwärmung, vgl. Beispiel 3.3. Gegenüber dem einfachen Prozess aus Beispiel 3.1 wird eine Verbesserung von 5,9 Prozentpunkten erreicht.

3.2.5 Einfluss des Kondensatordruckes

Der thermische Wirkungsgrad des Dampfkraftprozesses hängt wesentlich vom Austrittsdruck des Dampfes aus der Niederdruckturbine ab, vgl. Abb. 3.14. Der Druck am Turbinenaustritt ist in guter Näherung gleich dem Kondensatordruck und legt damit die Temperatur fest, bei der die Abwärme des Dampfkraftprozesses an die Umgebung abgegeben wird.

Neben der Verfügbarkeit einer Wärmesenke bei der entsprechenden Temperatur sind bei der Festlegung des Kondensatordrucks noch weitere Randbedingungen zu beachten. So nimmt bei der Absenkung des Druckes die Dampfnässe zu, wodurch sich die Erosion durch Wassertröpfchen in den letzten Reihen der Turbinenbeschaufelung zumindest in der Tendenz verstärkt. Weiter vergrößert sich das spezifische Dampfvolumen und damit auch der Volumenstrom am Turbinenaustritt.

Da die Austrittsquerschnitte der Niederdruckturbinen durch die maximal möglichen Schaufellängen festgelegt sind, erhöht sich damit zwangsläufig die Dampfgeschwindigkeit und damit auch der Strömungsverlust, der mit dem Quadrat der Geschwindigkeit wächst. Aus den genannten Gründen wird der

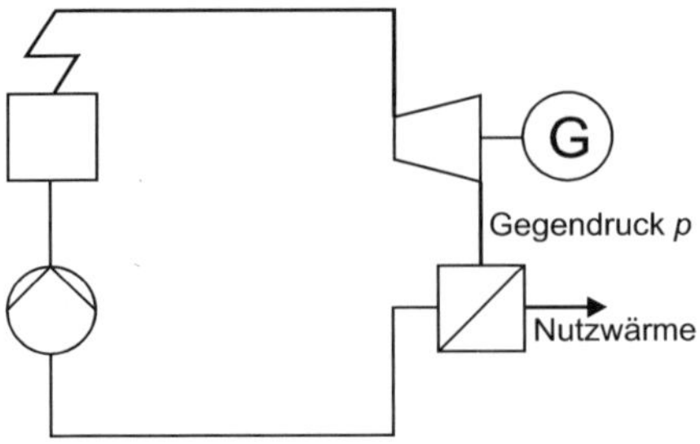

Abbildung 3.15.
Gegendruckanlage

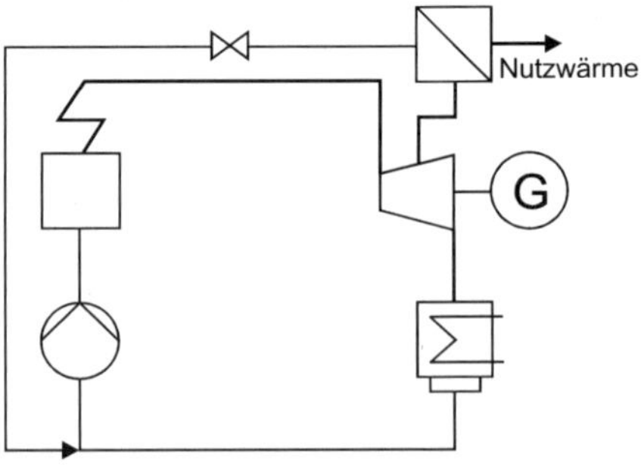

Abbildung 3.16.
Entnahmekondensationsanlage

Kondensatordruck bei Großkraftwerken im Bereich von 0,04 bis 0,06 bar gewählt, was einer Kondensationstemperatur im Bereich von 30 bis 36°C entspricht. Wir werden auf diese Zusammenhänge im einzelnen bei der Behandlung der Kondensatoren zurückkommen.

3.2.6 Kraft-Wärme-Kopplung

Mit der Kraft-Wärme-Kopplung können mit einer Anlage gleichzeitig zwei Energieformen bereitgestellt werden. Das klassische Beispiel für einen solchen Prozess ist die gleichzeitige Bereitstellung von Strom und Wärme in Heiz- und Industriekraftwerken. Die Realisierung erfolgt meistens mit einem *Gegendruck-Dampfkraftprozess*. Der Druck des Turbinenabdampfes beim Dampfkraftprozess wird dabei so gewählt, dass durch Kondensation des Dampfes am Heizort Wärme mit der geforderten Temperatur bereitgestellt werden kann. Ein Schema eines solchen Prozesses ist in Abb. 3.15 dargestellt. Beim idealen Koppelprozess wird die gesamte zugeführte Brennstoffenergie entweder als Arbeit bzw. Strom oder Wärme genutzt. Es ist üblich, für die Bewertung des Prozesses einen *Nutzungsgrad*

$$\varepsilon = \frac{\text{Arbeit} + \text{Wärme}}{\text{zugeführte Energie}} = 1 - \frac{|q_{\text{ab}}|}{q_{\text{zu}}} \tag{3.30}$$

zu definieren. q_{ab} umfasst den Teil der dem Prozess zugeführten Energie, der nicht nutzbar gemacht wird, z.B. die Wärmeverluste des Dampferzeugers.

Bei ausgeführten Prozessen werden Nutzungsgrade um 0,9 erreicht. Zur Lockerung der starren Kopplung zwischen der Strom- und Wärmelieferung wird oft noch ein Kondensationsteil hinzugefügt, so dass es z.B. bei Fernheizwerken im Sommer möglich ist, mehr Strom und im Winter mehr Wärme zu liefern, vgl. Abb. 3.16. Das Hauptziel der Kraft-Wärme-Kopplung liegt in der Primärenergieeinsparung und der Emissionsminderung.
Es wurden auch Versuche unternommen, die Abwärme eines reinen Kondensationskraftwerkes nutzbar zu machen. Wegen der niedrigen Temperatur

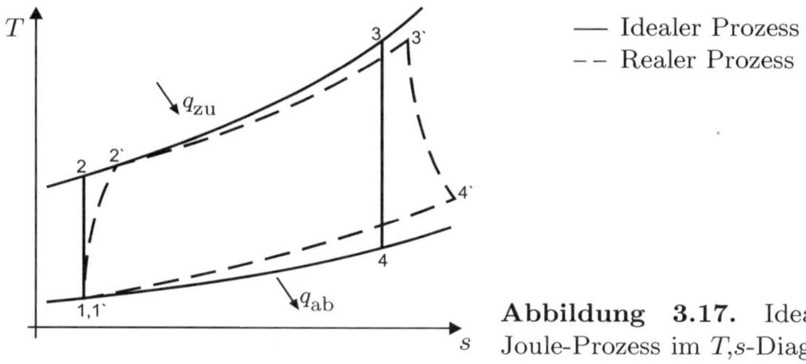

Abbildung 3.17. Idealer und realer Joule-Prozess im T,s-Diagramm.

der Kondensatorabwärme von ca. 30°C wurden aber nur wenige Projekte ausgeführt, z.B. die Gewächshaus- und Fischteichheizung im Kraftwerk Niederaußem der RWE Energie AG.

3.3 Kreisprozesse mit homogenen Medien – Gasturbinenprozess

3.3.1 Der Joule-Prozess

Schaltet man einen Verdichter und eine Expansionsmaschine – eine Turbine – zusammen, würde im Idealfall die Expansionsmaschine den Verdichter zum Erzeugen ihres eigenen Pressluftbedarfes antreiben können. Erwärmt man die Luft auf dem Wege zwischen Verdichter und Maschine, wird die Leistung der Maschine größer als der Bedarf des Verdichters, so dass Leistung für andere Zwecke abgegeben werden kann. Bei diesem Prozess liegt im Unterschied zum Dampfkraftprozess das Arbeitsmittel, z.B. Luft, bei allen Zustandsänderungen als homogenes Medium vor. Der dem Clausius-Rankine-Prozess bei Dampfkraftanlagen entsprechende Vergleichsprozess bei Gasturbinen ist der Joule-Prozess[7]. Er besteht aus zwei Isobaren und zwei Isentropen, vgl. Abb. 3.17.

Die technische Umsetzung des Joule-Prozesses erfolgt in Form eines *offenen Prozesses*, vgl. Abb. 3.18. Dabei wird Luft aus der Umgebung angesaugt und verdichtet. Die Wärmezufuhr erfolgt in einer Brennkammer, in die der Brennstoff eingespritzt wird. Das heiße Rauchgas wird dann in der Turbine entspannt und in die Umgebung ausgeblasen. Der Massenstrom durch die Turbine ist daher um den Brennstoffstrom größer als der Massenstrom durch den Verdichter. Bei mit Erdöl gefeuerten Gasturbinen ist die Massenstromdifferenz geringer als 5% und wird in diesem Abschnitt zunächst nicht weiter berücksichtigt.

Das Arbeitsmittel wird beim idealen Prozess isentrop von 1 nach 2 verdichtet, die Wärme wird längs der Isobaren von 2 nach 3 zugeführt. Daran

[7] Nach J. P. Joule (1818–1889). Dieser Prozess wird in der amerikanischen Literatur als Brayton-Prozess bezeichnet.

schließt sich die isentrope Expansion in der Turbine von 3 nach 4 an. Die Wärmeabfuhr erfolgt schließlich isobar von 4 nach 1.

Für die pro Masseneinheit des Arbeitsmittels zu- und abgeführten Wärmemengen, die Verdichterarbeit und die Nutzarbeit der Turbine gilt:

$$q_{\text{zu}} = h_3 - h_2 = c_p\,(T_3 - T_2) \tag{3.31}$$

$$q_{\text{ab}} = h_1 - h_4 = c_p\,(T_1 - T_4) \tag{3.32}$$

$$w_{\text{T}} = h_4 - h_3 = c_p\,(T_4 - T_3) \tag{3.33}$$

$$w_{\text{V}} = h_2 - h_1 = c_p\,(T_2 - T_1) \tag{3.34}$$

Für die aus dem Prozess entnehmbare Nutzarbeit ergibt sich

$$w_{\text{N}} = w_{\text{T}} + w_{\text{V}} = q_{\text{zu}} - q_{\text{ab}} \tag{3.35}$$

und für den thermischen Wirkungsgrad erhält man:

$$\eta_{\text{th}} = \frac{|w_{\text{N}}|}{q_{\text{zu}}} = 1 - \frac{|q_{\text{ab}}|}{q_{\text{zu}}} = 1 - \frac{T_4 - T_1}{T_3 - T_2} = 1 - \frac{T_4\left(1 - \frac{T_1}{T_4}\right)}{T_3\left(1 - \frac{T_2}{T_3}\right)} \tag{3.36}$$

Für die Temperaturen der verschiedenen Prozessabschnitte folgt bei den vorausgesetzten isentropen Zustandsänderungen 1–2 und 3–4 aus der *Isentropengleichung*

$$p\,v^{\kappa} = \text{const} \tag{3.37}$$

und der Zustandsgleichung für ein *ideales Gas*:

$$p\,v = R\,T \tag{3.38}$$

wobei R ist die spezielle Gaskonstante des Arbeitsmittels ist:

$$\frac{T_2}{T_1} = \frac{T_3}{T_4} = \left(\frac{p_2}{p_1}\right)^{\frac{\kappa-1}{\kappa}} = \left(\frac{p_3}{p_4}\right)^{\frac{\kappa-1}{\kappa}} \tag{3.39}$$

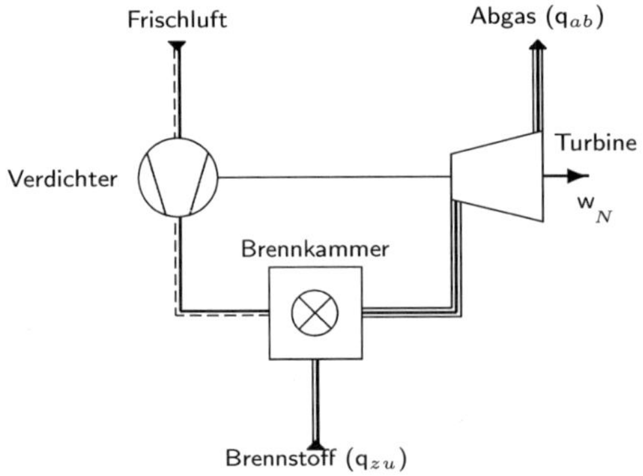

Abbildung 3.18. Notwendige Komponenten einer Gasturbinenanlage. In den Ausführungen wird der Verdichter zumeist durch die Turbine angetrieben und befindet sich zusammen mit der Turbine und der angetriebenen Arbeitsmaschine, welche die Nutzenergie aufnimmt, auf einer gemeinsamen Welle (Einwellenmaschine).

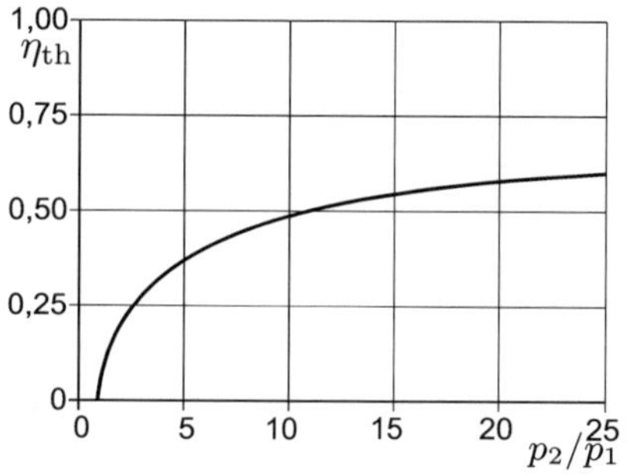

Abbildung 3.19. Wirkungsgrad des idealen Joule-Prozesses für Luft ($\kappa = 1{,}4$)

und damit

$$\frac{T_1}{T_4} = \frac{T_2}{T_3} \tag{3.40}$$

Dabei ist

$$\kappa = \frac{c_p}{c_v} \tag{3.41}$$

das Verhältnis der spezifischen Wärmekapazitäten bei konstantem Druck bzw. bei konstantem Volumen. Damit kann der Wirkungsgrad (3.36) wie folgt geschrieben werden:

$$\eta_{th} = 1 - \frac{T_1}{T_2} = 1 - \frac{T_4}{T_3} = 1 - \left(\frac{p_1}{p_2}\right)^{\frac{\kappa-1}{\kappa}} = 1 - \left(\frac{p_4}{p_3}\right)^{\frac{\kappa-1}{\kappa}} \tag{3.42}$$

Der Wirkungsgrad des Joule-Prozesses ist damit allein eine Funktion des Druckverhältnisses. Dieser Zusammenhang ist in Abb. 3.19 dargestellt. Der Betrag der Wärmezufuhr in der Brennkammer 2–3 spielt für den Wirkungsgrad keine Rolle; für die abgegebene Nutzarbeit gilt allerdings:

$$|w_N| = |w_T| - |w_V| = \eta_{th}\, q_{zu} \tag{3.43}$$

Zur Erreichung der geforderten Arbeitsabgabe der Turbine ist eine angemessene Wärmezufuhr erforderlich.

Die technische Umsetzung des Joule-Prozesses ist mit Irreversibilitäten verbunden. Die wesentlichen Abweichungen vom idealen Prozess sind in Abb. 3.17 dargestellt. Analog zum Dampfkraftprozess ist nicht nur die Irreversibilität in der Turbine von Bedeutung, sondern auch die im Verdichter und – aufgrund des Druckverlustes – die in der Brennkammer.

Beispiel 3.5. Ein Joule-Prozess arbeitet bei einem Druckverhältnis von 8, einer Temperatur vor dem Verdichter von $T_1 = 300$ K und einer Turbineneintrittstemperatur von $T_3 = 1\,300$ K. Das Arbeitsmittel ist ein perfektes Gas mit $\kappa = 1{,}4$ und $c_p = 0{,}994$ kJ/kgK. Man bestimme:

a) Die Gastemperatur nach dem Verdichter,
b) die erforderliche Verdichterarbeit,

c) die in der Turbine gewonnene Arbeit und
d) den thermischen Wirkungsgrad des idealen Prozesses.

Lösung. a) Bei der isentropen Kompression eines idealen Gases folgt aus (3.39) für ein Druckverhältnis $p_2/p_1 = 8$

$$T_2 = T_1 \left(\frac{p_2}{p_1}\right)^{\frac{\kappa-1}{\kappa}} = 543{,}4 \text{ K}.$$

b) Für die spezifische, isentrope Verdichterarbeit gilt mit (3.34) und (3.40)

$$w_\text{V} = c_p \left(T_2 - T_1\right) = 242{,}0 \text{ kJ/kg}.$$

c) Für die spezifische Arbeit der Turbine folgt nach (3.33) und (3.40)

$$w_\text{T} = c_p T_3 \left(\frac{T_4}{T_3} - 1\right) = -578{,}8 \text{ kJ/kg}.$$

d) Nach (3.42) ist der thermische Wirkungsgrad

$$\eta_\text{th} = 1 - \frac{T_1}{T_2} = 0{,}448.$$

Dies ist der Wirkungsgrad eines idealen Prozesses. Bei realen Prozessen sind die Irreversibilitäten von Verdichter und Turbine zu berücksichtigen. Dadurch vermindert sich der Wirkungsgrad z.T. erheblich, vgl. Beispiel 14.1.
Ausgeführte Anlagen erreichen bei guter Abstimmung zwischen Turbine und Verdichter Wirkungsgrade von ca. 30%.

3.3.2 Verbesserungsmöglichkeiten für den Joule-Prozess

Der einfache Gasturbinenprozess wird z.B. bei Strahltriebwerken von Flugzeugen und Spitzenlastkraftwerken wirtschaftlich eingesetzt. Bei anderen Anwendungen kommt es allerdings auch hier auf eine Optimierung des Wirkungsgrades an. Als Maßnahmen dafür stehen neben der Erhöhung des Druckverhältnisses zur Verfügung:

- Innerer Wärmeaustausch,
- Zwischenkühlung und
- Zwischenüberhitzung.

3.3.2.1 Innerer Wärmeaustausch

Wie beim Dampfkraftprozess kann auch hier der Wirkungsgrad durch einen regenerativen Wärmeaustausch innerhalb des Prozesses verbessert werden. Die Temperatur am Austritt der Turbine T_4 ist meist höher als die Temperatur T_2 hinter dem Verdichter. Es liegt daher nahe, einen Wärmeaustauscher in den Kreislauf einzubauen, um die Verbrennungsluft vor der Brennkammer aufzuwärmen. Dadurch wird die Wärmezufuhr in einen Bereich höherer Temperatur und die Wärmeabfuhr aus dem Kreisprozess in einen solchen niedrigerer Temperatur verlegt, vgl. Abb. 3.20 und 3.21.

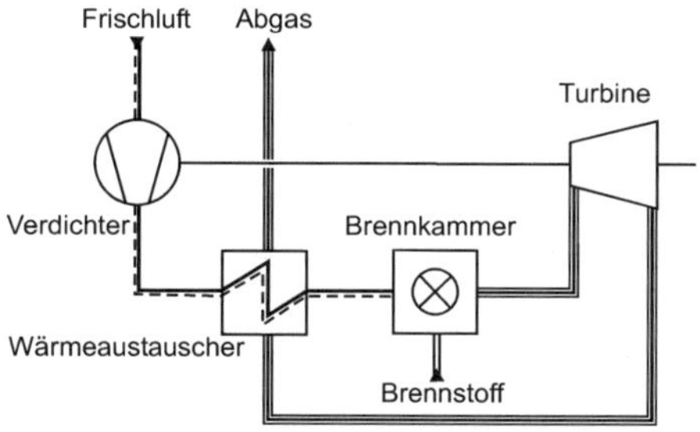

Abbildung 3.20. Gasturbinenanlage mit regenerativem Wärmeaustausch

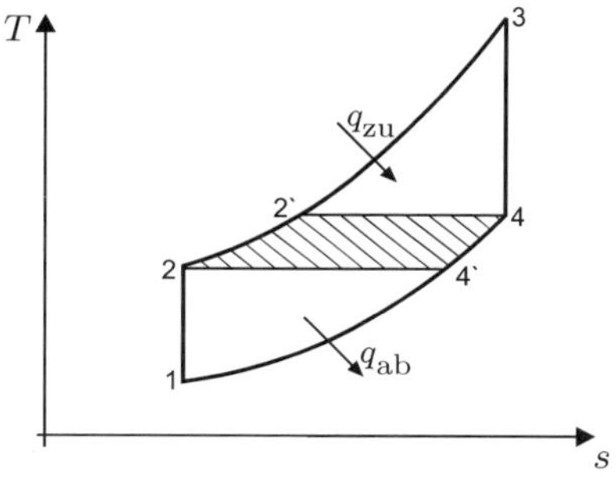

Abbildung 3.21. Gasturbinenprozess mit regenerativem Wärmeaustausch im *T*,*s*-Diagramm

Der Wirkungsgrad eines idealen Prozesses mit innerem Wärmeaustausch ist durch

$$\eta_{th} = \frac{|w_N|}{q_{zu}} = 1 - \frac{|q_{ab}|}{q_{zu}} = 1 - \frac{T_4' - T_1}{T_3 - T_2'} = 1 - \frac{T_2 - T_1}{T_3 - T_4}$$
$$= 1 - \frac{T_1\left(\frac{T_2}{T_1} - 1\right)}{T_4\left(\frac{T_3}{T_4} - 1\right)} \tag{3.44}$$

bestimmt. Mit (3.40) folgt daraus

$$\eta_{th} = 1 - \frac{T_1}{T_4} = 1 - \frac{T_1}{T_3}\left(\frac{p_2}{p_1}\right)^{\frac{\kappa-1}{\kappa}} . \tag{3.45}$$

Gegenüber dem einfachen Joule-Prozess nimmt der Wirkungsgrad beim Prozess mit innerem Wärmeaustausch bei festgehaltenen Temperaturen mit dem Druckverhältnis ab, vgl. Abb. 3.22. Die Abbildung zeigt, dass der innere Wärmeaustausch nur bei kleinen Druckverhältnissen und niedrigen Turbineneintrittstemperaturen vorteilhaft ist.

Bei der praktischen Ausführung kann der Wärmeaustausch nicht ideal ausgeführt werden, vielmehr ist $T_2' < T_4$ und $T_4' > T_2$. Die Unvollkommenheit des Wärmeaustausches wird durch einen Effektivitätsfaktor

$$\varepsilon = \frac{T_2' - T_2}{T_4 - T_2} \tag{3.46}$$

gekennzeichnet. Der erreichbare ε-Wert hängt vom Verhältnis der Produkte aus Mengenstrom und spezifischer Wärmekapazität des wärmeabgebenden und des wärmeaufnehmenden Arbeitsmittels ab. Bei noch vertretbarem

Aufwand für den Wärmeaustauscher werden Effektivitätsfaktoren von ca. 0,8 erreicht.

3.3.2.2 Zwischenkühlung und Zwischenerhitzung

Die für die Verdichtung der Verbrennungsluft aufzubringende Arbeit bestimmt sich zu

$$w_V = -\int_1^2 v\,dp\,. \tag{3.47}$$

Für ein perfektes Gas mit der thermischen Zustandsgleichung (3.38) folgt

$$w_V = -\int_1^2 RT\,\frac{dp}{p}\,. \tag{3.48}$$

Für die von der Turbine abgegebene Arbeit gilt die entsprechende Beziehung

$$w_T = -\int_3^4 RT\,\frac{dp}{p}\,. \tag{3.49}$$

Die Expansionsarbeit w_T ist offensichtlich am größten, wenn die Expansion in der Turbine bei möglichst hoher Temperatur beginnt.

Zur Optimierung der vom Prozess abgegebenen Leistung wird die Verdichtung in n_V Stufen mit $n_{ZK} = n_V - 1$ Zwischenkühlungen und die Expansion in der Turbine in n_T Stufen mit $n_{ZE} = n_T - 1$ Zwischenerhitzungen unterteilt. Durch diese Maßnahme wird die mittlere Temperatur der Wärmezufuhr gegenüber einem einfachen Joule-Prozess angehoben und die der Wärmeabfuhr gesenkt. Der resultierende Kreisprozess ist in Abb. 3.23 im T,s-Diagramm dargestellt.

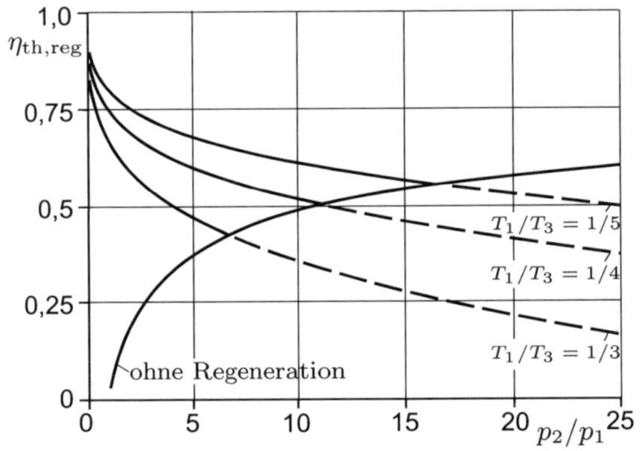

Abbildung 3.22. Wirkungsgrad des Joule-Prozesses mit idealem, regenerativem Wärmeaustausch

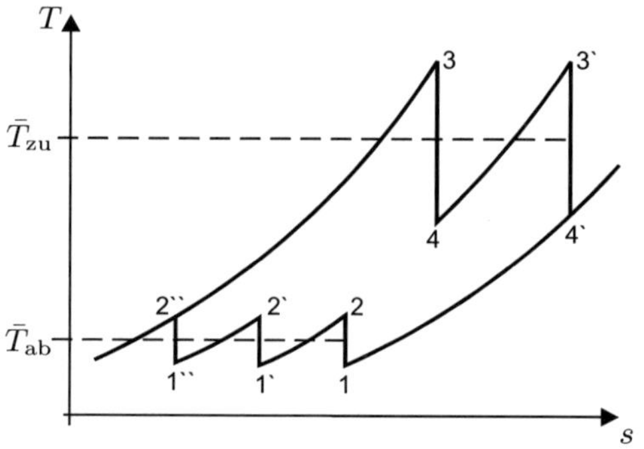

Abbildung 3.23. Gasturbinenprozess mit Zwischenkühlung und -erhitzung im *T*,*s*-Diagramm

Für ein Gas mit konstanter spezifischer Wärmekapazität c_p kann unter Voraussetzung von gleichartigen Verdichter- und gleichartigen Turbinenstufen die Nutzarbeit w_N sofort aus dem *T*,*s*-Diagramm und den Gleichungen (3.48) und (3.49) bestimmt werden. Dabei wurde weiter vorausgesetzt, dass der Massenstrom in Verdichter und Turbine gleich groß ist. Es folgt

$$w_N = c_p \left(T_3 \, \eta_T \left(n_{ZE} + 1 \right) \left(1 - \Pi_T^{\frac{1-\kappa}{\kappa}} \right) - \frac{T_1}{\eta_V} \left(n_{ZK} + 1 \right) \left(\Pi_V^{\frac{\kappa-1}{\kappa}} - 1 \right) \right) \quad (3.50)$$

mit:

- η_T adiabater Turbinenwirkungsgrad
- η_V adiabater Verdichterwirkungsgrad
- n_{ZE} Anzahl der Zwischenerhitzerstufen ($n_{ZE} = 1$ in Abb. 3.23)
- n_{ZK} Anzahl der Zwischenkühlerstufen ($n_{ZK} = 2$ in Abb. 3.23)
- Π_T Druckverhältnis der Turbine,
- Π_V Druckverhältnis des Verdichters

Aus Abb. 3.23 ist unmittelbar einsichtig, dass für den Fall $n_{ZK} \to \infty$ und $n_{ZE} \to \infty$ ein Prozess entsteht, bei dem die Wärme bei der konstanten Temperatur $\overline{T}_{zu}$ zugeführt und bei der konstanten Temperatur $\overline{T}_{ab}$ abgeführt wird. Damit ergibt sich für den Grenzfall der Wirkungsgrad

$$\eta_{th} = 1 - \frac{\overline{T}_{ab}}{\overline{T}_{zu}} \,. \quad (3.51)$$

Dies entspricht dem Wirkungsgrad eines Carnot-Prozesses zwischen den Grenztemperaturen $\overline{T}_{zu}$ und $\overline{T}_{ab}$. Der durch den Grenzübergang entstandene Prozess besteht aus zwei Isothermen und zwei Isobaren und ist unter dem Namen *Ackeret-Keller-Prozess*[8] bekannt.

Wegen der für den Wärmeübergang erforderlichen Temperaturdifferenzen und der Kosten für die zusätzlichen Anlagenteile werden in der Praxis höchstens eine Zwischenüberhitzung und zwei Zwischenkühlungen ausgeführt.

[8] Nach J. Ackeret (1898–1981) und C. Keller (geb. 1904).

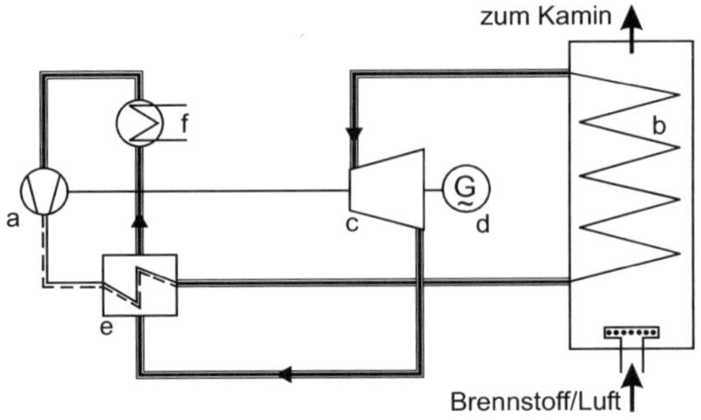

a Verdichter
b Gaserhitzer
c Gasturbine
d Generator
e Wärmeaustauscher
f Rückkühler

Abbildung 3.24. Schema eines geschlossenen Gasturbinenprozesses

3.3.3 Sonderformen des Gasturbinenprozesses

3.3.3.1 Geschlossener Prozess

Beim geschlossenen Prozess wird die Wärme dem Arbeitsmittel nicht durch Verbrennen eines Brennstoffes im Kreislauf selbst zugeführt, sondern mittels eines Wärmeaustauschers, vgl. Abb. 3.24. Die Prozessfolge ist ansonsten der einer offenen Gasturbine völlig analog. Einzige zusätzliche Komponente ist der *Rückkühler*. Die im Rückkühler abgegebene Wärme kann z.B. in ein Fernwärmenetz eingespeist werden.

Geschlossene Gasturbinen-Prozesse arbeiten bei höheren Drücken als offene. So herrscht z.B. vor dem Verdichter ein Druck von 10 bar und vor der Turbine ein Druck von 40–50 bar. Wegen der hohen Arbeitsdrücke sind die Abmessungen der Maschinen bei vergleichbaren Wirkungsgraden kleiner als bei offenen Prozessen.

Geringe Beimengungen gewisser Mineralstoffe, die bei Kohle oder bei schwerem Heizöl in der Asche enthalten sind, führen bei direkt gefeuerten Gasturbinen zu Ablagerungen auf den hochbeanspruchten Turbinenschaufeln und auch zu Korrosion. Bei hohen Eintrittstemperaturen sind diese Ablagerungen schließlich begrenzend für die Betriebszeit. Obwohl diese Erscheinungen beim geschlossenen Prozess im Prinzip auch im Rohrbündel des Gaserhitzers auftreten, ist mit dem geschlossenen Prozess die Verwendung von Kohle als Brennstoff möglich geworden, vgl. Kap. 14.

3.3.3.2 Strahltriebwerk

Die für den Antrieb schneller Flugzeuge verwendeten Strahltriebwerke bestehen genau wie die Anlage nach Abb. 3.25 aus einem Verdichter, einer Brennkammer und einer Turbine. In dieser wird die Expansion des Gases aber nicht bis auf den atmosphärischen Druck geführt, sondern nur soweit, dass ihre Leistung gerade für den Antrieb des Verdichters ausreicht. Der nach der Turbine noch verfügbare Überdruck gegen die Atmosphäre wird dazu benutzt, um das Abgas mittels einer Düse auf eine hohe Geschwindigkeit zu beschleunigen. Der Rückstoß des austretenden Gasstrahls ist die treibende Kraft des Triebwerks.

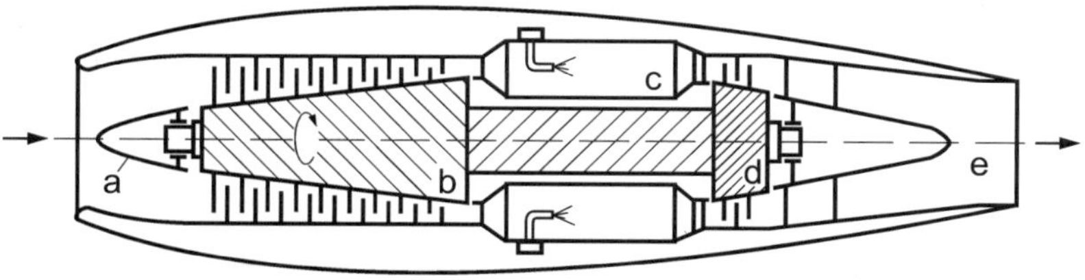

a Diffusor
b Verdichter
c Brennkammer
d Turbine
e Düse

Abbildung 3.25. Schema eines Strahltriebwerkes

Mit dem Impulssatz der Strömungsmechanik errechnet sich die Vortriebskraft zu

$$F = \dot{m} \left| v_\mathrm{F} - v_\mathrm{G} \right| . \tag{3.52}$$

Hierbei ist $\dot{m}$ der Massenstrom durch das Triebwerk, v_F die Fluggeschwindigkeit und v_G die Geschwindigkeit des Gasstrahls. Die Leistung des Triebwerks ergibt sich zu

$$L = F\, v_\mathrm{F} = \dot{m} \left| v_\mathrm{F} - v_\mathrm{G} \right| v_\mathrm{F} . \tag{3.53}$$

Für den Wirkungsgrad folgt

$$\eta_\mathrm{V} = \frac{\text{Vortriebsleistung}}{\text{Wärmeleistung}} = \frac{L_\mathrm{V}}{\dot{Q}_\mathrm{zu}} . \tag{3.54}$$

Hierbei ist $\dot{Q}_\mathrm{zu}$ die mit dem Brennstoff zugeführte Wärmeleistung. η_V liegt bei Verkehrsflugzeugen in der Größenordnung von 0,25. Im Flugzeugbau haben die Gasturbinen wegen ihrer betrieblichen Anspruchslosigkeit, ihres geringen Gewichts, des günstigen Raumbedarfs und ihres erschütterungsfreien Laufs die Kolbenmotoren als Antriebsmaschinen praktisch vollständig verdrängt.

3.4 Fazit

Weitere Fortschritte auf dem Weg zu einem höheren Wirkungsgrad der Umwandlung von Wärme in mechanische Energie mit thermischen Kreisprozessen können erreicht werden, indem die mittlere Temperatur der Wärmeaufnahme des Prozesses erhöht und die der Wärmeabfuhr abgesenkt wird. Dies ist aber hauptsächlich von der Verfügbarkeit von warmfesten Werkstoffen und deren Preis bzw. dem Temperaturniveau der verfügbaren Wärmesenken abhängig.

Ein anderer Weg, die Nutzung der eingesetzten Primärenergie zu verbessern, besteht in der Kombination sich gegenseitig ergänzender technischer Prozesse. Für den reinen Kraftwerksbetrieb besteht die Möglichkeit der Verbindung des Gasturbinen- mit dem Dampfkraft-Prozess. Diese Prozessvariante wird in Kap. 14 behandelt.

Ebenso besteht die Möglichkeit, dem Wasserdampfprozess andere Zweiphasen-Kreisprozesse, die mit geeigneten Stoffen für den jeweiligen Temperaturbereich arbeiten, vor- oder nachzuschalten. Dabei dient die Kondensationswärme des ersten Prozesses zur Verdampfung des Arbeitsmittels des nachfolgenden, vgl. [4].

Ist neben elektrischer Energie auch Wärme bereitzustellen, kann die Kondensationstemperatur oft soweit angehoben werden, dass die Abwärme des Kraftwerksprozesses auf dem gewünschten Temperaturniveau anfällt. Dies ist der typische Fall der Kraft-Wärme-Kopplung. Nach Abzug der Verluste ergeben sich dabei Nutzungsgrade der eingesetzten Primärenergie von ca. 80%, vgl. [5].

Literatur

1. Baehr, H.D.: Thermodynamik, 9. Auflage. Springer, Berlin Heidelberg New York 1996
2. Knizia, K.: Die Thermodynamik des Dampfkraftprozesses. Springer, Berlin Heidelberg New York 1966
3. Wagner, W.: Zustandsgrößen von Wasser und Wasserdampf. Springer, Berlin Heidelberg New York 1998
4. Brockel, D., Lang, A., Schwarz, N. et. al.: Treble Rankine Cycle Project. Forschungsbericht T 86-046, BMFT, Bonn 1986
5. Hakansson, K.: Handbuch der Fernwärme-Praxis. Vulkan, Essen 1982

Teil II

Nutzung fossiler Brennstoffe

4

Dampfkraftwerke

Die ersten Dampfkraftwerke wurden von dem vielseitigen Erfinder Thomas Alva Edison[1] in New York und London errichtet und 1882 in Betrieb genommen. Nach zahlreichen Erfolgen als Erfinder hatte sich Edison 1877 dem Problem der elektrischen Beleuchtung zugewandt. Nachdem es ihm 1879 gelungen war, eine Glühlampe mit hitzebeständigen Leuchtdrähten zu entwickeln, wandte er sich unmittelbar der Kommerzialisierung seiner Erfindung zu. Mit der Inbetriebnahme der Anlagen in der Pearl Street in Lower Manhatten und am Holborn Viaduct in London, die Gleichstrom mit einer Spannung von 100 V und einer Leistung von jeweils 500 kW lieferten, eröffnete er das Zeitalter der Elektrizität. Im Jahr 1885 waren in New York bereits 250 000 Glühbirnen in Verwendung und um 1900 waren es allein in den USA mehr als 18 Millionen. Es war der Anfang eines neuen Wirtschaftszweiges „Öffentliche Stromversorgung ".

Die ersten Kraftwerke wurden mit Kohle gefeuert, und auch in unserer Zeit verbrennt die Zivilisation etwa ein Drittel der Primärenergie in Form fossiler Brennstoffe in Dampfkraftwerken, um den Bedarf an elektrischer Energie zu decken. Den Dampfkraftwerken kommt deshalb eine besondere Bedeutung innerhalb der Energietechnik zu. Ihre Entwicklung seit dieser Zeit kann man in fünf Abschnitte einteilen:

1. Der erste Abschnitt bis etwa 1900 ist gekennzeichnet durch manuell gefeuerte Flammrohr- und Rauchrohrkessel sowie die Nutzung von Kolbendampfmaschinen für die Energieumwandlung. Die Leistung dieser Systeme war auf ca. 5 MW beschränkt. Dazu wurden bis zu 12 Kessel auf eine Sammelschiene für eine Dampfmaschine geschaltet. Wegen der niedrigen Dampfdrücke und Temperaturen (ca. 15 bar und 300°C) sowie der hohen Verluste der Maschinen betrug der Wirkungsgrad der Energieumwandlung nur ca. 5%. Die Nutzung der Elektrizität brachte so viele Vorteile, dass

[1] Für Edison (1847–1931) war das Erfinden kein Hobby, sondern ein Geschäft. Er schrieb einmal: „Wir müssen Dinge von kommerziellem Wert erfinden – dafür ist dieses Labor da. Wir können nicht so vorgehen wie der alte deutsche Professor, der sich damit begnügt, sein Leben lang den flaumigen Pelz einer Biene zu studieren, solange er nur sein Schwarzbrot und sein Bier bekommt."

im Jahr 1895 die Gesamtleistung aller Elektrizitätswerke im damaligen Deutschen Reich bereits ca. 12 000 kW betrug.
Die frühen Kraftwerke und Elektrizitätsnetze waren für Gleichstrom konzipiert. Gleichstrom konnte in Zeiten geringen Stromverbrauchs in Bleiakkumulatoren gespeichert werden, damit in Spitzenzeiten genügend Strom abgegeben werden konnte. Größtes Problem des Gleichstroms war wegen der hohen Leitungsverluste seine geringe Reichweite: bei Betriebsspannungen von 110 Volt lag diese maximal bei ca. 600 Metern.
Da die Leitungsverluste mit dem Quadrat der Stromstärke zunehmen, ist es günstiger elektrische Leistungen mit hoher Spannung und niedriger Stomstärke zu übertragen. Mit der Entwicklung des Transformators durch die Budapester Firma Ganz wurde das Reichweitenproblem für Wechselstrom gelöst. Wegen der einfachen Spannungs-Transformation und der Verfügbarkeit einfacher Elektromotoren mit hohem Wirkungsgrad, was den Betrieb mit Wechselstrom wesentlich günstiger macht als mit Gleichstrom, hat sich um 1900 das Wechselstrom-Prinzip gegen den Gleichstrom durchgesetzt.
2. Der zweite Entwicklungsabschnitt bis 1930 brachte die Ablösung der Kolbendampfmaschinen durch die Dampfturbinen, die Zwischenüberhitzung und die regenerative Speisewasservorwärmung.
Die Kolbendampfmaschine war um 1900 der restriktive Faktor für die Leistungssteigerung und sie konnte auch den im Kraftwerksbetrieb notwendigen Laständerungen nicht folgen. Die Lösung brachten die Dampfturbinen, die ab 1890 zunehmend in Kraftwerken eingesetzt wurden und deren Einheitsleistung rasch gesteigert werden konnte: betrug die Leistung der größten Maschine im Jahr 1900 noch 1 000 kW, so konnte sie bis 1907 bereits auf 18 000 kW gesteigert werden.
Typisch für diesen Entwicklungsabschnitt war die Verwendung von sog. Steilrohrkesseln mit bewegbaren Rosten für die Feuerung. Hier setzten Werkstoff- und Konstruktionsprobleme bei den Kessel- und Feuerungssystemen der Weiterentwicklung Grenzen. So blieb die Kesselleistung auf ca. 50 t Dampf pro Stunde beschränkt, die Dampfparameter lagen bei 40 bar und 425°C, der Wirkungsgrad der Kraftwerke bei 18%.
Solange sich mit den Kolbenmaschinen die Leistung in Grenzen hielt, beschaffte man sich das Kühlwasser für die Abführung der Kondensationswärme des Abdampfes aus Brunnenanlagen oder Flüssen. Mit Zunahme der Leistung wuchs auch der Bedarf an Kühlwasser stark an, so dass nach Wegen gesucht werden musste, das einmal verwendete Wasser wieder zurück zu kühlen. Dies führte zur Einführung von Kühltürmen zur Rückkühlung.
3. Der dritte Entwicklungsabschnitt bis etwa 1950 ist durch die Entwicklung der Kohlenstaubfeuerung und die beginnende Automatisierung der Betriebsführung charakterisiert. Damit entfiel die Leistungsbegrenzung durch die Feuerung, es wurden Kessel mit Dampfleistungen bis zu 400 t/h

und Frischdampfparametern von bis zu 120 bar und 525°C gebaut. Der Wirkungsgrad der Kraftwerke stieg damit auf 32% an.

4. Der vierte Abschnitt bis 1965 brachte die bessere Nutzung der im Wasser/-Dampfprozess liegenden Möglichkeiten durch den Übergang zur Zwangdurchlaufschaltung bei den Dampferzeugern und die vollautomatisierte Betriebsführung. Es entfielen die Leistungsbegrenzungen durch die Kesselanlagen. In den USA wurden Kraftwerksblöcke mit Leistungen bis zu 1 000 MW gebaut; die Dampfparameter lagen typischerweise bei 180 bar und 540°C. Es wurden Wirkungsgrade bis 38% erreicht.
5. Der fünfte Entwicklungsabschnitt ab ca. 1975 ist durch die in den Vordergrund getretenen Aufgaben im Bereich des Umweltschutzes gekennzeichnet, vgl. [3]. Es wurden Verfahren zur Eliminierung der Schadgase SO_x und NO_x aus den Rauchgasen entwickelt und erfolgreich eingesetzt. Daneben wurde mit der Wirbelschichtfeuerung ein System entwickelt, das diese Aufgabe für ein weites Brennstoffband ohne zusätzliche Anlagenteile löst. Die Ausrüstung der Kraftwerke mit Umweltschutzanlagen hatte aber auch ihren Preis: Die Investitionskosten für die Ausrüstung von 37 000 MW Kraftwerksleistung mit Entschwefelungs- und Entstickungsanlagen in der damaligen Bundesrepublik betrugen bis 1990 ca. 22 Mrd. DM; die Betriebskosten wurden mit 5 Mrd. DM pro Jahr veranschlagt. Daraus errechnet sich eine Erhöhung der Stromgestehungskosten von ca. 0,03 DM/kWh.[2] Dieser Mehraufwand war gleichbedeutend mit einer Erhöhung des Kohlepreises um ca. 100 DM/t, vgl. Beispiel 1.3. In den zusätzlichen Stromgestehungskosten ist der Eigenenergiebedarf der Umweltschutzeinrichtungen enthalten, der bei einer 800 MW-Anlage ca. 1,5% der Kraftwerksleistung ausmacht.
   Die Verfügbarkeit neuer Werkstoffe machte es bis zum Jahr 2000 möglich, zur Verbesserung des Wirkungsgrads den Frischdampf-Zustand auf 280 bar und 620°C zu erhöhen, so dass für mit Steinkohle gefeuerte, optimierte Kraftwerke Wirkungsgrade von ca. 45% erreicht wurden, vgl. Abb. 4.1. Für den weiteren Fortschritt ist es erforderlich, Werkstoffe für höhere Temperaturen zu qualifizieren. Dies betrifft sowohl Werkstoffe, die im Dampferzeuger eingesetzt werden, als auch neue Werkstoffe für Turbinenschaufeln und Gehäuse.

Aus dieser Darstellung der Entwicklungsschritte geht hervor, dass die Begrenzungen für die Anlagengröße und die Wirkungsgrade zu einem großen Teil auf der Feuerungs- und Kesselseite lagen, d.h. bei der Umwandlung der Brennstoffenergie in die Enthalpie des hochgespannten Dampfes[2]. Durch die Kreativität von zwei Ingenieurgenerationen konnte diese Grenze immer weiter hinausgeschoben werden. Selbstredend hat es auch bei den Turbinen, Generatoren, den Rauchgasreinigungsanlagen und allen anderen Kraftwerkskomponenten große Fortschritte gegeben, so dass man heute von einer Endphase der

[2] Die Währungsumstellung DM zu Euro erfolgte zum 1. Januar 2002, Umrechnungskurs: 1,95 DM = 1 Euro.

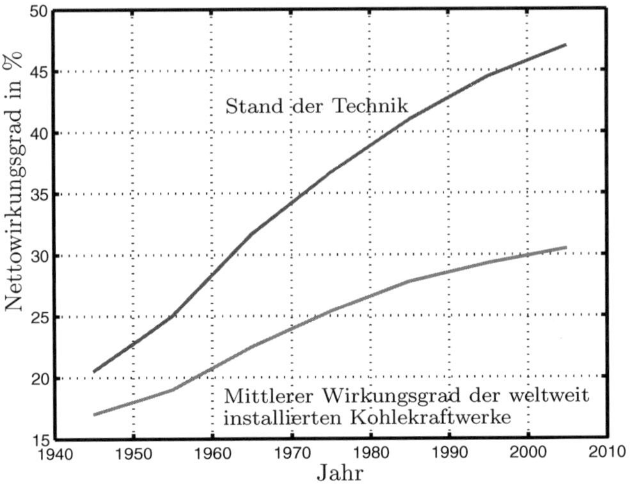

Abbildung 4.1. Entwicklung des Wirkungsgrades der weltweit installierten kohlegefeuerten Kraftwerke: Stand der Technik und Mittelwert der installierten Anlagen. Die weltweit installierte Leistung der kohlegefeuerten Anlagen lag im Jahr 2005 bei ca. 1200 GW, das durchschnittliche Alter dieser Kraftwerke betrug etwa 20 Jahre. Quelle: Alstom Power.

Entwicklung der Dampfkraftwerke sprechen kann.
In Dampfkraftwerken wird das Potential der heißen Rauchgase aus der Brennkammer nur unvollkommen genutzt, da die derzeit verfügbaren Werkstoffe nur Frischdampftemperaturen von maximal 600°C zulassen. Bei aschefreien Brennstoffen ist es möglich, dem Dampfprozess eine Gasturbine, die Eintrittstemperaturen bis ca.1 200°C zulässt, vorzuschalten. Die Abwärme der Gasturbine wird zweckmäßigerweise mit einem nachgeschalteten Dampfprozess genutzt. Mit so kombinierten Dampf-Gasturbinenkraftwerken werden auf diese Weise Wirkungsgrade bis 58% erreicht.

Parallel zur Weiterentwicklung der fossil gefeuerten Kraftwerke drängten ab den 60er Jahren des vergangenen Jahrhunderts die mit großen Erwartungen geförderten und damals allseits akzeptierten Kernkraftwerke auf den Stromerzeugermarkt. Aber auch bei diesem Kraftwerkstyp handelt es sich um Wärmekraftwerke. Der Unterschied zum fossil gefeuerten Dampfkraftwerk besteht nur darin, dass bei diesem die Energiefreisetzung in den Atomhüllen der beteiligten Reaktionspartner erfolgt, bei den Kernkraftwerken aber im Atomkern des verwendeten Brennstoffes. Das erste mit Reaktorwärme beheizte Versuchskraftwerk wurde 1951 in Arco (Idaho) in Betrieb genommen. In Deutschland nahm 1966 als erstes Kernkraftwerk der mit einem Siedewasserreaktor ausgerüstete 250 MW-Block in Grundremmingen seinen Betrieb auf.

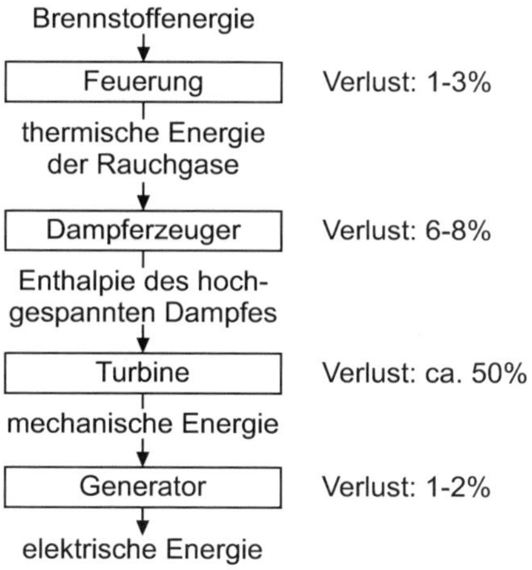

Abbildung 4.2. Energieumwandlungskette in einem Dampfkraftwerk. Der für die Turbine angegebene Verlust bewertet sowohl die Umwandlung von Wärme in mechanische Energie als auch die mechanischen Verluste der Turbine.

Zum elektrischen Energiesystem gehören neben den Kraftwerken noch die Übertragungsanlagen. Diese sind aber Teil der elektrischen Energietechnik und werden deshalb in diesem Buch nicht behandelt. Es sei nur folgendes angemerkt: Der entscheidende Vorteil der Elektrizität gegenüber anderen kommerziellen Energieformen ist ihre einfache und billige Transportfähigkeit. Die Möglichkeit der Einrichtung eines Verbundnetzes mit all seinen Vorteilen hat wohl als erster T. A. Edison erkannt, der ein derartiges System 1878 beschrieb. Die heutigen Verbundnetze sind riesige Organismen, die sich räumlich über mehrere Staaten ausdehnen und über die große Energiemengen über weite Distanzen transportiert werden. So beträgt z.B. die Leistung der in das westeuropäische Verbundnetz einspeisenden Kraftwerke bei Spitzenbelastung mehr als 300 000 MW.

4.1 Stoff- und Energieströme in einem Dampfkraftwerk

Ein Dampfkraftwerk ist ein Energiewandler größten Ausmaßes. Seine Aufgabe ist es, die aus fossilen Brennstoffen oder aus Kernbrennstoffen freigesetzte Wärmeenergie in elektrischen Strom zu überführen. Dies geschieht gemäß der in Abb. 4.2 skizzierten Verfahrenskette. Nach dieser Darstellung erscheint es naheliegend, den Energieumwandlungsprozess in vier Abschnitte zu gliedern, die wir nach ihrer verfahrenstechnischen Funktion bzw. ihrer Hauptkomponente benennen. Alle ablaufenden Umwandlungsvorgänge sind mit Verlusten verbunden, deren Größenordnung ebenfalls in der Abbildung angegeben ist.

1. *Feuerung:* In der Feuerungsanlage wird der Brennstoff mit dem Sauerstoff der Luft verbrannt. Die chemische Energie des Brennstoffs wird dabei in Wärme der entstehenden Rauchgase umgewandelt. Die nicht brennbaren Begleitstoffe im Energieträger, Wasser und Asche, gehen als Dampf in die

Atmosphäre bzw. bleiben als Flugstaub und Schlacke zurück. Die festen Verbrennungsrückstände werden mit geeigneten Verfahren so aufbereitet, dass sie entweder für bautechnische Zwecke nutzbar gemacht werden können oder an dafür vorbereiteten Stellen gefahrlos zu deponieren sind. Bei einem typischen 700 MW-Kohlekraftwerk werden pro Stunde etwa 200 t Kohle mit einem Luftstrom von $1{,}6 \cdot 10^6$ m^3/h verfeuert. Als Reststoffe bleiben etwa 10–20 t Asche pro Stunde als Flugstaub oder Schlacke übrig.

2. *Dampferzeuger.* Die heißen Rauchgase aus der Feuerung geben in den Kesselheizflächen Wärme an den Wasser/Dampfkreis ab. Durch die Abkühlung vermindert sich dabei der Rauchgasvolumenstrom im Verhältnis 4:1. Aufgabe des Dampferzeugers ist es, der Turbine einen Dampfstrom je nach Lastanforderung mit engen Toleranzen für die Dampfparameter ($p \pm 3$ bar, $\vartheta \pm 3$°C) zur Verfügung zu stellen. Der Dampfstrom eines 700 MW-Kraftwerkes beträgt etwa 650 kg/s, der Dampfdruck liegt bei 200 bar und die Dampftemperatur bei 540°C.
3. *Turbine–Kondensator:* In der Turbine wird die Enthalpie des hochgespannten Dampfes in mechanische Energie umgewandelt, die an der Turbinenwelle abgenommen werden kann.[3] Bei der Durchströmung der Turbine nimmt der Volumenstrom des Dampfes infolge der Expansion um den Faktor 2 000 zu. Nach dem Austritt aus den letzten Turbinenstufen wird der Dampf im Kondensator niedergeschlagen und von der Speisewasserpumpe wieder zum Dampferzeuger gefördert; damit ist der Kreisprozess geschlossen.
   Die Kondensationswärme aus dem Kondensator wird über einen Kühlkreislauf entweder in einem Kühlturm an die Atmosphäre abgegeben oder an ein Oberflächengewässer abgeführt.
4. *Generator:* Der Generator wandelt nach dem elektromagnetischen Spannungsinduktionsprinzip die Rotationsenergie in elektrischen Strom um.[4] Die Entwicklung dieser Maschine war gekennzeichnet durch die Ausnutzung des Wicklungskupfers. Für die Abführung der dabei entstehenden Wärme musste jedoch erst ein Kühlsystem entwickelt werden. Der Wirkungsgrad der heute mit Wasserstoff gekühlten Läufern und wassergekühlten Statoren ausgerüsteten Generatoren liegt bei 98,5–99%. Bei Übergang auf eine supraleitende Wicklung wäre eine Verbesserung auf etwa 99,5% möglich.

[3] Ein Schaufelrad mit Dampf in eine Drehbewegung zu versetzen, wurde bereits 1629 von G. de Branca vorgeschlagen. Die ersten brauchbaren Dampfturbinen wurden 1883 von C.G.P. de Laval und 1884 von C.A. Parsons gebaut und in Betrieb genommen.

[4] Das dynamoelektrische Prinzip wurde 1867 durch W. von Siemens (1816–1892) entdeckt. Daneben war für die Entwicklung von Generatoren großer Leistung die Erfindung des Walzenrotors mit radialen Wicklungen entscheidend, der 1901 von C. Brown eingeführt wurde.

4.2 Aufbau eines Kraftwerksblocks

4.2.1 Aufgabenstellung

Ein Kraftwerksblock ist eine autarke Einheit für die Bereitstellung von elektrischem Strom. In einem mit fossilen Brennstoffen betriebenen Block werden zur Erfüllung dieser Aufgabe die Stoffströme von

- Brennstoff und Asche
- Luft und Rauchgas
- Wasser und Dampf

miteinander verknüpft. Als Produkt liefert der Block elektrischen Strom, der vom Generator in das Netz eingespeist wird. Wenn auch der Block vom übergeordneten Standpunkt des Verbundnetzes als eine Einheit angesehen und als solche behandelt wird, sind doch blockintern zur Handhabung der Stoffströme Subsysteme erforderlich, die nach ihrer Funktion unterteilt werden können:

- Brennstoffaufbereitung und Feuerung
- Dampferzeugung
- Turbogruppe (Turbine und Generator)
- Wasserkreis
- Umweltschutzeinrichtungen (Staubfilter, REA und DeNOx-Anlage)
- Leittechnik (Regelungen und Steuerungen)
- Elektrotechnik

Eine derart komplexe Anlage muss einen in allen Teilen klar erkennbaren, systematischen Aufbau haben. Der äußere Aufbau muss sich dabei aus den Funktionen der Subsysteme entwickeln. Wegen unterschiedlicher Randbedingungen, die einerseits vom „Naturprodukt“ Brennstoff und andererseits von den Standortbedingungen herrühren, gibt es nicht nur eine, sondern zahlreiche Lösungen, die sich schon aus unterschiedlichen Kombinationen der Subsysteme ergeben.

Die Beseitigung der Unterschiede, die sich aus den Brennstoffen ergeben, wäre nur durch die Abtrennung der Brennstoffbegleiter von der brennbaren Substanz erreichbar. Eine Möglichkeit dazu bietet die Kohlevergasung. Trotz zahlreicher, über viele Jahrzehnte gehender Bemühungen ist es aber bisher nicht gelungen, eine sowohl technisch als auch wirtschaftlich vertretbare Lösung dafür zu finden. Eine der Hauptaufgaben bei der Konzeptfindung für eine Neuanlage wird deshalb auch künftig die Auswahl des bestgeeigneten Feuerungssystems sein.

4.2.2 Gesamtanordnung

Bei der Auswahl eines Standortes spielen neben der Nähe der Verbrauchsschwerpunkte die Brennstoff- und Kühlwasserversorgung die entscheidende Rolle. Die technischen Möglichkeiten zum Schutz der Umwelt vor Lärm,

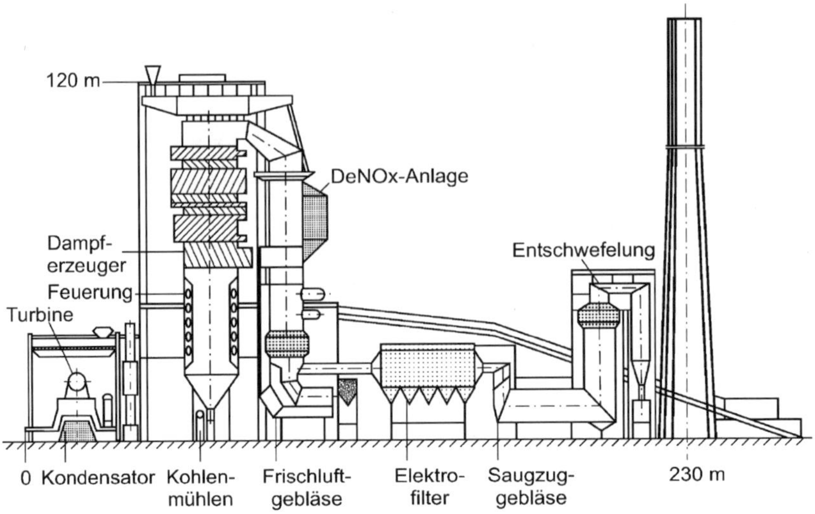

Abbildung 4.3. Anordnungsschema eines steinkohlegefeuerten 750 MW-Kraftwerks mit DeNOx- und Rauchgasentschwefelungsanlage. Die Funktion der einzelnen Komponenten wird in den Kapiteln 5 bis 12 dargestellt.

Partikel- und Schadstoffemissionen sind heute so weit entwickelt, dass die Berücksichtigung legitimer Interessen von Kraftwerksnachbarn bei nicht zu eingeschränkten räumlichen Verhältnissen nur eine Frage des Aufwandes ist. Bei vorgegebenem Standort ist die Bauform so festzulegen, dass bei geringstem Grundflächen-, Raum- und Materialeinsatz eine zügige Montage, ein einwandfreier Betrieb und eine kostengünstige Wartung und Instandsetzung möglich sind.

Im Laufe der Zeit hat sich bei Kraftwerksanlagen als Standardbauform eine *Linearanordnung*, die auf die Richtung des Energieflusses und der Materialströme Rücksicht nimmt, als zweckmäßig erwiesen. Diese Bauform ist schematisch in Abb. 4.3 dargestellt. Wie aus der Abbildung hervorgeht, können von den in Abschn. 4.2.1 genannten Subsystemen jeweils zwei zu Hauptgruppen zusammengefasst werden; dies sind:

- Dampferzeuger und Feuerung
- Turbogruppe und Wasserkreis
- Regelung und Elektrotechnik
- Umweltschutzeinrichtungen

Im Zentrum der Anlage befindet sich der Dampferzeuger und die Turbogruppe, die in zwei voneinander unabhängigen Gebäuden – der Maschinenhalle und dem Kesselhaus – untergebracht sind. Bei kohlegefeuerten Anlagen befindet sich zwischen diesen Baukörpern meist der Kohlebunker.

Bei der Gebäudeplanung ist besonders auf eine günstige Führung der Heißdampfleitungen Rücksicht zu nehmen. Verlangt werden aus Kostengründen kurze Weglängen bei ausreichender Elastizität für Wärmedehnungen und Randpunktbewegungen. Ferner müssen die Rohrleitungen so verlegt werden, dass sie vollständig entleert bzw. entwässert werden können.

Für den Betrieb der Hauptgruppen ist eine Vielzahl von Messeinrichtungen, Armaturen und Hilfsantrieben erforderlich. Für deren Bedienung und Wartung sind Bühnen, Laufstege, Aufzugsanlagen, Hebezeuge und ähnliche Einrichtungen notwendig.

Es wäre im Prinzip möglich, all diese Apparate und Anlagen in Freiluftbauweise aufzustellen. Allerdings sind diese Teile dann ungeschützt der Witterung ausgesetzt, so dass dies nur in Gegenden mit wenig Niederschlägen und geringen Frösten ausgeführt wird. Meistens wird die gesamte Anlage umschlossen, was auch im Hinblick auf Schallemissionen von großem Vorteil ist. Der Umriss des so entstehenden Gebäudes ist durch die Hauptkomponenten im Wesentlichen vorgegeben.

Bei Kraftwerken wird die Abschreibungszeit für das eingesetzte Kapital meistens mit 15 Jahren angesetzt, obwohl man mit einer Lebensdauer von 40 Jahren rechnet. Die Baukörper der Kraftwerke sind reine Zweckbauten – sie sollen die Anlagen dort schützen, wo es unbedingt notwendig ist. Mit dem wirtschaftlichen Tod der Anlage sind i.a. auch die Bauwerke für andere Zwecke nicht mehr verwertbar.

4.2.3 Ausführungsbeispiel eines Dampfkraftprozesses

Das wichtigste Maß für die Güte eines Kraftwerksprozesses ist der thermische Wirkungsgrad. Die Auslegung für einen unter den gegebenen Randbedingungen hohen Wirkungsgrad erfolgt dabei nicht nur aus Gründen der Wirtschaftlichkeit, sondern wirkt sich auch auf die Menge der entstehenden Abfallstoffe aus. Je weniger Brennstoff man für eine vom Bedarf her vorbestimmte Jahresarbeit an Strom benötigt, desto weniger Asche, Rauchgase und Abwärme fallen an. Aus diesem Grunde wird ein energiereicher Dampfzustand vor der Turbine, ein niedriger Kondensatordruck und eine optimale regenerative Speisewasservorwärmung angestrebt.

Kohlekraftwerke werden im Laufe ihrer Lebenszeit meist vom Grundlast- in den Mittellastbereich abgedrängt. Ihre Auslegung muss deshalb auch eine akzeptable thermische Elastizität sicherstellen, um schnelle Laständerungen und kurze Anfahrzeiten des Blockes zu ermöglichen.
Als Beispiel betrachten wir ein Kohlekraftwerk der 700 MW Klasse. Es werden folgende Dampfzustände und -massenströme zugrundegelegt:

Speisewasser:	286°C/310 bar
Frischdampfzustand vor Turbine:	560°C/250 bar
ZÜ-Dampf:	560°C/ 60 bar
Kondensatortemperatur und -druck:	35°C/ 0,056 bar
Frischdampfstrom:	616 kg/s
ZÜ-Strom:	543 kg/s

Um die für einen Mittellastbetrieb erforderliche Elastizität zu erreichen, wurde nur eine einfache Zwischenüberhitzung vorgesehen. Der angenommene Kondensatordruck von 0,056 bar kann unter den in der Bundesrepublik bestehenden Klimabedingungen mit einem Nasskühlturm erreicht werden.
Das Wärmeschaltbild mit den wichtigsten Daten ist in Abb. 4.4 dargestellt. Die Anlage hat unter den angegebenen Bedingungen folgende Leistungsdaten:

Feuerungsleistung:	1 683,0 MW
Wärmeleistung des Kessels:	1 600,0 MW
Leistung des Turbogenerators:	764,4 MW

Die elektrische Leistung vermindert sich um den *Eigenbedarf* der Anlage:

Kraftbedarf der Speise- und Kondensatpumpen:	28,7 MW
Eigenbedarf der Kesselanlage:	17,3 MW
Eigenbedarf der Rauchgaswäsche:	7,3 MW
Sonstiger Eigenbedarf:	1,3 MW
Transformatorverluste:	1,9 MW
Abgegebene Leistung:	708,1 MW

Hieraus ergibt sich ein Nettowirkungsgrad von 41,9%. Formal kann der Eigenbedarf durch einen Eigenbedarf-Wirkungsgrad η_E erfasst werden. Der Nettowirkungsgrad des Kraftwerksblocks kann dann auch durch ein Produkt von Einzelwirkungsgraden dargestellt werden:

$$\eta_N = \eta_{th}\,\eta_{DE}\,\eta_T\,\eta_G\,\eta_E\,. \tag{4.1}$$

Hier bedeutet:

- η_{th} Wirkungsgrad des Kreisprozesses
- η_{DE} Dampferzeugerwirkungsgrad
- η_T mechanischer Turbinenwirkungsgrad gemäß (8.26)
- η_G Wirkungsgrad des Generators
- η_E berücksichtigt den Eigenbedarf der Anlage.

Oft wird der *spezifische Wärmeverbrauch w* anstatt des Wirkungsgrades einer Anlage angegeben. Darunter versteht man den für die Bereitstellung einer Kilowattstunde erforderlichen Energieeinsatz in Kilojoule; es ist

$$w = 3\,600\,\frac{1}{\eta_N}\ [\mathrm{kJ/kWh}]\,. \tag{4.2}$$

Die Wirkungsgrade moderner steinkohlegefeuerter Mittellastkraftwerke liegen für Vollast im Bereich von 40–45%; der Wärmeverbrauch liegt entsprechend zwischen 8 000 und 9 000 kJ/kWh.

Anzumerken ist noch, dass der Wirkungsgrad bei Teillasten geringer ist. Dies ist darauf zurückzuführen, dass die mechanischen Verluste unabhängig von der Last sind und ferner die thermodynamischen Parameter wie ZÜ-Temperatur und Speisewassertemperatur ungünstiger als bei Vollast sind.

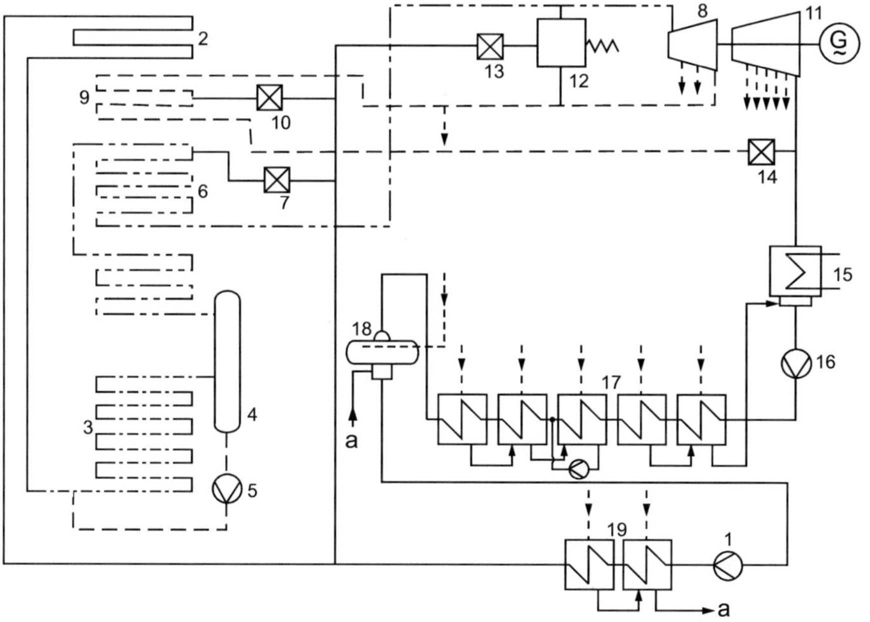

1 Speisepumpe
2 Economizer
3 Verdampfer
4 Abscheidegefäß
5 Umwälzpumpe
6 HD-Überhitzer
7 HD-Einspritzung
8 HD-Turbine
9 Zwischenüberhitzer
10 ZÜ-Einspritzung
11 MD/ND-Turbine
12 HD-Umleitstation
13 Einspritzung
14 ND-Umleitstation
15 Kondensator
16 Kondensatpumpe
17 ND-Vorwärmer
18 Entgaser
19 HD-Vorwärmer

Abbildung 4.4. Blockschema einer 760 MW-Anlage

Verbesserungsmöglichkeiten für den Wirkungsgrad bestehen im wesentlichen nur noch in einer Steigerung des Frischdampfzustandes und in der Anwendung der doppelten Zwischenüberhitzung. Als Anhaltswerte können gelten:

Steigerung der Frischdampftemperatur um 10 K auf 570°C:	$\Delta\eta = 0{,}3\%$
Anhebung des Druckes um 50 bar auf 300 bar:	$\Delta\eta = 0{,}24\%$
Übergang auf doppelte Zwischenüberhitzung:	$\Delta\eta = 1{,}2\%$

Die Realisierung dieser Möglichkeiten ist mit erheblichen Aufwendungen verbunden. Wirtschaftlichkeitsrechnungen haben gezeigt, dass bei den derzeitigen Brennstoffkosten und ihrer für die Zukunft absehbaren Entwicklung der finanzielle Anreiz für den Bau derartiger Anlagen fehlt.[5]

[5] Bei modernen Dampfkraftwerken werden für die Erzeugung von 1 kWh ca. 0,3 kg Steinkohle benötigt. Bei den 1996 gezahlten Preisen für Importkohle von ca.

4.3 Realisierung und Kosten

Die technische Umsetzung des Kraftwerksprozesses ist in Abb. 4.4 schematisch dargestellt. Die wichtigsten für ein Kohlekraftwerk erforderlichen Aggregate und Anlagenteile sind darin aufgelistet. Die Abbildung legt nahe, den Kraftwerksprozess nach den Stoff- bzw. Energieströmen in vier Pfade zu unterteilen. Im einzelnen sind dies:

1. der Brennstoff/Aschestrom sowie der Luft/Rauchgasstrom
2. der Speisewasser/Dampfstrom
3. der Kondensat/Kühlwasserstrom
4. der Strom elektrischer Energie

Zum Pfad 1 gehören die Anlagen für Transport, Lagerung und Aufbereitung des Brennstoffes, die Feuerungsanlage, der Lufterhitzer, die Ventilatoren und die Rauchgasreinigungsanlagen. Zum Pfad 2 gehören die Kesselheizflächen, also der Verdampfer, die Überhitzer, desweiteren die Turbine, die Vorwärmer, die Speisepumpe sowie die Frischdampfleitungen. Zum 3. Pfad gehören der Kondensator, der Kühlturm und die Kühlwasser- und Kondensatpumpen. Zum Pfad 4 gehören der Generator, die Transformatoren und Schaltanlagen, die Warte und die Eigenbedarfsanlage.

Vom wirtschaftlichen Standpunkt aus ist ein Dampfkraftwerk dann optimal ausgelegt, wenn es neben einem minimalen Brennstoffverbrauch die geringsten Herstellungs- und Betriebskosten hat. Dabei ist vorausgesetzt, dass gleichzeitig ein Höchtsmaß an Betriebssicherheit und Anpassungsfähigkeit an Belastungsschwankungen gegeben ist.

Wir betrachten ein Kraftwerk, das eine konstante Leistung von 800 MW an das Netz abgeben soll, und fragen uns, wie sich die Herstellungskosten verändern, wenn der Wirkungsgrad erhöht und damit der Brennstoffverbrauch vermindert wird. Es ist unmittelbar klar, dass sich bei gleichbleibender Leistungsabgabe die Kosten für den Pfad 4 nicht ändern werden. Die zum Pfad 1 gehörenden Anlagenteile sind dagegen ausschließlich vom Brennstoffstrom abhängig, der bei einer Erhöhung des Wirkungsgrades abnimmt. Die spezifischen Herstellungskosten der Komponenten des Pfades 1 vermindern sich damit mit zunehmendem Wirkungsgrad. Dies gilt auch für die zum Pfad 3 gehörenden Komponenten, denn mit der Zunahme des Wirkungsgrades nimmt der über den Kondensator abzuführende Wärmestrom ab. Um eine Erhöhung des Wirkungsgrades zu erreichen, müssen die Dampftemperaturen und Dampfdrücke erhöht werden. Dadurch bekommen die Speisewasserpumpen mehr Stufen, die Kesselheizflächen werden größer und müssen eventuell aus austenitischen Werkstoffen gefertigt werden. Auch sind zur Ausnutzung des größeren Druckgefälles in der Turbine zusätzliche Turbinenstufen vorzusehen. Damit ist klar, dass sich die spezifischen Kosten für die Komponenten

50 €/t entspricht dies Brennstoffkosten von 0,015 €/kWh. Die Kosten des erzeugten Stroms werden folglich wesentlich von den Kapitalkosten bestimmt.

des Pfades 2 vergrößern werden. Die Zunahme dieser Kosten ist beim Überschreiten eines Grenzwertes, der das Optimum darstellt, schließlich so groß, dass die Einsparungen bei den anderen Pfaden diese nicht mehr ausgleichen können. Aus der vorstehenden Überlegung folgt, dass der Brennstoffpreis der bestimmende Parameter für die Auslegung eines Kraftwerkes ist: Im Falle eines niedrigen Brennstoffpreises liegt das wirtschaftliche Optimum bei einer Anlage mit vergleichsweise einfachem Aufbau und niedrigem Wirkungsgrad – bei einem hohen Brennstoffpreis wird dagegen der Stromgestehungspreis trotz der Mehraufwendungen bei Einsatz einer Anlage mit höherem Wirkungsgrad günstiger.

Lange Zeit ließen sich die spezifischen Gesamtkosten eines Kraftwerkes durch eine Vergrößerung der Blockleistungen verringern. Dies hängt damit zusammen, dass der Material- und Bearbeitungsaufwand für die Erstellung einer Anlage nicht proportional zur Anlagengröße wächst. Allerdings wird die Kostendegression mit zunehmender Blockgröße geringer.[6] In grober Näherung kann angenommen werden, dass das Verhältnis der spezifischen Kosten x_1, x_2 zweier Anlagen gleich der n-ten Potenz des Verhältnisses der Anlagenleistungen P_1 und P_2 ist:

$$\frac{x_1}{x_2} = \left(\frac{P_1}{P_2}\right)^n . \qquad (4.3)$$

Bei steinkohlegefeuerten Kraftwerken im Leistungsbereich zwischen 150 und 450 MW ist $n = -0{,}25$ und für den Bereich zwischen 450 und 800 MW ist $n = -0{,}22$ [4], [1].

In der Literatur wird der Kraftwerksbau meist nur von seiner technischen Seite her behandelt. Für den in der Praxis stehenden Ingenieur sind aber die wirtschaftlichen und organisatorischen Zusammenhänge genau so wichtig. Obwohl hier nicht der Platz ist, auf Einzelheiten einzugehen, sollen doch die einzelnen Bauphasen in einem groben Überblick dargestellt werden:

1. *Vorplanung:* Am Anfang des Bauvorhabens steht die Entscheidung des Bauherren. Er legt die Größe und den Standort der Anlage fest und führt Vorstudien bzgl. der Auswahl des Kraftwerkstyps durch.
2. *Planung und Auftragsvergabe:* Die Planung im engeren Sinne wird von einem Kraftwerksbauer durchgeführt, meist einem beratenden Ingenieur, der vom Bauherren mit der Durchführung des Projektes beauftragt wird. Dieser legt den inneren und äußeren Aufbau der Anlage fest, unterteilt das Projekt in Gewerke, erstellt Ausschreibungsunterlagen und führt zusammen mit dem Bauherren die Auftragsvergabe durch.
3. *Auftragsabwicklung:* Der Kraftwerksbauer koordiniert und überwacht Fertigung und Montage hinsichtlich Qualität und Terminen und benennt

[6] Zusammen mit der Beschränkung der Teillastfähigkeit von Kohlefeuerungen auf ca. 40% dürfte dies der Hauptgrund dafür sein, dass in Deutschland Anlagen von über 1 000 MW bisher nicht realisiert wurden.

einen Bauleiter. Zu den wichtigsten Aufgaben der Bauleitung während der Montage zählt die Unfallverhütung.

4. *Inbetriebsetzung und Probebetrieb:* Nach der Fertigstellung werden die einzelnen Komponenten auf ihre Funktionsfähigkeit erprobt, eingestellt und zusammengeschaltet. Den Abschluss der Inbetriebsetzung bildet der Probebetrieb, bei dem die Funktionsfähigkeit der Anlage gemäß der zugesicherten Eigenschaften nachgewiesen wird und das Personal des Bauherren in den Betrieb der Anlage eingeführt wird. Der Probebetrieb endet mit der Übernahme der Anlage durch den Bauherren.

Für die Errichtung eines Kraftwerkes – vom Entschluss des Bauherren bis zur Übernahme der fertigen Anlage – vergehen im Falle einer kohlegefeuerten 750 MW Anlage 4 Jahre und im Falle eines Kernkraftwerkes mit 1 200 MW 7–8 Jahre. Dabei wird vorausgesetzt, dass die Genehmigungsverfahren ohne prinzipielle Widersprüche durchlaufen werden.

4.4 Fazit

In Deutschland waren im Jahr 2006 Kraftwerke mit einer Gesamtleistung von 120.000 MW in Betrieb, rd. 65% dieser Leistung entfiel auf Wärmekraftwerke, die rd. 83% des Strombedarfs deckten. Die Wärmekraftwerke werden auch in der überschaubaren Zukunft den Hauptbeitrag zur Stromerzeugung liefern.

Charakteristisch für die Entwicklung der Kohleverstromung seit 1975 war die Automatisierung der Anlagen, die Durchführung der Maßnahmen zur SO_x und NO_x Rückhaltung sowie die Vergrößerung der Blockleistung, die zu günstigeren Gestehungskosten für den Strom führte. Gegenwärtig erweist sich eine Blockleistung von ~1000 MW wegen der Baugröße des Kessels und der zweckmäßigen Leistungseinheit für die Stromgbedarfsdeckung als wirtschaftliche Obergrenze.

Für die Weiterentwicklung der Wärmekraftwerke werden die Verbesserung des Wirkungsgrades und die CO_2–Rückhaltung die wichtigsten Aufgaben sein.

Literatur

1. Plate, K.: Wärmekraftwerke: 75 Jahre VGB. VGB-Kraftwerkstechnik GmbH, 9–46, Essen 1995
2. Schäff, K.: Die Entwicklung zum heutigen Wärmekraftwerk. VGB Dampftechnik GmbH, Essen (1977)
3. STEAG (Herausgeber): Strom aus Kohle - Stand der Kraftwerkstechnik. Springer-Verlag 1998
4. Wiehn, H., Martin, H., Schuster, H.: Trends und Lösungen im internationalen Anlagenbau. VGB Kraftwerkstechnik **65**, 1126–1132 (1985)

5

Grundlagen der Verbrennungstechnik

Bei der *Verbrennung* handelt es sich um die Hochtemperatur-Oxidation eines Brennstoffes, bei der im wesentlichen Kohlenstoff und Wasserstoff, die in verschiedener Form in den kommerziellen Brennstoffen enthalten sind, mit Sauerstoff exotherm reagieren. Eine Verbrennung heißt *vollständig* oder *vollkommen*, wenn *alle* brennbaren Bestandteile in ihre höchste Oxidationsstufe überführt werden. Ein Feuer brennt *stöchiometrisch*, wenn Brennstoff und Luft (Sauerstoff) sich bei der Verbrennung vollständig verbrauchen.

Jede Verbrennung wird durch eine Zündung eingeleitet. Unter der *Zündtemperatur* versteht man diejenige Temperatur, bei der mehr Wärme durch die Reaktion freigesetzt als durch Wärmeleitung und Strahlung an die Umgebung abgegeben wird, so dass sich die Verbrennung von selbst erhält. Die Zündtemperatur ist im strengen Sinn kein Stoffparameter, sie wird aber als Erfahrungswert bei der Auslegung von Feuerungen und Sicherheitseinrichtungen immer wieder herangezogen. Die Zündtemperaturen der verschiedenen Brennstoffe weisen erhebliche Unterschiede auf; sie sind darüber hinaus abhängig von Reaktionsparametern wie Temperatur, Sauerstoffpartialdruck und Brennkammerbeschaffenheit. Bei Kohlen hängt die Zündtemperatur von ihrer Reaktionsfähigkeit, ihrer Körnung, dem Wasser- und Aschegehalt u. a. ab, in erster Linie aber von ihren flüchtigen Bestandteilen. Zündtemperaturen einiger Brennstoffe in Luft sind in Tabelle 5.1 zusammengestellt.

Tabelle 5.1. Richtwerte für Zündtemperaturen in Luft bei 1 bar

Brennstoff	Zündtemperatur [°C]	Brennstoff	Zündtemperatur [°C]
Braunkohle	250–410	Kohlenmonoxid	620–680
Steinkohle	400–500	Methan	595
Anthrazit	550–600	Ethan	515
Benzin	330–520	Ethen	425
Heizöl	220	Propan	470
Wasserstoff	560	Benzol	520–600

Tabelle 5.2. Richtwerte für das Luftverhältnis

Feuerungsart	n
Ölfeuerungen	1,03–1,15
Gasfeuerungen	1,05–1,10
Kohlen-	
Trockenfeuerungen	1,20–1,30
Schmelzfeuerungen	1,15–1,25
Rostfeuerungen	1,30–1,40
Wirbelschicht	1,10–1,30

Die *maximale* oder *adiabate Flammentemperatur* ist die Temperatur, die erreicht wird, wenn bei vollständiger Verbrennung keine Wärmeabfuhr an die Umgebung stattfindet. Diese Temperatur errechnet sich aus dem Heizwert sowie den spezifischen Wärmekapazitäten der Rauchgase und der Asche. Die Flammentemperatur ist abhängig von der Vorwärmung des Brennstoffes und der Verbrennungsluft sowie dem Luftüberschuss.

Das Luftverhältnis n ist der Quotient aus der für eine Verbrennung praktisch notwendigen und der theoretisch erforderlichen Luftmenge. Ein Luftüberschuss ($n > 1$) beeinflusst den Verbrennungsablauf in zweierlei Weise: Zum einen beschleunigt ein höherer Sauerstoffpartialdruck die Verbrennung und zum anderen wird durch den Luftüberschuss die Verbrennungstemperatur gesenkt, was zu einer Verzögerung des Verbrennungsablaufs führen kann. Anhaltswerte für das Luftverhältnis in Kraftwerksfeuerungen sind Tabelle 5.2 angegeben.

Zur Überwachung einer Feuerung werden im Rauchgas die Gehalte von CO, CO_2 und O_2 gemessen, mit denen die Vollständigkeit der Verbrennung beurteilt werden kann.

Bei Feuerungen in Kraftwerken erfolgt die Umsetzung der chemischen Energie der Brennstoffe in isobaren Verbrennungsprozessen. Der Brennstoff wird dabei mit Sauerstoff, der aus der Luft entnommen wird, zur Reaktion gebracht. Die latent gebundene chemische Energie wird in Form von Wärme auf die Rauchgase übertragen. Am Anfang der Auslegung einer Anlage stehen die Energie- und Mengenbilanzen, vgl. Abb. 5.1.

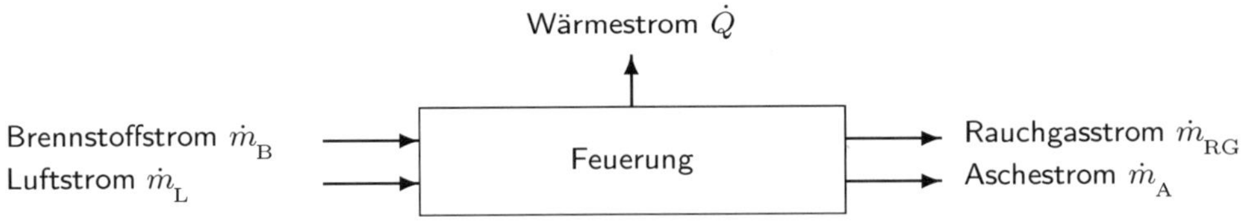

Abbildung 5.1. Energie- und Stoffströme bei einer Feuerungsanlage

5.1 Energiebilanz der Verbrennung

Gegeben sei eine technische Verbrennungsanlage, vgl. Abb 5.1. Der Brennstoff, der in der Anlage vollständig verbrennt, werde der Feuerung mit der Temperatur ϑ_B und die Verbrennungsluft mit der Temperatur ϑ_L zugeführt. Die Verbrennungsprodukte, Rauchgas und Asche, verlassen die Feuerung mit der Temperatur ϑ_{RG} bzw. ϑ_A. Es liege ein stationärer Fließprozess vor, bei dem die kinetischen und potentiellen Energien vernachlässigbar klein seien; ferner soll bei dem Prozess keine technische Arbeit verrichtet werden. Nach dem 1. Hauptsatz der Thermodynamik gilt für diesen stationären Prozess die Bilanzgleichung

$$\dot{m}_B\Big(H + \bar{c}_{p_B}\,(\vartheta_B - \vartheta_0)\Big) + \dot{m}_L\,\bar{c}_{p_L}\,(\vartheta_L - \vartheta_0)$$
$$= \dot{Q} + \dot{m}_{RG}\,\bar{c}_{p_{RG}}\,(\vartheta_{RG} - \vartheta_0) + \dot{m}_A\,\bar{c}_{p_A}\,(\vartheta_A - \vartheta_0)\ . \qquad (5.1)$$

Hier ist H der Heizwert des Brennstoffes, die c_{p_i} stehen für die spezifischen Wärmen von Brennstoff, Luft, Rauchgas bzw. Asche; ϑ_0 ist die Bezugstemperatur, die mit derjenigen für den Heizwert übereinstimmen muss und die üblicherweise mit 25°C angenommen wird. $\dot{Q}$ ist der vom Prozess abgegebene Wärmestrom, der meistens durch Wärmestrahlung der heißen Flamme auf die Umfassungswände der Brennkammer übertragen wird.

5.2 Stoffbilanz der Verbrennung

5.2.1 Elementare Verbrennungsrechnung

Zur Dimensionierung einer Feuerungsanlage benötigt man die Brennstoff-, Verbrennungsluft- und die Rauchgasströme. Diese Mengenströme können aus der Energiebilanz und einer Verbrennungsrechnung bestimmt werden. Üblicherweise bezieht man die Massen- und Volumenströme auf 1 kg bzw. 1 m^3_N Brennstoff[1]. Nach DIN 1 942 werden folgende Bezeichnungen vereinbart:

μ_{LoT}, v_{LoT} Spezifische Verbrennungsluftmenge [kg/kg], bzw. [m^3_N/kg] bei stöchiometrischer Verbrennung (o) mit trockener (T) Luft (L).

μ_{GoT}, v_{GoT} Spezifische trockene Rauchgasmenge [kg/kg], bzw. [m^3_N/kg] bei stöchiometrischer Verbrennung.

μ_{Lo}, v_{Lo} Spezifische Verbrennungsluftmenge [kg/kg], bzw. [m^3_N/kg] bei stöchiometrischer Verbrennung einschließlich Luftfeuchtigkeit.

μ_{LT}, v_{LT} Spezifische Verbrennungsluftmenge [kg/kg], bzw. [m^3_N/kg] bei trockener Luft und einem Luftverhältnis $n > 1$.

[1] m^3_N steht für Normkubikmeter, das ist diejenige Menge eines Gases, die bei 25°C und 1013,2 hPa einen Kubikmeter ausfüllt.

μ_L, v_L Spezifische Verbrennungsluftmenge bei feuchter Luft und einem Luftverhältnis n.

μ_G, v_G Spezifische feuchte Rauchgasmenge beim Luftverhältnis n.

Ausgehend von der Elementaranalyse kann eine elementare Verbrennungsrechnung ausgeführt werden. Für die Verbrennung einer Brennstoffkomponente aus den Elementen C, H, S, N, O ergibt sich die Reaktionsgleichung:

$$\mathrm{C}_p\mathrm{H}_q\mathrm{S}_r\mathrm{N}_s\mathrm{O}_t + \left(p + \frac{q}{4} + r - \frac{t}{2}\right)\mathrm{O}_2 \longrightarrow p\,\mathrm{CO}_2 + \frac{q}{2}\,\mathrm{H}_2\mathrm{O} + r\,\mathrm{SO}_2 + \frac{s}{2}\,\mathrm{N}_2 \qquad (5.2)$$

Durch Einführung der molaren Massen M_i kann (5.2) als Mengenbilanz geschrieben werden:

$$p\,M_\mathrm{C} + \frac{q}{2}\,M_{\mathrm{H}_2} + r\,M_\mathrm{S} + \frac{s}{2}\,M_{\mathrm{N}_2} + \frac{t}{2}\,M_{\mathrm{O}_2} + \left(p + \frac{q}{4} + r - \frac{t}{2}\right)M_{\mathrm{O}_2} = p\,M_{\mathrm{CO}_2} + \frac{q}{2}\,M_{\mathrm{H}_2\mathrm{O}} + r\,M_{\mathrm{SO}_2} + \frac{s}{2}\,M_{\mathrm{N}_2} \qquad (5.3)$$

Die Molmasse des Brennstoffes ergibt sich zu

$$M_\mathrm{B} = p\,M_\mathrm{C} + \frac{q}{2}\,M_{\mathrm{H}_2} + r\,M_\mathrm{S} + \frac{t}{2}\,M_{\mathrm{O}_2} + \frac{s}{2}\,M_{\mathrm{N}_2}\,. \qquad (5.4)$$

Aus (5.3) und (5.4) kann sofort die zur stöchiometrischen Verbrennung von 1 kg Brennstoff erforderliche Sauerstoffmenge berechnet werden:

$$\mu_{\mathrm{O}_2} = \left(p + \frac{q}{4} + r - \frac{t}{2}\right)\frac{M_{\mathrm{O}_2}}{M_\mathrm{B}} \qquad (5.5)$$

Die erforderliche trockene Luftmenge μ_LoT ergibt sich aus (5.5) zu

$$\mu_\mathrm{LoT} = \frac{\mu_{\mathrm{O}_2}}{x_{\mathrm{O}_{2\mathrm{L}}}}\,, \qquad (5.6)$$

hierin ist $x_{\mathrm{O}_{2\mathrm{L}}} = 0{,}2314$ der Massenanteil des Sauerstoffs in der Luft, vgl. Tabelle 5.3. Für die Verbrennungsprodukte folgt entsprechend:

$$\mu_{\mathrm{CO}_2} = p\,\frac{M_{\mathrm{CO}_2}}{M_\mathrm{B}} = p\,\frac{M_\mathrm{C}}{M_\mathrm{B}}\,\frac{M_{\mathrm{CO}_2}}{M_\mathrm{C}} = \gamma_\mathrm{C}\,\frac{M_{\mathrm{CO}_2}}{M_\mathrm{C}} = 3{,}665\,\gamma_\mathrm{C} \qquad (5.7)$$

$$\mu_{\mathrm{SO}_2} = r\,\frac{M_{\mathrm{SO}_2}}{M_\mathrm{B}} = p\,\frac{M_\mathrm{S}}{M_\mathrm{B}}\,\frac{M_{\mathrm{SO}_2}}{M_\mathrm{S}} = 1{,}998\,\gamma_\mathrm{S} \qquad (5.8)$$

$$\mu_{\mathrm{N}_2} = \frac{s}{2}\,\frac{M_{\mathrm{N}_2}}{M_\mathrm{B}} + \left(1 - x_{\mathrm{O}_2}\right)\mu_\mathrm{LoT} = \gamma_\mathrm{N} + \left(1 - x_{\mathrm{O}_2}\right)\mu_\mathrm{LoT} \qquad (5.9)$$

$$\mu_{\mathrm{H}_2\mathrm{O}} = \frac{q}{2}\,\frac{M_{\mathrm{H}_2\mathrm{O}}}{M_\mathrm{B}} = \frac{q}{2}\,\frac{M_{\mathrm{H}_2}}{M_\mathrm{B}}\,\frac{M_{\mathrm{H}_2\mathrm{O}}}{M_{\mathrm{H}_2}} = 8{,}936\,\gamma_\mathrm{H} \qquad (5.10)$$

(Ohne Wasserdampf der Verbrennungsluft.)

Tabelle 5.3. Zusammensetzung trockener Luft

Komponente	Volumenanteil	Massenanteil	Molanteil
Stickstoff	0,7811	0,7554	0,7810
Sauerstoff	0,2094	0,2314	0,2095
Kohlendioxid	0,00033	0,0005	0,00033
Argon	0,0092	0,0126	0,0092

Die γ_i sind die Massenanteile aus der Elementaranalyse des Brennstoffes. Für die trockene Rauchgasmenge pro kg Brennstoff folgt

$$\mu_{\mathrm{GoT}} = \mu_{\mathrm{CO_2}} + \mu_{\mathrm{SO_2}} + \mu_{\mathrm{N_2}} \,, \tag{5.11}$$

die feuchte Rauchgasmenge ergibt sich zu

$$\mu_{\mathrm{Go}} = \mu_{\mathrm{GoT}} + \mu_{\mathrm{H_2O}} = \mu_{\mathrm{LoT}} + 1 \,. \tag{5.12}$$

μ_{Go} ist die feuchte Rauchgasmenge, allerdings ohne den Wassergehalt der Verbrennungsluft.

Unter der Voraussetzung, dass die Elementaranalyse eines Brennstoffes bekannt ist, können aus den vorstehenden Gleichungen einfache Beziehungen für die spezifische Verbrennungsluft- und Rauchgasmengen hergeleitet werden:

$$\mu_{\mathrm{LoT}} = 11{,}51\,\gamma_{\mathrm{C}} + 34{,}28\left(\gamma_{\mathrm{H}} - 1/8\,\gamma_{\mathrm{O}}\right) + 4{,}31\,\gamma_{\mathrm{S}} \tag{5.13}$$

$$\mu_{\mathrm{Lo}} = \mu_{\mathrm{LoT}}\left(1 + x_{\mathrm{H_2O_L}}\right) \tag{5.14}$$

$$\mu_{\mathrm{Go}} = \mu_{\mathrm{Lo}} + 1 - \gamma_{\mathrm{A}} \tag{5.15}$$

$x_{\mathrm{H_2O_L}}$ ist der Wassergehalt der feuchten Luft, bezogen auf 1 kg trockene Luft. Unter Einbeziehung des Luftverhältnisses $n > 1$ und des Aschegehaltes γ_{A} erhält man die tatsächlichen Mengen:

$$\mu_{\mathrm{LT}} = n\,\mu_{\mathrm{LoT}} \tag{5.16}$$

$$\mu_{\mathrm{GT}} = \mu_{\mathrm{LT}} + 1 - \gamma_{\mathrm{A}} \tag{5.17}$$

$$\mu_{\mathrm{L}} = n\,\mu_{\mathrm{LoT}}\left(1 + x_{\mathrm{H_2O_L}}\right) = n\,\mu_{\mathrm{Lo}} \tag{5.18}$$

$$\mu_{\mathrm{G}} = \mu_{\mathrm{L}} + 1 - \gamma_{\mathrm{A}} \tag{5.19}$$

Entsprechend gilt für die spezifischen Volumina m_n^3 pro kg Brennstoff unter Normalbedingungen (25°C, 101325 Pa=1 atm)

$$v_{\mathrm{LoT}} = 8{,}899\,\gamma_{\mathrm{C}} + 26{,}514\,\gamma_{\mathrm{H}} + 3{,}342\,\gamma_{\mathrm{S}} - 3{,}340\,\gamma_{\mathrm{O}} \tag{5.20}$$

$$v_{\mathrm{Lo}} = v_{\mathrm{LoT}}\left(1 + x_{\mathrm{H_2O_L}}\right) \tag{5.21}$$

$$v_{\mathrm{L}} = n\,v_{\mathrm{Lo}} \tag{5.22}$$

$$v_{\mathrm{GoT}} = 8{,}889\,\gamma_{\mathrm{C}} + 20{,}96\,\gamma_{\mathrm{H}} + 3{,}32\,\gamma_{\mathrm{S}} + 0{,}80\,\gamma_{\mathrm{N}} - 2{,}64\,\gamma_{\mathrm{O}} \tag{5.23}$$

Bei der Herleitung dieser Gleichungen wurden die exakten Molvolumina verwendet, vgl. Tabelle 5.4. Bei feuchter Verbrennungsluft ist

Tabelle 5.4. Molmassen, Normvolumina, Normdichten und Gaskonstanten der Brennstoffkomponenten unter Standardbedingungen (0°C, 101325 Pa)

Stoff	Molmasse [kg/kmol]	Molares Normvolumen [m^3/kmol]	Normdichte [kg/m^3]	Gaskonstante [kJ/kgK]
Wasserstoff (H_2)	2,016	22,428	0,0899	4,127
Kohlenstoff	12,011	–	–	–
Schwefel	32,060	–	–	–
Stickstoff (N_2)	28,013	22,403	1,2504	0,297
Sauerstoff (O_2)	31,999	22,392	1,429	0,260
Kohlendioxid	44,01	22,261	1,977	0,188
Wasserdampf	18,015	22,41	0,804	0,461
Schwefeldioxid	64,06	22,856	2,931	0,126
Luft (trocken)	28,96	22,428	1,293	0,2869

$$v_{\mathrm{Go}} = v_{\mathrm{GoT}} + x_{\mathrm{H_2O}}\, v_{\mathrm{LoT}} \tag{5.24}$$

und das spezifische Rauchgasvolumen bei einem Luftverhältnis n beträgt

$$v_{\mathrm{G}} = v_{\mathrm{Go}} + (n-1)\, v_{\mathrm{Lo}} \,. \tag{5.25}$$

In diesen Gleichungen ist $x_{\mathrm{H_2O}}$ der auf 1 kg trockene Luft bezogene Wassergehalt der feuchten Luft und γ_{A} der Aschegehalt des Brennstoffes.

Bei Brenngasen ist die Zusammensetzung häufig in Volumenanteilen y_i angegeben. Für die Umrechnung in Massenanteile gilt

$$x_i = \frac{y_i\, R_i}{R_{\mathrm{B}}} \,. \tag{5.26}$$

Hierbei ist:

y_i der Volumenanteil der i-ten Komponente,
R_i die Gaskonstante in der i-ten Komponente,
R_{B} die Gaskonstante des Brenngases, mit $R_{\mathrm{B}} = \left(\sum_i \frac{y_i}{R_i}\right)^{-1}$.

Damit sind der Luftbedarf und die Rauchgasmenge bestimmt; mit den vorstehenden Gleichungen lassen sich die für die wärmetechnische Berechnung einer Feuerung und eines Dampferzeugers erforderlichen Rauchgasgrößen ermitteln. Zwei wichtige Rauchgaskenngrößen sind der *maximale CO_2-Gehalt* $\hat{y}_{\mathrm{CO_2}}$ und der *maximale SO_2-Gehalt* $\hat{y}_{\mathrm{SO_2}}$, die üblicherweise in Volumenanteilen angegeben werden. Es gilt

a) bei trockenen Rauchgasen:

$$\hat{y}_{\mathrm{CO_2T}} = \frac{v_{\mathrm{CO_2}}}{v_{\mathrm{GoT}}} = \frac{1{,}8534\,\gamma_{\mathrm{C}}}{8{,}889\,\gamma_{\mathrm{C}} + 20{,}96\,\gamma_{\mathrm{H}} + 3{,}32\,\gamma_{\mathrm{S}} + 0{,}80\,\gamma_{\mathrm{N}} - 2{,}64\,\gamma_{\mathrm{O}}} \tag{5.27}$$

und

$$\hat{y}_{SO_2T} = \frac{v_{SO_2}}{v_{GoT}} = \frac{0{,}6817\,\gamma_C}{8{,}899\,\gamma_C + 20{,}96\,\gamma_H + 3{,}32\,\gamma_S + 0{,}80\,\gamma_N - 2{,}64\,\gamma_O}\,; \tag{5.28}$$

b) bei feuchten Rauchgasen:

$$\hat{y}_{CO_2} = \frac{v_{CO_2}}{v_G} \tag{5.29}$$

und

$$\hat{v}_{SO_2} = \frac{v_{SO_2}}{v_G}\,. \tag{5.30}$$

Der maximale CO_2-Gehalt hängt stark von der Brennstoffzusammensetzung ab. So erhält man bei Anthrazit ca. 21% und bei Erdgas ca. 12%.

Aus dem gemessenen CO_2-Gehalt der trockenen Rauchgase $\left(y_{CO_2}\right)_{gem}$ kann mit diesen Gleichungen das Luftverhältnis ermittelt werden; es gilt

$$n = \frac{\hat{y}_{CO_2}}{\left(y_{CO_2}\right)_{gem}}\,. \tag{5.31}$$

Der einzuhaltende Luftüberschuss $(n-1)$ ist nach (5.31) mit dem CO_2-Gehalt der Rauchgase verknüpft. Ist der Luftüberschuss zu groß, verursacht dies nicht nur eine Absenkung der Feuerraumtemperatur, sondern, wegen der größeren Abgasmenge, auch eine Verminderung des Dampferzeugerwirkungsgrades. Ist andererseits der Luftüberschuss zu klein, kann dies eine unvollkommene Verbrennung zur Folge haben. Bei unvollständiger Verbrennung findet dort, wo Sauerstoff fehlt, nur eine Teiloxidation des Kohlenstoffs statt und es bildet sich CO. Diese Orte in der Feuerung heißen *reduzierend.* Gelangt Schwefel an solche Stellen, bildet sich ferner H_2S. Sowohl CO als auch H_2S führen zu Korrosion, z.B. kann folgender Vorgang ablaufen:

$$\mathrm{S + H_2 \longrightarrow H_2S}\,,$$
$$\mathrm{H_2S + FeO \longrightarrow FeS + H_2O}\,.$$

Um Korrosion zu verhindern, muss bei jeder Verbrennung die Bildung reduzierender Zonen in der Nähe begrenzender Wände vermieden werden.

Beispiel 5.1. Man berechne den Luftbedarf, die Rauchgasmenge und die Rauchgaszusammensetzung bei der vollständigen Verbrennung von 1 kg Methan:

1. für die vollständige, stöchiometrische Verbrennung mit trockener Luft
2. für die Verbrennung mit feuchter Luft ($x_{H_2O_L}$=0,01 kg/kg) bei einem Luftverhältnis von n=1,1

Lösung. 1. Nach der bekannten Reaktionsgleichung

$$CH_4 + 2\,O_2 \longrightarrow CO_2 + 2\,H_2O$$

reagiert 1 mol CH_4 mit 2 mol O_2. Durch Benutzung der Molmassen erhält man die spezifische Massenbilanz

$$n_{CH_4} M_{CH_4} + n_{O_2} M_{O_2} \longrightarrow n_{CO_2} M_{CO_2} + n_{H_2O} M_{H_2O} \,.$$

Der Mindestsauerstoffbedarf μ_{O_2} zur Verbrennung von 1 kg Methan ergibt sich hieraus zu

$$\mu_{O_2} = \frac{n_{O_2} M_{O_2}}{n_{CH_4} M_{CH_4}} = 4\,\frac{\text{kg } O_2}{\text{kg } CH_4} \,.$$

Bei einem Massenanteil x_{O_2} = 0,2314 des Sauerstoffs in der Luft folgt für den spezifischen Mindestluftbedarf

$$\mu_{LoT} = \frac{\mu_{O_2}}{x_{O_2}} = \mu_{O_2} + \mu_{N_2} = 13,28 + 4 = 17,29\,\frac{\text{kg Luft}}{\text{kg } CH_4} \,.$$

Vereinfachend wurden die Spurengase in der Luft vernachlässigt, die zugeführte Verbrennungsluft besteht nur aus Sauerstoff und Stickstoff.
Für die spezifische CO_2-Menge folgt mit (5.7)

$$\mu_{CO_2} = p\,\frac{M_{CO_2}}{M_B} = 1\,\frac{44}{16} = 2,75\,\frac{kg}{kg}$$

Für die bei der Verbrennung entstehende μ_{H_2O}- Menge folgt mit(5.10

$$\mu_{H_2O} = \frac{q}{2}\,\frac{M_{H_2O}}{M_B} = \frac{4}{2}\,\frac{18}{16} = 2,25\,\frac{kg}{kg}$$

Für die Rauchgasmenge μ_{Go} erhält man mit (5.12)

$$\mu_{Go} = \mu_{LoT} + 1 = 17{,}28 + 1 = 18,28\,\frac{kg}{kg}$$

Alternativ kann die spezifische Rauchgasmenge auch aus der Summe

$$\mu_{Go} = \mu_{H_2O} + \mu_{CO_2} + \mu_{N_2} = 2,75 + 2,25 + 13,28 = 18,28\,\frac{kg}{kg}$$

bestimmt werden.

2. Bei der Verbrennung mit feuchter Luft mit $x_{H_2O_L}$=0,01 kg/kg und einem Luftverhältnis von n=1,1 folgt:
Für die erforderliche spezifische trockene Luftmenge

$$\mu_{LT} = n\,\mu_{LoT} = 1,1 \cdot 18,28 = 19,0\,\frac{kg}{kg}$$

Entsprechend folgt für die feuchte Luftmenge

$$\mu_L = (1 + x_{H_2O_L})\,\mu_{LoT} = 1,01 \cdot 19,0 = 19,19\,\frac{kg}{kg}$$

Das Beispiel zeigt, dass der mit der Verbrennungsluft eingebrachte Stickstoff den überwiegenden Anteil im Rauchgas (72%) ausmacht. Bei der Verbrennung von Kohlenstoff würde sich ein Sickstoffanteil von (70%) ergeben. Die Rauchgase bei der Verbrennung von Methan und Kohlenstoff unterscheiden sich in den Anteilen des entstehenden CO_2 und H_2O.

5.2.2 Statistische Verbrennungsrechnung

Bei Planungsbeginn einer Anlage ist die Brennstoffzusammensetzung oft nicht genau bekannt. In diesem Fall kann zur Bestimmung der Luft- und Rauchgasmenge unter Zugrundelegung der Immediatanalyse eine *statistische Verbrennungsrechnung* durchgeführt werden. Dies ist eine Näherung mit einem gewissen Maß an Ungenauigkeit, die für praktische Rechnungen meistens tragbar ist, vgl. z.B. [1]. Für die spezifischen Luft– und Rauchgasmengen ergeben sich die Näherungsformeln

$$\text{Kohlen}: \quad \begin{aligned} \mu_{\mathrm{LoT}} &= 0{,}3163\,H + 0{,}566 \text{ [kg/kg]} \\ \mu_{\mathrm{GoT}} &= 0{,}3308\,H + 0{,}638 \text{ [kg/kg]} \end{aligned} \tag{5.32}$$

$$\text{Heizöl}: \quad \begin{aligned} \mu_{\mathrm{LoT}} &= 0{,}3437\,H - 0{,}425 \text{ [kg/kg]} \\ \mu_{\mathrm{GoT}} &= 0{,}2670\,H + 2{,}579 \text{ [kg/kg]} \end{aligned} \tag{5.33}$$

$$\text{Erdgas}: \quad \begin{aligned} \mu_{\mathrm{LoT}} &= 0{,}3443\,H - 0{,}063 \text{ [kg/kg]} \\ \mu_{\mathrm{GoT}} &= 0{,}2989\,H + 1{,}015 \text{ [kg/kg]} \end{aligned} \tag{5.34}$$

Oft gebraucht werden auch die spezifischen Rauchgasvolumina. In der Näherung der statistischen Verbrennungsrechnung folgt für

$$\text{Kohlen}: \quad v_{\mathrm{GoT}} = 0{,}2377\,H + 0{,}449 \text{ [m}_N^3\text{/kg]} \tag{5.35}$$

$$\text{Heizöl}: \quad v_{\mathrm{GoT}} = 0{,}2250\,H + 1{,}119 \text{ [m}_N^3\text{/kg]} \tag{5.36}$$

$$\text{Erdgas}: \quad v_{\mathrm{GoT}} = 0{,}2249\,H + 0{,}6476 \text{ [m}_N^3\text{/kg]} \tag{5.37}$$

Der Heizwert ist jeweils in MJ/kg oder MJ/m_N^3 einzusetzen. die Gasvolumina beziehen sich auf den Normalzustand von 25°C und 1013,2 hPa.

Beispiel 5.2. Der mit Kohlenstaub gefeuerte Dampferzeuger eines 740 MW-Kraftwerkes hat einen Wärmebedarf von $\dot{Q} = 1\,680$ MW. Der Wirkungsgrad des Dampferzeugers betrage $\eta_D = 0{,}925$ und der Verlust durch Unverbranntes 0,5%.

Verfeuert wird eine Ruhr-Fettkohle mit folgender Elementaranalyse: C = 86,2%, H = 5,3%, O = 6,2%, N = 1,5% und S = 0,8% (auf waf bezogen). Der Heizwert beträgt bei einem Aschegehalt von 8% und einem Wassergehalt von 9% $H = 28{,}5$ MJ/kg.

Man bestimme den erforderlichen Brennstoff- und Verbrennungsluftstrom sowie den resultierenden Rauchgasstrom bei einem Luftverhältnis von $n = 1{,}25$. Darüber hinaus ist der anfallende Aschestrom zu ermitteln.

Lösung. Aus den gegebenen Analysewerten bestimmen wir zunächst die Massenanteile. Es ist

$$\gamma_A = 0{,}08, \qquad \gamma_{H_2O} = 0{,}09,$$
$$\gamma_C = \frac{C}{100}\left(1 - \gamma_A - \gamma_{H_2O}\right) = 0{,}715.$$

Analog dazu ergibt sich

$$\gamma_H = 0{,}044, \qquad \gamma_O = 0{,}051, \qquad \gamma_S = 0{,}007, \qquad \gamma_N = 0{,}0124.$$

Für die spezifische Verbrennungsluft- und Gasmenge folgt damit aus der elementaren Verbrennungsrechung:

$$\mu_{LoT} = 9{,}49 \text{ kg/kg}$$

und

$$\mu_{GoT} = \mu_{LoT} + 1 - \gamma_A = 10{,}4 \text{ kg/kg}.$$

Mit den Gleichungen der statistischen Verbrennungsrechnung ergibt sich für die spezifischen Luft- und Rauchgasmengen

$$\mu_{LoT} = 0{,}3163\, H + 0{,}566 = 9{,}58 \text{ kg/kg}$$

und

$$\mu_{GoT} = 10{,}47 \text{ kg/kg}.$$

Die Differenz beider Berechnungsarten liegt damit unter 1%. Man erhält für den Brennstoffstrom

$$\dot{m}_B = \frac{\dot{Q}}{\eta_D\, H} = 63{,}7 \text{ kg/s}.$$

Für den Verbrennungsluftstrom folgt

$$\dot{m}_{Lo} = \dot{m}_B \Big(0{,}311\, H + 0,76\, \big(1 - \gamma_A\big)\Big) = 605{,}6 \text{ kg/s} = 781{,}2 \text{ Nm}^3/\text{s}.$$

Bei einem Luftverhältnis von $n = 1{,}25$ ist

$$\dot{m}_L = \dot{m}_{Lo} n = 757 \text{ kg/s} = 976{,}5 \text{ Nm}^3/\text{s}.$$

Für den Rauchgasstrom ergibt sich:

$$\dot{m}_{RG} = \dot{m}_B \left(\mu_{LoT} + 1 - \gamma_A\right) = 815{,}6 \text{ kg/s}.$$

Der Aschestrom setzt sich aus dem Aschegehalt der Kohle und dem Anteil an unverbranntem Kohlenstoff zusammen:

$$\dot{m}_A = \dot{m}_B\, \gamma_A + \dot{m}_B\, 0{,}005\, \gamma_C = 5{,}324 \text{ kg/s}.$$

5.2.3 Stoffdaten für Rauchgas

Für die Dimensionierung von Feuerungen und Dampferzeugern werden wir die spezielle Gaskonstante und die Wärmekapazität von Luft und den Rauchgasen[2] benötigt. Im Bereich niedriger Drücke hängt die Gaskonstante lediglich von der Zusammensetzung ab, die anderen Größen zusätzlich von der Temperatur.

In erster Näherung sind hauptsächlich Wasserstoff und Kohlenstoff die brennbaren Komponenten kommerzieller Brennstoffe. Folglich bestehen die Rauchgase solcher Brennstoffe im wesentlichen aus Kohlendioxid, Wasserdampf, Stickstoff und Luft. Es gilt:

[2] Weitere Stoffdaten finden sich z.B. in den Zahlentafeln [2] und [3].

$$\mu_{\mathrm{G}} = \mu_{\mathrm{CO_2}} + \mu_{\mathrm{H_2O}} + \mu^0_{\mathrm{N_2}} + \mu_{\mathrm{LG}} \, . \tag{5.38}$$

Hier ist $\mu^0_{\mathrm{N_2}}$ der bei stöchiometrischer Verbrennung mit der Verbrennungsluft in das Rauchgas eingetragene Stickstoff und μ_{LG} der Luftanteil aus dem Luftüberschuss.

$$\mu_{\mathrm{LG}} = (n-1)\mu_{\mathrm{LT}}$$

5.2.3.1 Gaskonstante

Mit den nun bekannten Werten für die Gasanteile kann die Gaskonstante des Rauchgases mit der bekannten Mischungsregel berechnet werden. Es gilt

$$R_{\mathrm{G}} = \sum_i R_i \, x_i \tag{5.39}$$

bzw.

$$R_{\mathrm{G}} = R_{\mathrm{L}} \, x_{\mathrm{LG}} + R_{\mathrm{N_2}} \, x_{\mathrm{N_2}} + R_{\mathrm{H_2O}} \, x_{\mathrm{H_2O}} + R_{\mathrm{CO_2}} \, x_{\mathrm{CO_2}} \, . \tag{5.40}$$

Da die Stoffeigenschaften von Luft und Stickstoff nur wenig voneinander abweichen, wird für praktische Rechnungen oft folgende Approximation verwendet:

$$R_{\mathrm{G}} = 0{,}287 - 0{,}074 \, x_{\mathrm{CO_2}} + 0{,}175 \, x_{\mathrm{H_2O}} \; [\mathrm{kJ/kgK}] \, , \tag{5.41}$$

dabei ist der Fehler kleiner als 0,5%.

Bei bekannten spezifischen Gaskonstanten kann das spezifische Volumen mit Hilfe der thermischen Zustandsgleichung perfekter Gase (3.38) durch $x_{\mathrm{H_2O}}$ und $x_{\mathrm{CO_2}}$ ausgedrückt werden. Für das spezifische Volumen von Rauchgasen fester und flüssiger Brennstoffe gilt in erster Näherung unter Standardbedingungen[3]:

$$v_{\mathrm{G}} = \frac{R_{\mathrm{G}} \, T}{p} = 0{,}773 - 0{,}201 \, x_{\mathrm{CO_2}} + 0{,}470 \, x_{\mathrm{H_2O}} \; [\mathrm{m^3/kg}] \, . \tag{5.42}$$

5.2.3.2 Spezifische Wärmekapazität

Für die spezifische Wärmekapazität c_p eines Gasgemisches gilt die Mischungsregel

$$c_p = \sum_i x_i \, c_{p_i} \, . \tag{5.43}$$

Unter den getroffenen Voraussetzungen gilt für feuchte Luft bzw. Rauchgase

$$c_{p_{\mathrm{G}}} = c_{p_{\mathrm{LT}}} + \left(c_{p_{\mathrm{H_2O}}} - c_{p_{\mathrm{LT}}}\right) x_{\mathrm{H_2O}} + \left(c_{p_{\mathrm{CO_2}}} - c_{p_{\mathrm{LT}}}\right) x_{\mathrm{CO_2}} \, . \tag{5.44}$$

Diese Gleichung kann nicht weiter vereinfacht werden, da die spezifischen Wärmekapazitäten von der Temperatur abhängen, vgl. Abb. 5.2.

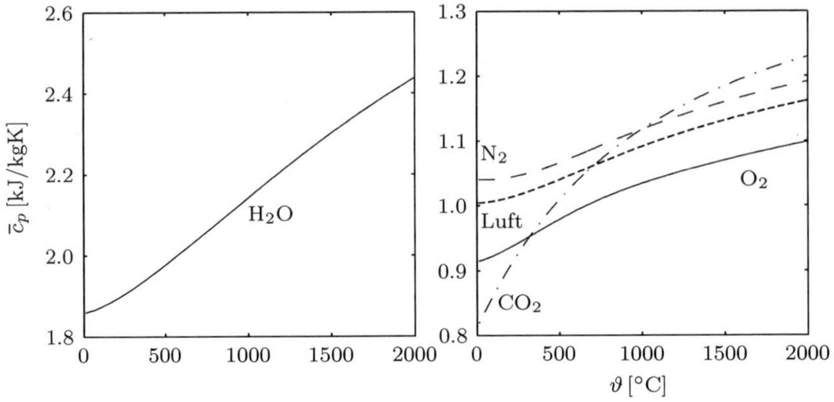

Abbildung 5.2. Spezifische mittlere Wärmekapazitäten ausgewählter Einzelgase in Abhängigkeit von der Temperatur

Für die praktische Rechnung ist es zweckmäßig, die Temperaturabhängigkeit der Stoffwerte durch Polynomansätze zu approximieren. Für die spezifische Wärmekapazität von trockener Luft gilt im Temperaturbereich von 0–1 500°C die Darstellung

$$c_{p_{\mathrm{LT}}} = a_{\mathrm{LT}} + b_{\mathrm{LT}}\,\vartheta + c_{\mathrm{LT}}\,\vartheta^2 + d_{\mathrm{LT}}\,\vartheta^3 + e_{\mathrm{LT}}\,\vartheta^4 + f_{\mathrm{LT}}\,\vartheta^5 \ [\mathrm{kJ/kgK}]\,. \tag{5.45}$$

Für feuchte Luft und feuchte Rauchgase gilt entsprechend

$$c_{p_{\mathrm{G}}} = c_{p_{\mathrm{LT}}} + P_{\mathrm{H_2O}}\,x_{\mathrm{H_2O}} + P_{\mathrm{CO_2}}\,x_{\mathrm{CO_2}} \ [\mathrm{kJ/kgK}] \tag{5.46}$$

mit

$$P_{\mathrm{H_2O}} = a_{\mathrm{H_2O}} + b_{\mathrm{H_2O}}\,\vartheta + c_{\mathrm{H_2O}}\,\vartheta^2 + d_{\mathrm{H_2O}}\,\vartheta^3 + e_{\mathrm{H_2O}}\,\vartheta^4\,, \tag{5.47}$$

$$P_{\mathrm{CO_2}} = a_{\mathrm{CO_2}} + b_{\mathrm{CO_2}}\,\vartheta + c_{\mathrm{CO_2}}\,\vartheta^2 + d_{\mathrm{CO_2}}\,\vartheta^3 + e_{\mathrm{CO_2}}\,\vartheta^4\,. \tag{5.48}$$

Tabelle 5.5. Koeffizienten zur Berechnung der spezifischen Wärmekapazität

	$c_{p_{\mathrm{LT}}}$	$P_{\mathrm{H_2O}}$	$P_{\mathrm{CO_2}}$
a	$0{,}1004173 \cdot 10^{1}$	$0{,}8554535 \cdot 10^{0}$	$-0{,}1002311 \cdot 10^{0}$
b	$0{,}1919210 \cdot 10^{-4}$	$0{,}2036005 \cdot 10^{-3}$	$0{,}7661864 \cdot 10^{-3}$
c	$0{,}5883483 \cdot 10^{-6}$	$0{,}4583082 \cdot 10^{-6}$	$-0{,}9259622 \cdot 10^{-6}$
d	$-0{,}7011184 \cdot 10^{-9}$	$-0{,}2798080 \cdot 10^{-9}$	$0{,}5293496 \cdot 10^{-9}$
e	$0{,}3309525 \cdot 10^{-12}$	$0{,}5634413 \cdot 10^{-13}$	$-0{,}1093573 \cdot 10^{-12}$
f	$-0{,}5673870 \cdot 10^{-16}$		

[3] Standardbedingungen: 273,15 K oder 0°C und 1 013,25 hPa.

In den Anwendungen wird meist mit der mittleren oder integralen spezifischen Wärmekapazität

$$\bar{c}_p = \frac{1}{\vartheta} \int\limits_0^{\vartheta} c_p(\vartheta)\,\mathrm{d}\vartheta \qquad (5.49)$$

gerechnet. Für trockene Luft gilt:

$$\bar{c}_{p_{\mathrm{LT}}} = a_{\mathrm{LT}} + \frac{1}{2} b_{\mathrm{LT}}\,\vartheta + \frac{1}{3} c_{\mathrm{LT}}\,\vartheta^2 + \frac{1}{4} d_{\mathrm{LT}}\,\vartheta^3 + \frac{1}{5} e_{\mathrm{LT}}\,\vartheta^4 + \frac{1}{6} f_{\mathrm{LT}}\,\vartheta^5\,. \qquad (5.50)$$

Entsprechend gilt für feuchte Luft und feuchtes Rauchgas

$$\bar{c}_{p_{\mathrm{G}}} = \bar{c}_{p_{\mathrm{LT}}} + \overline{P}_{\mathrm{H_2O}} x_{\mathrm{H_2O}} + \overline{P}_{\mathrm{CO_2}} x_{\mathrm{CO_2}} \qquad (5.51)$$

mit

$$\overline{P}_{\mathrm{H_2O}} = a_{\mathrm{H_2O}} + \frac{1}{2} b_{\mathrm{H_2O}}\,\vartheta + \frac{1}{3} c_{\mathrm{H_2O}}\,\vartheta^2 + \frac{1}{4} d_{\mathrm{H_2O}}\,\vartheta^3 + \frac{1}{5} e_{\mathrm{H_2O}}\,\vartheta^4\,, \qquad (5.52)$$

$$\overline{P}_{\mathrm{CO_2}} = a_{\mathrm{CO_2}} + \frac{1}{2} b_{\mathrm{CO_2}}\,\vartheta + \frac{1}{3} c_{\mathrm{CO_2}}\,\vartheta^2 + \frac{1}{4} d_{\mathrm{CO_2}}\,\vartheta^3 + \frac{1}{5} e_{\mathrm{CO_2}}\,\vartheta^4\,. \qquad (5.53)$$

Beispiel 5.3. Man berechne die adiabate Verbrennungstemperatur der vollständigen, stöchiometrischen Verbrennung von Kohlenstoff mit Luft. Rechnen Sie der Einfachheit halber mit einer Luftzusammensetzung von 79 Vol.-% N_2 und 21 Vol.-% O_2. Die mittleren molaren Wärmekapazitäten entnehme man Abb. 5.2. Der Heizwert H von Kohlenstoff beträgt 393,5 kJ/mol. Die Ausgangstemperatur der beteiligten Stoffe werde mit 0°C angenommen. Wie ändert sich die Verbrennungstemperatur bei einem Luftverhältnis $n > 1$?

Lösung. Es gilt die molare Reaktionsgleichung

$$\mathrm{C} + \mathrm{O_2} + \frac{0,79}{0,21}\,\mathrm{N_2} \longrightarrow \mathrm{CO_2} + 3{,}76\,\mathrm{N_2}\,.$$

Aus der Energiebilanz (5.1) folgt mit $\dot{Q} = 0$ für die adiabate Verbrennungstemperatur ϑ_{ad} die Gleichung

$$H = n_{\mathrm{CO_2}}\,M_{\mathrm{CO_2}}\,\bar{c}_{p_{\mathrm{CO_2}}}\,\vartheta_{\mathrm{ad}} + n_{\mathrm{N_2}}\,M_{\mathrm{N_2}}\,\bar{c}_{p_{\mathrm{N_2}}}\,\vartheta_{\mathrm{ad}}\,.$$

Hier sind $\bar{c}_{p_{\mathrm{CO_2}}} = 1{,}26$ kJ/kgK und $\bar{c}_{p_{\mathrm{N_2}}} = 1{,}2$ kJ/kgK die Abb. 5.2 entnommenen mittleren Wärmekapazitäten. Aufgelöst nach ϑ_{ad} erhält man

$$\vartheta_{\mathrm{ad}} = \frac{H}{n_{\mathrm{CO_2}}\,M_{\mathrm{CO_2}}\,\bar{c}_{p_{\mathrm{CO_2}}} + n_{\mathrm{N_2}}\,M_{\mathrm{N_2}}\,\bar{c}_{p_{\mathrm{N_2}}}} = 2\,165\,^\circ\mathrm{C}.$$

Diese Temperatur wird bei einer realen Verbrennung nicht erreicht. Gründe dafür sind:

- Endotherme Dissoziation der Verbrennungsgase
- auftretende Nebenreaktionen z.B. $\mathrm{N} + \mathrm{O} \longrightarrow \mathrm{NO}$,
- Wärmeverluste

Erfolgt die Verbrennung bei einem Luftverhältnis $n > 1$, ist der Nenner der vorstehenden Gleichung um die Wärmekapazität für Luft zu ergänzen. Das Resultat ist in Abb. 5.3 dargestellt. Die Verbrennungstemperatur sinkt mit steigendem Luftverhältnis, da eine größere Gasmasse aufgeheizt werden muss, der Heizwert von Kohlenstoff jedoch konstant bleibt.

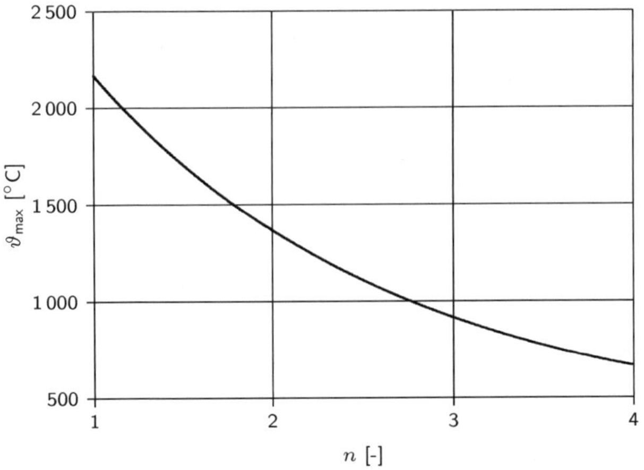

Abbildung 5.3. Maximale Flammentemperatur bei der Verbrennung von Kohlenstoff als Funktion des Luftverhältnisses

5.3 Anmerkungen zum Verbrennungsablauf

Die Vorgänge bei der Verbrennung sind äußerst komplex und können deshalb hier nur modellhaft beschrieben werden. Am einfachsten sind die Verhältnisse bei der Verbrennung eines Gases. Ist die Zündung eingeleitet, so muss die Temperatur über dem Zündpunkt gehalten und die Zufuhr des Sauerstoffs unter gleichzeitiger Abfuhr der Verbrennungsprodukte aufrecht erhalten werden. Der Verbrennungsablauf zerfällt demnach in zwei grundsätzlich voneinander verschiedene Phasen: Den physikalischen Vorgang der Herstellung eines zündfähigen Gemisches aus Sauerstoff und Brennstoff und den chemischen Vorgang der Reaktion zwischen den Verbrennungspartnern. Die Dauer des Vorgangs setzt sich aus der Zeitspanne für die Gemischbildung τ_G und der Reaktionszeit τ_R zusammen. Die Verbrennungszeit ergibt sich entsprechend zu

$$\tau_\mathrm{B} = \tau_\mathrm{G} + \tau_\mathrm{R} \,. \tag{5.54}$$

Flüssige und feste Brennstoffe lassen sich in ihrem Aggregatzustand nicht verbrennen. Sie müssen durch entsprechende Aufbereitung erst in den gasförmigen Zustand überführt werden.

Flüssige Brennstoffe werden deshalb in feinste Tröpfchen zerstäubt, die unter der Einwirkung der Flammenstrahlung rasch verdampfen und anschließend wie ein Gas verbrennen. Bezeichnet man die für die Verdampfung benötigte Zeit mit τ_V, folgt für die Verbrennungszeit

$$\tau_\mathrm{B} = \tau_\mathrm{G} + \tau_\mathrm{R} + \tau_\mathrm{V} \,. \tag{5.55}$$

Bei den in Brennkammern großer Dampferzeuger üblichen Flammentemperaturen von 1 100°C (bei Braunkohle) bzw. 1 600°C (bei Öl) sind τ_R und τ_V klein gegen τ_G, so dass die Dauer der Verbrennung im wesentlichen durch den physikalischen Mischvorgang bestimmt wird, vgl. Abb. 5.4.

Noch komplexer verläuft die Verbrennung eines Kohleteilchens, bei der die folgenden Phasen unterschieden werden können:

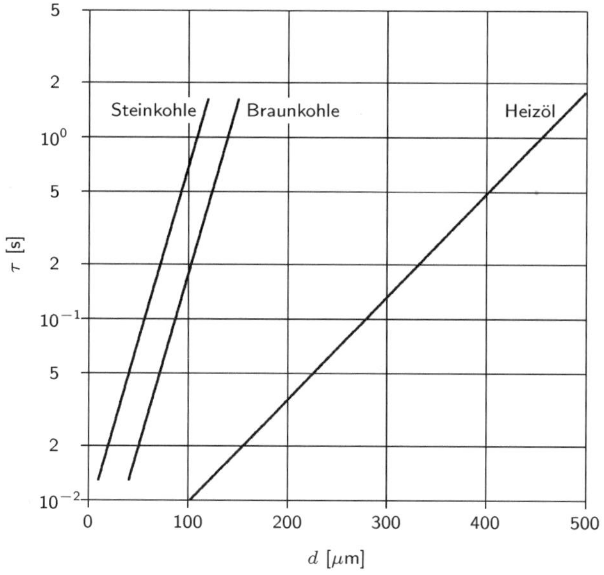

Abbildung 5.4. Ausbrennzeit fester und flüssiger Brennstoffe

- Aufheizung des Kohleteilchens
- Austritt der flüchtigen Bestandteile
- Gemischbildung mit der Verbrennungsluft
- Zündung und Verbrennung der Flüchtigen
- Zündung und Verbrennung des Restkokses

Nach dem Austreiben der Flüchtigen kann das Kohleteilchen als ein poröses Kohlenstoffgerüst beschrieben werden. Die Reaktionsrate der heterogenen Kohlenstoffoxidation mit dem Sauerstoff der Verbrennungsluft wird zum einen durch chemisch-physikalische Vorgänge (Adsorption, Reaktion, Desorption), hauptsächlich aber durch Transportvorgänge (Mischung, Grenzschichtdiffusion, Porendiffusion) begrenzt. Für die stöchiometrische Verbrennung von 1 kg Kohle sind etwa 8,5 kg Luft erforderlich. Um ein gleichmäßiges Gemisch zu erhalten, muss jedes Kohleteilchen mit einem Luftwürfel umhüllt sein, dessen Kantenlänge bei Verbrennungstemperatur etwa 30 mal größer ist als die Abmessung des Teilchens. Hieraus wird deutlich, dass der physikalische Mischvorgang während der heterogenen Phase der Reaktion die Dauer der Verbrennung bestimmt. In Abb. 5.4 ist die Brennzeit von Kohlenstaub in Abhängigkeit vom Korndurchmesser dargestellt; es handelt sich dabei um Mittelwerte aus Untersuchungen verschiedener Autoren. Daneben ist die Ausbrennzeit noch vom Luftüberschuss abhängig.

Beispiel 5.4. Von den beschriebenen Vorgängen, die bei der Verbrennung eines Kohleteilchens unterschieden werden, soll beispielhaft die Aufheizung untersucht werden. Wir gehen dazu von der Vorstellung aus, dass das Teilchen mit der Temperatur $T_K(t)$ von Luft der Temperatur T_L getragen und in eine Brennkammer mit der

Flammentemperatur T_F eingebracht wird. Der Einfachheit halber wird angenommen, dass die Brenngase vollkommen durchlässig für Wärmestrahlung sind. Gehen Sie von einem kugelförmigen Kohleteilchen aus. Es sollen folgenden Zahlenwerte angenommen werden:

Teilchenradius	$r = 10^{-4}$ m,
spezifische Wärmekapazität der Kohle	$c_{p_K} = 1{,}5$ kJ/kgK,
Dichte der Kohle	$\rho_K = 900$ kg/m^3,
Wärmeleitfähigkeit der Luft	$\lambda_L = 0{,}02$ W/mK,
Lufttemperatur	$T_L = 300$ K,
Flammentemperatur	$T_F = 1\,873$ K,
Zündtemperatur der Kohle	$T_Z = 573$ K,
Emmissionsverhältnis der Wärmestrahlung zwischen Flamme und Teilchen	$\varepsilon = 0{,}9$,
Nusseltzahl für kugelförmige Teilchen	Nu = 2.

Lösung. Für das Teichen kann unter Berücksichtigung der Erwärmung durch die Wärmestrahlung der Flamme und der Abkühlung infolge konvektiven Wärmeaustausches mit der umgebenden Luft die Wärmebilanz

$$\frac{4}{3}\pi r^3 \rho_K c_{p_K} \frac{dT_K}{dt} = \pi r^2 \varepsilon \sigma_S \left(T_F^4 - T_K^4\right) + 4\pi r^2 \alpha \left(T_L - T_K\right)$$

aufgestellt werden. Hier ist α die Wärmeübergangszahl, die aus der Nusseltzahl berechnet werden kann. Für kleine, kugelförmige Teilchen ist die Nusseltzahl

$$\mathrm{Nu} = \frac{\alpha\, 2r}{\lambda_L} = 2.$$

Deshalb ist

$$\alpha = \frac{\lambda_L}{r}\,.$$

Naturgemäß ist die Temperatur T_F der Flamme groß gegen die Temperatur T_K des Kohleteilchens. Daher kann die Wärmebilanz zu

$$\frac{4}{3}\pi r^3 \rho_K c_{p_K} \frac{dT_K}{dt} = \pi r^2 \varepsilon \sigma_S T_F^4 + 4\pi r^2 \alpha \left(T_L - T_K\right)$$

vereinfacht werden. Die Lösung der vereinfachten Differentialgleichung kann wie folgt geschrieben werden:

$$T_K(t) = T_L + \frac{\varepsilon \sigma_S r T_F^4}{4\lambda_L}\left(1 - \exp\left(-\frac{3\lambda_L t}{\rho_K c_{p_K} r^2}\right)\right).$$

Die asymptotisch erreichte Kohletemperatur $T_\infty = T_K(t \to \infty)$ ist folglich

$$T_\infty = T_L + \frac{\varepsilon \sigma_S r T_F^4}{4\lambda_L}\,.$$

Aus dieser Gleichung ist zu erkennen, dass die Teilchentemperatur nur dann größer als die Zündtemperatur T_Z werden kann, wenn

$$r > \frac{4\,\lambda_L\,(T_Z - T_L)}{\varepsilon\,\sigma_S\,T_F^4} = r_{min}$$

ist, was bedeutet, dass Teilchen, die kleiner als r_{min} sind, die Zündtemperatur nicht erreichen. Die Temperatur T_K zu einem beliebigen Zeitpunkt t kann gemäß

$$T_K(t) = T_L + (T_\infty - T_L)\left(1 - \exp\left(-\frac{3\,\lambda_L\,t}{\rho_K\,c_{p_K}\,r^2}\right)\right)$$

berechnet werden. Bis zum Erreichen der Zündtemperatur wird die Zeit

$$\tau_Z = -\frac{\rho_K\,c_{p_K}\,r^2}{3\,\lambda_L}\ln\left(1 - \frac{T_Z - T_L}{T_\infty - T_L}\right)$$

benötigt. Mit den vorgegebenen Zahlenwerten ist $T_\infty = 1\,085$ K und $\tau_Z \approx 0{,}096$ s.

Die diesem Beispiel zugrundegelegte Modellvorstellung wurde von Nusselt [4] vorgeschlagen. Es war der erste Ansatz für eine Theorie der Feststoffverbrennung.

Bei Staubfeuerungen ist die Brennkammer so zu dimensionieren, dass die Verweilzeit in der Kammer größer ist als die Brennzeit der Kohleteilchen. Bei der Dimensionierung von Großanlagen wird die Festlegung einer ausreichenden Brennkammergröße dadurch erreicht, dass eine für den Vorgang charkteristische Kennzahl definiert wird und deren zulässiger Variationsbereich anhand von Erfahrungswerten an ausgeführten Anlagen festgelegt wird. Für die Festlegung des Brennkammervolumens ist dies die sog. Volumenbelastung, vgl. Kap. 6.

Der Verbrennungsablauf ist nach heutigem Kenntnisstand hauptsächlich von folgenden Größen abhängig:

- der Größe der Reaktionsoberfläche, d.h. dem Korndurchmesser
- dem Luftverhältnis, d.h. dem Sauerstoffpartialdruck
- den Mischverhältnissen in der Flamme, dem Turbulenzgrad etc.
- der mittleren Flammentemperatur und damit der Aufheizgeschwindigkeit

Diese Einflussgrößen sind allerdings nicht unabhängig voneinander. So läßt z.B. ein höherer Luftüberschuss einen größeren Teilchendurchmesser bei gleicher Ausbrennzeit zu.

Eine unvollständige Verbrennung ist vor allem durch das Auftreten von CO gekennzeichnet, unverbrannte H_2- und S-Anteile kommen dagegen fast nicht vor. Dies hängt mit der Reaktionsgeschwindigkeit zusammen, die in erster Näherung umgekehrt proportional zur Bildungswärme ist. Die CO-Bildung beansprucht damit mehr als doppelt soviel Zeit wie die H_2O- oder SO_2-Bildung. Die reaktionsfreudigen Elemente S und H verbinden sich daher rasch mit dem Sauerstoff, während für die CO- bzw. CO_2-Bildung nur noch die restliche O_2-Menge verbleibt. Bei Feuerungsanlagen, die mit einem ungenügenden Luftüberschuss oder einer schlechten Brennereinstellung betrieben werden, besteht daher der unvollständig verbrannte Anteil hauptsächlich aus CO und Feststoffteilchen.

5.4 Fazit

In diesem Abschnitt wurden elementare Grundlagen der Verbrennung soweit zusammengestellt, wie sie für die Berechnung der Verbrennungsluft– und Rauchgasströme, der Rauchgaszusammensetzung sowie der Energiebilanzen erforderlich sind. Die Kenntnis dieser Daten ist notwendig, um Gebläse, Luftvorwärmer, Kohlemühlen und Dampferzeugerheizflächen usw. dimensionieren zu können.
Die Verbrennung ist eine unserer ältesten Techniken. Obwohl sie schon lange ein Schwerpunkt der Forschung ist, sind noch viele Fragen offen; so z.B die Kopplung des Reaktionsablaufs mit dem Strömungsfeld laminarer und turbulenter Flammen, die Schadstoffbildung und auch die Zündung und der Verbrennungsablauf in Kohlenstaubflammen. Bei den Kraftwerksfeuerungen hat die Forschung besonders zu den Fragen der NO_x-Minderung wichtige Beiträge geliefert, vgl. z.B. [5], [6].

Literatur

1. Brandt, F.: Brennstoffe und Verbrennungsrechnung. Selbstverlag des FDBR (Fachverband Dampfkessel-, Behälter- und Rohrleitungsbau e.V.), Essen 1985
2. Landolt, H., Börnstein, R.: Numerical data and functional relationships in science and technology. Springer, Berlin Heidelberg New York 1992
3. VDI-Wärmeatlas. 9. Auflage, VDI-Verlag (Verein deutscher Ingenieure e.V.), Düsseldorf 2002
4. Nusselt, W.: Der Verbrennungsvorgang in der Kohlenstaubfeuerung. Zeitschrift des VDI **68**, 102–107 (1923)
5. Warnatz, J., Maas, U., Dibbe, R.W.: Verbrennung. Springer, 2. Auflage 1997
6. Zelkowski, J.: Kohleverbrennung. VGB–Kraftwerkstechnik, 2. Auflage 2002

6

Feuerungssysteme und -anlagen

Systeme, mit denen die chemische Energie fossiler Brennstoffe freigesetzt wird, heißen Feuerungen. Der dabei benötigte Sauerstoff wird in der Regel durch Luftzufuhr zur Verfügung gestellt, in selteneren Fällen auch durch Zuführung anderer sauerstoffhaltiger Gase. Je nach Suspensionszustand des Brennstoffs können Feuerungen unterteilt werden in, vgl. Abb. 6.1:

- *Festbett- oder Rostfeuerungen:* Sie finden bei festen Brennstoffen Anwendung, die Verbrennung erfolgt auf einem festen oder beweglichen Rost.
- *Wirbelschichtfeuerungen:* Der Brennstoff wird in einer vom Sauerstoffträger durchströmten Wirbelschicht aus inerten Teilchen verbrannt. Dieses System wird vorzugsweise für feste Brennstoffe eingesetzt.
- *Brennerfeuerungen:* Der Brennstoff wird zusammen mit dem Sauerstoffträger in die Brennkammer eingeblasen. Dieses System wird für Gase, flüssige Brennstoffe und für fein gemahlene feste Brennstoffe verwendet.

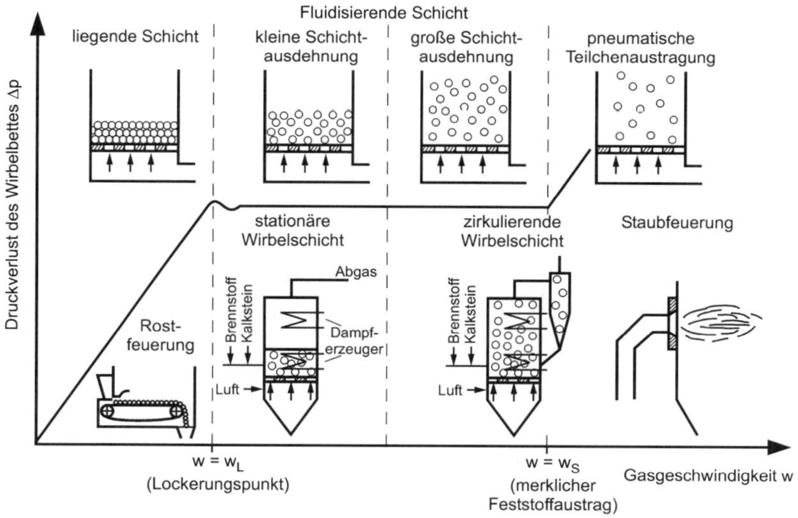

Abbildung 6.1. Einteilung der Feuerungssysteme

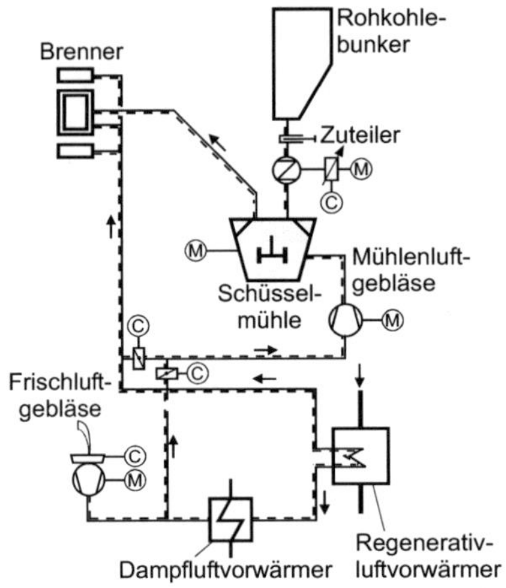

Abbildung 6.2. Verfahrensschema einer Staubfeuerung für einen Dampferzeuger mit einer Leistung größer ca. 100 MW.

Aufgabe der Feuerung ist es, den Brennstoff für die Verbrennung aufzubereiten, zu dosieren, vollkommen zu verbrennen und im Brennstoff enthaltene, nicht brennbare Bestandteile möglichst einfach zu entfernen. Ein ideales Feuerungssystem, das all diese Funktionen erfüllt, muss folgende Eigenschaften aufweisen:

- Kein Unverbranntes und keinen Sauerstoff in den Verbrennungsprodukten
- Weiter Regelungsbereich mit stabilen Bedingungen
- Kurze Totzeiten und steile Lastgradienten bei Laständerungen
- Hohe Verfügbarkeit der Anlage bei geringem Instandhaltungsaufwand

Der Aufbau einer Feuerungsanlage ist abhängig von der Art und den Eigenschaften eines Brennstoffes, daneben hat auch die Leistung einer Feuerung einen wesentlichen Einfluss auf die Systemauswahl. Die Konstruktion eines Dampferzeugers, in dem die Wärmeenergie der heißen Rauchgase auf das Arbeitsmittel übertragen wird, passt sich in ihrem Aufbau der Feuerungsanlage an, vgl. [1], [2], [3] und [4]. In Abb. 6.2 sind die Komponenten einer Staubfeuerung dargestellt. Sie besteht aus folgenden Anlagenteilen:

- Brennstoffbevorratung und -aufbereitung: Bunker, Mahlanlagen etc.
- Brennstoff- und Luftstellglieder: Zuteiler, Frischlüfter etc.
- Anlage zur Verbrennungsluftvorwärmung
- Verbrennungseinrichtung
- Feuerraum
- Einrichtungen zum Austrag der Verbrennungsrückstände

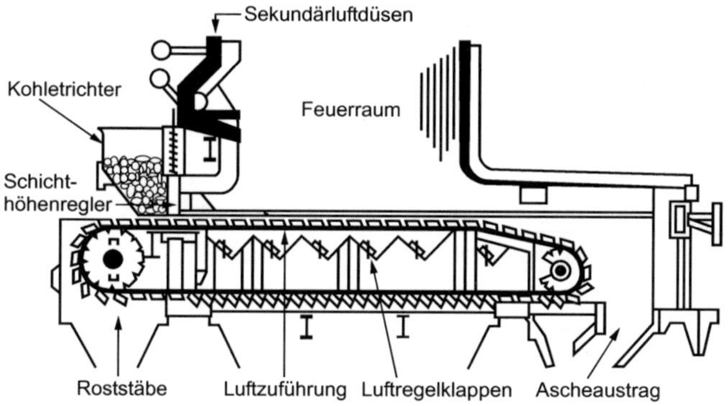

Abbildung 6.3. Schuppen-Wanderrost, Bauart EVT [5]

6.1 Feuerungssysteme für feste Brennstoffe

6.1.1 Rostfeuerungen

Der Rost ist die einfachste Bauform einer Feuerung. Mit ihm begann die Entwicklung von industriellen Feuerungsanlagen.[1] Die heute wichtigste, für ein weites Brennstoffband geeignete Bauart ist der Wanderrost. Er arbeitet wie ein Transportband. Die Kohle gelangt aus dem Aufgabetrichter auf den Rost, wobei die Schichtdicke über sog. Schichtregler eingestellt wird, vgl. die Abbildungen 6.3 und 6.4. Die Abb. 6.3 zeigt einen Schuppen-Wanderrost. Der Rost trägt die Kohle mit gleichbleibender Geschwindigkeit durch den Feuerraum. Auf diesem Weg verbrennt die Kohle, so dass am Ende des Rostes nur noch Asche und Schlacke ankommen; diese werden vom Rost in den Aschetrichter geworfen.

Die Verbrennung der Kohle bei einer Rostfeuerung besteht zum größeren Teil aus der Verbrennung innerhalb der ruhenden Schicht, in Form einer heterogenen Reaktion an der Brennstoffoberfläche, und der Verbrennung der Flüchtigen oberhalb der Schicht. Der größte Teil der Verbrennungsluft (80–90%), die *Primärluft*, wird von unten durch die Schicht geblasen und dient gleichzeitig zur Kühlung der Roststäbe. Die Luft tritt durch Spalte im Rostbelag aus, die so klein sein müssen, dass kein zu großer Anteil des Brennstoffes durch den Rost fällt. Auf der anderen Seite muss die freie Rostfläche, das ist die Summe aller Spaltquerschnitte, aber so groß sein, dass die Luftgeschwindigkeit nicht über 4–5 m/s liegt, da sonst viel Feinanteil des Brennstoffs ausgetragen wird. Die verbleibende Luftmenge wird oberhalb des Rostes mit etwa 100 m/s als *Sekundärluft* in den Feuerraum eingeblasen. Mit der Sekundärluft soll der Turbulenzgrad in der Brennkammer erhöht und so die Verbrennung der Flüchtigen intensiviert werden. Rostfeuerungen werden je nach Brennstoffart mit einem Luftüberschuss von 35–50% betrieben.

[1] Das erste Patent für eine Rostfeuerung erhielt J. Watt im Jahr 1785.

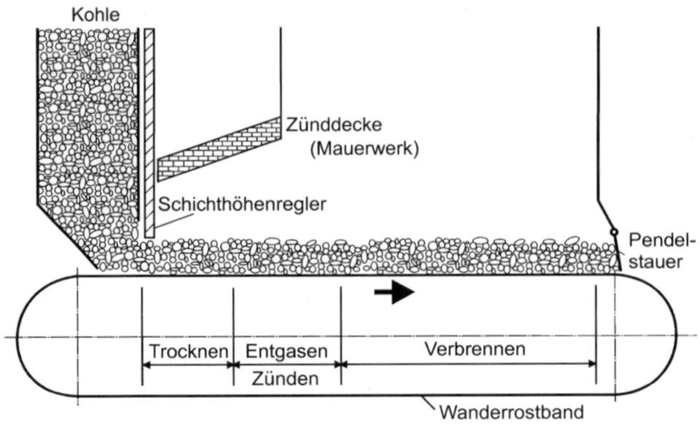

Abbildung 6.4. Verbrennungsablauf auf einem Wanderrost; die Trocknung und Zündung der Kohle erfolgt durch Einstrahlung aus dem Feuerraum und von der Zünddecke.

Für den Betrieb einer Rostfeuerung sind neben der Brennstoffförderung ein Rostantrieb und meist auch je ein Frischluft- und Saugzuggebläse erforderlich. Der Eigenkraftbedarf liegt bei 2–2,5 kW pro MW Wärmeleistung.

Da die Primärluft zur Kühlung der Roststäbe benutzt wird, ist die Luftvorwärmung auf höchstens 140°C begrenzt. Durch eine Vorwärmung in dem zulässigen Temperaturbereich wird das Brennverhalten nur wenig beeinflusst, allerdings verbessert sich der Wirkungsgrad durch eine dann mögliche Absenkung der Abgastemperatur am kalten Ende des Luftvorwärmers.

Wegen des Fehlens eines Grundfeuers muss der Brennstoff auf dem Rost durch Einstrahlung aus dem Feuerraum und von heißen Mauerteilen, der sog. Zünddecke, gezündet werden. Der Verbrennungsablauf ist in Abb. 6.4 schematisch dargestellt. Die Größe der Zünddecke richtet sich nach der zur Verfeuerung kommenden Kohle; je weniger flüchtige Bestandteile der Brennstoff hat, umso größer wird die erforderliche Fläche.

Die optimale Schichthöhe auf dem Rost ist von der Korngröße des Brennstoffes und dem Gehalt an Flüchtigen abhängig. Typische Werte für die Schichthöhe und die Rostbelastung sind in Tabelle 6.1 angegeben. Unter Rostbelastung versteht man das Verhältnis aus eingebrachter Wärme und der Größe der Rostfläche. Oberhalb des Rostes wird der Feuerraumquerschnitt durch Einziehen der Vorder- und Rückwand verkleinert. Die resultierende *Querschnittsbelastung* Q_Q – das ist das Verhältnis aus eingebrachter Wärmeleistung und Feuerraumquerschnitt – ist ca. 50% größer als die Rostbelastung.

Die maximale Rostbelastung ist wesentlich durch die Verbrennungs- und Verschlackungseigenschaften der Kohle begrenzt. Bei zu hohen Rostbelastungen kann es zur Ausbildung von Verschlackungen auf dem Rost und damit zu erheblichen Betriebsstörungen kommen. Bei der Schlackenbildung schmelzen die mineralischen Bestandteile der Kohle und bilden schließlich eine luftundurchlässige Schicht; die Verbrennung im verschlackten Bereich wird damit unterbrochen. Ziel der Verbrennung auf dem Rost ist es, einen über die Rostlänge gleichmäßigen Ausbrand zu erreichen. Dieses Ziel wird am ehesten bei der Verfeuerung von niederflüchtiger Kohle erreicht. Bei der Verbren-

Tabelle 6.1. Schichthöhe und Rostbelastung

Kohlenart	Körnung [mm]	Schichthöhe [mm]	Rostbelastung [MW/m^2]
Gaskohle	Nusskohle 30/18[a]	60–100	< 1,0
35% Flüchtige	Feinkohle 10/0	70–130	< 0,8
Magerkohle	Nusskohle 30/18	40– 80	< 1,3
15% Flüchtige	Feinkohle 10/0	50–100	< 1,1

[a] Handelsübliche Kohle mit einer Körnung zwischen 18 und 30 mm.

nung hochflüchtiger Kohlen kann es im vorderen Bereich des Rostes örtlich zu höheren Wärmebelastungen kommen. Aus diesem Grund ist die zulässige Wärmebelastung bei hochflüchtigen Kohlen niedriger als bei niederflüchtigen.

Die Rostgeschwindigkeit liegt zwischen 1,5 und 15 m/h, wobei die untere Grenze durch die Gefahr der Rückzündung in den Kohletrichter und die obere Grenze durch das Abreißen der Zündung gegeben ist.

Zur Sicherstellung des Ausbrandes ist bei einer Wanderrostfeuerung ein ausreichend langer Ausbrandweg der Flamme bzw. eine ausreichend lange Verweilzeit der Rauchgase in der Brennkammer zur Verfügung zu stellen; zur Optimierung der Verbrennung auf dem Rost sind weiter Schichthöhe, Rostgeschwindigkeit und Ausbrandweg aufeinander abzustimmen. Ein Maß für die Verweilzeit der Rauchgase in der Brennkammer ist die *Volumenbelastung* Q_V. Darunter versteht man das Verhältnis von eingebrachter Wärmeleistung zum Brennkammervolumen. Bei Rostfeuerungen für Kohle liegt Q_V im Bereich von 0,2–0,25 MW/m^3.

Die Leistungsregelung erfolgt bei der Wanderrostfeuerung durch Verstellen der Rostgeschwindigkeit. Bei mittelflüchtigen Kohlen kann damit ein Bereich von ±10% pro Minute beherrscht werden. Die Verstellung der Schichthöhe ist in ihrer Wirkung als Stelleingriff zu träge: Bei einem 10 m langen Rost würde es fast eine Stunde dauern, bis eine neue Laststufe erreicht wäre.

Bei Kohlen mit einem hohen Anteil von Teilchen mit einer Korngröße von weniger als 1 mm gibt es noch eine weitere Grenze für die Rostfeuerung: Diese Feinanteile fallen durch die Rostspalten und vergrößern so den sog. Feuerungsverlust, vgl. 6.3.

Beide Begrenzungen können mit Einschränkungen durch Übergang zur *Wurfbeschickung* praktisch aufgehoben werden, vgl. Abb. 6.5 sowie [5]. Bei der Wurfbeschickung wird der Brennstoff mit einem mechanischen Werfer auf die entgegenlaufende Rostbahn aufgegeben. Die feineren Kohlepartikel verbrennen dabei bereits in der Schwebe. Die gröberen Partikel treffen abhängig von ihrer Masse nach unterschiedlichen Wurfweiten auf den Rost und verbrennen. Die Rostbelastung kann deshalb um etwa 50% höher gewählt werden als bei der einfachen Rostfeuerung. Bei Brennkammern, die nach wirtschaftlichen Gesichtspunkten ausgelegt wurden, wird ein erheblicher Anteil von noch nicht

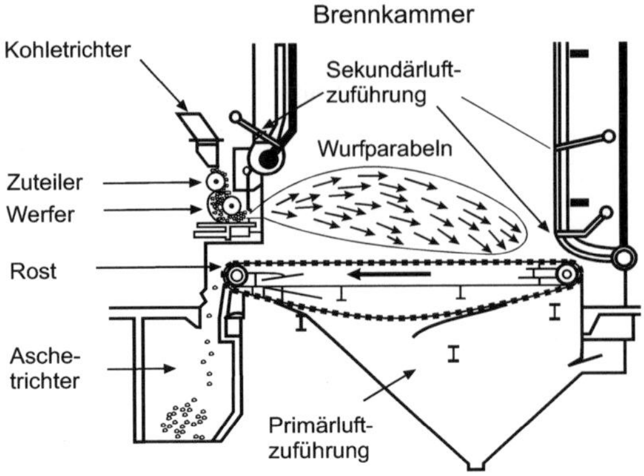

Abbildung 6.5. Wanderrost mit Wurfbeschickung, Bauart EVT [5]

vollständig verbrannten Kohleteilchen mit dem Rauchgasstrom ausgetragen. Zur Begrenzung des Feuerungsverlustes ist es deshalb erforderlich, einen Teil des im Entstauber anfallenden Flugstaubes wieder dem Brennstoff zuzumischen. In diesem Fall spricht man von einer *Flugstaubrezirkulation.*

Im Unterschied zur einfachen Rostfeuerung erfolgt die Zündung durch das Grundfeuer auf dem Rost. Die Feuerleistung kann deshalb mit großen und schnellen Lastgradienten verstellt werden, ohne dass die Zündung abreißt. Es wurden Anlagen mit bis zu 150 MW Feuerleistung ausgeführt. Dieses Feuerungssystem stellt den Übergang zur Staubfeuerung dar, vgl. Abb. 6.5. Für Brennstoffe mit geringen Heizwerten wurden spezielle Rostbauarten entwickelt. Kennzeichnend für diese Roste ist ihre Schürwirkung, die durch eine Relativbewegung der einzelnen Roststäbe erreicht wird. Der auf dem Rost befindliche Brennstoff wird dadurch ständig umgelagert und umgewälzt. So werden immer andere, oft noch unverbrannte Brennstoffpartien der Strahlungswärme aus dem Feuerraum ausgesetzt und für die Verbrennungsluft zugänglich gemacht. Schürroste eignen sich besonders für Brennstoffe mit hohem Wassergehalt, wie z.B. Rohbraunkohle, Torf und Holz. In neuerer Zeit werden sie hauptsächlich für die Verbrennung von Hausmüll eingesetzt. Beispielhaft ist in Abb. 6.6 ein *Vorschubrost* für eine Müllverbrennungsanlage dargestellt. Der Verlauf des Verbrennungsprozesses kann durch eine Verstellung der Förder- bzw. der Schürcharakteristik des Rostes beeinflusst werden, z.B. durch eine Verstellung des Hubes der beweglichen Roststäbe.

Wie beim Wanderrost vollzieht sich auch beim Vorschubrost der feuerungstechnische Ablauf in den Verfahrensschritten Trocknung, Entgasung, Zündung und Verbrennung. Der Verbrennungsablauf kann durch die Primärluftdosierung und die Schürung in Grenzen gesteuert werden. Eine Besonderheit der in Abb. 6.6 dargestellten Konstruktion ist die Müllaufgabe mit einem Wanderrost. Dadurch kann der Müllmengenstrom stufenlos nach den feuerungstechnischen Erfordernissen eingestellt werden. Bei den meisten Rostbauarten dagegen erfolgt die Müllaufgabe mit Schiebern. Die daraus resultierenden Feuerungsschwankungen pflanzen sich bis in die Dampferzeugung fort.

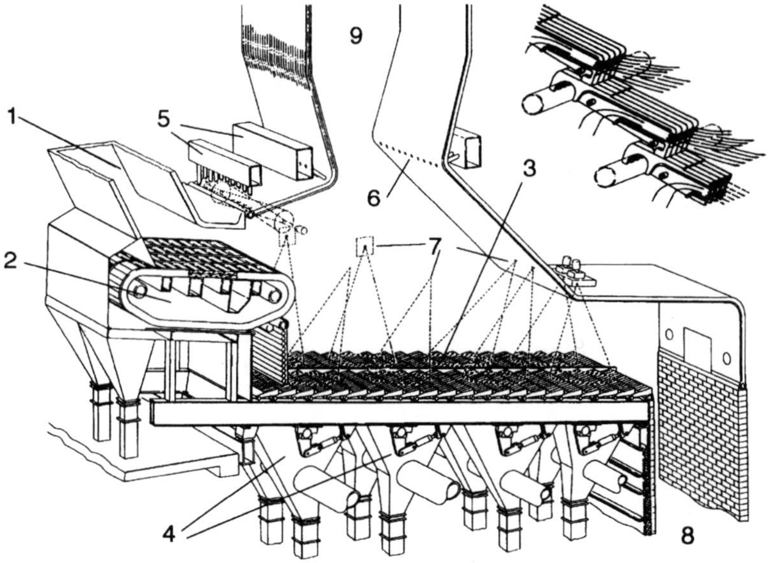

1 Fülltrichter	4 Primärluftzufuhr	7 Temperaturwächter
2 Beschickungsrost	5 Luftkanäle	8 Aschetrichter
3 Vorschubrost	6 Sekundärluftdüsen	9 Rauchgaskanal

Abbildung 6.6. Vorschubrost zur Müllverbrennung mit mechanischem Antrieb der Roststäbe der Firma EVT [5]

6.1.1.1 Einsatzbereiche der Rostfeuerung

Die Leistung von Wanderrostfeuerungen ist durch die Rostfläche beschränkt. Für die Verbrennung von Kohle sind Rostfeuerungen bis zu Wärmeleistungen von ca. 100 MW, bei Wurfbeschickern bis ca. 150 MW wirtschaftlich einsetzbar. Sie werden vorzugsweise in Industrie- und Heizkraftwerken verwendet. Es werden Rostgrößen bis 100 m^2 betrieben. Besondere Vorteile der Rostfeuerungen sind:

- Übersichtlicher Aufbau und hohe Verfügbarkeit
- einfacher Betrieb und niedrige Wartungskosten
- günstiges Teillast- und Laständerungsverhalten
- breites zulässiges Brennstoffband und Möglichkeit von Brennstoffkombinationen
- Möglichkeit der Einbindung des Brennstoffschwefels durch Zugabe von Kalk in den Feuerraum (bis ca. 70%)
- relativ niedrige NO_x-Emissionen (bei Fettkohlen bis unter 400 mg/m^3)
- geringer Eigenkraftbedarf

Als Nachteile sind zu nennen:

- Hoher Feuerungsverlust (2–4%)

- Luftvorwärmung nur beschränkt möglich (dadurch liegen die Abgastemperaturen bei ca. 150°C)
- Nichteignung des Systems für Feinkohlen

Für die Müllverbrennung haben sich Rostsysteme wegen ihrer Robustheit als gut geeignet erwiesen. Als besondere Vorteile sind zu nennen:

- keine Vorsortierung des Mülls erforderlich
- keine Zerkleinerung notwendig (die Stückgröße ist durch Aufgabevorrichtung begrenzt)
- thermische Zerstörung der im Hausmüll enthaltenen chemischen Verbindungen bei Feuerraumtemperaturen von 1 000 bis 1 200°C

In der Bundesrepublik Deutschland wurden im Jahr 2005 etwa 17,5 Mio. t Hausmüll in Müllverbrennungsanlagen verwertet. Dazu sind Feuerungsanlagen mit einer Müllkapazität von bis zu 50 t/h in Betrieb [13]. Die Vorteile der thermischen Abfallverwertung sind:

- Einsparung von Deponieraum durch Volumenreduktion auf ca. 15%
- Gewinnung verwertbarer Reststoffe durch Mineralisierung
- Ressourcenschonung durch Energienutzung
- keine unkontrollierte Ausbreitung bzw. Akkumulation von Schadstoffen

6.1.2 Staubfeuerungen

Der Hauptgrund für die Bevorzugung der Kohlenstaubfeuerung gegenüber anderen Feuerungssystemen besteht darin, dass ein Kohlenstaub/Luftgemisch „wie ein Gas“ brennt und Staubflammen daher leicht gezündet und einfach geregelt werden können.[2] Die Staubfeuerung kann praktisch für alle Kohlenarten von Braunkohle bis Anthrazit angewendet werden. Kennzeichnend für Staubfeuerungen ist die Brennstoffaufbereitung außerhalb der Brennkammer: Der Brennstoff wird gemahlen und dabei getrocknet.

Die Brenneigenschaften unterschiedlicher Kohlen können durch geeignete Ausmahlung weitgehend einander angeglichen werden. Die aufbereitete Kohle wird mit Luft als Transportmittel in den Feuerraum eingeblasen und verbrennt in der Schwebe. Die Brenneigenschaft der Kohle, die hauptsächlich vom Gehalt an Flüchtigen und Ballast abhängt, hat einen entscheidenden Einfluss auf die Auswahl des Feuerungssystems. Die Feuerungssysteme unterscheiden sich in der Art der Kohlenstaubeinblasung in die Brennkammer (direkt oder indirekt) und der Entaschung (trocken oder flüssig). Die notwendigen Elemente einer Staubfeuerung mit direkter Kohlenstaubeinblasung sind in dem Anlagenschema Abb. 6.7 dargestellt.

[2] Die erste Staubfeuerung wurde 1918 im Oneida-Street Kraftwerk in Milwaukee, USA in Betrieb genommen.

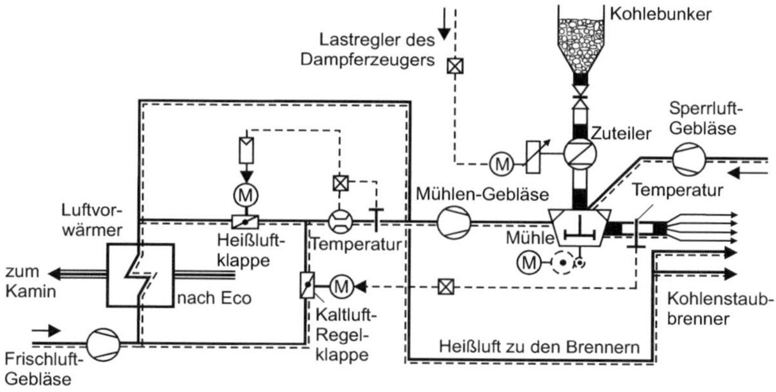

Abbildung 6.7. Schema einer Mahl- und Feuerungsanlage mit Mühlenluftvorwärmer für Steinkohlen.

Die Anlage besteht aus:

- Rohkohlebunker
- Kohlezuteiler
- Mühle
- Brenner
- Feuerraum
- Luftvorwärmer (Luvo)
- Primärlüfter
- Frischlüfter
- Saugzug

Die Rohkohle wird vom Lagerplatz in den Kohlenbunker transportiert, vom Zuteiler je nach Lastanforderung abgezogen und in die Mühle gebracht, in der Mühle gemahlen und mit Heißluft (der Primärluft) getrocknet und schließlich mit Hilfe der Brenner in den Feuerraum eingeblasen. Die entstehenden Rauchgase werden mit dem Saugzug aus dem Feuerraum abgezogen; im Luftvorwärmer wird durch Wärmeaustausch die durch den Frischlüfter bzw. Primärlüfter geförderte Verbrennungsluft vorgewärmt.

Die Brennstoffbevorratung und -förderung wird hier nicht behandelt. Es sei aber darauf hingewiesen, dass für den Betrieb eines Kraftwerkes die störungsfreie Versorgung der Feuerung mit Brennstoff eine wesentliche Voraussetzung ist. Dies gilt in gleicher Weise auch für den Abtransport der Asche. Die Aussage wird auch aus den Investitionskosten der Bekohlungs- und Entaschungsanlagen deutlich, diese betragen etwa 2–4% der gesamten Erstellungskosten einer Kraftwerksanlage.

6.1.2.1 Mahlen und Trocknen der Kohle

Im Anlieferungszustand ist die Kohle nicht geeignet, direkt der Feuerung zugeführt zu werden; sie muss vielmehr getrocknet und gemahlen werden. Die zulässige Restfeuchte der gemahlenen Kohle hängt von den Brenneigenschaften und damit dem Gehalt an Flüchtigen ab. Sie beträgt bei den fein zu mahlenden Steinkohlen etwa 2% und bei Braunkohlen 14–20%. Der zur Trocknung erforderliche Wärmestrom $\dot{Q}_T$ entspricht bei wenig feuchten Steinkohlen etwa

3% und bei Braunkohlen, deren Wassergehalt bis zu 60% betragen kann, rund 15% des zugeführten Energiestroms. Es gilt

$$\dot{Q}_{\mathrm{T}} = \dot{m}_{\mathrm{K}} \Bigg(\left(\gamma_{\mathrm{W}} - \left(\frac{1-\gamma_{\mathrm{W}}}{1-\gamma_{\mathrm{zul}}} \right) \gamma_{\mathrm{zul}} \right) \left(\Delta h_{\mathrm{V}} + c_{p_{\mathrm{D}}} \left(\vartheta_2 - \vartheta_{\mathrm{V}} \right) \right) + \left(\frac{1-\gamma_{\mathrm{W}}}{1-\gamma_{\mathrm{zul}}} \right) \gamma_{\mathrm{zul}} c_{p_{\mathrm{W}}} \left(\vartheta_2 - \vartheta_{\mathrm{V}} \right) + \gamma_{\mathrm{W}} c_{p_{\mathrm{W}}} \left(\vartheta_{\mathrm{V}} - \vartheta_1 \right) + \left(1 - \gamma_{\mathrm{W}} \right) c_{p_{\mathrm{K}}} \left(\vartheta_2 - \vartheta_1 \right) \Bigg) . \tag{6.1}$$

Hierbei ist:

$\dot{Q}_{\mathrm{T}}$	zur Trocknung erforderlicher Wärmestrom,
γ_{W}	Wassergehalt der Rohkohle,
γ_{zul}	zulässiger Wassergehalt der gemahlenen Kohle,
ϑ_1, ϑ_2	Temperatur der Kohle vor bzw. nach der Trocknung,
ϑ_{V}	Verdampfungstemperatur des an die Kohle gebundenen Wassers,
$\dot{m}_{\mathrm{K}}$	Rohkohlemassenstrom,
$c_{p_{\mathrm{K}}}$	spez. Wärmekapazität der trockenen Kohle,
$c_{p_{\mathrm{W}}}, c_{p_{\mathrm{D}}}$	spez. Wärmekapazität des Wassers bzw. des Dampfes,
Δh_{V}	spez. Verdampfungsenthalpie des Wassers bei Trocknungsdruck,
$c_{p_{\mathrm{T}}}$	spez. Wärmekapazität des Trocknungsmittels,
$\dot{m}_{\mathrm{T}}$	Massenstrom des Trocknungsmittels.

Die erforderliche Temperatur des Trocknungsmediums berechnet sich aus

$$\vartheta_{\mathrm{T}} = \vartheta_2 + \frac{\dot{Q}_{\mathrm{T}}}{\dot{m}_{\mathrm{T}}\, \bar{c}_{p_{\mathrm{T}}}} . \tag{6.2}$$

Die Temperatur ϑ_2 ist so zu wählen, dass der Taupunkt des Wasserdampf/Gasgemisches nach der Mühle an keinem Ort unterschritten wird; auf der anderen Seite soll ϑ_2 wegen der mit der Temperatur zunehmenden Brandgefahr möglichst niedrig sein. Anhaltswerte für ϑ_2 sind in Tabelle 6.2 zusammengestellt.

Tabelle 6.2. Richtwerte für die Temperatur nach Mühle

Kohlenart	Trocknungsmittel Luft	Rauchgas
Braunkohle	—	180–220
Steinkohle	90–120	200
Anthrazit	–140	unbegrenzt

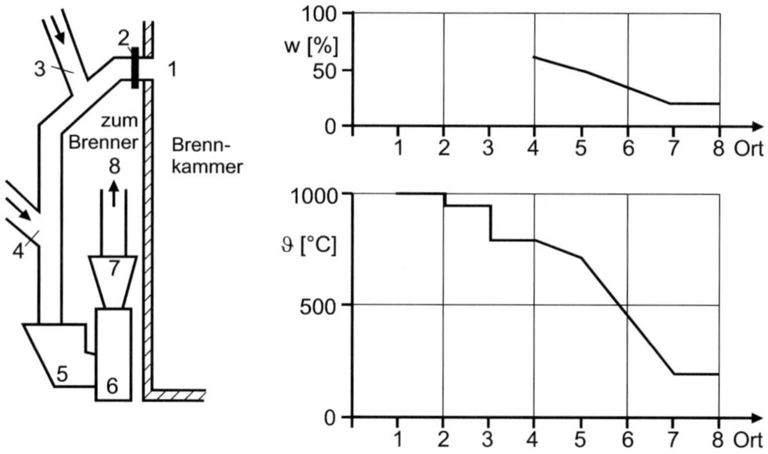

Abbildung 6.8. Trocknungsvorgang innerhalb eines Mahlsystems für Braunkohle

Zur Beurteilung der Korngrößenverteilung des Kohlenstaubgemisches hinter der Mühle wird der Rückstand auf zwei Sieben mit Maschenweiten von 0,09 mm (bezeichnet als R 0,09) und 0,2 mm nach DIN 4188 bestimmt. Bei Braunkohlen wird auch noch der Rückstand auf dem Sieb R 1,0 ermittelt. Richtwerte für die Ausmahlung sind in Tabelle 6.3 angegeben.

Tabelle 6.3. Richtwerte für die Ausmahlung verschiedener Kohlen

Rückstand auf Sieb [%]	R 0,09	R 0,2	R 1,0
Steinkohle mit 10% Flüchtigen	10	1	0
Steinkohle mit 30% Flüchtigen	25	5	0
Braunkohle mit 50–60% Flüchtigen	50–60	5–10	< 1

Als Trocknungs- und gleichzeitig als Fördermittel für die gemahlene Kohle aus der Mühle zu den Brennern wird entweder Heißluft, i.allg. bei Steinkohlen, oder heißes Rauchgas, vorzugsweise bei Braunkohlen, verwendet.

Für die *Mahltrocknung* von Braunkohle werden *Schlagradmühlen* eingesetzt, bei denen das Zerkleinerungswerkzeug als Prallplatte auf einem umlaufenden Rad angebracht ist. Dieses Rad ist als Radialgebläsestufe ausgebildet und saugt heißes Rauchgas von ca. 1 000°C aus dem Oberteil der Brennkammer an, Ort (1) in Abb. 6.8. Der Betrieb derartiger Mühlen hat gezeigt, dass die Gebläseschaufeln einem erheblichen Verschleiß unterliegen. In einer Weiterentwicklung wurde dem Gebläserad deshalb eine Zerkleinerungsstufe vorgeschaltet. Diese besteht aus einer größeren Zahl hammerartiger Schläger, die auf der Nabe der Mühle beweglich befestigt sind.

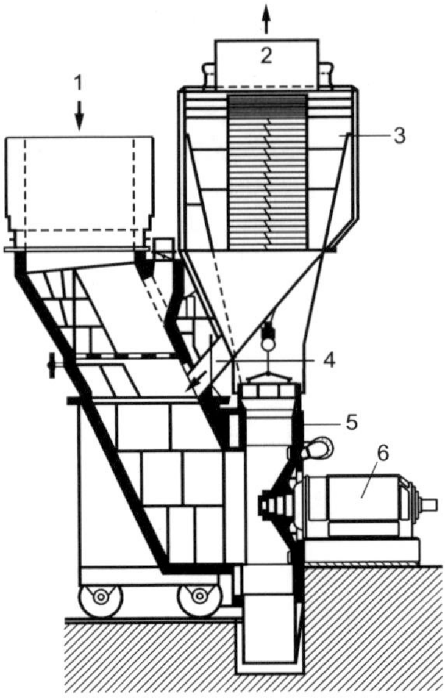

1 Rohkohle/Rauchgase
2 Staub-Fördergasgemisch
3 Sichter
4 Griesrücklauf
5 Schlagrad
6 Doppellager

Abbildung 6.9. Schlagradmühle für Braunkohle, Bauart EVT

Die Zugabe der nassen Rohkohle erfolgt in den Ansaugschacht hinein (4). Durch Wärmeaustausch mit der Kohle werden die heißen Rauchgase bereits vor Eintritt in die Mühle ((5) bis (6)) abgekühlt und die Oberfläche der Kohlenkörner soweit abgetrocknet, dass Anbackungen in der Mühle vermieden werden. In Abb. 6.8 ist der Mahltrocknungsvorgang schematisch dargestellt; dazu ist längs des Kohleweges der Wassergehalt der Kohle und die Temperatur der Trocknungsgase aufgetragen. Durch Veränderung der zugeführten Heißluftmenge an Stelle (3) kann die Temperatur im Sichter (7) der Mühle eingestellt werden. Aus konstruktiven Gründen ist es nicht zu vermeiden, dass eine gewisse Falschluftmenge von den Mühlen angesaugt wird. So kann Luft z.B. an der Schiebestelle (2) eintreten; die Schiebestelle ist notwendig, um einen Ausgleich in den Wärmedehnungen zwischen den ca. 30–50 m langen Rücksaugeschächten und der Brennkammerwand zu ermöglichen.

Die Zerkleinerung auf die erforderliche Feinheit erfolgt mit einem spezifischen Arbeitsaufwand von 12–15 kWh und einem spezifischen Verschleiß der Mahlwerkzeuge von ca. 30–50 Gramm pro Tonne Kohle. Die Durchsatzleistung der Mühlen beträgt bis zu 180 t/h. Das Schlagrad hat dann einen Durchmesser von ca. 4 m, wiegt etwa 65 t und ist mit 12 Schlagplatten bestückt. Die Verweilzeit der Kohle in der Mühle beträgt etwa 15–25 s. In Abb. 6.9 ist eine solche Mahlanlage schematisch dargestellt.

Neue Verfahren zur Trocknung von Braunkohle

In den herkömmlichen Braunkohlekraftwerken sind je nach Wassergehalt der Rohbraunkohle 15–20% der Brennstoffmenge erforderlich, um das in der Kohle enthaltene Wasser zu verdampfen. Dieser Braunkohleanteil kann nicht zur

Dampferzeugung und somit auch nicht zur Stromerzeugung genutzt werden. Sofern es gelingt, die feuchte Rohbraunkohle vor der Einbringung in den Dampferzeuger mit einem energetisch effizienten Verfahren zu trocknen, können Wirkungsgradverbesserungen von ca. 10–15% erreicht werden. Das in der Rohkohle vorhandene Wasser liegt zum größten Teil als adsorbtiv gebundenes Haftwasser im intergranularen Porenraum vor. Das übrige Wasser ist entweder chemisorptiv durch Wasserstoffbrückenbindung oder durch Kapillareffekte stärker an die Braunkohlesubstanz gebunden.

Für den Einsatz bei Kraftwerken wurden *Trocknungs-* und *Entwässerungsverfahren* entwickelt. Der wesentliche Unterschied zwischen den beiden Verfahrensprinzipien besteht darin, dass bei Trocknungsverfahren das Kohlewasser verdampft wird, bei den Entwässerungsverfahren dagegen wird das Wasser durch Druckaufbringung auf die erwärmte, feuchte Kohle in flüssiger Phase ausgepresst.

Eine Neuentwicklung auf diesem Gebiet ist das *MTE-Verfahren* (Mechanisch-Thermische-Entwässerung). Bei diesem Verfahren wird das in der Kohle gebundene Wasser in flüssiger Form ausgetrieben. Dazu wird die Kohle in einem abgeschlossenen Raum auf eine Temperatur von ca. 150°C erwärmt, daran anschließend wird das Kohlewasser durch Auspressen mittels mechanischer Kräfte entfernt. Mit dem MTE-Verfahren kann abhängig von der Beschaffenheit der Kohle ein Endwassergehalt von 15–20% erreicht werden. Bezüglich Einzelheiten sei auf die Literatur [14], [15], [10] verwiesen.

Die Kohletrocknung basiert auf der Verdampfung des Kohlewassers, was einen entsprechenden energetischen Mehraufwand gegenüber den Entwässerungsverfahren bedeutet. Durch Energierückgewinnung, z.B. durch Nutzung des Wärmeinhalts der Brüden, kann der Energieaufwand auch bei den Trocknungsverfahren vermindert werden. So wird beim *WTA-Verfahren* (Wirbelschichttrocknung mit interner Wärmenutzung der Rheinbraun AG) die Brüdenenergie für die Trocknung nutzbar gemacht.

Beispiel 6.1. Zur Feuerung eines 600 MW-Braunkohleblocks ist ein Brennstoffstrom von $\dot{m}_{\mathrm{K}} = 213$ kg/s erforderlich. Der Wassergehalt der Kohle γ_{W} schwankt zwischen 50 und 60%. Für die Mahltrocknung wird heißes Rauchgas aus der Brennkammer angesaugt und mit heißer Luft so vermischt, dass die Temperatur vor der Mühle $\vartheta_{\mathrm{T}} = 800$°C beträgt. Die Eintrittstemperatur der Kohle sei $\vartheta_1 = 15$°C. Die Verdampfungstemperatur des an die Kohle gebundenen Wassers ϑ_{V} kann näherungsweise mit 100°C angenommen werden.

Wie groß ist der erforderliche Trocknungsmittelstrom $\dot{m}_{\mathrm{T}}$ für den minimalen und maximalen Wassergehalt der Kohle, wenn die Temperatur der Kohle nach der Trocknung $\vartheta_2 = 200$°C beträgt und die Restfeuchte γ_{zul} bei 16% liegt? Stoffdaten:

$$c_{p_{\mathrm{W}}} = 4{,}2 \text{ kJ/kgK}, \quad c_{p_{\mathrm{D}}} = 2{,}0 \text{ kJ/kgK}, \quad \Delta h_{\mathrm{V}} = 2\,257 \text{ kJ/kg},$$
$$c_{p_{\mathrm{K}}} = 0{,}9 \text{ kJ/kgK}, \quad c_{p_{\mathrm{RG}}} = 1{,}218 \text{ kJ/kgK}.$$

Lösung. (6.1) liefert den Trocknungswärmestrom $\dot{Q}_{\mathrm{T}}$. Aus (6.2) folgt für den Trocknungsmittelstrom

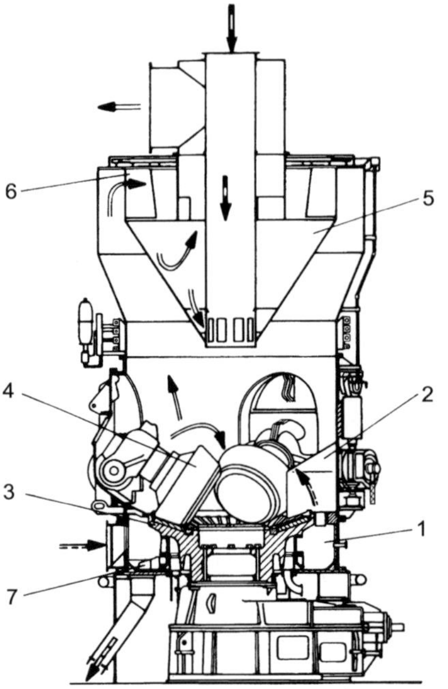

1 Luftzuführungsgehäuse
2 Luftumlenkhaube
3 Mahlschüssel
4 Mahlpendel
5 Sichter
6 Sichterklappen
7 Pyritaustrag

Abbildung 6.10. Schüsselmühle zur Mahltrocknung von Steinkohlen, Bauart EVT

$$\dot{m}_{\mathrm{T}} = \frac{\dot{Q}_{\mathrm{T}}}{\bar{c}_{p_{\mathrm{T}}}\left(\vartheta_{\mathrm{T}} - \vartheta_{2}\right)} \,.$$

1. Beim minimalen Wassergehalt $\gamma_{\mathrm{W}} = 0{,}5$ ist $\dot{Q}_{\mathrm{T}} = 276$ MW und $\dot{m}_{\mathrm{T}} = 378$ kg/s.
2. Ist $\gamma_{\mathrm{W}} = 0{,}6$, erhöht sich $\dot{Q}_{\mathrm{T}}$ auf 341 MW und $\dot{m}_{\mathrm{T}}$ auf 466 kg/s.

Der für die Braunkohletrocknung erforderliche Rauchgasstrom entspricht im Regelfall etwa 30% des Gesamtrauchgasstroms.

Für die Mahltrocknung von Steinkohlen haben sich weitgehend *Schüsselmühlen* durchgesetzt. Abb. 6.10 zeigt schematisch den Aufbau einer solchen Mühle. Der Kohledurchsatz dieser Mühlen liegt zwischen 20 und 80 t/h bei einem Mahlbarkeits-Index von 30 bis 100°H (Grad Hardgrove). Dieser Mühlentyp arbeitet nach dem Prinzip des Kollergangs mit i.allg. drei großen Mahlrollen, die durch Federn oder mit einer Hydraulik auf das Mahlgut gedrückt werden. Während das Mahlrad, das über ein Kegelradgetriebe angetrieben wird, langsam über die Mahlschüssel rollt, wird über ein Luftführungssystem Heißluft zugeführt. Die heiße Luft trocknet die Kohle und transportiert das gemahlene Gut zum Sichter, mit dem feine und grobe Teilchen getrennt werden. Die im Sichter abgetrennten groben Teilchen werden in die Mühle zurückgeführt. Abhängig von der Einstellung des Sichters werden Mahlfeinheiten von 10–35% R 0,09 bei einem spezifischen Arbeitsaufwand von 7–10 kWh/t erreicht.

Der spezifische Nettoverschleiß an den Mahlwerkzeugen ist im Vergleich zu den Schlagradmühlen gering, wobei abhängig von der Kohlenart mit 5–20 g/t zu rechnen ist. Der Austausch von Verschleißteilen ist in Abständen von etwa 8 000 Betriebsstunden erforderlich.

Beispiel 6.2. Für den Betrieb eines steinkohlegefeuerten 740 MW-Blocks ist ein Brennstoffstrom $\dot{m}_K$ von 63,7 kg/s erforderlich. Der Wassergehalt der Kohle γ_W beträgt im Regelfall 9%, er kann aber zwischen 7 und 10% schwanken. Als Trocknungsmittel steht Heißluft mit einer spezfischen Wärmekapazität von $\bar{c}_{p_T} = \bar{c}_{p_L} =$ 1,035 kJ/kgK und einer Temperatur von $\vartheta_T = 350°C$ zur Verfügung. Die Temperatur der Kohle vor der Mühle ϑ_1 beträgt 15°C, die Temperatur nach Mühle ϑ_2 ist mit 110°C anzunehmen. Die Restfeuchte liegt bei $\gamma_{zul} = 2\%$. Stoffdaten: siehe Beispiel 6.1.

a) Welcher Heißluftstrom ist für die Kohletrocknung im Regelfall erforderlich?
b) Bei konstantem Heißluftstrom ist die erforderliche Temperatur bei minimalem und maximalem Wassergehalt der Kohle zu ermitteln.

Lösung. a) Nach (6.1) erhält man den Trocknungswärmestrom

$$\dot{Q}_T = 17{,}4 \text{ MW}$$

und aus (6.2) den Trocknungsmittelstrom

$$\dot{m}_T = \frac{\dot{Q}_T}{\bar{c}_{p_T}\left(\vartheta_T - \vartheta_2\right)} = 70{,}1 \text{ kg/s}.$$

b) Bei festgehaltenem Trocknungsmittelstrom muss für eine ausreichende Trocknung der Kohle die Heißlufttemperatur nach

$$\vartheta_T = \vartheta_2 + \frac{\dot{Q}_T}{\dot{m}_T\,\bar{c}_{p_L}}\ .$$

variiert werden. Beim minimalen Wassergehalt der Kohle von 0,07 ist ein Trocknungswärmestrom von 14,1 MW und eine Heißlufttemperatur von 304,4°C erforderlich. Beim maximalen Wassergehalt von 0,1 sind dies 19,1 MW bzw. 372,7°C.

6.1.2.2 Luftvorwärmung

Die Anwendung der regenerativen Speisewasservorwärmung zur Verbesserung des Wirkungsgrades wurde erst durch Einführung der Verbrennungsluftvorwärmung möglich. Unabhängig davon bringt die Luftvorwärmung bei staubgefeuerten Anlagen Vorteile für den Verbrennungsablauf:

- Sie erleichtert und stabilisiert die Zündung.
- Sie ermöglicht bei steinkohlegefeuerten Anlagen die Kohletrocknung mit Heißluft.

Da aber der Massenstrom der abzukühlenden Rauchgase in der Regel größer ist als derjenige der aufzuwärmenden Verbrennungsluft, besteht für die mit dieser Technik erreichbare Heißlufttemperatur eine Grenze. Eine weitere Begrenzung ergibt sich durch die Zunahme der NO_x-Bildung mit der Heißlufttemperatur. Üblicherweise werden je nach Feuerungsart und Brennstoff

Tabelle 6.4. Richtwerte für die Luftvorwärmung

Feuerungsart	Vorwärmtemperatur [°C]
Rostfeuerung	< 150 bei Kohle < 200 bei Müll
Gas- und Ölfeuerungen	250–340
Kohlenstaub-Trockenfeuerungen	300–370
-Schmelzfeuerungen	< 400
Wirbelschichtfeuerung	< 250

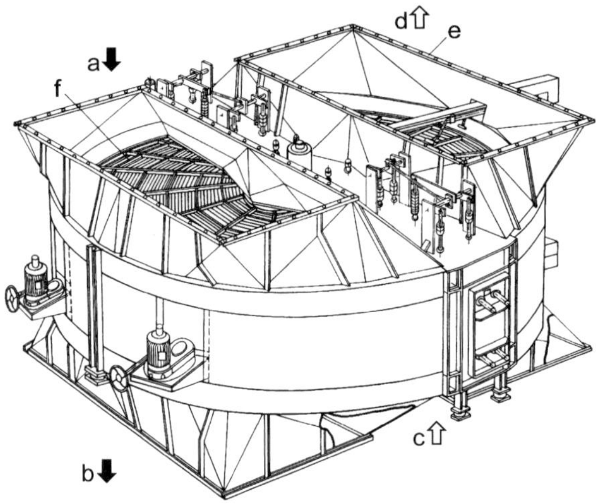

a Rauchgase (heiß)
b Rauchgase (kalt)
c Luft (kalt)
d Luft (heiß)
e Gehäuse
f Speichermasse

Abbildung 6.11. Regenerativ-Luftvorwärmer, Bauart Ljungström

die in Tabelle 6.4 angegebenen Richtwerte für die Luftvorwärmung angestrebt. Luftvorwärmer werden bevorzugt als *Regenerativ-Wärmeaustauscher* ausgeführt. Die zu übertragende Wärme wird zunächst aus dem Rauchgasstrom entnommen und in eine Stahlmasse eingespeichert. Diese besteht aus einer Matrix dünner Blechlamellen von ca. 0,5 mm Dicke. Durch eine geeignete Formgebung bildet diese Matrix eine Vielzahl von parallelen Strömungskanälen und besitzt deshalb eine große Oberfläche. Von der Blechmasse wird die Wärme dann an die aufzuwärmende Luft abgegeben. Die Speichermasse ist dabei in der Form eines Rotors oder Stators ausgebildet. Die wechselseitige Beaufschlagung der Speichermasse mit heißen Rauchgasen oder kalter Luft erfolgt entweder durch Drehen des Rotors zwischen feststehenden Rauchgas- und Luftkanälen oder durch Drehen der Kanäle beiderseits des Stators. Der Rotor kann entspechend der günstigst möglichen Anordnung in der Gesamtanlage mit vertikaler oder horizontaler Achse ausgeführt werden. Beim Statorluvo ist nur die vertikale Bauweise üblich, vgl. Abb. 6.11.

Bei der Bauart Ljungström[3] rotiert die Speichermasse unter feststehenden luft- und rauchgasseitigen Anschlüssen (Rotorluvo). Bei der Bauart Rothemühle ruht die Heizfläche und die Luft- und Rauchgasanschlüsse, die in einer geeignet geformten Haube untergebracht sind, drehen sich darüber (Statorluvo). Da die Luft unter Überdruck und das Rauchgas unter Unterdruck steht, müssen die Luft- und die Rauchgasseite durch Schleifdichtungen voneinander getrennt werden.

Bei fast allen Anlagen ist der Luvo die letzte Heizfläche im Rauchgasstrom. Die Heizfläche wird so ausgelegt, dass die Rauchgaswärme soweit wie möglich genutzt wird. Die Begrenzung ist durch den Taupunkt der Rauchgase gegeben. Auch wenn die mittlere Temperatur der Luvo-Bleche am sog. kalten Ende noch über dem Säuretaupunkt liegt, kann die minimale Temperatur den Taupunkt bereits unterschreiten. Die Unterschreitung des Taupunktes ist nicht nur wegen der vermehrten Korrosionsgefahr zu vermeiden, sondern auch wegen der dann auftretenden Staubablagerungen an den feuchten Blechen. Verschmutzungen führen zu einer Verminderung der Wärmeleistung und zu einem Anstieg des Druckverlustes für die Gas- und Luftströmung; der Druckabfall im Luvo liegt bei ca. 50 mbar. Wegen der begrenzten Leistungsreserven der Gebläse ist der Druckverlustanstieg eine Grenze für die Reisezeit[4] einer Anlage.

Zur Regelung der Primärlufttemperatur, deren Höhe aus Sicherheitsgründen durch die zulässige Sichtertemperatur der Mühle begrenzt ist, wird ein Kaltluftbypass um den Luvo vorgesehen, vgl. Abb. (6.7). Die Konsequenz ist eine mit zunehmender Bypassmenge steigende Abgastemperatur. Dies verlangt eine genaue Berücksichtigung des Kohlebandes (Feuchte) bereits bei der Auslegung.

Die exakte Berechnung eines Regenerativ-Wärmeaustauschers ist verhältnismäßig aufwendig. Bei den Drehluvos kann allerdings in guter Näherung mit den einfacheren Rekuperatorgleichungen gearbeitet werden. Dies ist dann zulässig, wenn die Speichermasse so groß und die Drehzahl so hoch ist, dass die periodischen Temperaturschwankungen an den einzelnen Orten geringer als ∼5% der Luftaufwärmspanne sind. Unter dieser Voraussetzung gelten für den ausgetauschten Wärmestrom $\dot{Q}$ die Gleichungen:

$$\dot{Q} = \alpha_{\mathrm{L}}\, A_{\mathrm{L}}\, \Delta\vartheta = \alpha_{\mathrm{RG}}\, A_{\mathrm{RG}}\, \Delta\vartheta \tag{6.3}$$

$$\dot{Q} = \dot{m}_{\mathrm{RG}_1}\, \bar{c}_{p_{\mathrm{RG}}} \left(\vartheta_{\mathrm{RG}_1} - \vartheta_{\mathrm{RG}_2}\right) \tag{6.4}$$

$$\dot{Q} = \dot{m}_{\mathrm{L}_1}\, \bar{c}_{p_{\mathrm{L}}} \left(\vartheta_{\mathrm{L}_1} - \vartheta_{\mathrm{L}_2}\right) \tag{6.5}$$

Hier bedeuten:

$\dot{Q}$ übertragene Wärmemenge pro Zeiteinheit

$A_{\mathrm{L}}, A_{\mathrm{RG}}$ Oberfläche der Speichermasse (Heizfläche) auf der Luft- bzw.

[3] Die regenerative Luftvorwärmung wurde 1920 von A.S. Ljungström eingeführt.

[4] Als Reisezeit bezeichnet man die Zeitdifferenz zwischen zwei Revisionen.

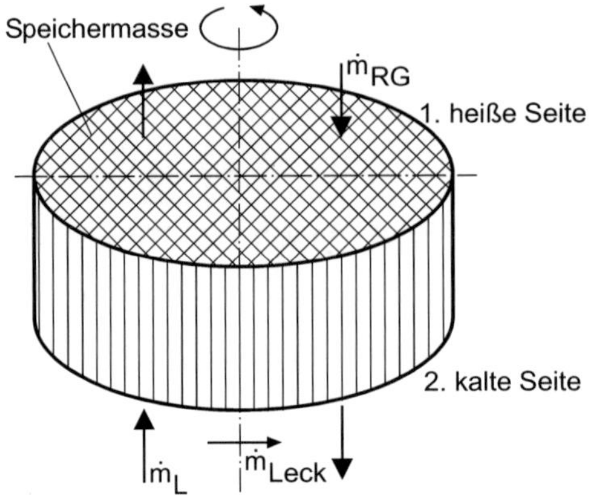

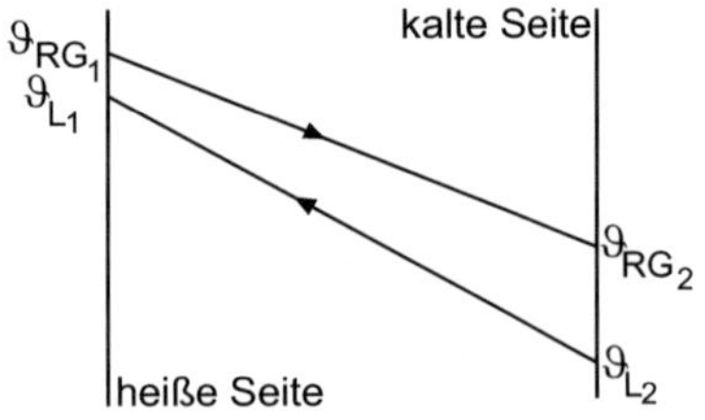

Abbildung 6.12. Strömungsschema und Temperaturviereck am Luvo

Rauchgasseite,

$\dot{m}_{\mathrm{L}}, \dot{m}_{\mathrm{RG}}$	Luft- bzw. Rauchgasmengenstrom
$\bar{c}_{p_{\mathrm{L}}}, \bar{c}_{p_{\mathrm{RG}}}$	mittlere spez. Wärmekapazität der Luft bzw. des Rauchgases
$\vartheta_{\mathrm{L}}, \vartheta_{\mathrm{RG}}$	Luft- bzw. Rauchgastemperatur
$\alpha_{\mathrm{L}}, \alpha_{\mathrm{RG}}$	Wärmeübergangszahl für die Luft- bzw. Rauchgasseite

Zur Verdeutlichung ist in Abb. 6.12 das Strömungsschema (Gegenstrom) und das Temperaturviereck dargestellt.

Durch Gleichsetzen von (6.4) und (6.5) kann das Verhältnis der Temperaturdifferenzen gebildet werden:

$$\frac{\vartheta_{\mathrm{RG}_1} - \vartheta_{\mathrm{RG}_2}}{\vartheta_{\mathrm{L}_1} - \vartheta_{\mathrm{L}_2}} = \frac{\dot{m}_{\mathrm{L}_2}}{\dot{m}_{\mathrm{RG}_1}} \frac{\bar{c}_{p_{\mathrm{L}}}}{\bar{c}_{p_{\mathrm{RG}}}} = X \,. \tag{6.6}$$

Bei Vorgabe der Mengenströme und dreier Temperaturen kann mit (6.5) die vierte Temperatur berechnet werden. Für die Aufheizung der Luft spielt das Verhältnis X eine große Rolle. Wird dieser Wert zu ungünstig ($X < 0{,}8$), ist der luftseitige Zweig des Temperaturvierecks sehr steil. Die Höhe der Heißlufttemperatur wird dann durch die sog. Temperaturschere begrenzt. Aus wirtschaftlichen und praktischen Gründen ist auf der heißen Luvoseite eine Grädigkeit ($\vartheta_{\mathrm{RG1}} - \vartheta_{\mathrm{L1}}$) von wenigstens 20°C erforderlich.

Durch die für die Drehluvos typische Undichtigkeit kommt es zu einer Leckageströmung von der Luftseite zur Rauchgasseite. Der Leckagestrom $\dot{m}_{\mathrm{Leck}}$ ist abhängig von der Druckdifferenz zwischen Luft und Rauchgas, der Luvobauart, der Luvogröße und dem Abdichtsystem. Durch diesen Luftübertritt kommt es zu einer Absenkung der Abgastemperatur von $\vartheta_{\mathrm{RG}_2}$ auf $\vartheta'_{\mathrm{RG}_2}$. Letztere ist die messbare und damit allein interessierende Abgastemperatur.

Ein Maß für den Leckagestrom ist der Abfall der CO_2-Konzentration Δx_{CO_2} (*CO_2-Abfall*) auf der Rauchgasseite. Es gilt der Zusammenhang

$$\Delta x_{\mathrm{CO}_2} = \frac{\dot{m}_{\mathrm{Leck}}\, x_{\mathrm{CO}_2}}{\dot{m}_{\mathrm{RG}_1} \left(1 - x_{\mathrm{H_2O}}\right) + \dot{m}_{\mathrm{Leck}}} \,. \tag{6.7}$$

Typischerweise beträgt der CO_2-Abfall 0,7–1,0%. Für die Abgastemperatur folgt unmittelbar

$$\vartheta'_{\mathrm{RG}_2} = \vartheta_{\mathrm{RG}_2} - \frac{\dot{m}_{\mathrm{Leck}}}{\dot{m}_{\mathrm{RG}_1} + \dot{m}_{\mathrm{Leck}}} \left(\vartheta_{\mathrm{RG}_2} - \vartheta_{\mathrm{L}_1}\right) . \tag{6.8}$$

Durch den CO_2-Abfall kommt es zu einer Absenkung der Abgastemperatur um den Wert $\Delta\vartheta_{\mathrm{L}}$, d.h. die maßgebende Abgastemperatur ist um $\Delta\vartheta_{\mathrm{L}}$ größer als die am Kamin gemessene. Bei einem CO_2-Abfall von 1% verschlechtert sich der Wirkungsgrad des Dampferzeugers um ca. 0,1%.

Die Auslegung des Luvos beginnt mit der Festlegung des freien Durchgangsquerschnitts (Luft- und Gasseite):

$$A_{\mathrm{Q}_{\mathrm{RG}}} + A_{\mathrm{Q}_{\mathrm{L}}} = \frac{\dot{m}_{\mathrm{RG}_1} + \dot{m}_{\mathrm{L}_1}}{\phi} . \tag{6.9}$$

Für die Massenstromdichte gilt $\phi = 6$–$8\ \mathrm{kg/m^2s}$ als Richtwert. Aufgrund des errechneten Wertes kann der Luvodurchmesser festgelegt werden. Die erforderliche Heizflächengröße ergibt sich aus (6.3), die Wärmeübertragungszahl α hängt von der Formgebung der Kanäle ab. Bei Massenstromdichten zwischen 6 und 8 $\mathrm{kg/m^2s}$ liegt α etwa im Bereich von 11–14 $\mathrm{W/m^2K}$.

Vor allem bei kleinen Kesselanlagen bis zu einer Wärmeleistung von etwa 100 MW, werden statt der Regenerativluvos *Röhrenluvos* verwendet. Ein solcher besteht aus zu Bündeln zusammengefassten Rohren, durch welche die aufzuheizende Luft strömt, während die Rauchgase die Rohre umspülen. Gegenüber den Regenerativluvos benötigen Röhrenluvos ein größeres Bauvolumen und sind darüber hinaus anfällig für Verschmutzung und Korrosion in den ersten Rohrreihen. Bei rekuperativen Luvos sind keine beweglichen Teile vorhanden. Solange keine Korrosionsschäden auftreten, sind diese vollkommen dicht.

Beispiel 6.3. Ein Luvo für die Feuerungsanlage eines 750 MW-Blocks soll abgeschätzt werden. Es sind folgende Größen gegeben:

Frischluftstrom	$\dot{m}_{\mathrm{L}_2}$	$= 755$ kg/s,
Rauchgasstrom	$\dot{m}_{\mathrm{RG}_1}$	$= 821$ kg/s,
Eintrittstemperatur der Frischluft	ϑ_{L_2}	$= 40°$C,
Austrittstemperatur der Frischluft	ϑ_{L_1}	$= 350°$C,
Eintrittstemperatur des Rauchgases	$\vartheta_{\mathrm{RG}_1}$	$= 402°$C,
Austrittstemperatur des Rauchgases	$\vartheta_{\mathrm{RG}_2}$	$= 140°$C,
Wärmeübergangszahl	α	$= 12\ \mathrm{W/m^2K}$,
mittlere spez. Wärmekapazität der Luft	$\bar{c}_{p_{\mathrm{L}}}$	$= 1{,}03$ kJ/kgK,
CO_2-Abfall	Δx_{CO_2}	$= 1\%$,
CO_2-Gehalt der Rauchgase	x_{CO_2}	$= 0{,}222$,
H_2O-Gehalt der Rauchgase	x_{H_2O}	$= 0{,}004$,
Massenstromdichte	ϕ	$= 7\ \mathrm{kg/m^2s}$.

Zu bestimmen sind:

a) Der Luvodurchmesser d_{Luvo},
b) die erforderliche Heizfläche A.

Lösung. a) Der Luvodurchmesser wird gemäß

$$d_{\text{Luvo}} = \sqrt{\frac{4\,A_{\text{Q}}}{\pi}}$$

berechnet, wobei A_{Q} die Querschnittsfläche des Luvos bezeichnet. Da nicht die gesamte Querschnittsfläche angeströmt werden kann, wird ein Zuschlag von 10% berücksichtigt:

$$A_{\text{Q}} = 1{,}1\,A_{\text{Q}_{\text{theor}}} \,.$$

Unter Benutzung der Massenstromdichte ergibt sich für die theoretische Querschnittsfläche

$$A_{\text{Q}_{\text{theor}}} = \frac{\dot{m}_{\text{RG}_1} + \dot{m}_{\text{L}_1}}{\phi}$$

mit

$$\dot{m}_{\text{L}_1} = \dot{m}_{\text{L}_2} - \dot{m}_{\text{Leck}} \,.$$

Aus der Definition des CO_2-Abfalls (6.7) kann eine Beziehung für den Leckagestrom hergeleitet werden:

$$\dot{m}_{\text{Leck}} = \frac{\Delta x_{\text{CO}_2}\,\dot{m}_{\text{RG}_1}\left(1 - x_{\text{H}_2\text{O}}\right)}{x_{\text{CO}_2} - \Delta x_{\text{CO}_2}} \,.$$

Die Größen $x_{\text{H}_2\text{O}} = 0{,}004$ und $x_{\text{CO}_2} = 0{,}222$ entnimmt man der Verbrennungsrechnung. Damit können $\dot{m}_{\text{Leck}} = 38{,}6$ kg/s und $\dot{m}_{\text{L}_2} = 716{,}4$ kg/s bestimmt werden. Für die Flächen ergibt sich $A_{\text{Q}_{\text{theor}}} = 219{,}6\ \text{m}^2$ und $A_Q = 241{,}6\ \text{m}^2$. Demnach beträgt der Luvodurchmesser $d_{\text{Luvo}} = 17{,}5$ m.

b) Für die erforderliche Heizfläche gilt

$$A = A_{\text{L}} + A_{\text{RG}} \,,$$

mit A_{L} als Heizfläche auf der Luftseite und A_{RG} als Heizfläche auf der Rauchgasseite. Es gilt näherungsweise

$$A_{\text{L}} = A_{\text{RG}} = \frac{\dot{Q}}{\alpha\,\overline{\Delta\vartheta}}$$

mit

$$\dot{Q} = \dot{m}_{\text{L}_1}\,\bar{c}_{p_{\text{L}}}\left(\vartheta_{\text{L}_1} - \vartheta_{\text{L}_2}\right)$$

und

$$\overline{\Delta\vartheta} = \frac{1}{2}\left(\left(\vartheta_{\text{RG}_1} - \vartheta_{\text{L}_1}\right) + \left(\vartheta_{\text{RG}_2} - \vartheta_{\text{L}_2}\right)\right) .$$

Aus diesen Formeln berechnet man $\dot{Q} = 228{,}8$ MW und $\overline{\Delta\vartheta} = 76$ K, woraus $A_{\mathrm{L}} = 2{,}508 \cdot 10^5$ m^2 resultiert. Die erforderliche Heizfläche beträgt somit $A = 5{,}017 \cdot 10^5$ m^2.

Bei einer Blechstärke von 0,5 mm und einer Dichte von $7{,}7 \cdot 10^3$ kg/m^3 ergibt sich allein für das Wärmespeichermaterial des Luvos eine Masse von annähernd 1 000 t. Es bleibt noch anzumerken, dass nach dem beschriebenen Regenerativ-Prinzip arbeitende Wärmeaustauscher zunehmend auch für die Aufwärmung entschwefelter Rauchgase hinter Nasswäschen verwendet werden. Durch ihren Einsatz wird nicht nur sonst notwendige zusätzliche Aufheizenergie eingespart, sondern auch die für die Entschwefelung erforderliche Wassermenge verringert.

6.1.2.3 Brenner

Mit den Brennern wird der mit der *Primärluft* aus den Mühlen bzw. den Staubbunkern herangeführte Kohlenstaub zusammen mit der restlichen Verbrennungsluft, der *Sekundärluft*, in die Brennkammer eingeblasen. Bei steinkohlegefeuerten Anlagen werden ca. 80% der Verbrennungsluft als Sekundärluft und 20% als Primärluft eingebracht. Durch die Art der Einbringung wird der Reaktionsablauf in der entstehenden Flamme entscheidend beeinflusst. Durch einen geeigneten Aufbau der Brenner sind folgende Funktionen sicherzustellen:

- Stabile Zündung,
- sichere und vollständige Verbrennung innerhalb des Feuerraumes und
- niedrige Produktionsraten von Schadstoffen, die bei der Verbrennung entstehen können, z.B. Kohlenmonoxid und Stickoxide.

Die stabile Zündung und der sichere Verbrennungsablauf in der Flamme sind grundlegende Forderungen, die unter allen Betriebsbedingungen der Anlage erfüllt sein müssen. Man spricht von einer stabilen Zündung, wenn diese in einem eng umgrenzten Raum in Brennernähe erfolgt. Hauptkriterien für eine sichere Zündung sind:

- Schnelle Aufheizung der Kohleteilchen,
- hohe Staubsättigung im Kohlenstaub/Luftgemisch (Primärstrahl),
- Feinheit der Ausmahlung sowie
- hohe Eintrittstemperatur des Primärgemisches und der Sekundärluft.

Die Aufheizung der Kohlenstaubteilchen erfolgt durch Strahlungsaustausch mit den etwa 1 400°C heißen Gasen im Feuerraum. Legt man das Stefan-Boltzmann-Gesetz zugrunde, lässt sich ein Temperaturtransient von ca. 3 000–4 000 K/s abschätzen.[5] Die Aufheizung bis zur Zündung erfolgt bei einer Temperatur des Primärstrahls von ca. 100°C und einer Zündtemperatur der Kohleteilchen von ca. 300°C in etwa 0,05 s. Üblicherweise strebt man eine

[5] Nach diesem Gesetz ist der vom Kohlekorn absorbierte Wärmestrom proportional zur Oberfläche des Teilchens und der 4. Potenz der absoluten Temperatur des Gases, vgl. Beispiel 5.4.

Zündung in etwa 1 m Abstand von der Brenneröffnung an. Daraus ergibt sich eine Geschwindigkeit der Primärstrahlen von 20–25 m/s.
Die für eine sichere Zündung der Kohle erforderliche Staubsättigung hängt im wesentlichen von den flüchtigen Bestandteilen des Brennstoffes ab. Bei Steinkohlen liegt die erforderliche Sättigung zwischen 0,25 kg/m^3 bei 30% Flüchtigen und 0,5–0,6 kg/m^3 bei 10% Flüchtigen. Auch die erforderliche Ausmahlung richtet sich nach dem Gehalt an Flüchtigen. Als Richtwert für Steinkohle kann gelten: Der Zahlenwert des Rückstands auf dem Sieb 0,09 soll kleiner sein als der Anteil der Flüchtigen der Kohle in Prozent minus 5. Eine Vorausberechnung des Verbrennungsablaufes ist wegen der Vielzahl der ablaufenden Vorgänge nur in Grenzen möglich; der Auswertung von Betriebserfahrungen kommt deshalb eine besondere Bedeutung zu.

Die heute im Einsatz befindlichen Brennerbauarten können in zwei Gruppen unterteilt werden: *Strahlbrenner* und *Wirbelbrenner.*

Eine Düsengruppe eines Strahlbrenners ist in Abb. 6.13 dargestellt. Beim Strahlbrenner erfolgt die Vermischung zwischen dem Kohlenstaub-Primärluftstrahl und dem Sekundärluftstrahl aufgrund der Freistrahlturbulenz, vgl. Abb. 6.13. Die Brenner sind meist so aufgebaut, dass ein Primärstrahl von zwei Sekundärstrahlen umgeben ist. Ausschlaggebend für eine schnelle Vermischung ist nicht nur eine ausreichend hohe Geschwindigkeit des Sekundärstrahls, sondern auch eine große Geschwindigkeitsdifferenz zum Primärstrahl. Nach den Gesetzen der Freistrahlausbreitung vermischt sich die Sekundärluft bei hohen Eintrittsgeschwindigkeiten sowohl mit dem Primärstrahl als auch mit heißen Rauchgasen – man sagt: Der Sekundärluftstrahl saugt Heißgas an. Bei Kohlenstaubfeuerungen werden meist Sekundärluftgeschwindigkeiten von 50–70 m/s gewählt.

Jeder Brenner besteht aus Kohlenstaubdüsen mit zugeordneten Sekundärluftdüsen. Der Abstand zwischen den Kohlenstaubdüsen und den Sekundärluftdüsen ist dabei so zu wählen, dass die Kohleteilchen bereits vor der

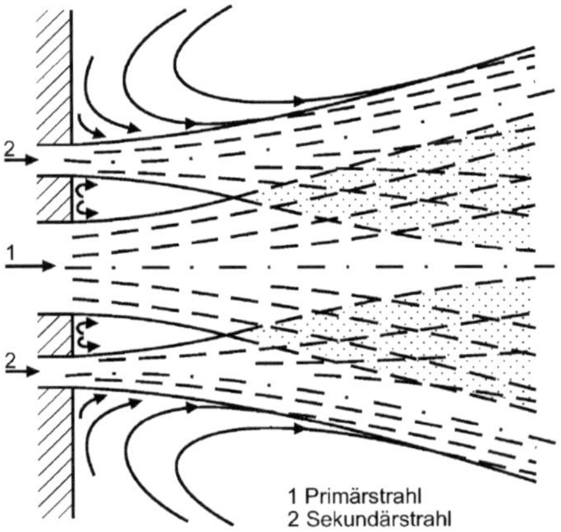

Abbildung 6.13. Strömungsfeld eines Strahlbrenners. Die Geschwindigkeiten von Primär- und Sekundärstrahl werden so gewählt, dass die Zündung in einem ausreichenden Abstand vom Brenner erfolgt (Richtwert: 0,8–1,5 m). Damit soll ein „Rückbrennen“ in die Primärluftleitung verhindert werden.

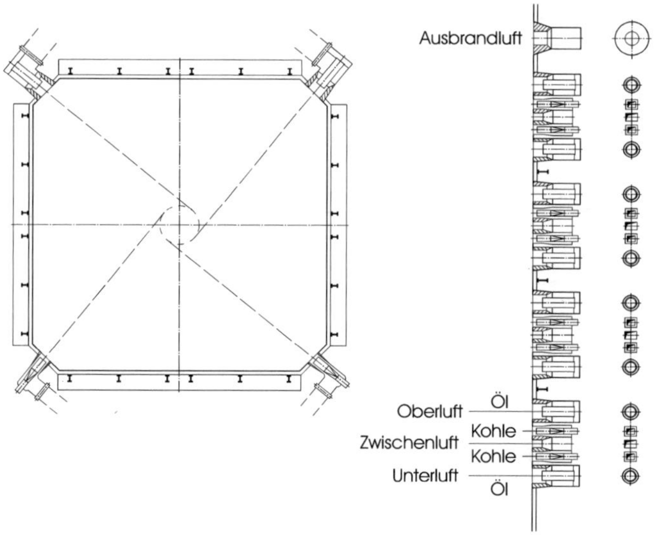

Abbildung 6.14. Anordnung von Strahlbrennern in einer Tangentialfeuerung für Steinkohle (EVT). Die Ober- und Unterluftdüsen eines jeden Brenners, die hier aus zwei Kohle- und drei Luftdüsen bestehen, sind gleichzeitig als Ölbrenner zur Zündung bzw. Stützung der Kohlenflamme ausgeführt. Bei einer Feuerung für eine 750 MW-Anlage werden typischerweise 16 Brennergruppen in vier Lagen angeordnet. Jede Brennergruppe hat eine Brennleistung von etwa 160 MW. Der Abstand vom untersten zum obersten Brenner einer Brennerecke beträgt ca. 25 m.

Vermischung mit der Sekundärluft zünden. Strahlbrenner werden fast ausschl. bei *Tangentialfeuerungen* verwendet, vgl. Abb. 6.14.

Bei dieser Feuerung sind die Brennerstrahlen auf einen Kreis in der Feuerraummitte ausgerichtet. Dadurch entsteht in der Brennkammer eine Drallströmung, die infolge Turbulenz die Vermischung fördert und damit den Ausbrand und die Stabilität der Flamme erhöht. Um einen möglichst langen Flammenweg zu erreichen, sind die Brenner in den Ecken des Feuerraums angeordnet. Im Vergleich zu den Wirbelbrennern erfolgt die turbulente Vermischung von Brennstoff und Luft wegen der Parallelführung der Strahlen zunächst langsamer und ergibt einen verzögerten Verbrennungsablauf. Bei dieser Konstruktion ist die *Stufenverbrennung*, die zur Reduzierung der Stickoxidbildung eingeführt wurde, bereits von der Grundkonzeption her gegeben. Zu einer weiteren Verminderung der Stickoxidbildung werden die Brenner in einer Tangentialfeuerung oft mit abgesenkten Luftzahlen betrieben und die übrige Verbrennungsluft wird als *Ausbrandluft* (over fire air) im Oberteil des Brennraumes zugegeben.

Die Brenner in einer Tangentialfeuerung sind in der Regel zu Gruppen zusammengefasst. Die Brenner einer Gruppe werden entweder in einer Höhenlage (bei Steinkohle) oder einer Feuerraumecke (bei Braunkohle) angeordnet.

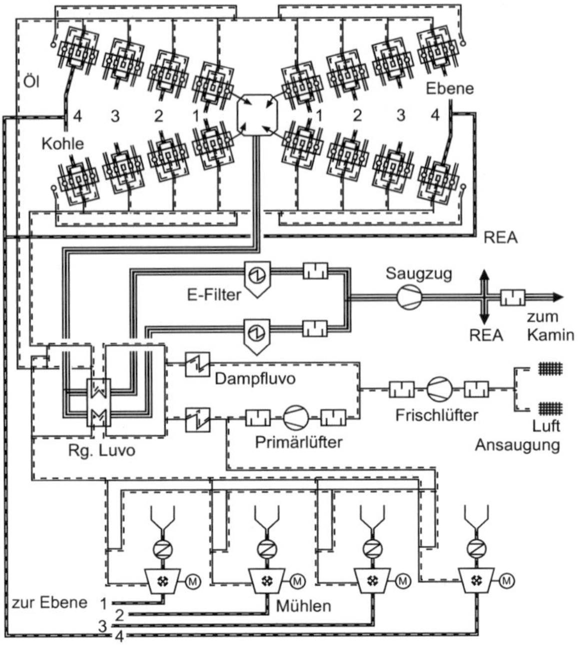

Abbildung 6.15. Schema einer Tangentialfeuerung für Steinkohle in Lagenschaltung (EVT). Die Verbrennungsluft wird mit dem Frischlüfter aus dem Freien oder dem Kesselhaus angesaugt. Die Primärluft, die als Tragluft den Kohlenstaub aus den Mühlen zu den Brennern fördert, wird mit dem Primärlüfter vom Gasstrom abgezweigt. Die Rauchgase werden vom Saugzug über den Luftvorwärmer und das Elektrofilter zu den Rauchgasreinigungsanlagen und schließlich zum Kamin gefördert.

Die Zuführung des Kohlenstaub/Luftgemisches aus den Mühlen erfolgt derart, dass jeweils die Brenner einer Gruppe von derselben Mühle versorgt werden. In Abb. 6.15 ist das Schema einer Tangentialfeuerung für Steinkohle mit allen Hilfsmaschinen dargestellt.

Bei Wirbel- oder *Drallbrennern* werden die Primär- und Sekundärluftstrahlen mit konzentrisch zueinander angeordneten, ringförmigen Düsen in den Feuerraum eingeblasen. Die Sekundärluft wird dabei in einen zentral zugeführten Kernluftstrom und einen äußeren Teilstrom aufgeteilt, siehe Abb. 6.16. Durch ein axial durchströmtes, verstellbares Schaufelgitter kann beiden Sekundärluftströmen ein Drall aufgeprägt werden.

Die Vermischung erfolgt auch hier infolge der Geschwindigkeitsdifferenz zwischen dem Primärluftstrahl mit 18–25 m/s und den Sekundärluftstrahlen mit 30–50 m/s. Bei ausreichendem Drall der Sekundärluft I ist der Hauptströmung eine Sekundärströmung in Form einer Rezirkulation überlagert, vgl. Abb. 6.17. Infolge dieser Rezirkulation kommt es zu einer Stabilisierung des

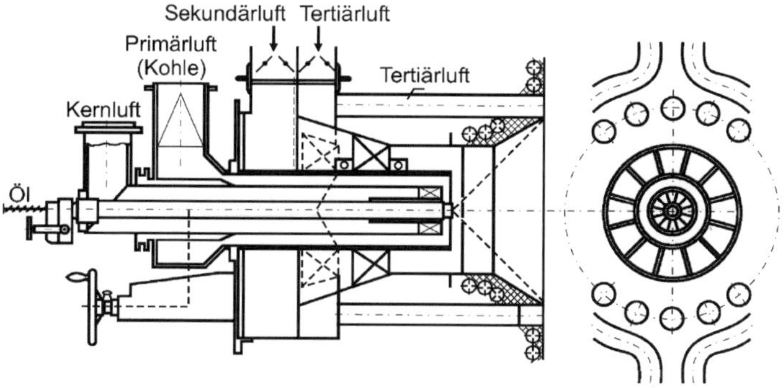

Abbildung 6.16. Kombinierter Drallbrenner für Kohle und Öl

Zündvorganges in Brennernähe, wobei der Ort der Zündung durch Variation des Dralls in Grenzen beeinflusst werden kann.

Die Unterteilung in die Sekundärströme I und II ist durch die Entwicklung zur stickoxidarmen Verbrennung bedingt. Die zum vollständigen Ausbrand der Flamme notwendige Luft wird über den äußeren Ringquerschnitt zugeführt. Diese *Stufenluft* vermischt sich mit den Rauchgasen aus dem Feuerraum, bevor sie mit der bis dahin unterstöchiometrisch betriebenen Flamme zur Vermischung kommt. Im Unterschied zu den Strahlbrennern können Drallbrenner als Einzelbrenner betrieben werden, weshalb für ihre Anordnung in der Brennkammer ein größerer Freiheitsgrad besteht. Wirbelbrenner werden auf einer Seite oder – bei Anlagen mit mehr als ca. 1 000 MW Wärmeleistung – auf zwei gegenüberliegenden Seiten der Brennkammer angeordnet.

Zündeinrichtungen für Kohlenstaub-, Öl- und Gasbrenner

Aufgabe eines Brenners ist es, in den Feuerraum einen geforderten Wärmestrom in Form einer Flamme einzubringen. Dazu wird ein kontinuierlicher

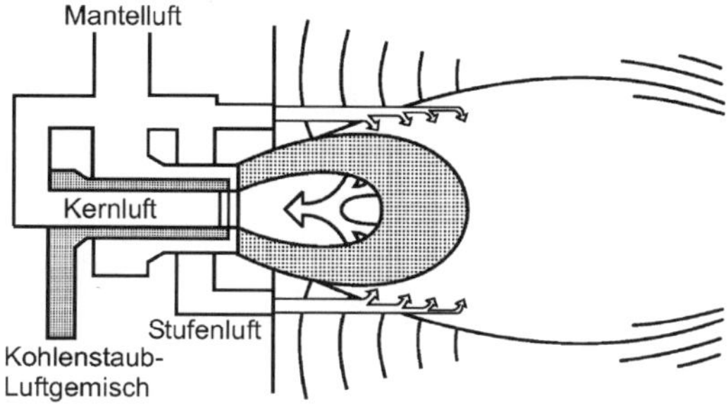

Abbildung 6.17. Schema des Mischvorgangs bei Drallbrennern

Brennstoff/Luftstrom in die Brennkammer eingeblasen und, sobald er mit dem Brenner vermischt wurde, stetig verbrannt. Die Atmosphäre in der Brennkammer ist daher inert und es kann insbesondere zu keiner Ansammlung explosionsfähigen Gemisches kommen. Die sichere Zündung des Brennstoff/Luftstromes durch die Bereitstellung der notwendigen Zündenergie ist somit die wichtigste Aufgabe einer Feuerung. Für das Anfahren einer Feuerung werden dazu spezielle Zündvorrichtungen (*Zündbrenner*) vorgesehen. Eine solche Zündvorrichtung kann z.B. aus zwei Elektroden bestehen, zwischen denen durch Anlegen einer hohen Spannung ein elektrischer Lichtbogen aufgespannt wird. Mit diesem Lichtbogen wird die Zündenergie für das Gas/Luft-, Öl/Luft- oder auch Kohlenstaub/Luftgemisch eines kleineren Brenners bereitgestellt, vgl. Abb. 6.18. Dieser Brenner ist so zu bemessen, dass mit ihm die Betriebsbrenner gezündet werden können. Bei Kraftwerksfeuerungen haben die Zündbrenner eine Leistung von 0,1–1 MW.

6.1.2.4 Feuerungsanlagen für Kohle

Wegen der großen Bandbreite in den Verbrennungseigenschaften der verschiedenen Kohlen wurden unterschiedliche Feuerungssysteme entwickelt, die sich in der Brennstaubeinblasung und der Entaschung unterscheiden.

Bei der Brennstaubeinblasung ist zwischen Direkteinblasung, Zwischenabscheidung und der Zwischenbunkerung zu differenzieren, vgl. Abb. 6.19. Feuerungen für Stein- und Braunkohle werden bevorzugt mit direkter Staubeinblasung ausgeführt, vgl. Teilbild a. Dieses System ist einfach und erfordert den geringsten Aufwand für Erstellung und Betrieb.

Bei der Zwischenbunkerung wird der Brennstaub von den wasserdampfhaltigen Trocknungsgasen getrennt, die mit einem separaten Brenner – dem

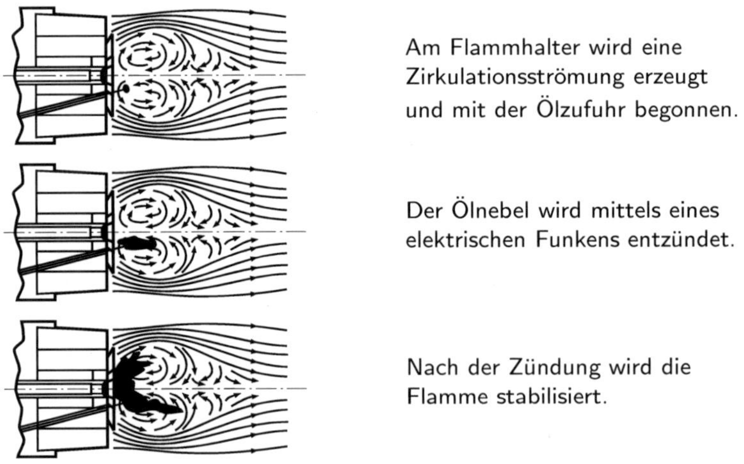

Abbildung 6.18. Zündvorgang bei einem Ölbrenner

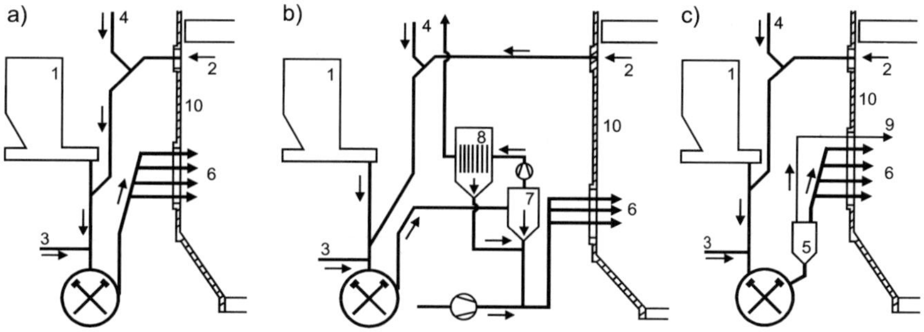

1 Kohlenbunker
2 Rauchgasabsaugung
3 Kaltluftzugabe zur Temperaturregelung
4 Heißluft-Zuführung
5 Sichter
6 Brenner
7 Abscheider/Staubbunker
8 E-Filter für Kohlenstaub
9 Brüdenbrenner
10 Brennkammer

Abbildung 6.19. Feuerungssysteme für Staubfeuerungen: a) direkte Einblasung, b) indirekte Einblasung, c) direkte Einblasung mit Brüdentrennung

Brüdenbrenner – in die Brennkammer eingeleitet werden, und zunächst in einem „Zwischenbunker" bevorratet. Je nach den Erfordernissen für eine stabile Zündung und der geforderten Feuerleistung wird der Brennstaub aus dem Bunker abgezogen, mit Primärluft hoher Temperatur im richtigen Verhältnis gemischt und in die Brennkammer eingeblasen, vgl. Teilbild b. Dieses Verfahren wird z.B. bei Braunkohlen mit einem niedrigen Heizwert (unter ca. 6 000 kJ/kg) und einem hohen Wasser- und Aschegehalt angewendet. Dieses System hat außerdem den Vorteil, dass jederzeit brennfertiger Staub in ausreichender Menge zur Verfügung steht und somit die Regelfähigkeit verbessert wird.

Die Zwischenabscheidung verbindet die Vorteile der Zwischenbunkerung mit dem einfacheren Aufbau der Direkteinblasung, vgl. Teilbild c. Sie eignet sich sowohl für ballastreiche niederflüchtige Kohlen, als auch hochwasserhaltige Braunkohlen. Durch die Abscheidung der Trocknungsgase kann auch hier ein Primärstrahl mit der für eine sichere Zündung erforderlichen Staubbeladung erzeugt werden. Durch die Entfernung der Feuchtigkeit werden zudem höhere Verbrennungstemperaturen erreicht, wodurch die Zündung zusätzlich unterstützt wird.

Bezüglich des Ascheaustrags aus der Brennkammer unterscheidet man zwischen Anlagen mit trockenem und flüssigem Abzug, die als *Trockenfeuerungen* bzw. *Schmelzfeuerungen* bezeichnet werden.

Staubfeuerungen für Kohlen mit mehr als 20% Flüchtigen und weniger als ca. 40% Asche werden heute als Trockenfeuerungen mit direkter Kohlenstaubeinblasung ausgeführt; für Kohlen mit weniger als ca. 20% Flüchtigen und mehr als 20% Asche werden dagegen Schmelzkammern verwendet.

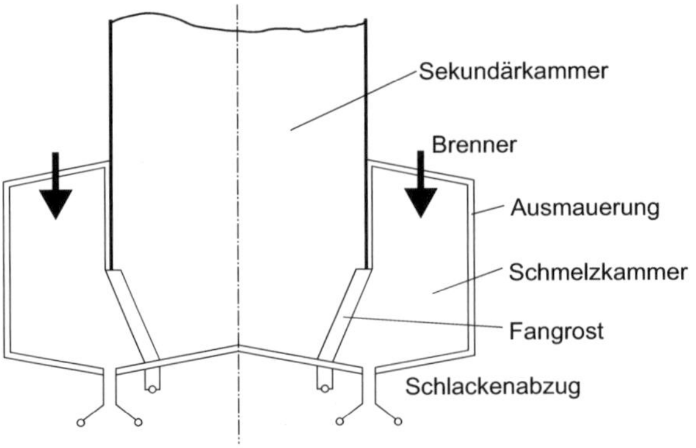

Abbildung 6.20. Aufbau einer Schmelzfeuerung (schematisch). Bei der dargestellten U-Schmelzkammer werden Wirbelbrenner eingesetzt. Es sind Anlagen mit Feuerleistungen zwischen 100 und 2 400 MW in Betrieb.

Bei der Trockenfeuerung wird die Asche in gesinterter Form als Schlacke oder als Staub trocken aus der Brennkammer abgezogen. Die Schlacke wird durch die Schwerkraft in der Brennkammer in den Brennkammertrichter abgeschieden, während der Staub von den Rauchgasen aus der Brennkammer ausgetragen und erst in den Staubfiltern gesammelt wird. Erfahrungsgemäß fällt etwa 10–15% der eingebrachten Asche als Schlacke an; der Abtransport erfolgt mit Kratzern und Transportbändern.

Die Schmelzfeuerung unterscheidet sich von der Trockenfeuerung dadurch, dass die Verbrennung in einem eng umbauten Raum erfolgt. Die Wände der Schmelzkammer sind mit einer keramischen Masse ausgekleidet. Diese Auskleidung hat zwei Aufgaben:

- Sie schützt die Wand vor Korrosionen
- sie verhindert eine zu große Wärmeabfuhr

Die Auslegung einer Schmelzkammer muss eine Rauchgas- oder Flammentemperatur in der Brennkammer gewährleisten, die um etwa 100–200°C über der Schlackenfließtemperatur der Kohle liegt. Unter dieser Bedingung scheiden sich etwa 50–60% der mit dem Brennstoff eingebrachten Asche an den Wänden der Kammer ab und können in flüssiger Form abgezogen werden. Die Restasche wird durch die Rauchgase aus der Brennkammer ausgetragen und im Staubfilter abgeschieden. Der Einbindegrad einer Schmelzfeuerung, darunter versteht man das Verhältnis der in flüssiger Form abgezogenen Schlacke zur zugeführten Brennstoffasche, liegt damit bei 40 bis 60%. Der Einbindegrad ist von der Bauart der Feuerung und der eingesetzten Kohle abhängig. Durch Rückführen der Filterasche in die Schmelzkammer kann die gesamte Brennstoffasche in granulierte Schlacke überführt werden.

Dazu wird die flüssige Asche als Strahl aus der Schmelzkammer abgezogen und in ein Wasserbad eingeleitet. Durch die schnelle Abkühlung fällt die Schlacke als Granulat an, das im Straßenbau oder als Kiesersatz in der Bauindustrie verwendet werden kann. Wegen seiner „glasartigen“ Konsistenz ist eine Deponierung des Granulats ohne besondere Vorsorgemaßnahmen möglich, darüber hinaus nimmt das Granulat nur etwa ein Drittel des Raumes ein, den Flugasche benötigen würde.

Hinsichtlich des Betriebsverhaltens unterscheiden sich Schmelzfeuerungen erheblich von Trockenfeuerungen. So ist z.B. die Mindestlast, die bei Trockenfeuerungen bei ca. 35% liegt, bei Schmelzfeuerungen niedriger (25%), da die hohen Temperaturen bereits eine gute Zündung gewährleisten. Bei geringen Lasten kann allerdings nicht mehr mit einem flüssigen Ascheabzug gerechnet werden; die Asche sammelt sich vielmehr im Schmelzraum an und wird erst bei Laststeigerungen wieder ausgeschmolzen.

Von den Bauarten, die für Schmelzfeuerungen entwickelt wurden, hat sich die *U-Feuerung* durchgesetzt, ein Ausführungsbeispiel ist in Abb. 6.20 gegeben. Schmelzfeuerungen haben aber auch eine Reihe von Nachteilen. Zu nennen sind:

- hohe NO_x-Emissionen, ca. 1 000–1 500 mg/m^3 Rauchgas
- eine in der Tendenz geringere Verfügbarkeit
- der Betrieb erfordert mehr Aufmerksamkeit

Diese Nachteile führen letztlich zu höheren Kosten; Schmelzfeuerungen werden deshalb nur noch für niederflüchtige Kohlen angewandt, die in Trokkenfeuerungen nur schwer verfeuert werden können.

6.1.2.5 Stickoxidbildung und mögliche Minderungsmaßnahmen

Die Bildung von Stickoxiden in den Großfeuerungsanlagen ist ein äußerst komplexer Vorgang, für den z.Zt. noch keine geschlossene Theorie besteht. Aus zahlreichen grundlegenden Untersuchungen wurden aber Erkenntnisse gewonnen, die eine qualitative Beschreibung ermöglichen. Man unterscheidet drei Arten von Bildungsmechanismen:

1. Art: *Thermisches* NO_x
2. Art: *Promptes* NO_x
3. Art: *Brennstoff-*NO_x

Als thermisches NO_x bezeichnet man die Stickoxide, die nach dem Zeldovich-Mechanismus bei entsprechend langer Verweilzeit der Verbrennungsgase in Temperaturbereichen oberhalb von ca. 1 300°C aus molekularem Stickstoff entstehen [7]. Die Bildungsrate nimmt dabei exponentiell mit der Temperatur zu und ist darüber hinaus proportional zum Sauerstoffpartialdruck. Die Reaktionen werden mit folgenden Gleichungen beschrieben:

$$\begin{aligned} N_2 + O &\longrightarrow NO + N, \qquad \Delta h = +315{,}2\ \text{kJ/mol} \\ N + O_2 &\longrightarrow NO + O, \qquad \Delta h = -134{,}4\ \text{kJ/mol} \end{aligned}$$

Die erste Reaktion ist geschwindigkeitsbestimmend. Dabei wird durch Reaktion atomaren Sauerstoffs mit molekularem Stickstoff unter Abspaltung eines Stickstoffatoms NO gebildet. Maßgebend ist das Aufbrechen der stabilen N_2-Bindung, die oberhalb von 1 300°C einsetzt.

Der von Fenimore [8] eingeführte Begriff des Prompten NO_x bezeichnet Stickoxide, deren Bildung durch C-haltige Radikale ausgelöst wurde und die nach folgender Reaktionskette gebildet werden:

$$\begin{aligned} C_pH_q &+ N_2 \longrightarrow C_pH_qN + N \\ CH &+ N_2 \longrightarrow HCN + N \end{aligned}$$

wobei N mit O_2 weiterreagiert und schließlich NO bildet. In technischen Flammen ist dieser Mechanismus von untergeordneter Bedeutung.

Brennstoff-NO_x entsteht aus dem im Brennstoff in organischer Form gebundenem Stickstoff. Er ist chemisch nicht so stark gebunden wie im N_2-Molekül und wird daher relativ leicht bereits bei mäßiger Temperatur freigesetzt. Mit steigendem Stickstoffgehalt des Brennstoffes erhöht sich auch die NO_x-Bildung, allerdings degressiv. Hierbei ist die Umwandlungsrate ferner vom Verhältnis des N- zum O-Gehaltes der Kohle abhängig [9].

Nach den bestehenden Kenntnissen haben folgende Auslegungsgrößen einen Einfluss auf die NO_x-Bildung in Kraftwerksfeuerungen:

- Brennkammerbelastung
- Luftüberschuss
- Verbrennungslufttemperatur
- Brennereinstellung
- Verschmutzungsgrad der Brennkammer

Aufgrund der gewonnenen reaktionskinetischen, thermodynamischen und technologischen Gesetzmäßigkeiten der NO_x-Bildung in Großfeuerungsanlagen wurde zu deren Verminderung eine Technik entwickelt, die als eine Art pyrolisierende Verbrennung bezeichnet werden kann. Um einen solchen Verbrennungsablauf herbeizuführen, ist bei der Verbrennung mit O_2-armen Zonen zu arbeiten. Brennstoff und Verbrennungsluft werden dazu derartig über die Brennkammerhöhe verteilt zugeführt, dass zunächst eine brennstoffreiche Zone entsteht und die zur Sicherstellung einer vollständigen Verbrennung erforderliche Restluftmenge erst in der Ausbrandzone der Feuerung zugeführt wird. Mit einer solchen Feuerführung werden nicht nur Temperaturspitzen vermieden, vielmehr wird eine langsame Verbrennung in langen Flammen mit geringer NO_x-Bildung erreicht.

Eine Verminderung der NO_x-Bildung wird weiter durch eine Absenkung der Verbrennungslufttemperatur und eine Rauchgasrezirkulation erreicht. Abhängig vom Brennstoff, aber auch der Bauart der Feuerung, variieren die bei Großanlagen erreichten NO_x-Emissionen erheblich. Bei Anlagen mit einer Tangentialfeuerung können bei sachgerechter Anwendung der beschriebenen Primärmaßnahmen die in Tabelle 6.5 genannten Grenzwerte eingehalten werden.

Zur Zeit ist bei den Staubfeuerungen keine technische Entwicklung abzusehen, die für den Brennstoff Steinkohle eine wesentliche Absenkung der NO_x-Emissionen mit Primärmaßnahmen ermöglichen würde. Für die Einhaltung der vorgeschriebenen Grenzwerte ist damit die Anwendung von Sekundärmaßnahmen unumgänglich, vgl. hierzu auch Kap. 11.

Tabelle 6.5. Erreichbare NO_x-Werte für Großfeuerungsanlagen (Wärmeleistung > 300 MW)[a]

Brennstoff	NO_x-Konzentration [mg/m^3]
Erdgas	100– 200
Erdöl	150– 250
Braunkohle	150– 200
Steinkohle-Trockenfeuerung	500– 700
Steinkohle-Schmelzfeuerung	1 000–1 500

[a] Gerechnet als NO_2 und bezogen auf ein Rauchgas mit einem Sauerstoffgehalt von 6%.

6.1.2.6 Brennkammer für Trockenfeuerungen

Die Brennkammer eines typischen 750 MW-Steinkohlekraftwerkes ist ein Quader von fast 60 m Höhe und einer Seitenlänge von 18 m. In diesen Raum werden pro Stunde mehr als 210 t Kohlenstaub und 2 Mio. m^3 Luft mit Hilfe von 32 Brennern eingeblasen, aus denen 2 Mio. m^3 Rauchgas entstehen. Der größte Teil der Kohle verbrennt dabei in der Nähe der Brenner, die in einer Brennerzone von ca. 25 m Höhe angeordnet sind.

Bei der Dimensionierung einer Brennkammer sind in Übereinstimmung mit der Brennerkonzeption folgende Kriterien zu beachten:

- Das Volumen der Kammer ist so groß zu wählen, dass die Kohleteilchen am Austritt aus der Kammer vollständig verbrannt sind
- Die Wärmefreisetzung ist so vorzunehmen, dass sich an den Wänden keine Schlackenanbackungen ausbilden

Um zu beurteilen, ob bei einer Auslegung diese Kriterien eingehalten werden, wurden einfache Vergleichszahlen eingeführt:

$$Q_V = \frac{\dot{Q}_{zu}}{V_{BK}} \quad \text{(Volumenbelastung)} \tag{6.10}$$

$$Q_Q = \frac{\dot{Q}_{zu}}{A_{BK}} \quad \text{(Querschnittsbelastung)} \tag{6.11}$$

$$Q_G = \frac{\dot{Q}_{zu}}{A_G} \quad \text{(Gürtelbelastung)} \tag{6.12}$$

Hierin ist:

$\dot{Q}_{zu}$ der in die Brennkammer eingebrachte Wärmestrom
V_{BK} das Brennkammervolumen
A_{BK} der Brennkammerquerschnitt
A_G die Wandfläche zwischen dem obersten und untersten Brenner

Man kann leicht zeigen, dass Q_V ein Maß für die Verweilzeit in der Brennkammer und Q_Q ein Maß für die Rauchgasgeschwindigkeit ist. Richtwerte für die Volumen- und Querschnittsbelastung sind in den Tabellen 6.6 und 6.7 zusammengestellt. Die Brennergürtelbelastung liegt bei mit Steinkohle gefeuerten Anlagen bei 1–1,2 MW/m^2 und bei mit Braunkohle gefeuerten bei 1,2–1,5 MW/m^2. Sie ist ein Vergleichsmaß für die Flammentemperatur und damit auch für die Verschlackungsneigung im Brennerbereich.

Tabelle 6.6. Volumenbelastung in MW/m^3

Wärmeleistung [MW]	Steinkohle	Braunkohle	Öl/Gas
100	0,24	0,22	0,36
200	0,22	0,20	0,34
400	0,19	0,17	0,31
800	0,16	0,14	0,28
1 600	0,13	0,10	0,24

Tabelle 6.7. Querschnittsbelastung in MW/m^2

Wärmeleistung [MW]	Steinkohle	Braunkohle	Öl/Gas
100	2,7	2,5	3,5
200	3,3	3,0	4,4
400	4,1	3,5	5,6
800	5,2	4,1	6,9
1 600	6,3	4,6	8,4

Die Brennkammern kohlegefeuerter Anlagen werden so bemessen, dass die Rauchgastemperatur am Austritt aus der Brennkammer nicht wesentlich über der Ascheerweichungstemperatur liegt. Um dies zu erreichen, schließt sich an den Flammenraum, in dem die Flamme fast vollständig ausbrennt, ein *Strahlraum* an. Bei der Festlegung des Flammenraumes stützt man sich auf Erfahrungswerte; für eine Abschätzung kann auch die Ausbrandzeit von Kohleteilchen herangezogen werden. Mit der Wärmeleistung einer Feuerung nimmt der Anteil des Strahlraumes an der Brennkammer zu, vgl. Abb. 6.21.

Aus Abb. 6.21 folgt, dass die Brennkammer bei Wärmeleistungen unter ca. 500 MW nach dem Ausbrand und bei größeren Leistungen nach dem Kriterium der Brennkammerendtemperatur zu dimensionieren ist. Zur Bestimmung der Brennkammerendtemperatur ist die Wärmeabgabe der Flamme und der heißen Rauchgase an die Umfassungswände der Kammer zu berechnen. Zur Lösung dieser Aufgabe ist ein mathematisches Modell der Vorgänge erforderlich. Dabei ist die Reaktionskinetik der Verbrennung, der Strahlungswärme-

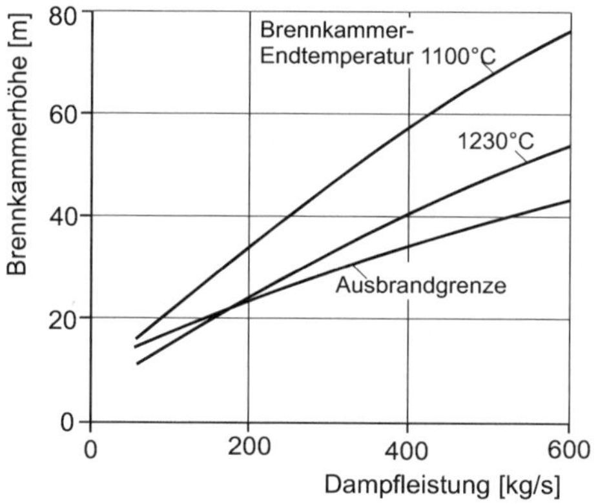

Abbildung 6.21. Ausbrandgrenze und Brennkammerendtemperatur bei Steinkohlen-Tangentialfeuerungen. Dabei entspricht 1 kg/s Dampfleistung 3,6 MW Wärmeleistung

austausch mit den Wänden und der Strömungsablauf zu berücksichtigen. Ein solches Modell würde exakte Ergebnisse liefern, wenn man es auf die Nachbildung bekannter physikalischer und chemischer Vorgänge aufbauen könnte und alle Stoffwerte bekannt wären. Bisher ist es allerdings nicht gelungen, ein derartiges Modell für eine große Kohlenstaubfeuerung zu entwickeln. Für die Modellierung des Wärmeaustausches werden z.Zt. einfache Beziehungen verwendet, mit denen es möglich ist, aus Erfahrung gewonnene Ergebnisse zu extrapolieren.

Für eine erste Abschätzung des Wärmeaustausches zwischen den Flammen in der Brennkammer und den Umfassungswänden geht man von einer mittleren Temperatur $\overline{T}_{\mathrm{RG}}$ des Rauchgases und einer mittleren Wandtemperatur $\overline{T}_{\mathrm{W}}$ aus. Für den Wärmestrom von der Flamme zur Wand gilt dann das Stefan-Boltzmann'sche Gesetz:[6]

$$\dot{Q}_{\mathrm{FW}} = \varepsilon_{\mathrm{FW}} \, \sigma_{\mathrm{S}} \, A_{\mathrm{W}} \left(\overline{T}^{\,4}_{\mathrm{RG}} - \overline{T}^{\,4}_{\mathrm{W}} \right) . \tag{6.13}$$

Die weiteren Größen sind:

$\varepsilon_{\mathrm{FW}}$ Emissionsverhältnis zwischen Flamme und Wand
σ_{S} Strahlungszahl des schwarzen Körpers
A_{W} wirksame Wandfläche der Brennkammer[7]

In dieser Form gilt die Gleichung für graue Körper. Für einen grauen Körper ist das Verhältnis seiner Emissionsleistung $E(T)$ im Gegensatz zu einem schwarzen Körper $\sigma_{\mathrm{S}}\, T^4$ nicht von der Temperatur abhängig. Für technische Zwecke können strahlende Körper und Flammen als grau angenommen werden.

[6] Für eine ausführliche Darstellung vgl. [7], [11] und [12]. Es sei darauf hingewiesen, dass durch die nicht berechenbare Belagbildung an den Feuerraumwänden (Verschmutzungen bzw. Verschlackungen) die Wärmeübertragungsverhältnisse sehr stark beeinflusst werden.

[7] A_{W} ist die projizierte Fläche der Brennkammer und nicht die Oberfläche.

ε_{FW} kann durch die Emissionskoeffizienten der heißen Rauchgase ε_F und der Wand ε_W ausgedrückt werden:

$$\varepsilon_{FW} = \left(\frac{1}{\varepsilon_F} + \frac{1}{\varepsilon_W} - 1 \right)^{-1} . \tag{6.14}$$

ε_F und ε_W sind experimentell zu ermitteln, vgl. Tabelle 6.8 für technische Oberflächen.

Tabelle 6.8. Emissionskoeffizienten für technische Oberflächen

Material	ε_W
Gusseisen oxidiert	0,5 –0,7
Stahl oxidiert	0,6 –0,8
Stahl poliert	0,07–0,1
Schlacke	0,6 –0,7

Die Wärmestrahlung heißer Rauchgase setzt sich aus der Festkörperstrahlung der Asche- und Rußpartikeln und der Gasstrahlung der mehr als zweiatomigen Rauchgaskomponenten zusammen. Sie ist abhängig von der Brennstoffart und der Schichtdicke des Gases. Bei der Berechnung von ε_F geht man von dem Ansatz

$$\varepsilon_F = \varepsilon_\infty \big(1 - \exp(-k\, s)\big) \tag{6.15}$$

aus. Hier ist s die Schichtdicke des Gases, k ein Flammenparameter, der mit zunehmendem Ausbrand abnimmt, und ε_∞ die experimentell zu bestimmende Emissionszahl für eine große Schichtdicke. ε_∞ ist vom Brennstoff und der Art der Flamme abhängig, wobei die Werte aus Tabelle 6.9 verwendet werden können. k ist ebenfalls experimentell zu ermitteln und liegt im Mittel zwischen 0,75 (leuchtende Flammen) und 0,5 (blaue Flammen).

Tabelle 6.9. Emissionskoeffizienten für große Schichtdicke

Brennstoff	ε_∞
Steinkohle, Braunkohle, Torf	0,55–0,8
Heizöl	0,6 –0,85
Erdgas	0,4 –0,6

Der Wärmestrom (6.13) ist gleich der Abkühlung des Rauchgasstroms von der adiabaten Temperatur T_{ad} auf die Temperatur T_E am Brennkammerende:

$$\dot{Q}_{FW} = \dot{m}_{RG}\, \bar{c}_{p_{RG}} \left(T_{ad} - T_E\right) . \tag{6.16}$$

Hier ist $\dot{m}_{RG}$ der Rauchgasstrom und $\bar{c}_{p_{RG}}$ die mittlere spezifische Wärmekapazität des Rauchgases zwischen T_{ad} und T_E.

Über die mittlere Brennkammertemperatur ist eine Annahme zu treffen, wobei es üblich ist,

$$\overline{T}_{RG} = \sqrt{T_{ad}\, T_E} \tag{6.17}$$

zu setzen. Damit ergibt sich aus der Wärmebilanz:

$$\varepsilon_{FW}\, \sigma_S\, A_W \left(T_{ad}^2 T_E^2 - T_W^4\right) = \dot{m}_{RG}\, \bar{c}_{p_{RG}} \left(T_{ad} - T_E\right) . \tag{6.18}$$

Aus (6.18) folgt nach einer Division durch T_{ad}^4

$$\left(\frac{T_E}{T_{ad}}\right)^2 + \mathrm{Ko}\,\frac{T_E}{T_{ad}} = \left(\frac{T_W}{T_{ad}}\right)^4 + \mathrm{Ko} \tag{6.19}$$

mit

$$\mathrm{Ko} = \frac{\dot{m}_{RG}\, \bar{c}_{p_{RG}}}{\varepsilon_{FW}\, \sigma_S\, A_W\, T_{ad}^3} . \tag{6.20}$$

Ko ist ein dimensionsloser Ähnlichkeitsparameter, der Konakow-Zahl genannt wird.
Mit der vorstehenden Gleichung kann der Mittelwert der Brennkammerendtemperatur T_E sofort berechnet werden. Allerdings besteht eine Unsicherheit bzgl. der Wandtemperatur T_W und auch der Emissionszahl ϵ_{FW}: Bereits bei geringen Ascheablagerungen liegt die Temperatur auf der Oberfläche der abgelagerten Schicht weit über der Metalltemperatur und kann bei dicken Schichten die Schmelztemperatur der Asche überschreiten. Tritt dieser Fall ein, fließt die dann flüssige Asche an der Wand ab und kann zu einer Verschlackung der Brennkammer führen. Durch die Ascheablagerung wird auch ε_{FW} beeinflusst, Erfahrungswerte sind in Tabelle 6.10 angegeben.

Tabelle 6.10. Emissionsverhältnis zwischen Gas und Wand

Feuerungstyp	ε_{FW}
Steinkohlen	0,30–0,45
Braunkohlen	0,40–0,55
Öl	0,45–0,6
Erdgas	0,55–0,7

Die hier angegebene Methode ermöglicht eine Abschätzung der Brennkammerendtemperatur. Dabei ist aber zu beachten, dass die größte Unsicherheit durch den nur schwer erfassbaren Verschmutzungszustand der Brennkammer bedingt ist und insofern auch eine formal genauere Rechenmethode keine wesentliche Verbesserung bringen würde. Unabhängig davon ist aber die Berechnung der bei der Verbrennung ablaufenden Vorgänge einschl. des Wärmeaustausches von prinzipiellem Interesse und deshalb das Ziel vieler Forscher.

Beispiel 6.4. Mit den Vergleichszahlen Q_V (Volumenbelastung) und Q_Q (Querschnittsbelastung) soll die Dimension einer Brennkammer eines steinkohlegefeuerten 740 MW-Blocks bestimmt werden.

Weiter sollen die Brennkammerendtemperatur T_E und die mittlere Brennkammertemperatur $\overline{T}_{BK}$ mit dem Stefan-Boltzmann'schen Gesetz für die ermittelten Abmessungen der Brennkammer bestimmt werden. Wie würde sich die Brennkammerendtemperatur ändern, wenn sich auf den Wänden eine dünne Schlackenschicht mit einer Oberflächentemperatur von 900°C bildet?

Vorgaben:

Zugeführte Wärmemenge:	$\dot{Q}_{zu} = 1\,821$ MW,
Volumenbelastung:	$Q_V = 0{,}12$ MW/m^3,
Querschnittsbelastung:	$Q_Q = 5{,}9$ MW/m^2,
Emissionsverhältnis zwischen den heißen Gasen und der Wand:	$\varepsilon_{FW} = 0{,}3$,
Stefan-Boltzmannkonstante:	$\sigma_S = 5{,}67 \cdot 10^{-8}$ W/m^{2}K^4,
Rauchgasmassenstrom:	$\dot{m}_{RG} = 821$ kg/s,
mittlere spezifische Wärmekapazität des Rauchgases:	$\overline{c}_{p_{RG}} = 1{,}345$ kJ/kgK,
adiabate Verbrennungstemperatur:	$T_{ad} = 2\,100$ K ($n = 1{,}25$),
Wandtemperatur:	$T_W = 710$ K.

Lösung. Nach den Definitionen der Vergleichszahlen für die Volumenbelastung Q_V und die Querschnittsbelastung Q_Q erhält man für das Volumen der Brennkammer

$$V_{BK} = \frac{\dot{Q}_{zu}}{Q_V} = 15\,175 \text{ m}^3.$$

Für die Querschnittsfläche A_{BK} der Brennkammer ergibt sich aus der Querschnittsbelastung

$$A_{BK} = \frac{\dot{Q}_{zu}}{Q_Q} = 308{,}64 \text{ m}^2.$$

Bei der Wahl einer quadratischen Querschnittsfläche resultiert eine Seitenlänge der Brennkammer

$$a_{BK} = \sqrt{A_{BK}} = 17{,}57 \text{ m}.$$

Die Brennkammerhöhe beträgt

$$h_{BK} = V_{BK}/A_{BK} = 49{,}17 \text{ m}.$$

Aus den Gleichungen (6.13) und (6.17) kann eine Beziehung für die Brennkammerendtemperatur T_E gefunden werden:

$$\dot{Q}_{FW} = \varepsilon_{FW}\sigma_S A_W \left(T_{ad}^2 T_E^2 - T_W^4\right).$$

Der Wärmestrom $\dot{Q}_{FW}$ wird durch (6.16) ersetzt, woraus

$$\dot{m}_{RG}\bar{c}_{p_{RG}}\left(T_{ad} - T_E\right) = \varepsilon_{FW}\sigma_S A_W \left(T_{ad}^2 T_E^2 - T_W^4\right)$$

resultiert. Diese Gleichung ist bzgl. T_E quadratisch und wird entsprechend umgestellt. Von den beiden möglichen Lösungen ist nur diejenige physikalisch sinnvoll, die einen positiven Wert ergibt. Das Ergebnis lautet somit

$$T_E = -\frac{\dot{m}_{RG}\bar{c}_{p_{RG}}}{2\,\varepsilon_{FW}\sigma_S A_W T_{ad}^2} + \left(\left(\frac{\dot{m}_{RG}\bar{c}_{p_{RG}}}{2\,\varepsilon_{FW}\sigma_S A_W T_{ad}^2}\right)^2 + \frac{\dot{m}_{RG}\bar{c}_{p_{RG}} T_{ad} + \varepsilon_{FW}\sigma_S A_W T_W^4}{\varepsilon_{FW}\sigma_S A_W T_{ad}^2}\right)^{0,5}.$$

Die Brennkammerendtemperatur kann auch unter Benutzung der Konakow-Zahl ausgedrückt werden:

$$T_E = -\frac{\mathrm{Ko}\,T_{ad}}{2} + \left(\left(\frac{\mathrm{Ko}\,T_{ad}}{2}\right)^2 + T_{ad}^2\left(\mathrm{Ko} + \left(\frac{T_W}{T_{ad}}\right)^4\right)\right)^{0,5}.$$

Setzt man die gegebenen Zahlenwerte in die Gleichungen ein, ergibt sich eine Brennkammerendtemperatur von $T_E = 1\,493$ K $= 1\,220°$C. Unter Verwendung von (6.17) erhält man eine mittlere Brennkammertemperatur von $\overline{T}_{BK} = 1\,771$ K $=$ $1\,498°$C. Bei Bestehen einer Schlackenschicht würden sich diese Werte auf $T_E =$ $1\,549$ K $= 1\,276°$C und $\overline{T}_{BK} = 1\,804$ K $= 1\,531°$C erhöhen.

6.1.2.7 Einsatzbereiche der Staubfeuerungen

Für die Verbrennung fester Brennstoffe haben sich Staubfeuerungen als besonders geeignet erwiesen.

Vorteile bietet diese Technik insbesondere im Hinblick auf das Betriebsverhalten, z.B. bei schnellem Anfahren, großen Laständerungen und bei Einsatz eines weiten Brennstoffbandes. Bei großen Anlagen bieten sich Staubfeuerungen besonders wegen der Möglichkeit zur Automatisierung an. Bei den gängigen Brennstoffen ist derzeit keine Leistungsgrenze erkennbar.

Nach dem derzeitigen Stand der Erfahrung kann weiter gesagt werden, dass die gegenwärtigen Emissionsgrenzwerte für die NO_x-Emission bei Braunkohlenfeuerungen mit Maßnahmen an der Feuerung allein (Primärmaßnahmen) eingehalten werden können, bei Steinkohlenfeuerungen aber Sekundärmaßnahmen notwendig sind.

Ein Nachteil der Staubfeuerungen ist der relativ große Kraftbedarf für die Kohlemühlen und die Frischluftgebläse. Wegen der Komplexität der Anlagen ist ferner eine betriebsbegleitende Wartung erforderlich.

6.1.3 Wirbelschichtfeuerungen

6.1.3.1 Grundlagen

Die Wirbelschichttechnik wurde industriell erstmals in den zwanziger Jahren von Franz Winkler bei BASF für die Vergasung von Kohle eingesetzt. Für die Verfeuerung wird sie jedoch erst seit etwa 1970 verwendet, obwohl zwischen beiden Anwendungen kein prinzipieller Unterschied besteht.

Eine Wirbelschicht entsteht dann, wenn durch eine Schicht gleichartiger Feststoffteilchen, die sich als Schüttung auf einem für eine Gasströmung durchlässigen Anströmboden befinden, von unten her ein Gasstrom in solcher Stärke geführt wird, dass die Teilchen in eine selbstdurchmischende Bewegung geraten. Die vom Gasstrom getragene Wirbelschicht nimmt dabei als Ganzes ein flüssigkeitsähnliches Verhalten an. In diesem Zustand ist der Druckabfall in der Gasströmung im Gleichgewicht mit dem Gewicht der Wirbelschicht, vgl. Abb. 6.1. Die Wirbelschicht hat dann den sogenannten Lockerungspunkt erreicht. Die auf den leeren Bettquerschnitt bezogene Gasgeschwindigkeit ist dann gleich der sogenannten Lockerungsgeschwindigkeit $v = w_L$.

Solange die Feststoffteilchen nicht vom Gasstrom ausgetragen werden, spricht man von einer stationären Wirbelschicht, sie ist durch eine definierte Oberfläche und eine hohe Feststoffdichte gekennzeichnet. Bei Teilchengrößen im Millimeterbereich beträgt die hierzu notwendige mittlere Gasgeschwindigkeit für eine Schüttung von Kohle und Sand ca. 1 m/s.

Bei der zirkulierenden oder schnellen Wirbelschicht wird die Gasgeschwindigkeit bei gleichen Teilchendurchmessern etwa 4–8 mal größer gewählt. Dadurch werden die Teilchen über längere Strecken vom Gasstrom mitgenommen und es kann sich keine Schicht mit einer hohen Feststoffbeladung ausbilden. Allerdings kann Schwarmbildung dazu führen, dass sich in lokalen Bereichen Teilchen kollektiv entgegen dem Gasstrom bewegen, es kommt so zu einer internen Rezirkulation. Deshalb ist bei der zirkulierenden Wirbelschicht die Durchmischung der Feststoffteilchen untereinander wesentlich intensiver als bei der stationären. Die einzelnen Teilchen bewegen sich abhängig von ihrer Masse und Form langsamer als der Gasstrom, ihre Verweilzeit innerhalb der Wirbelkammer kann im Minutenbereich liegen. Die mit dem Gasstrom ausgetragenen Teilchen werden bei der zirkulierenden Wirbelschicht in einem der Wirbelkammer nach-geschalteten Zyklon abgeschieden, vgl. Abb. 6.1 und 6.23; die weitgehend partikelfreien Rauchgase werden zu den Kesselheizflächen weitergeleitet, die im Zyklon abgetrennten Partikel fließen durch eine Rückführleitung in die Wirbelkammer zurück. Der Umlauf bzw. die Zirkulation des Partikelstroms ergibt sich aus der unterschiedlichen Feststoffbeladung der Rauchgase in der Wirbelkammer und in der Rückführleitung.

Die Ausbildung einer Wirbelschicht ist von einer Reihe von Parametern abhängig. Die wichtigsten davon sind:

- Strömungsgeschwindigkeit v in der Wirbelkammer
- Abmessung d_P, Form und Dichte ρ_P der Partikel

– Dichte ρ_G und kinematische Viskosität ν_G des Gases

Diese Parameter können zu dimensionslosen Kennzahlen zusammengefasst werden, die üblicherweise wie folgt definiert sind:

$$\mathrm{Fr} = \frac{v^2}{g\, d_\mathrm{P}} = \text{Froude} - \text{Zahl} \tag{6.21}$$

$$\mathrm{Ar} = \frac{d_\mathrm{P}^3\, g}{\nu^2} \frac{\rho_\mathrm{P} - \rho_\mathrm{G}}{\rho_\mathrm{G}} = \text{Archimedes} - \text{Zahl} \tag{6.22}$$

$$\mathrm{Re} = \frac{d_\mathrm{P} v}{\nu} = \text{Reynolds} - \text{Zahl} \tag{6.23}$$

Die Archimedes-Zahl kann als das Verhältnis zwischen Auftriebs- und Trägheitskraft eines umströmten Partikels interpretiert werden, die Froude-Zahl ist ein Maß für das Verhältnis von Trägheits- zur Schwerkraft und die Reynolds-Zahl stellt das Verhältnis von der Trägheits- zur Reibungskraft dar. Diese drei Parameter können in Form des sogenannten Reh-Diagramms miteinander in Verbindung gebracht werden, vgl. den Abschnitt M in [7]. Mit Hilfe der Kennzahlen, kann der Existenzbereich von Schüttschicht sowie stationärer und zirkulierender Wirbelschicht gekennzeichnet werden:

- Festbett (Schüttschicht)
- stationäre Wirbelschicht
- zirkulierende Wirbelschicht

An den Bereich der zirkulierenden Wirbelschicht schließt die Staubfeuerung (Flugstromförderung) an. Flugstromförderung setzt ein, wenn die Kraft auf ein umströmtes Teilchen gleich seinem Gewicht ist:

$$c_w \frac{\pi}{4} d_p^2 \rho_G \frac{v^2}{2} = \rho_\mathrm{P}\, \frac{\pi}{6} d_p^3\, g. \tag{6.24}$$

c_w ist der Widerstandskoeffizient des Partikels.
Bei der Wirbelschichtfeuerung fallen verschiedene wirbelschicht- und verbrennungsspezifische Eigenschaften so günstig zusammen, dass die Freisetzung bzw. Bildung von Schadgasen wie SO_x, NO_x und Halogenverbindungen ohne einen größeren apparativen Aufwand im Brennraum selbst weitgehend vermieden werden kann. Schwefel-, Chlor- und Fluorverbindungen aus dem Brennstoff werden dabei durch Kalksteinzusatz in die als einziges Nebenprodukt anfallende Asche eingebunden. Die Bildung von Stickoxiden wird durch die für Wirbelschichten typische Feuerführung unter den zulässigen Grenzen gehalten.

Der Prozess der Schwefeleinbindung läuft dabei nach folgendem Mechanismus ab:

1. Teilschritt: $CaCO_3 \longrightarrow CaO + CO_2$ (Entsäuerung)
2. Teilschritt: $CaO + SO_2 + \frac{1}{2} O_2 \longrightarrow CaSO_4$

Für einen guten Einbindegrad ist es wichtig, dass ein Temperaturbereich von 820–950°C eingehalten wird, denn oberhalb von 950°C ist das Calciumsulfat thermisch instabil. Für die Wirksamkeit der Entschwefelung spielen naturgemäß auch kinetische Vorgänge und die dem SO_2 zugänglichen Reaktionsoberflächen eine wichtige Rolle. Daraus ergibt sich eine Abhängigkeit von den Parametern:

- Ca/S-Verhältnis in der Brennkammer
- Korngröße des Kalksteins
- Porosität der Kalksteinteilchen
- geologische Provenienz

Neben dem Schwefel werden auch Chlor und Fluor als Chlorid bzw. Flourid gebunden. Hierbei ist zu beachten, dass die Halogene in Kohlefeuerungen durch Pyrohydrolyse in Chlor- und Fluorwasserstoff überführt werden. Dabei verschiebt sich das Gleichgewicht mit steigender Temperatur zu höheren HF- bzw. HCl-Konzentrationen. Gute Abscheidegrade ergeben sich daher nur, wenn im Niedertemperaturbereich (< 600°C) eine ausreichend lange Reaktionszeit zur Verfügung steht.

Außer den Filteranlagen für die Staubabscheidung werden damit bei Wirbelschichtfeuerungen keine weiteren Rauchgasreinigungsanlagen benötigt.

6.1.3.2 Stationäre Wirbelschichtfeuerungen

Bei stationären Wirbelschichten liegt die Wirbelgeschwindigkeit bei 1–2 m/s und ist damit um das zwei- bis dreifache höher als die Lockerungsgeschwindigkeit. Das Gas durchströmt die üblicherweise 1–1,5 m hohe Schicht, die bei Feuerungsanlagen zu ca. 96% aus Inertmaterial und Kalk besteht, zum großen Teil in Form von Blasen. Dabei wird Feinkorn, dies sind Partikelfraktionen aus der thermischen Zerstörung und dem Abbrand von Kohleteilchen, durch das Gas aus der Schicht ausgetragen, durch die Anlage transportiert und schließlich im Staubfilter abgeschieden. Aus diesem Vorgang resultiert der größte Teil der Feuerungsverluste bei Wirbelschichtfeuerungen. Bei den meisten Brennstoffen ist zur Verminderung des Feuerungsverlustes eine Rückführung von Filterasche in die Brennkammer notwendig. Der Betriebsbereich einer stationären Wirbelschicht ist durch folgende Kennzahlenbereiche eingegrenzt:

$$50 < \mathrm{Ar} < 10^4 \quad \text{und} \quad 10^2 < \mathrm{Fr} < 5 \cdot 10^3 \tag{6.25}$$

Hierbei ist Ar die Archimedes-Zahl nach (6.22) und Fr die Froude-Zahl gemäß (6.21). Der prinzipielle Aufbau einer Feuerungsanlage mit einer stationären Wirbelschicht ist in Abb. 6.22 dargestellt. Es sind folgende Komponenten notwendig:

- Brennstoffbunker
- Kalkbunker
- Brennstoffzuteiler und Kalkdosierung

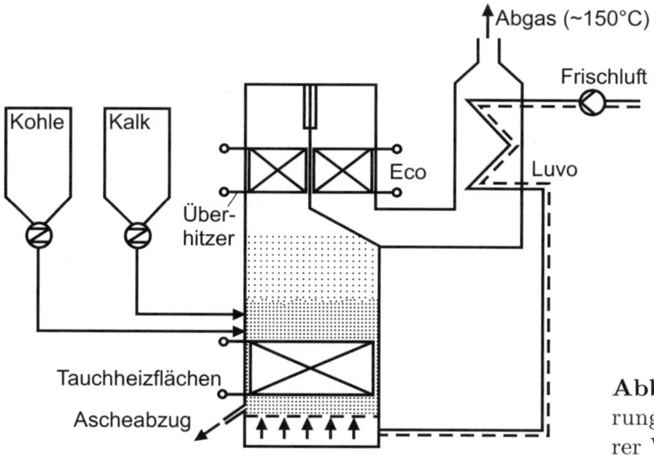

Abbildung 6.22. Feuerungsanlage mit stationärer Wirbelschicht

- Wirbelschichtbrennkammer mit den Tauchheizflächen
- Frischluftgebläse mit Leitungen
- Stütz- und Zündfeuerung
- Staubfilter
- Aschekühler
- Aschetransporteinrichtung und Aschebunker

Das besondere Kennzeichen dieser Anlagen sind die Tauchheizflächen innerhalb der ausgedehnten Schicht. Diese Heizflächen sind so auszulegen, dass die Temperatur innerhalb der Wirbelschicht in einem Bereich zwischen 800 und 900°C bleibt. Die untere Temperatur ergibt sich aus der Forderung nach einem guten Ausbrand und die obere aus der optimalen Bedingung für die Schwefeleinbindung. Die Tauchheizflächen nehmen somit einen großen Teil der Brennstoffwärme auf und sind sowohl als Überhitzer als auch als Verdampfer zu schalten.

Der Wärmeübergang erfolgt bei feststoffbeladenen Gasströmungen im Prinzip sowohl durch Gas- und Partikelkonvektion als auch durch Strahlung. Bei dem in (6.25) angegebenen Betriebsbereich für stationäre Wirbelschichten überwiegt die Partikelkonvektion. Der Wärmeübergangskoeffizient α hängt nur schwach von der Reynolds- und der Archimedes-Zahl ab. In nullter Näherung kann mit einem konstanten Wert von $\alpha = 230 W/(m^2K)$ gerechnet werden, vgl. hierzu den Abschnitt M in [7]. Von Bedeutung ist, dass der Wärmeübergang offenbar nicht von der Wirbelgeschwindigkeit und damit der Last abhängt. Damit das Wirbelbett bei Teillast nicht zu stark gekühlt wird, muss die Wirksamkeit der Heizflächen vermindert werden. Dazu bestehen zwei Möglichkeiten:

- Aufteilung des Betts in mehrere Segmente
- Absenkung der Betthöhe

Beide Möglichkeiten sind technisch erprobt, aber apparatetechnisch aufwendig.

Ein Vorteil der stationären Wirbelschicht besteht darin, dass keine besondere Brennstoffaufbereitung erforderlich ist – es reicht aus, den Brennstoff auf Korngrößen kleiner 10 mm zu brechen. Die Querschnittsbelastung liegt bei der stationären Wirbelschichtfeuerung bei 1,2–1,6 MW/m^2 und hat damit dieselbe Größenordnung wie bei der Rostfeuerung. Hauptsächlich aus Gründen der Bettabmessungen eignet sich dieser Feuerungstyp deshalb nur für kleinere Anlagen bis etwa 80 MW_{th}.

6.1.3.3 Zirkulierende Wirbelschichtfeuerungen

Die Hauptkomponenten einer zirkulierenden Wirbelschichtfeuerung sind in Abb. 6.23 dargestellt; die einzige zusätzliche Komponente gegenüber der stationären Wirbelschicht ist der *Rückführzyklon.* Kriterium für die Anzahl und Anordnung der Zyklone sind die Strömungsverhältnisse in der Brennkammer. Diese sind ggf. durch entsprechende Versuche zu ermitteln. Der Brennstoff und der für die Entschwefelung notwendige Kalk werden in die Rückführleitung eingeführt und strömen zusammen mit dem zirkulierenden Feststoff in die Brennkammer.

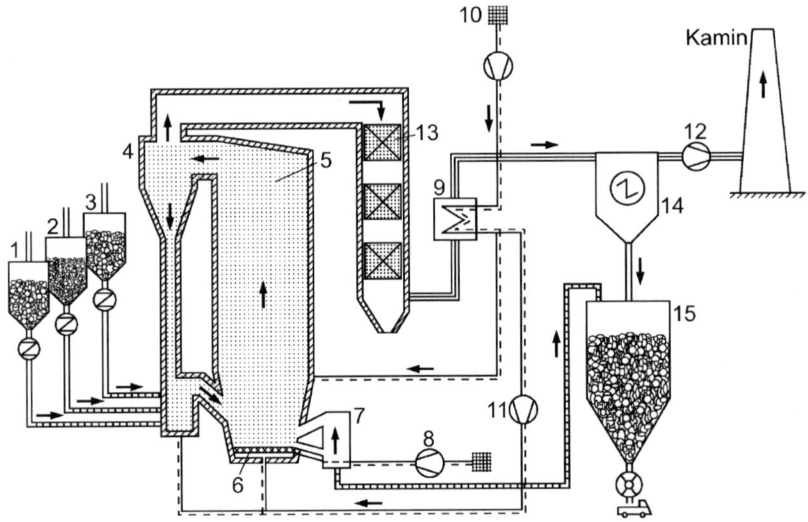

1	Kalkbunker	6	Düsenboden	11	Primärluftgebläse
2	Kohlebunker	7	Aschekühler	12	Saugzug
3	Bettasche	8	Kühlluftgebläse	13	Nachschaltheizflächen
4	Rückführzyklon	9	Luftvorwärmer	14	Staubfilter
5	Brennkammer	10	Frischlüfter	15	Bunker für Bett- und Filterasche

Abbildung 6.23. Feuerungsanlage mit zirkulierender Wirbelschicht

Die zirkulierende Wirbelschicht wird mit Gasgeschwindigkeiten im Bereich der Sinkgeschwindigkeit der größten Partikel betrieben. Eine definierte Schichtoberfläche ist nicht erkennbar, die Feststoffbeladung in der Brennkammer nimmt vielmehr von unten nach oben stetig ab. Es werden mittlere Beladungen zwischen ca. 10 und 100 kg pro Normkubikmeter Rauchgas erreicht.

Gegenüber der stationären Wirbelschicht zeichnet sich die zirkulierende durch eine intensivere Vermischung der Feststoffe aus. Daraus resultiert u.a. eine bessere Schwefeleinbindung bzw. ein geringerer Kalkbedarf, vgl. hierzu Abb. 6.24.

Der Betriebsbereich einer zirkulierenden Wirbelschicht ist durch folgende Kennzahlenbereiche eingegrenzt:

$$100 < \mathrm{Ar} < 10^4 \quad \text{und} \quad 10^3 < \mathrm{Fr} < 10^5 \,.$$

Der wesentliche Vorteil einer Feuerung mit zirkulierender Wirbelschicht ist die Temperaturkonstanz im gesamten Feststoffkreislauf, die durch die große umlaufende Feststoffmasse mit ihrer hohen Wärmekapazität erzwungen wird. Der Wärmeaustausch mit dem Wasser/Dampfkreislauf erfolgt durch die Brennkammerwände, die in Flossenrohrbauweise ausgeführt und üblicherweise als Verdampfer geschaltet sind. Insbesondere bei Anlagen mit hohen Drücken und Zwischenüberhitzung ist es erforderlich, einen Teil der dem Feststoffstrom zu entziehenden Wärme für die Überhitzung zu verwenden. Dazu werden entweder in der Brennkammer Heizflächen als weitgeteilte Schotten angeordnet oder externe Wärmeaustauscher verwendet, die zwischen Zyklon und Brennkammer geschaltet sind.

Die Wärmeübertragung an die Brennkammerwände findet überwiegend durch Partikelkonvektion statt, je nach Feststoffbeladung ergeben sich Wärmeübergangskoeffizienten zwischen 230 und 280 W/m^{2}K. Durch die Art des Wärmeaustausches in der Brennkammer ergibt sich eine günstigere Dampftemperaturcharakteristik als bei staubgefeuerten Anlagen. Die Querschnitts-

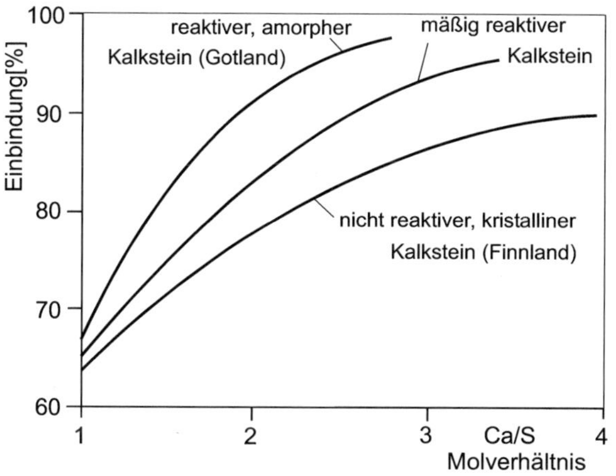

Abbildung 6.24. Schwefeleinbindung bei einer zirkulierenden Wirbelschichtfeuerung

belastung bei zirkulierenden Wirbelschichten liegt bei 5–7 MW/m^2 und die resultierenden Gasgeschwindigkeiten in der Brennkammer bei 5–6 m/s.

Wegen der langen Verweilzeit der Kohleteilchen in der Brennkammer und der Zirkulation reicht eine einfache Brennstoffaufbereitung aus. Im allgemeinen genügt es, eine Zerkleinerung auf eine Korngröße kleiner ca. 5 mm bei Magerkohlen und kleiner ca. 10 mm bei Vollwertkohlen in einem Brecher vorzunehmen.

Bei den in Brennkammern von Wirbelschichtfeuerungen vorliegenden Temperaturen wird praktisch kein thermisches NO_x erzeugt. Durch eine geeignete Feuerführung können ferner die aus dem Brennstoffstickstoff entstandenen Stickoxide weitgehend reduziert werden (gestufte Verbrennung). Wegen der Nachverbrennung im Abströmbereich und im Rückführzyklon werden durch eine derartige Feuerführung weder der Ausbrand noch die CO-Emission nachteilig beeinflusst.

Um die Stufenverbrennung zu erreichen, wird die Verbrennungsluft als Primärluft durch den Düsenboden und als Sekundärluft in mehreren Lagen oberhalb der Feststoffrückführöffnung zugeführt. Durch Veränderung der Mengenströme durch die einzelnen Zuführstellen kann bei konstantem Luftüberschuss die NO_x-Produktion beeinflusst werden. Der vorgegebene Grenzwert von 200 mg/m^3 bezogen auf 6% O_2 im Rauchgas kann damit für fast alle festen Brennstoffe eingehalten werden.

Ein gewisser Nachteil insbesondere gegenüber staubgefeuerten Anlagen besteht in der längeren Kaltstartzeit. Diese ergibt sich aus der zulässigen Aufheizgeschwindigkeit des aus Mauerwerk bestehenden Zyklons, in Abb. 6.25 ist ein typisches Anfahrdiagramm für einen Kaltstart dargestellt. Auf der an-

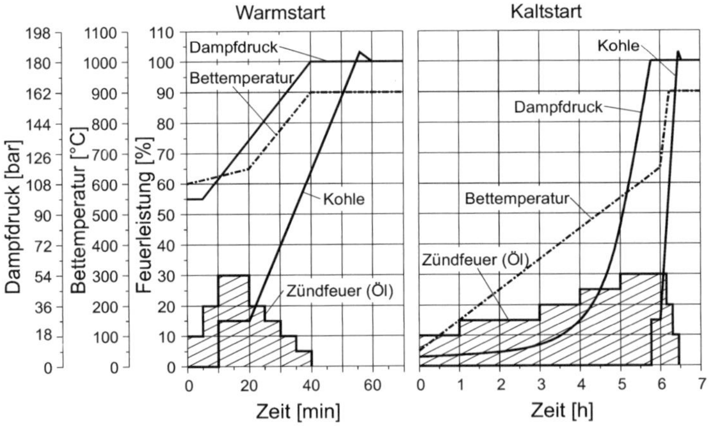

Abbildung 6.25. Anfahrdiagramm einer Anlage mit zirkulierender Wirbelschicht. Die Anfahrzeit zirkulierender Wirbelschichten wird im Wesentlichen durch die zulässige Aufheizgeschwindigkeit der dickwandigen Mauerteile bestimmt. Warmstarts sind deshalb kürzer und Kaltstarts länger als bei staubgefeuerten Anlagen.

deren Seite sind wegen der Wärmespeicherung in der Sandfüllung und dem Mauerwerk die Anfahrzeiten nach kürzeren Stillständen eher geringer. Damit eignen sich diese Anlagen besonders gut für den Zweischichtbetrieb.

Beispiel 6.5. Es ist die Brennkammer für eine zirkulierende Wirbelschichtfeuerung auszulegen. In der Anlage soll rheinische Braunkohle mit einem Heizwert von 8,42 MJ/kg und folgender Zusammensetzung verfeuert werden:

$$\gamma_{\mathrm{C}} = 0{,}263\,, \quad \gamma_{\mathrm{H}} = 0{,}020\,, \quad \gamma_{\mathrm{O}} = 0{,}097\,, \quad \gamma_{\mathrm{H_2O}} = 0{,}585\,,$$
$$\gamma_{\mathrm{N}} = 0{,}006\,, \quad \gamma_{\mathrm{S}} = 0{,}003\,, \quad \gamma_{\mathrm{Asche}} = 0{,}025\,.$$

Der Brennstoffstrom betrage 65 t/h. Als mittlere Brennkammertemperatur ist 870°C vorgeschrieben. Die Verbrennungsluft ist auf 250°C vorgewärmt und besitzt einen Wassergehalt von 0,01 kg Wasser pro kg Luft. Die spezifischen Wärmekapazitäten werden wie folgt angenommen:

für Luft: $c_{p_{\mathrm{L}}} = 1{,}01$ kJ/kgK,
für Rauchgas: $c_{p_{\mathrm{RG}}} = 1{,}25$ kJ/kgK,
für das Inertmaterial der zirkulierenden Wirbelschicht: $c_{p_{\mathrm{Z}}} = 3{,}4$ kJ/kgK.

Die zugehörige Bezugstemperatur T_{Bez} liegt bei 273 K.

a) Man ermittle den erforderlichen Zirkulationsstrom an Inertmaterial, wenn sichergestellt werden soll, dass die Bettemperatur um nicht mehr als 70 K variiert. Dabei ist in erster Näherung davon auszugehen, dass die gesamte zugeführte Wärme zunächst an das Inertmaterial übergeht, welches seinerseits die Wärme an das Rauchgas und die Verdampferwände abgibt. Die Rauchgasdichte kann mit 1,3 kg/Nm^3 angenommen werden.
b) Man bestimme den erforderlichen Brennkammerquerschnitt, wenn bei einem Luftüberschuss von 25% die mittlere Rauchgasgeschwindigkeit nicht größer als 6 m/s sein soll. Welche Abmessungen für die Seitenwände sind zu wählen?
c) Wie groß ist die erforderliche Wärmeaustauscherfläche in der Brennkammer, wenn eine Wandtemperatur von 350°C nicht überschritten werden soll und ein Wärmeübergangskoeffizient von 280 W/m^{2}K angenommen werden kann? Wie hoch ist der Teil der Brennkammer, der die Verdampferrohre enthält?

Lösung. Bei einem Luftüberschuss von 25% beträgt der erforderliche Luftmassenstrom

$$\dot{m}_{\mathrm{L}} = \dot{m}_{\mathrm{B}}\,\mu_{\mathrm{L}} = \dot{m}_{\mathrm{B}}\,n\,\mu_{\mathrm{Lo}} = \dot{m}_{\mathrm{B}}\,n\,\mu_{\mathrm{LoT}}\left(1 + x_{\mathrm{H_2O}}\right),$$

wobei μ_{LoT} gemäß der elementaren Verbrennungsrechnung berechnet wird:

$$\mu_{\mathrm{LoT}} = 11{,}48\,\gamma_{\mathrm{C}} + 34{,}2\left(\gamma_{\mathrm{H}} - \frac{\gamma_{\mathrm{O}}}{8}\right) + 4{,}3\,\gamma_{\mathrm{S}} = 3{,}3\,\frac{\text{kg Luft}}{\text{kg Brennstoff}}\,.$$

Die spezifische Verbrennungsluftmenge beträgt

$$\mu_{\mathrm{L}} = 4{,}17\,\frac{\text{kg Luft}}{\text{kg Brennstoff}}\,,$$

weshalb der Verbrennungsluftmassenstrom zu

$$\dot{m}_L = 75{,}3 \text{ kg/s}$$

bestimmt wird. Daraus ergibt sich ein Rauchgasmassenstrom von

$$\dot{m}_{RG} = \dot{m}_L + \dot{m}_B \left(1 - \gamma_{\text{Asche}}\right) = 92{,}90 \text{ kg/s}.$$

Der Brennkammer wird der Wärmestrom

$$\dot{Q}_{zu} = \dot{m}_B \, H + \dot{m}_L \, c_{p_L} \left(T_L - T_{\text{Bez}}\right) = 171{,}04 \text{ MW}$$

zugeführt. Mit den Rauchgasen wird dieser Wärmestrom abgeführt:

$$\dot{Q}_{RG} = \dot{m}_{RG} \, c_{p_{RG}} \left(T_{RG} - T_{\text{Bez}}\right) = 101{,}23 \text{ MW}.$$

Damit ist durch Wärmeaustausch in der Brennkammer ein Energiestrom von

$$\dot{Q}_{BK} = \dot{Q}_{zu} - \dot{Q}_{RG} = 69{,}81 \text{ MW}$$

abzuführen.

a) Unter der Voraussetzung, dass die zugeführte Wärme zur Aufheizung des Inertmaterialstroms $\dot{m}_Z$ führt, gilt

$$\dot{Q}_{zu} = \dot{m}_Z \, c_{p_Z} \, \Delta T \, .$$

Für eine zulässige Variation von $\Delta T = 70$ K der Temperatur in der Wirbelschicht kann damit der erforderliche Zirkulationsstrom

$$\dot{m}_Z = \frac{\dot{Q}_{zu}}{c_{p_Z} \, \Delta T} = 718{,}7 \text{ kg/s} = 2\,587 \text{ t/h}$$

bestimmt werden.
Bei Annahme der Gültigkeit des idealen Gasgesetzes für das Rauchgas lässt sich die Rauchgasdichte bei der Temperatur von $870°\text{C} = 1\,143$ K berechnen:

$$\rho_{RG}(T) = \rho_{RG}\left(T_{\text{Bez}}\right) \frac{T_{\text{Bez}}}{T} = 0{,}31 \text{ kg/m}^3.$$

Es ergibt sich somit eine Zirkulationsmenge von 10,01 kg Inertmaterial pro Normalkubikmeter bzw. 2,39 kg pro Effektivkubikmeter Rauchgas.

b) Bei einer mittleren Rauchgasgeschwindigkeit von 6 m/s folgt ein Brennkammerquerschnitt

$$A_{BK} = \frac{\dot{m}_{RG}}{\rho_{RG} \, v} = 50{,}2 \text{ m}^2.$$

Gewählt wird $6{,}5 \text{ m} \cdot 8 \text{ m} = 52 \text{ m}^2$. Daraus ergibt sich ein Brennkammerumfang von

$$U_{BK} = 2 \cdot 6{,}5 \text{ m} + 2 \cdot 8 \text{ m} = 29 \text{ m}.$$

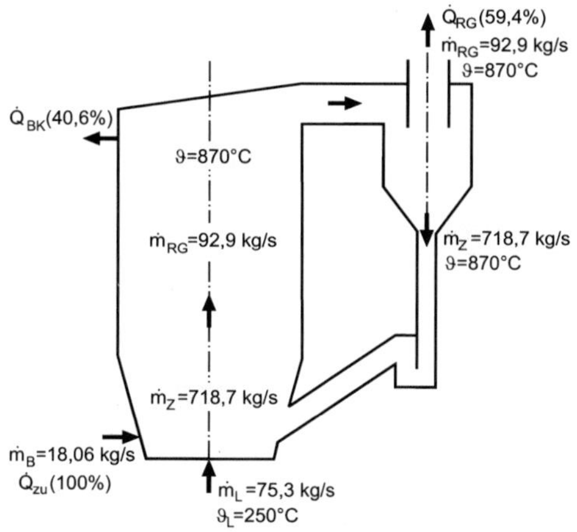

Abbildung 6.26. Rauchgas- und Feststoff-Massenströme bei einer zirkulierenden Wirbelschicht

c) Es gilt die Wärmebilanz

$$\dot{Q}_{BK} = \alpha\, A_W\, \Delta T\,,$$

woraus sich die Wandfläche

$$A_W = \frac{\dot{Q}_{BK}}{\alpha\, \Delta T} = 477{,}5\ \mathrm{m}^2$$

ergibt. Für die Brennkammerhöhe h_{BK} oberhalb des ausgemauerten Trichters folgt

$$h_{BK} = \frac{A_W}{U_{BK}} = 16{,}46\ \mathrm{m}.$$

Gewählt wird $h_{BK} = 17$ m.

6.1.3.4 Gegenwärtiger Stand und Entwicklungsaufgaben

Seit der Einführung der Wirbelschichtfeuerung um 1970 hat diese sich für mittlere Anlagengrößen, d.h. für Wärmeleistungen zwischen 50 und 500 MW, als gut geeignet erwiesen. Die Entwicklung dieser Technik begann mit der stationären Wirbelschicht, die später fast vollständig durch die zirkulierende Wirbelschicht verdrängt wurde. Hauptgründe für die Aufgabe der stationären Wirbelschicht waren die Erosionsanfälligkeit der Tauchheizflächen, der vergleichsweise hohe Feuerungsverlust, erhöhte CO-Werte im Abgas und der hohe Kalkbedarf für die Schwefeleinbindung. Durch den Übergang auf zirkulierende Systeme konnten wesentliche Entwicklungsziele erreicht werden: Hohe Betriebssicherheit, geringer Feuerungsverlust, niedrige Emissionen von Schwefeldioxid, Stickoxiden, Kohlenmonoxid und Chlor- und Fluorwasserstoff.

Die Wirbelschicht ist vor allem für die Verfeuerung ballasthaltiger Kohlen geeignet, zumal die energieaufwendige Vermahlung entfällt. Bei aschearmen Kohlen, die ebenfalls im Wirbelbett verbrannt werden können, muss zur Aufrechterhaltung des Betts vielfach Inertmaterial (Sand) zugegeben werden.

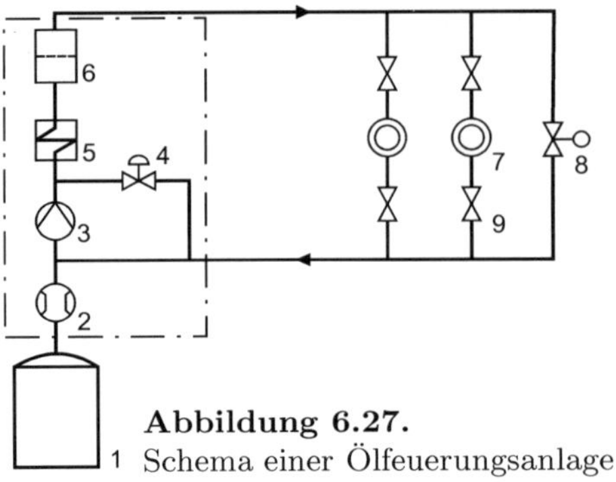

1 Lagertank
2 Ölmengenmeßgerät
3 Pumpe
4 Regelventil
5 Ölvorwärmer
6 Filter
7 Brenner
8 Umpumpventil
9 Schnellschlussventile

Abbildung 6.27.
Schema einer Ölfeuerungsanlage mit Rücklauf-Druckzerstäubern

Ob die Wirbelschichttechnik in Zukunft auch für Großanlagen in Frage kommt, hängt von der Verwertung der Aschen ab. Die Rückstände aus der Wirbelschichtverbrennung unterscheiden sich von den Aschen aus Staubfeuerungen durch die Produkte, die aus der Schwefelbindung mit Kalk entstehen, nämlich das Anhydrid $CaSO_4$ und nicht verbrauchter Kalk. Problematisch für die Verwendung als Baumaterial ist vor allem das CaO. Bisher gibt es keine Konzepte für die Verwendung großer Aschemengen aus zirkulierenden Wirbelschichten.

6.2 Feuerungssysteme für Öl und Gas

Wie bei der Beschreibung des Verbrennungsablaufs ausgeführt, sind alle Brennstoffe für die Verbrennung in die gasförmige Phase zu überführen. Flüssige Brennstoffe werden daher so aufbereitet, dass ein praktisch gasförmiger Brennstoff entsteht – ein mit der Verbrennungsluft leicht mischbarer Ölnebel, der sich bei Erwärmung über die Zündtemperatur entzündet und weiterbrennt. Die Aufbereitung setzt sich aus folgenden Phasen zusammen:

- Förderung
- Vorwärmung
- Zerstäubung in einen Ölnebel
- Mischung mit der Verbrennungsluft

Die Vorwärmung ist vor allem bei Schweröl erforderlich, um eine für die einwandfreie Zerstäubung günstige Viskosität von ca. 10^{-5} m^2/s zu erreichen. Das Schema einer Ölfeuerungsanlage mit den wichtigsten Komponenten ist in Abb. 6.27 dargestellt.

Ölfeuerungen werden mit niedrigen Luftverhältnissen betrieben. Typisch sind Werte um $n = 1{,}05$, womit die SO_3-Bildung gering gehalten werden soll, denn diese ist die Hauptursache der *Tieftemperaturkorrosion* am sog. kalten Ende des Dampferzeugers.

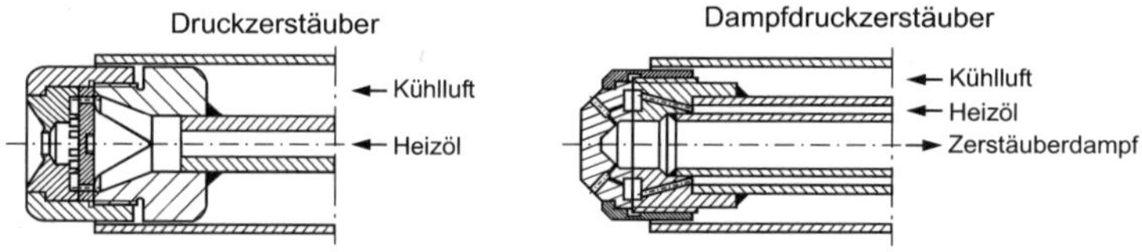

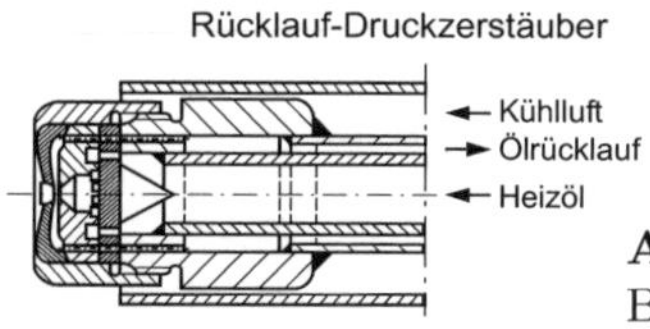

Abbildung 6.28. Düsen zur Zerstäubung flüssiger Brennstoffe

In verschiedenen Ölen ist u.a. Natrium und Vanadium enthalten. Obwohl die absoluten Mengen außerordentlich gering sind – der Aschegehalt liegt bei Schweröl meist unter 0,05% – können sich auf den Heizflächen mit der Zeit beachtliche Mengen ansammeln. Dabei ist weniger die Aschemenge als vielmehr deren Zusammensetzung entscheidend. Insbesondere das Natrium und Vanadium bilden bei der Verbrennung Verbindungen, die bereits oberhalb 600°C in flüssiger Phase vorliegen und außerordentlich aggressiv gegen Metalle sind. Die Verschmutzungen bei ölgefeuerten Dampferzeugern bedeuten damit eine Gefahr, weil sie zu *Hochtemperaturkorrosionen* führen können.

Zerstäuber für Ölbrenner: In Brennern großer Leistung, bei denen es auf einen raschen Verbrennungsablauf ankommt, werden drei Typen von Zerstäubern verwendet:

- Druckzerstäuber
- Rücklauf-Druckzerstäuber
- Dampfdruckzerstäuber

Beim Druckzerstäuber wird das Öl mit feinen, scharfkantigen Düsen mechanisch durch Abbau des Vordrucks zerstäubt. Meist wird der Zerstäuberdüse noch eine Wirbelkammer vorgeschaltet, in der dem austretenden Ölnebelstrahl ein Drall aufgeprägt wird, vgl. Abb. 6.28. Der Ölnebel breitet sich außerhalb der Düse kegelförmig aus. Der Durchmesser der Tröpfchen hängt von der Düsenbohrung, der Viskosität des Öls und dem Durchsatz ab. Der Durchsatz wird durch den Öldruck vor der Düse bestimmt, er ändert sich mit der Wurzel aus dem Druckverhältnis. Bei ausgeführten Düsen werden mittlere Tröpfchendurchmesser von 100 μm erreicht. Der Regelbereich ist verhältnismäßig gering und beträgt meist nur 1:2,5.

Zur Verbesserung des Regelbereiches wird im Rücklauf-Druckzerstäuber hinter der Wirbelkammer ein Teilstrom abgezweigt und wieder vor die Pumpe bzw. den Öltank zurückgeführt, vgl. Abb. 6.28. Der Regelbereich erweitert sich dadurch auf ca. 1:4. Ein Nachteil des Systems besteht darin, dass das zurückgeführte heiße Öl unter Umständen zu Kavitation in den Pumpen führt.

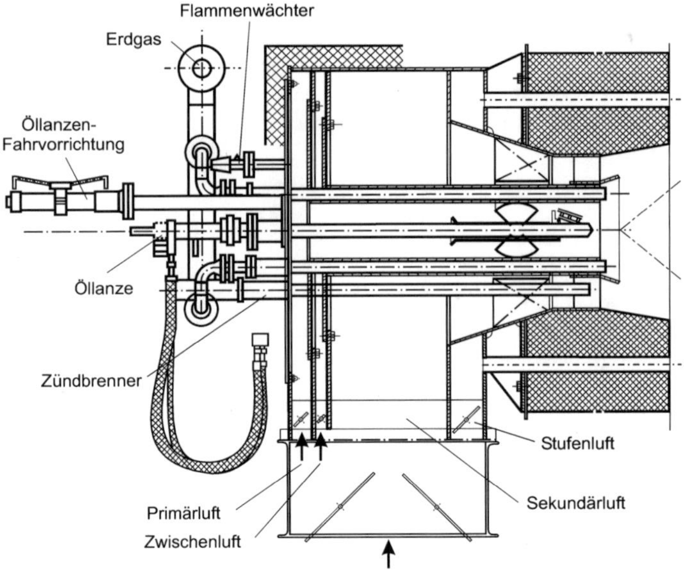

Abbildung 6.29. Kombinierter Brenner für die Verfeuerung von Gas und Öl

Beim Dampfdruckzerstäuber wird das mit einem mäßigen Vordruck einer Düse zugeführte Öl mit Dampf zerstäubt, eine Ausführung ist in Abb. 6.28 dargestellt. Mit Dampf als Zerstäubungsmittel ergibt sich als Vorteil eine weitere Erwärmung des Öls und eine zusätzliche Turbulenzerzeugung infolge der Expansion hinter der Düse. In ausgeführten Brennern werden mittlere Tröpfchendurchmesser von 60 μm erreicht. Der Regelbereich beträgt 1:4 und der Dampfverbrauch liegt bei ca. 0,06 kg je kg Öl.

Brenner für Öl- und Gasfeuerungen: Mit den Brennern wird das zerstäubte Öl mit der Verbrennungsluft gemischt und zur Reaktion gebracht. Dabei werden dieselben Verfahrensprinzipien zur Anwendung gebracht wie bei den Drallbrennern für Kohlenstaub. Das Öl wird meist mit einer Lanze eingebracht, die im Kernluftrohr angeordnet ist. Die Ölaustrittsdüsen sind an der Lanzenspitze angeordnet und haben auch die Funktion eines *Flammhalters*, der das Ablösen der Flamme vom Brenner verhindert. Die Verbrennungsluft wird mit ringförmig angeordneten Düsen zugegeben, wobei meist einem der Teilströme mit einem Schaufelgitter ein Drall aufgeprägt wird. Ein Ausführungsbeispiel ist in Abb. 6.29 dargestellt. Mit der Aufteilung der Verbrennungsluft in zwei Teilströme ist die Realisierung der Stufenverbrennung zur Verminderung der NO_x-Produktion möglich.

Der in der Abb. 6.29 gezeigte Brenner ist auch für die Verfeuerung von Gas ausgelegt. Das Gas wird dabei mit über den Umfang des Kernluftrohres verteilten Düsen zugeführt. Weil Gase naturgemäß nur schwer durch Strahlung aufgeheizt werden können, muss durch konstruktive Maßnahmen dafür Sorge getragen werden, dass die Flamme sich nicht vom Brenner entfernt. Gas- und

Luftdüsen werden dazu so angeordnet, dass sich stabile Rückströmzonen bilden, die ausreichend mit Brenngas und Luft versorgt werden, damit sich eine stabile Primärflamme entwickelt. Diese Primärflamme liefert die Zündenergie für die weiter stromab brennende Hauptflamme.

6.3 Verluste bei der Verbrennung

Die Umwandlung der chemischen Energie der Brennstoffe in Wärme in Feuerungen ist mit Verlusten verbunden. Diese lassen sich wie folgt aufspalten:

- Wärmeverluste durch Leitung, Konvektion oder Strahlung der Wände der Feuerung (0,2–1%),
- Abgasverlust (6–10%): Wegen der Gefahr der Taupunktunterschreitung kann die Rauchgaswärme nicht vollständig genutzt werden. Die Rauchgase werden mit einer Temperatur, die oberhalb des Säuretaupunktes liegt, in die Umgebung bzw. die Rauchgasreinigungsanlagen abgegeben.
- Verlust durch Unverbranntes (Feuerungsverlust): Ist vom Brennstoff, der Feuerungsart und der Feuerungsleistung abhängig. Bei festen Brennstoffen und Rostfeuerungen beträgt der Feuerungsverlust 2–4%, bei Staubfeuerungen mit einer Wärmeleistung > 500 MW 0,5% bzw. 1,5% bei einer Wärmeleistung von 100 MW und bei Wirbelschichtfeuerungen zwischen 0,5% (zirkulierend) und 2,0% (stationär). Bei flüssigen und gasförmigen Brennstoffen sind die Verluste durch Unverbranntes vernachlässigbar klein.
- Bei festen Brennstoffen gibt es noch einen *Verlust durch die fühlbare Wärme* in der Asche und Schlacke.

6.4 Fazit

Der Feuerungsanlage kommt die Aufgabe zu, die chemisch gebundene Energie des Naturprodukts Brennstoff in Wärme zu überführen. Die Anlagen sind so zu konzipieren, dass folgende Ziele erreicht werden:

- Sicherer Betrieb unter allen Bedingungen
- minimale Umweltbeeinflussung
- hoher Umwandlungswirkungsgrad
- schnelle Leistungsanpassung
- große Betriebsflexibilität
- Wirtschaftlichkeit und hohe Arbeitsverfügbarkeit

Für die Verbrennung von festen Brennstoffen werden Rostfeuerungen, Staub- und Wirbelschichtfeuerungen eingesetzt. Die Einsatzmöglichkeiten hinsichtlich der darstellbaren Leistung und der Eigenschaften der zur Verwendung kommenden Brennstoffe überschneiden sich nur teilweise, so dass jeweils die Vor- und Nachteile der einzelnen Systeme einander gegenüberzustellen sind.

Aufbauend auf Betriebserfahrungen wurden alle drei Feuerungssysteme ständig weiterentwickelt und weitgehend automatisiert. Durch das Detektieren von UV- und IR-Licht, das von Öl- und Staubflammen emittiert wird, kann eine Flammen- und Feuerraumüberwachung vorgenommen werden. Mit den UV-Sensoren können Einzelflammen beobachtet werden, was insbesondere für das sichere Anfahren einer Anlage bedeutsam ist. Durch die Entwicklung dieser Überwachungstechnik ist die Betriebssicherheit von Großfeuerungsanlagen kein Problem mehr. Unfälle und Schäden infolge von Fehlfunktionen sind in den letzten Jahren nicht bekannt geworden.

Während die Sicherheitsanforderungen mit der nötigen Sorgfalt gut zu erledigen sind, bereitet die Einhaltung der Emissionsgrenzwerte für Stickoxide noch größere Schwierigkeiten. Nach dem gegenwärtigen Stand der Erfahrung kann aber festgestellt werden, dass die NO_x-Grenzwerte bei Erdgas-, Leichtöl- und Braunkohlestaubfeuerungen und mit Wirbelschichtfeuerungen für Stein- und Braunkohle durch Primärmaßnahmen eingehalten werden können.

Literatur

1. Jahrbuch der Dampferzeugungstechnik, 5. Ausgabe. Vulkan, Essen 1985
2. Jahrbuch der Dampferzeugungstechnik, 6. Ausgabe. Vulkan, Essen 1989
3. Gumz, W.: Kurzes Lehrbuch der Brennstoff- und Feuerungstechnik, 3. Auflage. Springer, Berlin Heidelberg New York 1962
4. Singer, J.G. (Ed.): Combustion: Fossil power. Combustion Engineering Inc., Windsor, CT 1991
5. Wärmetechnisches Taschenbuch. EVT-GmbH (Energie- und Verfahrenstechnik), Stuttgart 1985
6. Schäff, K.: Die Entwicklung zum heutigen Wärmekraftwerk. VGB-Verlag, Essen 1977
7. VDI-Wärmeatlas. 9. Auflage, VDI-Verlag (Verein deutscher Ingenieure e.V.), Düsseldorf 2002
8. Fenimore, C.P.: Formation of nitric oxide from fuel of nitrogene in ethylene flames. Combust. and Flame **19**, 289–296 (1972)
9. Blackeslee, C.E., Burbach, H.E.: Controlling NO_x-Emissions from Steam Generators. J. Air Pollution Contr. Assoc. **23**, 37–42 (1973)
10. Bergins, Ch., Strauss, K.: Advanced processes for low rank coal drying and dewatering. Int. J. Global Energy Issues **28**, 241–263 (2007)
11. Schack, A.: Der industrielle Wärmeübergang. Verlag Stahleisen, Düsseldorf 1962
12. Hottel, H.C., Serafim, A.F.: Radiative heat transfer. McGraw-Hill, New York 1967
13. Sattler, K.: Umweltschutz, Entsorgungstechnik. Vogel Buchverlag, Würzburg 1982
14. Strauß, K.: Anmeldeschrift DPA 196 06 152.0 (1995)
15. Strauß, K., Berger, S., Bielfeldt, F.B., Erken, M., Hoffmann, M.: Mechanisch-Thermische-Entwässerung als Vortrocknungsstufe für braunkohlegefeuerte Kraftwerke. VDI-Bericht 1 280, 165–175 (1996)

7

Dampferzeuger

Ein Dampferzeuger hat die Aufgabe, die in der Feuerung in Wärme umgewandelte chemische Energie des Brennstoffes in Energie eines hochgespannten Dampfes umzuwandeln. Seiner Funktion nach ist er folglich ein Wärmeaustauscher. Am Beginn seiner Entwicklung war er einfach ein beheizter Behälter zur Erzeugung von Sattdampf – daher stammt auch der heute noch verwendete Begriff *Kessel*.
Die heutigen Hochtemperatur-Hochdruckdampferzeuger haben allerdings keine Ähnlichkeit mehr mit einem Kessel. Vielmehr handelt es sich um komplexe Systeme aus Economizer, Verdampfer, Überhitzer, Zwischenüberhitzer, Luftvorwärmer sowie zahlreichen Hilfsmaschinen. Es sind Anlagen mit Dampfleistungen von bis zu 3 600 t Dampf pro Stunde in Betrieb. Die Dampfparameter typischer Kraftwerksdampferzeuger liegen bei 250 bar und 560°C. Ausgeführt wurden bereits 350 bar und 640°C bei der Anlage Eddystone in den USA.

An einen Kraftwerksdampferzeuger sind eine Reihe von Anforderungen zu stellen:

- Verdampfung und Überhitzung großer Massenströme unter hohen Drücken auf hohe Temperaturen
- kurze Anfahrzeiten, hohe Laständerungsgeschwindigkeiten (bis zu ±10% pro min) und die Zulässigkeit von Lastsprüngen (Diese Anforderungen werden unter der Bezeichnung Betriebsflexibilität zusammengefasst)
- geringe Temperaturabweichungen (±3 K) und Druckschwankungen (±1% von p_{max}) des überhitzten Dampfes im stationären Betrieb, bzw. ±6 K und ±2% von p_{max} bei Laständerungen und Lastsprüngen
- hohe Wirkungsgrade für die Energieumwandlung
- lange Reisezeiten und hohe Verfügbarkeit

Unter *Reisezeit* versteht man die ununterbrochene Betriebszeit einer Anlage zwischen zwei Stillständen, die für notwendige Instandsetzungen erforderlich sind.[1] Die *Verfügbarkeit* ist die Zeit, in der eine Anlage betriebsfähig ist, bezogen auf einen festzulegenden Zeitraum, z.B. ein Jahr.

Über Dampferzeuger besteht eine umfangreiche Literatur. Hier sei auf die Monographien [1], [2], [4], [23] und [3] hingewiesen.

7.1 Dampferzeugersysteme

7.1.1 Einleitung

Zur Erzeugung von überhitztem Dampf ist das Arbeitsmittel auf Sättigungstemperatur vorzuwärmen, zu verdampfen und zu überhitzen. Die dafür erforderlichen Wärmemengen sind vom jeweiligen Druck abhängig, vgl. Abb. 7.1. Überhitzter Dampf kann auf verschiedene Weise erzeugt werden. Man unterscheidet Verfahren mit einem festgehaltenen Verdampfungsendpunkt[2], die als Naturumlauf-, Zwangumlauf- oder Zwangdurchlaufsysteme ausgeführt sein können, und Zwangdurchlaufverfahren mit einem variablen Verdampfungsendpunkt. Die Verfahren unterscheiden sich in der Schaltung des Verdampfers. Die Überhitzer und der Economizer sind bei allen Systemen verfahrenstechnisch gleich.

Der Verdampfungsendpunkt ist bei mit unterkritischem Druck betriebenen Zwangdurchlaufdampferzeugern im Durchlaufbetrieb örtlich variabel, bei den anderen drei Systemen dagegen im Wasserabscheider bzw. in der Trommel fest.

Die zur Erzeugung des Dampfes erforderliche Wärme wird über Heizflächen durch Strahlung und/oder Konvektion übertragen. In den Brennkammerwänden ergeben die Flammenstrahlung und hohe Gastemperaturen große Wärmestromdichten. Zur Vermeidung unzulässig hoher Metalltemperaturen sind auf der Wasser/Dampfseite hohe innere Wärmeübergangszahlen erforderlich. Diese erreicht man durch große Massenstromdichten, die am einfachsten in den Verdampferheizflächen zu realisieren sind. Deshalb werden diese in der Regel in den Brennkammerwänden angeordnet.

7.1.2 Naturumlauf

Bei diesem ältesten Verfahren zur Dampferzeugung wird der erforderliche Massenstrom des Arbeitsmittels durch den Dichteunterschied des Fluids in den *Steig-* und *Fallrohren* erzeugt, vgl. die Abbildungen 7.2 und 7.5. Das sich in den beheizten Steigrohren, die als Verdampferrohre ausgeführt sind, bildende Wasser/Dampfgemisch ist spezifisch leichter als das Wasser in den

[1] Bei modernen Dampfkraftwerken werden Reisezeiten von zwei Jahren bei einer Verfügbarkeit von 90% verlangt. Die Revisionszeit von 1–2 Monaten wird in die Zeit geringen Strombedarfes gelegt. Meist sind dies die Sommermonate.

[2] Als Verdampfungsendpunkt bezeichnet man den Ort, an dem das Medium vollständig verdampft ist und die Überhitzung beginnt.

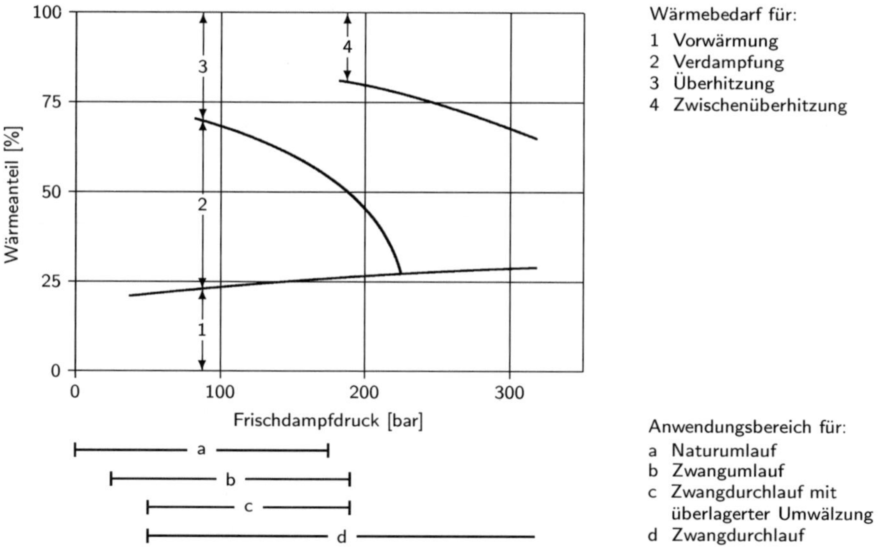

Abbildung 7.1. Wärmeanteile für Frischdampferzeugung und Zwischenüberhitzung sowie möglicher Anwendungsbereich der wichtigsten Dampferzeugungsverfahren

meist unbeheizten Fallrohren. Dadurch bildet sich in dem kommunizierenden System aus Fallrohr, Verteilungssammler, Verdampferrohr und Trommel eine Umlaufströmung aus, die als *Naturumlauf* bezeichnet wird.

In der *Kesseltrommel* wird der erzeugte Dampf vom Wasser getrennt und zu den Überhitzern geleitet. Das abgeschiedene Wasser nimmt wieder an der Umlaufströmung teil. Für das Einsetzen des Umlaufes genügen bereits geringe Temperaturdifferenzen des Fluids in den Steig- und Fallrohren. Dies ist besonders für das Anfahren einer Naturumlaufanlage von Bedeutung.

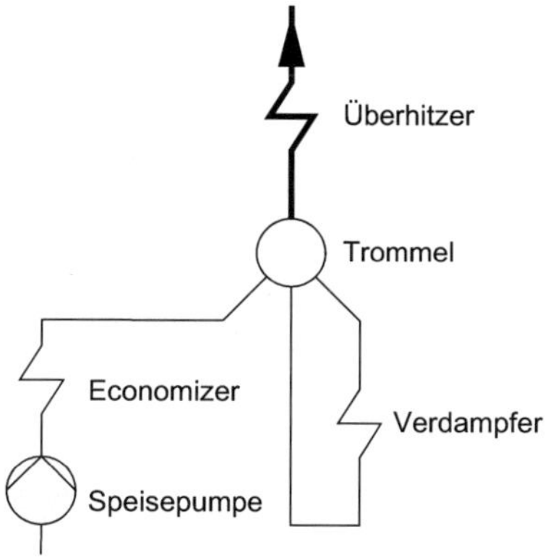

Abbildung 7.2. Schaltschema eines Naturumlaufdampferzeugers

Um unzulässig hohe Rohrwandtemperaturen zu vermeiden, muss ein ausreichender Wärmeübergang in den einzelnen Verdampferrohren, die unterschiedlich beheizt sein können, sichergestellt sein. Mit steigendem Dampfgehalt nimmt aufgrund der geringeren Dichte des Mediums die Triebkraft für den Umlauf zu. Der Wärmeübergangskoeffizient wächst mit der daraus resultierenden, erhöhten Strömungsgeschwindigkeit. Durch geeignete Wahl der Strömungswiderstände in Abhängigkeit von der örtlichen Beheizung kann garantiert werden, dass die Rohrwandtemperatur nicht infolge zu geringer Strömungsgeschwindigkeiten zu hohe Werte annimmt. In Tabelle 7.1 sind beispielhaft die Umlaufzahl und der zugehörige Dampfgehalt am Ende der Steigrohre einer kohlegefeuerten Anlage angegeben. Der Umlauf nimmt von $u \approx 11$ bei 80 bar auf $u \approx 5$ bei 200 bar ab.

Tabelle 7.1. Umlaufzahl eines kohlegefeuerten Naturumlaufdampferzeugers

Dampfdruck [bar]	80	100	120	140	160	180	200
Umlaufzahl u	11,1	10,0	9,0	7,9	6,8	6,0	5,1
Dampfgehalt x	0,09	0,1	0,11	0,13	0,14	0,16	0,18

Auch bei Anwendung größerer Rohrdurchmesser, die einen erhöhten Volumenstrom zur Folge hätten, ist der Druck in der Trommel auf ca. 185 bar begrenzt, da zur sicheren Trennung von Wasser und Dampf eine ausreichend hohe Dichtedifferenz der beiden Phasen erforderlich ist. Nach dem Durchströmen der Überhitzer, die typischerweise einen Druckabfall von 8–15 bar aufweisen, ergibt sich ein maximaler Frischdampfdruck von 170–180 bar.

In Abb. 7.3 ist für ein Naturumlaufsystem mit einer wirksamen Steighöhe von 30 m und einem Flächenverhältnis zwischen den Steig- und Fallrohren von 3 die Abhängigkeit der resultierenden Massenstromdichte Φ in den Verdampferrohren von der mittleren Wärmestromdichte $\overline{q}$ und dem Druck in der Trommel dargestellt. Bei mit Kohlenstaub gefeuerten Anlagen beträgt die maximale Wärmestromdichte ca. 0,4 MW/m^2. Zur sicheren Kühlung der Verdampferrohre ist bei dieser Beheizung eine Massenstromdichte von etwa 600 kg/m^{2}s erforderlich. Auch hieraus ergibt sich eine Begrenzung des Trommeldruckes auf ca. 185 bar.

Die Nachteile des Naturumlaufs sind die Abnahme der Frischdampftemperatur bei Teillasten infolge des festgehaltenen Verdampfungsendpunktes und die Empfindlichkeit des Systems gegen schnelle Druckabsenkungen. Dabei kann es zu einer starken Dampfbildung in den Falleitungen und zu Instabilitäten im Wasserumlauf kommen. Tritt dieser Effekt in einem Verdampferrohr auf, ist mit einer lokalen Überschreitung der zulässigen Rohrtemperatur und in der Folge mit einem Rohrschaden zu rechnen. Die zulässigen Druckabsenkungsgeschwindigkeiten typischer Anlagen liegen im Bereich von 6–8 bar

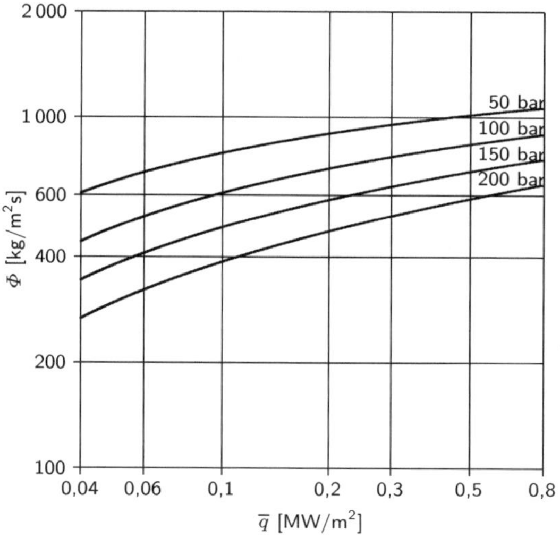

Abbildung 7.3. Massenstromdichte im Verdampfer eines Naturumlaufdampferzeugers als Funktion der Beheizung und des Trommeldrucks für eine Verdampferhöhe von $H = 30$ m und ein Flächenverhältnis zwischen den Steig- und Fallrohren von $A_{\mathrm{SR}}/A_{\mathrm{FR}} = 3$.

pro Minute. Eine Beschränkung für den Betrieb von Dampferzeugern ergibt sich somit aus den auftretenden Wärmespannungen.

Im Vergleich zu den Bauteilen mit der größten Wanddicke von Zwangdurchlaufdampferzeugern – dies sind i.allg. die Wasserabscheider – sind die zulässigen Temperaturtransienten in der dickwandigen Trommel bei Naturumlaufkesseln wesentlich geringer. Daraus resultieren längere Anfahrzeiten und Einschränkungen für den sog. Gleitdruckbetrieb[3]. Beispielhaft sind in Abb. 7.4 die zulässigen Temperaturtransienten für die Trommel eines Naturumlauf- und den Wasserabscheider eines Zwangdurchlaufdampferzeugers als Funktion des Druckes dargestellt. In der Abbildung ist ferner der aus der zugehörigen maximal zulässigen Druckänderungsgeschwindigkeit resultierende Druck als Funktion der Zeit angegeben.[4]

Die Vorteile des Naturumlaufs sind der einfache Aufbau des Verdampfers und der im Vergleich zu anderen Systemen geringere Kraftbedarf der Speisepumpe. Ferner sind die Anforderungen an die Qualität des Speisewassers wegen der Möglichkeit der Abschlämmung aus der Trommel geringer. Heute sind die Systeme zur Wasseraufbereitung allerdings so gut entwickelt, dass bei neuen Anlagen von dieser Möglichkeit nur noch in wenigen Fällen Gebrauch gemacht wird.

---

[3] Beim Kraftwerksbetrieb werden zwei Fahrweisen unterschieden: Gleitdruckbetrieb und Festdruckbetrieb, vgl. Abschn. 8.4.

[4] Man beachte, dass im Sättigungszustand zwischen Druck und Temperatur ein eindeutiger Zusammenhang besteht. Bei den Wärmespannungen ist zu berücksichtigen, dass zunächst nicht die Höhe der Spannung maßgebend ist, sondern – solange die Bruchspannung nicht im ganzen Querschnitt erreicht ist – die Zahl der Lastwechsel, vgl. auch Abschn. 7.7.

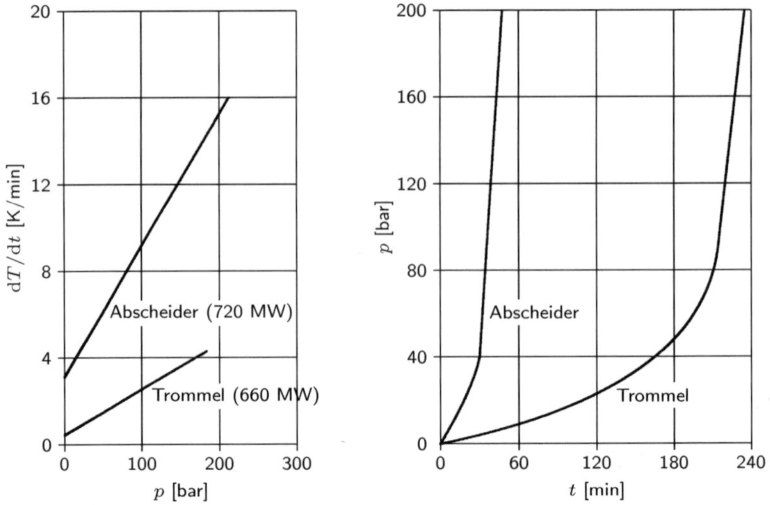

Abbildung 7.4. Vergleich des Anwärmvorgangs der dickwandigen Bauteile zweier Dampferzeuger [5]. Links: zulässige Temperaturtransienten als Funktion des Drukkes; rechts: zulässige Drucksteigerung als Funktion der Zeit.

In Europa wird der Naturumlauf hauptsächlich bei kleineren Anlagen für Industrie- und Heizkraftwerke verwendet. Bei Dampfleistungen über ca. 500 t/h sind Naturumlaufsysteme wegen des größeren Materialaufwandes in der Regel teurer als Zwangdurchlaufsysteme. Weltweit arbeiten allerdings die meisten Dampferzeuger nach dem Naturumlaufprinzip. Es sind Anlagen mit einer Kapazität von ca. 2 000 t/h und Frischdampfdrücken von 170 bar erfolgreich in Betrieb.

Das Prinzip des Naturumlaufs wird bei zahlreichen technischen Prozessen angewendet. Wegen seiner Bedeutung werden wir eine einfache Abschätzung für den sich einstellenden stationären Wasserumlauf vornehmen. Unseren Überlegungen legen wir ein aus Trommel, Fallrohren, Verteilungssammler und beheizten Steigrohren bestehendes System zugrunde, vgl. Abb. 7.5.
Die treibende Kraft für den Naturumlauf resultiert aus der mittleren Differenz der Dichten des Fluids im Fallrohr $\rho_{\mathrm{FR}} = \rho'$ und Steigrohr $\overline{\rho}_{\mathrm{SR}}$. Daraus ergibt sich die statische Druckdifferenz

$$\Delta p \stackrel{\cdot}{=} \left(\rho_{\mathrm{FR}} - \overline{\rho}_{\mathrm{SR}}\right) g\,H\;. \tag{7.1}$$

Hier ist g die Schwerebeschleunigung und H die Höhendifferenz zwischen Trommel und Verteilungssammler, vgl. Abb.7.5. Während die Dichte im Fallrohr über die Höhe konstant und praktisch gleich der bekannten Sattwasserdichte in der Trommel ist, ändert sie sich im Steigrohr mit der Höhe aufgrund der Beheizung. Bei Dampferzeugern ist es zulässig, die mittlere Dichte im Steigrohr gleich dem arithmetischen Mittelwert der Dichten am Ein- und Austritt zu setzen

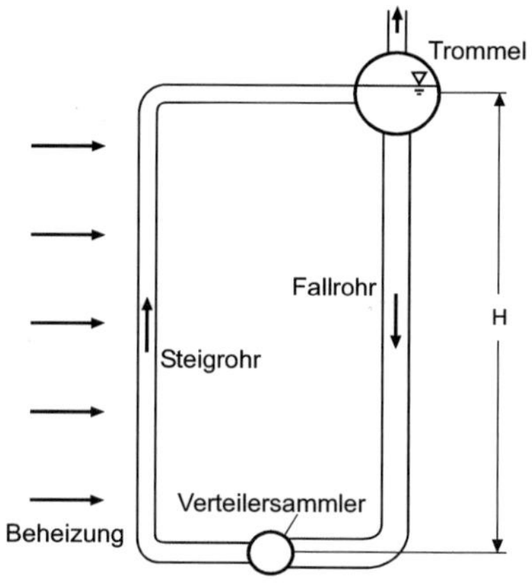

Abbildung 7.5. Naturumlaufsystem, bestehend aus Trommel, Fallrohr, Verteilersammler und beheizten Steigrohren. Das aus der Trommel ausströmende Wasser hat Siedetemperatur, daher kommt es im beheizten Steigrohr zur Dampfbildung. Die Dichte des Dampf-Wasser-Gemisches im Steigrohr ist damit geringer als die des Siedewassers im Fallrohr. Diese Dichtedifferenz führt zu der durch die Pfeile angedeuteten Umlaufströmung. In der Trommel wird schließlich die Dampf- von der Wasser-Phase getrennt.

$$\overline{\rho}_{\mathrm{SR}} = \frac{1}{H} \int\limits_0^H \rho_{\mathrm{SR}}(z)\,\mathrm{d}z \approx \frac{1}{2}\left(\rho_{\mathrm{SR}}(z=0) + \rho_{\mathrm{SR}}(z=H)\right). \tag{7.2}$$

Bei der vorausgesetzten Anordnung ist die Dichte am Eintritt des Steigrohrs gleich der Dichte im Fallrohr, die näherungsweise gleich der Dichte im Siedezustand ρ' ist:

$$\rho_{\mathrm{SR}}(z=0) = \rho_{\mathrm{FR}} = \rho' . \tag{7.3}$$

Weiter kann $\rho_{\mathrm{SR}}(z=H)$ mittels einer Massenbilanz um ein Volumenelement durch den Volumenanteil y_{D} des Dampfes am Austritt aus dem Steigrohr ausgedrückt werden. Es gilt

$$\rho_{\mathrm{SR}}(z=H)\,A = \rho'\,A_{\mathrm{W}} + \rho''\,A_{\mathrm{D}} . \tag{7.4}$$

Hier ist A_{W} der vom Wasser und A_{D} der vom Dampf durchströmte Teil des Rohrquerschnitts A. Für die Dichtedifferenz in (7.1) folgt

$$\rho_{\mathrm{FR}} - \overline{\rho}_{\mathrm{SR}} = \frac{y_{\mathrm{D}}}{2}\,(\rho' - \rho'') . \tag{7.5}$$

Dabei wurde vorausgesetzt, dass Wasser und Dampf mit der gleichen Geschwindigkeit strömen und die Beziehung

$$y_{\mathrm{D}} = \frac{A_{\mathrm{D}}}{A} \tag{7.6}$$

gilt.[5] Für den Massenanteil des Dampfes x am Austritt des Steigrohres gilt damit

[5] Bei einer exakten Theorie des Wasserumlaufs wäre zu berücksichtigen, dass zwischen der Wasser- und der Dampfphase im Steigrohr ein Schlupf besteht. Man kann aber zeigen, dass dieser Schlupf nur einen untergeordneten Einfluss auf die Strömung hat [6].

$$x = \left(1 + \frac{1 - y_{\mathrm{D}}}{y_{\mathrm{D}}} \frac{\rho'}{\rho''}\right)^{-1} \tag{7.7}$$

bzw.

$$y_{\mathrm{D}} = \left(1 - \left(1 - \frac{1}{x}\right) \frac{\rho''}{\rho'}\right)^{-1} . \tag{7.8}$$

Mit diesen Ausdrücken folgt für die treibende Druckdifferenz

$$\Delta p = \frac{y_{\mathrm{D}}}{2} (\rho' - \rho'')\, g\, H . \tag{7.9}$$

Die treibende Druckdifferenz ist im Gleichgewicht mit dem Reibungsdruckabfall längs des Strömungsweges und dem Druckabfall zur Beschleunigung der Strömung im Steigrohr. Durch Gleichsetzen ist die mittlere Strömungsgeschwindigkeit berechenbar. Der Reibungsdruckverlust längs des Steigrohres kann mit den bekannten Gleichungen aus der Strömungsmechanik berechnet werden, vgl. (7.16).

Beispiel 7.1. Ein Steig/Fallrohrsystem mit einer Höhe $H = 30$ m wird bei einem Druck von 100 bar betrieben. Dem Steigrohr wird durch das Fallrohr Sattwasser zugeführt; es gibt seinerseits ein Wasser/Dampfgemisch mit einem Dampfgehalt von $x = 0{,}5$ in die Trommel ab. Das Steigrohr werde über die gesamte Höhe gleichmäßig beheizt. Weiter ist $\rho''(100 \text{ bar}) = 55{,}4 \text{ kg/m}^3$ und $\rho'(100 \text{ bar}) = 688{,}4 \text{ kg/m}^3$.

a) Man bestimme die mittlere Dichte im Steigrohr und die sich daraus ergebende statische Druckdifferenz.
b) Welche mittlere Massenstromdichte stellt sich bei einem hydraulisch glatten Steigrohr mit einem Innendurchmesser von 68 mm ein, wenn der Widerstandskoeffizient λ der Zweiphasenströmung etwa 10 mal höher als der der einphasigen Strömung ist?

Lösung. a) Man bestimmt zunächst nach (7.8) den Volumenanteil des Dampfes zu $y_{\mathrm{D}} = 0{,}926$. Aus (7.5) folgt für die mittlere Dichte im Steigrohr

$$\overline{\rho}_{\mathrm{SR}} = \rho' - \frac{y_{\mathrm{D}}}{2} \left(\rho' - \rho''\right) = 395{,}5 \text{ kg/m}^3.$$

Zur Berechnung der statischen Druckdifferenz ist (7.9) auszuwerten; man erhält $\Delta p = 86\,208 \text{ Pa} = 0{,}86 \text{ bar}$.

b) In erster Näherung kann der Reibungsdruckverlust Δp_{R} im Steigrohr, der gleich der treibenden Druckdifferenz Δp ist, durch

$$\Delta p_{\mathrm{R}} = \frac{\overline{\rho}_{\mathrm{SR}}}{2} \overline{v}^2 \lambda \frac{H}{d} = \Delta p$$

ausgedrückt werden, vgl. auch Gl.(7.16). Für den Widerstandsbeiwert λ setzen wir näherungsweise 0,08, vgl. z. B. [6]. Bei einem Rohr mit 68 mm Durchmesser folgt für die mittlere Geschwindigkeit

$$\overline{v} = \sqrt{\frac{2\, \Delta p\, d}{\overline{\rho}_{\mathrm{SR}}\, \lambda\, H}} = 3{,}52 \text{ m/s},$$

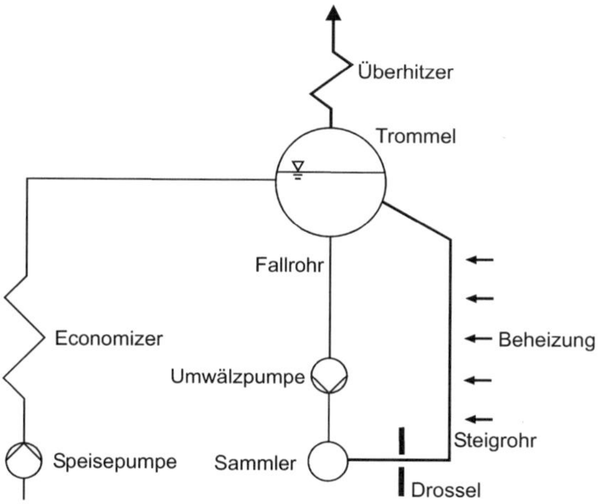

Abbildung 7.6. Schaltschema eines Zwangumlaufdampferzeugers

und für die Massenstromdichte

$$\overline{\Phi} = \overline{\rho}_{SR}\ \overline{v} = 1\,390\ \mathrm{kg/m^2s}.$$

Dies ist ein ausreichend hoher Wert für eine sichere Kühlung der Verdampferrohre.

7.1.3 Zwangumlauf

Bei diesem System wird die Durchströmung der Verdampferrohre zusätzlich zum thermischen Auftrieb durch Umwälzpumpen unterstützt, die das Wasser aus der Trommel den unteren Verteilern der Brennkammerberohrung zuführen. Zum Stabilisieren der Strömung in den einzelnen Verdampferrohren werden Drosselblenden vorgeschaltet, mit denen außerdem eine Anpassung der Massenstromdichte an die Beheizung des Rohres erreicht wird, vgl. Abb. 7.6.

Dieses System wird in einzelnen Ländern bevorzugt für Großanlagen mit unterkritischen Drücken über ca. 150 bar eingesetzt. Gegenüber dem Naturumlaufsystem kann wegen des durch die Umwälzpumpen stabilisierten Wasserumlaufs der zulässige Trommeldruck bis auf ca. 200 bar angehoben werden, und es können Verdampferrohre mit einem höheren zulässigen Strömungswiderstand, d.h. einem geringeren Durchmesser, eingesetzt werden. Ferner ergeben sich aus demselben Grund gewisse Betriebsvorteile im Teillastbereich und größere zulässige Druckabsenkungsgeschwindigkeiten. Wegen des geringeren Durchmessers und der daraus resultierenden geringeren Wanddicke der Verdampferrohre ergibt sich im Vergleich zu den Naturumlaufdampferzeugern eine erhebliche Materialersparnis.

Durch entsprechende Wahl der Massenstromdichte kann das Auftreten der sog. Siedekrise auch bei hohen unterkritischen Drücken vermieden werden. Das Umwälzsystem wird so ausgelegt, dass die *Umwälzzahl*, die als das Verhältnis des dem Verdampfer zugeführten Wassermassenstroms zu dem erzeugten

Dampfmassenstrom definiert ist, im Bereich zwischen 3 und 5 liegt. Abhängig von der maximalen Wärmestromdichte in der Brennkammer und dem Systemdruck wird die Massenstromdichte in den Verdampferrohren im Bereich von 1 000–2 000 kg/m^{2}s gewählt.

Gegenüber dem Naturumlauf hat der Zwangumlauf den Vorteil, dass bei der geometrischen Gestaltung der Verdampferberohrung größere Freiheiten hinsichtlich der Lage der Trommel, der Rohrdurchmesser und der Rohrneigung bestehen. Freiheitsgrade dieser Art sind besonders bei sog. Abhitzekesseln von großem Vorteil, denn es ergeben sich daraus oft konstruktiv einfachere Lösungen.

Der Trommeldurchmesser kann bei Zwangumlaufdampferzeugern um ca. 20% kleiner gewählt werden als bei Naturumlaufsystemen. Dies resultiert aus der geringeren Umlaufzahl und dem sich daraus ergebendem geringeren Massenstrom zur Trommel.

7.1.4 Zwangdurchlauf

Beim Zwangdurchlaufsystem mit variablem Verdampfungsendpunkt wird das Arbeitsmittel von der Speisepumpe durch die Heizflächen gedrückt.[6] Da sich hier die Massenstromdichte im Verdampfer linear mit der Last ändert, ist die Mindestlast durch den zur sicheren Kühlung der Verdampferrohre erforderlichen Mindestmassenstrom festgelegt. Im allgemeinen beträgt die erforderliche Massenstromdichte bei Mindestlast[7] 400–600 kg/m^{2}s, welche meist bei 35–40% Teillast erreicht wird.

Um geringere Teillasten fahren zu können, wird meist ein Bypass vorgesehen. Damit wird das bei der einzuhaltenden Mindestmassenstromdichte in den Verdampferrohren im Abscheider anfallende Wasser über eine Umwälzpumpe wieder in die Speiseleitung vor dem Economizer zurückgeführt. Der Vorteil dieser Schaltung besteht darin, dass auch Teillasten unter ca. 40% ohne Wasserverlust gefahren werden können, vgl. Abb. 7.7.

Zur Erzeugung einer für die Kühlung der Rohre ausreichenden Massenstromdichte in den Verdampferrohren werden diese in der Brennkammerwand meist schraubenförmig gewickelt, vgl. Abb. 7.8. Bei prismatischen Feuerräumen hat sich unter Berücksichtigung konstruktiver Gesichtspunkte eine *Windungszahl* von 1,5, 2 oder 2,5 als zweckmäßig herausgestellt.

Die Anzahl der parallel zu führenden Verdampferrohre hängt von der verlangten Mindestmassenstromdichte Φ_{min} bei Teillast, dem Brennkammerum-

---

6 Die Zwangdurchlaufkessel der heutigen Bauart wurden von den Firmen Siemens und Sulzer in den 30er Jahren entwickelt und ab ca. 1950 in den Markt eingeführt. Die Weiterentwicklung zum derzeitigen Reifegrad der als „Benson-“ bzw. „Sulzer-Kessel“ bezeichneten Anlagen erfolgte unter Beteiligung der Lizenznehmer dieser Firmen. Obwohl diese Markennahmen noch immer verwendet werden, bestehen zwischen Benson- und Sulzer-Kesseln keine prinzipiellen Unterschiede.

7 Die Mindestlast im Zwangdurchlauf ist von der Minimallast zu unterscheiden, die sich aus der Stabilität der Feuerung ergibt.

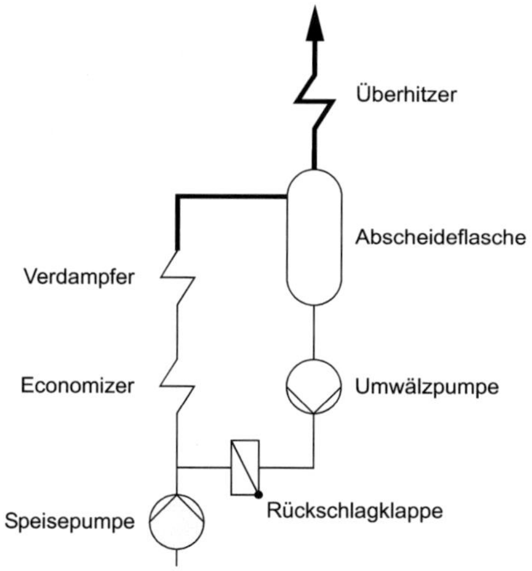

Abbildung 7.7. Zwangdurchlaufdampferzeuger mit Schwachlastumwälzung (schematisch). Zur Sicherung der Strömungsstabilität wird der Economizer meist in die Umwälzung einbezogen.

fang U_{BK} und der Rohrteilung t ab. Soll der Mindestmassenstrom $\dot{m}_{min}$ bei einer Teillast a erreicht werden, folgt für die Anzahl der parallelen Rohre

$$n = \frac{4\,a\,\dot{m}_{max}}{\pi\,d_i^2\,\Phi_{min}}\,. \tag{7.10}$$

Hierin ist $\dot{m}_{max}$ der Dampfmassenstrom bei Vollast und d_i der Rohrinnendurchmesser. Die Steigung β der Rohre berechnet sich gemäß

$$\beta = \arcsin\left(\frac{n\,t}{U_{BK}}\right). \tag{7.11}$$

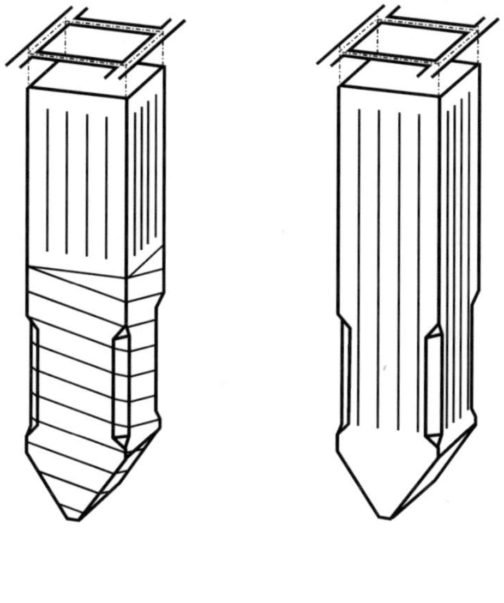

Abbildung 7.8. Konstruktion der Verdampferwand von Zwangdurchlaufdampferzeugern. Links für einen Dampferzeuger mit variablem, rechts für einen mit festem Verdampfungsendpunkt

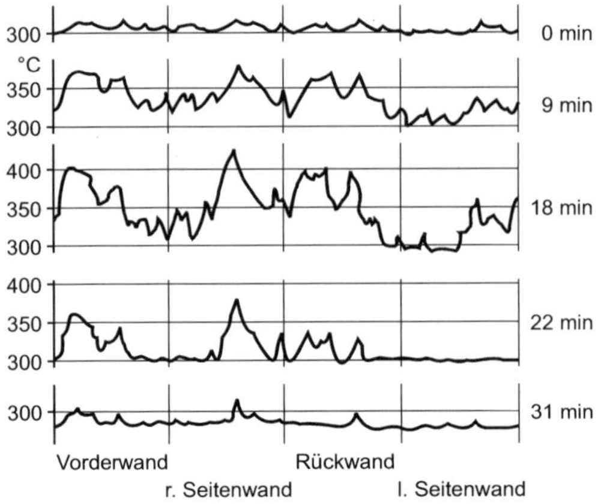

Abbildung 7.9. Einzelrohrtemperaturen am Verdampferende. Die Abbildung zeigt gemessene Temperaturdifferenzen bei einer Feuerungsverlagerung vom oberen in den unteren Bereich der Brennkammer. Man erkennt, dass auch bei einem stationär gut abgeglichenen Verdampfer instationäre Temperaturdifferenzen bis zu 120 K auftreten können.

Es sei angemerkt, dass Rohrdurchmesser und Teilung nicht frei gewählt werden können. Bei ihrer Festlegung sind der Druckverlust in der Verdampferwicklung und die zulässige Materialtemperatur zu beachten.

Bei den Dampferzeugern der mit Steinkohle gefeuerten 700 MW-Kraftwerke werden in den Brennkammerumfassungswänden etwa 400 Rohre parallel geführt, die über gemeinsame Ein- und Austrittssammler miteinander verbunden sind. Durch den Einbau von geeigneten Strömungswiderständen ist der Massenstrom in jedem Rohr der Beheizung anzupassen. Zur Vermeidung unzulässiger Wärmespannungen in der Verdampferwand ist es nämlich erforderlich, dass die Temperaturprofile in einem Höhenschnitt des Verdampfers bei allen Betriebszuständen innerhalb bestimmter Schranken liegen. Bei parallel durchströmten beheizten Rohren sind aber gewisse Temperaturdifferenzen nicht zu vermeiden. Diese haben ihre Ursache im konstruktiven Aufbau sowie in betrieblichen und fertigungstechnischen Gegebenheiten:

- Toleranzen in der Rohrgeometrie (Längen- bzw. Durchmesserdifferenzen, Krümmer etc.),
- Unterschiede in der Rohrrauhigkeit,
- Verteilungsungleichheiten in den Ein- und Austrittssammlern,
- Unterschiede in den Beheizungsprofilen längs des Rohres,
- rauchgasseitige Verschmutzungen,
- strömungsdynamische Effekte beim Anfahren und bei Laständerungen.

Aus den genannten Gründen treten auch bei gut abgeglichenen Verdampfern am Austritt infolge des statistischen Zusammentreffens der aufgeführten Fehler stationäre und instationäre Temperaturabweichungen auf, vgl. Abb. 7.9. In der Abbildung sind gemessene Rohrtemperaturen am Austritt aus der Verdampferwicklung dargestellt; man erkennt, dass die Spreizung der Temperaturen mit abnehmender Last größer wird.

Die beschriebenen Temperaturspreizungen hängen weiter mit der hydrodynamischen Stabilität des Verdampfersystems zusammen. In Abb. 7.10a ist zur Veranschaulichung je eine stabile und instabile Druckverlust-Durchflusskennlinie eingezeichnet. Bei der instabilen Kennlinie kann einem vorgegebenen Δp mehr als ein Massenstrom zugeordnet werden.

Der Verdampfer eines Dampferzeugers besteht aus einer großen Zahl parallel geschalteter Rohre. Hier besteht die Forderung, dass sämtliche Rohre gleichmäßig mit Wasser beaufschlagt werden, um an ihrem Ende Dampf mit einer nur wenig unterschiedlichen Enthalpie zu erhalten. Dazu ist es notwendig, dass jedes Rohr eine stabile Durchflusskennlinie aufweist.

Die Untersuchung auf statische Stabilität wird bei der Konzeption von Zwangdurchlaufdampferzeugern anhand geeigneter Kriterien durchgeführt; meist wird dazu die gegenseitige Abhängigkeit von Massenstrom, Druckverlust und Beheizung herangezogen. In Abb. 7.10b sind die Durchflusskennlinien zweier Rohre dargestellt; durch Einbau von geeigneten Strömungswiderständen (z.B. Blenden) können die Kennlinien einander angenähert werden. Eine notwendige Bedingung für die statische Stabilität der Durchströmung ist, dass $\mathrm{d}p/\mathrm{d}\dot{m} > 0$ ist. Demgegenüber stehen zur Untersuchung auf dynamische Stabilität keine einfach anzuwendenden Kriterien zur Verfügung, es werden nur pauschale Erfahrungen bzgl. der Systemsicherheit gegen das Auftreten solcher Effekte beachtet, vgl. [7] und [8].

Die Dampferzeuger der seit 1970 in der Bundesrepublik gebauten großen Kohlekraftwerke arbeiten ausschl. nach dem Zwangdurchlaufprinzip. Die Hauptgründe für die Auswahl dieses Systems liegen in den folgenden vorteilhaften Eigenschaften:

- Es bestehen keine physikalischen Grenzen für den Dampfdruck
- Die Frischdampftemperatur kann über einen weiten Lastbereich konstant gehalten werden
- Keine mit der Trommel vergleichbaren dickwandigen Bauteile, daher besonders für Gleitdruckbetrieb und schnelles Anfahren geeignet

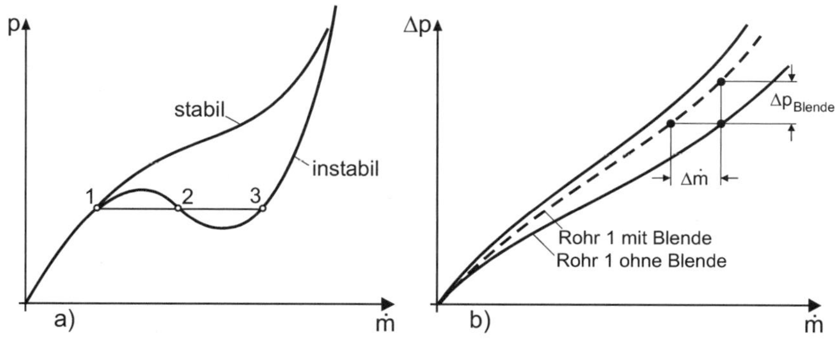

Abbildung 7.10. Stabilitätskennlinien von Verdampferrohren. a) stabile und instabile Druckverlust-Durchflusskennlinie, b) Kennlinie für ein Rohr mit und ohne Blende

- Zwangdurchlaufkessel sind relativ unempfindlich gegen brennstoffbedingte Verschmutzungen der Brennkammer

Dem stehen als Nachteile gegenüber:

- Die Konstruktion der Brennkammerwände ist aufwendiger
- Es besteht ein höherer Kraftaufwand für die Speisepumpe
- Die Speisewasserregelung ist aufwendiger

Es ist naheliegend, dass die schraubenförmige Berohrung der Brennkammer im Vergleich zur Vertikalberohrung gewisse Komplikationen mit sich bringt, so die Ausbiegungen um die Brenner und den Übergang auf die Vertikalberohrung im Oberteil der Wand. Ferner ist für die nicht selbsttragende Schraubenberohrung ein separates Aufhängesystem notwendig, was zu einer Erhöhung der Fertigungs- und Montagekosten führt. Der Vollständigkeit halber sei angemerkt, dass die Windungszahl einer Schraubenwicklung mit zunehmender Nennleistung geringer wird. Der Grund liegt darin, dass der Umfang der Brennkammer in etwa proportional zur dritten Wurzel der Nennleistung ist, aber die Anzahl der erforderlichen Verdampferrohre linear mit der Nennleistung wächst.

Auf die schraubenförmige Wicklung der Verdampferrohre könnte verzichtet werden, wenn es gelänge, die erforderliche Mindestmassenstromdichte zur Vermeidung der Siedekrise in den Rohren abzusenken. Dies ist mit *innenberippten Rohren* (rifled tubes) möglich. Durch die auf der Innenseite dieser Rohre angeordneten, gewendelten Rippen wird der Strömung ein Drall aufgeprägt, durch die sich der Wärmeübergang verbessert und in der Folge die erforderliche Mindestmassenstromdichte geringer wird.

Konzepte für senkrecht berohrte Verdampferwände von Zwangdurchlaufdampferzeugern unter Verwendung innenberippter Rohre wurden um 1980 von den Firmen Sulzer und Combustion Engineering entwickelt. Die ersten Kessel dieser Art wurden ab 1989 in Japan in Betrieb genommen. Es handelt sich um die Anlagen Kawagoe und Mitsuma mit einer Leistung von jeweils 700 MW_{el}, über die auch in der Literatur [9], [10] berichtet wurde. Neuerdings sind auch Überlegungen deutscher Kesselhersteller zur Verwendung innenberippter Rohre bekannt geworden [11].

7.1.5 Zwangdurchlauf mit Vollastumwälzung

Die Schaltung eines Zwangdurchlaufdampferzeugers mit Vollastumwälzung – auch überlagerter Umlauf genannt – ist in Abb. 7.11 dargestellt. Das aus dem Verdampfer austretende Wasser/Dampfgemisch wird in einem Abscheider getrennt. Das Restwasser fließt einem Mischkopf zu, in dem es durch das aus dem Economizer zufließende Speisewasser unter die Siedetemperatur abgekühlt und anschließend der Umwälzpumpe zugeführt wird. Dampferzeuger dieser Bauart werden knapp unterkritisch (ca. 200 bar im Wasserabscheider) oder überkritisch betrieben. Bei überkritisch betriebenen Anlagen wird zwischen Verdampfer und Überhitzerteil ein Drosselventil angeordnet, um den

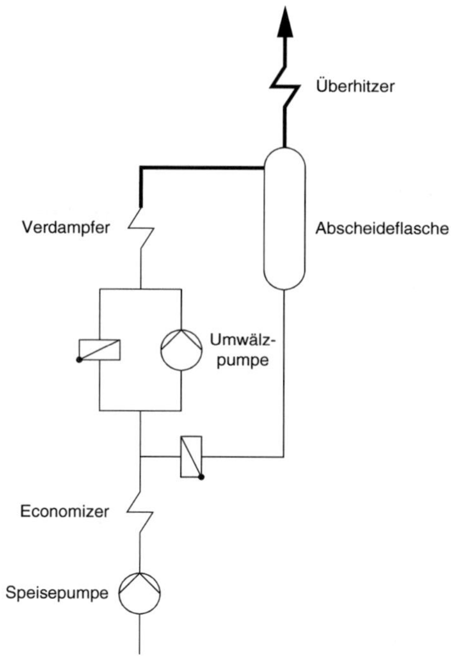

Abbildung 7.11. Schaltschema eines Zwangdurchlaufdampferzeugers mit Vollastumwälzung.

überkritischen Druck im Verdampfer auch beim Anfahren zu erreichen. Ein System dieser Art wird von der amerikanischen Gesellschaft Combustion Engineering unter dem Namen Combined Circulation angeboten, vgl. [23].

Bei unterkritisch betriebenen Kesseln wird die Wasserumlaufzahl gerade so groß gewählt, dass in den Verdampferrohren eine zur Kühlung ausreichende Massenstromdichte erreicht wird. Die Umlaufzahl liegt dann knapp über 1,0, so dass zur Trennung des Wasser/Dampfgemisches einfache Abscheidezyklone (*Abscheideflaschen*) ausreichen. Wegen der niedrigen Umlaufzahl ist auch die Bezeichnung Zwangdurchlauf für das System gerechtfertigt. Gegenüber dem reinen Zwangdurchlauf ist eine senkrechte Berohrung der Brennkammerwände möglich, da die zur Wandkühlung erforderliche Mindestmassenstromdichte durch den überlagerten Wasserumlauf eingehalten werden kann, woraus sich eine einfachere Konstruktion ergibt.

Ein Nachteil des überlagerten Umlaufs besteht darin, dass bei hochwertigen Brennstoffen ein Teil der Brennkammerwände mit *Wandüberhitzern* abgedeckt werden muss, weil ansonsten die Verdampferwände mehr Wärme absorbieren als zur Dampferzeugung notwendig ist. Diese Komponenten sind nicht nur aufwendig, sondern auch empfindlich gegen Verschmutzung und Erosion. Dies ist der Hauptgrund dafür, dass dieses System bei mit Steinkohle gefeuerten Anlagen nicht und bei mit Braunkohle gefeuerten Anlagen nur dann angewandt wird, wenn kein Wandüberhitzer erforderlich ist.

Die Vergrößerung des Massenstromes durch die Brennkammerumfassungswände durch einen überlagerten Wasserumlauf brachte den Vorteil einer verbesserten *Verteilstabilität* zwischen den parallelen Brennkammerrohren. Dies schaffte eine größere Freiheit sowohl hinsichtlich der Betriebsflexibilität als auch bei der konstruktiven Gestaltung der Brennkammerberohrung. Die Rückführung von Sattwasser aus der Abscheideflasche bringt aber auch eine Rückkopplung in das System: Am Wasserabscheider auftretende Störungen werden über die Rückführleitungen und das Mischstück wieder an den Kesselanfang zurückgeführt. Somit entsteht ungewollt eine Rückkopplung, durch die sich Störungen verstärken können. Für den Entwurf der Regelung ist die Kenntnis der Stabilitätsbedingungen der Regelstrecke erforderlich, für deren Einzelheiten auf die Literatur [12] verwiesen wird.

7.2 Der Verdampfungsprozess

7.2.1 Strömungsformen und Wärmeübergang in den Verdampferrohren

Die ausführliche Behandlung dieses Themas geht über den Rahmen des Buches hinaus. Die Vorgänge werden in vereinfachter Weise soweit dargestellt, wie es für das Verständnis des Gesamtsystems erforderlich ist. Zur Vertiefung sei auf die Literatur verwiesen, vgl. z.B. [13].

Bei unterkritischem Druck erwärmt sich das Arbeitsmittel in den Verdampferrohren zuerst bis auf Sattdampftemperatur und beginnt anschließend zu sieden. Der Wärmeübergang bei einphasiger Strömung ist durch zahlreiche Untersuchungen gut bekannt. Für turbulente Rohrströmungen von Wasser und Heißdampf mit $7\,000 < \mathrm{Re} < 10^6$ gilt als Näherung für den dimensionslosen Wärmeübergangskoeffizienten

$$\mathrm{Nu} = 0{,}02\,\mathrm{Re}^{0{,}8}\,\mathrm{Pr}^{0{,}42}\,(1 + d/l)^{2/3}\,. \tag{7.12}$$

Die in (7.12) auftretenden dimensionslosen Zahlen sind:

$$\mathrm{Nu} = \frac{\alpha\, d}{\lambda}: \quad \text{Nusseltzahl}$$

$$\mathrm{Re} = \frac{\overline{v}\, d}{\nu}: \quad \text{Reynoldszahl}$$

$$\mathrm{Pr} = \frac{\eta\, c_p}{\lambda}: \quad \text{Prandtlzahl}$$

Darin ist d der Rohrdurchmesser und l die Rohrlänge, ρ die Dichte, $\eta = \rho\,\nu$ die dynamische Viskosität, c_p die spezifische Wärmekapazität und λ die Wärmeleitfähigkeit des Fluids. α ist die Wärmeübergangszahl und $\overline{v}$ die mittlere Strömungsgeschwindigkeit im Rohr. Die zur Bildung der dimensionslosen Kennzahlen erforderlichen Stoffwerte sind auf die mittlere Mediumstemperatur bezogen. Gleichung (7.12) kann nach dem Wärmeübergangskoeffizienten α aufgelöst werden:

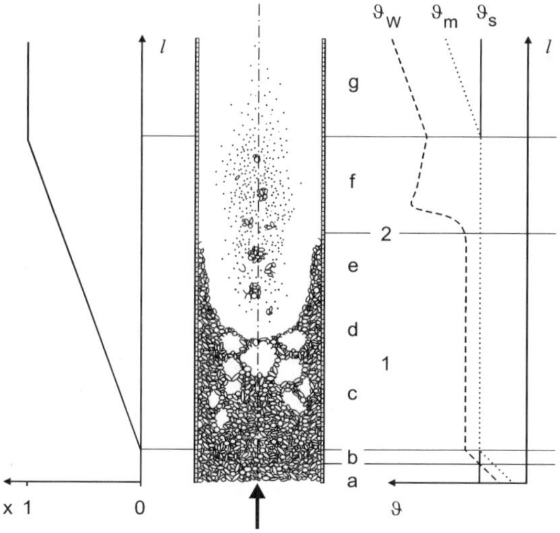

a	einphasige Flüssigkeitsströmung	x	Dampfgehalt
b	unterkühltes Sieden	1	Ort der Siedekrise 1. Art
c	Blasenströmung	2	Ort der Siedekrise 2. Art
d	Pfropfen/Blasenströmung	ϑ_W	Wandtemperatur
e	Film- oder Ringströmung	ϑ_m	Mittlere Fluidtemperatur
f	Nebel- oder Sprühströmung	ϑ_S	Siedetemperatur
g	einphasige Dampfströmung		

Abbildung 7.12. Strömungsformen im Siederohr

$$\alpha = 0{,}02\,\Phi^{0,8}\,d^{-0,2}\,\lambda^{0,58}\,c_p^{0,42}\,\eta^{0,38}\,(1 + d/l)^{2/3}\ \ [\mathrm{W/m^2K}]\ . \tag{7.13}$$

In (7.13) ist $\Phi = \rho\,\overline{v}$ die Massenstromdichte.

Das Sieden beginnt bereits, wenn der Kern der Rohrströmung noch unterkühlt ist. Bei Einsetzen der Verdampfung bilden sich anfangs an verschiedenen Orten der Wand Dampfblasen, die sich schließlich von der Wand wegbewegen und in der Flüssigkeit hochsteigen bzw. beim unterkühlten Sieden wieder zusammenfallen. Die beim Sieden entstehenden Dampfblasen schließen sich mehr und mehr zu Pfropfen zusammen, bis schließlich eine Ringströmung vorliegt. Dabei bildet sich an der Wand ein Flüssigkeitsfilm aus, während in der Rohrmitte eine Nebelströmung vorliegt. Im weiteren Verlauf verschwindet der Flüssigkeitsfilm, und auch der Nebel löst sich zu einphasigem Dampf auf, vgl. Abb. 7.12.

Das Wandern der Blasen hat eine Flüssigkeitsbewegung zur Wand hin und damit einen vergrößerten Wärmeübergang zur Folge. Solange Blasenverdampfung vorliegt, steigt der Wärmeübergang mit der Heizflächenbelastung. Für beheizte Verdampferrohre gilt nach [23] in erster Näherung bis etwa 95% des kritischen Dampfdruckes

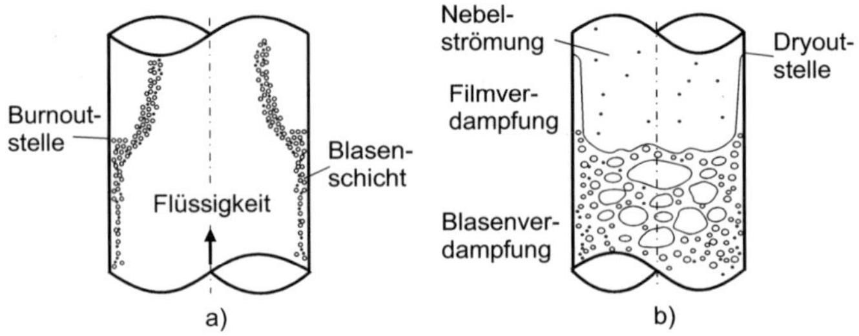

Abbildung 7.13. a) Dampffilmbildung bei der Siedekrise erster Art (Burnout) b) Austrocknen des Wasserfilms bei der Siedekrise zweiter Art (Dryout)

$$\alpha = 0{,}061\, q^{0{,}67} \left(1 - \left(\frac{\vartheta_\mathrm{S}}{378{,}64}\right)^{0{,}0025}\right)^{-0{,}73} \quad [\mathrm{W/m^2K}]\,, \tag{7.14}$$

hierbei ist q die Wärmestromdichte in $\mathrm{W/m^2}$ und ϑ_S die Sattdampftemperatur in °C. Die Wärmeübergangskoeffizienten sind beim Verdampfen sehr groß: Bei $p = 150$ bar und $q = 5 \cdot 10^4\ \mathrm{W/m^2}$ erhält man z.B. $\alpha = 3{,}6 \cdot 10^4\ \mathrm{W/m^2K}$.

Bei zu großer, *überkritscher Heizflächenbelastung* bildet sich an der Wand ein geschlossener Dampffilm. Der Wärmetransport erfolgt dann nur durch Wärmeleitung des Dampfes. Durch dessen Isolationswirkung nimmt der Wärmeübergang ab und die Wandtemperatur entsprechend zu. Der Ort, an dem der beschriebene Effekt auftritt, heißt *Burnoutstelle*, vgl. Abb. 7.13a. Dieser Effekt wird in der Literatur auch *Siedekrise erster Art*, *Burnout* oder *Departure from Nucleate Boiling* (DNB) genannt.

Eine *Siedekrise zweiter Art* tritt beim Übergang von der Ring- in die Nebelströmung durch das „Austrocknen" des Wasserfilms auf. In der Literatur wird dies meist als *Dryout* bezeichnet, vgl. Abb. 7.13b. Die Auswirkungen des Dryout sind allerdings geringer als die des Burnout, weiter kann Dryout nur bei Zwangdurchlaufsystemen auftreten.

Beide Siedekrisen haben eine Verringerung des Wärmeübergangs und damit einen Anstieg der Rohrtemperatur zur Folge. Die Größenordung des Temperaturanstiegs ist für den Dryout beispielhaft in Abb. 7.14 dargestellt. Diese Abbildung zeigt ferner, dass der Dryout bei Annäherung an den überkritischen Druck in seinen Auswirkungen geringer wird. Die Rohrwandtemperatur hat dann im entsprechenden Enthalpiebereich des Arbeitsmittels kein ausgesprochenes Maximum mehr.

Um die Übertemperaturen auf vom Rohrwerkstoff ertragbare Werte zu beschränken, darf die Heizflächenbelastung bei vorgegebener Massenstromdichte des Arbeitsmittels im Rohr einen bestimmten Grenzwert nicht überschreiten bzw. umgekehrt die Massenstromdichte einen gewissen Wert nicht unterschreiten, vgl. Abb. 7.15.

Im Unterschied zum Blasensieden ist es bei der Filmverdampfung schwierig, allgemein anwendbare Berechnungsgleichungen anzugeben. Es wird daher

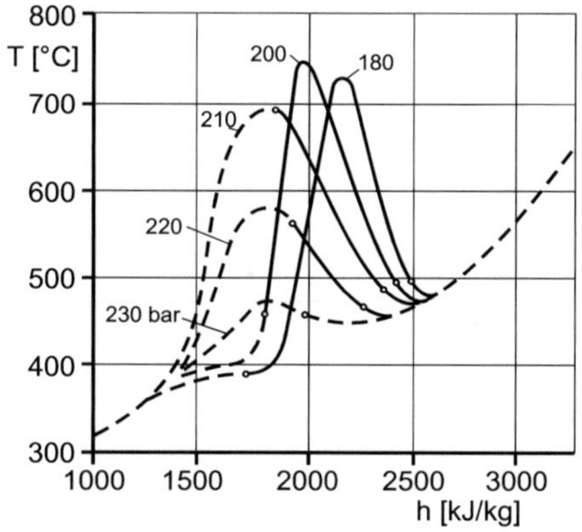

— Nassdampf
-- Einphasiges Medium
(Wasser bzw. Dampf)

Abbildung 7.14. Rohrwandtemperatur, gemessen an einem waagerechten Rohr bei einer Massenstromdichte von 700 kg/m^{2}s und einer Heizflächenbelastung von 465 kW/m^2

auf die Literatur verwiesen [14]. Für den Konstrukteur eines Verdampfers ist es wichtig zu wissen,

- an welchem Ort des Verdampfers mit dem Einsetzen des Filmsiedens zu rechnen ist,
- an welcher Stelle der Wärmeübergang am geringsten ist und
- wie groß die minimalen Wärmeübergangszahlen sind.

Zur Beantwortung dieser Fragen sind in der Literatur zahlreiche Ergebnisse bekannt, man vgl. z.B. [15].

Es sei noch darauf hingewiesen, dass die wasserseitigen Wärmeübergangskoeffizienten bei fossil gefeuerten Dampferzeugern groß sind – typisch sind Werte um 1–2 · 10^4 W/m^{2}K. Die rauchgasseitigen Wärmeübergänge sind dagegen bis auf die Bereiche in Flammennähe wesentlich geringer, so dass diese für den Wärmedurchgang maßgebend sind; der wasserseitige Wärmeübergang beim Verdampfen spielt bis auf den Bereich des Dryout nur eine untergeordnete Rolle. Zur Beherrschung des Dryout wird deshalb vielfach die Restverdampfung in Bereiche geringer rauchgasseitiger Wärmestromdichten gelegt.

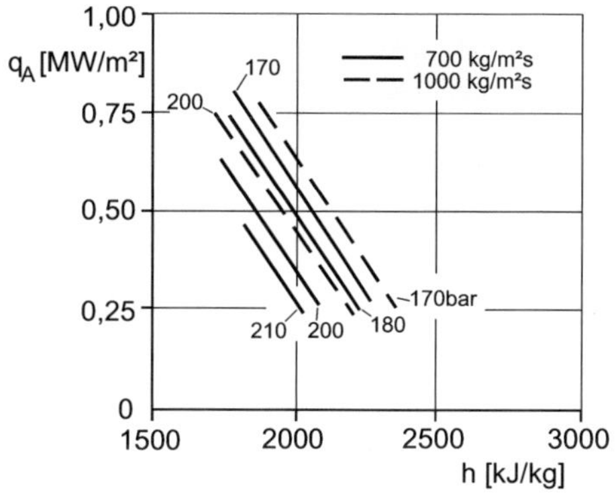

Abbildung 7.15. Grenzwert für die Heizflächenbelastung q_A beim Einsetzen der Filmverdampfung, gemessen an einem waagerechten Rohr und halbseitiger Beheizung in Abhängigkeit der Enthalpie (Temperatur) des im Rohr strömenden Wassers.

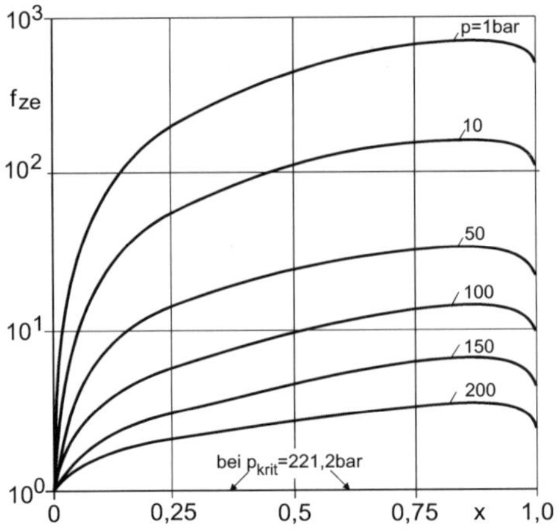

Abbildung 7.16. Verhältnis der Druckverluste von Zweiphasen- zu Einphasenströmung in einem Verdampferrohr

Die Anwendung höherer Massenstromdichten und damit höherer Strömungsgeschwindigkeiten findet eine Grenze im Druckverlust Δp des Rohrsystems, der von der Speisepumpe aufgebracht werden muss. Nach einem bekannten Zusammenhang aus der Stömungsmechanik gilt

$$\Delta p = \frac{\rho}{2} v^2 \, \lambda \frac{l}{d} \,, \tag{7.15}$$

worin λ der Druckverlustbeiwert, ρ die mittlere Dichte, v die mittlere Geschwindigkeit, l die Länge und d der Durchmesser des Rohres ist. Bei turbulenten Strömungen ändert sich λ nur wenig mit v, so dass Δp in erster Näherung proportional zu v^2 ist. Für $\rho \neq$ const ist die Beziehung abschnittsweise anzuwenden.

Bei Zweiphasenströmungen, wie sie in Verdampfern bei unterkritischen Drücken vorkommen, ist der Zusammenhang zwischen Druckverlust und den Strömungsgrößen komplexer, denn es besteht eine zusätzliche Abhängigkeit vom Dampfgehalt und dem Druck der Zweiphasenströmung. Dies kann durch einen zusätzlichen Faktor berücksichtigt werden. Die zu (7.15) äquivalente Gleichung lautet dann

$$\Delta p = \int_0^l \frac{\rho}{2} v^2 \, f_{ze} \, \lambda \frac{1}{d} \, dx \,. \tag{7.16}$$

Hier ist f_{ze} das Verhältnis zwischen dem differentiellen Druckverlust einer Zweiphasen- zu einer Einphasenströmung. Die rechte Seite ist über die Rohrlänge zu integrieren, wobei zu berücksichtigen ist, dass f_{ze} vom Dampfgehalt und damit vom Ort abhängt. Experimentelle Ergebnisse über f_{ze} sind in Abb. 7.16 zusammengestellt.

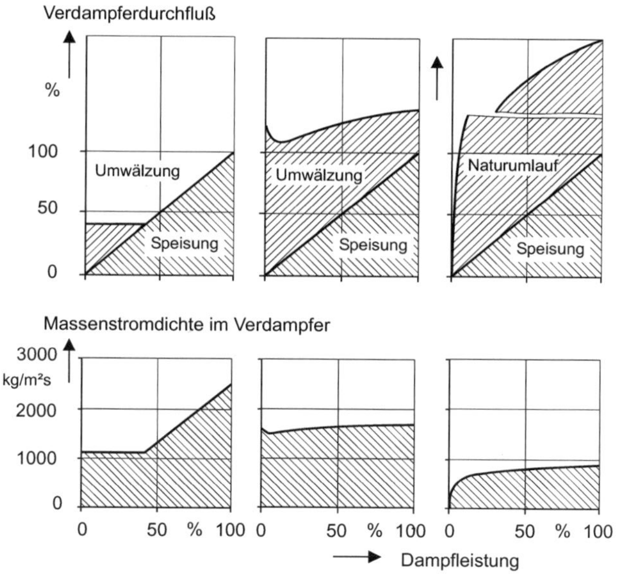

Abbildung 7.17. Durchfluss und Massenstromdichte in verschiedenen Verdampfern: Zwangdurchlaufdampferzeuger mit Teillastumwälzung (links), Zwangdurchlaufdampferzeuger mit Vollastumwälzung (mitte), Naturumlaufdampferzeuger (rechts). Um eine sichere Kühlung der Verdampferrohre zu erreichen, muss der Massenstromdichte größer als ca. 500 $kg/(m^2s)$ sein.

7.2.2 Durchfluss und Massenstromdichte im Verdampfer

Die Massenstromdichte ist bei Zwangdurchlaufdampferzeugern mit Teillastumwälzung oberhalb des Mindestverdampferdurchflusses proportional zur Last, darunter wird sie durch Teillastumwälzung oder Überspeisung konstant gehalten. Bei Anlagen mit überlagertem Umlauf ist die Massenstromdichte im Verdampfer nahezu konstant. Beim Naturumlauf erhöht sich die Massenstromdichte im Verdampfer mit der Beheizung, wobei der Druckverlust im Verdampfer durch den Auftrieb des Wasser/Dampfgemisches ohne zusätzliche Pumpenleistung überwunden wird, vgl. Abb. 7.17.

Beim Anfahren können bereits bei geringer Feuerleistung in unmittelbarer Brennernähe örtlich die maximalen Wärmestromdichten auftreten, insofern entspricht der erforderliche Verdampfermindestdurchfluss zur Kühlung der Siederohre nahezu dem bei Vollastbedingungen. Bei Naturumlaufsystemen ist u.a. aus diesem Grund die zulässige Feuerleistung beim Anfahren beschränkt.

Bei Zwangdurchlaufdampferzeugern kann auf eine Umwälzpumpe verzichtet werden, wenn nur selten angefahren wird (bei Grundlast) und der Durchfluss bei Betrieb unterhalb der Zwangdurchlaufmindestlast durch Überspeisen sichergestellt wird. Das im Abscheider anfallende Wasser wird dann durch ein Ventil abgeführt. Beim Schwachlast-Umwälzbetrieb wird dagegen der Was-

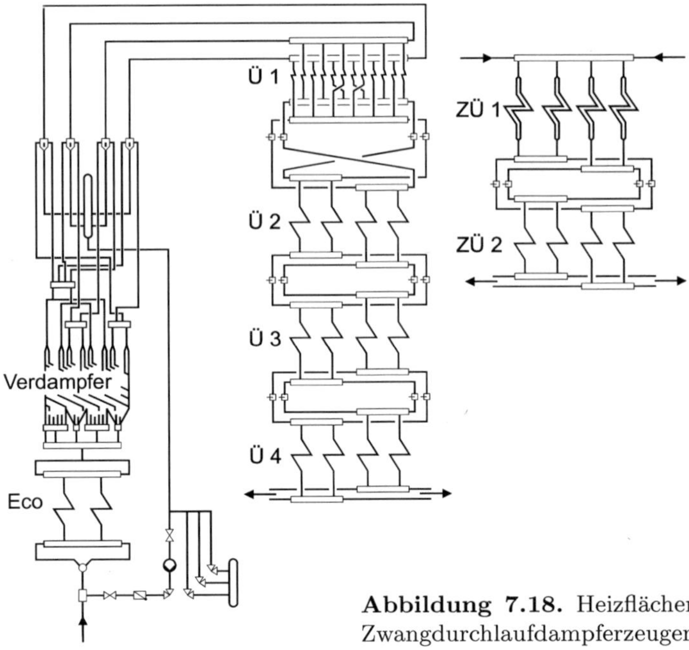

Abbildung 7.18. Heizflächenschaltschema eines Zwangdurchlaufdampferzeugers (EVT)

serstand im Niveaugefäß durch den Speisewasserstrom geregelt und der Verdampferdurchfluss mit der Umwälzpumpe aufrecht erhalten, vgl. Abb. 7.18. Aus dem Schema ist in Strömungsrichtung des Wassers bzw. Dampfes die Reihenfolge der einzelnen Heizflächenpartien sowie deren Aufteilung in Stränge zu ersehen. In den Verbindungsleitungen der einzelnen Abschnitte sind die Einspritzstellen zur Temperaturregelung angeordnet. Dargestellt ist auch die Schwachlasteinrichtung mit den Abscheidern zur Wasser/Dampftrennung hinter dem Verdampfer.

Im Zwangdurchlaufbetrieb wird der Speisewasserstrom so geführt, dass die Temperatur (Enthalpie) hinter dem Verdampfer in einem vorzugebendem Bereich liegt. Der Übergang vom Umwälz- auf den Zwangdurchlaufbetrieb kann störungsfrei erfolgen, wenn der Temperatur- oder Enthalpieregler den Speisewasserstrom so führt, dass im Übergangsbereich die Überhitzung am Verdampferaustritt nur gering ist, vgl. Abb. 7.19.

7.2.3 Wasser/Dampftrennung

Eine Wasser/Dampftrennung wird bei Systemen mit festgehaltenem Verdampfungsendpunkt in allen Lastbereichen durchgeführt, bei Zwangdurchlauf mit Schwachlastumwälzung dagegen nur im Schwachlastbereich. Die Wasser/Dampftrennung wird bei Naturumlauf- und Zwangumlaufsystemen in Trommeln und bei Zwangdurchlaufsystemen in Abscheidern vorgenommen. Die Abscheider haben gegenüber den Trommeln den Vorteil, dass sie wesentlich geringere Wanddicken aufweisen und damit größere Temperaturtransienten zulässig sind, vgl. Abb. 7.4.

Bei den Zwangdurchlaufsystemen erfolgt die Wasserabscheidung in Zyklonen, vgl. Abb. 7.20. Dabei ist es unerheblich, ob die Trennung in einem großen oder mehreren kleinen Abscheidern erfolgt. Letztere haben den Vorteil, dass ihre Wanddicke geringer ist, und sich dadurch größere zulässige Temperaturtransienten ergeben. Bei den Abscheidern wird durch eine tangentiale Einströmung des Wasser/Dampfgemisches in den zylindrischen Abscheideraum eine Drallströmung erzeugt. Im Zentrifugalfeld dieser Strömung werden Wasser und Dampf aufgrund ihrer unterschiedlichen Dichte getrennt. Der Trenngrad ist hauptsächlich vom Druck des einströmenden Nassdampfes abhängig, aber auch die Volumenbelastung des Abscheiders, das ist das Verhältnis aus Massenstrom und Abscheidervolumen, und die Höhe des Wasserstandes können nicht vernachlässigt werden. Bei gut ausgelegten Abscheidern liegt der Wassergehalt des abströmenden Dampfes bei einem Druck von 60 bar bei ca. 4% und der Dampfgehalt des abströmenden Wassers bei 1%; bei 180 bar liegen die entsprechenden Werte bei ca. 10% und 6%.

Für den Aufbau der Speisewasserregelung von Zwangdurchlaufdampferzeugern im Umwälzbetrieb wird der Wasserstand im Abscheidegefäß herangezogen. Um durch Störungen bedingte Schwankungen in der Speisung abzufangen, muss das Abscheidegefäß einen ausreichend großen Wasserspeicher aufweisen, vgl. hierzu die Abmessungen des in Abb. 7.20 dargestellten Abscheiders.

In den Trommeln erfolgt die Wasser/Dampftrennung bei Anlagen mit einer Dampfleistung unter ca. 250 t/h und Drücken unter ca. 140 bar im einfachsten Falle durch die Schwerkraft oder mit Hilfe von einfachen Einbauten, vgl. Abb. 7.21. Die Einbauten müssen so ausgeführt sein, dass das abgeschiedene Wasser frei in den Wasserraum ablaufen kann und nicht von anderen Dampfstrahlen wieder aufgewirbelt wird. Für eine gute Abscheidung muss eine ausreichend große Trennfläche zwischen der Wasser- und Dampfphase zur Verfügung stehen. Die Geschwindigkeit des aufsteigenden Dampfes muss so

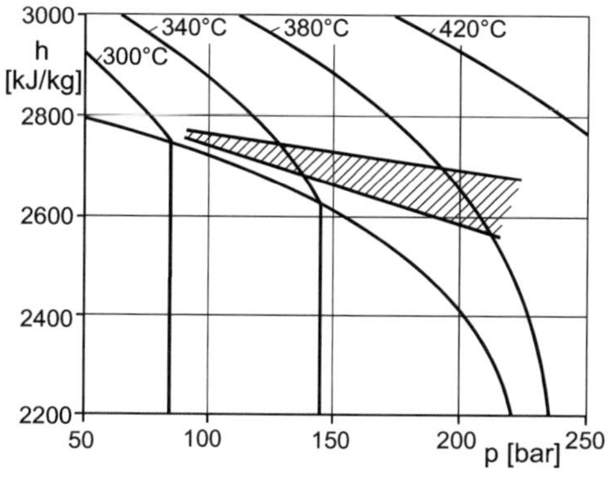

Abbildung 7.19. Sollwertbereich der Verdampferaustrittstemperatur eines Zwangdurchlaufdampferzeugers im Übergangsbereich zum Schwachlastbetrieb

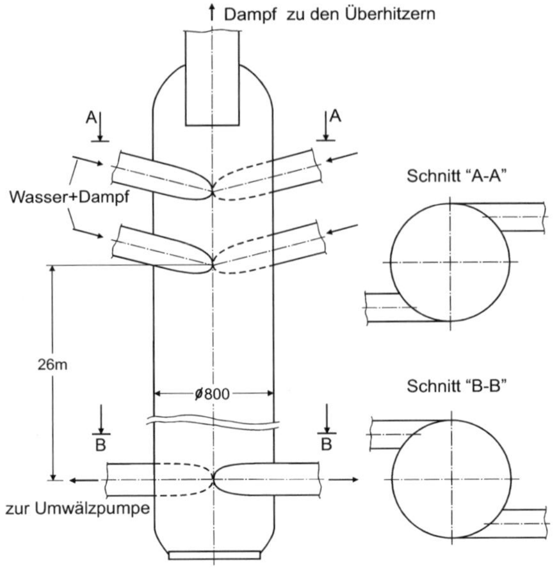

Abbildung 7.20. Prinzipieller Aufbau und Hauptabmessungen eines Wasserabscheiders für einen 1 000 t/h-Dampferzeuger mit überlagertem Umlauf. Solche Abscheideflaschen werden meist aus Feinkornbaustahl mit Wandstärken von ca. 80 mm gefertigt.

gering sein, dass keine Wassertropfen mitgerissen werden. Diese Bedingung verlangt eine Mindestgröße für den Dampfraum einer Trommel:

$$V_D = \frac{\dot{m}_D}{\rho_D \varDelta} \tag{7.17}$$

mit

V_D Größe des Dampfraumes in m^3,
ρ_D Dichte des Sattdampfes in kg/m^3,
$\dot{m}_D$ Dampfmassenstrom in kg/s und
$\varDelta$ Dampfraumbelastung $(\dot{V}_D/V)$ in s^{-1}.

Für die Dampfraumbelastung liegen Erfahrungswerte vor. Sie hängt wesentlich vom Dampfdruck und von der Speisewasserqualität ab; für die maximal zulässige Dampfraumbelastung gilt die empirische Beziehung

$$\varDelta_{max} = 0{,}264 \cdot 10^3\, p^{-0{,}7}\, \lambda^{-0{,}61}\ [s^{-1}]\,. \tag{7.18}$$

Hier ist p der Trommeldruck in bar und λ die elektrische Leitfähigkeit des Kesselspeisewassers in Mikrosiemens pro cm (μS/cm). Zwischen der Leitfähigkeit und dem Salzgehalt besteht ein direkter Zusammenhang; durchschnittlich entspricht einem Salzgehalt von 1 mg/l ein Leitfähigkeitswert von 2 μS/cm. Grundsätzlich nimmt die Abscheidewirkung der Trommel mit zunehmender Dampfraumbelastung ab. Die zulässige Dampfraumbelastung hängt natürlich auch von der Einführung der Steigrohre in die Trommel und den Einbauten ab. Bei Dampferzeugern für Kraftwerke werden in die Trommel meist kleine Zyklone eingebaut, die die Wasser/Dampftrennung zusätzlich unterstützen. Mit

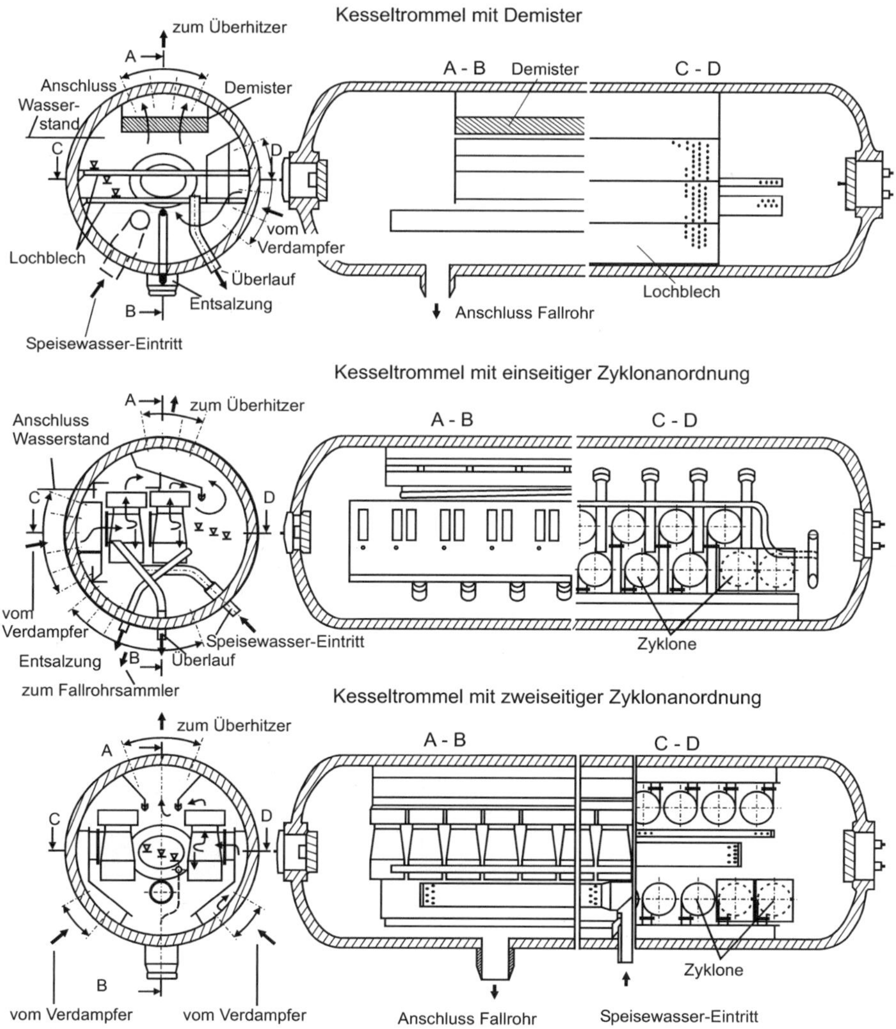

Abbildung 7.21. Dampftrommeln mit verschiedenen Einbauten zur Trennung des Wasser-Dampfgemisches. Oben ist eine Trommel für Drücke bis ca. 150 bar dargestellt, zur Unterstützung der Trennung sind Lochbleche zur Vermeidung einer Wellenbildung des abgeschiedenen Wassers und Tropfenfänger in Form von Drahtgeflechten (Demister) eingebaut. Die beiden anderen Ausführungen werden für Drücke größer ca. 150 bar verwendet, wobei zur Unterstützung der Wasserabscheidung Zyklone und Leitbleche verwendet werden. (Alstom Power Boiler GmbH)

solchen Einbauten werden Abscheidegrade von > 98% erreicht, vgl. Abb. 7.21. Die zulässige Dampfraumbelastung verliert bei dieser Konstruktion ihre Bedeutung. Der Trommeldurchmesser wird vielmehr durch den Platzbedarf der

Zyklone bestimmt. Bei Kraftwerksdampferzeugern werden bei Trommeldurchmessern von ca. 2 m Leistungen von 50 t/h je Meter Trommellänge erreicht.

Die Zuführung des Speisewassers soll gleichmäßig über die Länge der Trommel erfolgen und darf weiter den Abscheidevorgang in der Trommel nicht stören. Üblicherweise ist die Trommel etwa zur Hälfte mit Wasser gefüllt, wobei im Betrieb ein Mindestwasserstand nicht unterschritten und ein Höchstwasserstand nicht überschritten werden darf. Bei zu geringem Wasserstand besteht die Gefahr, dass die Verdampferrohre nicht ausreichend mit Wasser versorgt und damit örtlich überhitzt werden. Bei zu hohem Wasserstand und auch bei starken Wasserstandschwankungen sowie großen Dampfentnahmen kann Wasser aus der Trommel in die Überhitzer mitgerissen werden. Das Mitreißen von Wasser ist deshalb gefährlich, weil im Trommelwasser Salze gelöst sein können. Diese lagern sich beim Verdampfen in den Überhitzerrohren ab; durch die Isolierwirkung der Ablagerungen wird das Rohrmaterial an diesen Stellen langsam überhitzt und kann schließlich reißen.

Bei der Konzeption der Wasserstandsregelung ist zu beachten, dass es durch die erhöhte Einspeisung von unterkühltem Speisewasser in die Trommel zu einer Kondensation von im Trommelwasser vorhandenen Dampfblasen kommt. Dadurch kann es unter gewissen Randbedingungen zu einer Umkehr der Niveaubewegung kommen: Bei einer Erhöhung des Speisewasserstromes sinkt der Wasserspiegel zunächst und beginnt erst nach einer gewissen Zeit anzusteigen.

Beispiel 7.2. Für einen Naturumlaufdampferzeuger mit einer Dampfleistung von 640 kg/s soll die Dampftrommel ausgelegt werden. Der Innendruck betrage 180 bar; die zugehörige Dichte des Sattdampfes ρ_D ist 133,4 kg/m^3. Die Dampfraumbelastung ist mit $\Delta = 230\ \text{h}^{-1}$ vorgegeben. Das Kesselspeisewasser besitzt eine Leitfähigkeit von 2 000 μS/cm. Die Länge der Trommel sei 39 m, die Wanddicke 150 mm.

a) Man berechne den Außen- und Innendurchmesser der Trommel unter der Annahme, dass der Dampfraum V_D der Hälfte des Trommelvolumens entspricht.
b) Vergleiche die angegebene Dampfraumbelastung mit der empfohlenen maximalen Belastung für Trommelkessel.

Lösung. a) Aus den Vorgaben wird mit (7.17) das Volumen des Dampfraumes der Trommel zu $V_D = 75{,}1\ \text{m}^3$ bestimmt. Unter der Annahme, dass die Trommel zur Hälfte gefüllt ist, folgt für das Trommelvolumen

$$V_{Tr} = 2\,V_D = \frac{\pi}{4}\,d_i^2\,l\,,$$

woraus der erforderliche Innendurchmesser

$$d_i = \sqrt{\frac{8\,V_D}{\pi\,l}} = 2\,214\ \text{mm}$$

bestimmt werden kann. Aus einer Festigkeitsberechnung ergibt sich bei Verwendung eines Feinkornbaustahls eine Wanddicke von ca. 150 mm und damit ein Außendurchmesser von $d_a = 2\,520$ mm.

b) (7.18) liefert die maximale Dampfraumbelastung $\Delta_{max} = 243\ \text{h}^{-1}$. Damit ist $\Delta_{max} > \Delta$ und die Bedingung bzgl. der Dampfraumbelastung erfüllt.

7.3 Konvektivheizflächen

7.3.1 Allgemeines

Die Wärmeübertragung von den heißen Rauchgasen auf das Arbeitsmittel kann durch Strahlung oder Konvektion erfolgen. Je nachdem ob die Strahlung oder Konvektion überwiegt, teilt man die Heizflächen in *Strahlungs-* und *Konvektionsheizflächen* auf. Typische Strahlungsheizflächen sind die Brennkammerwände, während bei den Bündelheizflächen, die aus einer Vielzahl von parallel geschalteten Rohren bestehen, die Konvektion überwiegt.

Vom wirtschaftlichen Gesichtspunkt aus sind Konvektivheizflächen, da sie über den gesamten Rohrumfang wirksam sind, bei mittleren Rauchgastemperaturen günstiger als Strahlungsheizflächen, die nur mit den projizierten Flächen am Wärmeaustausch teilnehmen. Bei einer Temperaturdifferenz von 500 K zwischen Wand und Rauchgas und einer Wärmeübergangszahl von 80 W/m^{2}K ergibt sich für die Konvektivheizfläche eine Wärmestromdichte von 40 kW/m^2. Zum Erzielen einer gleichen Wärmeleistung wäre bei der Strahlungsheizfläche auf das eingebaute Rohr bezogen eine um den Faktor π größere Wärmestromdichte erforderlich. Bei Gastemperaturen von 1 000°C sind aber nur 60 kW/m^2 vorhanden. Die Strahlung trägt also im Temperaturbereich unter ca. 1 200°C weniger zum Wärmeübergang bei als die Konvektion.

Die Konvektivheizflächen werden in Überhitzer, Zwischenüberhitzer und Economizer unterteilt. Überhitzer und Zwischenüberhitzer haben die Aufgabe, den erzeugten bzw. den von der Turbine kommenden Dampf auf die geforderten Temperaturen zu bringen, während dem Economizer die Aufgabe zukommt, die Abgastemperatur abzusenken.

Bestimmend für die Position der Konvektivheizflächen im Rauchgasweg ist aber die Gefahr der Bildung von Verschmutzungen und Korrosionen an heißliegenden Heizflächen. Beide sind von den Ascheeigenschaften und der Temperatur der Rauchgase abhängig. Die Auslegung und auch das Betriebsverhalten der Bündelheizflächen wird vor allem durch die rauchgasseitigen Verschmutzungen stark beeinflusst. Die Korrosion der Überhitzerrohre entsteht durch einen Diffusionsprozess in den Belägen auf den Rohren, wobei ein Maximum des Korrosionsabtrages bei Metalltemperaturen im Bereich von 700°C liegt, wenn Steinkohle verfeuert wird, vgl. [16]. Es gilt demnach, Rohrwandtemperaturen über ca. 620°C zu vermeiden.

Neben der Verminderung des Wärmeübergangs führen die Ascheablagerungen auf den Rohren auch zu einer höheren Geschwindigkeit der Rauchgase. Dies führt zu einer Vergrößerung des Druckverlustes und begünstigt ferner den Erosionsverschleiß durch die Aschepartikel. Nach bestehenden Erfahrungen ist die Erosionsrate proportional zu $v^{3,5}$. Die zulässige Rauchgasgeschwindigkeit in den Konvektivheizflächen hängt wesentlich vom Aschegehalt und der Art der Asche ab. Bei mit Öl oder mit Gas befeuerten Kesseln – bei denen praktisch keine Asche in den Rauchgasen vorhanden ist – sind Geschwindigkeiten von 20–25 m/s üblich, dagegen wird sie bei Steinkohle auf 9–12 m/s und bei Braunkohle auf 8–10 m/s beschränkt.

Wärmetechnisch wird die Verschmutzung durch eine aus Erfahrungen resultierende Abwertung der Wärmeübertragungsflächen berücksichtigt. Abhängig vom Brennstoff liegen die Abwertungsfaktoren in der Brennkammer zwischen 0,6 (z.B. Braunkohle) und 1,0 (Erdgas) und in den Bündelheizflächen zwischen 0,7 und 0,9.

Wegen der geringeren Gefahr von Brückenbildung durch Ablagerungen auf den Wärmeaustauscherrohren und der günstigeren Bedingungen für eine Abreinigung hat sich bei Kraftwerksdampferzeugern die fluchtende Anordnung der Rohre in den Heizflächen durchgesetzt. Die Querteilung in den Rohrbündeln wird dabei in Abhängigkeit vom Verschmutzungsverhalten des Brennstoffes und der Rauchgastemperatur festgelegt, vgl. Tabelle 7.2.

Tabelle 7.2. Querteilung in den Bündelheizflächen

Temperatur [°C]	Querteilung [mm] Kohle	Öl/Gas
1 050–1 300	800	160
900–1 050	400	160
700– 900	200	80
< 700	100	80

Zur Beseitigung von rauchgasseitigen Verschmutzungen an den Konvektiv- und Wandheizflächen werden bei Kraftwerksdampferzeugern *Rußbläser* angewendet. Diese entfernen Beläge mit Hilfe von Dampf-, Luft- oder auch Wasserstrahlen.

7.3.2 Wärmeübergang

Für den rauchgasseitigen Wärmeübergang sind Konvektion und Strahlung bestimmend. Es kann ein äußerer Wärmeübergangskoeffizient α_a definiert werden durch

$$\alpha_a = \frac{\alpha_K A_K + \alpha_S A_S}{A_a} \tag{7.19}$$

mit:

α_K Wärmeübergangskoeffizient durch Konvektion
α_S Wärmeübergangskoeffizient durch Strahlung
A_K Konvektionsheizfläche
A_S Strahlungsheizfläche
A_a äußere Heizfläche (meist wird $A_a = A_K$ gesetzt)

Beim konvektiven Wärmeübergang an querangeströmten Rohrbündeln gilt für die Nusseltzahl

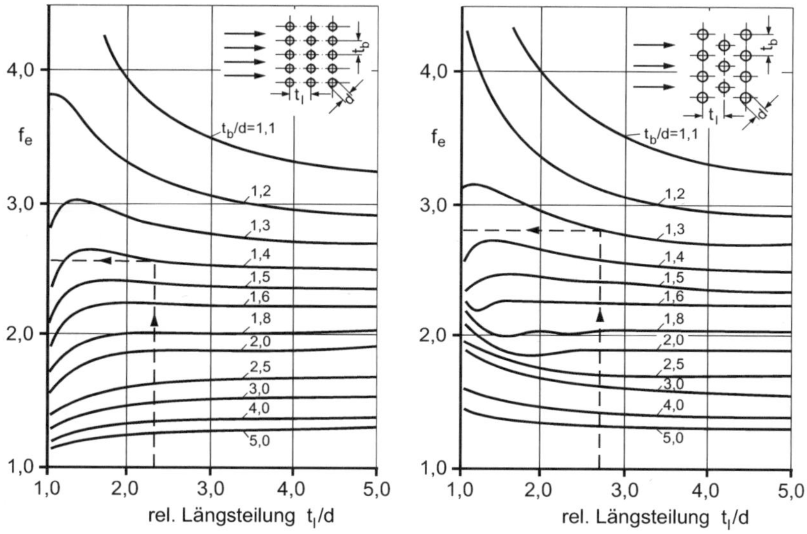

Abbildung 7.22. Korrekturfaktor f_e

$$\mathrm{Nu} = 0{,}287\,\mathrm{Re}^{0,6}\,\mathrm{Pr}^{0,364}\,f_e\,. \tag{7.20}$$

Hier ist Re die mit dem Rohrdurchmesser und der Geschwindigkeit in den Rohrgassen gebildete Reynoldszahl und Pr die Prandtlzahl. f_e ist ein Korrekturfaktor nach Abb. 7.22. α_K kann aus der Definition der Nusseltzahl

$$\mathrm{Nu} = \frac{\alpha_K\, d_a}{\lambda} \tag{7.21}$$

bestimmt werden, λ steht für die Wärmeleitfähigkeit des Rauchgases.

Für den analog zum konvektiven Wärmeübergangskoeffizienten definierten Koeffizienten für die Strahlung folgt durch Umformung des Stefan-Boltzmann'schen Gesetzes für graue Körper

$$\alpha_S = \varepsilon\,\sigma_S\,\frac{T_{RG}^4 - T_W^4}{T_{RG} - T_W}\,. \tag{7.22}$$

T_{RG} bezeichnet die Temperatur des Rauchgases und T_W die Oberfächentemperatur des Wärmeaustauschers.

Für die Berechnung von ε kann (6.15) verwendet werden, wobei zur Berücksichtigung der komplexeren Geometrie in Anlehnung an den hydraulischen Durchmesser die Schichtdicke

$$s = 0{,}85\,\frac{4\,V}{A} \tag{7.23}$$

eingeführt wird. Hier ist V das Volumen des Gaskörpers und A die vom Gaskörper umschlossene Wärmeaustauschfläche. Bei Bündelheizflächen mit versetzten bzw. fluchtenden Rohren gilt

$$s = \frac{2}{3}\left(\frac{t_1 t_b}{d_a} - d_a\right) . \tag{7.24}$$

Dabei ist d_a der Rohrdurchmesser, t_l die Längs- und t_b die Querteilung der Heizfläche, vgl. Abb. 7.22.

7.3.3 Rohrwandtemperaturen

Der Wärmeaustausch in den Konvektivheizflächen erfolgt zunächst durch Wärmestrahlung und/oder Konvektion von den heißen Rauchgasen an die Außenwand des Rohres, von dort durch Wärmeleitung auf die Rohrinnenseite und von dort schließlich durch Wärmeübertragung auf den Wasserdampf. Für den Gesamtvorgang gilt

$$\begin{aligned} \dot{Q} &= \alpha_a A_a \left(\vartheta_{RG} - \vartheta_{W_a}\right) = \frac{\lambda}{s} \overline{A} \left(\vartheta_{W_a} - \vartheta_{W_i}\right) \\ &= \alpha_i A_i \left(\vartheta_{W_i} - \vartheta_D\right) = k A_a \left(\vartheta_{RG} - \vartheta_D\right) . \end{aligned} \tag{7.25}$$

Hier ist $\overline{A}$ der Mittelwert von A_a und A_i und k der Wärmedurchgangskoeffizient. ϑ_W ist die Wandtemperatur und ϑ_D die Temperatur des Dampfes; die Indizes i und a stehen für die innere bzw. äußere Rohrwand. Da die heißen Rauchgase einen sehr viel kleineren Wärmeübergangskoeffizienten haben als das kältere Medium, wird k auf die Außenfläche A_a bezogen. Betrachtet man die Gleichung näher und setzt dabei $A_a = A_i = \overline{A}$, erkennt man, dass

die Temperaturdifferenz $\vartheta_{RG} - \vartheta_{W_a}$ von α_a
die Temperaturdifferenz $\vartheta_{W_a} - \vartheta_{W_i}$ von s/λ
die Temperaturdifferenz $\vartheta_{W_i} - \vartheta_D$ von α_i

abhängt und sich diese auch gegenseitig beeinflussen. Diese Abhängigkeit kann man ausnutzen, um gewisse Effekte zu erzielen. So kann man z.B. durch Vergrößerung von α_i die Temperaturdifferenz $\vartheta_{W_i} - \vartheta_D$ verkleinern. Als Folge bekommt man zusätzlich ein kleineres ϑ_{RG}, ein größeres $\dot{Q}$ oder ein kleineres A, je nachdem welche Größen konstant gehalten werden. Diese Überlegung zeigt, dass zur Beeinflussung der Wandtemperatur nicht nur eine Größe geändert werden kann.

Die Berechnung der Wandtemperaturen kann entweder von ϑ_{W_a} oder ϑ_{W_i} ausgehend begonnen werden. Ihre Kenntnis ist für die Festigkeitsberechnung und die Materialauswahl von großer Bedeutung. Man erkennt dies aus der bekannten Gleichung zur Berechnung der Rohrwanddicke

$$s = \frac{d_a p}{2 K/S} . \tag{7.26}$$

Hier ist s die Wanddicke, d_a der Außendurchmesser, p der höchstzulässige Druck im Rohr, K die Festigkeitskennzahl und S ein Sicherheitsbeiwert. Die Wanddicke für beheizte Rohre wählt man i.allg. nicht dicker als 6 mm, da sonst zu große Wärmespannungen auftreten können. Eine Druckerhöhung, die aus Wirkungsgradgründen erwünscht ist, führt deshalb bei gleicher Materialqualität zu geringeren Rohrdurchmessern.[8]

7.3.4 Überhitzer

Zweck der Überhitzer ist es, den Hochdruckdampf auf die geforderte Temperatur zu bringen. Dabei ist sicherzustellen, dass zulässige Materialtemperaturen nicht überschritten werden. Die Lösung der Aufgabe wird durch die ungleichmäßige Temperatur (*Temperaturschieflage*) der aus der Brennkammer zuströmenden Rauchgase erschwert. Diese Temperatur kann sich nicht auf dem relativ kurzen Weg durch die Heizflächen durch Quervermischung ausgleichen.

Eine ungleiche Beheizung einzelner Rohrschlangen hat eine unterschiedliche Enthalpiezunahme des durch diese Rohre strömenden Dampfes zur Folge. Es ist klar, dass die Temperaturstreuung am Ende des Überhitzers proportional zur Wärmeaufnahme ist. Es ist also zweckmäßig, den Überhitzer in mehrere Stufen zu unterteilen. Wird zusätzlich noch eine Aufteilung der einzelnen Überhitzerstufen über die Kesselbreite in Stränge vorgenommen und werden diese innerhalb des Rauchgasweges vertauscht, kann eine weitere Verminderung der Temperaturstreuung erreicht werden, vgl. Abb. 7.18.

Beispiel 7.3. Der Endüberhitzer einer kohlegefeuerten 740 MW-Anlage ist im Gleichstrom geschaltet und im Temperaturbereich zwischen 950 und 1 085°C angeordnet. Der Dampf (210 bar) wird von 476 auf 535°C erhitzt. Die Querteilung des Bündelüberhitzers beträgt 480 mm, die Längsteilung 60 mm und die Rohrabmessungen sind 38 × 5 mm. Die Massenstromdichte Φ des Dampfes beträgt 1 200 kg/m^{2}s. Gegeben sind ferner die Dampfdaten für 210 bar, 535°C:

$$\rho = 66{,}0\ \mathrm{kg/m^3}, \qquad \lambda = 0{,}09\ \mathrm{W/mK}, \qquad \eta = 31 \cdot 10^{-6}\ \mathrm{Pas}, \qquad \mathrm{Pr} = 0{,}9,$$

und die Stoffwerte des Rauchgases für 1 bar und 950°C:

$$\rho = 0{,}28\ \mathrm{kg/m^3}, \qquad \lambda = 0{,}09\ \mathrm{W/mK}, \qquad \eta = 45 \cdot 10^{-6}\ \mathrm{Pas}, \qquad \mathrm{Pr} = 0{,}58.$$

Die Wärmeleitfähigkeit des Rohrmaterials λ_R ist mit 50 W/mK anzusetzen. Zu berechnen sind die Rohrwandtemperaturen am Überhitzeraustritt.

Lösung. Zunächst ist die innere Wärmeübergangszahl α_i zu bestimmen, wozu (7.12) herangezogen wird. Aus den gegebenen Daten muss zuerst die Reynoldszahl gemäß

$$\mathrm{Re_i} = \frac{\Phi\, d_\mathrm{i}}{\eta_\mathrm{D}} = 1{,}084 \cdot 10^6$$

berechnet werden. Daraus folgt unter Vernachlässigung des Terms d/l in (7.12)

---

[8] Richtlinien für die Berechnung von Dampferzeugerdruckteilen sind in den technischen Regeln für Dampferzeuger (TRD) aufgestellt [17]. Allgemeine Grundlagen sind in der Richtlinie TRD 300 enthalten.

$$\mathrm{Nu}_i = 0{,}02\,\mathrm{Re}^{0,8}\,\mathrm{Pr}^{0,42} = 1\,288\,.$$

Aus der Definition der Nusseltzahl ergibt sich dann

$$\alpha_i = \frac{\mathrm{Nu}_i\,\lambda_D}{d_i} = 4\,139\ \mathrm{W/m^2K}.$$

Die äußere Wärmeübergangszahl α_a besteht aus einem Konvektions- und einem Strahlungsteil. Für die Berechnung von α_K wird die Nusseltzahl des konvektiven Wärmeübergangs an querangeströmten Rohren nach (7.20) zu $\mathrm{Nu}_a = 23{,}2$ bestimmt, woraus

$$\alpha_K = \frac{\mathrm{Nu}_a\,\lambda_{RG}}{d_a} = 55\ \mathrm{W/m^2K}$$

folgt. Zur Berechnung des Strahlungsanteils muss zuerst der Emissionskoeffizient ε_F nach (6.15) ermittelt werden. Die dazu erforderliche Schichtdicke wird über (7.24) zu $s = 0{,}48$ m bestimmt, so dass $\varepsilon_F = 0{,}13$ resultiert. Aus (7.24) folgt schließlich $\alpha_S = 37\ \mathrm{W/m^2K}$.

Aus (7.19) folgt für den rauchgasseitigen Wärmeübergang

$$\alpha_a = \alpha_K + \alpha_S = 92\ \mathrm{W/m^2K}.$$

Die Wärmedurchgangszahl beträgt wegen

$$\frac{1}{k} = \frac{1}{\alpha_a} + \frac{s}{\lambda_R} + \frac{1}{\alpha_i}$$

$k = 90\ \mathrm{W/m^2K}$. Damit ist der Wärmestrom pro Längeneinheit

$$\dot{Q} = k\,\pi\,d_a\left(\vartheta_{RG} - \vartheta_D\right) = 4\,459\ \mathrm{W/m},$$

woraus die Wandtemperaturen zu

$$\vartheta_{W_a} = \vartheta_{RG} - \frac{\dot{Q}}{\alpha_a\,\pi\,d_a} = 548\,^\circ\mathrm{C}$$

und

$$\vartheta_{W_i} = \vartheta_D + \frac{\dot{Q}}{\alpha_i\,\pi\,d_i} = 544\,^\circ\mathrm{C}$$

bestimmt werden.

Die Festlegung der Wanddicke erfolgt mit den Langzeit-Festigkeitskennwerten. Dabei sind die ungünstigsten auftretenden Wandtemperaturen zu berücksichtigen. Zu deren Ermittlung sind die Auswirkungen von Überlasten, Verschmutzungen sowie die rauchgas- und dampfseitigen Temperaturschieflagen zu beachten.

Zur Verbesserung der Temperaturregelung wird der Überhitzer meist in drei bis vier Abschnitte unterteilt, wobei zwischen den Abschnitten *Einspritzkühler* vorgesehen werden. Diese Kühler sind auch erforderlich, um Temperaturstörungen ausgleichen zu können. Die Anordnung von mehreren Einspritzungen ist bei großen Kesseln notwendig, um keine zu großen Totzeiten entstehen zu lassen, die ja unmittelbar mit der Durchflusszeit des Dampfes durch die einzelnen Überhitzerheizflächen verknüpft sind.

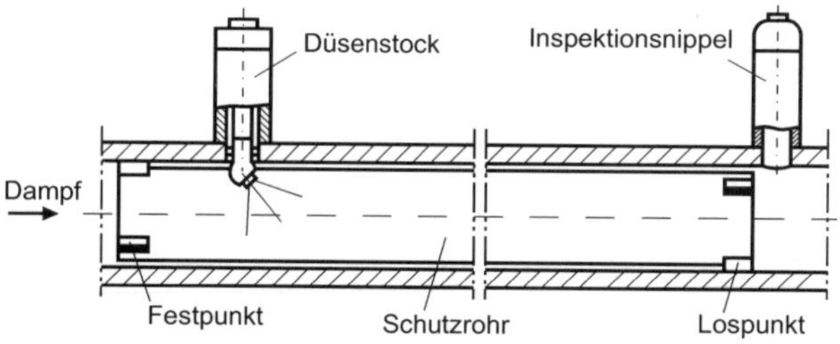

Abbildung 7.23. Längsschnitt durch einen Einspritzkühler

Bei der Auslegung der Einspritzkühler ist zu bedenken, dass der Speisewasserstrom um die Menge abnimmt, die in den Einspritzkühler zugegeben wird, d.h. dass bei vermehrtem Einspritzwasserstrom die Temperatur vor den HD-Einspritzkühlern zunimmt. Bei Anlagen mit variablem Verdampfungsendpunkt werden ca. 5% und bei solchen mit einem festen ca. 8% des gesamten Speisewassers für die Einspritzung bei Vollast vorgesehen.

Die Bemessung dieser Kühler ist von mehreren Faktoren abhängig. So wird z.B. der Misch- und Verdampfungsweg des Einspritzwassers von der Relativgeschwindigkeit und der Temperaturdifferenz zwischen Wasser und Dampf beeinflusst. Daneben spielt auch die Dichte des Dampfes, also der Druck, eine Rolle. In Druckbereichen über 150 bar werden Mischlängen von 3 m im Regelfall für ausreichend gehalten – allerdings sind dann die größten der von den verfügbaren Düsen erzeugten Tropfen noch nicht vollständig verdampft. Die Temperaturdifferenz zwischen Wasser und Dampf geht etwa umgekehrt proportional in den Verdampfungsweg ein. Insbesondere beim Anfahren darf deshalb nur bei Vorliegen ausreichender Temperaturdifferenzen eingespritzt werden. In Abb. 7.23 ist die Konstruktion eines Einspritzkühlers dargestellt. Das Schutzrohr ist notwendig, damit das eingespritzte Wasser keinen Temperaturschock an den Wänden des Einspritzrohres verursacht. Am Ende des Einspritzrohres ist ein Thermoelement zur Messung der Dampftemperatur eingebaut.

7.3.5 Zwischenüberhitzer

Der Zwischenüberhitzer (ZÜ) hat die Aufgabe, den vom Hochdruckteil der Turbine kommenden Dampf auf eine bei allen Lasten gleich hohe Temperatur zu bringen. Die Dimensionierung des Zwischenüberhitzers hängt von der Betriebsweise eines Kraftwerkes ab. Bei Blöcken, die im Festdruck betrieben werden – der Druck des Frischdampfes ist über der Last konstant – nimmt die Eintrittstemperatur in den ZÜ mit der Last ab. Demzufolge wird die dem ZÜ-Dampf pro Masseneinheit zuzuführende Wärmemenge mit geringer werdender Last größer. Beim Gleitdruckbetrieb dagegen variiert der Druck des Frischdampfes proportional zur Last und die Eintrittstemperatur in den ZÜ ist nahezu konstant. Bei der Auslegung des Zwischenüberhitzers ist weiter zu beachten, dass mit abnehmender Last anteilig weniger Wärme an die Konvektivheizflächen abgegeben wird. Zur Erzielung einer konstanten ZÜ-Temperatur ist deshalb ein Regeleingriff erforderlich. Dazu bestehen folgende Möglichkeiten:

- *Speisewassereinspritzung*: Dies ist die einfachste und billigste Lösung, die aber den thermischen Wirkungsgrad des Prozesses verschlechtert, weil ein Teil der mit dem Brennstoff zugeführten Wärme nur Niederdruckdampf erzeugt und so ein entsprechender Anteil an Expansionsarbeit in der HD-Turbine verlorengeht.
- *Biflux*: Dies ist eine Kombination eines außerhalb des Kessels angeordneten, mit Hochdruckdampf beheizten Zwischenüberhitzers mit einer nachgeschalteten rauchgasbeheizten Endstufe.
- *Triflux*: Dies ist die Kombination eines rauchgasbeheizten mit einem dampfbeheizten Wärmeaustauscher. Die bei Teillast abfallende Temperaturcharakteristik des rauchgasbeheizten Bündels wird durch angepasste Zufuhr im dampfbeheizten Teil kompensiert. Die Austrittstemperatur des Zwischenüberhitzers kann bis zu kleinen Teillasten konstant gehalten bzw. den Betriebsverhältnissen des Blocks angepaßt werden, vgl. Abb. 7.24.
- *Rauchgasrezirkulation*: Durch Rückführung von bereits abgekühlten Rauchgasen in die Brennkammer kann die Wärmeaufnahme in die Konvektivheizflächen verlagert werden.
- *Schwenkbrenner*: Mit diesen wird die Flammenlage im Feuerraum und damit die Wärmeaufnahme der einzelnen Heizflächen verändert.

Bi- und Triflux kommen bei Zwangdurchlaufanlagen dann zum Einsatz, wenn ein Brennstoff mit einem weiten Heizwertband zu verarbeiten ist, z.B. Braunkohle. Die Rauchgasrezirkulation wurde vorzugsweise bei ölgefeuerten Anlagen verwendet. Die Schwenkbrenner sind besonders für kohlegefeuerte Anlagen mechanisch aufwendig und werden nur von der Firma Combustion Engineering eingesetzt.

Die Auslegung des Zwischenüberhitzers ist im Zusammenhang mit dem Gesamtprozess zu sehen. Es ist zu beachten, dass der Prozesswirkungsgrad mit zunehmender Einspritzmenge und zunehmendem Druckverlust abnimmt. Ausgehend von einem Prozess mit einfacher Zwischenüberhitzung und den Dampfparametern 200/42 bar, 535/535°C gelten für die Wirkungsgradänderung folgende Werte:

$\Delta\vartheta_{\text{ZÜ}}$ von 10°C entspricht $\Delta\eta$ von 0,25%,
$\Delta p_{\text{ZÜ}}$ von 1 bar entspricht $\Delta\eta$ von 0,2%,
$\Delta\dot{m}_{\text{E}_{\text{ZÜ}}}$ von 1% des ZÜ-Stroms entspricht $\Delta\eta$ von 0,6%.

Zur Erzielung einer guten Temperaturcharakteristik, darunter versteht man den HD- und ZÜ-Temperaturverlauf über der Last, werden die Überhitzer und Zwischenüberhitzerheizflächen ineinander geschachtelt, vgl. Abb. 7.24.

Beispiel 7.4. In einem Einspritzkühler soll ein ZÜ-Dampfstrom von 466 kg/s bei einem Druck von 32 bar von 465°C auf 450°C gekühlt werden. Das Einspritzwasser

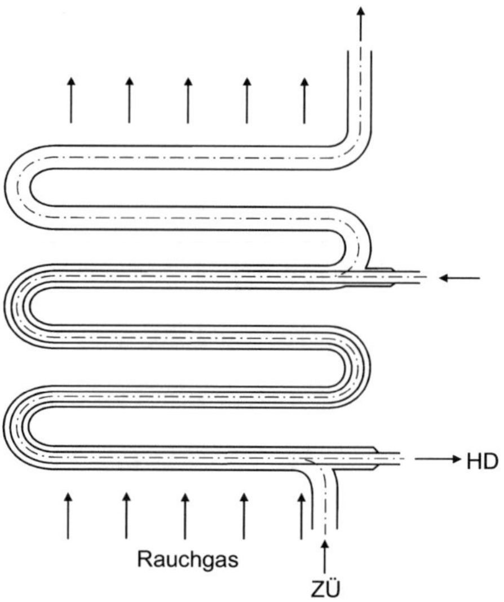

Abbildung 7.24. Zwischenüberhitzer mit Triflux zur Temperaturregelung

hat eine Enthalpie von $h_E = 1\,086$ kJ/kg. Aus der Dampftafel erhält man die Enthalpiewerte $h = 3\,375{,}6$ kJ/kg für einen Druck von 32 bar und eine Temperatur von 465°C und $h_A = 3\,342{,}0$ kJ/kg für einen Druck von 32 bar und eine Temperatur von 450°C. Man bestimme den erforderlichen Einspritzmassenstrom $\dot{m}_E$.

Lösung. Zur Lösung ist eine Energie- und Massenbilanz zu erstellen:

$$\dot{m}_E + \dot{m} = \dot{m}_A \,,$$
$$\dot{m}_E h_E + \dot{m}\, h = \dot{m}_A h_A \,.$$

Aus der Auflösung der beiden Gleichungen folgt für den Einspritzmassenstrom:

$$\dot{m}_E = 6{,}9 \text{ kg/s}.$$

Den beiden Massenströmen $\dot{m}_A$ und $\dot{m}_E$ entsprechen Volumenströme von $\dot{V}_A = 47{,}3$ m³/s und $\dot{V}_E = 0{,}007$ m³/s.

Die Zahlenwerte illustrieren, dass die Hauptaufgabe in der gleichmäßigen Verteilung des sehr kleinen Einspritzstroms in dem um 10^4 größeren Dampfstrom liegt. Dabei besteht noch die Randbedingung, dass die Vermischung auf einem sehr kurzen Weg erfolgen muss. Bei typischen Einspritzkühlern bestehen Dampfverweilzeiten von ca. 0,5 s im Bereich des Kühlers.

7.4 Überhitzeranordnung und Kesselbauart

Von der Bauart her unterscheidet man *Einzug-* und *Zweizugdampferzeuger*. Bei der Einzugbauweise sind die Konvektivheizflächen direkt über der Brennkammer angeordnet. Die Gestaltung dieser Heizflächen ist deshalb an die Brennkammerabmessungen gebunden. Die Strömung der Rauchgase durch die

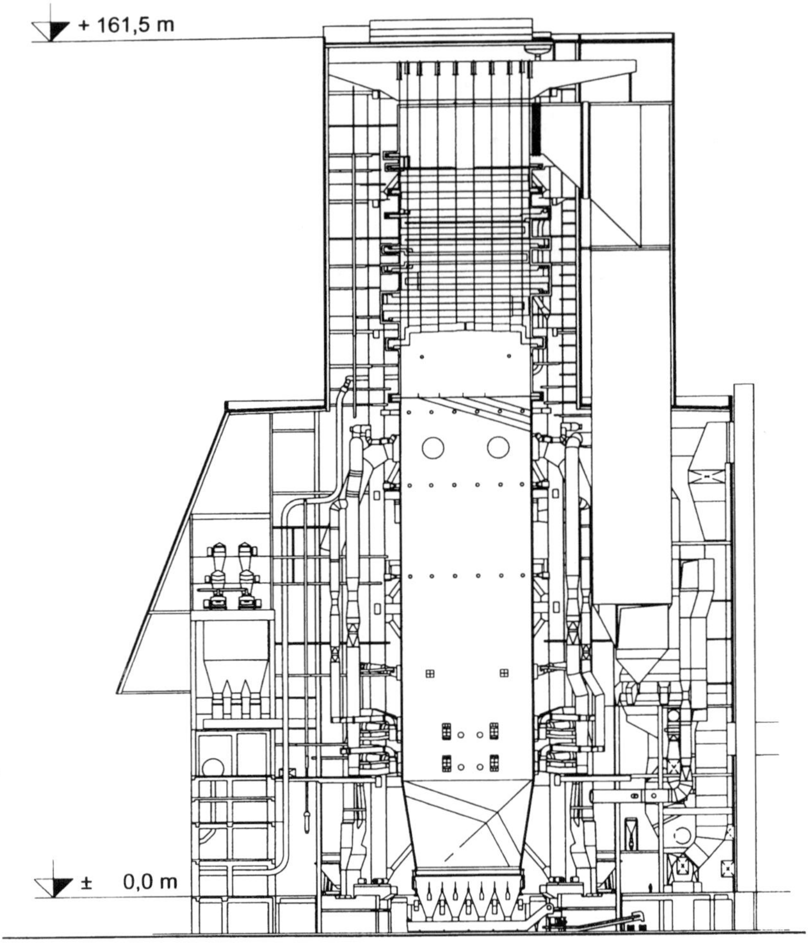

Abbildung 7.25. Einzugdampferzeuger mit einer Braunkohlen-Tangentialfeuerung, einfacher Zwischenüberhitzung und Teillastumwälzung für einen 900 MW_{el}-Block. Dampfleistung: 667 kg/s (2 400 t/h), Druck: 260/52 bar, Temperatur: 580/600° C. (Alstom Power Boiler GmbH)

Brennkammer und die Konvektivheizflächen erfolgt ohne Umlenkungen. Damit wird bei kohlegefeuerten Anlagen die Bildung von aschereichen Rauchgassträhnen und die damit verbundene Gefahr von lokal verstärkten Erosionen durch den Feststoffanteil der Strömung weitgehend vermieden, vgl. die Abbildungen 7.25 und 7.26a.

Weiter bestehen konstruktive Vorteile bzgl. der mechanischen Ausführung:

- Der Dampferzeuger hängt in einem Gerüst und kann sich ungehindert nach unten dehnen

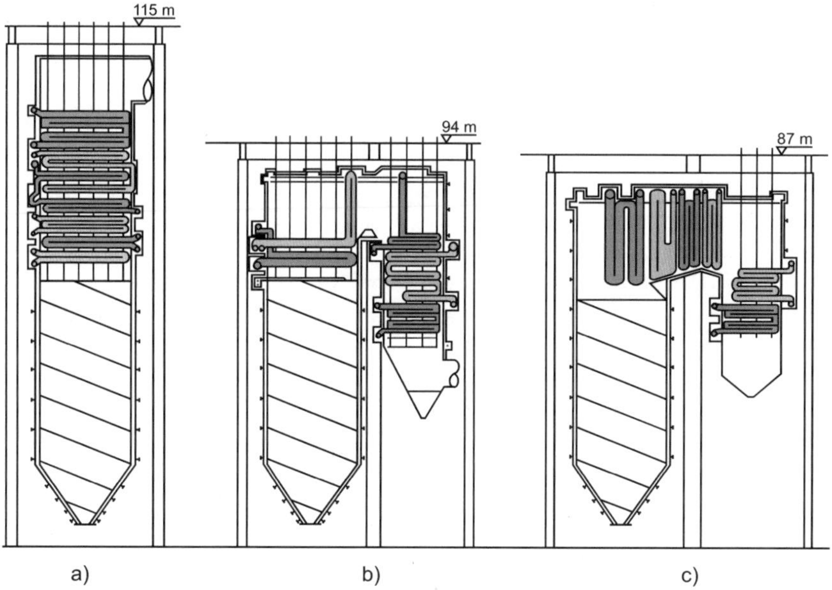

Abbildung 7.26. Kesselbauarten: a) Turmkessel, b) Zweizugkessel mit entwässerbaren und c) mit nicht entwässerbaren Heizflächen. Die Gesamthöhe bezieht sich auf steinkohlegefeuerte Kessel mit einer Wärmeleistung von ca. 2.200 MW.

- die Teilung der Heizflächen wird von oben nach unten größer; damit ist die Gefahr der Blockierung einzelner Gassen durch akkumulierte Asche gering
- eindeutige Lastabtragung, dadurch einfache Konstruktion
- bessere Anlagenverfügbarkeit (0,2–0,8%)

Ein Ausführungsbeispiel ist in Abb. 7.25 dargestellt. Das Gerüst eines Einzugkessels besteht aus vier Stützen, die durch K-Verbände miteinander verbunden sind. Auf dem Gerüst liegen große Querriegel, an denen der Trägerrost mit dem Dampferzeuger aufgehängt ist. Das Gewicht des Dampferzeugers wird über ca. 6 m lange Zuganker, die gelenkig mit dem Oberteil des Dampferzeugers verbunden und gleichmäßig über den Umfang verteilt sind, in den Trägerrost eingeleitet.

Bezüglich des Landschaftbildes bereitet die Bauhöhe des Einzugkessels bei manchen Standorten gewisse Probleme. Bei einer Anlage für ein 700 MW-Kraftwerk beträgt die Höhendifferenz zu einer Zweizuganordnung 20–30 m. Die Bauhöhe ist ferner ein Nachteil in erdbebengefährdeten Gebieten.

Die Zweizugbauweise hat demgegenüber den Vorteil, dass der zweite Zug in seinem Querschnitt den Temperaturverhältnissen der Rauchgase angepasst werden kann. Durch die sich ergebenden größeren Rauchgasgeschwindigkeiten werden die Wärmeaustauscherflächen optimal genutzt, vgl. Abb. 7.26b. Weiter ergeben sich Vorteile durch:

- schnellere Montage

- geringere Herstellkosten
- niedrigere Bauhöhe

Ein wesentlicher technischer Nachteil der Zweizugbauweise ergibt sich aus der Tatsache, dass bei diesem die Umfassungswände des ersten Zuges, des Querzuges und des zweiten Zuges hintereinander von Wasser oder Dampf durchströmt werden. Dies bedeutet, dass Wandteile unterschiedlicher Temperatur miteinander verschweißt werden müssen. Dadurch ergeben sich in den Übergangsbereichen zwischen den vertikalen Zügen und dem Querzug Konzentrationen in den Membranspannungen der Umfassungswände. Wenn auch die in Betrieb befindlichen Anlagen beweisen, dass dieses Problem zu lösen ist, sind doch diese Spannungsverhältnisse immer wieder Grund für Schäden.

Bezüglich der benötigten Grundfläche gibt es keinen Unterschied zwischen den beiden Bauarten, da diese im wesentlichen durch die ebenerdig aufgestellten Hilfsmaschinen bestimmt wird. Obwohl der Turmkessel etwa 10–15% mehr an umbautem Raum benötigt, sind die Investitionskosten bei Anlagen mit horizontalen Heizflächen für beide Bauarten gleich.

Anders sieht der Kostenvergleich für eine Anlage mit hängenden Heizflächen aus, vgl. Abb. 7.26c. Die im Oberteil des Feuerraums angeordneten Heizflächen werden dann mit sehr weiter Teilung ($> 1{,}5$ m) als sog. Schottheizflächen ausgeführt und bereits in einem Rauchgastemperaturbereich von über 1 250°C angeordnet. Wegen des einfacheren Tragrohrsystems für die Heizflächen und des kleineren Feuerraums ergibt sich dann ein Kostenvorteil von ca. 5–10% für den Zweizugkessel.

Große Dampferzeuger für Kraftwerksanlagen werden ausschl. als Ein- und Zweizuganlagen ausgeführt. Die Wahl der Bauart richtet sich nach folgenden Faktoren:

- Brennstoff-Eigenschaften und Zusammensetzung
- Aschegehalt, Aschezusammensetzung und damit verbundene Erosionsgefahr
- Bauart und Heizflächenanordnung dürfen die Betriebsflexibilität nicht beeinträchtigen

Die in den Abbildungen 7.26a und 7.26b dargestellten Konstruktionen haben horizontal liegende, vollständig entwässerbare Heizflächen. Wegen des größeren Aufwandes ist dies nur für Anlagen zu vertreten, die häufig an- und abgefahren werden.

7.5 Energiebilanz und Wirkungsgrad

Die dem Dampferzeuger mit dem Brennstoff zugeführte Energie wird nicht vollständig zur Erzeugung und Überhitzung des Dampfes nutzbar gemacht; es treten Umwandlungsverluste auf. Die Güte der Energieumwandlung lässt sich wie bei anderen technischen Anlagen durch einen Wirkungsgrad beschreiben.

Dieser ist definiert als das Verhältnis von allen nutzvoll abgeführten Energieströmen $\dot{Q}_N$ zu allen zugeführten $\dot{Q}_{zu}$.

Der Wirkungsgrad ist eine wichtige Größe für die Beurteilung einer Dampferzeugeranlage. Er muss i.allg. vom Hersteller garantiert werden. Bei Abweichungen werden in den Lieferverträgen oft Ersatzzahlungen vereinbart, z.B. wird in den VGB-Richtlinien für die Bestellung von Hochleistungsdampfkesseln folgende Vertragsregelung empfohlen:

> *Für die Unterschreitung des Wirkungsgrades um einen Prozentpunkt ist als Entschädigung 1% des Kaufpreises zu zahlen.*

Der Wirkungsgrad wird meist von einem neutralen Sachverständigen nachgeprüft. Für die Durchführung dieser Prüfung wurden Vorschriften entwickelt, die in nationalen Regelwerken enthalten sind. Die meist angewandten sind:

- DIN 1 942
- ASME Power-Test-Code
- BS 2885, British Standard Code for acceptance tests on stationary steam generators

7.5.1 Begriffsbestimmungen

Nachfolgend wird eine Zusammenstellung von Begriffen gegeben, die bei der Berechnung des Wirkungsgrades eine Rolle spielen. Bezüglich der vollständigen Darstellung wird auf DIN 1 942, Ausgabe 1992, verwiesen.

7.5.1.1 Bezugstemperatur

Analog zur Bestimmung des Heizwertes nach DIN 51 900 wird als Bezugstemperatur ϑ_{Bez} für die luft- und rauchgasseitigen Enthalpieströme 25°C festgelegt.

7.5.1.2 Systemgrenze

Eine wichtige Voraussetzung zur Bestimmung des Wirkungsgrades ist die Festlegung der Systemgrenzen, über die sich die Energiebilanz erstrecken soll. Diese Grenzen sind zwischen dem Hersteller und dem Betreiber zu vereinbaren. Die übliche Systemgrenze umfasst:

- das gesamte Wasser/Dampfsystem
- die Feuerung mit Mahlanlage
- dampfbeheizte Luftvorwärmer
- rauchgasbeheizte Gasvorwärmer

Außerhalb der Systemgrenze liegen:

- Frischluft- und Saugzuggebläse
- Staubfilter
- Anlagen zur Entfernung von Schadgasen

7.5.1.3 Nutzwärme

Die Nutzwärme $\dot{Q}_N$ des Dampferzeugers ist die gesamte Energie, die im Dampferzeuger an das Wasser bzw. an den Dampf übertragen wird. Sie setzt sich zusammen aus:

$$\begin{aligned} \dot{Q}_{HD} &= \dot{m}_{HD}\left(h_D - h_{Sp}\right) + &&\text{(Nutzwärme des HD-Dampfes)} \\ &\quad \dot{m}_{E_{HD}}\left(h_{Sp} - h_{E_{HD}}\right) &&\text{(zuzüglich HD-Einspritzung)} \end{aligned} \tag{7.27}$$

$$\begin{aligned} \dot{Q}_{ZÜ} &= \dot{m}_{ZÜ}\left(h_{ZÜ_A} - h_{ZÜ_E}\right) + &&\text{(Nutzwärme des ZÜ-Dampfes)} \\ &\quad \dot{m}_{E_{ZÜ}}\left(h_{Sp} - h_{E_{ZÜ}}\right) &&\text{(zuzüglich ZÜ-Einspritzung)} \end{aligned} \tag{7.28}$$

Die Nutzwärme

$$\dot{Q}_N = \dot{Q}_{HD} + \dot{Q}_{ZÜ} \tag{7.29}$$

wird auch als Wärmeleistung des Dampferzeugers bezeichnet.

7.5.1.4 Zugeführte Energie

Man unterscheidet Energieströme $\dot{Q}_B$, die dem aus der Bilanz zu errechnenden Brennstoffstrom $\dot{m}_B$ proportional sind, und Energieströme $\dot{Q}_Z$, die unabhängig vom Brennstoffstrom sind:

$$\dot{Q}_{zu} = \dot{Q}_B + \dot{Q}_Z \tag{7.30}$$

Der zu $\dot{m}_B$ proportionale Energiestrom ergibt sich zu

$$\dot{Q}_B = \dot{m}_B\left(\left(H + \Delta h_{B_{Bez}}\right)\left(1 + l_u\right) + \Delta h_{L_{Bez}}\right) = \dot{m}_B\, H_{ges} \tag{7.31}$$

Hierbei ist:

H	Heizwert des Brennstoffs,
$\Delta h_{B_{Bez}}$	spez. Enthalpiedifferenz des Brennstoffs zur Bezugstemperatur,
l_u	Verhältnis des unverbrannten zum verbrannten Brennstoffstrom,
$\Delta h_{L_{Bez}}$	Enthalpiedifferenz der Verbrennungsluft zur Bezugstemperatur.

Zu den Energieströmen $\dot{Q}_Z$, die praktisch unabhängig vom Brennstoffstrom sind, zählen:

- die Wärmeleistung von Zusatzfeuerungen z.B. zur Kohletrocknung und
- die Wellenleistung der Hilfsaggregate für Mühlen, Gebläse, Luvo, Pumpen, etc.

Bei einer steinkohlegefeuerten 740 MW-Anlage beträgt die Leistungsaufnahme der wichtigsten Hilfsmaschinen bei Vollast:

Saugzug	5 600 kW
Frischlüfter	5 700 kW

Mühlenluftgebläse	1 700 kW
Mühlen	1 500 kW
Luvo, Ölpumpen etc.	300 kW

Die Summe dieser Leistungen beläuft sich damit auf ca. 2% der Generatorwirkleistung des entsprechenden Kraftwerkblocks.

7.5.1.5 Energieverluste

Die bei der Energieumwandlung im Dampferzeuger entstehenden Verluste werden wie folgt zusammengefasst:

Abgasverlust

Als *Abgasverlust* bezeichnet man die mit den Rauchgasen abströmende, fühlbare Wärme bei Abgastemperatur. Dies ist anteilig der größte Verlust, er liegt zwischen ca. 5% bei Gasfeuerung und 10% bei Braunkohlefeuerungen, vgl. Abb. 7.27. Für seine Darstellung gilt

$$\dot{Q}_{\mathrm{AG}} = \dot{m}_{\mathrm{B}}\, \mu_{\mathrm{RG}}\, \bar{c}_{p_{\mathrm{RG}}} \left(\vartheta_{\mathrm{AG}} - \vartheta_{\mathrm{Bez}}\right) \tag{7.32}$$

mit:

μ_{RG} Rauchgasmenge pro kg Brennstoff
$\bar{c}_{p_{\mathrm{RG}}}$ mittlere spezifische Wärmekapazität des Rauchgases
ϑ_{AG} Abgastemperatur
ϑ_{Bez} Bezugstemperatur

Verlust durch Unverbranntes

Bei dieser, auch mit Feuerungsverlust bezeichneten Verlustart wird unterschieden zwischen Unverbranntem in Schlacke und Flugstaub sowie unverbrannten Gasen. Die Größenordnung von $\dot{Q}_{\mathrm{u}}$ für verschiedene Brennstoffe und einige Feuerungsarten ist in Tabelle 7.3 angegeben.

Tabelle 7.3. Verlust durch Unverbranntes $\dot{Q}_{\mathrm{u}}$ [%]

Brennstoff	Steinkohle				Braunkohle	
Flüchtige [%]	< 25		> 25			
Leistungsgröße [MW]	100	> 500	100	> 500	100	> 500
Feuerungsart						
Staubfeuerung	1,5	1,0	1,0	0,5	1,0	0,5
Schmelzfeuerung	0,2	0,2	0,2	0,2		
Zirkulierende Wirbelschicht	1,0		< 1,0		0,5	
Rostfeuerung	3,0		2,0		2,0	

Dem Verlust durch Unverbranntes kommt auch im Hinblick auf die Verwendbarkeit der Flugasche als Baustoff Bedeutung zu. Für die meisten Anwendungsfälle in der Bauindustrie ist der zulässige Gehalt an Unverbranntem im Flugstaub auf kleiner 5% begrenzt. Dies bedeutet, dass der Verlust durch Unverbranntes bei einem Brennstoff mit 5% Asche kleiner als 0,5% sein muss.

Verlust durch Strahlung und Konvektion

Dieser hängt wesentlich von der Güte der Isolierung ab und wird mit steigender Wärmeleistung relativ geringer. Es gilt die aus Erfahrung gewonnene Näherungsformel

$$\dot{Q}_{\mathrm{S}} \approx C\,\dot{Q}_{\mathrm{N}}^{0,7} \cdot 10^{-3}\ [\mathrm{MW}]\,. \tag{7.33}$$

Hier ist $\dot{Q}_{\mathrm{S}}$ der Verlustwärmestrom durch Strahlung und $\dot{Q}_{\mathrm{N}}$ der Nutzwärmestrom in MW. Die Konstante C ist ein im wesentlichen nur vom Brennstoff abhängiger Erfahrungswert, es ist:

$C =$ 25–30 bei Braunkohle
$C =$ 18–22 bei Steinkohle
$C =$ 9–11 bei Öl und Gas

Der genaue Wert von $\dot{Q}_{\mathrm{S}}$ hängt von der Größe der heißen Oberflächen und der Güte der Isolierung ab. Bei einer steinkohlegefeuerten 700 MW-Anlage beträgt der Strahlungsverlust ca. 0,3%.

Verlust durch Schlackenwärme

Dieser Verlust entsteht durch den Abzug der heißen Schlacke aus der Feuerung und kann durch

$$\dot{Q}_{\mathrm{Sch}} = \dot{m}_{\mathrm{Sch}} \left(h_{\mathrm{Sch}} - h_{\mathrm{Sch_{Bez}}}\right) \tag{7.34}$$

bilanziert werden. Darin ist:

$\dot{m}_{\mathrm{Sch}}$ Schlackenstrom
h_{Sch} Enthalpie der Schlacke bei Abzugstemperatur
$h_{\mathrm{Sch_{Bez}}}$ Enthalpie der Schlacke bei Bezugstemperatur

Es resultiert $\dot{Q}_{\mathrm{Sch}} \approx 0{,}15\%$ bei Kohle mit 10% Asche und Staubfeuerung.

7.5.1.6 Wirkungsgrad

Aus der Energiebilanz folgt unmittelbar, dass der zugeführte Wärmestrom $\dot{Q}_{\mathrm{zu}}$ gleich der Summe des Nutzwärmestroms und des Verlustwärmestroms ist:

$$\dot{Q}_{\mathrm{zu}} = \dot{Q}_{\mathrm{N}} + \dot{Q}_{\mathrm{V}} = \dot{m}_{\mathrm{B}}\, H_{\mathrm{ges}} + \dot{Q}_{\mathrm{Z}} \tag{7.35}$$

$\dot{Q}_V$ setzt sich aus den oben genannten Anteilen zusammen:

$$\dot{Q}_{\mathrm{V}} = \dot{Q}_{\mathrm{AG}} + \dot{Q}_{\mathrm{u}} + \dot{Q}_{\mathrm{S}} + \dot{Q}_{\mathrm{Sch}} \tag{7.36}$$

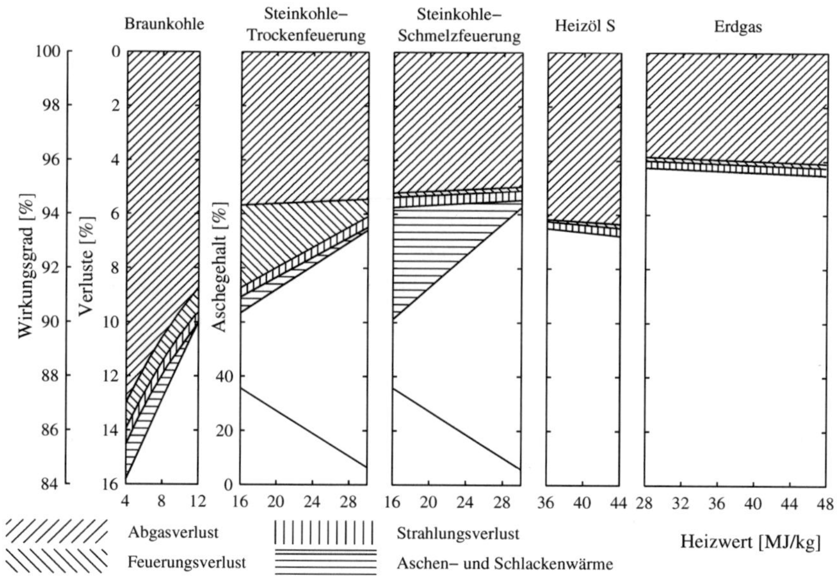

Abbildung 7.27. Energieverluste und Wirkungsgrad in Abhängigkeit von den Brennstoffeigenschaften

Für den Brennstoffstrom folgt:

$$\dot{m}_\mathrm{B} = \frac{\dot{Q}_\mathrm{N} + \dot{Q}_\mathrm{V} - \dot{Q}_\mathrm{Z}}{H_\mathrm{ges}} \tag{7.37}$$

Der Wirkungsgrad des Dampferzeugers ist definiert als Verhältnis des genutzten zum aufgewandten Energiestrom:

$$\eta_\mathrm{DE} = \frac{\dot{Q}_\mathrm{N}}{\dot{Q}_\mathrm{zu}} \tag{7.38}$$

7.5.2 Wärmetechnische Auslegung

Voraussetzung für die Durchführung der Energiebilanz ist die Kenntnis der folgenden Randbedingungen:

- Speisewasser- und Dampfdaten:
  Speisewassertemperatur, Überhitzungstemperatur, Dampfdruck, Mengenstrom, Ein- und Austrittstemperatur in den Zwischenüberhitzer, ZÜ-Mengenstrom.
- Brennstoffdaten:
  Brennstoffart, Heizwert, Wasser- und Aschegehalt, Verschmutzungseigenschaften, erforderlicher Luftüberschuss für die Feuerung.

- Grenzwerte für die einzuhaltenden Verluste:
  Abgastemperatur, Verlust durch Unverbranntes, sonstige Verluste.

Bei bekannten Dampfdaten kann mit (7.29) die Wärmeleistung bestimmt werden. Mit den Brennstoffdaten folgt H_{ges} gemäß (7.31). Daraus und aus den einzuhaltenden Verlusten kann der Wirkungsgrad nach (7.38) ermittelt werden. Der erforderliche Brennstoffstrom ergibt sich aus (7.37); der zugehörige Rauchgasmengen- bzw. Volumenstrom kann daran anschließend mit der Verbrennungsrechnung bestimmt werden.

Sind die Dampf- und Brennstoffdaten bekannt, kann mit der *wärmetechnischen Auslegung* der Dampferzeugeranlage begonnen werden. Abhängig von der Feuerungsart wird nach den in Abschn. 6.1.2.6 besprochenen Gesichtspunkten die Größe und Form der Brennkammer festgelegt und die Brennkammeraustrittstemperatur berechnet. Unter Berücksichtigung der Wärmeaufnahme der Brennkammerwände wird eine Aufteilung der Konvektivheizflächen in Economizer, Überhitzer- und Zwischenüberhitzerstufen vorgenommen. Die Größe des Luftvorwärmers, der als letzte Heizfläche angeordnet ist, bestimmt sich nach den Erfordernissen der Feuerung, d.h. der erforderlichen Heißlufttemperatur für die eventuelle Trocknung der Kohle in den Mühlen und für die Verbrennung.

Mit den so gewonnenen Daten kann ein Rohentwurf der Anlage erstellt werden. Unter Berücksichtigung der konstruktiven Gegebenheiten ist die Auslegungsrechnung zu wiederholen.

7.6 Regelung von Dampferzeugeranlagen

7.6.1 Einleitung

Eine Dampferzeugeranlage besteht aus den Teilsystemen Feuerung und Kessel, beide sind über die Umwandlung der Brennstoffenergie in die Enthalpie des hochgespannten Dampfes miteinander gekoppelt. In Abb. 7.28 ist die Verbindung beider Teilsysteme schematisch dargestellt. Die Integration der Teilsysteme zu einer Funktionseinheit wird durch die Regelung geleistet. Diese hat sicherzustellen, dass die Hauptaufgabe der Dampferzeugeranlage wahrgenommen wird. Diese besteht in der Bereitstellung des für die geforderte Kraftwerksleistung notwendigen Dampfstromes.

Die Dampferzeugeranlage innerhalb eines Kraftwerks ist somit zugleich Systempartner und Individuum. Ihre Aufgabe als Systempartner besteht darin, den Anforderungen und Bedürfnissen des übergeordneten Systems nachzukommen; andererseits verlangt ihr Eigeninteresse, dass ihre Beanspruchung im Ausgleich mit den übrigen Systempartnern erfolgt und ihre Möglichkeiten nicht überschritten werden.

Diese doppelte Aufgabenstellung zeigt sich auch in der Regelung, die in die *interne* und *externe Regelung* unterteilt werden kann. Die externe

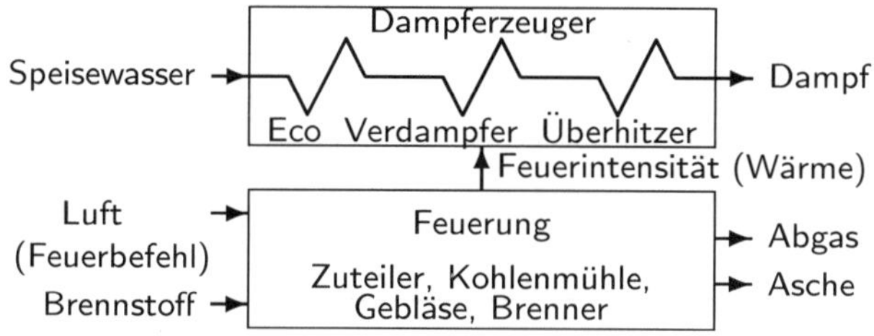

Abbildung 7.28. Schema eines Kessels mit den Elementen Feuerung und Dampferzeuger

Dampferzeuger-Regelung ordnet die Beziehung zwischen dem Kessel und den übrigen Teilsystemen des Kraftwerks, während die interne Regelung für die mannigfaltigen kesselinternen Prozesse zuständig ist.

Mit seiner Umgebung ist der Kessel durch die externen Variablen verbunden:

- Frischdampfstrom
- Frischdampfdruck
- *Lastkommando*[9] (Anforderung an die Kesselleistung)

Die externen Variablen haben eine besondere Bedeutung für die MW-Erzeugung eines Kraftwerkblockes. Wir werden im Zusammenhang mit der Blockregelung auf die Verknüpfung dieser Variablen zurückkommen.

Die interne Kesselregelung hat neben der Optimierung des Betriebs der diversen Subsysteme insbesondere den Schutz der thermisch hochbelasteten Anlagenteile sicherzustellen.

Die Einführung in die Regelung der Dampferzeugeranlagen wird am Beispiel der Speisewasser-Frischdampftemperaturregelung eines Zwangdurchlaufkessels gegeben. Das Regelkonzept für die Lösung der Aufgabe leitet sich aus den Eigenschaften der Regelstrecke her. Es ist daher zweckmäßig, diese zunächst zu untersuchen. Auf Besonderheiten des Trommelkessels wird am Ende des Abschnitts eingegangen.

7.6.2 Das Mehrgrößensystem Zwangdurchlaufdampferzeuger

Das Schema eines Zwangdurchlaufkessels mit den beiden Elementen Feuerung und Dampferzeuger ist in Abb. 7.28 dargestellt. Der Frischdampfzustand Druck, Temperatur und der Dampfstrom sind durch die zwei unabhängigen Variablen *Speisung* und Lastkommando beeinflussbar, die frei manipulierbar sind.

Bei der Förderung der inkompressiblen Flüssigkeit Wasser folgt der Speisestrom praktisch verzögerungsfrei dem Speisebefehl, so dass zwischen beiden nicht unterschieden werden muss.

[9] Statt vom Lastkommando spricht man häufig auch vom Feuerungsbefehl.

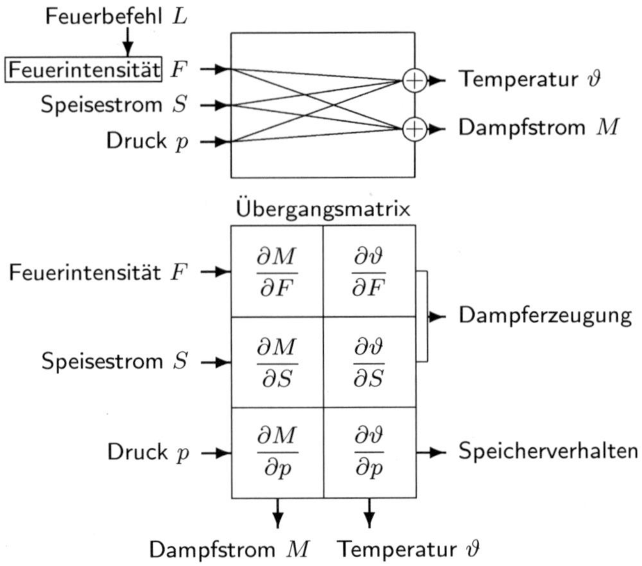

Abbildung 7.29. Linearisiertes Modell eines Zwangdurchlaufkessels

Anders ist es bei der Feuerung. Dort besteht zwischen dem Feuerbefehl, d.h. dem Kommando zur Verstellung der Brennstoff- und Luftzufuhr, und der Feuerintensität, das ist der vom Dampferzeuger absorbierte Wärmestrom, eine Verzögerung, so dass zwischen beiden zu unterscheiden ist.

Daneben gibt es noch eine Reihe systemabhängiger Variablen, wie z.B. Brennstoffeigenschaften, Speisewasservorwärmung, Feuerraumdruck, Rußblasen etc., die den Kesselbetrieb mehr oder weniger stören. Ihr Einfluß muss von der Regelung ausgeglichen werden. Die Bereitstellung des geforderten Dampfstroms und die Haltung des Dampfzustandes sind die Hauptaufgaben der Kesselregelung, die wir hier betrachten wollen.

Mit seinen verschiedenen Stell- und Regelgrößen bildet der Dampferzeuger ein *Mehrgrößensystem*. Die Beschreibung der Eigenschaften eines solchen Systems erfolgt zweckmäßig mit einem Modell. Der Einfachheit halber werden linearisierte Zusammenhänge angenommen. Um den Einfluss der drei Eingangsgrößen Lastkommando, Speisung, Druck auf die Ausgangsgrößen Dampfstrom und Temperatur zu beschreiben, sind sechs Übertragungselemente erforderlich, die gewöhnlich zu einer Matrix gruppiert werden, vgl. Abb. 7.29.

Durch Festlegung des Drucks als Eingangsgröße kann der Prozess wie folgt unterteilt werden:

- Dampferzeugung aus Feuerbefehl, Lastkommando und Speisung bei konstantem Druck,
- Speicherverhalten infolge Druckänderung bei konstanter Feuerung und Speisung.

Als Mittel zur Beschreibung des Übertragungsverhaltens benutzen wir die Sprungantwort. Wegen der Nichtlinearität des Vorgangs sind die abgeleiteten Kenngrößen allerdings vom Betriebspunkt abhängig. Bei Verwendung eines linearen Modells erfahren die Ausgangsgrößen die überlagerte Wirkung der Eingangsgrößen (Superpositionsprinzip).

7.6.2.1 Wirkung einer Feueränderung

Nach einer Erhöhung der Feuerleistung steigen die Temperaturen längs des Kessels. Infolge des Temperaturanstiegs findet eine Expansion des Arbeitsmittels statt, die sich als Dampfausstoß am Kesselende auswirkt. Dieser Vorgang ist beendet, wenn das neue Temperaturgleichgewicht im Kessel erreicht ist. Der Anstieg der Frischdampftemperatur folgt verzögert, weil der erhöhte Massenstrom die Wirkung der Beheizung vorübergehend aufhebt, vgl. Abb. 7.30.

Daraus resultieren Folgerungen für die Verwendung des Feuerbefehls als Stellgröße:

- Sie ist für die Regelung der Dampfleistung geeignet, um eine vorübergehende Wirkung zu erzielen, aber *nicht* geeignet für die statische Regelung der Dampferzeugung.
- Sie ist für die Regelung der Dampftemperatur als Langzeitstellgröße geeignet, aber *nicht* geeignet für die rasche Regelung der Frischdampftemperatur.

7.6.2.2 Wirkung einer Speiseänderung

Bei einer Erhöhung der Speisung nimmt der Druckabfall infolge der höheren Strömungsgeschwindigkeit längs des Kessels zu, was zu einer Masseneinspeicherung führt; ebenso ergibt sich aus der verstärkten Kühlung eine Vergrößerung des Wasserinhaltes.

Die Erhöhung der Speisung wirkt sich wegen der Einspeicherung von Masse nur verzögert auf den Dampfstrom und die Frischdampftemperatur aus, vgl. Abb. 7.31. Daraus ergeben sich als Folgerungen für die Verwendung als Stellgröße:

- Die Speisung beeinflusst bleibend den Dampfstrom und die HD-Temperatur, sie ist als Stellgröße für die Langzeitregelung beider Variablen geeignet.

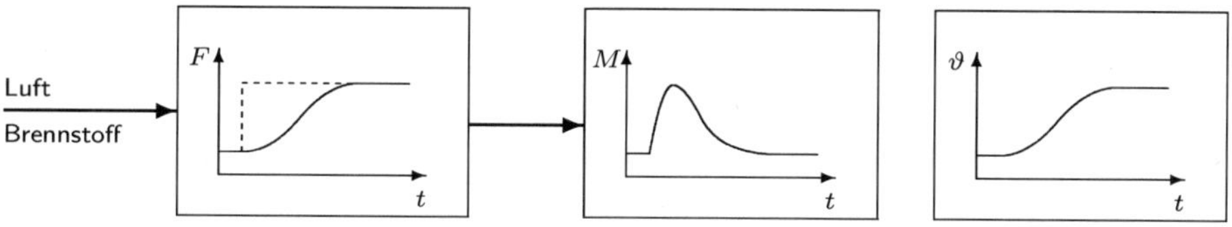

Abbildung 7.30. Antwort des Zwangdurchlaufkessels auf eine Erhöhung des Feuerbefehls

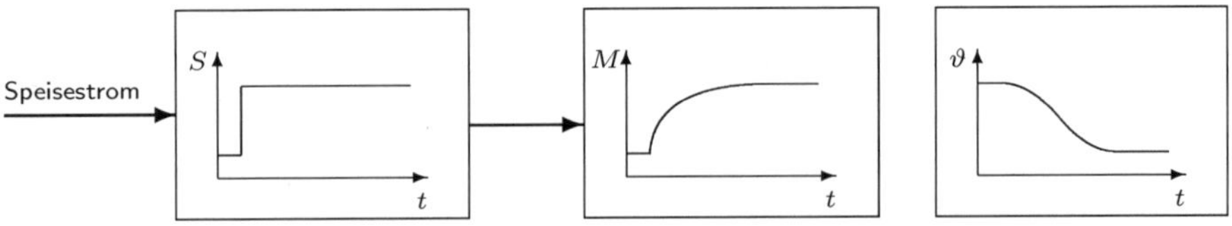

Abbildung 7.31. Antwort des Zwangdurchlaufkessels auf eine Änderung der Speisung

- Die Speisung ist wegen der großen Verzögerung der Temperaturantwort nicht geeignet für die rasche Regelung der Frischdampftemperatur.

Die besondere Eignung der Speisung als Stellgröße für die Regelung der MW-Erzeugung des Kraftwerks ergibt sich aus dem Umstand, dass im stationären Zustand die Speise- und Dampfleistung gleich groß sind.

Für die Optimierung der Speisewasser- bzw. Feuerführung bestehen zwei Zielvorgaben:

- minimale Temperaturabweichungen und
- rasche Dampferzeugung.

7.6.2.3 Minimale Temperaturabweichungen

Die Temperaturantworten bei einer Änderung von Speisung und Feuerung sind bis auf das Vorzeichen fast deckungsgleich. Daraus ergibt sich unmittelbar eine Vorschrift, um minimale Temperaturabweichungen zu erreichen:

Der Speisewasserstrom muss gleichzeitig mit der Feuerleistung verändert werden.

7.6.2.4 Rasche Dampferzeugung

Die Dampfstromantwort bei einer Änderung von Speisung und Feuerung ergänzen sich in der Weise, dass die Verzögerung des Dampfstromes bei einer Speiseänderung zumindest zum Teil durch Dampfausstoß bei der Feuerung ausgeglichen wird und umgekehrt. Es gilt die Regel:

Um eine minimale Temperaturabweichung und eine rasche Dampferzeugung bei einer Laständerung zu erreichen, muss der Speisestrom mit dem zeitlichen Verlauf der Feuerleistung übereinstimmen.

Die Änderung der Feuerleistung folgt dem Lastkommando zur Verstellung der Brennstoff- und Luftzufuhr allerdings nur mit einer gewissen Verzögerung. Bei Öl- und Gasfeuerungen ist die Verzögerung klein (10–20 s), beträgt aber bei Braunkohlefeuerungen etwa 60 s und bei Steinkohlefeuerungen etwa 120 s. Insbesondere bei kohlegefeuerten Anlagen sind Maßnahmen erforderlich, um den Einfluss der Verzögerung auszugleichen. Es bestehen zwei Möglichkeiten:

- Verzögerung der Speisung, die eventuell zu einer unerwünschten Verlangsamung der Dampferzeugung führt.
- Übersteuerung der Brennstoffzufuhr, um die verzögerte Wirkung der geänderten Feuerleistung zumindest teilweise zu kompensieren.

Vom Standpunkt der Prozessführung ist die Luftzufuhr mit dem Brennstoffstrom in die Brennkammer in Übereinstimmung zu bringen. Wird der Luftstrom bei einer Laststeigerung jedoch zu früh vergrößert, kommt es zuerst zu einer Absenkung der Rauchgastemperatur längs des Kessels, und die Dampferzeugung nimmt zunächst ab.

Diese Überlegungen haben gezeigt, dass es bei einer abgestimmten Steuerung der Speisung und Feuerung möglich ist, schnelle Laständerungen bei minimaler Störung der Dampftemperatur durchzuführen. Die eigentliche Temperaturregelung hat dann nur noch wenig Regelarbeit zu leisten.

7.6.3 Dampftemperaturregelung

7.6.3.1 Aufgabenstellung

Zum Schutz der thermisch hochbeanspruchten Anlagenteile müssen die Temperaturabweichungen des überhitzten Dampfes unter allen Betriebsbedingungen klein gehalten werden. Wenn auch die Regelarbeit bei Laständerungen durch eine gut koordinierte Steuerung nur gering ist, kommt doch der Temperaturregelung für den Ausgleich von Störungen, die z.B. durch die Feuerung infolge von Heizwertschwankungen, Verschmutzungen u.ä. verursacht werden, eine besondere Bedeutung zu.

Als Stellglied für die Temperaturregelung werden meist Einspritzkühler verwendet, vgl. Abb. 7.23. Dazu wird nach der Speisepumpe ein Teilstrom des Speisewassers als Einspritzwasser abgezweigt und dem Dampfstrom vor den einzelnen Überhitzerheizflächen in den Einspritzkühlern mit Zerstäuberdüsen zugemischt. Bei Zwangdurchlauf beträgt der Einspritzstrom i.allg. etwa 5% des Speisewasserstroms, bei Anlagen mit einem festen Verdampfungsendpunkt sind es 10–20%.

In Abb. 7.32 ist ein typisches Regelschema für eine Dampftemperaturregelung mittels Einspritzung dargestellt. Regelgröße ist dabei die Austrittstemperatur des Dampfstroms $\dot{m}_D$. Die Eintrittstemperatur in den Überhitzer dient als Hilfsregelgröße. Weiter wird der Brennstoffstrom $\dot{m}_B$ als Störgröße aufgeschaltet. Damit kann Beheizungstörungen wirkungsvoll entgegengewirkt werden.

Daneben kann die Dampftemperatur auch von der Rauchgasseite her beeinflusst werden, und zwar durch Änderung von Temperatur und/oder Menge des Rauchgasstroms vor den Konvektivheizflächen. Dies kann z.B. durch eine Rauchgasrezirkulation geleistet werden. Dazu wird ein Teilstrom der bereits abgekühlten Rauchgase vor den Luftvorwärmern (bei mit Öl oder Gas gefeuerten Anlagen) oder hinter dem Staubfilter (bei Kohlefeuerungen) abgesaugt

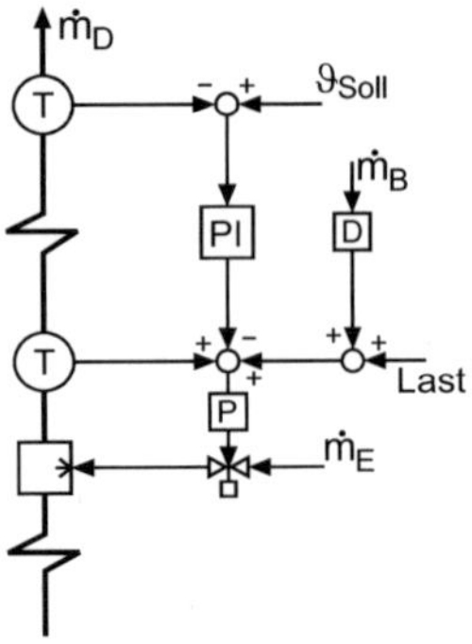

Abbildung 7.32. Regelschema für eine Dampftemperaturregelung mit zwei oder mehreren hintereinander liegenden Einspritzungen

und mit einem Gebläse in den Feuerraum zurückgeführt. Die mittlere Temperatur in der Brennkammer nimmt mit der rezirkulierten Menge ab, und der Wärmeaustausch verlagert sich von der Brennkammer in die Konvektivheizflächen. Im Vergleich zur Einspritzregelung ist die Rauchgasrezikulation wesentlich aufwendiger und wird nur angewandt, wenn neben der Temperaturregelung noch andere Ziele erreicht werden sollen, z.B. die Minimierung des ZÜ-Einspritzmassenstroms oder die Erreichung der Frischdampftemperaturen bei geringen Lasten.

7.6.3.2 Regelkonzept für Zwangdurchlaufkessel

Abb. 7.33 zeigt das Schema der Speisewasserregelung für einen Zwangdurchlaufkessel. Es bestehen zwei parallel arbeitende Regelkreise mit folgenden Stell- und Regelgrößen:

- Der Einspritzstrom $\dot{m}_E$ als Stellgröße für die Temperaturregelung und
- der Speisewasserstrom als Stellgröße für die Regelung des Dampfzustandes hinter den Brennkammerwänden, d.h. im Wasserabscheider.

Damit die Einspritzventile zur Temperaturregelung in einer mittleren Position bleiben und nicht in einer Endlage blockiert sind, ist der Sollwert der Speisewasserregelung nicht zu 100% aufgeschaltet, sondern um den gewünschten Anteil A des Einspritzwasserstroms geringer. Zur Verbesserung der Dynamik werden noch die Gradienten des Dampfstroms $\dot{m}_D$, des Brennstroffstroms $\dot{m}_B$ und der Temperatur hinter dem Verdampfer aufgeschaltet.

Jede Änderung der Speisung beeinflusst nicht nur die Frischdampftemperatur, sondern auch die Dampferzeugung. Damit kommt der überlagerte Kesselleistungsregler ins Spiel. Er wirkt einer nicht verlangten Leistungsänderung durch eine parallele Verstellung von Speisung und Feuerung entgegen. Damit wird die von der Temperaturregelung verursachte Störung der Dampferzeugung unterdrückt. Im Endeffekt verwandelt also der Kesselleistungsregler die Temperatur-Speiseregelung in eine Temperatur-Feuerregelung.

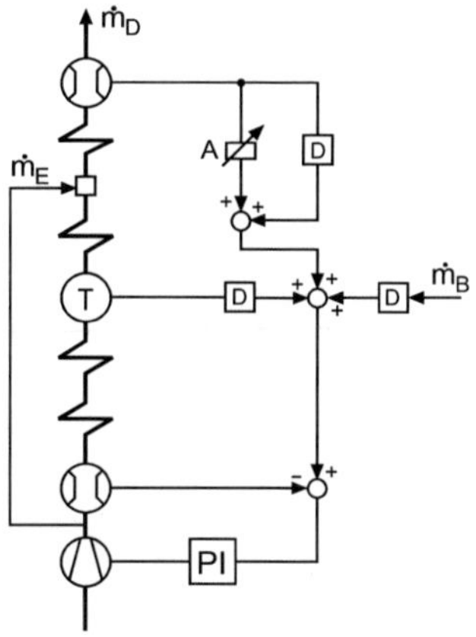

Abbildung 7.33. Schema der Speisewasserregelung eines Zwangdurchlaufkessels. Als Stellgrößen für die Temperaturregelung werden nur Wasserströme verwendet: der Speisewasser- und der Einspritzstrom.

7.6.4 Besonderheiten beim Trommelkessel

Das Merkmal eines Naturumlaufkessels besteht darin, dass die aus dem Brennstoff im Verdampfer der Anlage erzeugte Dampfmenge nicht genau voraussehbar ist (Heizwertschwankungen, Messung des Brennstoffstromes, Einfluss von Verschmutzung und Speisewasservorwärmung etc.). Für die Regelung der Heißdampftemperatur fällt daher die Speisung aus; diese muss vielmehr allein durch die Einspritzung sichergestellt werden. Damit die Einspritzung beim Trommelkessel sowohl die statische als auch dynamische Regelarbeit leisten kann, muss sie wesentlich größer ausgelegt werden. Eine Veränderung der Feuerleistung wirkt sich beim Trommelkessel über die Sattdampferzeugung unmittelbar auf den Wasserstand in der Trommel aus. Dieser steigt oder fällt astatisch, d.h. ohne ein neues Gleichgewicht zu erreichen. Dies macht es notwendig, dass der Wasserstand dauernd durch Manipulieren der Speisung geregelt wird. Ein Trommelkessel kann demnach nicht mit blockierter Speisung

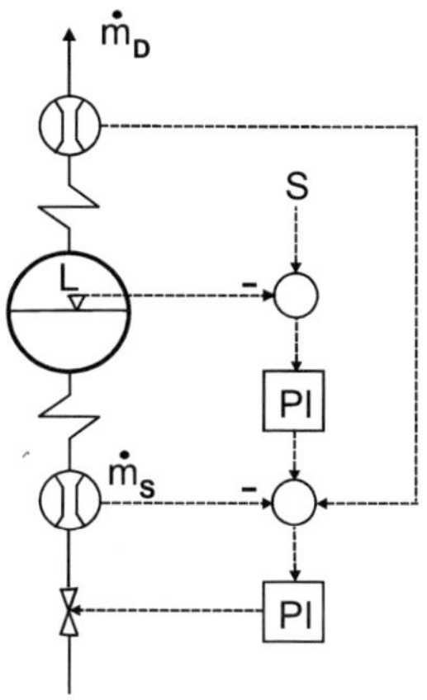

Abbildung 7.34. Regelschema für die Speisewasserregelung eines Trommelkessels (Dreikomponentenregelung)

gefahren werden. Aus dem Vergleich wird deutlich, dass der Zwangdurchlauf mehr Möglichkeiten bietet, die Dampferzeugung rasch zu verändern.

Für die primäre Netzfrequenzregelung ist es notwendig, dass dem Kessel eine gewisse Menge an Momentanenergie in Form von Speicherdampf zur raschen Änderung der MW-Erzeugung betriebssicher entnommen werden kann. Beim Trommelkessel entstehen dann wegen seiner großen gespeicherten Sattwassermenge nur kleine Druckänderungen. Dies kommt dem Naturumlauf zugute, da u.a. wegen der Möglichkeit einer Verdampfung in den Fallrohren infolge einer Druckabsenkung nur eine beschränkte Störung des Trommeldrucks erlaubt ist. Beim Zwangdurchlaufkessel entstehen dagegen wegen seiner geringeren Speicherfähigkeit größere Druckabweichungen; da es aber keine Beschränkungen für Druckstörungen gibt, sind damit keine betrieblichen Nachteile verbunden. Der Zwangdurchlaufkessel kann daher schneller an eine neue Situation im Energieverteilernetz angepasst werden als der Trommelkessel.

7.6.5 Andere Dampferzeuger-Regelkreise

Die Speisewasser/Frischdampftemperaturregelung ist ein Hauptregelkreis einer Dampferzeugeranlage. Daneben gibt es noch eine Reihe anderer Regelkreise, die im Rahmen dieses Buches aber nicht behandelt werden. Die wichtigsten sind:

- der Brennstoff/Luft-Regelkreis
- der Feuerraumdruck-Regelkreis
- der ZÜ-Regelkreis

Auch bei den Hilfsmaschinen (Mühlen, Saugzug- und Frischluftgebläse, Ölvorwärmer etc.) gibt es eine Reihe weiterer Regelaufgaben, die aber weitgehend unproblematisch sind. Für Einzelheiten sei auf die Literatur verwiesen [18], [23].

7.7 Festigkeitsberechnung von Druckteilen

7.7.1 Werkstoffe

Der Wirkungsgrad der Energieumwandlung hängt sowohl beim Dampf- als auch beim Gasturbinenprozess wesentlich vom Temperaturniveau der zugeführten Hochtemperaturwärme und dem der abgeführten Niedertemperaturwärme ab. Ziel ist es deshalb, die Eintrittstemperatur in die Turbine so hoch wie möglich zu wählen, und gleichzeitig die Austrittstemperatur niedrig zu halten. Bei ausgeführten Anlagen bestimmen aber die Materialeigenschaften die maximal zulässige Eintrittstemperatur. Dies hängt damit zusammen, dass bei den heute im Kraftwerksbau üblichen hohen Temperaturen ein gänzlich anderes Verhalten der Werkstoffe vorliegt, als es von mäßigen Temperaturen her bekannt ist. Der in der Elastizitätstheorie vorausgesetzte lineare

Zusammenhang zwischen ertragener Spannung und Dehnung ist über eine längere Zeit nicht mehr gegeben, es treten vielmehr bereits bei mäßigen Spannungen mit der Zeit zunehmende plastische Verformungen auf, die nach einer Entlastung nicht mehr zurückgehen. Bei hohen Temperaturen muss daher ein Bauteil nach der Zeit bemessen werden, nach der ein Versagen des Werkstoffes zu erwarten bzw. ein zulässiges Maß an plastischer Verformung erreicht ist. Um die Verwendbarkeit von Werkstoffen bei höheren Temperaturen beurteilen zu können, wurden folgende Begriffe geschaffen:

- Die *Zeitstandfestigkeit* $\sigma_{B/100\,000}$. Dies ist diejenige Spannung, die bei einer bestimmten Temperatur und nach einer bestimmten Zeit, hier z.B. nach 100 000 Stunden (12 Jahre) zum Versagen führt.
- Die *Zeitdehngrenze* $\sigma_{1/100\,000}$. Dies ist die Spannung, die bei einer bestimmten Temperatur nach 100 000 Stunden eine bleibende Dehnung von 1% hervorruft.
- Die *Warmstreckgrenze* $\sigma_{0,2}$. Dies ist die Spannung, die nach einer Kurzzeitbelastung zu einer bleibenden Verformung von 0,2% führt.

Außer den Festigkeitseigenschaften ist im Kraftwerksbau die Zunder- und Korrosionsbeständigkeit von Bedeutung; auch die Beibehaltung der Kerbschlagzähigkeit nach einer langen Einsatzzeit und die Beständigkeit des Gefüges sind von Bedeutung. Weitere Aspekte bei der Beurteilung für einen Einsatz betreffen die Verarbeitbarkeit, insbesondere beim Schweißen. Wichtig ist auch die Verfügbarkeit des Werkstoffes und seine Bekanntheit. Festigkeitskennwerte von in Dampfkraftwerken eingesetzten Werkstoffen sind in Abb. 7.35 zusammengestellt.

Bei den heute üblichen Stählen unterscheidet man zwischen solchen mit ferritischem und solchen mit austenitischem Gefüge. Bei Materialtemperaturen bis ca. 600°C können ferritische Stähle verwendet werden, deren Einsatz in fossil beheizten Kraftwerken Stand der Technik ist. Für den Einsatz bei Temperaturen über 600°C ist aus Festigkeits- bzw. Korrosionsgründen der Einsatz austenitischer Stahlsorten erforderlich. Für eine erste Einteilung werden drei Temperaturbereiche unterschieden:

- *Materialtemperaturen bis* 440°C. Bei unlegierten ferritschen Stählen ist wegen der geringen bzw. fehlenden Zunderbeständigkeit der Einsatzbereich auf diese Temperatur begrenzt. Bevorzugte Werkstoffe sind: St 35.8, St 45.8 und 15 Mo 3.
- *Materialtemperaturen bis* 550°C. Es werden vorzugsweise 13 CrMo 4 4 und 10CrMo 9 10 eingesetzt. Die mechanischen Eigenschaften beider Stähle sind vergleichbar, 10 CrMo 9 10 weist aber ab ca. 500°C eine größere Zeitstandfestigkeit auf.
- *Materialtemperaturen bis* 600°C. Als Werkstoff bietet sich der hochlegierte Stahl X 20 CrMoV 12 1 an. Es handelt sich um einen martensithärtenden Stahl mit hoher Zunderbeständigkeit, der die Lücke zwischen den warmfesten ferritischen und den hochwarmfesten austenitischen Stählen füllt.

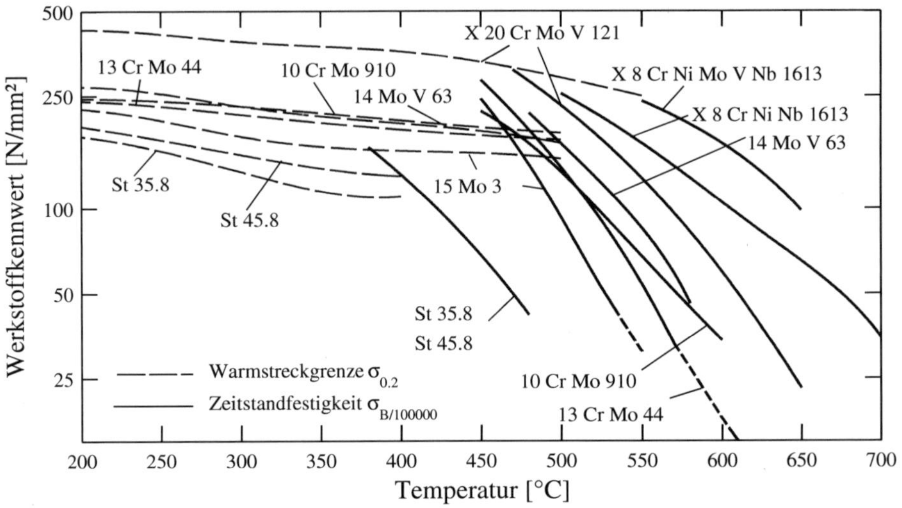

Abbildung 7.35. Festigkeitskennwerte einiger warmfester Rohrwerkstoffe

Bei Temperaturen über 600°C ist der Einsatz austenitischer Stähle erforderlich. Da diese Materialien nur schwer zu bearbeiten und zu schweißen sind und ihr Preis außerdem um ein Vielfaches höher ist als der ferritischer Stähle, ist deren Einsatz auf besondere Fälle beschränkt.

Bei Bauteilen mit hohen Betriebstemperaturen sind neben den statischen und dynamischen Belastungen auch die *Wärmespannungen* zu berücksichtigen. Diese entstehen infolge von Temperaturunterschieden vorwiegend beim An- und Abfahren sowie bei Laständerungen. Beim Überschreiten eines zulässigen Temperaturgradienten kann es zu bleibenden Verformungen durch Überschreiten der Warmstreckgrenze kommen.

Wegen der großen Abmessungen müssen die einzelnen Kesselkomponenten, wie z.B. die in Rohr-Steg-Rohr ausgeführten Umfassungswände, aus Werkstoffen hergestellt werden, die bei der Montage nach dem Schweißen keine Wärmebehandlung erfordern. Für diese Bauteile kommt heute als höchstlegierter Werkstoff nur 13 CrMoV 4 4 in Frage. Da dieser Werkstoff in seinen Festigkeitseigenschaften begrenzt ist, sind in den Umfassungswänden Temperaturen von maximal 470°C zulässig. Um diese Grenze nach oben zu schieben, wird seit mehreren Jahren an der Entwicklung von *modifizierten 2%-Chromstählen* für Dampferzeugerumfassungswände gearbeitet. Zu nennen ist hier die von Mannesmann durchgeführte Entwicklung des Stahls 7 CrMoVTiB 10 10 und das japanische Pendant HCM2S [19].

Während bei der Entwicklung neuer Werkstoffe für Dampfkraftwerke in der jüngeren Vergangenheit nur wenige Fortschritte erzielt wurden, sind bei den Werkstoffen für Gasturbinen erhebliche Verbesserungen erreicht worden. Für die Beschaufelung bahnt sich der Einsatz von keramischen Werkstoffen wie Siliziumnitrid (Si_3N_4) an. Von diesen Stoffen wird eine gute Langzeitstabilität bei Temperaturen über 1 200°C erwartet.

7.7.2 Festigkeitsnachweis

Die Ermittlung der Nennspannung von druckführenden Bauteilen erfolgt für einen bestimmten Referenzzustand, ausgedrückt durch Berechnungsdruck und Berechnungstemperatur. Bei der Festigkeitsberechnung muss nachgewiesen werden, dass die auftretenden Nennspannungen rein elastischer Natur sind. Für die Durchführung dieses Nachweises für Druckteile sind in den Technischen Regeln für Dampfkessel [17] Richtlinien aufgestellt.

Allgemeine Grundlagen und Definitionen sind in TRD 300 zusammengestellt. Dort ist u.a. der Begriff der zulässigen Spannung

$$\sigma_{\text{zul}} = \frac{K}{S} \tag{7.39}$$

definiert mit

- K Festigkeitskennwert, hängt vom Werkstoff und der Berechnungstemperatur ab, und
- S Sicherheitskennwert gemäß Tabelle 7.4.

Tabelle 7.4. Festigkeits- und Sicherheitskennwerte für Druckteile

K	S nach DIN 50 049 Bei äußerem Überdruck	 Bei innerem Überdruck
σ_B bei 20°C	2,4	2,4
$\sigma_{B/\vartheta}$ bzw. $\sigma_{0,2/\vartheta}$	1,5	1,5
$\sigma_{B/200\,000/\vartheta}$	1,0[a]	1,2

[a] Zusätzliche Überwachungsmaßnahmen nach TRD 508 notwendig.

Darin bezeichnet:

- σ_B Mindestwert der Zugfestigkeit bei 20°C,
- $\sigma_{B/\vartheta}$ bzw. $\sigma_{0,2/\vartheta}$ Mindestwert der Warmstreckgrenze bei Berechnungstemperatur ϑ,
- $\sigma_{B/200\,000/\vartheta}$ Mindestwert der Zeitstandfestigkeit für 200 000 h bei der Berechnungstemperatur ϑ.

Die Berechnungstemperatur ist die Summe aus der höchsten zu erwartenden Mediumstemperatur, auch Bezugstemperatur genannt, und einem Temperaturzuschlag Z gemäß Tabelle 7.5. In der Regel sind die tatsächlich auftretenden Materialtemperaturen im Rahmen einer wärmetechnischen Analyse zu überprüfen. Der Berechnungsdruck ist mindestens gleich dem zulässigen Betriebsüberdruck.

Tabelle 7.5. Temperaturzuschläge $\Delta\vartheta_Z$ zur Berechnungstemperatur

Bauteil führt	ϑ_{Bez}	$\Delta\vartheta_Z$ [°C]			
		unbeheizte Bauteile	Beheizung durch Strahlung	Beheizung durch Konvektion	gegen Feuergase abgedeckt
Sattdampf, Wasser	Sättigungs- bzw. Vorlauftemperatur	0	50	$15 + 2\,\delta$[a]	20
Heißdampf	Heißdampftemperatur	15	50	35	20

[a] ausgeführte Wanddicke in mm, Temperaturzuschlag maximal 50°C.

Die Berechnung der im Dampferzeugerbau vorkommenden Bauelemente erfolgt nach TRD 301. Für die Wanddicke von Zylinderschalen ohne Verschwächung (Rohre etc.) gilt bei ruhender Beanspruchung

$$\delta = \frac{d_i\,p}{\left(2\,\sigma_{zul} - p\right) v_N} + c_1 + c_2 \tag{7.40}$$

oder

$$\delta = \frac{d_a\,p}{\left(2\,\sigma_{zul} - p\right) v_N + 2\,p} + c_1 + c_2\,. \tag{7.41}$$

Hier bedeutet:

- δ erforderliche Mindestwanddicke,
- d_i Innendurchmesser der Schale,
- d_a Außendurchmesser,
- p Berechnungsüberdruck,
- σ_{zul} zulässige Spannung,
- v_N Schweißnahtfaktor $\left(v_N \in [0{,}8; 1{,}0]\right)$,
- c_1 Wanddickenzuschlag nach DIN 17 175 ($c_1 = 0$ für $d_a < 44{,}5$ mm),
- c_2 Zuschlag zur Berücksichtigung von Korrosion und Abnutzung.

Beispiel 7.5. Zu berechnen ist die erforderliche Wanddicke eines durch Strahlung beheizten Überhitzerrohres aus 10 CrMo 9 10 mit $d_a = 38$ mm. Der Berechnungsdruck p sei 225 bar und die maximale Dampftemperatur 480°C. Der Schweißnahtfaktor v_N betrage 1,0; weitere Zuschläge sind zu vernachlässigen. Wie ändert sich die Wanddicke, wenn die Dampftemperatur um 10°C zunimmt?

Lösung. Tabelle 7.5 liefert $\varDelta\vartheta_Z = 50°$C. Damit beträgt die Berechnungstemperatur

$$\vartheta_{Ber} = \vartheta + \varDelta\vartheta_Z = 530°\text{C}.$$

Aus Abb. 7.35 ergibt sich für diese Temperatur ein Festigkeitskennwert $K = 90\ \text{N/mm}^2$. Mit dem Sicherheitskennwert $S = 1{,}5$ aus Tabelle 7.4 ergibt sich die zulässige Spannung zu

$$\sigma_{zul} = \frac{K}{S} = 60\ \text{N/mm}^2.$$

Aus (7.41) berechnet man die erforderliche Wanddicke ohne Zuschläge

$$\delta = 6{,}00\ \text{mm}.$$

Steigert man die Dampftemperatur auf 490°C, beträgt die Berechnungstemperatur 540°C und der Festigkeitskennwert sinkt auf 78 N/mm^2 ab. Damit beträgt die zulässige Spannung nur noch 52 N/mm^2. Daher ist nach (7.41) eine größere Wandstärke

$$\delta = 6{,}76\ \text{mm} \approx 7\ \text{mm}$$

erforderlich, also fast 1 mm mehr als bei $\vartheta_{Ber} = 530°$C. Wegen des steilen Abfalls der Festigkeitskennwerte muss sichergestellt sein, dass die Temperaturabweichungen in zulässigen Grenzen bleiben.

7.7.3 Wärmespannungen

Beim Anfahren, Abstellen und bei Laständerungen im Gleitdruckbetrieb treten insbesondere in den Wänden dickwandiger zylindrischer Bauteile große Temperaturdifferenzen auf. Infolge dieser Temperaturdifferenzen bildet sich durch die Wärmedehnung zwischen der Innen- und der Außenfaser des Bauteils ein Eigenspannungszustand aus. Diese Wärmespannungen überlagern sich den Beanspruchungen infolge des Innendruckes und führen zusammen mit diesen dazu, dass die Lebensdauer dieser Anlagenteile langsam aufgebraucht wird.

Wir setzen hier voraus, dass die sich verändernde Dampftemperatur $\vartheta(t)$ vorgegeben sei. Die Dynamik der Wandtemperatur $\theta(x,t)$ wird dann durch den Wärmeübergang Dampf/Bauteil und die Wärmeleitung innerhalb des Materials bestimmt. Der Einfachheit halber nehmen wir weiter an, dass die Behälter als dünnwandige Zylinderschalen, d.h. als Platten behandelt werden können. Es gilt dann für den spezifischen Wärmestrom vom Dampf an die Wand

$$\dot{q} = \alpha\big(\vartheta(t) - \theta(x=0,t)\big) = \lambda\ \frac{\partial\theta}{\partial x}\bigg|_{x=0} . \tag{7.42}$$

Hier ist λ die Wärmeleitfähigkeit und α die vom Strömungs- und Dampfzustand abhängige Wärmeübergangszahl. Die Außenseite $x = \delta$ der Bauteile ist isoliert, so dass dort

$$\left.\frac{\partial \theta}{\partial t}\right|_{x=\delta} = 0 \tag{7.43}$$

gilt. Als Anfangsbedingung verwenden wir

$$\theta(x, t = 0) = \theta_0(x) \ . \tag{7.44}$$

Für die Temperaturverteilung $\theta(x,t)$ innerhalb der Wand gilt die Wärmeleitungsgleichung

$$\frac{\partial \theta}{\partial t} = a \, \frac{\partial^2 \theta}{\partial x^2} \ . \tag{7.45}$$

Darin ist

$$a = \frac{\lambda}{\rho \, c_p} \tag{7.46}$$

die Wärmeleitzahl des Materials.

Bei einem vorgegebenen Verlauf von $\vartheta(t)$ lässt sich das Temperaturprofil innerhalb der Wand durch Lösen von (7.45) unter den Randbedingungen (7.42), (7.43) und der Anfangsbedingung (7.44) bestimmen. Es handelt sich dabei um eine klassische Aufgabenstellung der mathematischen Physik, die mit der Methode der Trennung der Variablen gelöst werden kann. Analytische Lösungen sind für eine sprungförmig ansteigende und eine linear ansteigende Dampftemperatur bekannt, vgl. z.B. [20].

Hier interessiert aber weniger der Temperaturverlauf als vielmehr die Wärmespannung. Allgemein ist diese an einem Ort x proportional dem Unterschied der örtlichen Temperatur $\theta(x,t)$ zur mittleren Wandtemperatur $\overline{\theta}(t)$. Für die Praxis wichtig ist vor allem die an der bespülten Innenwand ($x = 0$) auftretende maximale Werkstoffbeanspruchung. Zu ihrer Berechnung sind nur zwei Temperaturangaben notwendig: die Wandtemperatur an der Innenseite

$$\theta_\mathrm{i}(t) = \theta(x = 0, t) \tag{7.47}$$

und die mittlere Wandtemperatur

$$\overline{\theta}(t) = \frac{1}{\delta} \int_0^\delta \theta(x,t) \, \mathrm{d}x \ . \tag{7.48}$$

Bei einer sprungförmigen Temperaturänderung um $\Delta\theta$ folgt durch die Entwicklung der Lösung in Fourierreihen

$$\frac{\theta_\mathrm{i} - \overline{\theta}}{\Delta\theta} = 2\,\mathrm{Bi} \sum_{n=0}^{\infty} \frac{2\,\mathrm{Bi}\left(1 - \mathrm{Bi}\,\beta_n^{-2}\right)}{\mathrm{Bi}^2 + \mathrm{Bi} + \beta_n^2} \exp\left(-\beta_n^2\,\mathrm{Fo}\right), \tag{7.49}$$

bei einer mit dem Transienten $v_T = \partial\theta/\partial t$ ansteigenden Temperatur gilt

$$\frac{\theta_\mathrm{i} - \overline{\theta}}{v_T\, t} = \frac{1}{\mathrm{Fo}} \left(\frac{1}{3} + 2\,\mathrm{Bi} \sum_{n=0}^{\infty} \frac{2\,\mathrm{Bi}\left(1 - \mathrm{Bi}\,\beta_n^{-2}\right)}{\left(\mathrm{Bi}^2 + \mathrm{Bi} + \beta_n^2\right)\beta_n^2} \exp\left(-\beta_n^2\,\mathrm{Fo}\right) \right) . \tag{7.50}$$

Hier ist

$$\mathrm{Bi} = \frac{\alpha\,\delta}{\lambda} \tag{7.51}$$

die Biotzahl und

$$\mathrm{Fo} = \frac{a\,t}{\delta^2} \tag{7.52}$$

die Fourierzahl. Die Entwicklungskoeffizienten β_n ergeben sich aus der Gleichung

$$\beta_n \tan \beta_n = \mathrm{Bi}\,. \tag{7.53}$$

In Abb. 7.36 ist der Verlauf der Wandtemperaturdifferenz als Funktion der Fourierzahl dargestellt; aus der Abbildung und auch aus dem Aufbau der Gleichungen ist zu erkennen, dass $(\theta_\mathrm{i} - \overline{\theta})$ proportional zum Quadrat der Wanddicke δ ist.

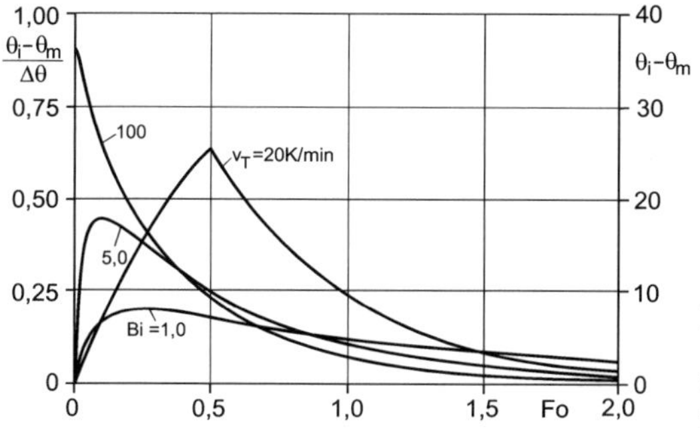

Abbildung 7.36. Verlauf der Wandtemperaturdifferenz für eine sprungförmige und eine rampenförmige Temperaturstörung.

Die Spannungsrechnung liefert für die meist gefährdete dampfbespülte Innenfläche die Partialspannungen $\sigma_p(x = 0, t)$ als Folge des Innendrucks und $\sigma_T(x = 0, t)$ als Folge des Temperaturprofils. Im Falle eines Rohres ergibt sich an der Innenwand folgender Spannungszustand:

$$\begin{aligned}
\sigma_{p_\mathrm{rad}} &= -p\,, & \sigma_{T_\mathrm{rad}} &= 0\,,\\
\sigma_{p_\mathrm{tang}} &= \frac{u^2+1}{u^2-1}\,p\,, & \sigma_{T_\mathrm{tang}} &= \frac{E\,\gamma}{1-\nu}\left(\theta_\mathrm{i} - \overline{\theta}\right),\\
\sigma_{p_\mathrm{längs}} &= \frac{1}{u^2-1}\,p\,, & \sigma_{T_\mathrm{längs}} &= \frac{E\,\gamma}{1-\nu}\left(\theta_\mathrm{i} - \overline{\theta}\right).
\end{aligned} \tag{7.54}$$

Hierbei ist $u = d_\mathrm{i}/d_\mathrm{a}$ das Durchmesserverhältnis des Rohres, E der Elastizitätsmodul, γ der differentielle Wärmeausdehnungskoeffizient und ν die Querkontraktionszahl.

Angaben über das Festigkeitsverhalten von Werkstoffen werden aus Versuchen mit einachsigen Probestäben gewonnen. Um den errechneten mehrachsigen Spannungszustand mit dem gemessenen Werkstoffverhalten vergleichen zu können, muss zuerst eine einachsige Vergleichsspannung σ_{V} errechnet werden. Eine solche Vergleichsspannung kann mit dem bekannten Kriterium von Mises' bestimmt werden. Für den Spannungszustand (7.54) ergibt sich

$$\sigma_{\mathrm{V}} = \sigma_{\mathrm{V}_p} + \sqrt{3}\,\sigma_{\mathrm{V}_p}\,\sigma_{\mathrm{V}_T} + \sigma_{\mathrm{V}_T}\,. \tag{7.55}$$

σ_{V_p} und σ_{V_T} sind die Vergleichsspannungen der Einzelkomponenten:

$$\sigma_{\mathrm{V}_p} = \sqrt{3}\,\frac{u^2}{u^2-1}\,p\,, \tag{7.56}$$

$$\sigma_{\mathrm{V}_T} = \frac{E\,\gamma}{1-\nu}\,\big(\theta_{\mathrm{i}} - \overline{\theta}\big)\,. \tag{7.57}$$

Aus (7.54) und (7.55) folgt sofort, dass die Wärmespannung – abgesehen von idealen Temperatursprüngen – der Temperaturänderungsgeschwindigkeit und dem Quadrat der Wanddicke proportional ist. Damit ist klar, dass i.allg. die dickwandigen Bauteile die zulässigen Temperatur- und Laständerungsgeschwindigkeiten einer Anlage bestimmen.

Bei den hochbeanspruchten Bauteilen interessiert vor allem die Erschöpfung des Werkstoffs infolge der Druck- und Wärmespannungen. Zur Beantwortung dieser Frage stehen aus der Materialprüfung die Ergebnisse des *Zeitstandversuchs* und des *Dehnwechselversuchs* zur Verfügung.

Der Zeitstandversuch liefert die Lebensdauer $Z(\sigma_{\mathrm{V}},\theta)$ unter gleichbleibender statischer Belastung. Für den während der Zeit dt verbrauchten Anteil an Lebensdauer dZ bei einer Beanspruchung $\sigma_{\mathrm{V}}(t)$, die als Zeitstandsschädigung $\frac{\mathrm{d}Z}{Z_0}$ ausgedrückt wird, gilt:

$$\frac{\mathrm{d}Z}{Z_0} = \frac{\mathrm{d}t}{Z(\sigma_{\mathrm{V}},\theta)}\,, \tag{7.58}$$

Z_0 ist die projektierte Lebensdauer des Bauteils.
Für die Auswertung ist es zweckmäßig, das Werkstoffverhalten gemäß Abb. 7.37 in der Umgebung eines Referenzzustandes $\sigma_{\mathrm{V}_0},\theta_0$ durch eine Gleichung der Form

$$\frac{Z}{Z_0} = \left(\frac{\sigma}{\sigma_{\mathrm{V}_0}}\right)^{K_1} \exp\!\Big(-K_2\,(\theta-\theta_0)\Big) \tag{7.59}$$

darzustellen. K_1 und K_2 sind Materialkenngrößen. Bei den meist interessierenden periodischen Belastungen werden σ_{V_0} und θ_0 als zeitliche Mittelwerte verstanden:

$$\sigma_{\mathrm{V}_0} = \frac{1}{T}\int_0^T \sigma_{\mathrm{V}}(t)\mathrm{d}t\,, \tag{7.60}$$

$$\theta_0 = \frac{1}{T}\int_0^T \theta(t)\mathrm{d}t\,. \tag{7.61}$$

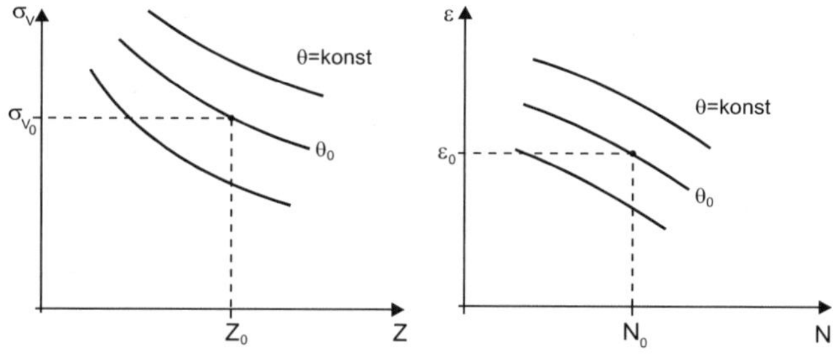

Abbildung 7.37. Zeitstands- und Dehnungswechseldiagramm eines Werkstoffes (schematisch)

Es wird ferner

$$\sigma_V(t) = \sigma_{V_0} + \Delta\sigma_V(t) \tag{7.62}$$

und

$$\theta(t) = \theta_0 + \Delta\theta(t) \tag{7.63}$$

gesetzt.

Für die zusätzlich zur statischen Grundbelastung verbrauchte Lebensdauer durch Kriechschädigung folgt aus (7.56) bis (7.61)

$$\Delta Z = \frac{1+K_1}{2\,K_1^2} \int\limits_{t=0}^{t} \left(\frac{\Delta\sigma_V(t)}{\sigma_{V_0}}\right)^2 \mathrm{d}t + \frac{K_2^2}{2} \int\limits_{t=0}^{t} \left(\Delta\theta(t)\right)^2 \mathrm{d}t\,. \tag{7.64}$$

Beispielhaft sei ein Ergebnis für den Lebensdauerverbrauch einer HD-Dampfleitung angegeben. Diese bestehe aus dem Werkstoff 10 CrMo 9 10, habe einen Außendurchmesser von 200 mm und 30 mm Wanddicke. Der Druck betrage 185 bar und die mittlere Temperatur 530°C. Die Störung bestehe in einer periodischen Schwankung der Heißdampftemperatur innerhalb eines Bandes von 10 K. Innerhalb einer angenommenen Betriebszeit von 100 000 Stunden soll die Schwankung sprunghaft bzw. sinusförmig ablaufen, die Periodendauer betrage 30 Minuten. Der Einfachheit halber ist ein unendlich großer innerer Wärmeübergang angenommen ($\alpha = \infty$).

Tabelle 7.6. Lebensdauerverbrauch infolge einer periodischen Störung der Dampftemperatur $\left(Z_0 = 100\,000\ \text{h}\right)$ [%]

Form der Störung	$\frac{\Delta Z_\sigma}{Z_0}$	$\frac{\Delta Z_\theta}{Z_0}$	$\frac{\Delta Z_{\sigma+\theta}}{Z_0}$
sprungförmig	6,8	7,4	14,2
sinusförmig	9,1	5,8	14,9

Bei der sinusförmigen Temperaturschwingung sind die Wärmespannungen größer und dauern länger an als bei der sprunghaften Störung. Das Beispiel zeigt, dass der Lebensdauerverbrauch sowohl von der Amplitude als auch der Form der Störung abhängt.

Der Dehnwechselversuch liefert die Anzahl der Wechsel $N(\varepsilon, \theta)$ bis zum Bruch bei gleichbleibender Temperatur, vgl. Abb. 7.37. Für die Anwendung des Diagramms muss zunächst die zur Beanspruchung σ_V und zur Temperatur θ zugehörige Dehnung ε bestimmt werden. Für die Zahl der Dehnungswechsel im Zeitintervall dt folgt dann aus Abb. 7.37

$$\mathrm{d}N = K_\varepsilon \,\mathrm{d}t \,. \tag{7.65}$$

Der während der Zeit dt abgelaufene Schädigungsanteil durch Dehnungswechsel ergibt sich damit sinngemäß zu

$$\frac{\mathrm{d}N}{N_0} = \frac{K_\varepsilon \,\mathrm{d}t}{N(\sigma_V, \theta)} \,. \tag{7.66}$$

N_0 ist die bei der Projektierung zugrundegelegte Zahl von Dehnungswechseln. Die Werkstoffschädigung infolge einer beliebigen Belastungsgeschichte $\sigma_V(t)$, $\theta(t)$ durch die beiden Schadenswirkungen (7.58) und (7.66) ist

$$\frac{\Delta Z}{Z_0} = \int_0^t \left(\frac{1}{Z(t)} + \frac{K_\varepsilon}{N(t)} \right) \mathrm{d}t \,. \tag{7.67}$$

Mit Hilfe von (7.67) kann z.B. der Einfluss der Prozessführung auf die Werkstofferschöpfung festgestellt werden. Für eine Vertiefung wird auf die Literatur [21], [22] und auf die Richtlinie TRD 301, Anlage 1 [17] verwiesen. In der Richtlinie ist eine Vorgehensweise angegeben, mit der die Lebensdauererschöpfung durch Wechselbeanspruchung bestimmt werden kann.

7.8 Fazit

Der Dampferzeuger hat die Aufgabe, die in der Feuerung freigesetzte Wärme in die Enthalpie des hochgespannten Dampfes umzuwandeln. Wegen der Schwankungsbreite des Heizwertes – insbesondere bei minderwertigen Brennstoffen – ist das Wärmeangebot durch die Feuerung zeitlichen Schwankungen unterworfen. Auf der anderen Seite sind aber aus Festigkeitsgründen bei der Turbine nur geringe Schwankungen des Dampfzustandes zulässig. Der Ausgleich zwischen dem fluktuierenden Energieangebot aus der Feuerung und dem geforderten stetigen Energiestrom zur Turbine ist eine der Aufgaben des Dampferzeugers. Um diesen Ausgleich sicherzustellen, ist der Dampferzeuger nach statischen und dynamischen Kriterien zu dimensionieren. Zur Erfüllung aller Anforderungen sind die für den Bau der Anlagen zur Verfügung stehenden Werkstoffe bis an die Grenzen ihrer Möglichkeiten auszuschöpfen. Die Kesselhersteller sahen sich dabei veranlasst, Schrittmacherdienste bei der

Entwicklung der Werkstoff-und Fertigungstechnologie und der damit zusammenhängenden Festigkeitsberechnung zu leisten.

Die obere Temperatur des Kraftwerksprozesses und damit der Anlagenwirkungsgrad wird im wesentlichen durch die für die Endüberhitzer verfügbaren Werkstoffe begrenzt. Heute haben sich die Dampftemperaturen zwischen 530 und 580°C eingependelt. Dies ist ein Temperaturbereich, der mit warmfesten ferritischen und martensitischen Werkstoffen beherrscht werden kann. Mit den im Prinzip verfügbaren austenitischen Werkstoffen wären Dampfparameter von 650°C und 300 bar und mehr möglich. Engpass sind der Verdampfer, die HD – und ZÜ – Endüberhitzer.

Die Anforderungen an Dampferzeuger können sowohl im Hinblick auf die Einheitsleistung als auch die Betriebsanforderungen durch zweckentsprechende Schaltungen und Konstruktionen erfüllt werden. Bei Verwendung des Zwangdurchlaufprinzips, das bei hohen Drücken und großen Leistungen allein zur Anwendung kommt, können Anlagen mit so günstigen Eigenschaften gebaut werden, dass auch große kohlegefeuerte Einheiten zur Spitzenlastabdeckung herangezogen werden können.

Grenzleistungen für den Dampferzeuger allein sind derzeit nicht zu erkennen. Die größten zur Zeit betriebenen Anlagen haben Wärmeleistungen von 3 000 MW.

Literatur

1. Bohn, T. (Hrsg.): Handbuchreihe Energie, Bände 5 und 6: Konzeption und Aufbau von Dampfkraftwerken. Technischer Verlag Resch und Verlag TÜV Rheinland, Köln 1985
2. Dolezal, R.: Dampferzeugung. Springer, Berlin Heidelberg New York 1985
3. Effenberger, H.: Dampferzeugung. Springer, Berlin 1999
4. Ledinegg, M.: Dampferzeugung. Springer, Wien 1966
5. Strauß, K.: Kriterien für den Einsatz unterschiedlicher Dampferzeugersysteme bei Kraftwerksdampferzeugern. Jahrbuch der Dampferzeugungstechnik, 6. Ausgabe. Vulkan, Essen 1989
6. Brandt, F.: Dampferzeuger-Kesselsysteme: Energiebilanz, Strömungsmechanik. Selbstverlag des FDBR (Fachverband Dampfkessel-, Behälter- und Rohrleitungsbau e.V.), Essen 1992
7. Franke, J.: Strömungsoszillationen in Verdampferheizflächen. VGB Kraftwerkstechnik **67**, 30–36 (1987)
8. Thelen, F.: Strömungsstabilität in Verdampfern von Zwangdurchlaufdampferzeugern. VGB Kraftwerkstechnik **61**, 357–367 (1981)
9. Iwanaga, T.: Construction and trial operation of the Kawagoe thermal power station units no. 1 and 2. Thermal and Nuclear Power **41**, 402–413 (1990)
10. Kawamira, T., Toyoda, T., Kurihara, I., Haneda, H.: Planung und Betrieb überkritischer Dampferzeuger mit 311 bar im Kraftwerk Kawagoe. VGB Kraftwerkstechnik **71**, 637–643 (1991)
11. Franke, J., Cossmann, R., Huschauer, H.: Benson-Dampferzeuger mit senkrecht berohrter Brennkammer. VGB Kraftwerkstechnik **75**, 353–359 (1995)

12. Läubli, F., Evers, K.: Dynamik der Speiseregelung von Einrohrkesseln mit überlagertem Umlauf. Techn. Rundschau Sulzer **55**, 2, 37–44 (1973)
13. Wärmetechnisches Taschenbuch. EVT-GmbH (Energie- und Verfahrenstechnik), Stuttgart 1985
14. Blackeslee, C.E., Burbach, H.E.: Controlling NO_x-Emissions from Steam Generators. J. Air Pollution Contr. Assoc. **23**, 37–42 (1973)
15. Jahrbuch der Dampferzeugungstechnik, 6. Ausgabe. Vulkan, Essen 1989
16. Cutler, A.J.B., Flatley, T., Hay, K.A.: Fire-side corrosion in power-station boilers. Combustion **52**, 6, 16–25 (1980)
17. Technische Regeln für Dampfkessel. Carl Heymanns, Köln 1979
18. Klefenz, G.: Die Regelung von Dampfkraftwerken. Bibliographisches Institut, Mannheim 1983
19. Blum, R.: Newly developed high temperature ferritic-martensitic steels from USA, Japan and Europe. In: VGB-Konferenz „Fossil befeuerte Dampfkraftwerke mit fortgeschrittenen Auslegungsparametern 1993". VGB, Essen 1993
20. Carslaw, H.S., Jaeger, J.C.: Conduction of heat in solids, 3rd ed. Oxford University Press, London 1965
21. Erlmann, F.: Lebensdauerüberwachung druckführender Bauteile (EVT-Bericht 24). Energie- und Verfahrenstechnik GmbH, Stuttgart 1985
22. Mühle, E.E.: Grundsätzliches zur Lebensdauer von Dampfturbinen. VGB Fachtagung Dampfturbinen und Dampfturbinenbetrieb, Essen 1974
23. Singer, J.G. (Ed.): Combustion: Fossil power. Combustion Engineering Inc., Windsor, CT 1991

8

Dampfturbinen

Die Dampfmaschine, die erste Kraftmaschine für die Umwandlung von Wärme in mechanische Energie, war um 1900 der begrenzende Faktor für die Leistungssteigerung der Kraftwerke. Bei der Hin- und Herbewegung des Kolbens traten große Massenkräfte auf, was die Laufgeschwindigkeit und die Leistungsvergrößerung begrenzte. Die Lösung brachte die Dampfturbine, bei der durch die Entspannung des Dampfes unmittelbar eine Drehbewegung erzeugt wird.

Als Turbinen bezeichnet man Strömungsmaschinen[1], mit denen die potentielle Energie eines Arbeitsmittels zunächst in kinetische Energie umgewandelt und dann in mechanische Energie der sich drehenden Turbinenwelle umgesetzt wird. Sie bestehen aus Düsen, die auf stillstehenden Leiträdern angeordnet, und Umlenkschaufeln, die auf den Laufrädern angebracht sind. Ein Laufrad bildet zusammen mit einem Leitrad eine Turbinenstufe. Dampf- und Gasturbinen werden – abgesehen von Maschinen sehr kleiner Leistung – mehrstufig ausgeführt, d.h. es folgen nacheinander mehrere Stufen. Die Anzahl der Stufen schwankt in weiten Grenzen; bei geringen Leistungen genügen einige wenige, während in anderen Fällen 60 und mehr Stufen gebraucht werden. Das Arbeitsmittel durchströmt die Leit- und Laufräder bei großen Maschinen meist axial. Die Durchströmung erfolgt in einem Ringspalt zwischen Gehäuse und Rotor, vgl. Abb. 8.1. Durch die Bemessung der Durchflussquerschnitte in den Rädern der einzelnen Stufen kann der Druckverlauf längs der Turbine festgelegt werden.

Zur Umsetzung der Enthalpie in mechanische Energie wird das Arbeitsmittel in Düsen beschleunigt, die von den auf dem Umfang des feststehenden Leitrades angeordneten Leitschaufeln gebildet werden. Danach erfolgt eine Umlenkung in den Schaufeln des sich drehenden Laufrades. Als Reaktion auf die an den Schaufeln angreifenden Impulskräfte entsteht ein Drehmoment, das an der Turbinenwelle abgeleitet wird. Im Laufe der Entwicklung haben sich zwei typische Bauformen herausgebildet: die *Gleichdruck-* und die *Überdruck-*

[1] Zu den Strömungsmaschinen gehören auch die Gas- und Wasserturbinen, die Turboverdichter sowie die Windräder und Propeller. Für diese Maschinen existiert eine gemeinsame Theorie, für deren Darstellung auf die Literatur [1], [3] verwiesen wird.

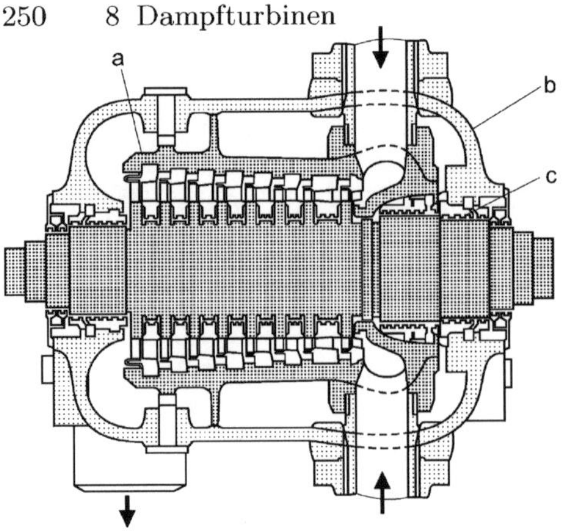

a Innengehäuse
b Gehäuse
c Labyrinthdichtung
d Welle

Abbildung 8.1. Längsschnitt durch eine HD-Turbine

turbine. Der Unterschied zwischen beiden liegt allein in der Beschaufelung und kann durch den *Reaktionsgrad* Γ – dies ist das Verhältnis des in den Laufschaufeln abgebauten Enthalpiegefälles zu dem Gefälle der ganzen Stufe – gekennzeichnet werden.

Bei den Gleichdruckturbinen ($\Gamma = 0$) wird das Enthalpiegefälle einer Stufe vollständig im Leitrad in kinetische Energie umgewandelt. Der Druck und damit auch der Betrag der Strömungsgeschwindigkeit im Ein- und Austrittsquerschnitt des Laufrades sind daher jeweils *gleich* groß.[2]

Bei der Überdruckturbine wird das Enthalpiegefälle im Leit- *und* Laufrad umgesetzt und es ist $\Gamma > 0$. Durch die Geschwindigkeitserhöhung im Laufrad ergibt sich eine zusätzliche Reaktionskraft, man spricht deshalb auch von einer Reaktionsturbine.[3]

Beide Bauarten standen lange Zeit nebeneinander und waren kennzeichnend für die Turbinenbaureihen der einzelnen Hersteller. Typisch für die Gleichdruckturbine war die geringe Stufenzahl mit relativ hohen Stömungsverlusten durch Reibung aber geringen Spaltverlusten. Die Überdruckturbine hatte eine größere Stufenzahl, geringere Reibungs-, aber größere Spaltverluste. Bei gleichem Enthalpiegefälle im Leit- und Laufrad ($\Gamma = 0{,}5$) ergaben sich für beide Räder gleiche Strömungsverhältnisse. Es konnten somit die gleichen Schaufelprofile für beide Räder verwendet werden.

Heute ist der Reaktionsgrad einer unter mehreren Auslegungsparametern einer Stufe und wird frei gewählt. Zur Erreichung bestimmter Eigenschaften kann sich der Reaktionsgrad innerhalb der Beschaufelung einer Turbinenan-

[2] Diese Bauform wurde von A. Rateau (1863–1930) eingeführt und wird auch Rateau-Turbine genannt.

[3] Nach ihrem Erfinder C.A. Parsons (1854–1931) bezeichnet man sie auch als Parsons-Turbine. Parsons hat das Prinzip der Mehrstufigkeit eingeführt, mit dem das große Enthalpiegefälle eines Dampfkraftprozesses bei mäßigen Umfangsgeschwindigkeiten mit hohen Wirkungsgraden genutzt werden kann. Entscheidende Beiträge zur Entwicklung der Turbinen lieferten auch C.G.P. de Laval (1845–1913) und C.G. Curtis (1860–1953).

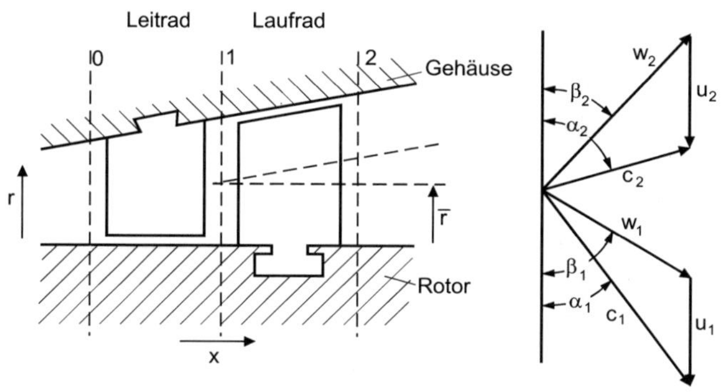

Abbildung 8.2. Längsschnitt durch eine Turbinenstufe

lage unterscheiden. Kennzeichnend für die beiden Bauarten sind neben konstruktiven Einzelheiten die Geschwindigkeitsverhältnisse in den Stufen, man vergleiche Abb. 8.5 und Abb. 8.6.

Neben dieser Einteilung nach der Beschaufelung unterscheidet man auch zwischen Kondensations- und Gegendruckturbinen. Bei der letzteren wird der abströmende Dampf einem weiteren Verwendungszweck zugeführt, z.B. als Prozessdampf oder zur Beheizung.

8.1 Elementare Theorie axialer Strömungsmaschinen

Mit Hilfe der Stromfadentheorie soll in diesem Abschnitt die Energieübertragung vom Arbeitsmittel auf die Turbinenwelle untersucht werden. Die Überlegungen werden am Beispiel einer Stufe durchgeführt, die aus einem Leit- und einem Laufrad besteht, vgl. Abb. 8.2. Der Raum, in dem die Beschaufelung arbeitet, ist durch die Innenwand des Gehäuses, die Oberfläche des Rotors sowie den Ein- und Abströmquerschnitt begrenzt. In erster Näherung nehmen wir an, dass der Strömungszustand in jedem zur Rotorachse senkrechten Querschnitt konstant ist und durch den Zustand auf der Mittelfläche zwischen Gehäusewand und Rotoroberfläche (in der Abbildung ist diese Fläche durch die gestrichelte Linie dargestellt) repräsentiert wird. Ohne eine wesentliche Einschränkung für die Anwendbarkeit können wir ferner annehmen, dass die Strömung stationär ist. Die Energieübertragung vom Arbeitsmittel auf das System „Turbinenstufe“ kann bei Kenntnis des Strömungszustandes des Arbeitsmittels vor und hinter der Stufe berechnet werden. Wir setzen dazu voraus, dass der Strömungszustand vor der Stufe und das Enthalpiegefälle über die Stufe vorgegeben sind.

Nach der Kontinuitätsgleichung der Strömungsmechanik ist der Massenstrom $\dot{m}$ durch den Einströmquerschnitt A_0 einer Stufe gleich dem durch den Querschnitt A_1 zwischen Leit- und Laufrad und dem durch den Abströmquerschnitt A_2:

$$\dot{m}_0 = \rho_0 \, c_{0_\mathrm{n}} \, A_0 = \rho_1 \, c_{1_\mathrm{n}} \, A_1 = \rho_2 \, c_{2_\mathrm{n}} \, A_2 = \dot{m}_2 \tag{8.1}$$

mit

ρ mittlere Dichte,
c_n mittlere Geschwindigkeit normal zur Umfangsrichtung,
A Querschnittsfläche.

Die Indizes 0, 1, 2 bezeichnen diese Größen in den Querschnitten A_0, A_1 bzw. A_2 einer Stufe, vgl. Abb. 8.2.

Das Arbeitsmittel strömt das Leitrad mit der Geschwindigkeit $\mathbf{c}_0$ an und wird in diesem auf $\mathbf{c}_1$ beschleunigt. Diese Geschwindigkeiten beziehen sich auf den ruhenden Teil der Maschine.[4] Für die Strömung im Rotor ist die Geschwindigkeit $\mathbf{w}$ relativ zum Rotor maßgebend. Sie setzt sich vektoriell mit der Umfangsgeschwindigkeit des Rotors $\mathbf{u}$ zu der auf den ruhenden Teil der Maschine bezogenen Absolutgeschwindigkeit $\mathbf{c}$ zusammen gemäß

$$\mathbf{c} = \mathbf{u} + \mathbf{w} \; . \tag{8.2}$$

Durch die geometrische Addition von $\mathbf{u}$ und $\mathbf{w}$ ergibt sich $\mathbf{c}$ als dritte Seite des *Geschwindigkeitsdreiecks*. Zur Angabe der Richtung benutzt man die Winkel gegen die Umfangsgeschwindigkeit. Man bezeichnet sie mit α bei der Absolutströmung und mit β bei der Relativströmung.

Das Arbeitsmittel leistet im Leitrad keine Arbeit. Die Geschwindigkeit hinter dem Rad errechnet sich bei einer isentropen Strömung aus der Bernoulli-Gleichung der Strömungsmechanik. Nach dieser ist die Summe aus der spezifischen Enthalpie h und der spezifischen kinetischen Energie $c^2/2$ konstant:

$$h_0 + \frac{c_0^2}{2} = h_{1_s} + \frac{c_{1_s}^2}{2} \tag{8.3}$$

Den isentrop erreichten Strömungszustand hinter dem Leitrad kennzeichnen wir mit dem Index s.

Die wirkliche Strömung im Leitrad ist verlustbehaftet, was man durch Einführung eines Leitradwirkungsgrades η' berücksichtigt. Für die Geschwindigkeit am Austritt des Leitrades folgt dann

$$\frac{c_1^2}{2} = \eta' \, \frac{c_{1_s}^2}{2} = \eta' \left(\Delta h_s^{\mathrm{Le}} + \frac{c_0^2}{2} \right) . \tag{8.4}$$

Hier ist $\Delta h_s^{\mathrm{Le}} = h_0 - h_{1_s}$ das isentrope Enthalpiegefälle im Leitrad. Der Leitradwirkungsgrad

$$\eta' = \frac{\Delta h^{\mathrm{Le}}}{\Delta h_s^{\mathrm{Le}}} \tag{8.5}$$

[4] Vektorielle Größen werden fettgedruckt dargestellt; dünngedruckte Zeichen stehen für den Betrag.

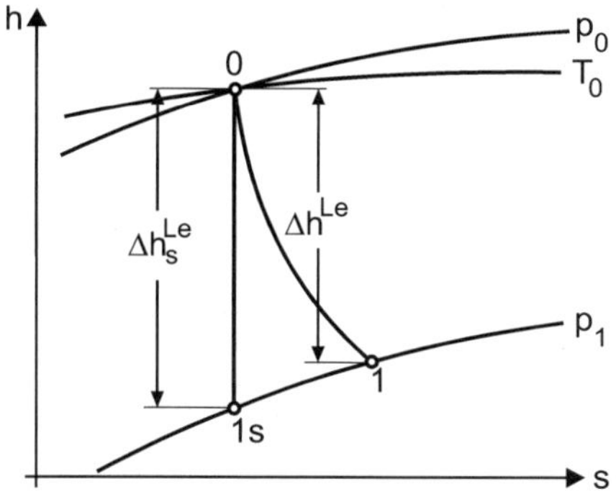

0–1s: Isentrope Expansion
0–1: Reale Expansion

Abbildung 8.3. Expansion des Arbeitsmittels im Leitrad

ist aus Versuchen zu ermitteln. Eine übersichtliche Darstellung dieses Vorgangs liefert das h,s-Diagramm, vgl. Abb. 8.3. Am Ende der Expansion wird der Zustand 1 mit der Enthalpie h_1 erreicht. Dabei stimmt der Druck mit dem der isentropen Expansion überein.

Beispiel 8.1. Ein Massenstrom von $\dot{m} = 1$ kg/s Dampf (20 bar und 400°C) soll in einer Düse auf 4 bar expandiert werden. Es sind die Düsenquerschnitte längs des Expansionsweges zu ermitteln, wobei die Zustände von 16, 12, 8 und 4 bar zu berücksichtigen sind. Es kann von einer isentropen Expansion ausgegangen werden. Benutzen Sie den unten angegebenen Ausschnitt aus der Dampftafel.

		4 bar			8 bar			12 bar	
ϑ	v	h	s	v	h	s	v	h	s
[°C]	$\left[\frac{m^3}{kg}\right]$	$\left[\frac{kJ}{kg}\right]$	$\left[\frac{kJ}{kgK}\right]$	$\left[\frac{m^3}{kg}\right]$	$\left[\frac{kJ}{kg}\right]$	$\left[\frac{kJ}{kgK}\right]$	$\left[\frac{m^3}{kg}\right]$	$\left[\frac{kJ}{kg}\right]$	$\left[\frac{kJ}{kgK}\right]$
190	0,5218	2 839,2	7,1255	0,2540	2 815,1	6,7647	0,1642	2 788,2	6,5312
200	0,5343	2 860,4	7,1708	0,2608	2 838,6	6,8148	0,1692	2 814,4	6,5872
270	0,6192	3 005,6	7,4572	0,3057	2 993,5	7,1205	0,2011	2 980,8	6,9156
280	0,6311	3 026,2	7,4947	0,3119	3 014,9	7,1595	0,2054	3 003,0	6,9562
320	0,6785	3 108,3	7,6379	0,3363	3 099,4	7,3070	0,2222	3 090,3	7,1085
330	0,6903	3 128,8	7,6723	0,3423	3 120,4	7,3422	0,2263	3 111,8	7,1445

		16 bar			20 bar	
ϑ	v	h	s	v	h	s
[°C]	$\left[\frac{m^3}{kg}\right]$	$\left[\frac{kJ}{kg}\right]$	$\left[\frac{kJ}{kgK}\right]$	$\left[\frac{m^3}{kg}\right]$	$\left[\frac{kJ}{kg}\right]$	$\left[\frac{kJ}{kgK}\right]$
360	0,1777	3 168,5	7,1069	0,1411	3 160,8	6,9950
370	0,1808	3 190,2	7,1409	0,1436	3 182,9	7,0296
400	0,1900	3 255,0	7,2394	0,1511	3 248,7	7,1296

Lösung. Zunächst entnimmt man der Dampftafel die Enthalpie des Ausgangszustandes

$$h(20\ \text{bar}; 400°\text{C}) = 3\,248{,}7\ \text{kJ/kg}.$$

Die zugehörige Entropie

$$s(20\ \text{bar}; 400°\text{C}) = 7{,}1296\ \text{kJ/kgK}$$

ist für alle anderen Zustände gleich. Mit Hilfe linearer Interpolation können alle weiteren Enthalpien und spezifischen Volumina aus der Dampftafel berechnet werden. Beispielhaft wird dies für den Zustand 16 bar durchgeführt. Mit der bekannten Entropie schließt man auf eine Temperatur zwischen 360 und 370°C:

$$h\big(16\ \text{bar}; s(20\ \text{bar}; 400°\text{C})\big) = h\big(16\ \text{bar}; 360°\text{C}\big) +$$
$$\frac{s(20\ \text{bar}; 400°\text{C}) - s(16\ \text{bar}; 360°\text{C})}{s(16\ \text{bar}; 370°\text{C}) - s(16\ \text{bar}; 360°\text{C})}\big(h\,(16\ \text{bar}; 370°\text{C}) - h(16\ \text{bar}; 360°\text{C})\big) =$$
$$3\,183{,}0\ \text{kJ/kg}.$$

Analog ergibt sich für das spezifische Volumen

$$v\big(16\ \text{bar}; s(20\ \text{bar}; 400°\text{C})\big) = 0{,}1798\ \text{m}^3/\text{kg}.$$

Die Strömungsgeschwindigkeit c kann wegen (8.3) aus

$$c = \sqrt{2\,\Delta h}$$

erhalten werden. Die Düsenquerschnitte können wegen der Gültigkeit von (8.1) durch

$$A = \dot{m}\,\frac{v}{c}$$

berechnet werden. Die Ergebnisse sind in der nachfolgenden Tabelle zusammengestellt.

Ausgangsdruck	[bar]	20,0	20,0	20,0	20,0
Gegendruck	[bar]	16,0	12,0	8,0	4,0
spez. Volumen	[m^3/kg]	0,180	0,225	0,307	0,523
Enthalpiegefälle	[kJ/kg]	65,7	145,8	250,2	407,6
Geschwindigkeit	[m/s]	362,5	540,0	707,4	902,9
Düsenfläche	[mm^2]	496,0	416,7	433,9	579,2

Die Berechnungen zeigen, dass der Düsenquerschnitt zunächst verringert und dann wieder erweitert werden muss. Dieser Effekt ist von den Expansionsströmungen kompressibler Fluide gut bekannt.

Der im engsten Querschnitt erreichte Druck heißt kritischer Druck und die dort erreichte Geschwindigkeit kritische Geschwindigkeit. Diese ist gleich der Schallgeschwindigkeit. Im konvergenten Teil der Düse liegt somit eine Unterschall- und im divergenten eine Überschallströmung vor.

Im Laufrad leistet das Arbeitsmittel Arbeit, indem es dieses mit dem Drehmoment L dreht. Durch Anwendung des Drallsatzes der Strömungsmechanik erhält man

$$L = \dot{m}\left(\overline{r}_1\, c_{1_\mathrm{u}} - \overline{r}_2\, c_{2_\mathrm{u}}\right). \tag{8.6}$$

Das Produkt aus Geschwindigkeitskomponente in Umfangsrichtung und Radius wird üblicherweise als Drall bezeichnet und (8.6) entsprechend als Drallsatz.

Der Drallsatz in dieser Form ist eine grundlegende Beziehung für Strömungsmaschinen und heißt *Euler'sche Turbinengleichung.*[5] Sie gilt nicht nur für Turbinen, sondern auch für Pumpen und Verdichter. In (8.6) kommt der Druck nicht vor – der Druck im Laufrad kann also bei Turbinen konstant bleiben oder abnehmen, entsprechend muss er bei Verdichtern zunehmen. Aus (8.6) folgt weiter, dass dasjenige Maschinenteil, das den Drall der Strömung verändert, auch das Drehmoment aufnehmen muss. $\overline{r}_1$ und $\overline{r}_2$ stehen für den mittleren Radius des Ein- bzw. Austrittsquerschnitts des Laufrades, vgl. Abb. 8.2. c_u bezeichnet die Umfangskomponente von $\mathbf{c}$ mit

$$c_\mathrm{u} = c \cos\alpha \,. \tag{8.7}$$

Da sich das Turbinenrad mit der Winkelgeschwindigkeit ω dreht, bestimmt sich seine Leistungsabgabe einer Stufe zu

$$P_\mathrm{St} = L\,\omega = \dot{m}\,\omega\left(\overline{r}_1\, c_{1_\mathrm{u}} - \overline{r}_2\, c_{2_\mathrm{u}}\right) = \dot{m}\left(u_1\, c_{1_\mathrm{u}} - u_2\, c_{2_\mathrm{u}}\right). \tag{8.8}$$

Hier steht P_St für die Leistung einer Stufe und $u_{1,2} = \overline{r}_{1,2}\,\omega$ für die mittlere Umfangsgeschwindigkeit im Eintritts- bzw. Austrittsquerschnitt des Rades. Im Turbinenbau wird die auf den Massenstrom bezogene Leistung verwendet und als *spezifische Radarbeit* a_T bezeichnet. Man setzt

$$a_\mathrm{T} = \frac{P_\mathrm{St}}{\dot{m}} = u_1\, c_{1_\mathrm{u}} - u_2\, c_{2_\mathrm{u}} \,. \tag{8.9}$$

Mit dem Kosinussatz kann die rechte Seite von (8.9) umgeformt werden. Aus Abb. 8.2 folgt

$$u_1\, c_{1_\mathrm{u}} = u_1\, c_1 \cos\alpha_1 = \frac{1}{2}\left(u_1^2 + c_1^2 - w_1^2\right), \tag{8.10}$$

$$u_2\, c_{2_\mathrm{u}} = u_2\, c_2 \cos\alpha_2 = \frac{1}{2}\left(u_2^2 + c_2^2 - w_2^2\right). \tag{8.11}$$

Werden (8.10) und (8.11) in (8.9) eingeführt, ergibt sich

$$a_\mathrm{T} = \frac{u_1^2 - u_2^2}{2} + \frac{c_1^2 - c_2^2}{2} - \frac{w_1^2 - w_2^2}{2} \,. \tag{8.12}$$

Mit dieser Beziehung, der *Turbinenhauptgleichung*, kann die Energieumsetzung im Laufrad bei bekannten Geschwindigkeiten berechnet werden.
Die spezifische Radarbeit kann auch aus einer Energiebilanz bestimmt werden. Bei einer isentropen Zustandsänderung gilt

$$a_\mathrm{T} = h_1 + \frac{c_1^2}{2} - h_{2_s} - \frac{c_{2_s}^2}{2} \,. \tag{8.13}$$

Durch Gleichsetzen von (8.12) und (8.13) folgt für das isentrope Enthalpiegefälle im Laufrad

$$\Delta h_s^\mathrm{La} = h_1 - h_{2_s} = \frac{1}{2}\left(u_1^2 - u_2^2 - w_1^2 + w_{2_s}^2\right). \tag{8.14}$$

[5] Leonhard Euler (1707 – 1783), Schweizer Mathematiker.

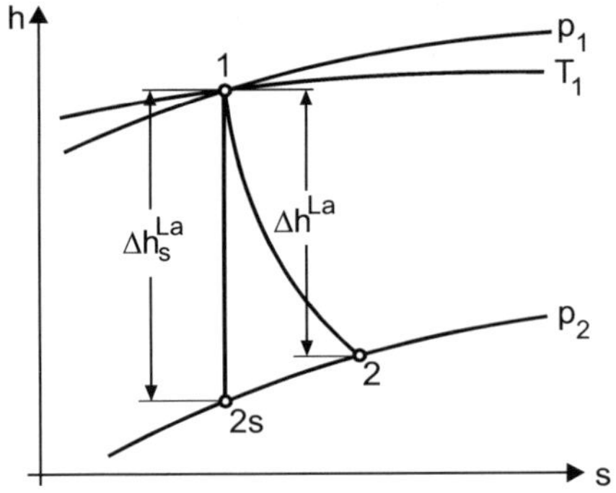

1–2s: Isentrope Expansion
1–2: Reale Expansion

Abbildung 8.4. Expansion des Arbeitsmittels im Laufrad einer Überdruckturbine

Bei Axialturbinen gilt in guter Näherung $u_1 = u_2$. Damit folgt aus (8.14), dass bei Gleichdruckturbinen – bei diesen ist $h_1 = h_{1_s}$ – der Betrag der relativen Ein- und Austrittsgeschwindigkeit aus dem Laufrad gleich groß ist.

Die Strömung im Laufrad ist ebenfalls verlustbehaftet, was durch einen Laufradwirkungsgrad η'' berücksichtigt werden kann. Für die Austrittsgeschwindigkeit aus dem Laufrad folgt aus (8.14)

$$\frac{w_2^2}{2} = \eta'' \frac{w_{2_s}^2}{2} = \eta'' \left(\Delta h_s^{\mathrm{La}} + \frac{1}{2} \left(w_1^2 - u_1^2 + u_2^2 \right) \right) \tag{8.15}$$

und daraus

$$w_2 = \sqrt{\eta''}\, w_{2_s} \,. \tag{8.16}$$

Der Laufradwirkungsgrad

$$\eta'' = \frac{\Delta h^{\mathrm{La}}}{\Delta h_s^{\mathrm{La}}} \tag{8.17}$$

ist wiederum aus Versuchen zu bestimmen, vgl. Abb. 8.4.

Die in der Turbinenstufe umgesetzte Leistung, die in (8.8) mit den Geschwindigkeiten geschrieben wurde, kann auch durch das Enthalpiegefälle dargestellt werden. Aus (8.13) folgt unter Berücksichtigung von (8.4) für die Leistung einer Stufe

$$P_{\mathrm{St}} = \dot{m} \left(\Delta h^{\mathrm{Le}} + \Delta h^{\mathrm{La}} + \frac{c_0^2}{2} - \frac{c_2^2}{2} \right) . \tag{8.18}$$

Wird längs des Strömungsweges noch ein spezifischer Wärmestrom $\dot{q}$ zu- oder abgeführt (z.B. durch Schaufelkühlung), ist dies auf der rechten Seite innerhalb der Klammer durch Hinzufügen von $-\dot{q}$ zu berücksichtigen. Δh^{Le} und Δh^{La} sind die realen Enthalpiegefälle im Leit- und Laufrad.

Mit den hergeleiteten Gleichungen kann bei vorgegebenem Strömungszustand vor der Stufe und einer verlangten Radarbeit der Zustand nach der Stufe bestimmt werden. Damit sind alle Beziehungen zur elementaren Berechnung einer Turbinenstufe bereitgestellt.

Wie aus (8.8) und (8.18) folgt, ist die von einer Stufe übertragene Leistung nur von den vorliegenden Umfangs- und Strömungsgeschwindigkeiten bzw. dem Enthalpiegefälle abhängig. Man geht daher beim Entwurf so vor, dass man zunächst die Geschwindigkeitsdreiecke auslegt, mit denen die angestrebte Leistung erreicht werden kann, und danach das Leit- und Laufrad so auslegt, dass sich die gewählten Geschwindigkeiten ergeben. Die geometrischen Daten können bei vorgegebenen Zustandsgrößen und Geschwindigkeiten mit der Kontinuitätsgleichung bestimmt werden.

Es sei noch darauf hingewiesen, dass die vorstehenden Überlegungen auch auf Verdichter angewandt werden können. Der prinzipielle Unterschied besteht lediglich darin, dass an dem Fluid eine Verdichtungsarbeit zu leisten ist.

Beispiel 8.2. Wie groß ist die Leistung einer axialen Gleichdruckturbinenstufe, wenn den Laufschaufeln, die mit $u = 220$ m/s umlaufen, ein Dampfstrom von 100 kg/s mit $c_1 = 450$ m/s unter einem Winkel von $\alpha_1 = 15°$ zugeführt wird? Innerhalb der Laufschaufel findet eine Umlenkung auf $\beta_2 = \beta_1$ statt. Darüber hinaus wird durch die innere Reibung des Dampfes die Geschwindigkeit um 10% auf $w_2 = 0{,}9\,w_1$ reduziert.

Man bestimme weiter die an den Schaufeln angreifende Umfangskraft und den Laufradwirkungsgrad η''.

Lösung. Für die Leistung der Stufe gilt nach (8.8) und $u_1 = u_2 = u$

$$P_{\mathrm{St}} = \dot{m}\,u\left(c_{1_\mathrm{u}} - c_{2_\mathrm{u}}\right).$$

Dazu bestimmt man aus dem Geschwindigkeitsdreieck

$$c_{1_\mathrm{u}} = c_1 \cos\alpha_1 = 434{,}7 \text{ m/s},$$

$$w_{1_\mathrm{u}} = c_{1_\mathrm{u}} - u = 214{,}7 \text{ m/s},$$

$$w_{1_\mathrm{n}} = c_1 \sin\alpha_1 = 116{,}5 \text{ m/s},$$

$$\beta_1 = \arctan\frac{w_{1_\mathrm{n}}}{w_{1_\mathrm{u}}} = 28{,}5°,$$

$$w_1 = \sqrt{w_{1_\mathrm{u}}^2 + w_{1_\mathrm{n}}^2} = 244{,}3 \text{ m/s},$$

$$w_2 = 0{,}9\,w_1 = 219{,}8 \text{ m/s},$$

$$c_{2_\mathrm{u}} = u - w_2\cos\beta_2 = 26{,}8 \text{ m/s}.$$

Damit errechnet sich die Stufenleistung zu

$$P_{\mathrm{St}} = 8{,}97 \text{ MW}.$$

Die Leistung P_{St} kann dargestellt werden als das Produkt zwischen der Umfangskraft F_u und der Umfangsgeschwindigkeit u. Daraus folgt für die an den Schaufeln angreifende Kraft in Umfangsrichtung

$$F_\mathrm{u} = \frac{P_{\mathrm{St}}}{\mathrm{u}} = 4{,}08 \cdot 10^4 \text{ N}.$$

Nach (8.15) gilt für den Laufradwirkungsgrad

$$\eta'' = \frac{w_2^2}{w_{2_\mathrm{s}}^2} = 0{,}81.$$

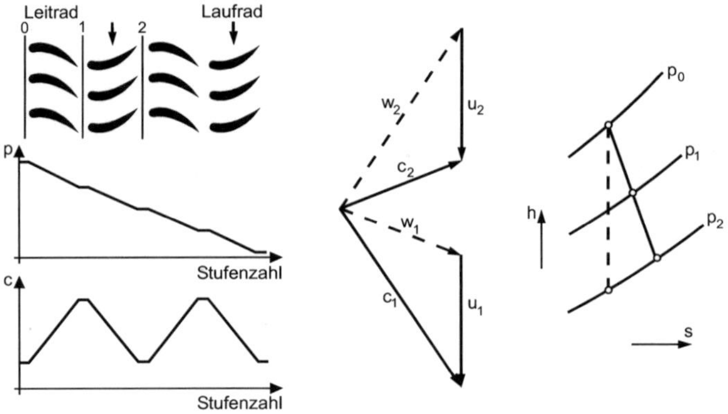

Abbildung 8.5. Geschwindigkeits- und Druckverlauf in einer Überdruckstufe

8.2 Optimale Geschwindigkeitsverhältnisse, Stufenzahl

Nach der Euler'schen Turbinengleichung ist die Leistung P_{St} einer Stufe allein vom Arbeitsmitteldurchsatz und den Strömungsverhältnissen vor und hinter der Stufe abhängig. Für eine Axialturbine mit $u_1 = u_2 = u$ und einem vorgegebenen Wert der Anströmgeschwindigkeit c soll u so bestimmt werden, dass P_{St} ein Maximum erreicht. Die Herleitung sei hier am Beispiel einer Überdruckturbine mit einem Reaktionsgrad $\Gamma = 0{,}5$ durchgeführt. Bei diesem Reaktionsgrad haben Leit- und Laufrad gleiche Schaufelprofile und die Geschwindigkeitsdreiecke am Ein- und Austritt des Laufrades sind ähnlich. Insbesondere ist $\alpha_1 = \beta_2$ und bei einer verlustfreien Strömung ist weiter $c_1 = w_2$, vgl. Abb. 8.5.

Für die Leistung der Stufe gilt nach (8.8) und Abb. 8.5

$$\begin{aligned} P_{\mathrm{St}} &= \dot{m}\, u \left(c_{1_\mathrm{u}} - c_{2_\mathrm{u}}\right) = \dot{m}\, u \left(w_1 \cos\beta_1 + w_2 \cos\beta_2\right) \\ &= \dot{m}\, u \left(2\, c_1 \cos\alpha_1 - u\right) . \end{aligned} \tag{8.19}$$

Es ist naheliegend, die Umfangsgeschwindigkeit des Rades so zu wählen, dass P_{St} ein Maximum annimmt. Dafür gilt die Bedingung

$$\frac{\mathrm{d}P_{\mathrm{St}}}{\mathrm{d}u} = \dot{m} \left(2\, c_1 \,\cos\alpha_1 - 2\, u\right) = 0 .$$

Es folgt

$$u_{\mathrm{opt}}\Big|_{\text{Überdruckturbine}} = c_1 \cos\alpha_1 . \tag{8.20}$$

Die Leistung der Stufe erreicht ein Maximum für $u = u_{\mathrm{opt}}$:

$$P_{\mathrm{St_{max}}}\Big|_{\text{Überdruckturbine}} = P_{\mathrm{St}} \left(u = u_{\mathrm{opt}}\right) = \dot{m} \left(c_1 \,\cos\alpha_1\right)^2 . \tag{8.21}$$

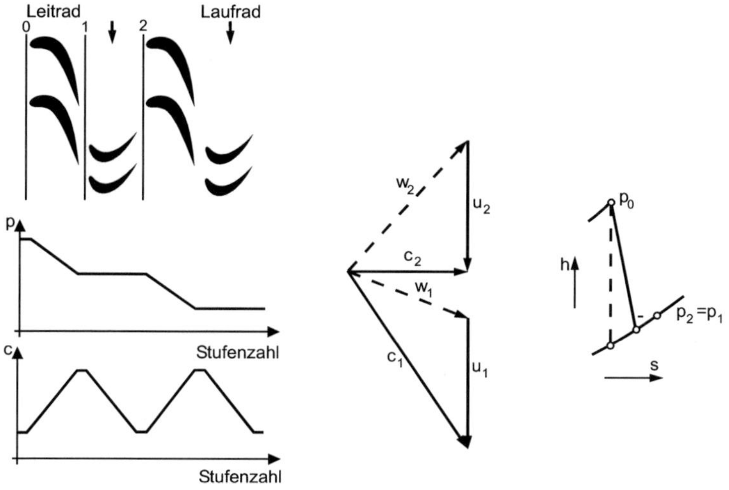

Abbildung 8.6. Geschwindigkeits- und Druckverlauf in einer Gleichdruckstufe

Eine entsprechende Überlegung für Gleichdruckturbinen, vgl. Abb. 8.6, liefert

$$u_{\text{opt}}\Big|_{\text{Gleichdruckturbine}} = \frac{1}{2}\, c_1 \cos\alpha_1 \tag{8.22}$$

und

$$P_{\text{St}_{\max}}\Big|_{\text{Gleichdruckturbine}} = \frac{1}{2}\, \dot{m}\, \left(c_1 \cos\alpha_1\right)^2 \;. \tag{8.23}$$

Diese Ergebnisse wollen wir verwenden, um das in einer Stufe realisierbare Enthalpiegefälle abzuschätzen. Aus Gründen der Materialfestigkeit und der Strömungstechnik ist bei Turbinen die Umfangsgeschwindigkeit der Schaufeln im Niederdruckteil auf etwa 300 m/s beschränkt. Bei gleicher Umfangsgeschwindigkeit ist wegen (8.20) und (8.22) der für eine maximale Stufenleistung erforderliche Wert von $c_1 \cos\alpha$ bei Gleichdruckturbinen doppelt so hoch wie bei Überdruckturbinen. Damit ergibt sich für Überdruckturbinen unter Berücksichtigung von (8.20) ein maximales Stufengefälle von

$$\Delta h_{\text{St}}\Big|_{\text{Überdruckturbine}} = u^2_{\text{opt}} \approx 90 \text{ kJ/kg}. \tag{8.24}$$

Dieser Wert gilt für die Niederdruckstufen. Im HD- und MD-Teil ist wegen der geringeren Umfangsgeschwindigkeit Δh kleiner und liegt bei 40–60 kJ/kg. Damit sind für den Abbau des gesamten Enthalpiegefälles in einer Turbine viele hintereinander angeordnete Stufen erforderlich.

Bei Gleichdruckturbinen folgt für das maximale Stufengefälle unter Berücksichtigung von (8.22) und (8.23)

$$\Delta h_{\text{St}}\Big|_{\text{Gleichdruckturbine}} = 2\, u^2_{\text{opt}} \approx 180 \text{ kJ/kg}. \tag{8.25}$$

Die erforderliche Stufenzahl der Gleichdruckturbinen ist deshalb geringer als die der Überdruckturbinen.

8.3 Verluste und Wirkungsgrad

Die Energiewandlung in einer Strömungsmaschine ist mit Verlusten verbunden, die wie folgt unterteilt werden können:

- *Verluste in den Schaufeln.* Es handelt sich um Reibungs- und Ablösungsverluste in den Schaufelkanälen. Da in aller Regel eine turbulente Strömung vorliegt, nehmen diese mit dem Quadrat der Strömungsgeschwindigkeit zu.
- *Spaltverluste.* Durch die nicht vermeidbaren Spalte zwischen den stehenden und den sich drehenden Teilen einer Maschine strömt ungewollt Arbeitsmittel ab, das nicht am Energieumwandlungsprozess teilnimmt. In erster Näherung ist der Massenstrom durch den Spalt proportional zur Spaltfläche und der Druckdifferenz über den Spalt.
- *Radreibung und Ventilation.* Bei der Rotation der Laufräder und der Turbinenwelle in den zugehörigen Gehäusen und Lagerungen treten Reibungskräfte auf, zu deren Überwindung eine mechanische Leistung erforderlich ist. Die Radreibung entsteht durch Reibung der rotierenden Radscheiben im umgebenden Fluid. Diese ist proportional zur dritten Potenz der Umfangsgeschwindigkeit des Rades und der Radfläche.
  Hinzu kommen noch Ventilationsverluste, die bei nicht voll beaufschlagten Laufrädern auftreten, also nur in den ersten Stufen und bei Teillastbetrieb. Der nicht beaufschlagte Teil des Laufrades wirkt dabei als Ventilator und die dafür benötigte Leistung wirkt sich als Verlust aus.
- *Austrittsverlust.* Beim Austritt aus Dampf- und Gasturbinen ist wegen der notwendigen Umlenkungen kaum mit einem Druckgewinn durch eine Diffusorwirkung zu rechnen. Die kinetische Energie des Arbeitsmittels am Austritt ist als Verlust zu betrachten.
- *Verluste durch Dampfnässe.* Hat bei Dampfturbinen der Dampfzustand die Taulinie überschritten, treten zusätzliche Verluste durch die Dampfnässe auf. Durch Kondensation entsteht dabei zunächst ein feiner Nebel, aus dem sich durch Zusammenschluss der Teilchen zunehmend größere Tropfen bilden. Im allgemeinen folgen die Wassertropfen nicht der Dampfströmung. Vielmehr können sie bei ihrem Auftreffen auf die Laufschaufeln eine bremsende Wirkung auslösen. Da die Tropfen mit großer Geschwindigkeit auf die Schaufeln treffen, entstehen Schäden infolge von Erosion. Zur Vermeidung solcher Schäden sind gegebenenfalls besondere Maßnahmen erforderlich.

Die hier aufgeführten Verluste werden durch den *inneren Wirkungsgrad* η_i erfasst. Gemeinsames Merkmal dieser Verluste ist, dass sie die Enthalpie des Dampfes gegenüber dem gedachten Austrittszustand bei isentroper Expansion erhöhen. Ergänzend dazu berücksichtigt der Turbinenwirkungsgrad η_T

noch die mechanischen Verluste durch η_{mech} infolge der Undichtigkeiten in den äußeren Wellendichtungen und die Reibung in den Axial- und Traglagern; es git:

$$\eta_{\text{T}} = \eta_{\text{i}}\, \eta_{\text{mech}} \tag{8.26}$$

Der innere Wirkungsgrad der besten Turbinen für Kraftwerke liegt bei 93 bis 95% und η_{mech} liegt bei rd. 98 bis 99%. Als Verbesserungspotential für den Turbinenwirkungsgrad η_{T} werden 1–1,5 Prozentpunkte angesehen. Dazu sind folgende Verbesserungen erforderlich:

- Verringerung der Druckverluste bei der Ein- und Ausströmung
- exaktere Strömungsführung und dadurch geringere Verluste durch Strömungsablösungen an den Schaufeln (*Profilverluste*)
- Verminderung der Verluste durch die Dampfnässe mit einer besseren Wasserabscheidung innerhalb der Turbine
- Verkleinerung der Spaltverluste

8.4 Betriebsweise und Regelung von Dampfturbinen

Die Leistung einer Turbine errechnet sich nach der Gleichung

$$P_{\text{T}} = \eta_{\text{T}}\, \dot{m}\, \Delta h\ . \tag{8.27}$$

Hier ist η_{T} der Turbinenwirkungsgrad, $\dot{m}$ der Dampfstrom durch die Turbine und Δh das Enthalpiegefälle zwischen Ein- und Auslass. Für den Dampfstrom durch eine gegebene Turbine gilt das von Stodola [4] eingeführte *Kegelgesetz*[6]

$$\frac{\dot{m}_T}{\dot{m}_0} = \sqrt{\frac{p_{\alpha\text{T}}^2 - p_{\omega\text{T}}^2}{p_{\alpha 0}^2 - p_{\omega 0}^2}\,\frac{T_{\alpha 0}}{T_{\alpha\text{T}}}}\ . \tag{8.28}$$

Darin bezeichnen die Indices α den Eintritts–, ω den Austrittszustand, 0 die Vollast und T die Teillast. Bei Kondensationsturbinen ist das Verhältnis $p_\omega/p_\alpha \ll 1$. Bezeichnet A den Querschnitt eines unmittelbar vor der Turbine angeordneten Ventils, gilt für $\dot{m}_T$ in linearer Näherung

$$\dot{m}_T \sim p_{\alpha\text{T}}\, A\ . \tag{8.29}$$

Die Gln. (8.27) und (8.29) legen nahe, die Turbinenleistung durch eine Änderung des Dampfstroms zu regeln. Dies kann erreicht werden, indem entweder bei konstantem Druck vor dem Turbinenventil der Ventilquerschnitt A durch Schließen bzw. Öffnen des Ventils (*Festdruckbetrieb*) oder bei fester Ventilstellung der Druck $p_{\alpha\text{T}}$ vor der Turbine (*Gleitdruckbetrieb*) geändert wird.

[6] Eine Herleitung des Kegelgestzes ist in [2] gegeben.

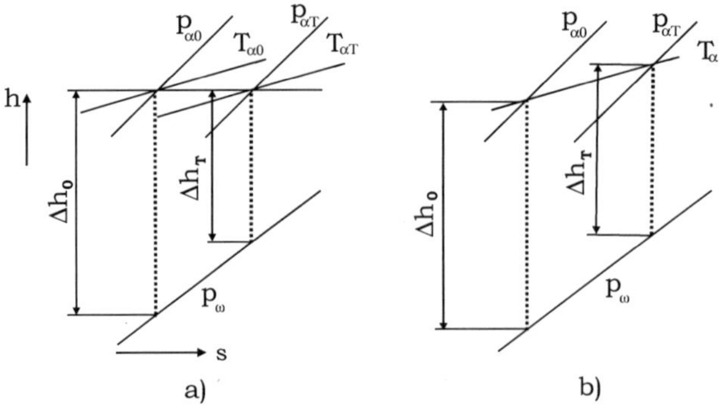

Abbildung 8.7. Auswirkung der Laständerung im h,s-Diagramm. Beim Festdruckbetrieb a) ändert sich der Druck vor Turbine infolge der isenthalpen Drosselung in den Turbinenventilen. Beim Gleitdruckbetrieb b) werden die Turbinenventile nicht gedrosselt, die Druckänderung erfolgt im Kessel.

8.4.1 Festdruckbetrieb

Der Druck p_α und die Temperatur T_α vor den als Stellglieder dienenden Turbinenventilen bleibt bei allen Lastzuständen konstant. Um eine Teillast zu fahren, wird der Strömungsquerschnitt für den Dampf durch Androsselung der Turbinenventile verkleinert und so der Dampfdruck vor Turbineneintritt isenthalp auf $p_{\alpha \mathrm{T}}$ vermindert. Wegen der isenthalpen Druckabsenkung vermindert sich gemäß Fig. 8.7 die Dampftemperatur von T_α auf $T_{\alpha \mathrm{T}}$. Laständerungen sind somit beim Festdruckbetrieb mit Temperaturänderungen für die Turbine verknüpft. Infolge der Änderung der Dampftemperatur am Turbineneintritt treten Wärmespannungen in den dickwandigen Komponenten der Turbine auf, die die zulässigen Gradienten für Laständerungen begrenzen. Ein weiterer Nachteil des Festdruckbetriebs ist die Abnahme des Wirkungsgrads bei Teillast. Denn nach Fig. 8.7 wird die von der Turbine genutzte Enthalpiedifferenz Δh_T infolge der isenthalpen Drosselung geringer.

Vorteil des Festdruckbetriebes ist die schnelle Leistungdynamik. Die Turbinenventile reagieren auf Stellbefehle, die vom Leistungsregler eines Blocks kommen, praktisch verzögerungsfrei. Bei einer Lastanforderung z.B. vergrößert sich der Dampfstrom zur Turbine sehr schnell. Wegen der Trägheit der Dampferzeugung im Kessel wid der für die Laststeigerung erforderliche Dampfstrom zunächst aus der Druck-Speicherfähigkeit des Kessels gedeckt, wobei der Druck im Kessel und damit auch vor der Turbine um ein Δp von bis zu 4% abfallen kann.

Da eine Drosselung stets Verluste mit sich bringt, wird meist der sogenannten Teilbeaufschlagung der Vorzug gegeben. Dafür muss die Turbine mit einer *Regelstufe* mit über den Umfang verteilten Düsengruppen ausgerüstet sein, vgl. Fig. 8.8. Bei Laständerungen werden einzelne Düsengruppen zu- oder abgeschaltet, wodurch die erste Turbinenstufe nur teilweise beaufschlagt wird. Für die Regelstufe kommt für die Turbine nur das Gleichdruckprinzip in

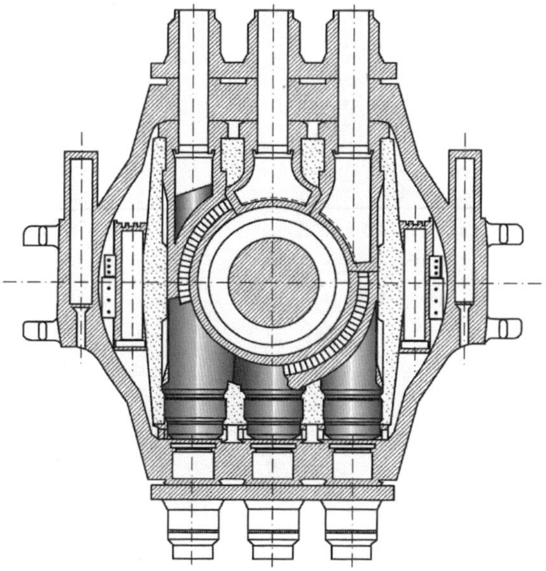

Abbildung 8.8. Frischdampfeinströmung in ein HD-Gehäuse mit sechs Düsensegmenten, die einzeln mittels eines Stellventils geschaltet werden können. (GEC Alstom Energie GmbH).

Frage. Andernfalls würde durch den Überdruck im Spalt hinter den Düsen der Dampf seitlich unkontrolliert abströmen und evtl. das Laufrad bremsen. Als erste Stufe wird bei Dampfturbinen deshalb meist ein einkränziges (Aktions- oder A-Rad) oder zweikränziges (Curtis- oder C-Rad) *Regelrad* verwendet. Um Platz für die einzeln zu schaltenden Düsengruppen zu schaffen, hat das Regelrad meist einen größeren Durchmesser als die nachfolgende Stufe, vgl. die Abbildungen 8.8 und 8.9.

8.4.2 Gleitdruckbetrieb

Die Leistung wird hier bei gleich bleibender Ventilstellung durch Änderung des Druckes im Kessel verändert, vgl. Gl. (8.29). Bei einer Laststeigerung ist dann allerdings erst der Kessel auf einen höheren Druck zu bringen, damit mehr Dampf zur Turbine strömt. Ein im reinen Gleitdruck arbeitender Block kann deshalb die Ansprüche des Netzes auf Laststeigerung nicht im selben Maße erfüllen wie ein im Festdruck arbeitender. Die bei einer Erhöhungen des Drucks notwendige Dampf-Einspeicherung in den Kessel verzögert die Laststeigerung.
Bei unterkritischem Druck gilt für die Verdampfungstemperatur: $\vartheta \approx p^{1/4}$. Damit ergeben sich bei Laständerungen im unterkritischen Druckbereich steile Temperaturgradienten in den Verdampferrohren und, bei Zwangdurchlauf-Systemen, den Wasserabscheidern, bzw. der Dampftrommel bei den Naturumläufern. Die damit verbundenen Wärmespannungen begrenzen im Gleitdruckbetrieb die zulässigen Lastgradienten.

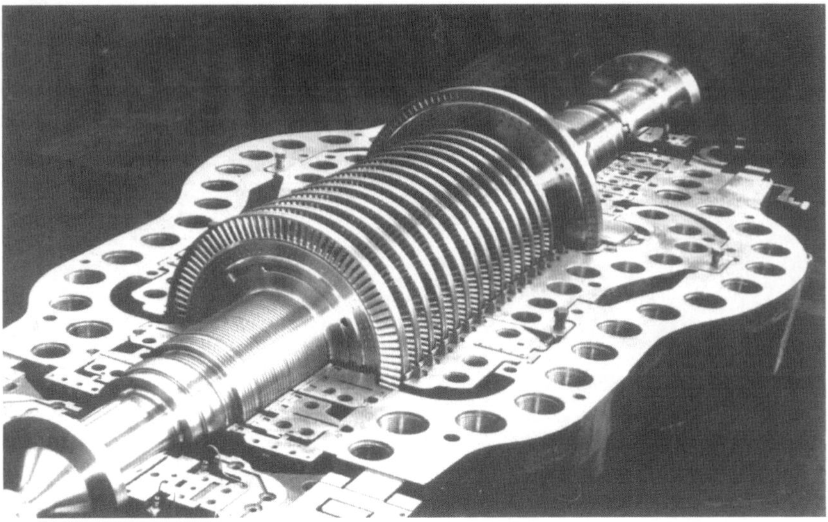

Abbildung 8.9. Gehäuseunterteil einer HD-Turbine mit Läufer (GEC Alstom Energie GmbH). Die erste Stufe (rechts im Bild) ist als Regelstufe ausgebildet.

Den genannten Nachteilen stehen Vorteile gegenüber, die i.allg. höher bewertet werden. Die wichtigsten sind:

- Infolge der Druckabsenkung bei Teillast ergibt sich ein geringerer Lebensdauerverbrauch für die hochbeanspruchten Bauteile
- Geringerer Leistungsbedarf der Speisepumpe
- Niedrigere Anlagenkosten durch den Wegfall der Regelstufe bei der Turbine und der Düsengruppen
- Ein gegenüber dem Festdruckbetrieb höherer Nettowirkungsgrad bei Teillast, vgl. Fig. 8.7

8.4.3 Modifizierter Gleitdruck

Zur Verbesserung der Regelfähigkeit muss ein Kompromiss zwischen Gleit- und Festdruckfahrweise geschlossen werden. Dieser Kompromiss sieht vor, dass die Turbineneinlassventile vorübergehend wie beim Festdruckbetrieb zur Leistungsänderung herangezogen werden, um dann, wenn der Druck sich auf den dem Gleitdruck entsprechenden neuen Wert eingestellt hat, in die ursprüngliche Stellung zurückzukehren. Um eine derartige Leistungsregelung vornehmen zu können, werden die Turbinenventile im stationären Betrieb um 5–10% angedrosselt. Bei einer Leistungsanforderung kann dann durch Nutzung der Speicherfähigkeit des Kessels der Dampfstrom zur Turbine fast genauso schnell wie bei der Festdruckfahrweise erhöht werden, vgl. Kap. 12.

8.5 Aufbau einer Dampfturbine

Nach dem Dampfzustand am Ein- und Austritt der Turbine unterscheidet man verschiedene Bauarten:

- *Heißdampfturbinen*, die bei fossil gefeuerten Kraftwerken eingesetzt werden
- *Sattdampfturbinen*, die bei Kernkraftwerken mit Druck- oder Siedewasserreaktoren verwendet werden
- *Kondensationsturbinen* für Kraftwerke, die allein zur Stromerzeugung eingesetzt werden und in denen der Kondensationsdruck so tief wie möglich abgesenkt wird
- *Gegendruckturbinen*, die für die Kraft-Wärme-Kopplung eingesetzt werden und bei denen der Austrittsdruck entsprechend der Nutzung des abgegebenen Dampfes gewählt wird
- *Entnahmekondensationsturbinen*, bei denen ein Teildampfstrom für thermische Zwecke entnommen wird

Bei den Kondensationsturbinen unterscheidet man Bauarten für Festdruck- und Gleitdruckbetrieb, die sich in der Regel konstruktiv im Hochdruckteil unterscheiden, der bei Gleitdruckturbinen ohne Regelrad und bei Festdruckturbinen in Verbindung mit einer Düsengruppenregelung mit Regelrad ausgeführt ist.

Bei der Expansion in der Turbine nimmt der Volumenstrom infolge der Druckabsenkung stetig zu. Andererseits sind aber wegen der begrenzten Materialfestigkeit der Schaufeln und der mit der Umfangsgeschwindigkeit der Schaufeln ansteigenden Strömungsverluste die Querschnitte der Endstufen auf ca. 15 m^2 beschränkt. Bei großen Leistungen ist es daher erforderlich, die Turbine in Hoch- sowie mehrere Mittel- und Niederdruckstufen zu unterteilen, wobei die letzteren jeweils parallel durchströmt werden. Eine Turbine, in welcher der Dampfstrom auf mehrere Aggregate aufteilt wird, bezeichnet man als *mehrflutig*.

Typische Anordnungen von Kondensationsturbinen für den Leistungsbereich zwischen 150 und 800 MW zur Verwirklichung der erforderlichen Austrittsfläche der Niederdruckstufe sind in Abb. 8.10 dargestellt. Ein Querschnitt durch eine Turbine mit einem vierflutigen Niederdruckteil ist in Abb. 8.11 gezeigt.

Dampfturbinen sind Bauteile, an denen schwierige mechanische Probleme aufteten. So liegen im Hochdruckteil gleichzeitig hohe Drücke und Temperaturen an, die die Verwendung von Sonderwerkstoffen notwendig machen. Die schnell laufenden Rotoren – sie sind die am höchsten beanspruchten Bauteile – zeigen ein verwickeltes dynamisches Verhalten. Zur Beherrschung aller kritischen Zustände sind umfangreiche experimentelle und theoretische Untersuchungen erforderlich. Dies gilt auch für die Schaufeln, die auf vielerlei Weise zu Schwingungen angeregt werden können.

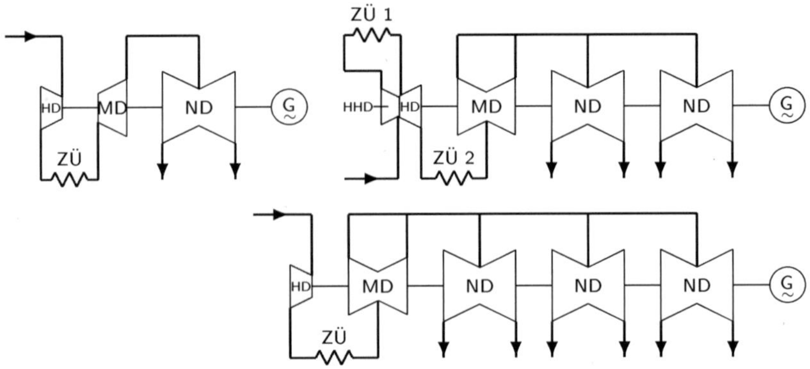

Abbildung 8.10. Bevorzugte Anordnung von HD-, MD- und ND-Turbinen bei Anlagen mit einfacher und doppelter Zwischenüberhitzung

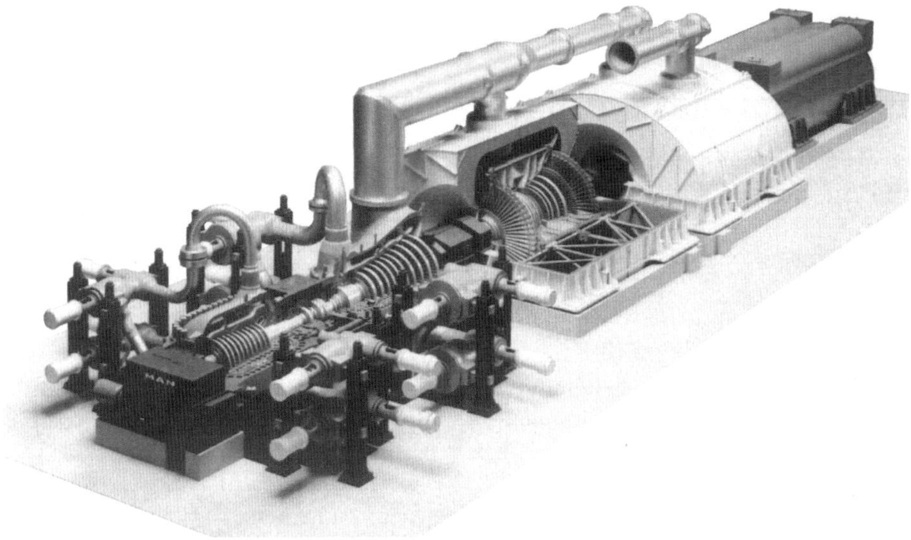

Abbildung 8.11. Querschnitt durch eine 600 MW-Turbine mit einflutigen Hoch- und Mitteldruckteilen und einem vierflutigen Niederdruckteil (GEC Alstom Energie GmbH).

Dampfturbinen wurden als Einwellenmaschinen bereits bis zu Leistungen von 1 300 MW ausgeführt. Nach heutiger Einschätzung liegt die Grenzleistung der Maschinen bei 4 000 MW. Diese wird im wesentlichen durch die mögliche Länge der Endschaufeln der Niederdruckstufe bestimmt (1 200 bis 1 300 mm bei einer Drehzahl von 50 s^{-1}).

Beispiel 8.3. a) Welche Dampfmenge kann die letzte Stufe einer Turbine durchströmen, wenn der Dampf im Zustand p = 0,07 bar, x = 0,9 und v'' =

20,53 m^3/kg vorliegt und die Drehzahl mit $n = 50\ s^{-1}$ vorgegeben ist? Aus konstruktiven Gründen soll das Verhältnis λ zwischen dem mittleren Raddurchmesser $\bar{d}$ und der Länge der Schaufeln l größer als 3,2 sein. Die zulässige Umfangsgeschwindigkeit u beträgt 350 m/s. Die Abströmgeschwindigkeit von der letzten Schaufelreihe ist mit $c_2 = 200$ m/s bei $\alpha_2 = 90°$ vorgegeben.

b) Welche Leistung P kann die Turbine abgeben, wenn der Niederdruckteil vierflutig ausgeführt wird, der Frischdampfzustand bei 200 bar, 540°C, $v'' = 0{,}0153\ m^3/kg$ liegt, das Enthalpiegefälle durch Anwendung der einfachen Zwischenüberhitzung mit 1 480 kJ/kg gegeben ist und der innere Wirkungsgrad 92% beträgt?

c) Welche Schaufellänge ergibt sich für die erste Stufe der Turbine, wenn die Umfangsgeschwindigkeit 160 m/s beträgt? Die Laufschaufeln seien voll beaufschlagt, die Geschwindigkeitskomponente in axialer Richtung c_n betrage 60 m/s.

Lösung. a) Für den mittleren Raddurchmesser gilt

$$\bar{d} = \frac{u}{\pi\, n} = 2{,}228\ \text{m}.$$

Die maximal zulässige Schaufellänge beträgt

$$l = \frac{\bar{d}}{\lambda} = 0{,}696\ \text{m}.$$

Daraus folgt für den Strömungsquerschnitt

$$A = \pi\, \bar{d}\, l = 4{,}874\ \text{m}^2$$

und für den Massenstrom

$$\dot{m} = \frac{c_n\, A}{x\, v''} = 52{,}7\ \text{kg/s} \approx 190\ \text{t/h}.$$

b) Bei einem vierflutigen Niederdruckteil ist der Massenstrom $4\,\dot{m} = 210{,}8$ kg/s $\approx$ 759 t/h. Für die Leistung gilt demnach

$$P = \eta_i\, 4\, \dot{m}\, \Delta h = 287\ \text{MW}.$$

c) Mit den Bezeichnungen von Teil a) ist

$$\bar{d} = \frac{u}{\pi\, n} = 1{,}019\ \text{m},$$

$$A = \frac{\dot{m}\, v''}{c_n} = 0{,}0537\ \text{m}^2,$$

$$l = \frac{A}{\pi\, \bar{d}} = 0{,}0168\ \text{m} \approx 17\ \text{mm}.$$

Um den Dampfstrom durchzusetzen, sind im Niederdruckteil vier parallel geschaltete Laufräder mit 2,9 m Außendurchmesser und 0,7 m langen Schaufeln erforderlich, im Hochdruckteil dagegen reicht ein Laufrad mit 1,0 m Durchmesser und 17 mm Schaufellänge aus.

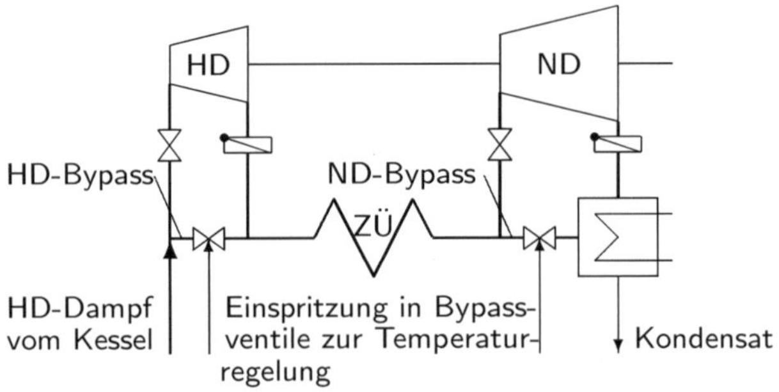

Abbildung 8.12. Anfahrsystem eines Kraftwerksblocks mit Zwangdurchlaufdampferzeuger und Umleitstationen

8.6 Sicherheitseinrichtungen, Umleitstation, Anfahren

Wird die Turbine plötzlich entlastet, nimmt die Drehzahl unverzögert zu und speichert so die durch den Dampf zugeführte Energie in Form von Rotationsenergie der Welle. Regelgröße bei Turbinen ist nun meist die Drehzahl, während der Dampfstrom die Stellgröße ist und die Belastung die Störgröße. Um Schäden durch zu hohe Drehzahlen zu vermeiden, sind vor dem Hochdruckteil und vor dem Mitteldruckteil der Turbine Schnellschlussventile angebracht. Diese schließen bei einem unzulässigen Drehzahlanstieg, der von der Regelung nicht verhindert werden kann, und unterbrechen so die Energiezufuhr zur Turbine. Um den weiteren Druckanstieg im Kessel zu begrenzen, werden Kraftwerksanlagen mit einem *HD-Bypass* und einem *ND-Bypass* ausgerüstet. Bei einem unzulässigen Druckanstieg öffnen die Umleitventile, in denen Druck und Temperatur des Dampfes reduziert werden. Der HD-Dampf strömt in den Zwischenüberhitzer ab, während der ND-Bypass in den Kondensator mündet. Das Schema eines Blocks mit HD- und ND-Bypass ist in Abb. 8.12 dargestellt.

Durch diese Schaltung ist sichergestellt, dass der Zwischenüberhitzer auch im Umleitbetrieb gekühlt ist. Bei Störungen im Bereich des Generators oder der Turbine ermöglicht die Umleitstation einen kurzzeitigen Betrieb des Dampferzeugers bei geschlossenen Turbinenventilen. Ferner wird durch die Umleitstation der *Lastabwurf* des Blockes ermöglicht. Unter Lastabwurf versteht man die momentane Reduzierung der Turbinenleistung auf Eigenbedarf. Die HD-Umleitventile nehmen meist auch die Funktion des HD-Sicherheitsventils wahr, so dass dieses entfallen kann.

Nach den Technischen Regeln für Dampferzeuger [5] ist jeder Kessel mit mindestens einem Sicherheitsventil auszurüsten. Dieses muss so beschaffen sein, dass es bei höchster Feuerleistung und abgestellter Dampfentnahme soviel Dampf abgibt, dass der Kesseldruck den höchstzulässigen Betriebsdruck um nicht mehr als 10% übersteigt. Bei Anlagen, die mit einer HD- und ZÜ-Umleitstation für jeweils 100% Kessellast ausgerüstet sind, ist dies das ZÜ-Sicherheitsventil. Grundsätzliche Aufgabe des ZÜ-Sicherheitsventils ist es, Drucküberschreitungen im Zwischenüberhitzer unter allen Umständen zu vermeiden. Bei Betätigung der ZÜ-Umleitstation muss der Kondensator verfügbar sein.

Durch den zunehmenden Einsatz auch großer Dampfkraftwerke für den Mittel- und Spitzenlastbetrieb kommt dem Anfahren der Anlagen große Bedeutung zu. Dabei sind die Umleitstationen insofern von Vorteil, als mit deren Hilfe die ZÜ-Heizflächen mit dem entspannten Dampf aus dem HD-Teil gekühlt werden können. Damit ist ein größerer Spielraum für die Steigerung der Feuerleistung gegeben. Ferner können auch die Gradienten bzgl. der zulässigen Aufheizgeschwindigkeit der dickwandigen Turbinenbauteile genauer eingehalten bzw. besser genutzt werden.

In Abb. 8.13 ist beispielhaft das Anfahrdiagramm eines steinkohlegefeuerten 740 MW-Blocks dargestellt. Hauptstellgrößen beim Anfahren sind die Feuerungsleistung und die HD-Umleitventile. Bei einem Kaltstart ist der Dampferzeuger praktisch drucklos. Der Speisewasserstrom wird auf ca. 5% eingestellt. Zur Sicherstellung einer vollständigen Füllung des Economizers und des Verdampfers wird der Speisewasserstrom kurzzeitig um ca. 10% erhöht. Die HD-Umleitventile werden geöffnet, die ND-Umleitventile bleiben zunächst geschlossen. Danach werden die Schwachlastbrenner, meist Öl- oder Gasbrenner, gezündet. Die Feuerleistung wird nach Maßgabe der zulässigen Materialtemperatur der unmittelbar über der Brennkammer liegenden Überhitzerheizfläche gesteigert. Nach Erreichen eines ZÜ-Drucks von ca. 2 bar werden die ND-Umleitventile geöffnet. Bei einer Feuerleistung von etwa 15% wird die weitere Leistungssteigerung durch Zuschalten der ersten Kohlemühle vorgenommen.

Sobald der HD- und ZÜ-Dampf etwa 50°C überhitzt sind und die Dampftemperaturen bei ca. 350°C liegen, wird die Turbine angestoßen und die Umleitventile werden geschlossen. Die weitere Steigerung der Frischdampftemperatur erfolgt nach der Vorgabe der zulässigen Temperaturtransienten der dickwandigen Bauteile. Begrenzend sind die HD-Austrittssammler, die HD-Rohrleitung und die Turbine. Vollast wird nach ca. 4 bis 5 Stunden erreicht.

8.7 Fazit

Die Dampfturbine ist die leistungsstärkste und anpassungsfähigste Wärmekraftmaschine in der Energiewirtschaft. Sie zeichnet sich durch einen hohen Wirkungsgrad und eine große Zuverlässigkeit aus.

Die Entwicklung der thermischen Turbomaschinen und auch der zugehörigen Generatoren ist heute soweit fortgeschritten, dass diese weder leistungsbegrenzend sind, noch dass der innere Wirkungsgrad wesentlich verbessert werden kann. Bei großen Maschinen werden heute Wirkungsgrade von bis zu 94% erreicht. Eine Anhebung um einen Prozentpunkt wäre möglich, ist aber mit hohem technischen und finanziellen Aufwand verbunden.

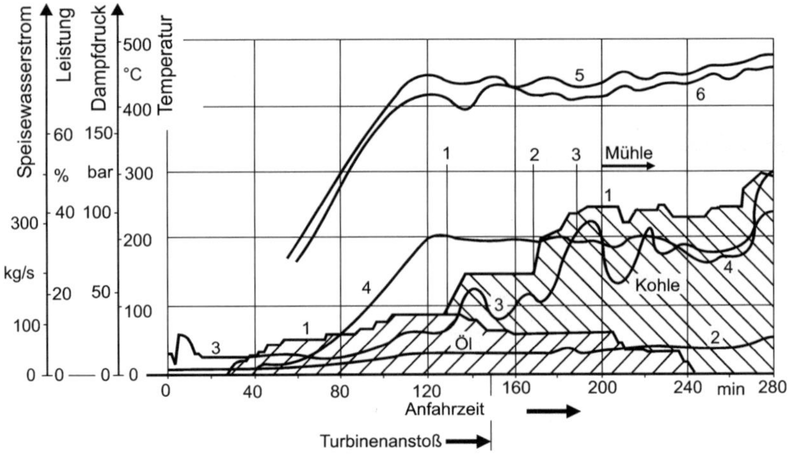

1 Feuerleistung
2 ZÜ-Druck
3 Speisewasserstrom
4 HD-Druck
5 HD-Temperatur
6 ZÜ-Temperatur

Abbildung 8.13. Kaltstart eines 740 MW-Blocks

Ein Entwicklungsbedarf besteht noch bzgl. grundlegender Fragen des Werkstoffverhaltens, das im engen Zusammenhang mit der Festigkeit der hochtemperierten Bauteile steht. Das Langzeitverhalten der Bauteile wird dabei in der Hauptsache durch Kriechen und Relaxation bestimmt. Obwohl zur Erfassung der damit zusammenhängenden Vorgänge bereits Ansätze bei verschiedenen Werkstoffgruppen gemacht wurden, sind noch genauere Untersuchungen erforderlich. Ein größerer Anteil der Schäden und Betriebsstörungen bei bestehenden Turbinen ist auf Schwingungsprobleme der Welle und der Schaufeln zurückzuführen. Es handelt sich dabei um komplexe mechanische Systeme, die unter der Randbedingung der vom Werkstoff ertragbaren Beanspruchung zu optimieren sind. Auch zur Lösung dieser Aufgabe stehen noch keine allgemeingültigen Methoden zur Verfügung.

Literatur

1. Beitz, W., Grote, K.-H. (Hrsg.): Dubbel – Taschenbuch für den Maschinenbau, 19. Auflage. Springer, Berlin Heidelberg New York 1997
2. Kestin, J.: Ein Beitrag zu Stodolas Kegelgesetz. Wärme- und Stoffübertragung **16**, 53-55 (1982)
3. Traupel, W.: Thermische Turbomaschinen (2 Bände). Springer, Berlin Heidelberg New York 1977
4. Stodola, A.: Dampf- und Gasturbinen, 6. Auflage. Springer, Berlin Heidelberg 1926
5. Technische Regeln für Dampfkessel. Carl Heymanns, Köln 1979

9

Kühlsystem

Zur Schließung des Kreisprozesses ist der aus der Turbine kommende Dampf niederzuschlagen und dem Dampferzeuger wiederum als Speisewasser zuzuführen. Diese Aufgabe wird vom Untersystem Kondensator erfüllt. Die Kondensation stellt physikalisch die Umkehrung des Verdampfungsprozesses dar. Der Dampf wird dabei durch Wärmeaustausch so weit abgekühlt, dass er sich verflüssigt. Dies ist ein Vorgang, der mit einer großen Änderung des spezifischen Volumens verbunden ist. Von der Funktionsweise her unterscheidet man zwischen *Misch-* oder *Einspritz-* und *Oberflächenkondensatoren.*

Um der Turbine ein großes Druckgefälle zur Verfügung zu stellen, ist die Kondensation bei einer möglichst niedrigen Temperatur durchzuführen. Wegen der großen Wärmemengen, die hierbei abzuführen sind, kommt als Wärmesenke allein die Umgebung in Betracht: Die Atmosphäre, Oberflächengewässer oder Seewasser.[1] Bei Wasser als Arbeitsmittel und Wärmeabfuhr an die Umgebung liegt dabei im Kondensator ein Vakuum an.

Meistens wird die Kondensationswärme an einen Kühlwasserstrom abgeführt. Stünde ein unendlich großer Mengenstrom zur Verfügung, so wäre der erreichbare Kondensatordruck gleich dem Sättigungsdruck des Arbeitsmittels bei Kühlwassertemperatur.

Bei einem vorgegebenem Mengenstrom $\dot{m}_W$ des Kühlwassers und $\dot{m}_D$ des zu kondensierenden Dampfes ergibt sich die Bilanz

$$\dot{m}_W \, c_{p_W} \left(\vartheta_2 - \vartheta_1\right) = \dot{m}_D \left(h_D - h_K\right) . \tag{9.1}$$

Hier ist:

- ϑ_1 Zulauftemperatur des Kühlwassers
- ϑ_2 Ablauftemperatur des Kühlwassers
- c_{p_W} spezifische Wärmekapazität des Kühlwassers
- h_D Enthalpie des Dampfes nach der Turbine
- h_K Enthalpie des Kondensats

Von diesen Größen sind $\dot{m}_D$, h_D und ϑ_1 durch Randbedingungen vorgegeben. Im Grenzfall könnte das Kondensat entweder bis auf $\vartheta_K = \vartheta_1$ abgekühlt

[1] Wenn gleichzeitig ein Bedarf an elektrischer Energie und Wärme besteht, kann die Kraft-Wärme-Kopplung angewendet werden, vgl. Abschn. 3.2.6.

(idealer Oberflächenkondensator) oder das Kühlwasser bis auf die Dampftemperatur ϑ_D erwärmt werden (Mischkondensator).

Neben der Kondensation des Turbinenabdampfes hat der Kondensator bei modernen Kraftwerken noch eine weitere Aufgabe zu erfüllen: Er muss bei bestimmten Betriebsfällen des Kraftwerkes in der Lage sein, den gesamten Dampf aus der Kesselanlage zu kondensieren, der ihm ggf. über die Umleitstation zugeführt wird. Dies kann z.B. beim An- und Abfahren eines Blockes oder bei einem Störfall in der Turbogruppe der Fall sein. Durch diese Maßnahme werden Kondensatverluste und auch ein Ansprechen der Sicherheitsventile vermieden. Wird der Umleitdampfstrom nicht begrenzt, kann dieser z.B. bei einer Vollastabschaltung um die zur Kühlung erforderliche Einspritzwassermenge größer sein als der Vollastdampfstrom. Dies bedeutet auch, dass dann der Kondensator die gesamte im Kessel freigesetzte Wärmeleistung abzuführen hat.

Durch nicht vermeidbare Undichtigkeiten im Wasser/Dampfkreislauf gelangen auch nicht kondensierbare Bestandteile in den Kondensator, die mit besonderen Pumpen laufend entfernt werden müssen.

Damit können die Aufgaben, die ein Kondensator in einem Dampfkraftwerk zu erfüllen hat, wie folgt beschrieben werden:

- Kondensation des Abdampfes aus der Turbine und Wiedergewinnung des Kondensats
- Erzeugung eines hohen Vakuums (Dadurch kann der Dampf in der Turbine auf tiefere Drücke als den Umgebungsdruck expandiert werden, woraus sich eine Verbesserung des Prozesswirkungsgrades ergibt, vgl. Abschn. 3.2.5)
- Aufnahme des Dampfes aus der Umleitstation
- Entgasung des Kondensats
- Lieferung des Kondensats bei Sättigungstemperatur, wobei aus Gründen eines hohen Wirkungsgrades eine Unterkühlung des Kondensats zu vermeiden ist

9.1 Systemaufbau einer Kondensatoranlage

Der Begriff Kondensatoranlage schließt alle Komponenten ein, die zur Erfüllung der vorstehend genannten Aufgaben erforderlich sind.

Wegen des großen Abdampfvolumenstroms werden Kondensatoren in der Regel unmittelbar an den Abdampfstutzen der Turbine angeschlossen und meist direkt unterhalb der Turbine angeordnet, vgl. Abb. 9.1. Das Kondensat wird mit Pumpen abgesaugt und zum Speisewasserbehälter gefördert. Eventuelle Lufteinschlüsse werden kontinuierlich aus dem Kondensator entfernt, da sich sonst das Vakuum und damit auch der Prozesswirkungsgrad verschlechtern würde.

Die Konstruktion des Kondensators hat der Schrumpfung des spezifischen Volumens von etwa 30 m^3/kg am Kondensatoreintritt auf ca. $1 \cdot 10^{-3}$ m^3/kg bei der Kondensatbildung Rechnung zu tragen.

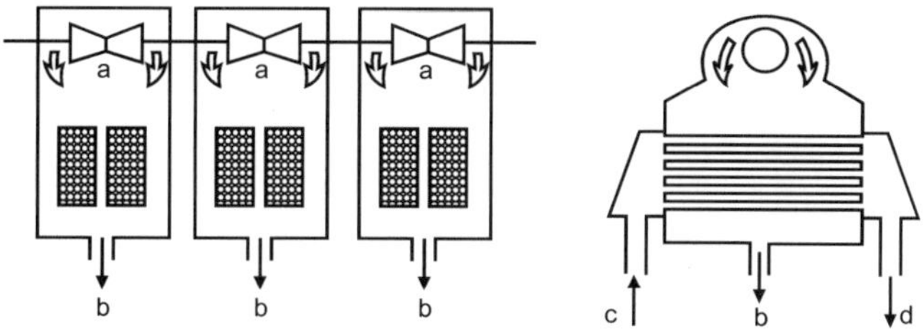

a Abdampf aus der ND-Turbine
b Kondensatabfluss
c Kühlwasserzufuhr
d Kühlwasserabfuhr

Abbildung 9.1. Schema einer Kondensatoranlage

9.2 Kondensatorbauarten

9.2.1 Mischkondensatoren

Das Kühlen und Niederschlagen des Dampfes wird durch Einspritzen fein verteilten Kühlwassers von Speisewasserqualität erreicht. Weil der Wärmeaustausch durch direkten Kontakt zwischen beiden Phasen erfolgt, ist die Effizienz dieses Typs fast ausschl. von der erzeugbaren Phasengrenzfläche abhängig. Bei Druckzerstäubung des Kühlwassers wurden bei Tröpfchengrößen von 0,6 mm und Geschwindigkeiten von 15 m/s bei einer Wärmestromdichte von 230 kW/m^2 Wärmedurchgangskoeffizienten (k-Werte) von 100 kW/m^{2}K gemessen, vgl. (9.10) und [1]. Der Kondensationsvorgang läuft dabei annähernd isobar-isotherm ab. Fig. 9.2 zeigt das Schema eines Mischkondensators.

Der erforderliche Einspritzmassenstrom kann mit einer einfachen Systembilanz abgeschätzt werden. Mit den Bezeichnungen aus Fig. 9.2 gilt für die Massenströme:

$$\dot{m}_2 = \dot{m}_1 \tag{9.2}$$

und

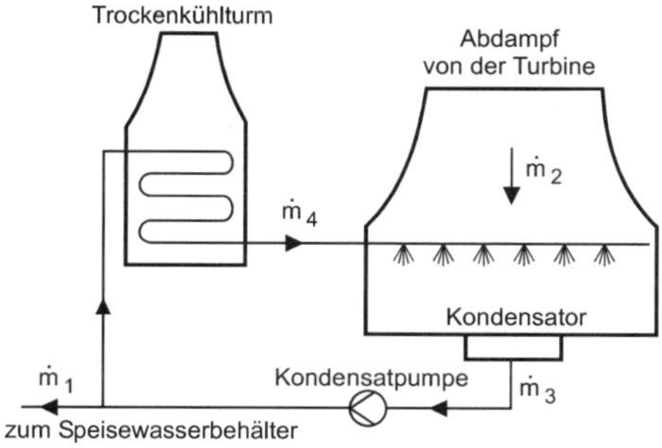

Abbildung 9.2. Schema eines Mischkondensators mit Trockenkühlturm.

$$\dot{m}_3 = \dot{m}_2 + \dot{m}_4 \tag{9.3}$$

Entsprechend gilt für die Energieströme:

$$\dot{m}_2 h_2 + \dot{m}_4 h_4 = \dot{m}_3 h_3 \tag{9.4}$$

Hieraus folgt für das Verhältnis von Einspritz- zu Dampfstrom:

$$\frac{\dot{m}_4}{\dot{m}_2} = \frac{h_2 - h_3}{h_3 - h_4}, \tag{9.5}$$

wobei $h_2 - h_3$ die Kondensationswärme des Dampfes ist. Deshalb ist $h_2 - h_3 \gg h_3 - h_4$ und nach (9.5) auch $\dot{m}_4 \gg \dot{m}_2$, vgl. Beispiel 9.1. Wegen der großen erzeugten Phasengrenzfläche sind Mischkondensatoren etwa zwei Drittel kleiner als Oberflächenkondensatoren gleicher Leistung. Allerdings ist der Aufwand für die Kondensatrückkühlung erheblich.

Mischkondensatoren werden heute bei Kraftwerksanlagen nur zusammen mit Trockenkühltürmen verwendet. Das in Abb. 9.2 schematisch dargestellte Verfahren, bei dem der Abdampf mit seinem eigenen Kondensat niedergeschlagen wird, wurde 1952 von L. Heller vorgeschlagen, von der Firma Transelektro (Budapest) zur Einsatzreife entwickelt und bei verschiedenen Kraftwerken mit Leistungen bis 300 MW eingesetzt. Dieses Verfahren der indirekten Trockenkühlung wurde damals entwickelt, weil man das komplexe Rohrleitungssystem für eine direkte Trockenkühlung bei Großanlagen für nicht ausführbar hielt.

Beispiel 9.1. Man berechne das Verhältnis von Einspritz- zu Dampfstrom für eine Kondensationstemperatur von 40°C, wenn das Einspritzwasser im Kühlturm auf 26°C rückgekühlt wird und der Nässegehalt des Dampfes 10% beträgt. Wie groß ist die Umwälzmenge einer 300 MW-Anlage mit einem Abdampfstrom von 250 kg/s? Man verwende das h,s-Diagramm im Anhang A.1 und $c_p = 4{,}2$ kJ/kgK für die flüssige Phase.

Lösung. Dem h,s-Diagramm entnimmt man die Enthalpie des kondensierenden Dampfes $h_2 = 2\,330$ kJ/kg. Für die Enthalpien der flüssigen Phase gilt

$$h = c_p \vartheta\,;$$

es folgt $h_3 = 168{,}0$ kJ/kg und $h_4 = 109{,}2$ kJ/kg. (9.5) liefert das Verhältnis von Einspritz- zu Dampfstrom

$$\frac{\dot{m}_4}{\dot{m}_2} = \frac{h_2 - h_3}{h_3 - h_4} = 36{,}77.$$

Bei der 300 MW-Anlage ergibt sich eine Umwälzmenge

$$\dot{m}_4 = \dot{m}_2 \frac{h_2 - h_3}{h_3 - h_4} = 9\,192 \text{ kg/s} \approx 33\,000 \text{ m}^3/\text{h}.$$

Zur Umwälzung dieses Mengenstroms ist eine Pumpleistung von ca. 3,5 MW erforderlich.

9.2.2 Oberflächenkondensatoren

Bei diesem Typ sind Dampf und Kühlmittel durch eine meist aus Rohren bestehende Kühlfläche getrennt. Je nach der Art des Kühlmittels unterscheidet man dabei wasser- und luftgekühlte Anlagen.

Wird die Kondensationsanlage direkt mit Kühlwasser aus einem Oberflächengewässer versorgt, spricht man von einer *Frischwasserkühlung*. Ist hingegen das Kühlwasser z.B. infolge Wassermangels durch Rückkühlanlagen wie Kühltürme zu führen, wird von einem *Rückkühlbetrieb* gesprochen.

Bereits die Abschätzung des Einspritzmengenstroms für den Mischkondensator hat gezeigt, dass Kraftwerke große Kühlwassermengen benötigen. In grober Näherung ist bei Oberflächenkondensatoren der erforderliche Mengenstrom des Kühlwassers 300 mal größer als der Kohlestrom. Entsprechend wird bei einer 750 MW-Anlage ein Kühlwasserstrom von 60 000 m^3/h benötigt. Bei der Rückkühlung mit einem Nasskühlturm gehen etwa 3% dieser Menge durch Verdunstung in die Luftströmung oder Abschlämmung verloren. Der Preis bzw. die Verfügbarkeit des zu ersetzenden Wassers ist dann das Kriterium dafür, ob eine Nasskühlung oder eine Trockenkühlung zum Einsatz kommt. Bei der Trockenkühlung mittels luftgekühlter Oberflächenkondensatoren wird die Kondensationswärme direkt an die Atmosphäre abgeführt.

9.2.2.1 Wärmeaustauschverhältnisse

In einem idealen Kondensator ist der Druck an jedem Ort des Dampfraumes gleich groß und es liegt überall dieselbe Sättigungstemperatur vor. Für den stationären Zustand an einem Element der Austauschfläche ergibt sich die Bilanz

$$\dot{m}\, c_{p_\mathrm{W}}\, \mathrm{d}\vartheta = k\,\left(\vartheta_\mathrm{K} - \vartheta\right)\,\pi\, d\, \mathrm{d}x\ . \tag{9.6}$$

Es bezeichnen:

- ϑ Kühlwassertemperatur
- ϑ_K Kondensattemperatur
- c_{p_W} spezifische Wärmekapazität des Kühlwassers
- $\dot{m}$ Kühlwasserstrom
- d Rohrdurchmesser
- k Wärmedurchgangskoeffizient

Durch Integration zwischen dem Kühlwassereintritt ($x = 0, \vartheta = \vartheta_\mathrm{E}$) und dem Kühlwasseraustritt ($x = L, \vartheta = \vartheta_\mathrm{A}$) folgt für die Wärmeaustauscherfläche A bei n parallelen Rohren der Länge l:

$$A = n\,\pi\, d\, l = \frac{\dot{m}\, c_p}{k} \int\limits_{\vartheta_\mathrm{E}}^{\vartheta_\mathrm{A}} \frac{\mathrm{d}\vartheta}{\vartheta_\mathrm{K} - \vartheta} = \frac{\dot{m}\, c_p}{k} \ln\left(\frac{\vartheta_\mathrm{K} - \vartheta_\mathrm{E}}{\vartheta_\mathrm{K} - \vartheta_\mathrm{A}}\right) . \tag{9.7}$$

Diese Beziehung kann durch Einführung der *mittleren logarithmischen Temperaturdifferenz*

$$\varDelta\vartheta_{\mathrm{ln}} = \frac{\vartheta_{\mathrm{A}} - \vartheta_{\mathrm{E}}}{\ln \dfrac{\vartheta_{\mathrm{K}} - \vartheta_{\mathrm{E}}}{\vartheta_{\mathrm{K}} - \vartheta_{\mathrm{A}}}} \tag{9.8}$$

zu

$$A = \frac{\dot{m}\, c_p \left(\vartheta_{\mathrm{A}} - \vartheta_{\mathrm{E}}\right)}{k\, \varDelta\vartheta_{\mathrm{ln}}} = \frac{\dot{Q}}{k\, \varDelta\vartheta_{\mathrm{ln}}} \tag{9.9}$$

umgeformt werden. Hier ist $\dot{Q}$ der im Kondensator abzuführende Wärmestrom. Der auf die äußere Rohrfläche bezogene Wärmedurchgangskoeffizient k lässt sich mit den bekannten Gleichungen für die Reihenschaltung von Widerständen ermitteln. Da die Wandstärke δ der Kondensatorrohre klein gegen den Durchmesser ist, kann ohne einen nennenswerten Fehler auf die einfachere Beziehung für ebene Wände

$$\frac{1}{k} = \frac{1}{\alpha_{\mathrm{W}}} + \frac{\delta}{\lambda} + \frac{1}{\alpha_{\mathrm{D}}} \tag{9.10}$$

zurückgegriffen werden. Hierbei sind:

α_{W} Wärmeübergangszahl auf der Wasserseite
α_{D} Wärmeübergangszahl auf der Dampfseite
δ Wanddicke
λ Wärmeleitfähigkeit des Rohrmaterials

Für α_{W} kann (7.13) herangezogen werden. Bei den üblichen Wassergeschwindigkeiten von 2 m/s liegt α_{W} bei 6 000 W/m^{2}K. α_{D} ist einer Berechnung schwerer zugänglich, denn es bestehen grundsätzlich zwei Möglichkeiten der Kondensation:

- Filmkondensation unter Bildung einer Wasserhaut mit $\alpha_{\mathrm{D}} = 12\,000$–16 000 W/m^{2}K
- Tropfenkondensation mit $\alpha_{\mathrm{D}} = 36\,000$–50 000 W/m^{2}K

Erfahrungsgemäß werden bei Kondensatoren von Dampfturbinen aber nur die niedrigeren Werte der Filmkondensation erreicht. Bei fast allen Herstellern ist $\delta < 1$ mm, und der Term δ/λ ist für alle üblichen Werkstoffe klein gegen die beiden anderen.

Eine exakte Vorausberechnung ist mit den hergeleiteten Gleichungen allerdings nicht möglich, da die Vorgänge wesentlich komplexer sind als hier beschrieben wurde. So verändert z.B. der sich auf der Rohroberfläche bildende Kondensatfilm seinerseits den k-Wert, ferner ist die Sattdampftemperatur wegen des Druckunterschiedes im System aufgrund von Strömungswiderständen nicht über die gesamte Kühlfläche konstant.

Wie bei allen Wärmeaustauschern sind zudem noch Veränderungen des k-Wertes infolge von Belagbildungen (Verschmutzungen) zu berücksichtigen.

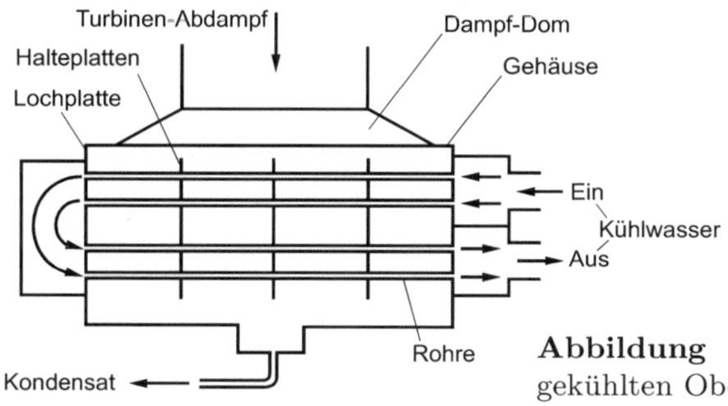

Abbildung 9.3. Schema eines wassergekühlten Oberflächenkondensators

Dazu wird α_W mit einem Abwertungsfaktor $f < 1$ multipliziert, üblich ist $f \approx 0{,}7$. Bei Wasserdampfkondensation kann bei einer Kühlwassergeschwindigkeit von 1,5–2,5 m/s mit k-Werten von 2 500–3 500 W/m^{2}K gerechnet werden.

Im Gegensatz zu den wassergekühlten Kondensatoren wird bei den luftgekühlten der Dampf im Rohr und die Luft um das Rohr geführt. Dies ist bei der Anwendung der Gleichungen (9.8)–(9.10) entsprechend zu berücksichtigen.

9.2.2.2 Wassergekühlte Oberflächenkondensatoren

Die Kondensation findet in der Regel an horizontal angeordneten Rohren statt, die in ein vakuumdichtes Gehäuse eingebaut sind. Mit der niedergeschlagenen Dampfmenge nimmt der Volumenstrom beim Durchströmen des Kondensators monoton ab, dementsprechend wird der Durchflussquerschnitt in Strömungsrichtung verkleinert. Um den Druckverlust klein zu halten und um den Zugang des Dampfes zu den inneren Rohren der einzelnen Bündel zu verbessern, werden zwischen den Bündeln üblicherweise keilförmige Gassen vorgesehen. In Abb. 9.3 ist ein typisches Ausführungsbeispiel gezeigt.

Es besteht die Gefahr, dass sich in den Teilbündeln partielle Druckminima bilden, in denen sich Inertgas sammelt und den Wärmeübergang behindert. Deshalb wird meist in den Zentren der Teilbündel ein konstanter Gasstrom durch Rohre abgesaugt, die die Länge des Bündels besitzen und viele Saugöffnungen aufweisen.

Beispiel 9.2. Für ein Kraftwerk mit einer Leistung von 300 MW$_{\mathrm{el}}$ ist die Kondensatorkühlfläche auszulegen. Der thermische Wirkungsgrad der Anlage betrage 38%, der Kondensatordruck sei 0,07 bar und die Kondensationstemperatur 39°C. Die Kühlwassereintrittstemperatur liegt bei 24°C und die Austrittstemperatur bei 34°C. Die Wärmeübergangszahl ist mit 2 000 W/m^{2}K anzunehmen. Der Kondensator ist für die volle Wärmeleistung des Kessels auszulegen.

Lösung. Für den im Kondensator abzuführenden Wärmestrom folgt

$$\dot{Q} = \frac{P_{\mathrm{el}}}{\eta_{\mathrm{th}}} = 790 \text{ MW}.$$

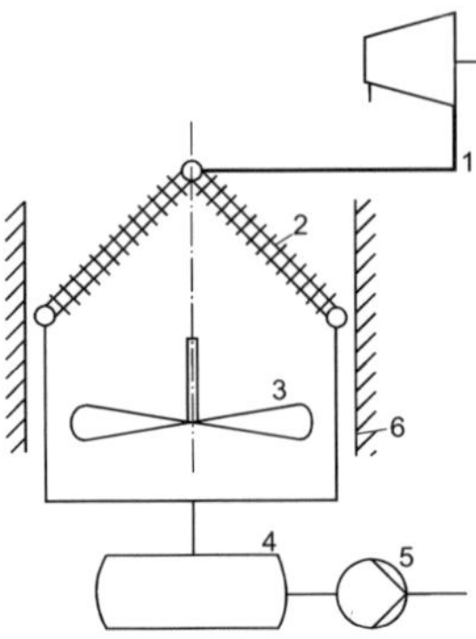

1 Abdampf aus Turbine
2 Rippenrohre
3 Ventilator
4 Sammelbehälter
5 Kondensatpumpe
6 Luftführung

Abbildung 9.4. Schema eines luftgekühlten Kondensators

Für die mittlere logarithmische Temperaturdifferenz ergibt sich nach (9.8) $\Delta\vartheta_{\ln} =$ 9,13 K, und die Kondensatorfläche beträgt nach (9.9) $4{,}33 \cdot 10^4\ \mathrm{m}^2$. Bei einem Rohr mit 20 mm Außendurchmesser ergibt dies eine Rohrlänge von $6{,}89 \cdot 10^5$ m. Bei einer gewählten Rohrlänge von 12 m ergibt dies ein Bündel von ca. 60 000 Rohren.

9.2.2.3 Luftgekühlte Kondensatoren

Hier wird die Kondensationswärme direkt an die umgebende Atmosphäre abgegeben. Der Kondensator besteht dabei aus außen berippten Rohren, die über einen von Ventilatoren geförderten Luftstrom gekühlt werden. Der Abdampf strömt mit einer Geschwindigkeit von ca. 100 m/s in das Innere der meist dachförmig angeordneten Rippenbündel.

Die Investitionskosten sind höher als bei Oberflächenkondensatoren; wird aber bei den Oberflächenkondensatoren noch der Aufwand für die Rückkühlung des Kühlwassers berücksichtigt, sind die Investitionskosten etwa gleich groß. Die direkte Luftkondensation wird dort eingesetzt, wo wegen Wassermangels oder wegen hoher Wasserkosten eine Verdunstungskühlung nicht möglich ist. Es wurden Anlagen mit Leistungen bis zu 670 MW ausgeführt [2]. Das Schema eines Luftkondensators ist in Abb. 9.4 dargestellt.

9.3 Rückkühlanlagen

9.3.1 Ablaufkühlung

Im Kondensator wird die Abwärme des Kraftwerkprozesses an das Kühlwasser übertragen. Wo es möglich war, wurde zunächst Oberflächenwasser als Kühlwasser verwendet. Durch die in der Vergangenheit häufige Anwendung dieser *Frischwasserkühlung* bei Kraftwerken und Industrieanlagen haben sich die Temperaturen vieler Flüsse soweit erhöht, dass es im Zusammenhang mit der durch den Wärmeeintrag verursachten Verminderung des Sauerstoffgehaltes zu ernsthaften Problemen für das Leben im Wasser kam. Zur Vermeidung

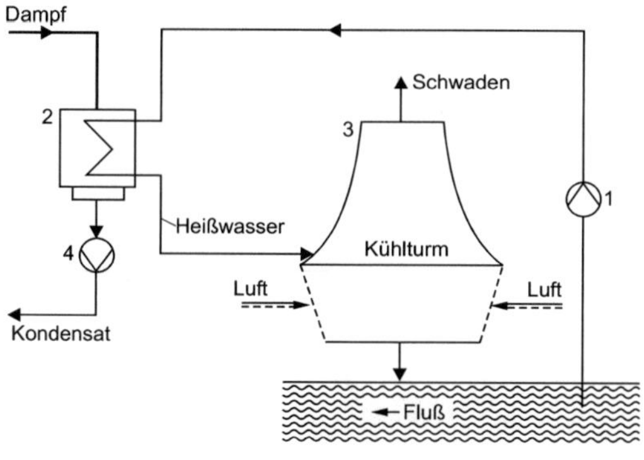

Abbildung 9.5. Schema einer Ablaufkühlung mit Nasskühlturm

der Gewässeraufwärmung wurde zunächst die *Ablaufkühlung* eingeführt. Dabei wird das aus dem Kondensator kommende Kühlwasser in einem *Kühlturm* rückgekühlt, bevor es wieder dem Fluss zugeführt wird.

9.3.1.1 Nasskühltürme

Der Nasskühlturm ist heute die Standardlösung für Wärmekraftwerke, sofern das benötigte Zusatzwasser in ausreichendem Maße kostengünstig zur Verfügung steht. Der prinzipielle Aufbau einer Anlage mit einem Nasskühlturm ist in Abb. 9.5 dargestellt.

Im Nasskühlturm wird Kühlwasserwärme durch konvektive Kühlung und Verdunstungskühlung an die nach oben strömende Luft aus der Umgebung abgegeben. Zur Vergrößerung der Austauschfläche wird das Wasser über Verteilerrinnen auf diverse Kühleinbauten verteilt bzw. versprüht. Das Kühlwasser wird anschließend dem Fluss nur wenig erwärmt wieder zugeführt.

Durch die Erwärmung der Luft kommt es infolge des Auftriebs im Kühlturm zu einer Konvektionsströmung (*Naturzugkühlturm*), die allerdings durch die Zunahme der Feuchtigkeit vermindert wird. Da die Kühlleistung geschwindigkeitsabhängig ist, wird der Luftstrom vielfach durch Ventilatoren verstärkt. Kühltürme zählen zu den größten Bauwerken. Der Naturzug-Nasskühlturm eines Kraftwerkes mit einer Leistung von 800 MW hat etwa 110 m Durchmesser und eine Höhe von 140 m.

Im folgenden wollen wir den erforderlichen Luftstrom $\dot{m}_L$ durch einen Nasskühl-

Tabelle 9.1. Stoffwerte für feuchte Luft

Bezeichnung	Formelzeichen	Zahlenwert
spez. Wärmekapazität der Luft	c_{pL}	1,004 $kJ(kgK)^{-1}$
spez. Wärmekapazität des Dampfes	c_{pD}	1,86 $kJ(kgK)^{-1}$
spez. Wärmekapazität des Wassers	c_{pW}	4,19 $kJ(kgK)^{-1}$
Verdampfungsenthalpie des Wassers	r	2500 $kJ(kg)^{-1}$

turm und den sich einstellenden Wasserverlust $\Delta\dot{m}_W$ abschätzen. Aus einer Massenbilanz um den Kühlturm folgt:

$$\Delta\dot{m}_W = \dot{m}_L\left(x_2 - x_1\right) = \dot{m}_L \Delta x \tag{9.11}$$

Hier stehen x_1 bzw. x_2 für den Wassergehalt pro kg trockene Luft am Ein- bzw. Austritt des Kühlturms. Eine weitere Aussage ergibt sich aus der Energiebilanz:

$$\dot{Q} = \dot{m}_L(h_{L2} - h_{L1})$$

$\dot{Q}$ ist der im Kühlturm abzuführende Wärmestrom, der aus dem Kühlwasserstrom $\dot{m}_{KW}$ und dessen geforderter Abkühlspanne $\Delta\vartheta_{KW}$ bestimmt werden kann:

$$\dot{Q} = \dot{m}_{KW} c_{pW} \Delta\vartheta_{KW} \tag{9.12}$$

Die Differenz der Enthalpie der ungesättigten feuchten Luft zwischen dem Eintritt in und dem Austritt aus dem Kühlturm, $(h_{L2} - h_{L1})$, kann durch

$$(h_{L2} - h_{L1}) = (c_{pL}\vartheta_{L2} + rx_2 + x_2 c_{pD}\vartheta_{L2}) - (c_{pL}\vartheta_{L1} + rx_1 + x_1 c_{pD}\vartheta_{L1})$$

ausgedrückt werden. Dabei bedeuten c_{pD}, c_{pL} die spezifischen Wärmen des Dampfes bzw. der Luft, r ist die Verdampfungswärme des Wassers, vgl. mit Tabelle 9.1, $\vartheta_{L2}, \vartheta_{L1}$ stehen für die Temperatur der Luft beim Aus– und Eintritt aus dem Kühlturm. Aus den beiden Gleichungen kann $\Delta\dot{m}_W$ sofort berechnet werden:

$$\Delta\dot{m}_W = \frac{\Delta x\,\dot{Q}}{h_{L2} - h_{L1}} = \frac{\Delta x\,\dot{Q}}{c_{pL}\Delta\vartheta_L + r\Delta x + \Delta x c_{pD}\Delta\vartheta_L} \tag{9.13}$$

Dabei ist: $\Delta x = x_2 - x_1$, $\Delta\vartheta_L = \vartheta_{L2} - \vartheta_{L1}$.
Bei vorgegebenem $\dot{Q}$ und bekannten Luftzuständen am Ein- und Austritt des Kühlturms ist der Wasserverlust mit dieser Gleichung bestimmbar.
Unter den bei Kühlturmen vorgegebenen Randbedingungen für $\Delta\vartheta_L$ und Δx überwiegt im Nenner von Gl. 9.13 der mittlere Term die beiden anderen. Unter Nutzung von Gl. 9.12 kann deshalb gesetzt werden:

$$\frac{\Delta\dot{m}_W}{\dot{m}_{KW}} = \frac{\vartheta_W}{600} \tag{9.14}$$

worin r für die Verdampfungswärme des Wassers steht. Pro 6°C Abkühlspanne ergibt sich also ein Wasserverlust von 1%. Bei einer Lufttemperatur von 20°C und einer relativen Luftfeuchte von 60% ergibt sich pro kg Rückkühlwasser eine erforderliche Luftmenge von ca. 160 kg.

Beispiel 9.3. Mit dem Naturzugkühlturm eines 740 MW Kraftwerkes sollen 24 m^3/s Wasser von 45 auf 35°C abgekühlt werden. Die Außentemperatur betrage 30°C, der Luftdruck 1 013 mbar und die relative Luftfeuchtigkeit $\varphi = 0{,}5$. Die Luft verlässt den Kühlturm gesättigt mit einer Temperatur von 35°C. Der Sättigungsdampfdruck des Wasserdampfes bei 30°C beträgt 4,24 mbar und bei 35°C 5,62 mbar. Die Gaskonstante für trockene Luft ist 0,2872 kJ/kgK, diejenige für Wasserdampf 0,4615 kJ/kgK. Man berechne:

a) den für die Wasserkühlung erforderlichen Luftstrom und den Kühlwasserverlust, sowie
b) die erforderliche Kühlturmhöhe, wenn der Gesamtdruckverlust der Luftströmung von Eintritt bis Austritt aus dem Kühlturm $\Delta p = 70$ Pa beträgt.

Lösung. a) Zwischen dem Wasserdampfgehalt x feuchter Luft und der relativen Feuchtigkeit φ gilt die aus der Thermodynamik bekannte Beziehung

$$x(\vartheta, p, \varphi) = \frac{R_{\mathrm{LT}}}{R_{\mathrm{D}}} \frac{\varphi\, p'_{\mathrm{D}}(\vartheta)}{p - \varphi\, p'_{\mathrm{D}}(\vartheta)} \qquad \text{(kg Wasser/kg trockener Luft)}.$$

Für die angegebenen Werte von p und ϑ folgt $x(\varphi = 0{,}5) = 0{,}013$ und $x(\varphi = 1) = 0{,}0272$. Mit (9.13) ergibt sich für den Wasserverlust $\Delta \dot{m}_W = 364$ kg/s, was einem Kühlwasserverbrauch von 1310 t/h bzw. 1,8 kg pro erzeugter kWh Strom entspricht. Zum Vergleich: Aus der Näherung (9.14) ergäbe sich ein Wasserverlust von 403 kg/s.

Für den erforderlichen Luftstrom folgt

$$\dot{m}_{\mathrm{L}} = \frac{\Delta \dot{m}_{\mathrm{W}}}{\Delta x} = \frac{364 kg/s}{0,0142 kg/kg} = 2{,}56 \cdot 10^4 \text{ kg/s} \approx 2{,}0 \cdot 10^4 \text{ m}^3/\text{s}.$$

b) Der gesamte Druckabfall auf der Luftseite ist in erster Näherung gleich dem Druckabfall zur Beschleunigung der Luftströmung und muss durch den Auftrieb kompensiert werden. Daher gilt für die Höhe H des Kühlturms in erster Näherung die Bedingung

$$\Delta p = \left(\rho_1 - \rho_2\right) g\, H\,.$$

Hierbei ist ρ_1 die Dichte der Umgebungsluft und ρ_2 die Dichte der mit Wasserdampf gesättigten Luft im Kühlturm, die unter Verwendung der Mischungsregel aus den thermischen Zustandsgleichungen berechnet werden können. Damit ergibt sich die Höhe H zu ca. 100 m.

9.3.1.2 Trockenkühltürme

Nasskühltürme können durch die von ihnen abgegebenen Schwaden bei großen Kraftwerksleistungen vor allem im Winter zu einer nicht vernachlässigbaren Störung des Kleinklimas führen. Zur Vermeidung dieses Nachteils wurden *Trockenkühltürme* vorgeschlagen.

Bei der Trockenkühlung wird das Kühlwasser durch Wärmeaustauscherrohre geführt, so dass es von der Kühlluft getrennt bleibt. Im Gegensatz zum Nasskühlturm ergibt sich damit nur eine Temperaturerhöhung bei konstanter Feuchte, vgl. auch Abb. 9.4. Merkmale der Trockenkühltürme sind:

- Keine sichtbaren „Kühlturmfahnen“,
- kein Wasserverlust und
- große Abmessungen gegenüber Nasskühltürmen.

Die indirekte Trockenkühlung unter Zwischenschaltung eines Kühlmittelkreislaufs hat sich als aufwendiger erwiesen als die direkte Kühlung gemäß Abschn. 9.2.2.3. Sofern wegen Wassermangels oder aus Umweltgründen eine Trockenkühlung erforderlich ist, wird deshalb meist der direkten Trockenkühlung der Vorzug gegeben.

9.3.1.3 Hybridkühltürme

Hybridkühltürme bestehen aus einem *Trockenteil* und einem *Nassteil.* Im Trockenteil findet nur ein konvektiver Wärmeübergang statt, wobei das Kühlwasser durch Rippenrohre oder Plattenwärmeaustauscher fließt und die Luft im Gegen- oder Kreuzstrom geführt wird. Der Nassteil entspricht in seiner Arbeitsweise dem oben beschriebenen Nasskühlturm. Mit dieser Kombination vereinigt man die hohe Kühlleistung der Nasskühltürme mit dem Vorteil der Schwadenfreiheit der Trockenkühltürme.

9.3.2 Kreislaufkühlung

Bei der Kreislaufkühlung besteht das Kühlwasser i.allg. aus Grundwasser, Uferfiltrat oder aufbereitetem Flusswasser. Es wird nach der Rückkühlung im Kühlturm direkt wieder dem Kondensator zugeführt. Das durch Verdunstung $\Delta\dot{m}_{\mathrm{W}}$, durch den Austrag mit der Luftströmung $\Delta\dot{m}_{\mathrm{L}}$ oder durch Abschlämmen verlorengegangene Wasser $\Delta\dot{m}_{\mathrm{A}}$ ist kontinuierlich zu ersetzen.

Der erforderliche Abschlämmstrom $\Delta\dot{m}_{\mathrm{A}}$ ergibt sich aus der zulässigen Erhöhung C der Salzkonzentration im Kühlwasserkreislauf. Im stationären Zustand gilt

$$C = \frac{\Delta\dot{m}_{\mathrm{W}} + \Delta\dot{m}_{\mathrm{A}} + \Delta\dot{m}_{\mathrm{L}}}{\Delta\dot{m}_{\mathrm{A}} + \Delta\dot{m}_{\mathrm{L}}} \,. \tag{9.15}$$

Bei einem vorgegebenen Wert für C kann hieraus der Abschlämmstrom

$$\Delta\dot{m}_{\mathrm{A}} = \frac{\Delta\dot{m}_{\mathrm{W}}}{C-1} - \Delta\dot{m}_{\mathrm{L}} \tag{9.16}$$

bestimmt werden.

Bei $\Delta\dot{m}_{\mathrm{W}} = 1{,}2\%$, $\Delta\dot{m}_{\mathrm{L}} = 0{,}2\%$ ergibt sich für $C = 2$ ein erforderlicher Abschlämmstrom von ca. 1% des Gesamtstromes. Ohne Abschlämmung würde sich asymptotisch $C = 7$ einstellen. Abhängig vom zulässigen Wert für C ist dem Kühlwasserstrom ständig Frischwasser zuzumischen. Bei einem 740 MW-Block resultiert für $C = 2$ und einem Kühlwasserstrom von ca. 60 000 $\mathrm{m^3/h}$ eine erforderliche Frischwassermenge von 1 440 l/s. Damit werden etwa 2 l Frischwasser pro erzeugter kWh verbraucht. Entsprechend hoch ist der Wasserbedarf von Nasskühltürmen, weshalb man in Gebieten mit Wassermangel zunehmend zur Trockenkühlung übergeht. Der Aufbau und die Funktion der Kühltürme bei Kreislaufkühlung entsprechen denen bei Ablaufkühlung.

Literatur

1. Kopp, J.H.: Über den Wärme- und Stoffaustausch bei Mischkondensatoren. Dissertation, ETH Zürich 1965
2. Rathje, U.J., Pflaumenbaum, H.-J.: Die Generation 2000 luftgekühlter Abdampfkondensatoren. VGB Kraftwerkstechnik **76**, 31–36 (1996)

10

Speisewasserversorgung

Wasser ist ein außergewöhnlicher Stoff, anomal in beinahe all seinen chemisch-physikalischen Eigenschaften und damit die vielleicht komplexeste unter all den uns vertrauten Substanzen. Ursache dafür ist der molekulare Aufbau aus zwei leichten Wasserstoffatomen und einem schweren Sauerstoffatom. Das dominierende Sauerstoffatom zieht die Elektronen der Wasserstoffatome an sich, so dass es zu einer ungewöhnlich starken Polarität des Wassermoleküls kommt. Wegen dieser elektrischen Eigenschaft und seinem chemischen Aufbau ist Wasser zur Lösung einer Vielzahl anorganischer Substanzen, von Gasen und einigen organischer Substanzen geeignet. Bei der Lösung in Wasser gehen diese Substanzen in frei bewegliche Ionen über, man spricht von *elektrolytischer Dissoziation*. Auch Wasser selbst dissoziiert in geringem, aber doch signifikantem Ausmaß ($H_2O \leftrightarrow H^+ + HO^-$) in ein Wasserstoff-Kation und eine Hydroxyl-Anion. Die Konzentration an H^+- bzw. OH^--Ionen beträgt 10^{-7} Mol/Liter und der pH-Wert hat die Maßzahl: $pH = -\log(H^+) = 7$. Damit leitet auch reines Wasser elektrischen Strom; die elektrische Leitfähigkeit bei 25°C beträgt $0{,}06\,\mu S/cm$[1]. In Anwesenheit zusätzlicher Ionen gelöster Stoffe nimmt die Leitfähigkeit entsprechend zu.

Im Zuge des natürlichen Wasser-Kreislaufs (Verdunstung → Wolken → Niederschlag → Flüsse → Meer) werden zahlreiche Stoffe, gelöste und ungelöste, vom Wasser aufgenommen, so dass Rohwasser vor einer Verwendung aufbereitet werden muss.

10.1 Speisewasser

Für den störungsfreien Betrieb ist für alle Dampferzeugersysteme die Beschaffenheit des Speisewassers von großer Bedeutung. Die für den Kraftwerksbetrieb verfügbaren Wässer enthalten vielfach Fremdstoffe in gelöster Form, meist als Salze (Erdalkali-, Alkali- und Schwermetallsalze), Laugen (NaOH, $Ca(OH)_2$) und Gase, die die Ursache von den Betrieb störenden Erscheinungen sein können. So haben z.B. die Salze der Erdalkalimetalle die Eigenschaft,

[1] Einheit für die elektrische Leitfähigkeit: 1 Siemens = 1 S = $1\,[\Omega^{-1}\ m^{-1}]$.

sich beim Erwärmen an den Wandungen der Wärmeaustauscherrohre als *Kesselstein* anzulagern. Neben der Vergrößerung des Druckverlustes behindern solche Ablagerungen den Wärmefluss und können dadurch zu Überhitzungen von Heizflächenteilen und damit Schäden führen. Gelöste Gase, besonders CO_2 und O_2, verursachen Schäden durch wasserseitige Korrosion in der Dampferzeugerberohrung. Andere Fremdstoffe können zur Verunreinigung des erzeugten Dampfes führen, dies kann Störungen bei den Dampfverbrauchern verursachen, z.B. Versalzung der Turbinen.

Den schädlichen Auswirkungen dieser Verunreinigungen wird heute durch eine dem Kesselbetrieb angepasste Wasseraufbereitung begegnet. Bei Kraftwerksanlagen werden überhaupt alle mineralischen Bestandteile entfernt, was durch Ionenaustausch weitgehend erreicht werden kann. Gelöste Gase werden dabei physikalisch entfernt. Zum Schutz gegen Korrosion wird dem Speisewasser dann meist durch geeignete Additive eine leicht alkalische Reaktion gegeben. Die Anforderungen an das Speisewasser steigen mit dem Dampfdruck und sind für Hochdruckanlagen sehr streng. Für eine Vertiefung wird auf die Literatur [1], [6] und auf die nachfolgend genannten Richtlinien verwiesen:

- VGB-Richtlinien für Kesselspeisewasser, Kesselwasser und Dampf von Wasserrohrkesseln der Druckstufen ab 64 bar [7]
- VdTÜV-Richtlinien für Speisewasser, Kesselwasser und Dampf von Dampferzeugern bis 68 bar [8]
- Unter Berücksichtigung derjenigen Teile einer Kesselanlage, die der Dampfkesselverordnung unterliegen, sind die Anforderungen an das Speisewasser in der TRD 611 [5] festgelegt

Für eine erste Charakterisierung eines Speisewassers wird der *pH-Wert* und der Salzgehalt bzw. die elektrische *Leitfähigkeit* angegeben. Nach seiner Definition gibt der pH-Wert die Wasserstoffionenkonzentration an; er ist somit ein Maß für die Konzentration einer Säure bzw. Lauge. Das neutrale Wasser hat einen pH-Wert von 7; bei $\text{pH} < 7$ ist das Wasser sauer und bei $\text{pH} > 7$ alkalisch. Durch gelöste Salze wird der „Isolator" Wasser elektrisch leitend. Bei geringem Salzgehalt ist die Leitfähigkeit diesem proportional; in erster Näherung gilt die Zuordnung

$$1\ \mu\text{S/cm} \approx 0{,}5\ \text{mg/l}.$$

Zusätzlich zur Wasseraufbereitung sind moderne Kraftwerksanlagen mit Kondensatreinigungsanlagen ausgerüstet, die ständig Salze und Korrosionsprodukte aus dem Wasser/Dampfkreislauf entfernen.

Die Anforderungen an das Speisewasser sind bei Trommelkesseln geringer als bei Durchlaufkesseln, denn im Trommelkessel wird in der Art einer Destillieranlage das salzhaltige Speisewasser in salzarmen Dampf überführt, wobei die Salze sich im Wasservorrat des Verdampfers anreichern. Bei Durchlaufkesseln bestimmt die Speisewasserqualität direkt die Dampfqualität; eine Korrekturmöglichkeit ist nicht gegeben.

Der Salzgehalt des Kesselwassers kann bei Umlaufkesseln durch Abschlämmen in Grenzen gehalten werden. Beim Abschlämmen wird Wasser aus der Trommel entnommen und über einen Entspanner in die Umgebung abgeführt. Es gilt die Massenbilanz

$$\dot{m}_{\mathrm{Sp}} = \dot{m}_{\mathrm{D}} + \dot{m}_{\mathrm{A}} \tag{10.1}$$

wobei $\dot{m}_{\mathrm{A}}$ den ausgeschleusten Wasserstrom bezeichnet. Die Dynamik der Salzspeicherung gehorcht der Bilanzgleichung

$$\begin{aligned} m_{\mathrm{Um}} \frac{\mathrm{d}c_{\mathrm{Um}}}{\mathrm{d}t} &= \dot{m}_{\mathrm{Sp}}\, c_{\mathrm{Sp}} - \dot{m}_{\mathrm{D}}\, c_{\mathrm{D}} - \dot{m}_{\mathrm{A}}\, c_{\mathrm{Um}} \\ &= \left(\dot{m}_{\mathrm{D}} + \dot{m}_{\mathrm{A}}\right) c_{\mathrm{Sp}} - \dot{m}_{\mathrm{D}}\, x\, c_{\mathrm{Um}} - \dot{m}_{\mathrm{A}}\, c_{\mathrm{Um}} \end{aligned} \tag{10.2}$$

mit:

m_{Um}	Masse des Umlaufwassers,
c_{Um}	Salzkonzentration im Umwälzwasser,
c_{Sp}	Salzkonzentration im Speisewasser,
$c_{\mathrm{D}} = x\, c_{\mathrm{Um}}$	Salzkonzentration im Dampf.

Aus einer Division durch $\dot{m}_{\mathrm{A}}$ ergibt sich eine Gleichung zur Bestimmung der Konzentration c_{Um}:

$$\tau \frac{\mathrm{d}c_{\mathrm{Um}}}{\mathrm{d}t} = \left(\frac{\dot{m}_{\mathrm{D}}}{\dot{m}_{\mathrm{A}}} + 1\right) c_{\mathrm{Sp}} - \frac{\dot{m}_{\mathrm{D}}}{\dot{m}_{\mathrm{A}}}\, x\, c_{\mathrm{Um}} - c_{\mathrm{Um}}\,. \tag{10.3}$$

Darin ist

$$\tau = \frac{m_{\mathrm{Um}}}{\dot{m}_{\mathrm{D}}} \frac{\dot{m}_{\mathrm{D}}}{\dot{m}_{\mathrm{A}}} \tag{10.4}$$

die Speicherzeitkonstante des Vorgangs. Für typische Werte $m_{\mathrm{Um}}/\dot{m}_{\mathrm{D}} = 0{,}1$ h und $\dot{m}_{\mathrm{D}}/\dot{m}_{\mathrm{A}} = 100$ ist z.B. $\tau = 10$ h. Aus (10.2) folgt für den Beharrungszustand

$$c_{\mathrm{Um}} = c_{\mathrm{Sp}} \frac{1 + \dfrac{\dot{m}_{\mathrm{A}}}{\dot{m}_{\mathrm{D}}}}{x + \dfrac{\dot{m}_{\mathrm{A}}}{\dot{m}_{\mathrm{D}}}}\,. \tag{10.5}$$

Die Aufkonzentration im Kesselwasser wird neben x durch die Abschlämmung $\dot{m}_{\mathrm{A}}$ begrenzt; andererseits bringt die Abschlämmung aber einen Wärme- und Wasserverlust mit sich und ist deshalb möglichst zu vermeiden.

Beispiel 10.1. Bei einem Naturumlaufdampferzeuger habe das Speisewasser einen Salzgehalt von $c_{\mathrm{Sp}} = 0{,}09$ mg/kg. Der aus der Trommel abströmende Dampf hat einen Wassergehalt von $x = 0{,}03$. Wie hoch ist der Salzgehalt des Umlaufwassers bei einer kontinuierlichen Abschlämmung $\dot{m}_{\mathrm{A}}/\dot{m}_{\mathrm{D}}$ von 5%? Welchen Salzgehalt hat das Umlaufwasser, wenn auf eine Abschlämmung verzichtet wird?

Lösung. Nach (10.5) stellt sich bei einer kontinuierlichen Siedewasser–Abschlämmung von 5% des Dampfmassenstroms eine Salzkonzentration von

$$c_{\mathrm{Um}} = 1{,}2 \text{ mg/kg}$$

ein. Ohne Abschlämmung ergibt sich nach (10.5) eine Konzentration von

$$c_{\mathrm{Um}} = c_{\mathrm{Sp}} \frac{1}{x} = 3{,}0 \text{ mg/kg},$$

also ein 2,5-fach höherer Wert. Um diesen Faktor nimmt auch der Salzaustrag in den Verdampfer zu.
Bis in die 70er Jahre des vergangenen Jahrhunderts wurde bei Umlaufkesseln abgeschlämmt. Bei den jetzt verfügbaren Anlagen zur Speisewasseraufbereitung ist der im Speisewasser verbleibende Salzgehalt aber so gering, dass auf Abschlämmungen im Normalbetrieb verzichtet werden kann.

10.2 Schutzschichtbildung

Eng mit der Speisewasseraufbereitung verbunden ist die Aufgabe der Korrosionsvermeidung. Im Kraftwerksbau wird als Werkstoff überwiegend ferritischer Stahl verwendet. Je nach Temperatur und Betriebsdruck kommen normale Kohlenstoffstähle und legierte Stähle zur Anwendung. Allen ferritischen Stählen ist gemeinsam, dass sie gegen Wasser und Wasserdampf unbeständig sind. Bei der Reaktion zwischen Stahl und Wasser entstehen in Abhängigkeit von den Rektionsbedingungen entweder poröse Eisenoxide mit einer fortschreitenden Korrosion oder schutzschichtbildende Eisenoxide mit korrosionshemmenden Eigenschaften. Erst die letztgenannten Oxide ermöglichen die Verwendung ferritischer Stähle als Werkstoff. Für den Kraftwerksbetrieb ist es entscheidend, bei der Inbetriebnahme neuer Anlagen die günstigsten Voraussetzungen für die Schutzschichtbildung zu schaffen und im weiterem Betrieb dafür Sorge zu tragen, die Schutzschicht zu erhalten. Dazu muss:

- Bei der Inbetriebnahme eines Kessels eine einwandfreie Schutzschicht auf der Rohrinnenseite der Verdampfer und Überhitzerrohre aufgebaut werden
- Der Kessel darf danach nur mit Speisewasser der vorgeschriebenen Qualität betrieben werden

Um eine einwandfreie Schutzschicht aufzubauen, ist eine saubere, zunderfreie Innenoberfläche der Kesselrohre erforderlich. Man erreicht dies durch Spülen und Auskochen, am besten aber durch Beizen und den sofort anschließenden Betrieb zum Aufbau einer Schutzschicht. Der Prozess der Schutzschichtbildung kann wie folgt dargestellt werden:

1. Unterhalb einer Temperatur von etwa 150°C bildet sich an der Grenzschicht zwischen Rohr und Wasser unlösliches Eisenhydroxid:

$$\mathrm{Fe} + 2\mathrm{H_2O} \longrightarrow \mathrm{Fe(OH)_2} + \mathrm{H_2}$$

2. Turbulenzen und hohe Strömungsgeschwindigkeiten wirken dieser Hydroxidbildung entgegen. Das gebildete Eisenhydroxid ist im Wasser instabil und wird bei Temperaturen oberhalb 100°C in Magnetit umgewandelt

$$3Fe(OH)_2 \longrightarrow Fe_3O_4 + 2H_2O + H_2.$$

Die Reaktionsgeschwindigkeit hängt stark von der Temperatur ab. Oberhalb von 200°C verläuft die Reaktion bereits so schnell, dass das primär entstehende $Fe(OH)_2$ schon bei der Entstehung in Magnetit umgewandelt wird. Die entstehende Schutzschicht aus Fe_3O_4 besteht aus einer fest haftenden homogenen inneren Deckschicht sowie einer porösen, wenig haftenden Deckschicht und unterdrückt so das Fortschreiten der Korrosion.

10.3 Vorwärmer

Die Speisewasserversorgung des Kessels besteht aus den Hoch- und Niederdruckvorwärmern, dem Speisewasserbehälter, dem Entgaser und der Speisepumpe. Als Hochdruckvorwärmer bezeichnet man diejenigen Vorwärmer, die im Hochdruckbereich hinter der Speisepumpe angeordnet sind. Entsprechend werden die anderen Vorwärmer als Niederdruckvorwärmer bezeichnet. Eine übliche Anordnung der Vorwärmer und der anderen Komponenten der Speisewasserversorgung relativ zur Turbine ist in Abb. 10.1 dargestellt.

Die regenerative Speisewasservorwärmung führt nach Abschn. 3.2.4 zu einer Carnotisierung des Kreisprozesses, was sich in einer Verbesserung des thermischen Wirkungsgrades ausdrückt. Das aus dem Kondensator abgezogene Speisewasser wird dazu durch Anzapfdampf vorgewärmt, der aus dem

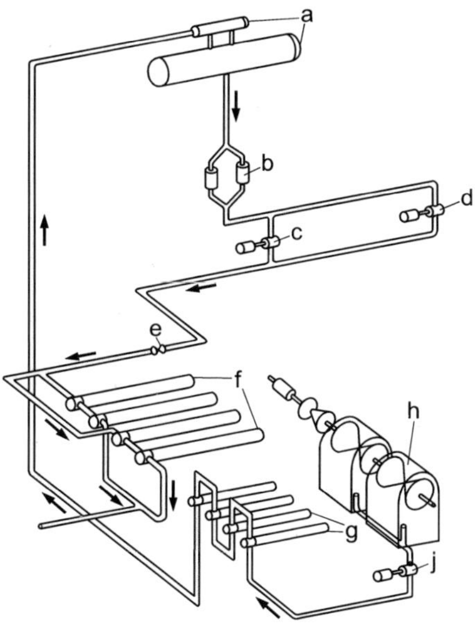

a Speisewasserbehälter und Entgaser
b Filter
c Hauptspeisepumpe mit Dampfturbinenantrieb
d Motorgetriebene Speisepumpe
e Speisewasserregelventil
f Hochdruckvorwärmer
g Niederdruckvorwärmer
h Niederdruckturbine mit Kondensator
j Kondensatpumpe

Abbildung 10.1. Typische Anordnung der Komponenten einer Speisewasserversorgungsanlage

Mittel- und Hochdruckteil der Turbine entnommen wird, und es wird erst danach mittels der Speisepumpe dem Kessel zugeführt. Der Vorgang ist thermodynamisch umso günstiger, je geringer die Temperaturdifferenz zwischen dem Anzapfdampf und dem vorzuwärmenden Speisewasser ist. Die Vorwärmung wird deshalb in Stufen und im Gegenstrom durchgeführt, wobei zwei Typen von Wärmeaustauschern zum Einsatz kommen: *Mischvorwärmer* und *Oberflächenvorwärmer*.

Speisewasservorwärmanlagen setzen sich somit aus verschiedenen Wärmeaustauschern zusammen, deren gebräuchlichste Schaltungen in Abb. 10.2 dargestellt sind. Das Teilbild a zeigt einen Vorwärmer mit Kondensatablauf, der mit Satt- oder Nassdampf beheizt wird. Das anfallenden Kondensat wird unmittelbar oder über einen Kühler (Teilbild b) in den speisewasserseitig vorgelagerten Vorwärmer oder in den Kondensator abgeleitet. In den Vorwärmer eingebaute Kondensatkühler (Teilbild c) verlangen eine Kondensatstandsregelung. Das Teilbild d zeigt eine Schaltung, bei der das Kondensat hinter dem Austritt des Vorwärmers mit einer Pumpe in die Speisewasserleitung gedrückt wird. Die in Teilbild e dargestellte Vorwärmung, bei der versprühtes Wasser mit Dampf gleichen Druckes in Berührung kommt, hat sich bei Kraftwerksanlagen nicht durchgesetzt. Teilbild f zeigt einen Speisewasserbehälter, der als Mischvorwärmer und Entgaser arbeitet. Ein Vorwärmer mit eingebauten Enthitzungs- und Kondensatkühlzonen ist in Teilbild g dargestellt.

Bei großen Dampfkraftwerken sind heute 8–10 Vorwärmstufen mit resultierenden Speisewassertemperaturen von 250–300°C üblich. Einer weiteren Erhöhung der Vorwärmtemperatur sind Grenzen gesetzt durch Bedingungen, die durch den Dampferzeuger gegebenen sind. Die Rauchgaswärme, die bei einer Erhöhung der Speisewassertemperatur nicht mehr vom Economizer aufgenommen wird, muss im Luvo zusätzlich an die Verbrennungsluft übertragen werden. Wegen der geringer werdenden Temperaturdifferenz auf der Hochtemperaturseite des Luvos schließt sich die Temperaturschere, was zum einen zu sehr großen Heizflächen führt und zum anderen hohe Heißlufttemperaturen

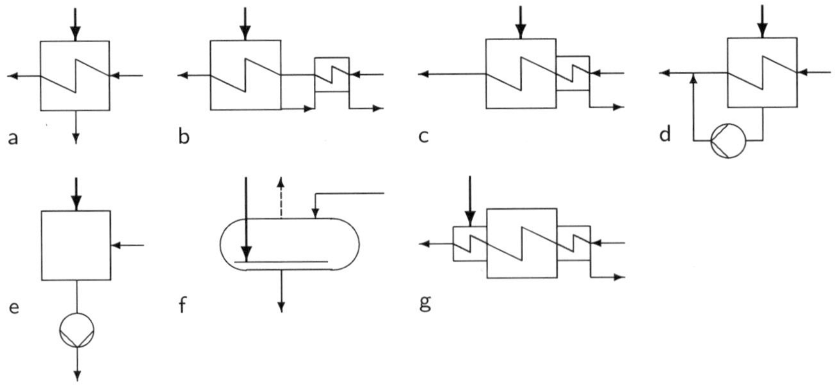

Abbildung 10.2. Schaltungsmöglichkeiten von Speisewasservorwärmern

ergibt. Die Höhe der Heißlufttemperatur ist jedoch nicht frei wählbar, sie ist vielmehr nach feuerungstechnischen Gesichtspunkten festzulegen. Dabei ist insbesondere zu beachten, dass die NO_x-Bildung in der Feuerung mit der Heißlufttemperatur zunimmt.

Mischvorwärmer: Ein Vorteil des Mischvorwärmers ist sein einfacher Aufbau, da keine materielle Wärmeübertragungsfläche notwendig ist, vgl. Abb. 10.3. Der Wärmeaustausch erfolgt vielmehr durch Mischung der beiden Stoffströme. Der Mischvorwärmer ist auch thermodynamisch günstig, da die Vorwärmtemperatur ϑ_{W_n} der Stufe n gleich der Dampftemperatur ϑ_{D_n} sein kann. Ein Mischvorwärmer braucht jedoch eine eigene, für die volle Kondensatmenge ausgelegte Pumpe mit Regelung. Ein Versagen von Pumpe oder Regelung führt zum Ausfall der Anlage. Deshalb wird in der Vorwärmstrecke in der Regel nur ein Mischvorwärmer verwendet, der dann gleichzeitig die Funktion eines Entgasers hat.

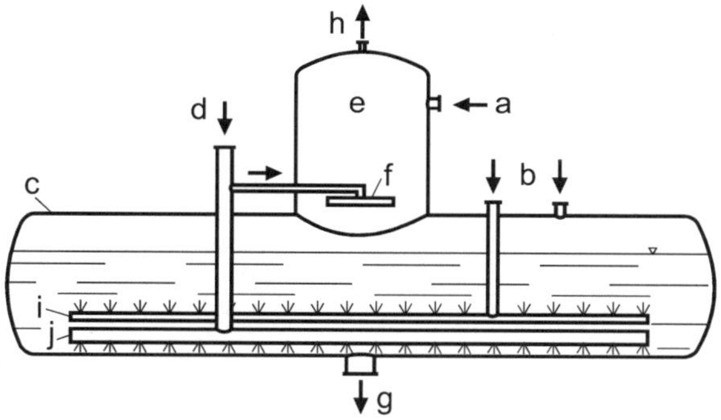

a Hauptkondensateintritt
b Nebenkondensateintritt
c Speisewasserbehälter
d Heizdampfeintritt
e Entgaser
f Nachkochstelle
g Speisewasseraustritt
h Entschwadung
i Nebenkondensatverteiler
j Heizdampfverteiler

Abbildung 10.3. Prinzip eines Mischvorwärmers

Speisewasserbehälter und Entgaser: Der Entgaser ist ein Mischvorwärmer, der zusätzlich die Aufgabe hat, aggressive Gase wie Sauerstoff und Kohlendioxid, die zu Korrosionen in den Anlagenteilen führen können, aus dem Speisewasser auszuscheiden. Entgaser großer Anlagen werden so ausgelegt, dass der Sauerstoffgehalt am Austrittsstutzen kleiner als 5 μg pro kg Speisewasser ist. Bei der thermischen Entgasung nutzt man das Henry'sche Gesetz, nach dem die Löslichkeit eines Gases in einer Flüssigkeit proportional zu seinem Partialdruck oberhalb des Flüssigkeitsspiegels ist. Die Löslichkeit von Gasen in Wasser geht demnach gegen Null, wenn das Wasser die zu dem jeweiligen Druck gehörende Siedetemperatur erreicht. Bei ausgeführten Anlagen wird deshalb das Speisewasser im Entgaser so weit erwärmt, dass eine Temperatur ca. 1–2°C unterhalb der Siedetemperatur liegt.

Der Entgaser wird innerhalb der Vorwärmerkette bei einem Druck angeordnet, bei dem ein Lufteinbruch auch bei Kleinlast und Stillstand ausgeschlossen werden kann. Zur Entgasung wird das Kondensat im Dampfraum versprüht oder als dünner Film über kaskadenweise angeordnete, schwach geneigte Flächen in den Wasserraum geleitet. Die Verweilzeit des Speisewassers muss dabei so lang sein, dass es durch den kondensierenden Dampf aufgeheizt werden kann und gelöste Gase ausreichend Zeit haben, um durch Diffusion in den Dampfraum zu gelangen.

Am Austritt aus dem Entgaser hat das Speisewasser nahezu Siedetemperatur. Zur Vermeidung von Kavitation in der nachgeschalteten Speisewasserpumpe wird der Entgaser in etwa 20–30 m Höhe oberhalb der Pumpe angeordnet, vgl. Abb. 10.1. Durch den hydrostatischen Druck der Flüssigkeitssäule ist gewährleistet, dass der Druck am Einlass der Pumpe weit genug vom Dampfdruck entfernt liegt und dadurch Kavitation in der Pumpe vermieden wird. Zur Vereinfachung wird der Entgaser fast immer mit dem Speisewasserbehälter kombiniert.

Um Störungen, z.B. Turbinenschnellschluss, begegnen zu können, muss innerhalb des Speisewasserkreislaufs eine gewisse Wassermenge gespeichert werden. Das Speichervermögen wird bei 750 MW-Anlagen für eine Vollastnachspeisezeit von 10 Minuten ausgelegt. Der Speisewasserbehälter hat dann ein Volumen von ca. 500 m^3.

Das im Speisewasserbehälter enthaltene Wasser im Siedezustand stellt ein großes Energie- und damit auch Gefahrenpotential dar. Der konstruktiven Gestaltung, Werkstoffauswahl und dem Prüfumfang kommt aus diesem Grunde besondere Bedeutung zu.

Oberflächenvorwärmer: Bei einem Oberflächenvorwärmer sind Anzapfdampf und Speisewasser durch eine meist aus Rohren bestehende Kühlfläche voneinander getrennt, vgl. Abb.10.4. Diese Variante ist gegenüber dem Mischvorwärmer thermodynamisch ungünstiger, da $\vartheta_W < \vartheta_D$ ist. Ein gewisser Vorteil besteht jedoch darin, dass die Pumpe zur Abführung des Kondensats nur

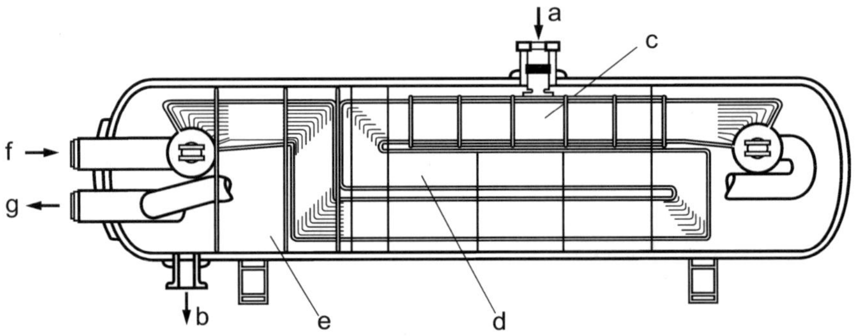

a Dampfeintritt	d Kondensationsteil	f Speisewasserzufluss
b Kondensatabfluss	e Leitflächen	g Speisewasserabfluss
c Rohrbündel		

Abbildung 10.4. Niederdruckvorwärmer in liegender Anordnung

für die abgezapfte Teilmenge ausgelegt werden muss. Bei Versagen der Pumpe kann die Anlage nach Schließen der Ventile in der Anzapfleitung weiterbetrieben werden. Bei Abführung des Kondensats in den Kondensator kann sogar auf eine Pumpe verzichtet werden. In diesem Fall wird dem Oberflächenvorwärmer zur Optimierung meist ein *Enthitzer*, in dem der Entnahmedampf auf Sattdampftemperatur abgekühlt wird, vor- und ein *Kondensatkühler* nachgeschaltet, vgl. Abb. 10.2 g.

Bei der Auslegung werden üblicherweise Dampfgeschwindigkeiten zwischen 15 und 20 m/s und Wassergeschwindigkeiten von 1,0–2,5 m/s gewählt. Die erforderliche Wärmeaustauscherfläche errechnet sich nach der Gleichung

$$A = \frac{\dot{Q}}{k \, \Delta\vartheta_{\mathrm{ln}}} \,. \tag{10.6}$$

Hier ist k die Wärmedurchgangszahl und $\Delta\vartheta_{\mathrm{ln}}$ die mittlere logarithmische Temperaturdifferenz. Für überschlägige Berechnungen kann k mit 1 500–2 000 W/m^{2}K angenommen werden. Als kleinste Temperaturdifferenz wird bei Kondensatkühlern ca. 7°C, bei Kondensationsapparaten ca. 3°C und bei Enthitzern ca. 25°C zugelassen. Oberflächenvorwärmer werden in liegender und stehender Bauweise ausgeführt. Unabhängig von der Aufstellungsart sind die Heizflächenrohre U-förmig gebogen. Dadurch kann sich jedes Rohr der jeweiligen thermischen Belastung entsprechend individuell ausdehnen. Für Einzelheiten bzgl. der Auslegung und Konstruktion sei auf die Literatur [2], [3] verwiesen.

10.4 Speisepumpen

Die Kesselspeisepumpe hat die Aufgabe, den Dampferzeuger zuverlässig mit Speisewasser zu versorgen. Die Wahl der Bauart der Pumpen, die Auslegung, die Wahl des Antriebes und ihre Aufteilung in Vollast- und Teillastpumpen richten sich nach der Betriebsweise (Fest- oder Gleitdruck), der Einsatzweise (Grund- oder Mittellastbetrieb) und der Größe des Kraftwerkblockes.

Kesselspeisepumpen sind Höchstleistungsmaschinen, die das Speisewasser auf einen Druck von bis zu 500 bar bringen. In Abb. 10.5 ist als Beispiel eine 100%-Turbospeisepumpe für einen 800 MW-Block dargestellt. Es handelt sich dabei um eine *Topfpumpe* mit einem ungeteilten Gehäuse.

Große Speisepumpen werden mit Drehzahlen von 5 000–8 000 min^{-1} und Stufendrücken bis 90 bar betrieben. Zur Verminderung der Wärmespannungen werden große Pumpen mit Vorwärmeinrichtungen ausgerüstet, weshalb der Kaltstart kein allzu großes Problem darstellt. Bezüglich der Auslegungsanforderungen sei auf die Richtlinie TRD 401 [5] verwiesen.

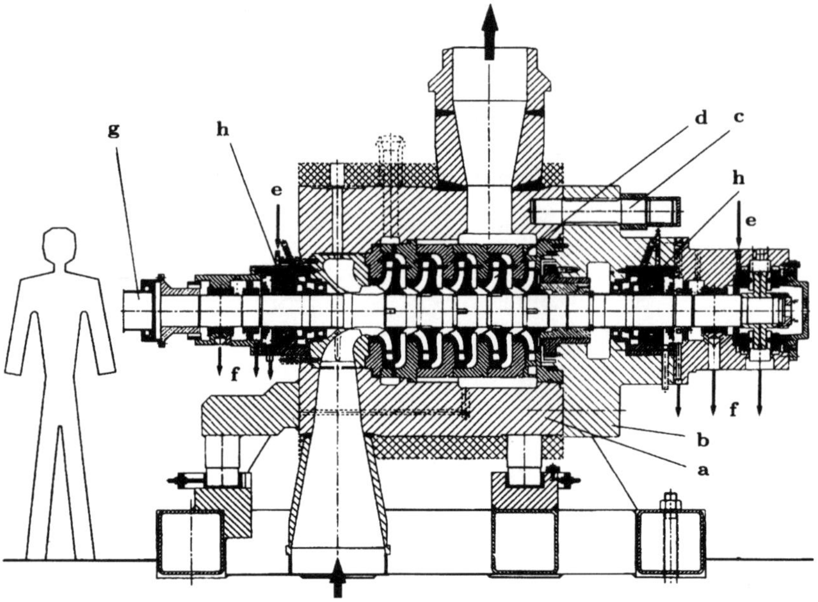

a Topfgehäuse	d Stufengehäuse	g Welle
b Deckel	e Schmiermittelzufluss	h Axiallager
c Deckelschrauben	f Schmiermittelabfluss	

Abbildung 10.5. Längsschnitt durch eine Turbospeisepumpe [4]. Förderhöhe: 390 bar, Fördermenge: 3 143 m^3/h, Drehzahl: 5 795 min^{-1}, Leistungsbedarf: 36 000 kW

Literatur

1. Hömig, H.E.: Physikochemische Grundlagen der Speisewasserchemie. Vulkan, Essen 1983
2. Kelp, F.: Zur optimalen Bemessung von Wärmetauschern. BWK **19**, 23–27 (1967)
3. Mitterecker, E., Kallenberg, H.: Speisewasservorwärmanlagen großer Dampfkraftwerke. BWK **37**, 388–396 (1985)
4. Burchhardt, U., Laux, C.H., Eichhorn, G.: Neue Größenordnung von Speisepumpen in den 800 MW-Braunkohleblöcken der VEAG. VGB Kraftwerkstechnik **74**, 469–478 (1994)
5. Technische Regeln für Dampfkessel. TRD 401: Ausrüstungen für Dampferzeuger. Carl Heymanns, Köln 1979
6. Resch, G.: Möglichkeiten und Grenzen der Wasseraufbereitungstechnik im Zusammenhang mit Werkstoffschäden. VGB Kraftwerkstechnik **65**, 605–610 (1985)
7. VGB-Richtlinien Kesselspeisewasser, Kesselwasser und Dampf von Wasserkesseln der Druckstufe ab 64 bar. VGB Kraftwerkstechnik **60**, 793–800 (1980)
8. VdTÜV-Richlinien für Kesselspeisewasser, Kesselwasser und Dampf. VdTÜV-Merkblatt 1 453. Verlag TÜV Rheinland, Köln 1983

11

Rauchgasreinigung

Die fossilen Brennstoffe enthalten neben Kohlenstoff und Wasserstoff u.a. auch mineralische Verunreinigungen, an die ihrerseits Schwefel und Stickstoff gebunden sind. Bei der Verbrennung fossiler Brennstoffe werden daher auch Luftschadstoffe gebildet, die wegen ihrer erwiesenen Umweltschädlichkeit entfernt werden müssen:

- Die inerten Bestandteile der Brennstoffe treten als Stäube auf. Großen Feuerungsanlagen sind daher immer Einrichtungen zur Staubabscheidung nachgeschaltet.
- Die Schwefelverbindungen verbrennen unter Bildung von Schwefeldioxid (SO_2). Die Kraftwerke werden deshalb mit *Rauchgasentschwefelungsanlagen* (REA) ausgerüstet.
- Die Stickstoffverbindungen in der Kohle sowie der Stickstoff der Verbrennungsluft werden unter den bei der Verbrennung vorliegenden Bedingungen teilweise in Stickoxide umgewandelt. In zunehmendem Maße werden Kraftwerke deshalb auch mit Anlagen zur Stickoxidminderung (*DeNOx-Anlagen*) ausgerüstet.

Die Rauchgase aus Kraftwerken werden demnach *entstaubt*, *entschwefelt* und *entstickt*.

11.1 Entstaubung

11.1.1 Kennzeichnung des Flugstaubes

Unter Flugstaub versteht man die in den Rauchgasen enthaltenen bzw. aus diesen abgeschiedenen festen Bestandteile. Diese setzen sich aus nichtbrennbaren (Flugasche) und brennbaren Bestandteilen (Flugkoks) des Brennstoffes zusammen.

Flugstaub besteht aus sehr unterschiedlichen Korngrößen, davon sind die groben Teilchen meist die brennbaren Bestandteile. Auch die groben Teilchen sind aber schon so fein, dass eine Bestimmung der Korngröße mittels Siebung wie bei Kohlenstaub nicht mehr möglich ist. Das gebräuchlichste Verfahren zur Ermittlung der Korngrößenverteilung ist die Windsichtung. Dabei wird in einem senkrechten Glasrohr eine Luftströmung eingestellt, die alle Teilchen unterhalb einer bestimmten Korngröße bzw. eines bestimmten Gewichts austrägt. Die größeren Körner bleiben als Rückstand zurück. Zur Orientierung sind in Tabelle 11.1 Mittelwerte für die Korngrößenverteilung von steinkohlegefeuerten Anlagen aufgeführt.

Tabelle 11.1. Korngrößenverteilung von Flugstaub in Massen-%

Korngröße [μm]	Staubfeuerungen	Rost- bzw. Wirbelschichtfeuerungen
< 1	8	2
< 10	40	10
< 20	60	30
< 50	85	50
< 100	98	80

Im Zusammenhang mit Entstaubungsanlagen spricht man vom Rohgasstaub, dem Reingasstaub und dem abgeschiedenen Staub. Unter dem Entstaubungsgrad versteht man das Verhältnis zwischen abgeschiedenem Staub und Rohgasstaub. Dieses Verhältnis wird auch als *Abscheidegrad* oder einfach als Wirkungsgrad bezeichnet.

11.1.2 Entstaubungssysteme

Zur Einhaltung der zulässigen Staubgehalte in den Rauchgasen werden je nach Feuerungssystem und den Brennstoffeigenschaften mechanische oder elektrische Staubabscheider eingesetzt. Mechanische Abscheider machen sich die Fliehkraft oder die filternde Wirkung von Stoffen zu nutze, elektrische Entstauber nutzen die Kraftwirkung elektrischer Felder [1]. Die mit diesen Verfahren erreichbaren Abscheidegrade sind in Tabelle 11.2 zusammengestellt.

Tabelle 11.2. Erreichbare Emissionsgrenzwerte verschiedener Entstaubungsverfahren

Verfahren	Abscheidegrad [%]	Staubbeladung [mg/m^3]
Zyklon	> 99[a]	< 150
Elektrofilter	> 99,5[b]	< 30
Gewebefilter	> 99,5[d]	< 10–20

[a] Für $d > 20$ μm.
[b] Für $d > 10$ μm.
[d] Auch bei feinsten Stäuben.

11.1.2.1 Fliehkraftentstauber

Fliehkraftentstauber sind auch unter den Namen *Zyklonabscheider* oder Zentrifugalabscheider bekannt. In der meist angewandten Bauform wird durch tangentiale Anströmung einer zylinderförmigen Abscheidekammer eine Drehströmung erzeugt. Dort werden die Staubteilchen von der Zentrifugalkraft nach außen getragen und fallen aufgrund der Erdschwere nach unten. Die Feststoffteilchen gelangen so in den Staubsammelbehälter; das gereinigte Rauchgas verlässt den Zyklon durch ein mittig angeordnetes Rohr, vgl. Abb. 11.1.

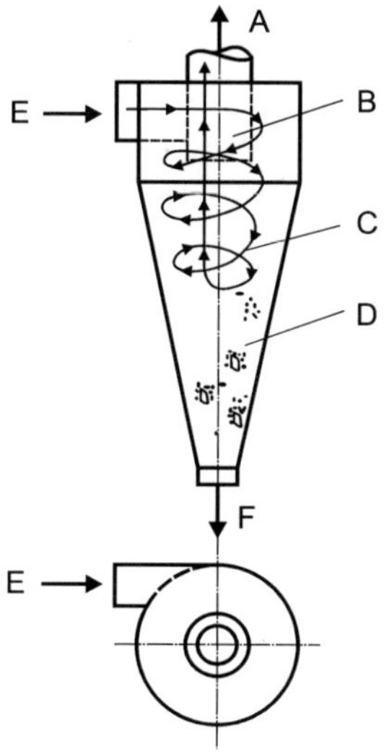

A Reingasaustritt
B Tauchrohr
C Stromlinien
D Staubfallraum
E Rohgaseintritt
F Staubabzug

Abbildung 11.1. Prinzipieller Aufbau eines Zyklonabscheiders

Es ist klar, dass ein Zyklonabscheider bei hohen Strömungsgeschwindigkeiten und damit großen Zentrifugalkräften am besten arbeitet. Bei hohen Geschwindigkeiten sind aber auch die Strömungsverluste groß. Üblicherweise werden Zyklonabscheider derart ausgelegt, dass sich ein mittlerer Druckabfall von 600–900 Pa einstellt. Dies entspricht einem Kraftbedarf von 0,17–0,25 kWh pro 1 000 m^3 Rauchgas. Bei ausgeführten Anlagen wird statt eines großen Zyklons eine Vielzahl von Zyklonen mit kleinem Durchmesser parallel angeordnet. Die Einzelabscheider haben Durchmesser im Bereich zwischen 100 und 250 mm.

Mit Zyklonabscheidern können die für Großkraftwerke gültigen Emissionsgrenzwerte nicht eingehalten werden. Sie kommen deshalb nur noch für Feuerungen mit kleinen Leistungen und einem relativ groben Flugstaub zur Anwendung, z.B. bei Rostfeuerungen.

11.1.2.2 Gewebefilter

Diese Apparate werden in vielen Bereichen der Prozessindustrie mit Erfolg eingesetzt. Die Gewebe werden dabei je nach Einsatztemperatur und Beschaffenheit der abzuscheidenden Partikel aus Baumwoll-, Kunststoff- oder auch mineralischen Fasern hergestellt. Das staubhaltige Gas durchströmt die Gewebe in einer Richtung, wobei der Staub beim Durchgang größtenteils zurückbleibt. Er kann dann durch Rütteln oder durch Umkehren der Strömung mittels eines kurzzeitigen Druckstoßes von der Gewebeoberfläche entfernt und zu einem Staubsammelbehälter geführt werden.

Die Asche der fossilen Brennstoffe besteht zu einem großen Teil aus Sand. Die feinsten Sandteilchen strömen mit dem Gas durch die Gewebe und zerstören mit der Zeit durch ihre abrasive Wirkung die Gewebefäden. Um eine angemessene Lebensdauer zu erreichen, muss deshalb die mittlere Gasgeschwindigkeit gering sein. Bei Gewebefiltern hinter kohlegefeuerten Kesseln werden Geschwindigkeiten im Bereich von 0,005–0,01 m/s gewählt. Um die aus der geringen Geschwindigkeit resultierenden großen Filterflächen unterzubringen, werden Gewebefilter bei Kraftwerken meist als Schlauchfilter ausgeführt. Diese Entstauber bestehen aus einer großen Zahl von parallel durchströmten Schläuchen. Bei einem Filter für ein 750 MW-Kraftwerk werden ca. 15 000 Schläuche benötigt. Eine Anordnungsmöglichkeit ist in Abb. 11.2 dargestellt.

Der Vorteil der Gewebefilter liegt in ihrem hohen Abscheidegrad. Der Fraktionsabscheidegrad für kleine Teilchen zwischen 2 und 5 μm liegt typischerweise bei über 99,5%, wobei der Reingasstaubgehalt fast unabhängig von der Staubbeladung des Rohgases ist.

Nachteilig ist der Druckabfall, der aus dem Strömungswiderstand des Gewebes und der darauf abgelagerten Staubschicht resultiert. Üblicherweise liegt der Druckabfall im Bereich zwischen 800 und 1500 Pa, was einem Kraftbedarf von 0,22–0,41 kWh pro 1 000 m^3 Rauchgas entspricht. Ein weiterer Nachteil der Gewebefilter ist ihre Empfindlichkeit gegen Feuchtigkeit. Da bei jedem Anfahrvorgang der Rauchgastaupunkt durchfahren wird, sind Gewebefilter für

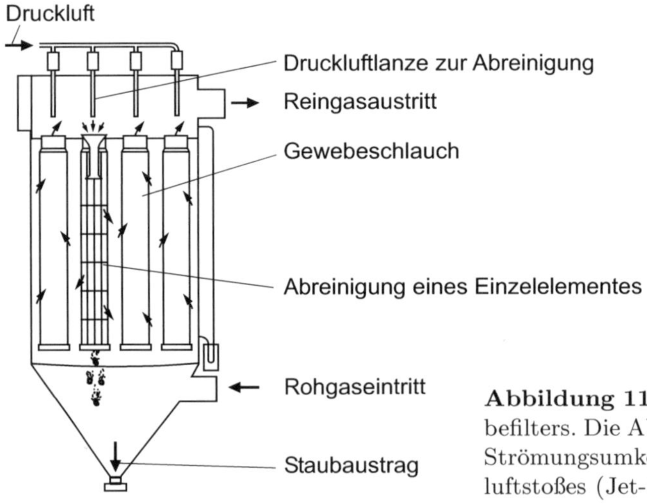

Abbildung 11.2. Aufbau eines Gewebefilters. Die Abreinigung erfolgt durch Strömungsumkehr mittels eines Druckluftstoßes (Jet-Puls-Filter)

Anlagen, die mit täglichen An- und Abfahren im Mittellastbereich operieren, nicht geeignet.

11.1.2.3 Elektrofilter

Beim Elektrofilter erfolgt die Abscheidung durch Einwirkung eines elektrischen Feldes. Wesentliche Bestandteile eines solchen Filters sind flächenförmige, meist in Gassen angeordnete, geerdete Niederschlagselektroden und dazwischen aufgespannte drahtförmige *Sprühelektroden*. Zwischen beiden Arten von Elektroden wird eine Gleichspannung von 40–100 kV angelegt. Die Spannung wird so hoch gewählt, dass an den Sprühelektroden, dort hat das elektrische Feld maximale Stärke, eine *Koronaentladung* entsteht. Die freiwerdenden Elektronen wandern entlang der Feldlinien zu den Niederschlagselektroden. Diese Elektronen lagern sich teilweise an Staubpartikel an. Auf die so aufgeladenen Staubpartikel wirkt dann die Coulombkraft, die sie zur Niederschlagselektrode bewegt, vgl. Abb. 11.3. Die dort angesammelten Teilchen können durch Rütteln abgereinigt werden und fallen in den Staubbehälter.

Damit ein Teilchen abgeschieden wird, muss es ausreichend viele Elekronen einfangen. Die Wahrscheinlichkeit eines solchen Einfangprozesses ist aber proportional zum Teilchendurchmesser. Für die feinen Kornfraktionen werden deshalb in einem Elektrofilter nur geringe Abscheidegrade erreicht. Der Abscheidegrad f eines Elektrofilters hängt von der *Migrationsgeschwindigkeit* w ab, mit der sich ein Staubpartikel im elektrischen Feld zwischen den Elektroden bewegt. Zwischen den Größen f und w besteht in guter Näherung der empirische Zusammenhang

$$f = 1 - \exp(-0{,}2\,k\,w)\,. \tag{11.1}$$

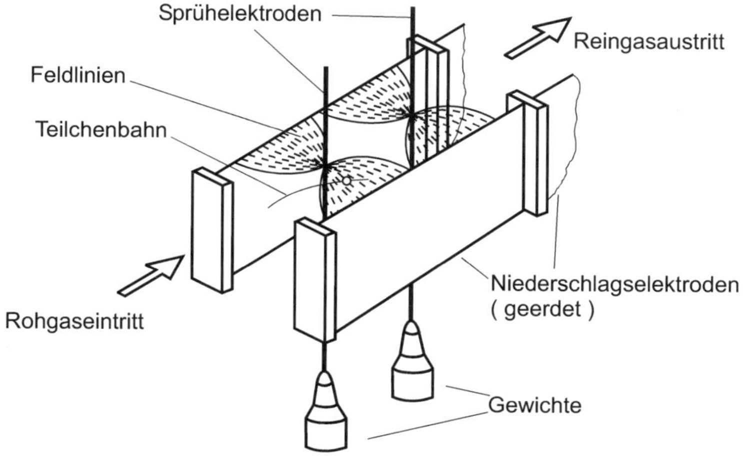

Abbildung 11.3. Schematische Darstellung eines Elektrofilters

Hier ist w die effektive Migrationsgeschwindigkeit der Staubteilchen in m/s und k das Verhältnis aus Elektrodenfläche A_{El} und dem Volumenstrom des Rauchgases $\dot{V}_{RG}$ im Filter:

$$k = \frac{A_{El}}{\dot{V}_{RG}} \,. \tag{11.2}$$

Der Faktor k wird auch als *spezifische Kollektoroberfläche* bezeichnet.

Bei ausgeführten Anlagen liegt die Rauchgasgeschwindigkeit im Elektrofilter im Bereich von 1,0–1,8 m/s. Die Migrationsgeschwindigkeit w hat Werte zwischen 8 und 20 cm/s.

Beispiel 11.1. Für einen Steinkohleblock mit einem Rauchgasvolumenstrom von $2{,}22 \cdot 10^6$ Nm^3/h und einer Abgastemperatur von 120°C soll die Kollektorfläche und der Filterquerschnitt des Elektrofilters abgeschätzt werden. Die Rauchgasgeschwindigkeit ist mit 1,5 m/s und die Migrationsgeschwindigkeit mit 16 cm/s anzunehmen. Der Abscheidegrad des Filters soll 99% betragen. Wie ändert sich die Elektrodenfläche bei einer Erhöhung des Abscheidegrades auf 99,5%?

Lösung. Aus (11.1) und (11.2) sowie dem idealen Gasgesetz folgt

$$A_{El} = \dot{V}_{RG} \frac{T}{T_0} k = \frac{\dot{V}_{RG}}{0{,}2\, w} \frac{T}{T_0} \ln \frac{1}{1-f} \approx 128\,000 \text{ m}^2 .$$

Der Filterquerschnitt errechnet sich mit der Rauchgasgeschwindigkeit v_{RG} zu

$$A_Q = \frac{\dot{V}_{RG}}{v_{RG}} \frac{T}{T_0} \approx 592 \text{ m}^2 .$$

Gewählt werden vier parallel liegende Filter mit einer Höhe von 12 m und einer Breite von 12,5 m. Bei einem Plattenabstand der Elektroden von 0,3 m sind pro Einheit 40 Elektrodengassen mit einer Länge von jeweils 33,5 m vorzusehen.

Soll der Abscheidegrad auf 99,5% gesteigert werden, muss die Elektrodenoberfläche um $\Delta A_{El} = 15\%$ vergrößert werden.

11.2 Entschwefelung

Zur SO_2-Entfernung aus den Rauchgasen wird bevorzugt eine chemische Umsetzung mit Alkali- oder Erdalkalikarbonaten, -oxiden oder -hydroxiden unter Bildung von entsprechenden Sulfiten und Sulfaten angewandt. Die Umsetzung des SO_2 mit dem Absorptionsmittel lässt sich *trocken* als Gas/Feststoffreaktion oder *nass* in einer wässrigen Lösung als Ionenreaktion durchführen. Die *trockene Reaktion* hat den Vorteil einer einfachen verfahrenstechnischen Umsetzung – das Rauchgas muss dazu z.B. nicht abgekühlt werden. Es wurden daher große Anstrengungen unternommen, die trockene Umsetzung großtechnisch auszuführen. Alle diese Bemühungen scheiterten schließlich am Reaktionsmechanismus. Dieser Mechanismus lässt sich im Prinzip durch ein Schale/Kern-Modell darstellen, bei dem die Umsetzung des SO_2 sich von der Oberfläche des absorbierenden Feststoffteilchens in Form einer Reaktionsfront ins

Innere fortbewegt. Daraus folgt, dass kleine Korngrößen und große Differenzgeschwindigkeiten zwischen Gasphase und Feststoffteilchen zu einer Erhöhung des Umsatzgrades beitragen. Ein wesentlicher Parameter für den Umsatz ist die Temperatur. Ein Maximum für die Umsatzgeschwindigkeit stellt sich experimentell bei 800 bis 900°C ein. Einen großen Einfluss hat ferner die chemische und physikalische Beschaffenheit des Feststoffes: So nimmt z.B. die Reaktivität in der Reihenfolge CaO, $CaCO_3$ und $Ca(OH)_2$ zu. Trotz dieser Kenntnisse ist es selbst bei zwei- bis dreifach stöchiometrischen Überschüssen an Calcium nur bei Wirbelschichtfeuerungen gelungen, ausreichend hohe Entschwefelungsgrade zu erreichen.

Wesentlich höhere Entschwefelungsgrade werden erreicht, wenn eine wässrige $Ca(OH)_2$-Suspension in auf 90–120°C abgekühltes Rauchgas gesprüht wird und die Absorption des SO_2 an dem sich im Trocknungszustand befindlichen Hydroxid erfolgt. Bei diesem Verfahren der *Sprühabsorption* kann bei einem ca. 1,5-fachen stöchiometrischen Überschuss ein Entschwefelungsgrad von 90–95% erreicht werden. Der Verfahrensablauf ist einfach: Das Rauchgas gelangt über eine Vorentstaubung, meist ein Elektrofilter, in den Reaktor, in dem die Absorbersuspension mittels Düsen mit Tropfendurchmessern von ca. 100 μm zerstäubt wird. Im Wechselspiel löst sich SO_2 in den Tropfen und reagiert mit dem $Ca(OH)_2$ zu $CaSO_3$, während Wasser verdampft. In einem nachgeschalteten Gewebefilter wird Staub abgeschieden, der aus Flugstaubresten, Calciumsulfit, Calciumsulfat und nicht umgesetztem Calciumhydroxid besteht. Der Grund für den gegenüber dem trockenen Einblasen des $CaCO_3$ höheren Entschwefelungsgrad liegt wohl darin, dass das verdampfende Wasser die Ausbildung einer undurchlässigen Sulfit/Sulfatschicht am Kornrand bei der Reaktion des SO_2 mit dem Calzium verhindert. Ein Teil des Umsatzes erfolgt noch in dem Filterkuchen des Gewebestaubfilters, der zur Abscheidung des im Überschuss vorhandenen Calziumhydroxids und des Primärprodukts dem Sprühturm nachgeschaltet ist.

In den Anwendungen haben sich die Waschverfahren mit Gips als Endprodukt als am kostengünstigsten erwiesen. In der wässrigen Phase läuft die Umsetzung des SO_2 als Ionenreaktion schnell ab. Bei einer geschickten Reaktionsführung lässt sich daher im Gegensatz zur trockenen Reaktionsweise und zur Sprühabsorption die eingesetzte Ca-Verbindung quantitativ umsetzen und durch Oxidation mit in die wässrige Phase eingeblasener Luft in ca. 99%-igen Gips ($CaSO_4 \cdot 2\,H_2O$) umwandeln. Das Prinzip eines einstufigen Waschverfahrens mit Gips als Endprodukt ist in Abb. 11.4 dargestellt. Hauptkomponente für die Umsetzung des Verfahrens ist der Absorberturm. In diesem wird das zu reinigende Rauchgas, das Waschwasser, die Kalksuspension und Luft eingebracht. Das Waschwasser wird über den ganzen Absorberturm im Kreislauf gefahren.

Das im Rauchgas enthaltene SO_2 löst sich im Wasser und reagiert vorzugsweise unter Bildung von H^+-Ionen:

$$SO_2 + H_2O \rightleftharpoons H^+ + HSO_3^- \rightleftharpoons 2\,H^+ + SO_3^{2-}\,. \tag{11.3}$$

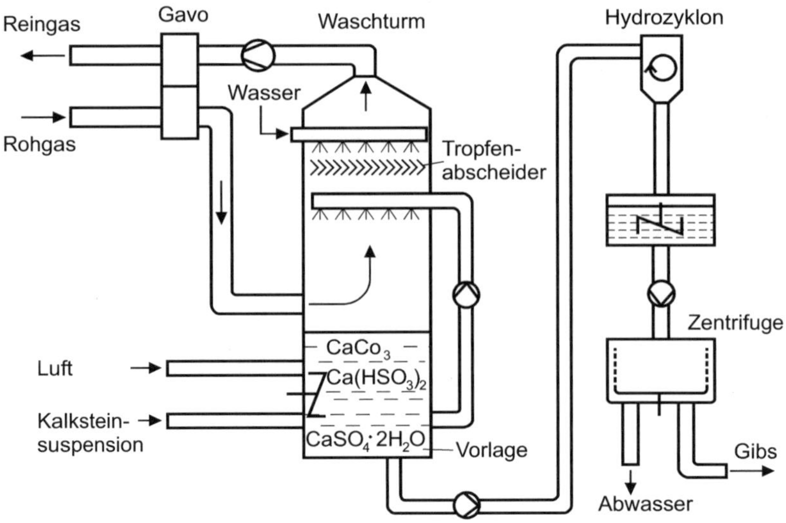

Abbildung 11.4. Prinzipschema eines einstufigen Kalkwaschverfahrens. Mit dem Gavo (Gasvorwärmer) wird das Reingas mittels Wärmeaustausch mit dem zuströmenden Rohgas auf ca. 90°aufgewärmt. Das Reingas kann dann unmittelbar zum Kamin geleitet werden.

Die Lösung wird also sauer. Die zur weiteren Absorption von SO_2 notwendige Verschiebung des Gleichgewichts der vorstehenden Reaktion nach rechts lässt sich durch Zugabe von OH^--Ionen erreichen, die durch Einführung von $CaCO_3$ entstehen. Das $CaCO_3$ löst sich dabei gemäß der nachstehenden Reaktion

$$CaCO_3 \rightleftharpoons Ca^{2+} + CO_3^{2-} \tag{11.4}$$

und

$$CO_3^{2-} + H_2O \rightleftharpoons OH^- + HCO_3^- \longrightarrow 2\,OH^- + CO_2 \uparrow \tag{11.5}$$

unter Bildung einer alkalischen Lösung in Ca^{2+} und CO_3^{2-} auf. Die eingeblasene Luft verdrängt das CO_2 aus der Lösung, wodurch der Kalkstein mehr und mehr in Lösung geht. Weiter oxidiert die Luft bei ph-Werten um ca. 5 die im Wasser gelöste HSO_3^-- und SO_3^{2-}-Ionen zu SO_4^{2-}, so dass im Sumpf gemäß

$$SO_4^{2-} + Ca^{2+} + 2\,H_2O \longrightarrow CaSO_4 \cdot 2\,H_2O \downarrow \tag{11.6}$$

Gips ausfällt. Im allgemeinen ist dieser Gips von hoher Reinheit und grobkristalliner Struktur, so dass er sich leicht entwässern lässt. Im Sumpf des Absorberturms werden ferner die im Rauchgas kohlegefeuerter Anlagen präsenten Halogenverbindungen HF und HCl als CaF_2 und $CaCl_2$ gebunden.

Neben der Kalkwäsche wurden noch weitere Verfahren z.B. zur Gewinnung von SO_2-Reichgas und auch noch solche mit anderen Endprodukten entwickelt. Angewandt wird bereits die Umsetzung des SO_2 mit dem Rauchgas zugegebenem Ammoniak zu Ammonsulfit das oxidativ in das Düngemittel Ammonsulfat umgewandelt wird, vgl. [2] und [3].

Beispiel 11.2. Der 815,8 kg/s betragende Rauchgasstrom eines steinkohlegefeuerten 750 MW-Kraftwerks soll in einer Nasswäsche mit Kalkmilch ($CaCO_3$) zu 95% entschwefelt werden. Es wird ein Brennstoffmassenstrom von 63,7 kg/s zugeführt, der einen auf den feuchten Brennstoff bezogenen Massenanteil Schwefel $\gamma_S = 0{,}0066$ enthält. Die Molmassen der einzelnen Stoffe sind Tabellenwerken [4] zu entnehmen:

$$M_S = 32\ \text{kg/kmol}, \quad M_{CaCO_3} = 100\ \text{kg/kmol}, \quad M_{H_2O} = 18\ \text{kg/kmol},$$
$$M_{SO_2} = 64\ \text{kg/kmol}, \quad M_{CaSO_4} = 154\ \text{kg/kmol}.$$

a) Welcher Mengenstrom an $CaCO_3$ ist dafür erforderlich?
b) Wieviel Gips entsteht?
c) Wie hoch ist der Restgehalt an SO_2 im Rauchgas?

Lösung. Die Oxidation des Schwefels verläuft nach der Reaktionsgleichung

$$S + O_2 \longrightarrow SO_2\ .$$

Es entstehen somit

$$\dot{m}_{SO_2} = \frac{M_{SO_2}}{M_S}\,\gamma_S\,\dot{m}_B = 0{,}84\ \text{kg/s}\ SO_2 = 3{,}02\ \text{t/h}\ SO_2.$$

a) Die Entschwefelung mit $CaCO_3$ verläuft nach den Teilreaktionen

$$CaCO_3 + H_2O \longrightarrow Ca(OH)_2 + CO_2\ ,$$
$$SO_2 + \frac{1}{2}\,O_2 \longrightarrow SO_3\ ,$$
$$Ca(OH)_2 + SO_3 + H_2O \longrightarrow CaSO_4 \cdot 2\,H_2O\ ,$$

weshalb die Bruttoreaktionsgleichung

$$CaCO_3 + SO_2 + \frac{1}{2}\,O_2 + 2\,H_2O \longrightarrow CaSO_4 \cdot 2\,H_2O + CO_2$$

lautet. Für eine 95%-ige Entschwefelung sind 2,87 t/h SO_2 aus dem Rauchgas zu entfernen. Die zur Bindung des vorgegebenen SO_2-Massenstroms benötigte Menge an Kalk beträgt

$$\dot{m}_{CaCO_3} = \frac{M_{CaCO_3}}{M_{SO_2}}\,0{,}95\,\dot{m}_{SO_2} = 1{,}25\ \text{kg/s} = 4{,}49\ \text{t/h}.$$

b) Die bei der Entschwefelung entstehende Gipsmenge beläuft sich wegen

$$M_{CaSO_4\cdot 2\,H_2O} = M_{CaSO_4} + 2\,M_{H_2O} = 172\ \text{kg/kmol}$$

auf

$$\dot{m}_{CaSO_4\cdot 2\,H_2O} = \frac{M_{CaSO_4\cdot 2\,H_2O}}{M_{SO_2}}\,0{,}95\,\dot{m}_{SO_2} = 2{,}146\ \text{kg/s} = 7{,}73\ \text{t/h}.$$

c) Im Rauchgas verbleiben 5% des ursprünglichen Gehaltes an SO_2:

$$\dot{m}_{SO_2,RG} = 0{,}05\,\dot{m}_{SO_2} = 0{,}042 \text{ kg } SO_2/s = 0{,}15 \text{ t } SO_2/h.$$

Daraus folgt aus dem angegebenen Rauchgasstrom für den spezifischen SO_2 Gehalt

$$x_{SO_2} = \frac{\dot{m}_{SO_2,RG}}{\dot{m}_{RG}} = 52 \text{ ppm}.$$

11.3 Stickoxidreduktion

Das NO_x in den Rauchgasen besteht zu ca. 95% aus dem wasserunlöslichen NO. Aus diesem Grund ist der Einsatz von Waschverfahren nur beschränkt möglich. Bei den großtechnisch eingesetzten Verfahren wird das NO_x mit NH_3 (Ammoniak) zu Wasser und Stickstoff umgesetzt. Bei Temperaturen zwischen 950 und 1 050°C kann diese Reaktion bei NH_3-Überschuss mit hohen Umsatzgraden durchgeführt werden. Da die Temperaturverteilung in der Brennkammer von zahlreichen Parametern, z.B. der Kessellast, dem Verschmutzungszustand des Feuerraums, dem Luftüberschuss etc. abhängt, ist es bisher nicht gelungen, diesen nichtkatalytischen selektiven Reduktionsprozess bei vertretbarem NH_3-Überschuss anzuwenden. Zur Verminderung des NH_3-Überschusses sind katalytische Verfahren entwickelt worden, die eine Rauchgastemperatur im Bereich zwischen 320 und 400°C voraussetzen. Die Katalysatoren für diese *SCR-Prozesse* (Selective Catalytic Reduction) enthalten als Hauptkomponente Titandioxid mit geringen Zusätzen aus Vanadium-, Wolfram- und Molybdän-Verbindungen. In dem genannten Temperaturbereich sind bei ausgeführten Anlagen Raumgeschwindigkeiten[1] zwischen 500 und 2 500 h^{-1} üblich. Die erforderlichen Katalysatorvolumina sind deshalb groß; für eine 750 MW-Anlage ergibt sich eine Größenordnung von 1 000 m^3. Der Reaktionsablauf erfolgt nach der Gleichung

$$4\,NH_3 + 4\,NO + O_2 \longrightarrow 4\,N_2 + 6\,H_2O\,. \tag{11.7}$$

Das nicht im SCR-Katalysator umgesetzte NH_3 wird großteils vom Flugstaub absorbiert, was zu einer Geruchsbelästigung bei dessen Weiterverwendung führen kann. Letzte Reste von NH_3 können in der Rauchgaswäsche die Gipskristallisation beeinflussen. Aus den genannten Gründen wird der Anteil des NH_3 hinter dem SCR-Katalysator, der *Schlupf*, auf 5 ppm beschränkt. Der Anstieg des Schlupfs bestimmt die Standzeit der Katalysatoren; bei kohlegefeuerten Anlagen kann im Mittel mit 20 000 Stunden gerechnet werden.

Bei Neuanlagen mit Kohlenstaubfeuerung wird der SCR-Reaktor zwischen Dampferzeuger und Luftvorwärmer angeordnet, vgl. Abb. 11.5.

---

[1] Die Raumgeschwindigkeit ist das Verhältnis des Rauchgasvolumens zum Volumen des Katalysators (Kehrwert der Verweilzeit).

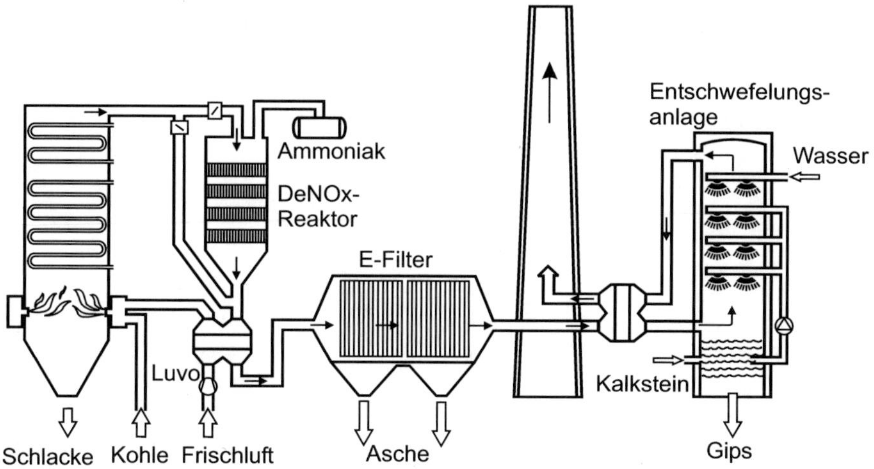

Abbildung 11.5. Bevorzugte Anordnung von DeNOx-Reaktor, Elektrofilter und Entschwefelungsanlage

Beispiel 11.3. Für einen Steinkohleblock soll der Ammoniakbedarf für die Reduzierung der NO_x-Emission von 800 mg/Nm^3 auf 150 mg/Nm^3 abgeschätzt werden. Dabei kann der Einfachheit halber mit NO stellvertretend für NO_x gerechnet werden. Die Molmasse von NH_3 beträgt 17 kg/kmol, die von NO 30 kg/kmol. Der Rauchgasvolumenstrom ist mit $2{,}22 \cdot 10^6$ Nm^3/h anzusetzen.

Lösung. Es sind 650 mg NO_x/Nm^3 aus dem Rauchgas zu entfernen. Das bedeutet bei einem Rauchgasvolumenstrom von 2,22 Mio. Normkubikmeter pro Stunde einen NO-Massenstrom von 1 443 kg/h. NO wird dabei gemäß

$$\mathrm{NO} + \mathrm{NH_3} + \frac{1}{4}\,\mathrm{O_2} \longrightarrow \mathrm{N_2} + \frac{3}{2}\,\mathrm{H_2O}$$

reduziert. Demnach ist pro Mol NO ein Mol NH_3 zuzugeben, weshalb der Massenstrom an Ammoniak

$$\dot{m}_{\mathrm{NH_3}} = \frac{M_{\mathrm{NH_3}}}{M_{\mathrm{NO}}}\,\dot{m}_{\mathrm{NO}} = 818\ \mathrm{kg/h}$$

beträgt.

11.4 Entsorgung der Rückstände

Der Flugstaub und der Rauchgasgips werden in der Bundesrepublik fast vollständig in der Bauindustrie weiterverwendet. Für die Reinigung des Abwassers aus den Entschwefelungsanlagen bestehen in der Regel eigene Kläranlagen, in denen das Abwasser soweit gereinigt wird, dass es für den Kraftwerksprozess weiterverwendet werden kann. Als Rückstand bleibt der Filterkuchen zurück, das ist der gepresste Schlamm aus der Kläranlage. Bei einer 750 MW-Anlage sind dies etwa 30 t pro Woche.

Die verbrauchten SCR-Katalysatoren werden von den Herstellern zurückgenommen und weiterverwertet, so dass nur ein geringer Massenanteil deponiert werden muss.

11.5 Fazit

Die kohlegefeuerten Kraftwerke sind durch die Einrichtungen zur Reinigung der Rauchgase umweltfreudlicher geworden. Die durch den Betrieb eines modernen Kohlekraftwerks bewirkten Immissionen an Staub und Schadgasen sind durch diese Maßnahmen so gering geworden, dass sie messtechnisch praktisch nicht mehr erfassbar sind; auch die errechenbaren Immissionen betragen in der Regel nur noch weniger als ein Prozent der zulässigen Werte.

Neben den Maßnahmen im Bereich der Luftreinhaltung dürfen die Anstrengungen für den Gewässerschutz und den Schallschutz, die in diesem Buch nicht behandelt werden, nicht vergessen werden, für beide Emissionsarten bestehen ebenfalls Vorgaben des Gesetzgebers in Form des Wasserhaushaltsgesetzes und der Gewerbeordnung.

Bei einem mit allen Einrichtungen für den Umweltschutz nach dem Stand der Technik ausgerüsteten Kraftwerk beträgt der Investitionsbedarf für den Umweltschutz rund 30% der Gesamtinvestition.

Literatur

1. Weber, E., Brocke, W.: Apparate und Verfahren zur industriellen Rauchgasreinigung. Oldenbourg, München 1973
2. Atzger, J., Bechthold, H., Fork, B. et. al.: Verfahren zur Rauchgasentschwefelung. In: Jahrbuch der Dampferzeugungstechnik, 4. Ausgabe. Vulkan, Essen 1983, 722–736
3. Jüntgen, H., Richter, E.: Rauchgasreinigung in Großfeuerungsanlagen: Grundlagen und technische Anwendung von kommerziellen Verfahren. BWK **37**, Dokumentation Rauchgasreinigung, 8–20 (1985)
4. Landolt, H., Börnstein, R.: Numerical data and functional relationships in science and technology. Springer, Berlin Heidelberg New York 1992

12

Dynamik der MW-Erzeugung in Dampfkraftwerken

Das Verbundnetz für elektrische Energie verknüpft Stromerzeuger und Verbraucher. Da elektrische Energie im selben Moment, in dem sie in das Netz eingespeist wird, verbraucht werden muss, ist ein selbsttätiges Zusammenwirken von Erzeugern und Verbrauchern erforderlich. Beispielsweise verursacht eine Zunahme des Verbrauchs zunächst eine Abnahme in der Netzfrequenz, in deren Folge der Energiebezug einzelner Verbraucher abnimmt. Um die entstandene Abweichung wieder rückgängig zu machen, verändert die Frequenz- und Leistungsregelung den Sollwert der Erzeugung, der dann der Ist-Erzeugung folgt, vgl. auch Abschn. 1.5.

Hieraus folgt, dass die kennzeichnende Zustandsgröße für ein elektrisches Netz die Frequenz ist. Durch Halten der Frequenz auf ihrem Sollwert kann sichergestellt werden, dass innerhalb des Gesamtnetzes die erzeugte Leistung mit der bei dieser Frequenz geforderten Leistung weitgehend übereinstimmt. Das Zusammenspiel zwischen Erzeugern und Verbrauchern ist in Abb. 12.1 schematisch dargestellt.

Die Anpassung der Erzeugung an den Verbrauch durch die Netzfrequenzregelung nennt man Primärregelung. Das Netz verbindet eine Anzahl von Erzeugern mit vielen Verbrauchern, so dass sich die einzelnen Verbraucher nicht mehr bestimmten Erzeugungseinheiten zuordnen lassen. Dieser Parallelbetrieb mehrerer Blöcke erlaubt Blockfahrweisen, die nach wirtschaftlichen Gesichtspunkten gestaltet werden können. Die Einhaltung dieser Fahrpläne wird mit der Sekundärregelung erreicht. Eigeninteresse der Erzeuger ist es, mit konstanter Last zu fahren; die Verbraucher auf der anderen Seite möchten bei konstanter Frequenz alle ihre Leistungsanforderungen decken. Um das Eigeninteresse der Verbraucher vollständig zu erfüllen, wäre eine verzögerungsfreie Leistungsbereitstellung seitens der Erzeuger zu erzwingen. Dies ist im Prinzip durch eine entsprechend scharfe Einstellung der Öffnungsregelung des Turbinenventils möglich.

Jede Veränderung der Last bringt aber Druck- und Temperaturstörungen in das System Kessel-Turbine. Dadurch werden zusätzliche Wärmespannungen in den thermisch hochbeanspruchten, dickwandigen Bauteilen dieser Komponenten induziert, die zu einem zusätzlichen Lebensdauerverbrauch führen. Im Interesse der Schonung ihrer Anlagen ist es für die Erzeuger daher nicht opportun, den Wünschen der Verbraucher uneingeschränkt nachzukommen.

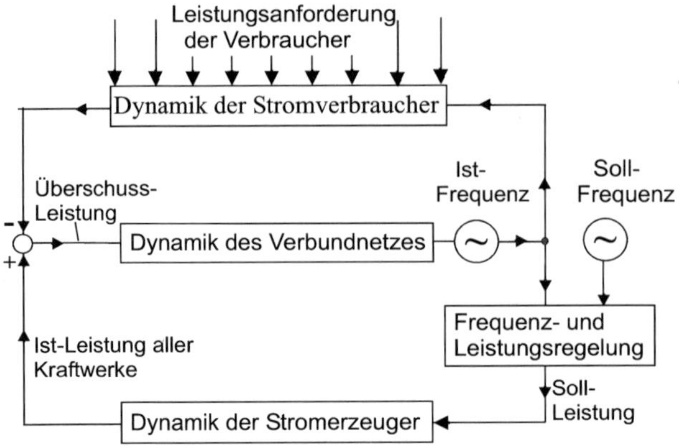

Abbildung 12.1. Vereinfachtes Schema der Verknüpfung zwischen Verbrauchern und Erzeugern von Wirkleistung durch das Verbundnetz.

Es ist vielmehr notwendig, die aus der Dynamik der Leistungsanforderung herrührenden Belastungen auf alle Systempartner zu verteilen.

Es stellt sich somit die Frage, welche und wieviele Laständerungen im Hinblick auf kritische Bauteile von Kessel und Turbine zulässig sind bzw. welche Verzögerung der Energiebereitstellung vom Standpunkt des Erzeugers gesehen erforderlich und vom Verbraucher aus gesehen vertretbar ist. Beide Fragen können durch eine Simulation des Systemverhaltens beantwortet werden. Bei der Simulation wird ein existierendes oder ein hypothetisches System durch ein mathematisches Modell abgebildet. Durch zielgerichtete Simulationsexperimente werden unter Ausnutzung der jeweils während des Experimentierens gewonnenen Informationen die Modellparameter so verändert, dass ein vorher festgelegtes Ziel erreicht wird. Die mit dem Modell erhaltenen Ergebnisse werden als Aussagen über das System interpretiert.

Das dynamische Verhalten des Systems Kraftwerk wird an sich durch komplizierte, nichtlineare Zusammenhänge beschrieben. Durch Linearisieren werden wir hier eine einfach zu handhabende Näherungstheorie herleiten, mit der das Verhalten des Systems übersichtlich zu beschreiben ist, vgl. [1].

12.1 Modellbildung

12.1.1 Allgemeines

Für die Modellbildung gehen wir zunächst von einem Prozess ohne Zwischenüberhitzung aus. Um ein anschauliches Bild der Vorgänge zu erhalten, untersuchen wir zunächst den Kessel allein, anschließend den Kessel und die Turbogruppe. Aufgabe der Modelle ist es, Kriterien für die Eignung verschiedener Dampferzeugersysteme für die unterschiedlichen Einsatzzwecke zu erhalten. Weiter werden diese Modelle dazu verwendet, ein Verbundsystem bestehend aus Dampferzeuger, Turbogruppe, elektrischem Netz und evtl. einer Fernwärmeversorgung zu simulieren.

Der einfache Kraftwerksprozess ist gekennzeichnet durch den Massenstrom des erzeugten Dampfes $\dot{m}_{\mathrm{D}}$, den Druck p und die Temperatur ϑ_{D} des Dampfes am Kesselaustritt. Durch diese Variablen ist der Energiestrom am Eintritt in den Energiewandler „Turbine“ festgelegt. Zur Erzeugung des Dampfstromes ist eine bestimmte Feuerleistung L für den Kessel erforderlich.

Unter den drei Variablen nimmt die Temperatur ϑ_{D} insofern eine Sonderstellung ein, als durch sie die ertragbaren Spannungen in den heißliegenden Bauteilen der Anlage begrenzt sind, da bei steigender Temperatur die zulässigen Höchstspannungen rapide absinken, vgl. Abb. 7.35. Aus diesem internen Grund erfolgt der Betrieb unter der Randbedingung einer konstanten Frischdampftemperatur. Die Einhaltung dieser Randbedingung wird ebenso wie die Regelung des Speisewasser- und des Verbrennungsluftstromes der internen Kesselregelung zugeordnet, vgl. Abb. 12.6.

Die Dynamik des Kraftwerksprozesses lässt sich in einen schnell verlaufenden Vorgang der Druck- und Durchflussdynamik und in eine langsamer ablaufende Temperaturdynamik unterteilen. Der „Ertrag“ der Variablen Druck und Durchfluss ist vereinfachend gesprochen die MW-Produktion; der „Ertrag“ der Temperaturdynamik ist dagegen die Sicherheit der Produktion. Dieser Aufteilung entsprechend wird der schnell ablaufende Vorgang der Druck- und Durchflussbildung im Dampferzeuger als *externe Kesseldynamik* bezeichnet und der langsamere Vorgang der Temperaturbildung als *interne Kesseldynamik*,. Durch die Erweiterung um das Durchflussverhalten der Turbine kann die externe Kesseldynamik zu einem Modell für den Kraftwerksprozess ausgebaut werden.

12.1.2 Inkompressible Strömung durch ein wärmespeicherndes Rohr, κ_{D}-Theorie

In stark vereinfachender Weise kann man einen Dampferzeuger als ein beheiztes Rohr abstrahieren, das vom wärmeaufnehmenden Arbeitsmittel durchströmt wird. Die Abstimmung zwischen Durchströmung und Beheizung sowie der Enthalpie des Arbeitsmittels am Rohreintritt hat so zu erfolgen, dass die Austrittstemperatur konstant ist. Abb. 12.2 zeigt ein Regelschema zur Lösung dieser Aufgabe. Die Abweichung der Austrittstemperatur oder der Durchflussmenge vom Sollwert wird von geeigneten Messgeräten festgestellt und dem Regler zugeführt, der gegebenenfalls eine Verstellung der Eintrittstemperatur veranlasst. Zur Beurteilung der Dynamik des Systems ist die Abhängigkeit der Austrittstemperatur von allen in der Abb. 12.2 angegebenen Störgrößen zu studieren [2], [3].
Die Aufgabe wird unter den folgenden Voraussetzungen gelöst:

- Die Stoffwerte seien konstant,
- die Rohrgeometrie sei fest,
- das Arbeitsmittel sei inkompressibel,

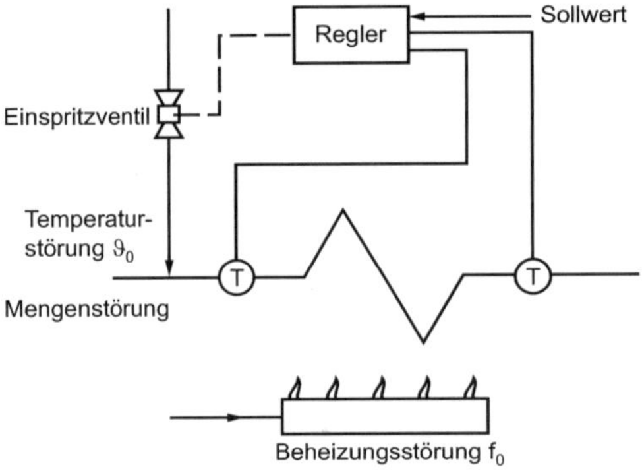

Abbildung 12.2. Schema einer Dampftemperaturregelung mit Einspritzkühler

- die Länge des Rohres sei groß gegen den Durchmesser, weshalb die Wärmeleitung in Strömungsrichtung vernachlässigt und quer dazu als unendlich gut angenommen werden kann.

Mit diesen Vereinfachungen kann untersucht werden, welche Rückwirkung die Heizflächentemperatur auf die Wärmeübertragung und damit die Austrittstemperatur des Arbeitsmittels hat. Dazu wird die Ein- bzw. Ausspeicherung von Wärme in bzw. aus dem Rohrmaterial berücksichtigt. Unbeachtet bleibt zunächst die Einspeicherung von Arbeitsmittel infolge der Kompressibilität bzw. durch Phasenänderungen im Verdampfer. Es werden folgende Bezeichnungen eingeführt:

Variable	dimensionslose Darstellung
Zeit t	$\tau = t/T$ mit T: Zeitkonstante,
Ortskoordinate x	$\xi = x/l$ mit l: Rohrlänge,
Rohrwandtemperatur	
$\theta_t(x,t) = \theta_s(x) + \theta^*(x,t)$	$\theta = \dfrac{\theta^*}{\theta_s - \vartheta_s}$,
Arbeitsmitteltemperatur	
$\vartheta_t(x,t) = \vartheta_s(x) + \vartheta^*(x,t)$	$\vartheta = \dfrac{\vartheta^*}{\theta_s - \vartheta_s}$,
Beheizung	
$f_t(x,t) = f_s(x) + f^*(x,t)$	$f = \dfrac{f^*}{f_s}$,
Wärmefluss Rohr $\longrightarrow$ Arbeitsmittel	
$q_t(t) = q_s(x) + q^*(x,t)$	$q = \dfrac{q^*}{q_s}$,
Geschwindigkeit des Arbeitsmittels	
$w_t(t) = w_s + w^*(t)$	$w = \dfrac{w^*}{w_s}$,

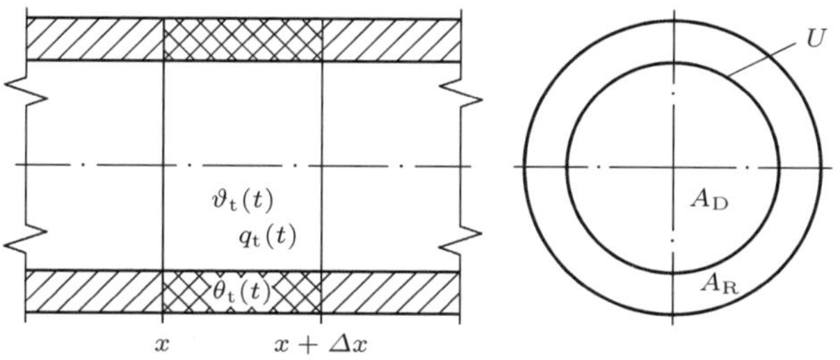

Abbildung 12.3. Wärmespeicherndes Rohr

Massenstrom des Arbeitsmittels

$$M_t(t) = M_s + M^*(t) \qquad M = \frac{M^*}{M_s} .$$

Die mit $*$ gekennzeichnete Größe ist jeweils die Differenz zwischen dem zeitabhängigen oder transienten Wert (Index t) und dem stationären Wert (Index s) einer Variablen. Die Bezeichnungen M und ϑ werden der Einfachheit halber anstelle von $\dot{m}_D$ und ϑ_D für den Dampfmassenstrom bzw. die Dampftemperatur verwendet.

Darüber hinaus werden gemäß Abb. 12.3 die geometrischen Größen

A_R Querschnittsfläche des Rohres,
A_D freier Rohrquerschnitt,
U Umfang des Rohres

eingeführt. Weiter bezeichnen:

ρ_D Dichte des Arbeitsmediums,
ρ_R Dichte des Rohres,
c_{p_D} spezifische Wärmekapazität des Arbeitsmediums,
c_{p_R} spezifische Wärmekapazität des Rohres.

Damit lautet die Energiebilanz für ein Rohrelement

$$\rho_R A_R \Delta x \, c_{p_R} \frac{\partial \theta_t}{\partial t} = \left(f_t - q_t\right) U \Delta x , \tag{12.1}$$

die für ein Arbeitsmittelelement entsprechend

$$\rho_D A_D \Delta x \, c_{p_D} \frac{\partial \vartheta}{\partial t} = q_t U \Delta x - \rho_D A_D \Delta x \, w_t c_{p_D} \frac{\partial \vartheta_t}{\partial x} . \tag{12.2}$$

Der Wärmefluss q_t kann durch

$$q_t = \alpha \left(\theta_t - \vartheta_t\right) \tag{12.3}$$

ausgedrückt werden; darin ist α die Wärmeübergangszahl. Die Abhängigkeit der Wärmeübergangszahl von der Geschwindigkeit kann bei konstanten Stoffwerten und fester Rohrgeometrie durch den Potenzansatz

$$\alpha = \alpha_s \left(\frac{w_t}{w_s}\right)^m \approx \alpha_s \left(1 + \frac{w^*}{w_s}\right)^m \approx \alpha_s \left(1 + m \frac{w^*}{w_s} + \dots\right) \tag{12.4}$$

beschrieben werden. Mit (12.3) und (12.4) kann q_t aus (12.1) und (12.2) eliminiert werden. Nach Einführung dimensionsloser Variablen folgt aus (12.1) und (12.2)

$$\frac{\partial \theta}{\partial \tau} = f - \theta + \vartheta - m\, w \tag{12.5}$$

bzw.

$$\frac{1}{\kappa_D} \frac{\partial \vartheta}{\partial \xi} + \frac{1}{T_S} \frac{\partial \vartheta}{\partial \tau} = \theta - \vartheta + (m-1)\, w\,. \tag{12.6}$$

Für die Ähnlichkeitsparameter κ_D und T_S gilt

$$\kappa_D = \frac{T_t}{T_D} = \frac{\dfrac{l}{w_s}}{\dfrac{\rho_D\, A_D\, l\, c_{p_D}}{\alpha_s\, U\, l}} = \frac{\alpha_s\, U\, l}{m_D\, c_{p_D}} = \frac{\vartheta_2 - \vartheta_1}{\Delta\theta} \tag{12.7}$$

bzw.

$$T_S = \frac{T_R}{T_D} = \frac{\dfrac{\rho_R\, A_R\, c_{p_R}}{\alpha_s\, U}}{\dfrac{\rho_D\, A_D\, c_{p_D}}{\alpha_s\, U}} = \frac{m_R\, c_{p_R}}{m_D\, c_{p_D}}\,. \tag{12.8}$$

In (12.7) ist T_t die Durchlaufzeit des Arbeitsmittels durch das Rohr und T_D eine charakteristische Zeit für den Aufheizvorgang des Arbeitsmittels. Sie ist die Zeit, in der die Temperatur des Arbeitsmittels um 1 K ansteigt, wenn die Temperaturdifferenz zur Rohrwand ebenfalls 1 K beträgt. m_R ist die Masse des Rohres und m_D die Masse des im Rohr enthaltenen Arbeitsmittels. Damit ist κ_D das Verhältnis zwischen der Durchlaufzeit und einer Zeit, die das Zeitverhalten der Temperatur des Arbeitsmittels charakterisiert. Aus der Energiebilanz der stationären Strömung des Arbeitsmediums kann κ_D auch durch das Verhältnis der Temperaturdifferenzen ausgedrückt werden, vgl. die linke Seite von (12.7). Dort ist $(\vartheta_2 - \vartheta_1)$ die stationäre Temperaturerhöhung des Arbeitsmittels und $\Delta\theta$ die mittlere Temperaturdifferenz zwischen Arbeitsmittel und Rohrwand. Entsprechend steht T_R in (12.8) für das Zeitverhalten des Energiespeichers Rohrwand. T_S ist dann das Verhältnis zwischen dem Wärmeinhalt der Rohrwand und des im Rohr befindlichen Arbeitsmittels.

Die linearen partiellen Differentialgleichungen (12.5) und (12.6) können unter Annahme von geeigneten Anfangsbedingungen gelöst werden. Setzt man als Anfangsbedingung einen Einheitssprung von ϑ, w oder f voraus, können die Gleichungen z.B. mit der Methode der Laplace-Transformation integriert werden. Dabei werden die Zeitfunktionen in frequenzabhängige Funktionen einer komplexen Variablen s überführt. Wegen der relativ komplizierten Struktur der Gleichungen ergeben sich technische Schwierigkeiten bei der Rücktransformation, so dass ein Bedarf für Näherungslösungen besteht. Für die Anwendungen reicht es meist aus, die Übertragungsfunktion am Rohrende

($\xi = 1$) zu approximieren. Unter Verwendung der in der Regelungstechnik bereitgestellten Methoden [4] kann das Übertragungsverhalten durch die nachfolgenden Zusammenhänge für eine Temperaturstörung

$$G_\vartheta(s) = \frac{\Delta\vartheta_{\text{aus}}}{\Delta\vartheta_{\text{ein}}} = \exp\left(-T_{\text{t}}\, s - \frac{T_{\text{S}}\, s}{\kappa_{\text{D}} + T_{\text{S}}\, s}\right), \tag{12.9}$$

eine Feuerstörung

$$G_{\text{F}}(s) = \frac{\Delta\vartheta_{\text{aus}}}{\frac{\Delta f}{f}} = \Delta\vartheta_{\text{s}} \frac{1}{T_{\text{S}}\, s}\left(1 - G_\vartheta(s)\right), \tag{12.10}$$

und eine Massenstromstörung

$$G_{\text{M}}(s) = \frac{\Delta\vartheta_{\text{aus}}}{\frac{\Delta M}{M}} = \Delta\vartheta_{\text{s}}\left(\frac{1}{T_{\text{S}}\, S} + \frac{1-m}{\kappa_{\text{D}}}\right)\left(1 - G_\vartheta(s)\right) \tag{12.11}$$

dargestellt werden. Die Größe m ist durch (12.4) definiert. Untersuchungen haben gezeigt, dass für $\kappa_{\text{D}} \gg 2$ das Verhalten der Austrittstemperatur bei Feuerungs- und Massenstromstörungen bis auf das Vorzeichen gleich ist.

Beispiel 12.1. Es ist die Sprungantwort eines Überhitzers bei einer Temperatur-, Feuer- und Massenstromstörung zu ermitteln. Folgende Werte sind bekannt:

Rohrmasse	$m_{\text{R}} = 90\,000$ kg,
Freies Volumen	$A \cdot l = 11$ m^3,
Innere Oberfläche	$U \cdot l = 1\,500$ m^2,
Wärmeübergangszahl	$\alpha = 7\,000$ W/m^{2}K,
Mittlere spezifische Wärmekapazität des Rohres	$c_{p_{\text{R}}} = 650$ J/kgK,
Mittlere spezifische Wärmekapazität des Arbeitsmittels	$c_{p_{\text{D}}} = 3\,600$ J/kgK,
Dampfstrom	$M = 500$ kg/s,
spezifisches Dampfvolumen	$1/\rho_{\text{D}} = 0{,}015$ m^3/kg.

Lösung. Mit (12.7) und (12.8) können κ_{D}, T_{R} und T_{t} berechnet werden. Es folgt

$$\kappa_{\text{D}} = 5{,}8, \qquad T_{\text{R}} = 5{,}57 \text{ s}, \qquad T_{\text{t}} = 1{,}46 \text{ s}.$$

Der Verlauf der Sprungantwort ist für eine Temperaturstörung in Abb. 12.4 und eine Beheizungsstörung in Abb. 12.5 dargestellt. Die Sprungantwort für eine Durchflussstörung stimmt bis auf das Vorzeichen mit der für die Beheizungsstörung überein. Bei der Berechnung der dargestellten Lösungen wurde $G_\vartheta(s)$ gemäß

$$G_\vartheta = \left(1 + \frac{T_{\text{S}}}{n}\right)^{-n}$$

mit $n = \kappa_{\text{D}}/2$ angenähert. Diese Approximation ist für $\kappa_{\text{D}} \gg 1$ zulässig.

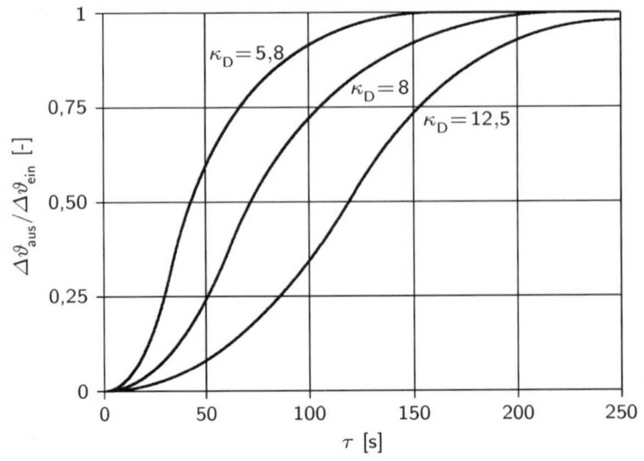

Abbildung 12.4. Antwort eines Überhitzers auf eine sprunghafte Temperaturstörung

12.1.3 Kesselmodelle

12.1.3.1 Externe Kesseldynamik und Modellarten

Unser Hauptinteresse besteht darin, das Verhalten des Kessels gegenüber seiner Umgebung kennenzulernen. Ein Dampferzeuger ohne Zwischenüberhitzung steht mit seiner Umgebung über

- das Lastkommando $L(t)$ zur Verstellung der Kesselleistung,
- den Frischdampfstrom $M(t)$,
- und den Frischdampfdruck $p(t)$

in Verbindung. Dabei ist $L(t)$ die Wirkung der Umgebung auf den Kessel; $L(t)$ wird in der Regel als verlangter Dampfstrom mit $L = M$ im stationären Zustand angegeben. $M(t)$ und $p(t)$ sind Wirkungen des Kessels auf seine Umgebung. Die interne Regelung wie z.B. die der Überhitzertemperatur, des Luft- und Brennstoffstromes etc. wird mit entsprechender Einstellung als optimal

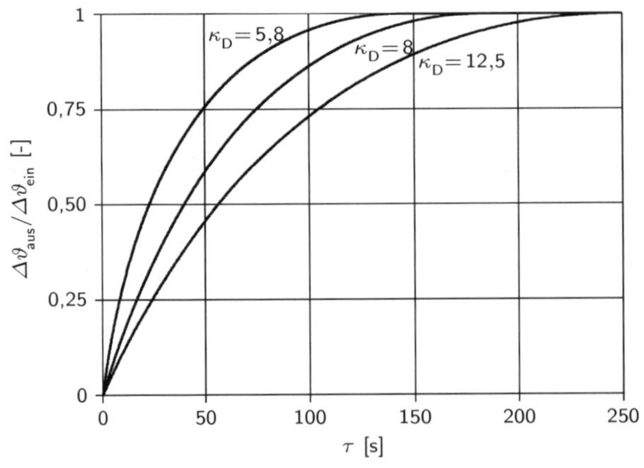

Abbildung 12.5. Antwort eines Überhitzers auf eine sprunghafte Beheizungsstörung

vorausgesetzt. Unter dieser Voraussetzung ergibt sich für die Wechselwirkung des Kessels mit seiner Umgebung das in Abb. 12.6 dargestellte Schema.

Die drei Größen (L, M, p) heißen *externe Variable.* Das dynamische Verhalten des Kessels gegenüber seiner Umgebung wird durch den zeitlichen Verlauf dieser drei Größen beschrieben, die damit ein vollständiges System von Variablen bilden. Jede der Größen lässt sich durch die beiden anderen ausdrücken. Mit dem Lastkommando als Eingangsgröße ergeben sich zwei Beschreibungsmöglichkeiten:

$$p(t) = p\big(M(t), L(t)\big) \qquad \text{(Dampfdruckmodell)} \tag{12.12}$$

und

$$M(t) = M\big(p(t), L(t)\big) \qquad \text{(Dampfstrommodell).} \tag{12.13}$$

Hier sind p und M i.allg. nichtlineare Funktionen. Bei kleinen Abweichungen von einem Betriebspunkt kann um diesen linearisiert werden. Man erhält durch Bildung totaler Differentiale

$$\mathrm{d}p = \left.\frac{\partial p}{\partial M}\right|_L \mathrm{d}M + \left.\frac{\partial p}{\partial L}\right|_M \mathrm{d}L\,, \tag{12.14}$$

$$\mathrm{d}M = \left.\frac{\partial M}{\partial p}\right|_L \mathrm{d}p + \left.\frac{\partial M}{\partial L}\right|_p \mathrm{d}L\,. \tag{12.15}$$

Diese linearen Differentialformen in den Variablen M, L und p heißen in der Analysis Pfaff'sche Formen. Bei diesen gelten für die partiellen Ableitungen folgende Beziehungen: für das M-p-L-System

$$0 = \left.\frac{\partial M}{\partial p}\right|_L \left.\frac{\partial p}{\partial L}\right|_M \left.\frac{\partial L}{\partial M}\right|_p + 1 \tag{12.16}$$

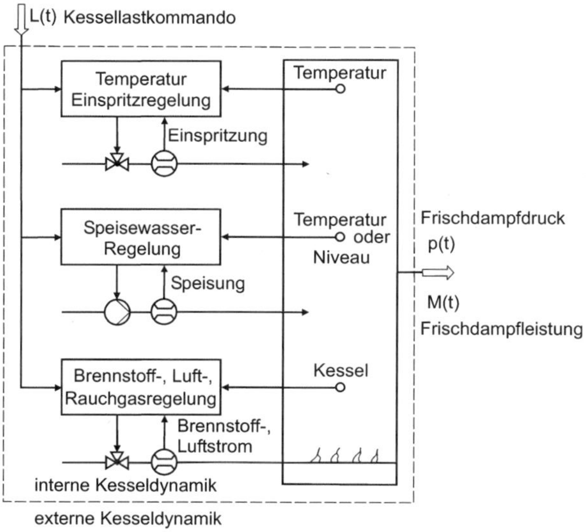

Abbildung 12.6. Dampferzeugermodell

und analog für das p-M-L-System

$$0 = \left.\frac{\partial p}{\partial M}\right|_L \left.\frac{\partial M}{\partial L}\right|_p \left.\frac{\partial L}{\partial p}\right|_M + 1\ . \tag{12.17}$$

12.1.3.2 Das lineare Dampfstrommodell

Beim Dampfstrommodell ergibt sich die Variation des Frischdampfstromes ΔM aus der Superposition der Wirkungen der Änderung von Druckkommando $\Delta p(t)$ und Lastkommando $\Delta L(t)$. Dies entspricht einer Betriebsweise mit einer ideal stark wirkenden Vordruckregelung durch die Turbine. Das Modell wird meist als lineare Gleichung für die Abweichungen geschrieben:

$$\Delta M(t) = \left.\frac{\partial M}{\partial p}\right|_L \Delta p(t) + \left.\frac{\partial M}{\partial L}\right|_p \Delta L(t) = G_{\mathrm{S}}\, \Delta p(t) + G_{\mathrm{L}}\, \Delta L(t)\ . \tag{12.18}$$

Die Größe

$$G_{\mathrm{S}} \equiv \left.\frac{\partial M}{\partial p}\right|_L \tag{12.19}$$

beschreibt den Dampfspeichervorgang bei Druckänderung bei konstanter Kessel-Solleistung und müsste daher eigentlich „Druck-Speicherverhalten“ heißen. Allgemein wird dieser Term aber als *Speicherverhalten* bezeichnet.

$$G_{\mathrm{L}} \equiv \left.\frac{\partial M}{\partial L}\right|_p \tag{12.20}$$

beschreibt den Dampfspeichervorgang bei einer Laständerung bei konstantem Frischdampfdruck und ist daher ein Maß für das Lastspeicherverhalten. G_{L} wird als *AP-thermische Trägheit* bezeichnet, wobei AP für *Admission Pressure Control*[1] steht. Dies entspricht einer Betriebsweise mit Vordruckregelung durch die Turbinenventile.

Aus dem Speicherverhalten kann auf das Betriebsverhalten bei konstanter Stellung der Turbinenventile (man spricht von blockierten Ventilen) geschlossen werden. Der typische Verlauf einer Sprungantwort des Frischdampfstroms bei einer Druckänderung ist in Abb. 12.7 dargestellt.

Die thermische Trägheit beschreibt das dynamische Verhalten des Frischdampfstroms bei einer Änderung des Lastkommandos. Der Frischdampfdruck wird dabei konstant gehalten, vgl. Abb. 12.8.

Es ist üblich, das Übertragungsverhalten durch einfach aufgebaute (low order) Übertragungsfunktionen zu approximieren. Dabei wird angestrebt, die Funktionen durch Parameter zu charakterisieren, die auch physikalisch interpretiert werden können. So kann das Übertragungsverhalten zwischen Lastkommando und Dampfstrom in guter Näherung durch ein Verzögerungsglied n-ter Ordnung beschrieben werden:

[1] Vordruckregelung

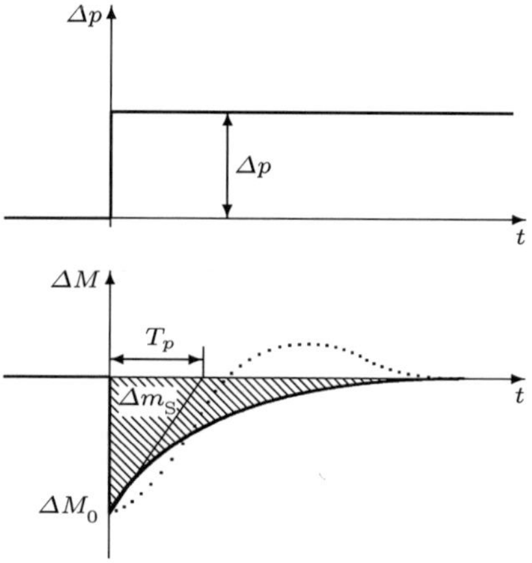

Abbildung 12.7.
Druck-Speicherverhalten
eines Dampferzeugers

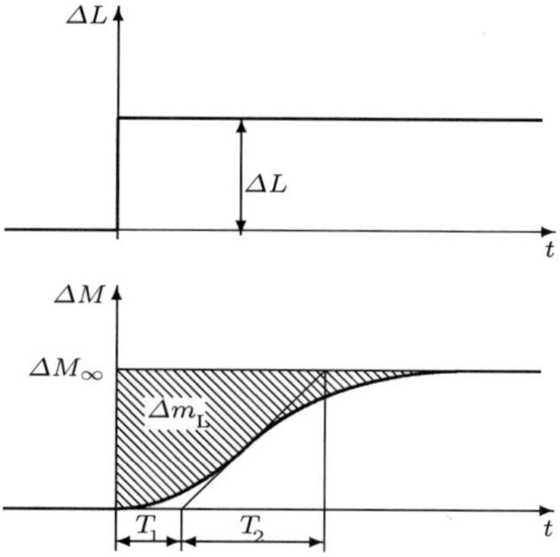

Abbildung 12.8.
Thermische Trägheit
eines Dampferzeugers

$$G_{\mathrm{L}}(s) = \left(1 + T_{\mathrm{L}}\,\frac{s}{n}\right)^{-n} . \tag{12.21}$$

Die Zeitkonstante der thermischen Trägheit

$$T_{\mathrm{L}} = \frac{\Delta m_{\mathrm{L}}}{\Delta M_0} \tag{12.22}$$

gibt die Zeit an, während der ΔM_0 fließen muss, um die eingespeicherte Menge Δm_{L} zu decken. Δm_{L} ist ein Maß für die bei einer Erhöhung des Lastkommandos um ΔL eingespeicherte Energiemenge. Sie ist definiert als

$$\Delta m_{\mathrm{L}} = \int_0^{\infty} \big(\Delta L(t) - \Delta M(t)\big)\mathrm{d}t . \tag{12.23}$$

Bei der in Rede stehenden Approximation ergibt sich die Ordnung n des Verzögerungsgliedes in bekannter Weise aus dem *Totzeitparameter*

$$\sigma_{\mathrm{L}} = \frac{T_1}{T_2} \tag{12.24}$$

gemäß den Abbildungen 12.7, 12.8 und 12.9.

Die thermische Trägheit umfasst sowohl die Trägheit der Feuerung $T_{\mathrm{L_F}}$ als auch die des eigentlichen HD-Dampferzeugungssystems $T_{\mathrm{L_D}}$, so dass

$$T_{\mathrm{L}} = T_{\mathrm{L_F}} + T_{\mathrm{L_D}} \tag{12.25}$$

resultiert. Die Trägheit der Feuerung und der Dampferzeugung sind von Einzelheiten des Aufbaus der Feuerungsanlage, des Dampferzeugersystems, dem Regelkonzept und der Einstellung der Regelung abhängig. In Tabelle 12.1

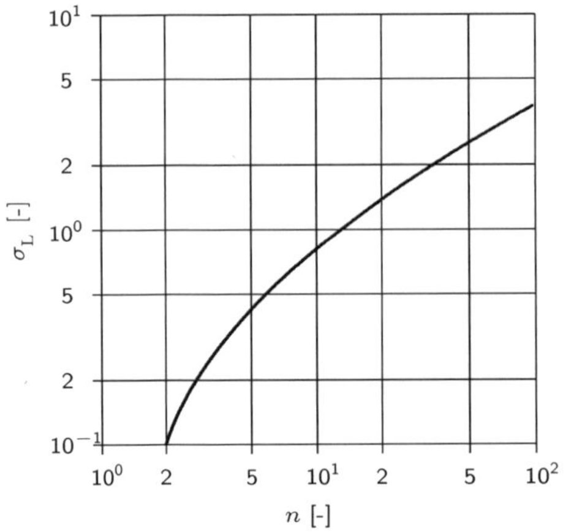

Abbildung 12.9. Zusammenhang zwischen σ_L und n

sind Ergebnisse von ausgeführten Anlagen angegeben. Die Trägheit der Kohlenfeuerung ergibt sich aus der im Vergleich zur Ölfeuerung längeren Verfahrenskette.

Tabelle 12.1. Typische T_L-Werte für Kessel mit verschiedenen Feuerungsarten

Brennstoff	Trägheit der Feuerung T_{L_F} [s]	Trägheit der Dampferzeugung $T_L = T_{L_F} + T_{L_D}$ [s] Naturumlauf	Zwangdurchlauf
Öl und Gas	8 – 15	60 – 80	50 – 70
Braunkohlenstaub	85 –120	170 –240	150 –230
Steinkohlenstaub	90 –120	160 –240	140 –220

Analog zur thermischen Trägheit kann auch das Speicherverhalten G_S vereinfacht dargestellt und interpretiert werden. Charakteristisch für das Speicherverhalten ist die große Anfangsamplitude und das anschließende Abklingen auf den Anfangswert. Abhängig von der internen Reglereinstellung kann es dabei zu mehr oder weniger großen Überschwingungen kommen, vgl. die gestrichelte Linie in Abb. 12.7. Maßgebend für das Ausfahren rascher Laständerungen ist dabei das Anfangsverhalten, das sich in gewisser Näherung durch die Exponentialfunktion

$$\Delta M(t) = \Delta M_0 \exp\left(\frac{-t}{T_p}\right) \tag{12.26}$$

darstellen lässt. Für die bei einer Druckerhöhung um Δp eingespeicherte Dampfmenge gilt nach Abb. 12.7

$$\Delta m_S = \int_0^\infty \Delta M(t)\,\mathrm{d}t = \Delta M_0\, T_p = k_p\, \Delta p\,. \tag{12.27}$$

Die *Speicherkapazität*

$$k_p = \frac{\Delta m_{\mathrm{S}}}{\Delta p} \tag{12.28}$$

ist ein Maß für die eingespeicherte Dampfmenge pro 1 bar Druckerhöhung. Das Zeitverhalten des Einspeichervorgangs bei einer Druckerhöhung wird durch die Zeitkonstante des Speicherverhaltens T_p bestimmt, vgl. Abb. 12.7. Sie beschreibt die Verzögerung, mit welcher der Speicherdampf vom Kessel freigegeben wird. T_p ist eine Dynamik-Zeitkonstante mit

$$T_p = k_p \frac{\Delta M}{\Delta p} . \tag{12.29}$$

Die Übergangsfunktion kann bei dem beschriebenen Verhalten ohne Überschwingungen angenähert werden durch

$$G_{\mathrm{S}}(s) = \left. \frac{\partial M}{\partial p} \right|_L = -\frac{k_p}{T_p} \frac{T_p\, s}{1 - T_p\, s} . \tag{12.30}$$

Das Dampfstrommodell ergibt sich aus der Superposition der beiden Teilmodelle. Dabei ist es zweckmäßig, mittels des stationären Betriebspunktes (p_0, M_0) eine dimensionslose Darstellung einzuführen. Wir setzen dazu

$$T_{\mathrm{g}} = \frac{k_p\, p_0}{M_0} . \tag{12.31}$$

T_{g} heißt *Speicherfähigkeit.* Sie gibt an, wie lange der Dampfstrom M_0 aus dem Speicher „Kessel" gedeckt werden könnte, wenn der Kesseldruck um $\Delta p = p_0$ abgesenkt würde. Im Unterschied zur Dynamik-Zeitkonstante T_p ist T_{g} eine Bilanz-Zeitkonstante.

Um die Speicherfähigkeit verschiedener Kessel miteinander vergleichen zu können, wird anstelle von T_{g} vorteilhaft die Definition

$$T_{\mathrm{bar}} = \frac{k_p}{M^*} \tag{12.32}$$

verwendet. Hier ist M^* die maximale Dauerleistung des Kessels. T_{bar} gibt an, wie lange der Speicherdampf bei 1 bar Druckabsenkung die Dauerlast M^* decken könnte, vgl. Tabelle 12.2. Da ferner das Lastkommando als Dampfstrom angegeben wird und somit $L_0 = M_0$ ist, folgt für die dimensionslose Darstellung der thermischen Trägheit

$$G_{\mathrm{L}}^0(s) = \left. \frac{\dfrac{\Delta M}{M_0}}{\dfrac{\Delta L}{L_0}} \right|_{\Delta p} = \left(1 + \frac{T_{\mathrm{L}}}{n}\, s\right)^{-n} \tag{12.33}$$

und des Speicherverhaltens

$$G_{\mathrm{S}}^{0}(s) = \frac{\dfrac{\Delta M}{M_0}}{\dfrac{\Delta p}{p_0}} = \frac{T_{\mathrm{g}}}{T_p} \frac{T_p\, s}{1 + T_p\, s} \,. \tag{12.34}$$

Tabelle 12.2. Speicherfähigkeit T_{bar} und Speicherzeitkonstante T_p verschiedener Dampferzeuger

Brennstoff	Speicherfähigkeit T_{bar} [s/bar]		Speicherzeitkonstante T_p [s]	
	Naturumlauf	Zwangdurchlauf	Naturumlauf	Zwangdurchlauf
Öl und Gas	0,6–0,7	0,1–0,2	15–25	5–15
Braunkohle	1,0–1,9	0,4–0,7	35–60	15–30
Steinkohle	0,7–1,4	0,2–0,4	25–40	8–20

12.1.3.3 Das lineare Dampfdruckmodell

Das Dampfdruckmodell beschreibt die Änderung des Frischdampfdruckes $\Delta p(t)$ als Superposition der Auswirkungen der Änderung des Lastkommandos $\Delta L(t)$ und der dem Kessel entnommenen Frischdampfleistung $\Delta M(t)$. Das Modell wird als lineare Gleichung für die Abweichungen angesetzt:

$$\Delta p(t) = \left.\frac{\partial p}{\partial L}\right|_M \Delta L(t) + \left.\frac{\partial p}{\partial M}\right|_L \Delta M(t) = G_{\mathrm{A}}\, \Delta L(t) + G_{\mathrm{D}}\, \Delta M(t) \,. \tag{12.35}$$

Hierbei wird G_{A} als *Anstauverhalten* und G_{D} als *Entnahmeverhalten* bezeichnet. Nach den Regeln der zyklischen Vertauschung für die partiellen Ableitungen Pfaff'scher Formen gilt

$$G_{\mathrm{A}} = \left.\frac{\partial p}{\partial L}\right|_M = -\frac{\left.\dfrac{\partial M}{\partial L}\right|_p}{\left.\dfrac{\partial M}{\partial p}\right|_L} = -\frac{G_{\mathrm{L}}}{G_{\mathrm{S}}} = -G_{\mathrm{L}}\, G_{\mathrm{D}} \tag{12.36}$$

und

$$G_{\mathrm{D}} = \left.\frac{\partial p}{\partial M}\right|_L = \frac{1}{G_{\mathrm{S}}} \,. \tag{12.37}$$

Im Anschluss an die vereinfachte Darstellung des Dampfstrommodells durch die Beziehungen (12.21) und (12.30) ergibt sich für das Anstauverhalten

$$G_{\mathrm{A}}(s) = -\frac{G_{\mathrm{L}}}{G_{\mathrm{S}}} = G_{\mathrm{L}} \frac{T_p}{T_{\mathrm{g}}} \frac{1 + T_p\, s}{T_p\, s} = G_{\mathrm{L}} \frac{1 + T_p\, s}{T_{\mathrm{g}}\, s} = G_{\mathrm{V}} \frac{1}{T_{\mathrm{g}}\, s} \tag{12.38}$$

und entsprechend für das Entnahmeverhalten

$$G_{\mathrm{D}}(s) = \frac{1}{G_{\mathrm{S}}} = -\frac{T_p}{T_{\mathrm{g}}} - \frac{1}{T_{\mathrm{g}}\, s} \,. \tag{12.39}$$

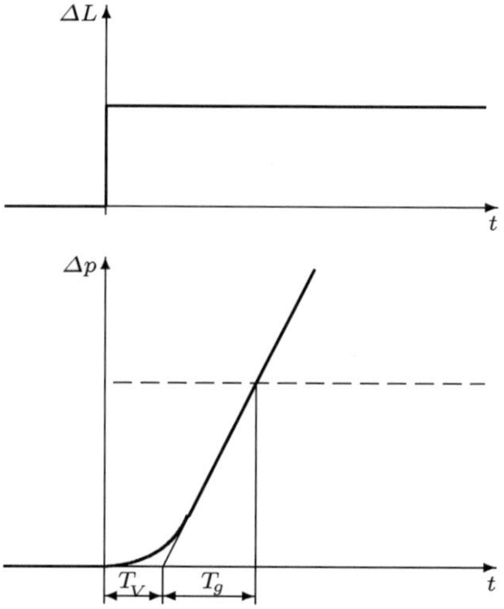

Abbildung 12.10.
Anstauverhalten
eines Dampferzeugers

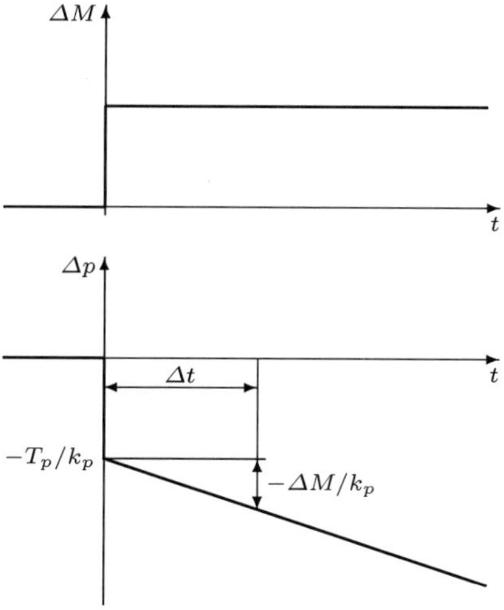

Abbildung 12.11.
Entnahmeverhalten
eines Dampferzeugers

Das Anstauverhalten stellt sich als eine verzögerte Integration dar, die nach (12.38) als Hintereinanderschaltung eines Verzögerungsgliedes G_V und eines reinen Integrationsgliedes dargestellt werden kann, vgl. Abb. 12.10. Das Entnahmeverhalten (12.39) wird durch ein PI-Glied dargestellt, vgl. Abb. 12.10 und Abb. 12.11.

Charakteristisch für das Dampfdruckmodell ist, dass die beiden Partialverhalten keinem Gleichgewichtswert zustreben. Sie sind deshalb auch nur schwer zu messen und werden daher meist aus dem Dampfstrommodell bestimmt. Das Dampfdruckmodell wird immer dann verwendet, wenn das Verhalten bei einer vorgegebenen Massenstromstörung untersucht werden soll.

12.1.4 Modell des Dampferzeugers mit Turbogruppe

Das Kraftwerksmodell umfasst den Dampferzeuger und die Turbogruppe sowie die interne Regelung. Die Leistung einer Turbine ist nach (8.27) proportional zum Dampfmassenstrom und dieser wiederum nach (8.29) proportional zum Druck und dem Öffnungsquerschnitt des Turbinenventils. Daraus ergibt sich für die Massenstromänderung

$$\mathrm{d}M = a_p\, A\, \mathrm{d}p + a_A\, p\, \mathrm{d}A\,. \tag{12.40}$$

Bei einer voll beaufschlagten Turbine sind die Konstanten $a_p \approx a_A \approx 1$. Mit Bezug auf den Betriebspunkt (M_0, p_0, A_0) ergibt sich die linearisierte Durchflussgleichung

$$\frac{\mathrm{d}M}{M_0} = \frac{\mathrm{d}p}{p_0} + \frac{\mathrm{d}A}{A_0}\,. \tag{12.41}$$

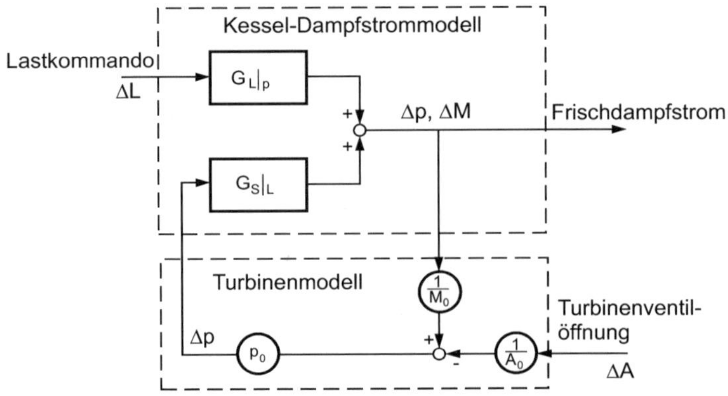

Abbildung 12.12. Blockschaltbild für die Verknüpfung von Kessel und Turbine

Um das Verhalten des Kessels bei einem vorgegebenen zeitlichen Verlauf der Öffnung des Turbinenventils $A(t)$ zu bestimmen, kombiniert man diese Gleichung mit dem Dampfstrom- oder Dampfdruckmodell.

Die Verzögerung der Strömung durch die HD-Turbine liegt in der Größenordnung von etwa 0,1 s. Im Vergleich zu den Zeitkonstanten des Kessels ist diese Zeit kurz, und für Dynamikuntersuchungen genügt es, mit der stationären Turbinengleichung (12.40) zu rechnen. Bei Kraftwerksprozessen mit Zwischenüberhitzung ist allerdings das Speicherverhalten des Zwischenüberhitzers oft ausschlaggebend für das Zeitverhalten und muss entsprechend berücksichtigt werden.

In Abb. 12.12 ist das resultierende Blockschaltbild für die Verknüpfung des Kessels mit der Turbine dargestellt; dafür wurde das lineare Dampfstommodell (12.18) mit der Durchflussgleichung der Turbine (12.41) verknüpft. Hier gibt die Turbine die Abströmbedingung für den Dampferzeuger vor und stellt eine Verknüpfung zwischen Dampfdruck und Durchfluss dar. Eingangsgrößen des Systems Kessel-Turbine sind folglich das Lastkommando $L(t)$ und die Ventilöffnung $A(t)$. Die Ventilöffnung kann nun so verändert werden, dass entweder ein vorgegebener Druck p erreicht wird – dies ergibt die Festdruckbetriebsweise – oder man kann mit ihr den Energiespeicher Kessel aktivieren.

Beispiel 12.2. Es soll die Eignung eines mittelgroßen Kohlekessels für das Ausfahren einer sprunghaften Vergrößerung um 10% des Frischdampfstroms abgeschätzt werden. Der Kessel liefert einen Frischdampfdruck von 180 bar. Berechnen Sie die daraus resultierende Druckabsenkung. Die Kennwerte der Regelstrecke sind durch $T_p = 20$ s, $T_g = 200$ s und $T_L = 100$ s gegeben.

Lösung. Zur Kompensation der thermischen Trägheit wird aus dem Kessel die Dampfmenge

$$\frac{\Delta m_S}{M_0} = T_L \frac{\Delta M}{M_0}$$

ausgespeichert. Daraus resultiert nach (12.28) und (12.31) eine Druckabsenkung von

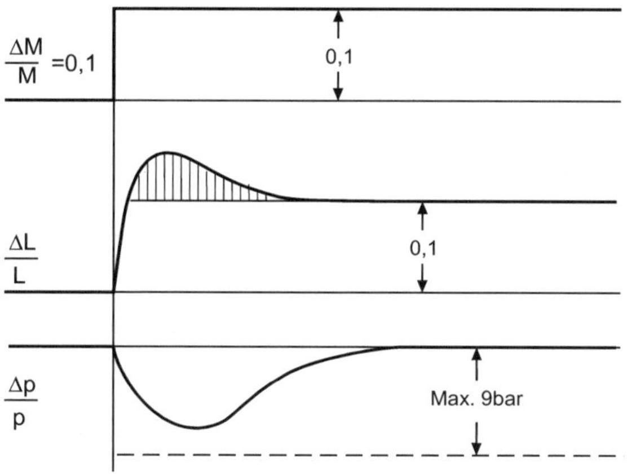

Abbildung 12.13. Lastkommando und Kesseldruck bei einem Lastsprung

$$\Delta p = \frac{\Delta m_S}{k_p} = \frac{p_0 \Delta m_S}{T_g M_0} = p_0 \frac{T_L \Delta M}{T_g M_0} = 9 \text{ bar}.$$

Diese Druckabsenkung entsteht, wenn gleichzeitig mit der Störung ΔM des Frischdampfstromes M auch das Lastkommando um $\Delta L/\Delta L_0 = \Delta M/\Delta L_0$ verstellt wird. Qualitativ ergibt sich der in Abb. 12.13 dargestellte Verlauf.

Mit dem Modell des Dampferzeugers mit Turbogruppe sind die Grundlagen für die vereinfachte Simulation des Kraftwerksprozesses bereitgestellt. Die resultierenden Gleichungen können unter Zugrundelegung von Anfangsbedingungen integriert werden. Beispielhaft dafür ist in Abb. 12.14 das Ergebnis einer Simulationsrechnung für eine Änderung des Leistungssollwertes von 40 auf 100% in 7,5 min für eine im Gleitdruck betriebene und mit Steinkohle gefeuerte Anlage dargestellt. Der große Feuervorhalt ist typisch für den Gleitdruckbetrieb: Er ist erforderlich, um den für die Auffüllung des Speichers zusätzlich benötigten Dampf bereitzustellen. Dies ist auch der Grund dafür, dass die Vollast erst nach ca. 12 min erreicht wird. Laststeigerungen von 6% pro Minute gelten als darstellbar.

Würde die Anlage im Festdruck gefahren, ergäbe sich eine schnellere Laständerung. Die Vollast würde bei gleicher Feuereinstellung bereits nach ca. 8 min erreicht, was einer Laständerungsgeschwindigkeit von 7,5% pro Minute entspricht.

Die Abweichungen in der Frischdampftemperatur sind ebenfalls durch das Ungleichgewicht zwischen Feuerung und Dampferzeugung bedingt und können mit Hilfe der weiter oben entwickelten κ_D-Theorie erfasst werden.

12.2 Fazit

Dieser Abschnitt hat gezeigt, dass der Kraftwerksprozess in einen schnell ablaufenden Vorgang der MW-Erzeugung und in einen vergleichsweise langsam ablaufenden Vorgang der Temperaturbildung aufgeteilt werden kann. Für beide Vorgänge lassen sich einfache Modelle entwickeln, die das dynamische Verhalten mit Hilfe weniger Parameter kennzeichnen.

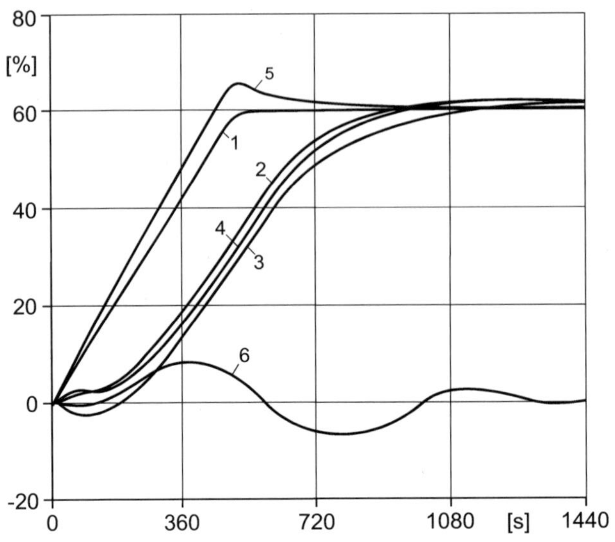

1 Leistungssollwert
2 Frischdampfstrom
3 Frischdampfdruck
4 Generatorleistung
5 Brennstoffstrom
6 Frischdampftemperatur

Abbildung 12.14. Simulation der Laststeigerung von 40 auf 100% für einen mit Steinkohle gefeuerten, im Gleitdruck betriebenen 500 MW-Block [5]

Die Modelle können dazu verwendet werden, um die Leistungsdynamik eines Blockes bei Laständerungen und Störfällen zu studieren. Mit ihrer Hilfe kann weiter eine Optimierung bei der Auslegung thermisch hochbeanspruchter Komponenten erreicht und das Betriebsverhalten verbessert werden.

Bei Verwendung moderner Rechenanlagen ist es nicht mehr notwendig, die Vorgänge in der angegebenen Weise zu linearisieren. Der Wert der hier durchgeführten Betrachtung liegt darin, dass ein unmittelbarer Zugang zur Kessel- und Kraftwerksdynamik und den zugehörigen physikalischen Vorgängen gewonnen wird.

Literatur

1. Laeubli, F.: Large scale boiler simulation. Seminar on boiler modelling of the MITRE corporation, Bedford, MA 1974
2. Acklin, L., Läubli, F.: Die Berechnung des dynamischen Verhaltens von Wärmetauschern mit Hilfe von Analog-Rechengeräten. Techn. Rundschau Sulzer, Forschungsheft 1960
3. Profos, P.: Regelung von Dampfanlagen. Springer, Berlin Heidelberg 1962
4. Föllinger, O.: Regelungstechnik. Elitera, Berlin 1978
5. Strauß, K., Baumgartner, F.: Das dynamische Verhalten von Dampferzeugern unterschiedlicher Bau- und Feuerungsart bei Fest- und Gleitdruckbetrieb. In: Jahrbuch der Dampferzeugungstechnik, 4. Ausgabe. Vulkan, Essen 1983, 900–912

13

Die letzte Herausforderung für kohlegefeuerte Kraftwerke: CO_2–Sequestrierung

Die Notwendigkeit der CO_2–Sequestrierung kann mit einem Wort umschrieben werden: Kohle. Kohle setzt mehr CO_2 pro Energieeinheit frei als die anderen fossilen Brennstoffe, vgl. Fig.13.1. Im Unterschied zu Erdöl und Erdgas, deren mit erprobten Verfahren gewinnbare Reserven schon zur Mitte des Jahrhunderts der Erschöpfung entgegengehen, reichen die kostengünstig abbaubaren Kohlevorräte noch länger. Es muss deshalb damit gerechnet werden, dass der Kohleverbrauch stärker als der Energieverbrauch zunehmen wird. Zudem sind die mit Kohle gefeuerten Dampfkraftwerke die zuverlässigsten und anpassungsfähigsten Anlagen der Energiewirtschaft. Ihre Perfektion hat heute einen solchen Grad erreicht, dass mit einem gewissen Recht von der Endphase ihrer Entwicklung gesprochen werden kann. Die Bestwerte der Nettowirkungsgrade steinkohlegefeuerter Dampfkraftwerke liegen bei 45%, durch Steigerung der Frischdampf- und ZÜ–Temperatur auf 700/720°C und des Frischdampfdruckes auf 30 MPa erscheinen allenfalls noch Nettowirkungsgrade von ca. 50% bei Binnenlandkraftwerken mit Kühltürmen zur Ableitung der Kondensationswärme erreichbar, dies setzt allerdings die Verfügbarkeit von Nickel-Basislegierungen für die Endüberhitzer und Frischdampfleitungen voraus, deren Einsatzreife zur Zeit noch nicht gegeben ist. Kraftwerke mit der 700°C Technologie werden deshalb voraussichtlich erst nach 2020 in Betrieb gehen. Wir müssen daher damit rechnen, dass der absehbare Mehrverbrauch an Brennstoff durch die mögliche moderate Steigerung der Wirkungsgrade nicht kompensiert werden kann, da der Ersatz der zur Zeit im Betrieb befindlichen Anlagen noch Jahrzehnte dauern wird.

Weltweit waren im Jahr 2006 ca. 5000 mit fossilen Brennstoffen gefeuerte Kraftwerksblöcke mit einer Gesamtleistung von rd. 2.700 GW im Betrieb, sie haben rd. 2/3 der verbrauchten Elektrizität erzeugt und ca. $12{\cdot}10^9$ t CO_2 pro Jahr emittiert. Die gesamte durch die Nutzung fossiler Brennstoffe bedingte Emission von CO_2 lag bei rd. $29{\cdot}10^9$ t[1].

Aus der hohen Wahrscheinlichkeit einer weltweiten Klimaänderung durch den

[1] Zum Vergleich: Der natürliche Kohlenstoffkreislauf, der Träger der Energie in der Biosphäre, hat eine Intensität von $77 \cdot 10^9$ t C pro Jahr, was einem CO_2 Kreislauf von rd. $280{\cdot}10^9$ t pro Jahr entspricht.

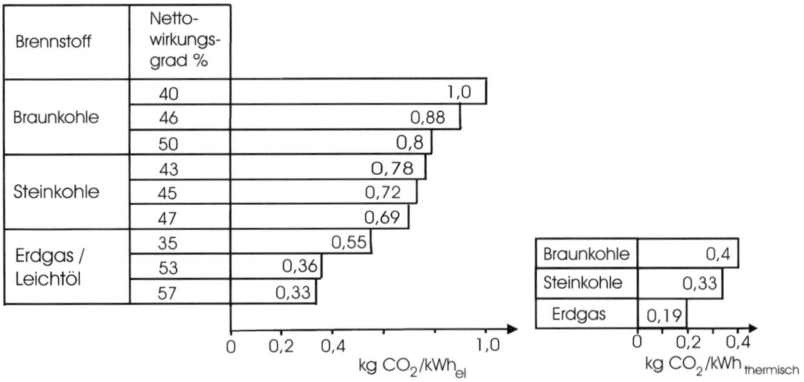

Abbildung 13.1. Linkes Teilbild: CO_2–Emission von Dampfkraftwerken in Abhängigkeit von der Art des Brennstoffes und des Nettowirkungsgrades; rechtes Teilbild: Spezifische Emission dreier Brennstoffe.

mit dem Energieverbrauch verbundenen CO_2-Ausstoß ergibt sich als letztes Problem für die Entwicklung der mit fossilen Brennstoffen gefeuerten Kraftwerke die Sequestrierung des bei der Verbrennung freigesetzten Kohlendioxids. Die technische Aufgabe besteht darin, das CO_2 aus den Rauchgasen abzutrennen, zu konditionieren, zu transportieren und langfristig sicher zu verwahren. Die hier dargelegten Überlegungen stützen sich auf die Studien [3], [4] und [6].

13.1 CO_2–Abtrennung

Verfahren zur CO_2 Abtrennung sind aus der chemischen Technik gut bekannt. Was aussteht ist die Erprobung der geeigneten Verfahrensvarianten unter den Bedingungen des Kraftwerksbetriebs. Für die folgenden drei Abtrennverfahren sind Demonstrationsanlagen in Planung:

- Abtrennung des CO_2 aus den Rauchgasen (*post-combustion process*)
- Verbrennung der Kohle mit weitgehend reinem Sauerstoff (O_2/CO_2 *recycle combustion*)
- Kohlenstoff–Abtrennung vor der Verbrennung (*pre-combustion process*)

13.1.1 Abscheideanlagen

Rauchgase kohlegefeuerter Kraftwerke bestehen zu ca. 80% aus Stickstoff, 13% Kohlendioxid und zu 7% aus Wasserdampf. Die Abscheidung des Kohlendioxids mittels Gaswäsche beruht auf dem gut bekannten Prinzip der chemischen Absorption des CO_2 in einer Waschlösung, welche Amine oder andere

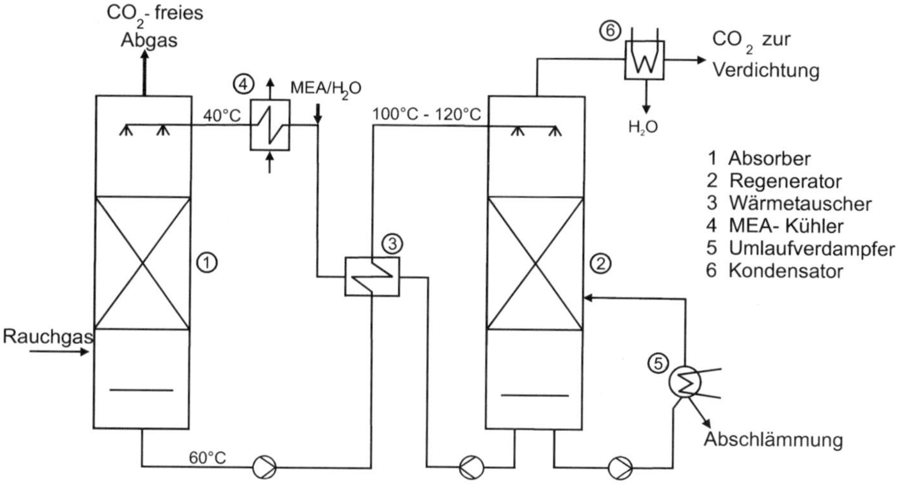

Abbildung 13.2. MEA-Prozess zur CO_2-Abtrennung.

Sorpentien enthält, und anschließender Desorption. Absorption und Desorption sind reversible Vorgänge: Zunächst erfolgt die Absorption bei einer Temperatur von ca. 40 bis 65°C und daran anschließend die Desorption bei erhöhter Temperatur von 100 bis 120°C oder/und erniedrigtem Druck, vgl. Abb. 13.2. Derzeit laufen intensive Studien zur Auswahl eines geeigneten Lösemittels basierend auf Alkanolaminen. Es werden Mischungen aus MEA (Monoethanolamin) und reaktionsbeschleunigenden Aktivatoren zur Abscheidung getestet[6]. MEA ist eine giftige, brennbare, korrosive, farblose Flüssigkeit, die durch Reaktion von Ethylenoxid mit Ammoniak dargestellt wird.
Für die Absorption/Desorption des CO_2 durch MEA gilt die Reaktionsgleichung:

$$C_2H_4OHNH_2 + H_2O + CO_2 \rightleftharpoons C_2H_4OHNH_3^+ + HCO_3^- . \tag{13.1}$$

Zur Regenerierung wird die Temperatur des Lösungsmittels um 40 bis 80°C erhöht, der erforderliche Wärmestrom für den Umlaufverdampfer, der einem elektrischen Energiebedarf von rd. 0,28 bis 0,35 kWh/kgCO_2 entspricht, wird am günstigsten durch Anzapfdampf bereitgestellt, geht damit aber dem Kraftwerksprozess verloren; dieser Wärmebedarf ist der Hauptgrund für die Verschlechterung des Anlagenwirkungsgrades. Das in Rede stehende Abscheideverfahren wird bereits im kleineren Maßstab in Raffinerien und in der chemischen Industrie eingesetzt und hat sich dort technisch bewährt. Jedoch sind die dort behandelten Gasströme noch um den Faktor 10 kleiner als die in einem 800 MW Kohlekraftwerk; sie sind zudem frei von Verunreinigungen, die bei kohlegefeuerten Anlagen immer präsent sind. Vor einem Einsatz für Kraftwerke müssen deshalb noch Verfügbarkeit und Wirkungsgrad der Abtrennung unter Kraftwerksbedingungen in Pilotanlagen demonstriert werden. Nachteile

des Verfahrens sind der hohe Energiebedarf für die Regenerierung und die Notwendigkeit, einen großen Lösungsmittelstrom umzuwälzen. Die Anstrengungen um eine Verbesserung dieses Verfahrens konzentrieren sich auf die energetische Integration in den Kraftwerksprozess und die Optimierung der Lösungsmittel.
Alternative Varianten für die CO_2–Abscheidung, die aber als weniger geeignet erscheinen, sind die Adsorption an Aktivkohle oder Kalkstein, und das Ausfrieren. In der Entwicklung befinden sich ferner Membranverfahren, bei denen eine Gaskomponente durch eine Membran diffundieren kann und so abgeschieden wird, vgl. [3] und [4].
Im Prinzip wäre die CO_2–Wäsche auch ohne Chemikalieneinsatz mit Wasser möglich. Wegen der geringeren Löslichkeit des CO_2 in Wasser ist dann die erforderliche Wassermenge, die zur Aufnahme des CO_2 umzuwälzen ist, um ca. den Faktor 10 größer als die Lösungsmittelmenge bei der MEA–Wäsche. In der Summe führt dies zu einem höheren Energieaufwand und, wegen der dann größeren Abmessungen der erforderlichen Apparate, zu höheren Investitionen.
Beispiel: Für einen mit Steinkohle gefeuerten 800 MW Kraftwerksblock wäre für eine 90%ige CO_2 Abscheidung bei einer Beladung des Lösungsmittels von ~0,5 Mol CO_2 pro Mol MEA ein Lösungsmittelstrom (~ 80% H_2O, 20% MEA) von ca. 6.000 t/h erforderlich. Durch den Energieaufwand für Regenerierung und Umwälzung vermindert sich die Nettoleistung des Kraftwerksblocks um rd. 148 MW. Zu berücksichtigen ist ferner noch der Leistungsaufwand von rd. 64 MW für die CO_2 Verflüssigung, damit resultiert eine Nettoleistung auf 588 MW. Der Wirkungsgrad reduziert sich von 42,5% auf 31,2%, er hängt wesentlich von der Art der Energieintegration des Wäschers in den Kraftwerksprozess ab.
Die bei Vollast pro Stunde abgeschiedene CO_2 Menge von 576 t ist um den Faktor 2,6 größer als die für den Betrieb des Kraftwerks erforderliche Kohlemenge.

13.1.2 Verbrennung mit Sauerstoff

Bei dieser Art der Verbrennung, die in der Literatur als *Oxyfuel combustion* bezeichnet wird, erfolgt die Verbrennung des kohlenstoffhaltigen Brennstoffs in einer stickstoffreien Atmosphäre. Da eine Verbrennung mit reinem Sauerstoff zu nicht beherrschbar hohen Verbrennungstemperaturen führen würde (ca. 3500°C), wird beim Oxyfuel-Prozess ein Teil der Verbrennungsgase zurückgeführt, vgl. Abb. 13.1.2 und [2]. Durch diese Maßnahme kann die Verbrennungstemperatur auf 1700 – 1900°C begrenzt werden, was den Temperaturen in den Brennkammern heutiger Kohlekessel entspricht. Die entstehenden Verbrennungsprodukte bestehen dann im wesentlichen nur noch aus CO_2 (≈90%), einem kleinen Teil Wasserdampf und Verunreinigungen wie SO_x, dem sogenannten Brennstoff-NO_x sowie der Asche. Das den Kessel verlassende Gas kann dann nach Staubabscheidung und Rauchgaswäsche zur Abscheidung von SO_x und NO_x in einem nachgeschalteten Kondensator in die Komponenten H_2O und CO_2 getrennt werden.

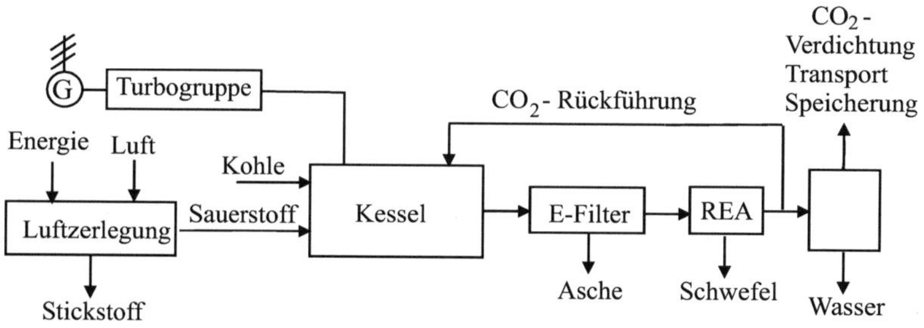

Abbildung 13.3. Schema eines Kraftwerks mit Verbrennung in einer O_2/CO_2 Atmosphäre und CO_2 Abtrennung (Oxyfuel-Prozess)

Zur Bereitstellung des Sauerstoffs stehen bereits gut entwickelte Luftverflüssigungsanlagen zur Verfügung; im industriellen Einsatz sind bereits Anlagen mit einer Kapazität von 200 Tonnen O_2/h, was dem Verbrauch eines 300 MW Kohlekraftwerks entspricht. Der Nachteil dieser Anlagen besteht in dem hohen energetischen Aufwand für die Bereitstellung des Sauerstoffs in Höhe von ca. 250 kWh/Tonne O_2. Inclusive der CO_2–Verdichtung vermindert sich dadurch der Netto–Wirkungsgrad kohlegefeuerter Anlagen um ca. 8 bis 10%–Punkte. In [1] wird über eine Studie zur CO_2–Abscheidung bei einem mit Braunkohle gefeuerten 865 MW Kraftwerksblock nach dem Oxyfuel–Verfahren berichtet, danach verminderte sich die Nettoleistung um 175 MW und der Wirkungsgrad um 8,6%–Punkte auf 34%.
Die noch zu lösenden Aufgaben betreffen die Ausgestaltung der Feuerung und der Brenner sowie die Abdichtung des gesamten Kessels gegen Lufteinbrüche, die zu einer Verdünnung des CO_2 im Rauchgas führen würden. Zudem bestehen keine Erfahrungen bezüglich des Werkstoffverhaltens in einer CO_2–reichen Atmosphäre. Eine noch zu entwickelnde Komponente ist ferner das Hochtemperaturgebläse für die erforderliche Rezirkulation des Rauchgases.

13.1.3 Brennstoffumwandlung

Ziel ist es, den Kohlenstoff vor der Verfeuerung, z.B. mittels Vergasung und Trennprozessen, zu entfernen. Bei der Druckvergasung mit Sauerstoff und Wasserdampf kann die Kohle in ein wasserstoffreiches Synthesegas umgewandelt werden, das den Kohlenstoff nur noch in Form von CO_2 enthält. Dies kann durch eine an die Vergasung anschliesende Dampfreformierung bzw. eine Wassergas–Reaktion erreicht werden, vgl. Abschnitt (14.1):

$$C_xH_y + xH_2O \Longleftrightarrow xCO + (x + y/2)H_2 \tag{13.2}$$

$$C_xH_y + x/2O_2 \Longleftrightarrow xCO + y/2H_2 \tag{13.3}$$

$$CO + H_2O \Longleftrightarrow CO_2 + H_2 \tag{13.4}$$

Nach einer Gasreinigung (Entstaubung, Entschwefelung) trennt ein Absorber das CO_2 vom H_2 ab. Der verbleibende Wasserstoff wird verbrannt und der dabei entstehende Wasserdampf in einer Turbine entspannt. Auch bei dieser Ausführung vermindert sich der Wirkungsgrad infolge der CO_2–Abscheidung. Je nach Prozessdesign werden Nettowirkungsgrade zwischen 35 und 40% erreicht.
Die Kombination einer Vergasungsanlage mit einem Kraftwerk erlaubt eine thermodynamisch besonders günstige Ausgestaltung. Wir werden darauf bei der Behandlung der Gasturbinen–Kraftwerke zurückkommen.

13.2 Transport, Speicherung, Risiken

Bei allen Varianten muss das gasförmige CO_2 nach der Abscheidung transportfähig konditioniert und sicher gelagert werden. Da sein kritischer Punkt bei 31 °C und 73 bar liegt, wird der zur Deponierung anstehende CO_2–Strom zur Verringerung seines Volumens in den überkritischen Zustand gebracht und kann dann in flüssiger Phase in Kesselwagen oder Pipelines transportiert werden. Die zur Entsorgung anfallenden CO_2–Mengen sind so mächtig, dass Nutzungsmöglichkeiten, z. B. in der chemischen Industrie, nicht ins Gewicht fallen. Es besteht somit keine Alternative zur Deponierung.
Möglichkeiten zur CO_2 Einspeicherung bieten die porösen Gesteinsschichten weitgehend ausgebeuteter unterirdischer Lagerstätten fossiler Brennstoffe. Das mit hohem Druck im flüssigen Zustand injizierte CO_2 verdrängt noch in den Poren verbliebene Reste, so dass zusätzliches Erdgas und Öl gewonnen werden kann. Als Speicher bieten sich auch mit Salzwasser gefüllte unterirdische Bodenschichten (Aquifere) und die tiefsten Stellen der Ozeane an, vgl. [7], [8].
Die Frage nach der Zuverlässigkeit der Einspeicherung von gewaltigen Mengen in unterirdischen Lagern ist noch nicht beantwortet: Wir wissen nicht, ob diese Reservoire wirklich dicht sind, bzw. mit welcher Rate das CO_2 eventuell entweichen kann.[2] Dabei ist klar, dass die Reservoire das CO_2 nicht für immer einschließen müssen. Die Verweilzeit im Speicher muss aber lang genug sein, damit der natürliche Kohlenstoffkreislauf die atmosphärische Störung durch

[2] Das CO_2 ist Teil des Energiekreislaufs der Biosphäre, es ist überall präsent und in geringen Mengen für luftatmende Lebewesen unschädlich, hoch konzentriert wirkt es aber erstickend. Das potentielle Risiko eines CO_2–Speichers besteht deshalb nicht in einer geringen Leckage sondern im plötzlichen Ausbruch großer Mengen. Beispiel für die Gefährlichkeit eines plötzlichen CO_2 Ausbruchs ist ein Naturereignis, das sich 1986 am Nyos-See in Kamerun ereignete. Durch eine tektonische Störung wurden aus dem See, der den Krater eines vor geologischen Zeiten erloschenen Vulkans ausfüllte, einige 100.000 m^3 CO_2 frei. Das Kohlendioxid, das eine höhere Dichte als Luft hat, floss durch zwei Täler bergab, es erstickte 1746 Menschen und viele Tiere[9].

die industrielle CO_2 Emission wieder auf das Niveau der vorindustriellen CO_2-Konzentration reduzieren kann.
Die Ozeane der Erde enthalten etwa 50-mal soviel Kohlenstoff wie die Atmosphäre. Obwohl die Ozeane auch bisher schon etwa die Hälfte des emittierten Kohlendioxids aufgenommen haben, sind die Konzentrationen im Meerwasser und der Atmosphäre nicht im Gleichgewicht. Der Grund dafür ist die lange Mischungszeit von ca. 1000 Jahren zwischen dem oberflächennahen Wasser der Ozeane und dem Wasser der Tiefsee. Die geologische Lagerung von CO_2 ist demnach nur dann sinnvoll, wenn eine Verweilzeit von mehreren Jahrtausenden erreicht werden kann.
Die Aufnahme von CO_2 im Meerwasser erfolgt durch Auflösung von Meerescarbonat. Im Wasser gelöstes Kohlendioxid bildet Kohlensäure:

$$CO_2 + H_2O \rightarrow H_2CO_3 \rightleftharpoons 2H^+ + {CO_3}^{2-} \tag{13.5}$$

Die Kohlensäure reagiert ihrerseits mit dem Calciumcarbonat:

$$CaCO_3 + H_2CO_3 \rightarrow Ca^{2+} + 2HCO_3^- \tag{13.6}$$

Gemäß Gl.(13.6) wirkt die Anwesenheit von Calciumcarbonat ($CaCO_3$) der Versauerung durch die bei der Lösung des CO_2 im Wasser nach Gl.(13.5) frei werdenden Protonen (H^+ Ionen) entgegen. Das Calciumcarbonat im Meerwasser stammt im Wesentlichen aus Sedimenten, die am Meeresboden lagern und durch Wirbelströmungen im Wasser verteilt werden. Die Entsäuerung gemäß Gl.(13.6) ist deshalb ein langsam ablaufender Prozess.
Die Versauerung des Meerwassers schädigt aber auch die kalkschalenbildenden Lebewesen der Meere, u.a. Schildkröten, Schnecken, Korallen etc., deren Fähigkeit, sich Schutzhüllen zu bilden, mit abnehmendem pH-Wert nachlässt. Eine Möglichkeit, eine Versauerung der Meere durch CO_2 zu vermeiden, besteht darin, das CO_2 in Sedimente unterhalb des Meeresbodens einzubringen. Nach den gegenwärtigen Kenntnissen würde sich dabei das CO_2 nicht mit dem Wasser mischen, sondern bei Temperaturen unter 10°C zusammen mit der Porenflüssigkeit als festes Hydrat vorliegen, vgl.[10]. Trotz möglicher höherer Kosten kann es sein, dass dieser Ansatz zielführender ist als eine terristische Lagerung. Denn es sind keine aufwendigen Überwachungseinrichtungen erforderlich und auch eine mögliche Leckage hätte geringere Schäden zur Folge.
Seit der Verabschiedung des Kyoto–Protokolls wird mit einigen Projekten die prinzipielle Durchführbarkeit der CO_2 Deponierung im Pilotmaßstab erprobt. In Europa gibt es bereits ein großtechnisch realisiertes Projekt zur CO_2–Abscheidung und Speicherung. Seit 1996 wird von der Firma Statoil jährlich eine Menge von 10^3t CO_2, das bei der Aufbereitung von Erdgas im Sleipner-Feld vor der Küste Norwegens anfällt, in eine Salzwasser führende Schicht unterhalb der Gaslagerstätte verpresst, ähnliche Projekte werden auch in Kanada und Algerien ausgeführt. Die bereits bekannt gewordenen Ergebnisse belegen, dass die Verfahrenstechnik für die CO_2–Speicherung im Prinzip verfügbar ist. Offen ist die Frage der Sicherheit. Zur Klärung werden im Rahmen der europäischen Forschungsprojekte *Castor* (CO_2 from Capture to Sto-

rage) und *CO_2 GeoNet* (Netzwerk europäischer Forschungszentren) umfangreiche Untersuchungen durchgeführt und es sind weitere Demonstrationsprojekte zur CO_2 Einspeicherung geplant. So soll ab 2010 ein CO_2-Speicherprojekt des GFZ (Geoforschungszentrum Potsdam) in Ketzin, Brandenburg, mit Mitteln der EU durchgeführt werden. Im ebenfalls EU finanzierten Projekt RECOPOL sollen ab 2006 täglich bis zu 20 t Kohlendioxid tausend Meter tief in Kohleflöze des schlesischen Kohlebeckens eingepresst werden. Neben der technischen soll auch die wirtschaftliche Machbarkeit untersucht werden.

Beispiel: CO_2 Anfall in einem Kraftwerk
Bei einem mit Steinkohle gefeuerten 800 MW Kraftwerksblock, der 8.000 Stunden im Jahr mit Vollast betrieben wird, fallen pro Jahr rd. $5{,}6 \cdot 10^6$ t CO_2 an. Unter einem Druck von 100 bar und bei 20°C nimmt diese Menge ein Volumen von $6{,}5 \cdot 10^6$ m^3 ein. Zur Speicherung könnte diese Menge in Kraftwerksnähe in wasserführende Bodenschichten (Aquifere) in ca. 2000 bis 3000 m Tiefe verbracht werden. Es ist bekannt, dass poröse, wasserführende Schichten in diesen Tiefen, die Dicken von 40 m und eine horizontale Ausdehnung von mehreren Quadratkilometern haben können, weit verbreitet sind und meist keine Verbindung zu den Grundwasserspeichern haben, aus denen wir unser Trinkwasser beziehen.
Wenn die ursprünglich mit Wasser gefüllten Poren einer derartigen Schicht ca. 20% des Gesamtvolumens ausmachen und das CO_2 die Hälfte dieses Wassers verdrängen kann, beträgt die Speicherfähigkeit eines Aquivers von 40 m Höhe und 40 km^2 Ausdehnung ca. $160 \cdot 10^6$ m^3. Damit könnte das gesamte vom Kraftwerk freigesetzte CO_2 für ca. 30 Jahre aufgenommen werden.[3]

Beispiel: Entfernung von CO_2 aus der Atmosphäre
Falls es mit den zu entwickelnden Techniken zur Speicherung gelingt, das CO_2 für lange Zeit, d.h. für immer, von der Atmosphäre fernzuhalten, so könnte man auf die Idee kommen, damit den CO_2 Anteil in der Atmosphäre zusätzlich zu vermindern. Dazu müsste die Energiefreisetzung durch Verbrennung von Biomasse erfolgen, kombiniert mit CO_2–Sequestierung und pflanzlichen Kulturen.
Im ersten Schritt würden die Pflanzen mittels Photosynthese aus der Atmosphäre CO_2 entnehmen und in Biomasse umwandeln. Im zweiten Schritt wird dann die in die Pflanzen eingespeicherte Energie durch Verbrennung in Nutzenergie überführt. Die freigesetzte CO_2 Menge wird sodann sequestriert und ist damit der Atmosphäre entzogen.
Pflanzen nutzen ca. 1% der einfallenden Sonnenenergie zur Photosynthese und erzeugen damit ca. 2,5 kg frischer Biomasse pro Jahr und m^2 Boden. Durch Entfernen des intrazellulär gebundenen Wassers kann daraus etwa 1 kg Trockenmasse mit einem Heizwert von ~20 MJ gewonnen werden. Würden 10% der Fläche der Bundesrepublik, rd. $35702 \cdot 10^6 m^2$, für Energiepflanzen zur Verfügung gestellt, so könnte pro Jahr eine Energiemenge von rd. $24 \cdot 10^6$ tSKE gewonnen werden, dies entspricht ca. 4,7%

[3] In der Bundesrepublick werden pro Jahr ca. 0,8 Gt Kohlendioxid in die Atmosphäre abgegeben. Diese würde einen Speicher mit einem Volumen von ca. einem Kubikkilometer ($10^9 m^3$) ausfüllen.
Zum Vergleich: Das Speichervolumen der ausgebeuteten deutschen Erdgasfelder wird auf ca. 2,5 Gt veranschlagt und das der Aquifere auf ca. 30 Gt.

unseres Energiebedarfs per anno.

13.3 Fazit

Bei kohlegefeuerten Dampfkraftwerken kann der Wirkungsgrad durch Anhebung der Frischdampftemperatur auf 700° und des Frischdampfdrucks auf 350 bar auf ca. 50% erhöht werden. Gegenüber dem gegenwärtigen Durchschnitt der europäischen Kohlekraftwerke würde sich dadurch die CO_2–Emission von 930 g/kWh auf 680 g/kWh vermindern. Eine darüber hinaus gehende Reduktion der CO_2–Emissionen durch eine weitergehende Optimierung des Dampfkreislaufes und einer damit einhergehenden Verbesserung des Wirkungsgrades ist auf absehbare Zeit nicht zu erwarten. Zur Erreichung einer Reduktion auf Werte um 100 g/kWh müssen deshalb Verfahren zur CO_2 Abscheidung und Sequestrierung entwickelt und angewandt werden.

Die Abtrennung des CO_2 aus den Rauchgasen kohlegefeuerter Kraftwerke ist, wenn auch zu hohen energetischen Kosten, technisch möglich; allerdings liegen dafür zur Zeit (2009) keine Erfahrungen im großtechnischen Maßstab oder in großen Pilotanlagen vor. Die CO_2–Abscheidung und der Oxyfuel–Prozess werden zur Zeit in Kleinanlagen mit 30 MW Feuerleistung erprobt. Dabei sind keine unerwarteten Effekte aufgetreten.
Da Kohlekraftwerke für eine Lebensdauer von ca. 40 Jahren ausgelegt werden und sich in dieser Zeitspanne amortisieren müssen, sind für die Planung genaue Kenntnisse über das Betriebsverhalten und über die Kosten aller Kraftwerkskomponenten unumgänglich. Für steinkohlegefeuerte Kraftwerke wird der Aufwand für die Anlagen zur CO_2–Abtrennung auf ca. 450 € pro kW installierter Kraftwerksleistung veranschlagt; hinzu kommt noch der Platzbedarf, der in etwa ebenso groß ist wie die Stellfläche heutiger Kraftwerke samt Rauchgasreinigung. Außerdem ergeben sich Zusatzkosten für Transport und Speicherung. Anlagen mit CO_2–Sequestrierung werden im Vergleich zu herkömmlichen Kraftwerken voraussichtlich doppelt so hohe Stromgestehungskosten haben.

Für die sichere Deponierung der in Großfeuerungen anfallenden CO_2 Mengen besteht die Hoffnung, dass sich die zur Zeit untersuchten Möglichkeiten (Aquifere, Kohleflöze, Gas- und Ölfelder, Tiefsee) zu sicheren und ökologisch akzeptablen Endlagerstätten entwickeln lassen. Gemäß der derzeitigen Rechtslage ist die Speicherung von CO_2 im Untergrund innerhalb der Europäischen Union nicht genehmigungsfähig. Zwar hat das Europaparlament eine entsprechende Richtlinie über die CO_2 – Speicherung verabschiedet, die noch im Jahr 2009 in Kraft treten soll [5]. Diese Richtlinie muss dann noch von den Parlamenten der Mitgliedsländer in nationales Recht umgesetzt werden.

In Anbetracht des Energiehungers der modernen Gesellschaften und der Klimaprobleme könnte die CO_2 Sequestrierung die einzige verbliebene Chance für die Zulässigkeit der weiteren Nutzung unserer in großen Mengen vorhandenen und kostengünstig zu gewinnenden Kohlevorräte sein. Der deutsche Anteil an den weltweiten CO_2–Emissionen beträgt rd. 3%, von denen ca. die Hälfte auf die Kohlekraftwerke entfällt.

Literatur

1. Anderson, K., F. Johnsson, L. Strömberg: Large Scale CO_2 Capture–Applying the Concept of O_2/CO_2 Combustion to Commercial Process Data. VGB PowerTech **83**,Heft 10, 29–33 (2003)
2. Buhre, B.J.P., L.K. Elliot, C.D. Sheng, R.P. Gupta, T.F.Wall: OXy-fuel combustion technology for coal fired power generation. Progress in Energy and Combustion Sciences **31**, 283 –307 (2005)
3. Göttlicher, G.: Energetik der Kohlendioxidrückhaltung in Kraftwerken. Fortschritt-Berichte VDI, Reihe 6, Nr. 421, VDI-Verlag 2001
4. IPCC Special Report on Carbon Dioxid Capture and Storage. Cambridge University Press 2005
5. EU-Europäisches Parlament: Richtlinie des Europäischen Parlaments und des Europäischen Rates über die geologische Speicherung von Kohlendioxid. Verordnung(EG)Nr.1013/2006, KOM (2008) 0018, C6-0040/2008, 2008/0015-(COD),2008
6. VGB PowerTec, CO_2 Capture and Storage. VGB Report on the State of the Art. Published by VGB PowerTech e.V., obtainable from VGB PowerTech Service GmbH, Verlag technisch wissenschaftlicher Schriften, Postfach 10 39 32, 45039 Essen Essen 2004 (http://www.vgb.org)
7. Lackner, K.S.: A Guid to CO_2 Sequestration. Science **300**, 1677–1678 (2002)
8. Schrag, D.S.: Preparing to capture carbon. Science. **315**812-813 (2007)
9. Encyclopedia Britannica, Book of the Year 1987, 193f (1988)
10. House, K.Z., D.P. Schrag, C.F. Harvey, K.S. Lackner: Proc. Nat. Akad. Sci. USA **103**, 12291(2006)

14

Nutzung fossiler Brennstoffe in Gas– und Dampfturbinenkraftwerken

Der Wirkungsgrad der Umwandlung von Wärme in mechanische Arbeit ist von der Temperaturdifferenz zwischen Wärmequelle und Wärmesenke abhängig. Beim Dampfkraftprozess ist die Temperatur der Wärmezufuhr durch die verfügbaren Werkstoffe für die Überhitzer sowie die Frischdampfleitung auf ca. 600°C beschränkt. Die Temperatur der Wärmeabfuhr ist durch die verfügbaren Wärmesenken vorgegeben, praktisch also durch das Temperaturniveau unserer Umgebung; der Nettowirkungsgrad der Dampfkraftwerke liegt deshalb bei ca. 45%. Beim Gasturbinenprozess hingegen liegt die ebenfalls durch die Werkstoffeigenschaften begrenzte Eintrittstemperatur in den Prozess derzeit bei ca. 1 200°C und ist damit wesentlich höher als beim Dampfprozess, dafür beträgt aber die durch das Druckniveau der Umgebung festgelegte Austrittstemperatur ca. 600°C. Der Nettowirkungsgrad eines solchen Prozesses liegt deshalb nur bei ca. 30%, vgl. Kapitel 3.3.1.
Es liegt nahe, den Wirkungsgrad der Energiewandlung durch eine Kombination beider Prozesse zu verbessern. Fig. 14.1 zeigt das Prinzip eines solchen Kombiprozesses im Ts-Diagramm. Der Gasturbinenprozess, dem die Wärme Q+ zugeführt wird, treibt mit seiner Abwärme Q_{GD} den nachgeschalteten Dampfprozess, dessen Abwärme Q- schließlich an die Umgebung abgegeben wird. Die Verwertung der Abwärme aus Gasturbinen mit Dampfkraftprozessen ist Stand der Technik. Die Hauptaufgabe bei der Konzeption einer Anlage

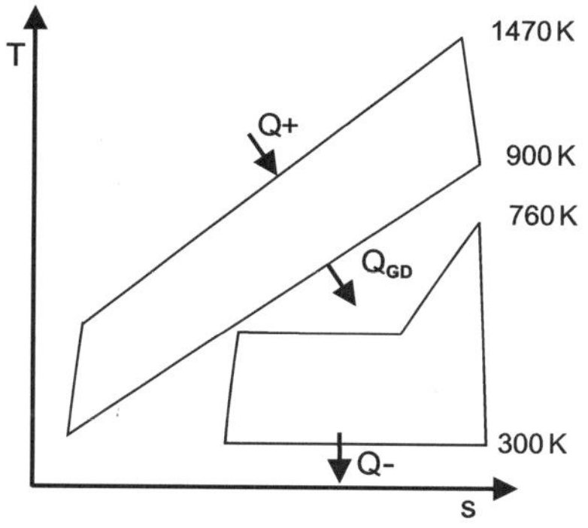

Abbildung 14.1. Schematische Darstellung eines Gas- und Dampfturbinen Kombi-Prozesses im T s-Diagramm

besteht in der optimalen Ausnutzung der Abgaswärme im nachgeschalteten *Abhitzekessel.*

Der Gas- und der Dampf-Turbinenprozess können in vielfältiger Weise miteinander verbunden werden, deshalb existiert eine Vielzahl an vorgeschlagenen Schaltungsvarianten. Wir wollen uns hier auf die Untersuchung der drei Möglichkeiten beschränken, deren technische Realisierung besonders vorteilhaft erscheint. Diese Varianten können wie folgt charakterisiert werden:

- Nachgeschalteter, nicht befeuerter Abhitzekessel. Dies ist die einfachste Art, einen Gasturbinenprozess zu verbessern. Der erzeugte Dampf kann entweder zur Krafterzeugung oder zur Wärmeauskopplung verwendet werden
- Nachgeschalteter Dampferzeuger mit *Zusatzfeuerung.* Damit lässt sich der Dampfzustand auf einen für den Dampfkraftprozess optimalen Wert steigern. Dies ist nur dann günstig, wenn der Wirkungsgrad des Dampfteils besser ist als der Wirkungsgrad eines Prozesses mit ausschließlicher Abhitzeverwertung
- Als dritte Variante kommt noch die Integration des Dampferzeugers in die Brennkammer der Gasturbine in Betracht, was einen *druckaufgeladenen Kessel* ergibt, in dem die Brenngase auf eine für die Gasturbine zulässige Temperatur abgekühlt werden

Die Kombination des Gasturbinen- mit dem Dampfkraftprozess zu einem Kombiprozess, dem Gas und Dampfturbinenprozess, ist durch die Steigerung der Eintrittstemperatur in die Gasturbine und die Zunahme von deren Einheitsleistung zusätzlich befördert worden.[1] Ferner haben sich Kombiprozesse gegenüber anderen Verfahren auch deshalb durchgesetzt, weil bei ihnen nur Komponenten zum Einsatz kommen, die sich im Kraftwerksbetrieb bereits bewährt haben.

Dem wirtschaftlichen Einsatz der Gasturbinen stehen allerdings die Anforderungen bzgl. der Reinheit der die Turbine durchströmenden Gase entgegen. Diese Forderungen können z.Zt. nur von den relativ teueren Brennstoffen Erdgas und Heizöl EL erfüllt werden. Bei den Brenngasen für die Hochtemperaturturbinen soll z.B. der Staubgehalt unter 20 ppm liegen und die Korngröße kleiner 5 μm sein. Weiter darf die Summe aller metallischen Verunreinigungen 8 ppm nicht überschreiten. Bei diesen Brennstoffen können dann aber auch die Grenzwerte für die Staub- und Schadstoffemissionen mit Primärmaßnahmen allein eingehalten werden.

Um Kohle als Einsatzstoff für Gasturbinen verwenden zu können, muss diese selbst oder deren Verbrennungsprodukte erst durch diverse Reinigungsverfahren von fast allen Ballaststoffen befreit werden. Aus diesen beiden Möglichkeiten ergeben sich zwei Typen von kohlegefeuerten Kombikraftwerken:

[1] Die Turbineneintrittstemperatur lag 1975 bei mit Erdgas gefeuerten Turbinen bei 900°C, 1980 bei 1 060°C und 2000 bei 1 200°C. Die Einheitsleistung hat im Zeitraum von 1975 bis 2000 von 50 MW auf 250 MW zugenommen.

- Kombikraftwerke mit Kohlevergasung
- Kombikraftwerke mit druckbefeuerter Brennkammer und Heißgasreinigung

Neben der Vorschaltung eines mit den Verbrennungsgasen arbeitenden offenen Gasturbinenprozesses wurden auch geschlossene Prozesse, die bei niedrigem Druck aber hoher Temperatur arbeiten, vorgeschlagen und als Quecksilberdampf-Vorschaltprozesse bereits 1917 in den USA realisiert, vgl. auch Abschn. 14.4.2.

14.1 Kohlevergasung

Ein geeignetes Verfahren zur Kohleveredelung für Kombiprozesse ist die Kohlevergasung. Ziel der Veredelung ist es, die Kohle in ein Gasgemisch mit möglichst hoher chemisch gebundener Energie umzuwandeln, um es so von den festen Begleitstoffen zu befreien. Formal gilt für die Umwandlung:

$$\text{Kohle} + \text{Vergasungsmittel} \longrightarrow \text{Gas} + \text{Asche.}$$

Als Vergasungsmittel werden Luft, Sauerstoff und Wasserdampf oder deren Mischungen eingesetzt.

Bei der Umwandlung der Kohle laufen folgende Grundreaktionen ab:

$$C + H_2O \rightleftharpoons H_2 + CO \qquad +118{,}5\ \text{kJ/mol}, \tag{14.1}$$

$$CO + H_2O \rightleftharpoons H_2 + CO_2 \qquad -42{,}3\ \text{kJ/mol}, \tag{14.2}$$

$$CO + 3\,H_2 \rightleftharpoons CH_4 + H_2O \qquad -206{,}0\ \text{kJ/mol}. \tag{14.3}$$

Die Hauptreaktion ist die heterogene Wassergasreaktion, bei der sich der Kohlenstoff mit Wasserdampf zu Wasserstoff und Kohlenmonoxid umsetzt (14.1). Die Reaktionsprodukte können dann an der homogenen Wassergasreaktion (14.2) oder der Methanisierung (14.3) teilnehmen, wobei Kohlendioxid und Methan entstehen. Schließlich spielen auch noch die Reaktionen mit dem Sauerstoff

$$C + O_2 \rightleftharpoons CO_2 \qquad -406{,}0\ \text{kJ/mol}, \tag{14.4}$$

$$C + \frac{1}{2}\,O_2 \rightleftharpoons CO \qquad -123{,}0\ \text{kJ/mol} \tag{14.5}$$

eine Rolle. Sie dienen einmal in Verbindung mit der endothermen Reaktion (14.1) als Wärmequelle, und können zum anderen auch zu Kohlenmonoxid führen.

Zur direkten Herstellung von Methan als Erdgasersatz aus Kohle ist die hydrierende Vergasung von Bedeutung. Darunter versteht man die direkte Reaktion von Kohlenstoff mit Wasserstoff. Da aber hier die Bereitstellung von Brenngasen für Kraftwerksprozesse im Vordergrund steht, wird nicht darauf eingegangen.

Bei einer exakten Behandlung müssen neben den oben genannten Grundreaktionen (14.1)–(14.5) auch die Umsätze der ebenfalls in der Kohle vorhandenen Elemente S und N sowie die entstehenden Nebenprodukte in Form von Teer, Leichtöl, NH−3 und Schwefelverbindungen berücksichtigt werden.
Bei den für Kombikraftwerke in Frage kommenden Verfahren wird die zur Vergasung notwendige Wärme durch Verbrennen eines Teils der Kohle mit Luft oder reinem Sauerstoff zur Verfügung gestellt. Insofern ist die Kohlevergasung ein thermooxidativer Prozess, an den sich eine Hydrierung anschließt. Weiter ist zu berücksichtigen, dass bei den meisten Kohlen Pyrolyse und Vergasung zusammenwirken. Wegen des Gehalts an flüchtigen Bestandteilen findet bei der Aufheizung zunächst eine Entgasung unter Bildung von gasförmigen und flüssigen Vergasungsprodukten statt. Zur Übersicht sind die ablaufenden Hauptprozesse in Abb. 14.2 zusammengestellt.

Wird die Vergasung mit Luft durchgeführt, so bewirkt der gleichzeitig zugeführte Stickstoff eine starke Verdünnung des Gases; es ergibt sich ein Endprodukt mit einem Heizwert von etwa 5 000 kJ/Nm^3[2], das nach einer Reinigung direkt einer Kraftwerksfeuerung zugeführt werden kann. Wird reiner Sauerstoff für die Vergasung verwendet, entsteht ein Gas mit einem Heizwert von ca. 12 000 kJ/Nm^3, das hauptsächlich aus H_2, CH_4, CO und CO_2 besteht. Dieses Gas kann entweder weiterverarbeitet oder für Kraftwerksfeuerungen verwendet werden. Für die Kohlevergasung wurde eine größere Zahl von Verfahren entwickelt. Die zum Einsatz kommenden Gas/Feststoff-Reaktortypen werden zweckmäßig nach dem Bewegungszustand des Feststoffes unterschieden:

- *Festbettvergasung* (Lurgi)
- *Wirbelbettvergasung* (Winkler)
- *Flugstromvergasung* (Koppers-Totzek)

Die in Klammern stehenden Namen stehen für Verfahrensvarianten, die sich neben Anderen im industriellen Einsatz bewährt haben und die daher für den Einsatz bei Kombiprozessen besonders geeignet erscheinen, vgl. Abb. 14.3.

Die drei Reaktortypen zeigen charakteristische Unterschiede, die wie folgt skizziert werden können: Beim *Festbettreaktor* braucht der Gasstrom den Feststoff nicht zu bewegen. Der Gasstrom kann deshalb im Gleich-, Gegen- oder Querstrom durch das Bett geführt werden. Zur besseren Wärmenutzung wird der Gasstrom meist im Gegenstrom geführt. Dies hat allerdings den Nachteil, dass die frisch zugegebene Kohle durch die heißen Reaktionsgase geschwelt wird und deshalb flüssige Schwerprodukte als Öl, Teer und Phenole mit dem Produktgas ausgetragen werden. Das erzeugte Gas tritt mit einer Temperatur von 400 bis 500°C aus dem Vergaser aus und hat einen hohen Anteil an H_2 und CH_4. Der Kaltgaswirkungsgrad, darunter versteht man den Quotienten aus dem Brennwert der Kohle zum Brennwert des Produktgases, beträgt ca. 90%. Aufgrund der langen Verweilzeit im Festbett wird der Kohlenstoff bei

[2] Nm^3: Normkubikmeter, Gasvolumen umgerechnet auf 0° und 1,01325 bar.

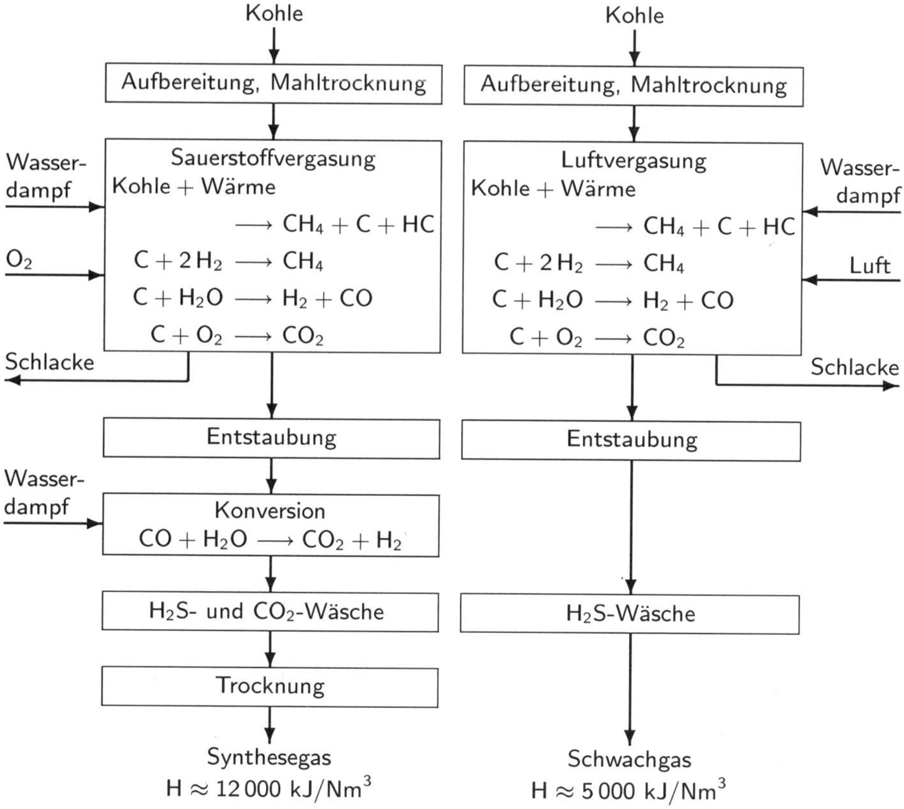

Abbildung 14.2. Prozessschemata für die Sauerstoff- und Luftvergasung von Kohle

geringem Sauerstoffverbrauch praktisch vollständig umgesetzt. Zum Einsatz kommen vorzugsweise nichtbackende Steinkohlen mit einem Körnungsbereich von 5–30 mm. Von Nachteil ist, dass die anfallenden Teere und Phenole im Produktgas verbleiben und beim Abkühlen kondensieren.

Im *Wirbelbettreaktor* ist wegen der intensiven Feststoffdurchmischung die Temperatur nahezu konstant. Die Temperatur im Wirbelbett wird unterhalb der Erweichungstemperatur der Asche gehalten, damit die Asche trocken abgezogen werden kann. Sie beträgt z.B. bei rheinischer Braunkohle 800 bis 950°C und bei Steinkohlen bis ca. 1 100°C. Diese Beschränkung erweist sich dann als Nachteil, wenn eine Kohle sowohl eine niedrige Reaktivität als auch einen niedrigen Ascheerweichungspunkt hat. Nachteilig ist ferner, dass feine Kohlepartikel mit dem Produktgas ausgetragen werden; der C–Umsatz liegt bei ausgeführten Anlagen bei 95%. Von Vorteil ist, dass keine kondensierbaren Nebenprodukte anfallen und auch ballastreiche Kohlen eingesetzt werden können, da die zum Einsatz kommende Kohle nicht gemahlen werden muss. Es genügt ein Brechen der Kohle auf Korngrößen kleiner 10 mm. Das Verfah-

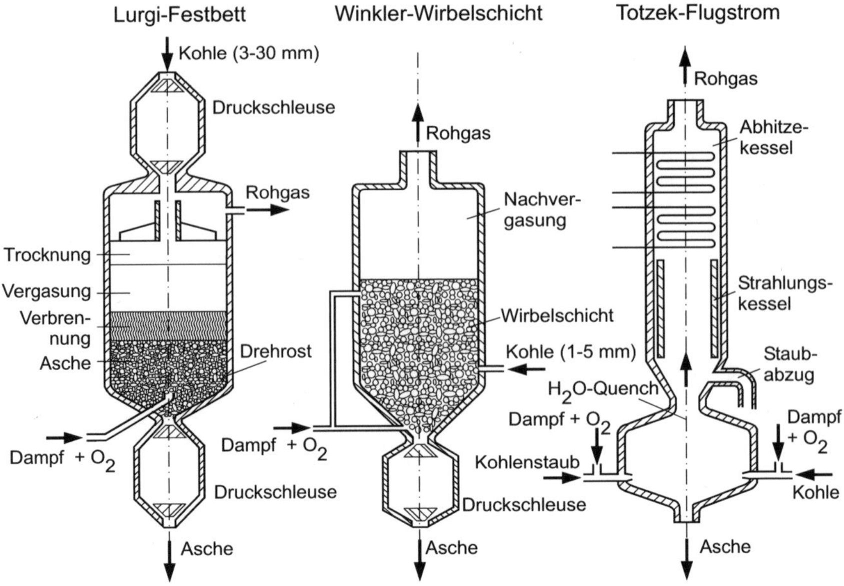

Abbildung 14.3. Verfahrenskonzepte zur Kohlevergasung

ren eignet sich besonders für Braunkohle und reaktive Steinkohlen mit einem hohen Gehalt an Flüchtigen. Der Kaltgaswirkungsgrad liegt bei ca. 85%.

Beim *Flugstromreaktor* ist die Volumenleistung größer als bei den beiden anderen Typen. Dies wird durch eine hohe Temperatur im Reaktor erreicht. Ähnlich wie bei einer Schmelzfeuerung sind deshalb dessen Innenwände mit feuerfestem Material ausgekleidet. Je nach Heizwert der Kohle können Temperaturen von 1 400–1 600°C erreicht werden. Das Verfahren arbeitet im Gleichstrom, die Verweilzeit der Kohleteilchen im Reaktor liegt bei etwa einer Sekunde. Wegen der hohen Reaktionstemperatur stellt dieses Verfahren geringere Ansprüche an die Reaktivität der zum Einsatz kommenden Kohle. Allerdings muss die Kohle auf Korngrößen $< 0{,}1$ mm gemahlen werden. Für aschereiche Kohlen ist das Verfahren deshalb weniger gut geeignet. Wegen der hohen Temperatur liegt die Asche als flüssige Schlacke vor. Etwa 60% der Asche können direkt aus dem Reaktor in flüssiger Konsistenz abgezogen werden, der Rest wird mit dem Produktgas als Flugstaub ausgetragen. Infolge der hohen Vergasungstemperatur enthält das Produktgas außer Wasserdampf keine kondensierbaren Bestandteile wie Teer oder Phenole, der Kohlenstoffumsatz ist nahezu vollständig. Infolge der hohen Temperatur im Reaktor, die durch Verbrennen eines Teils der eingesetzten Kohle erreicht wird, liegt der Kaltgaswirkungsgrad bei ca. 85%.

Der Vergasungsprozess ist naturgemäß mit Verlusten verbunden. Der Einsatz von Kohle in Kombikraftwerken ist aber nur dann sinnvoll, wenn der resultierende Wirkungsgrad zumindest größer ist als der des klassischen Dampfkraftprozesses. Dies verlangt eine möglichst hohe Temperatur am Eintritt in die Gasturbine und damit einen hohen Heizwert des Kohlegases. Aus diesem Grund wird bei der Entwicklung von Prozessen, die eine Verbesserung des Umwandlungswirkungsgrades zum Ziel haben, der Sauerstoffvergasung der Vorzug gegeben.

Die durch Vergasung der Kohle erzeugten Rohgase unterscheiden sich – abhängig von dem angewandten Herstellungsverfahren – erheblich in ihrer Zusammensetzung und Beschaffenheit. Entsprechend unterschiedlich sind auch die erforderlichen Maßnahmen zur Gasreinigung; so hat bei der Vergasung im Flugstrom und in der Wirbelschicht das Rohgas einen hohen Staubgehalt, bei der Vergasung im Festbett enthält das Rohgas weniger Staub aber in beachtlichem Umfang kondensierbare Entgasungsprodukte wie Teer und Phenole. Angestrebt wird eine trockene Heißgasreinigung (Entstaubung, Entschwefelung und Enthalogenisierung). Derartige Anlagen sind für den großtechnischen Einsatz noch nicht entwickelt, vgl. [4].

Die bereits erprobte nasse Gasreinigung hat den Nachteil eines aufwendigen Aufbaus. Ferner resultiert daraus eine Absenkung des Wirkungsgrades, da bei der erforderlichen Abkühlung der Rohgase vor der Gasreinigung etwa 15 bis 20% des zugeführten Energiestroms in den Wasserdampfkreislauf übergehen, vgl. Tabelle 14.1.

14.1.1 Aufbau einer Gasturbine

In ihrer einfachsten Ausführungsform besteht eine Gasturbinenanlage aus einem Turboverdichter, einer Brennkammer, der eigentlichen Turbine und dem Generator, vgl. Abb. 3.18. In der heute bevorzugten Bauform werden die Gasturbine und der zugehörige Generator als *Einwellenmaschinen* ausgeführt. Die Gasturbine arbeitet in der folgenden Weise: Der Verdichter saugt Luft aus der Umgebung an und verdichtet diese auf ein Mehrfaches ihres Druckes. Die verdichtete Luft wird in die Brennkammer geführt und reagiert dort mit dem zugeführten Brennstoff. Die Massenströme werden so aufeinaner abgestimmt, dass eine zulässige Temperatur am Eintritt in die Turbine nicht überschritten wird. In der Turbine, die analog zu einer Dampfturbine arbeitet, wird das Gas auf Umgebungsdruck entspannt und verlässt die Anlage. In Abb. 14.4 ist ein Schnitt durch eine Gasturbine dargestellt; über Gasturbinentechnik gibt es eine umfangreiche Literatur, vgl. z. B. [16] und [5].[3]

Die Gasturbine verbindet in gewisser Weise die Vorteile eines Verbrennungsmotors mit denen einer schnellaufenden Turbine. Wie der Verbrennungsmotor benötigt sie praktisch keine Hilfsmaschinen, kann aber wie die Dampfturbinen für große Leistungen gebaut werden. Bei dem im Kraftwerk meist

[3] Erfinder der Gasturbinen heutiger Bauform ist F. Stolze (1836–1910), der 1904 in Berlin-Weißensee seine „Feuerturbine“ in Betrieb nahm. Diese bestand aus der Kombination eines vielstufigen axialen Turboverdichters mit einer Turbine mit „innerer“ Verbrennung [3].

Tabelle 14.1. Daten für den Vergleich großtechnisch erprobter Vergasungsverfahren

Vergasertyp		Lurgi-Festbett	Winkler-Wirbelbett	Koppers-Totzek-Flugstrom
Reaktortemperatur [°C]		800–1 200	1 000	> 1 400
Druck [bar]		1–100	1–30	1–40
Verhältnis O_2/ Dampf [kg/kg]		1:8 bis 1:4	1:2 bis 1:4	2:1
Kohlenart		Braun- und Steinkohlen	Braun- und Steinkohlen	Steinkohlen
Anforderungen an Kohlen		darf nicht backen oder zerfallen	darf nicht backen, sehr reaktionsfähig	Ascheschmelzpunkt < 1 400°C
Korngröße [mm]		3–30	1–10	< 0,1
Gasführung		Gegenstrom	Gleichstrom	Gleichstrom
Verweilzeit		10–30 Minuten	1–10 Minuten	< 0,1 Sekunden
Produktgas-	H_2	38–40	35–45	30–34
zusammen-	CO	20–24	30–40	55–58
setzung	CO_2	27–30	13–25	10
in [%]	CH_4	10–12	1–2	0–1
Nebenprodukte		Teer und Öl	keine	keine
Sonstige Kriterien		wenig Kohleaustrag, gute Wärmeausnutzung	großer Kohleaustrag, niedriger Vergasungsgrad	kleiner Kohleinhalt, hoher Vergasungsgrad

angewandten offenen Prozess wird die Verbrennungsluft aus der Umgebung angesaugt, und die Abgase werden in diese wieder abgegeben.

Der Verdichter wird bei den für die Energiewirtschaft interessanten Leistungsgrößen axial durchströmt. Zum Erreichen eines hohen inneren Wirkungsgrades wird er mehrstufig ausgeführt. Bei den Turbinen der 150 MW-Klasse sind 10 bis 15 Stufen üblich. Zur Verminderung der Strömungsverluste ist hinter dem Verdichter ein Diffusor angeordnet. Das Druckverhältnis pro Stufe beträgt bei Axialverdichtern etwa 1,2 bis 1,6, damit werden innere Verdichterwirkungsgrade von 85 – 90% erreicht.

Wegen der Begrenzung der Eintrittstemperatur in die Turbine wird bei den gängigen Brennstoffen mit einem hohen Luftüberschuss gefahren. Bei einer Temperatur hinter dem Verdichter von $\vartheta_V = 280°C$ und $\vartheta_T = 1\,100°C$ vor der Turbine errechnet sich das Luftverhältnis n bei der Verwendung von Heizöl EL mit $H = 42\,000$ kJ/kg, einem Luftbedarf von $\mu_{LoT} = 7{,}7$ kg/kg, einer spezifischen Wärmekapazität des Rauchgases von $c_{p_G} = 1{,}1$ kJ/kgK und der spezifischen Wärmekapazität der Luft $c_{p_L} = 1{,}1$ kJ/kgK zu

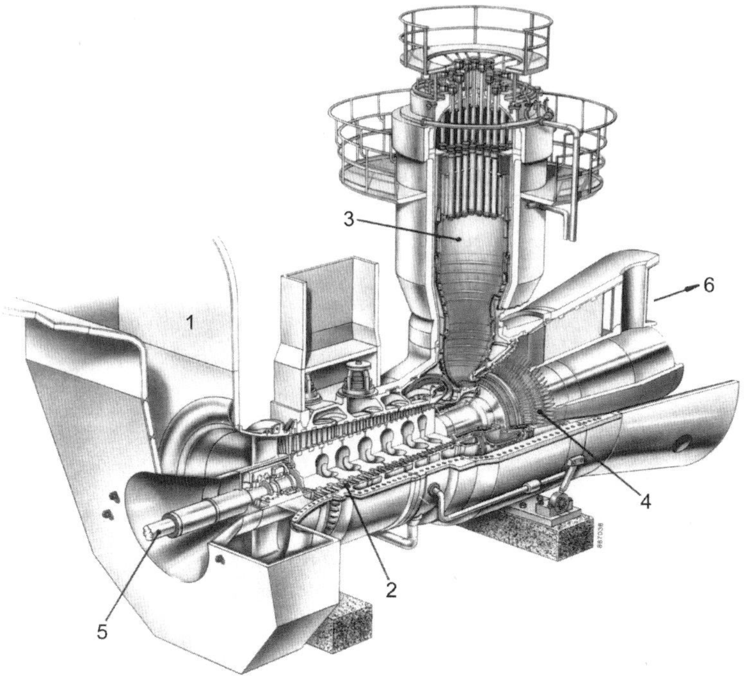

1 Luftansaugung	3 Brennkammer	5 Generatorwelle
2 Verdichter	4 Turbine	6 Abgase

Abbildung 14.4. Schnitt durch eine Gasturbine mit Silobrennkammer, Bauart ABB

$$n = \frac{H - c_{p_G}\left(\mu_{LoT} + 1\right)\left(\vartheta_T - \vartheta_V\right)}{c_{p_L}\,\mu_{LoT}\left(\vartheta_T - \vartheta_V\right)} = 4{,}92.$$

Der Luftüberschuss beträgt also 392% und der O_2-Gehalt der Rauchgase liegt bei 17%. Zur Begrenzung der NO_x-Produktion und zur Gewährleistung einer sicheren Zündung wird nur ein für die stöchiometrische Verbrennung erforderlicher Luftstrom unmittelbar dem Brenner zugeführt. Der übrige Luftstrom wird zunächst zur Kühlung der Brennkammerwände verwendet und dann den Rauchgasen vor Eintritt in die Turbine zugemischt.

Um die Strömungsverluste zu minimieren, erfolgt die Abströmung aus der Turbine in einem Diffusor. Die Gasturbine wird wie die Dampfturbine mehrstufig ausgeführt, bei den 150 MW-Maschinen meist sechsstufig. Das Heißgas aus der Brennkammer wird durch eine geeignete Ausbildung des Gehäuses auf den gesamten Umfang der ersten Leitschaufelreihe verteilt. Das Druckverhältnis pro Turbinenstufe liegt bei 1,6 bis 2,3 und der innere Wirkungsgrad beträgt 87 bis 93%. Bei der Auslegung der Beschaufelungen axialer Strömungsmaschinen hat es in den letzten Jahren große Fortschritte gegeben.

Durch direkte Lösung der strömungsmechanischen Bewegungsgleichungen ist es möglich, Schaufelgeometrien für ein gewünschtes Strömungsverhalten zu entwerfen bzw. nachzurechnen. Zum Beispiel können Strömungsfelder mit lokalen Überschallgebieten berechnet werden, so dass es möglich ist, Profile für Verdichterschaufeln mit stoßfreier Umströmung zu entwerfen. Durch diese Fortschritte in der Theorie konnte der innere Wirkungsgrad der Turbine und des Verdichters erheblich verbessert werden. Um akzeptable Wirkungsgrade zu erhalten, müssen bei Gasturbinen wesentlich höhere Eintrittstemperaturen zugelassen werden als bei Dampfturbinen. Die am höchsten beanspruchten Bauteile einer Gasturbine sind die Laufschaufeln. Diese müssen die Flieh- und Strömungskräfte ertragen und sind auch den höchsten Temperaturen ausgesetzt. Die zulässige Temperatur am Gasturbineneintritt wird also durch den Schaufelwerkstoff begrenzt. Bei den heute verfügbaren Hochtemperaturwerkstoffen auf Chrom-Nickel-Basis sind ohne besondere Maßnahmen zur Kühlung der Schaufeln Temperaturen über ca. 800°C nicht möglich. Die Festigkeit der metallischen Werkstoffe nimmt bekanntlich mit der Temperatur rasch ab, vgl. Abschn. 7.7.1. Weiter spielt die Belastungszeit eine Rolle. Bei Flugzeugtriebwerken wird bei Eintrittstemperaturen im Bereich von 1 000°C ein Austausch der Beschaufelung nach ca. 5 000 Betriebsstunden in Kauf genommen.

Um längere Laufzeiten zu erhalten, werden bei den heutigen Maschinen mit Eintrittstemperaturen im Bereich von 1 200°C die ersten zwei Schaufel-

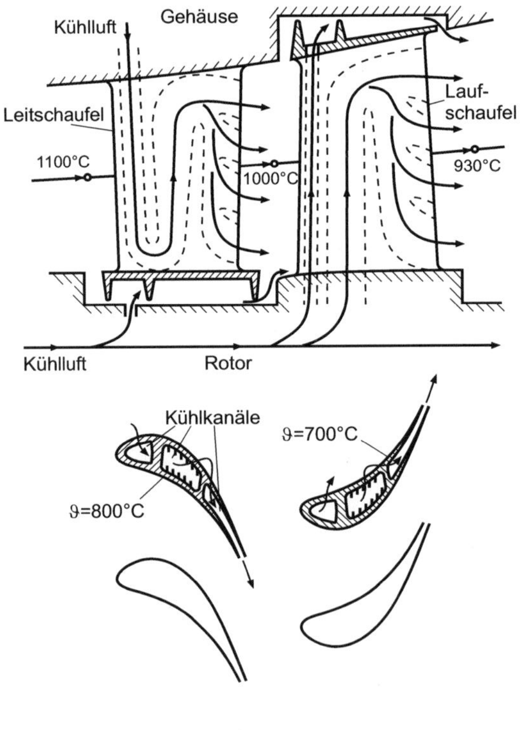

Abbildung 14.5. Schaufelkühlung bei Gasturbinen. Neben den Schaufeln werden auch Teile des Rotors gekühlt.

reihen mit Luft gekühlt. Zu diesem Zweck sind in die Schaufeln entsprechende Kanäle eingearbeitet, vgl. Abb. 14.5. Die Kühlung wird mit Luft vorgenommen, die unmittelbar nach dem Verdichter entnommen und unter Umgehung der Brennkammer zur Turbine geleitet wird.

Da die Kühlung sowohl vom Prozess als auch von der Qualität der Strömungsführung her mit einem Wirkungsgradverlust verbunden ist, wird daran gearbeitet, die für die Schaufelkonstruktion heute noch üblichen metallischen Werkstoffe durch keramische zu ersetzen. Wenn diese Entwicklung gelingt, wäre eine Anhebung der Turbineneintrittstemperatur auf Werte bis ca. 1 300°C denkbar.

Der Wirkungsgrad der Energieumwandlung liegt beim einfachen Gasturbinenprozess mit einer Temperatur von ca. 1 050°C am Eintritt in die Turbine bei ca. 32%. Eine Verbesserung wäre durch die Einführung der Zwischenüberhitzung und Zwischenkühlung im Verdichter möglich, vgl. Abschn. 3.3.2.2. Wegen der aufwendigen Kanalführung hat man diesen Weg in der Kraftwerkstechnik nicht gewählt; vielmehr hat sich die Kombination mit dem Dampfkraftprozess als günstiger erwiesen.

Neben der kompakten und einfachen Bauweise liegt der besondere Vorteil der Gasturbinenanlagen im Vergleich zu den Dampfkraftwerken in der kurzen Anfahrzeit. Das Anfahren und Belasten einer Gasturbine allein dauert nur wenige Minuten, es ist daher nicht erforderlich, sie als mitlaufende Reserve einzusetzen. Gasturbinen lassen sich vollautomatisch an- und abfahren und überwachen. Sie können daher dezentral im Verbrauchsschwerpunkt aufgestellt werden.

14.2 Kombinierte Kraftwerksprozesse mit Gas- und Dampfturbinen

14.2.1 Gas- und Dampfturbinenprozess mit nichtbefeuertem Abhitzekessel

Die Möglichkeiten der Verbesserung des Dampfkraftprozesses für die Umwandlung von Wärme in elektrische Energie scheinen weitgehend ausgeschöpft zu sein. Im Gegensatz dazu hat die Verknüpfung des Gasturbinen- mit dem Dampfkraftprozess Fortschritte gebracht. Bei der Verwendung der sauberen Brennstoffe Heizöl EL oder Gas wird dieses Anlagenkonzept bereits erfolgreich angewandt, vgl. [6], [15] und [17].

Die einfachste Möglichkeit zur Verbesserung des Wirkungsgrades einer Gasturbinenanlage besteht in der Verbindung mit einem nachgeschalteten Dampfkraftprozess. Diese Kombination wird nachfolgend als *Gas- und Dampfturbinenprozess* (GuD) bezeichnet. Beim GuD-Prozess werden die Abgase aus der Gasturbine durch einen Abhitzekessel geführt, in dem überhitzter Dampf für den Dampfkraftprozess erzeugt wird, vgl. das Schaltschema in Abb. 14.6.

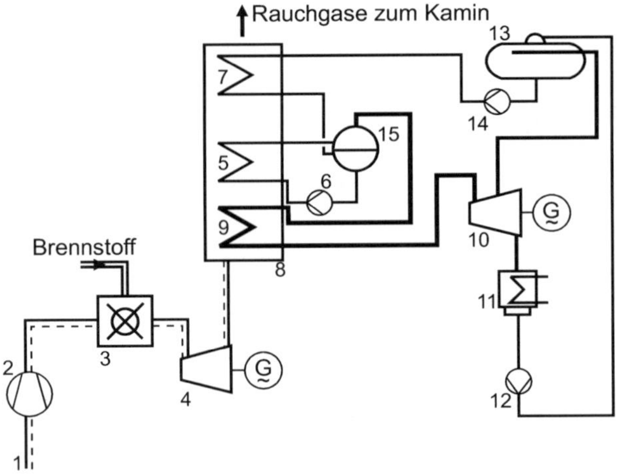

1 Luftansaugung
2 Verdichter
3 Brennkammer
4 Gasturbine
5 Verdampfer
6 Umwälzpumpe
7 Economizer
8 Abhitzekessel
9 Überhitzer
10 Dampfturbine
11 Kondensator
12 Kondensatpumpe
13 Speisewasserbehälter
14 Speisepumpe
15 Dampftrommel

Abbildung 14.6. Schaltschema eines GuD-Prozesses mit Gasturbine und nachgeschaltetem Dampfkraftprozess

Der Dampfteil der in dieser Abbildung dargestellten Kombianlage unterscheidet sich von konventionellen Dampfkraftprozessen durch die nur einstufige Speisewasservorwärmung und die fehlende Vorwärmung der Verbrennungsluft. Die Rauchgaswärme muss daher vollständig zur Vorwärmung, Verdampfung und Überhitzung des Speisewasserstroms verwendet werden. Aus dieser Forderung ergibt sich eine Besonderheit bei Abhitzekesseln: Wie das Temperatur-Wärmediagramm (Abb. 14.8) zeigt, besteht die kleinste Temperaturdifferenz zwischen der Wasser/Dampfseite und den Rauchgasen – die sogenannte *Grädigkeit* – am Austritt des Economizers. Daraus folgt, dass bei Abhitzekesseln die Dampfproduktion fast unabhängig von der Speisewassertemperatur ist.

Der Nachteil der in Abb.14.6 dargestellten Eindruckschaltung ist der ungenügende Energieausnutzungsgrad der Abwärme, der sich in einer hohen Abgastemperatur von 180°C und mehr äußert. Die einfachste Möglichkeit zur weiteren Senkung der Abgastemperatur besteht darin, einen weiteren Niederdruckdampferzeuger mit -Vorwärmer, -Verdampfer und -Überhizer anzuordnen, mit dem Abgaswärme zur Erzeugung eines Niederdruckdampfes genutzt wird. Mit diesem Niederdruckdampf kann mechanische Energie gewonnen werden, wenn man ihn an einer geeigneten Stelle in die Turbine einführt. Dazu ist eine Maschine mit zwei Dampfeinführungen für Hoch- und Niederdruckdampf erforderlich, Abb. 14.7. zeigt das Schema einer Zweidruckschaltung. Bei kommerziellen Anlagen mit optimierter Wärmenutzung und Zweidruckschaltungen werden Netto-Wirkungsgrade von bis zu 60% erreicht.

Wegen des Betriebsverhaltens und des resultierenden Wirkungsgrades der Gasturbine bringt ein Luftvorwärmer aus folgenden Gründen keinen Nutzen:

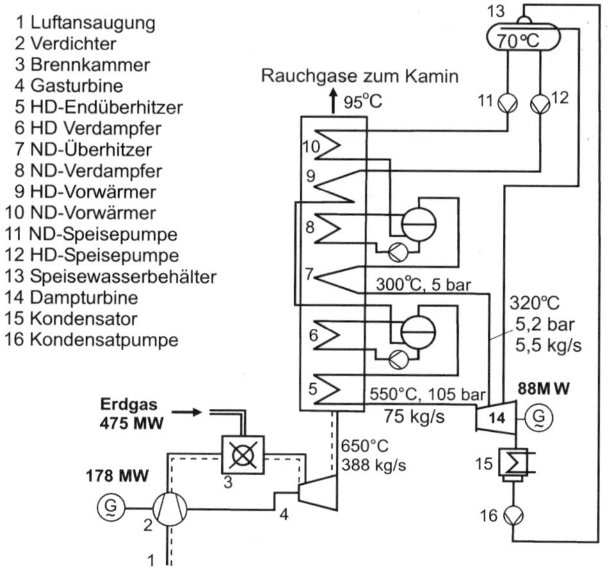

Abbildung 14.7. Schema eines GuD Prozesses mit einer Zweidruckschaltung und Wasserumwälzung im Abhitzekessel.

- Beim Verdichter bleibt der Volumenstrom der angesaugten Luft praktisch konstant, bei einer Temperaturerhöhung reduziert sich deshalb wegen der geringeren Dichte der Luftmengenstrom.
- Die von der Turbine abgegebene Leistung nimmt deshalb mit steigender Ansaugtemperatur ab.

Der begrenzende Parameter für die Nutzung der Abgaswärme ist die Grädigkeit des Abhitzekessels; das ist die kleinste Temperaturdifferenz zwischen Arbeitsmittel und Rauchgasen im Economizer/Verdampfer, vgl. Abb. 14.8. Eine Reduktion der Grädigkeit/Abgastemperatur ist nur auf Kosten zusätzlicher

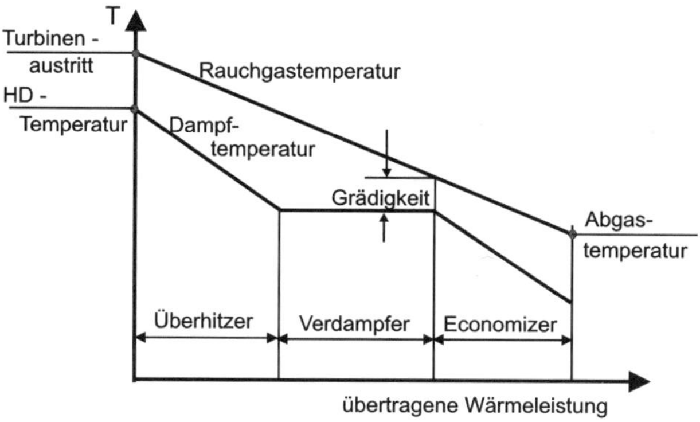

Abbildung 14.8. Temperatur-Wärmediagramm für einen Abhitzekessel ohne Zwischenüberhitzung

Wärmeaustauscherflächen möglich, deren Flächen dann allerdings exponentiell anwachsen. Praktisch kann bei Glattrohrwärmeaustauschern eine Grädigkeit von ca. 50°C und bei Rippenrohren eine Grädigkeit von 25°C nicht unterschritten werden.
Der Wirkungsgrad des GuD-Prozesses kann gemäß

$$\eta_{\mathrm{GuD}} = \frac{P_{\mathrm{N_G}} + P_{\mathrm{N_D}}}{\dot{Q}_{\mathrm{zu_G}}} = \eta_{\mathrm{G}} + \eta_{\mathrm{D}} \left(1 - \eta_{\mathrm{G}}\right) \tag{14.6}$$

geschrieben werden. Der Index G steht hier für den Gasturbinen- und D für den Dampfturbinenteil. Man erkennt aus (14.6), dass ein nachgeschalteter Dampfkraftprozess immer eine Verbesserung des Wirkungsgrades gegenüber dem Gasturbinenprozess bringt.
Der Einfluss des Gasturbinenwirkungsgrades auf η_{GuD} kann wie folgt abgeschätzt werden:

$$\frac{\partial \eta_{\mathrm{GuD}}}{\partial \eta_{\mathrm{G}}} = 1 + \frac{\partial \eta_{\mathrm{D}}}{\partial \eta_{\mathrm{G}}} \left(1 - \eta_{\mathrm{G}}\right) - \eta_{\mathrm{D}} \,. \tag{14.7}$$

Eine Erhöhung von η_{G} ist nur dann sinnvoll, wenn η_{GuD} dadurch zumindest nicht abnimmt. Aus (14.7) folgt für den Grenzfall $\partial \eta_{\mathrm{GuD}} / \partial \eta_{\mathrm{G}} = 0$

$$\left.\frac{\partial \eta_{\mathrm{D}}}{\partial \eta_{\mathrm{G}}}\right|_{\mathrm{Grenz}} = -\frac{1 - \eta_{\mathrm{D}}}{1 - \eta_{\mathrm{G}}} \,. \tag{14.8}$$

Eine Verbesserung von η_{G} ist also nur dann angebracht, wenn dadurch η_{D} nicht stärker abnimmt als der durch (14.8) gegebene Grenzwert. Eine Abnahme von η_{D} ergibt sich hauptsächlich aus einer Verminderung der Gasturbinen-Abgastemperatur. Diese Temperatur hängt stark vom Druckverhältnis ab. Zwar ist bei einem größeren Druckverhältnis η_{G} größer, wegen (14.7) und (14.8) kann aber der Gesamtwirkungsgrad geringer sein. Eine Gasturbine mit maximalem Wirkungsgrad ergibt deshalb noch keinen optimalen Kombiprozess.

Beispiel 14.1. Zu untersuchen ist der in Abb. 14.6 im Schaltschema und in Abb. 14.1 im *T,s*-Diagramm dargestellte GuD-Prozess. Im Vorschaltprozess wird die Luft bei 300 K angesaugt, die Turbineneintrittstemperatur beträgt 1 300 K und das Druckverhältnis sei 8. Der Wirkungsgrad des Verdichters betrage 85% und derjenige der Turbine 90%. Das Arbeitsmittel ist ein thermisch und kalorisch perfektes Gas mit $\kappa = 1{,}4$ und $c_p = 0{,}994$ kJ/kgK.

Beim Nachschaltprozess handelt es sich um einen einfachen Dampfkraftprozess. Der Frischdampfzustand betrage 400°C, 30 bar und der Kondensatordruck 0,1 bar. Die Wirkungsgrade der Speisepumpe und der Turbine liegen bei 85 bzw. 90%. Unter Berücksichtigung eines Druckverlustes im Abhitzekessel von 1 bar und 0,03 bar im Kondensator liefert ein zu Beispiel 3.2 analoger Rechengang die Daten des Dampfkraftprozesses:

$$h_1 = 191{,}83 \text{ kJ/kg}, \quad h_3 = 3\,232{,}5 \text{ kJ/kg},$$
$$h_{2_\mathrm{r}} = 195{,}50 \text{ kJ/kg}, \quad h_{4_\mathrm{r}} = 2\,297{,}5 \text{ kJ/kg}.$$

Die Abgastemperatur T_{RG} hinter dem Abhitzekessel betrage 400 K. Man bestimme unter Benutzung der Ergebnisse von Beispiel 3.5:

a) die spezifische Nutzarbeit des Gases, die zuzuführende spezifische Wärme und den thermischen Wirkungsgrad des realen Gasturbinenprozesses,
b) das Verhältnis der Massenströme durch die Dampf- und Gasturbine,
c) die spezifische Nutzarbeit des Dampfes und den thermischen Wirkungsgrad des Dampfkraftprozesses, sowie
d) den thermischen Wirkungsgrad des GuD-Prozesses.

Lösung. a) Der Gasturbinenprozess wurde unter Voraussetzung einer verlustfreien Verdichtung und Expansion im Beispiel 3.5 untersucht. Die spezifische Verdichter- bzw. Turbinenarbeit ergab sich zu $w_{\mathrm{V}} = 242{,}0$ kJ/kg und $w_{\mathrm{T}} = -578{,}8$ kJ/kg. Mit den vorgegebenen Wirkungsgraden folgt für den verlustbehafteten Prozess

$$w_{\mathrm{V_r}} = \frac{w_{\mathrm{V}}}{\eta_{\mathrm{V}}} = 284{,}7 \text{ kJ/kg}$$

und

$$w_{\mathrm{T_r}} = \eta_{\mathrm{T}}\, w_{\mathrm{T}} = -521{,}0 \text{ kJ/kg}.$$

Für die Temperatur nach Verdichter T_{2_r} gilt wegen

$$c_p \left(T_{2_\mathrm{r}} - T_2\right) = w_{\mathrm{V_r}} - w_{\mathrm{V}}$$

und $T_2 = 543{,}4$ K

$$T_{2_\mathrm{r}} = T_2 + \frac{1-\eta_{\mathrm{V}}}{\eta_{\mathrm{V}}} \frac{w_{\mathrm{V}}}{c_p} = 586{,}4 \text{ K}.$$

Analog gilt

$$c_p \left(T_{4_\mathrm{r}} - T_4\right) = w_{\mathrm{T_r}} - w_{\mathrm{T}} \,.$$

Die darin enthaltene Temperatur T_4 bestimmt man nach (3.39) zu

$$T_4 = T_3 \left(\frac{p_3}{p_4}\right)^{\frac{1-\kappa}{\kappa}} = 717{,}7 \text{ K}.$$

Damit erhält man die Temperatur nach Turbine

$$T_{4_\mathrm{r}} = T_4 + \left(1 - \eta_{\mathrm{T}}\right) \frac{\left|w_{\mathrm{T}}\right|}{c_p} = 775{,}9 \text{ K}.$$

Der Prozess liefert die spezifische Nutzarbeit

$$w_{\mathrm{N_G}} = \left|w_{\mathrm{T_r}}\right| - w_{\mathrm{V_r}} = 236{,}3 \text{ kJ/kg},$$

für die eine spezifische Wärme

$$q_{\mathrm{zu_G}} = c_p \left(T_3 - T_{2_\mathrm{r}}\right) = 709{,}3 \text{ kJ/kg}$$

zugeführt werden muss. Damit folgt für den Wirkungsgrad des Gasturbinenprozesses

$$\eta_{\mathrm{G}} = \frac{w_{\mathrm{N_G}}}{q_{\mathrm{zu_G}}} = 0{,}333.$$

Der Wirkungsgrad des idealen Prozesses war 45%. Der Gasturbinenprozess reagiert offensichtlich empfindlich auf Irreversibilitäten im Verdichter und in der Turbine.

b) Für den Dampfkraftprozess steht als Wärmezufuhr

$$q_{\mathrm{zu_D}} = c_p \left(T_{4_\mathrm{r}} - T_{\mathrm{RG}}\right) = 373{,}6\ \mathrm{kJ/kg},$$

bezogen auf das Rauchgas, zur Verfügung. Aus der Wärmebilanz

$$\dot{m}_{\mathrm{D}} \left(h_3 - h_{2_\mathrm{r}}\right) = \dot{m}_{\mathrm{G}}\, c_p \left(T_{4_\mathrm{r}} - T_{\mathrm{RG}}\right)$$

berechnet man das Verhältnis der Massenströme durch die Dampf- und Gasturbine

$$y = \frac{\dot{m}_{\mathrm{D}}}{\dot{m}_{\mathrm{G}}} = \frac{c_p \left(T_{4_\mathrm{r}} - T_{\mathrm{RG}}\right)}{h_3 - h_{2_\mathrm{r}}} = 0{,}123.$$

c) Für die spezifische Arbeit des Dampfprozesses pro kg Dampf erhält man

$$w_{\mathrm{N_D}} = \left|w_{\mathrm{T_r}}\right| - w_{\mathrm{Sp_r}} = \left(h_3 - h_{4_\mathrm{r}}\right) - \left(h_{2_\mathrm{r}} - h_1\right) = 931{,}8\ \mathrm{kJ/kg}.$$

Für den Wirkungsgrad des Dampfkraftprozesses folgt

$$\eta_{\mathrm{D}} = \frac{w_{\mathrm{N_D}}}{q_{\mathrm{zu}}} = \frac{\left(h_3 - h_{4_\mathrm{r}}\right) - \left(h_{2_\mathrm{r}} - h_1\right)}{h_3 - h_{2_\mathrm{r}}} = 0{,}307.$$

d) Die spezifische Arbeit des GuD-Prozesses pro kg Rauchgas ergibt sich zu

$$w_{\mathrm{N_{GuD}}} = w_{\mathrm{N_G}} + y\, w_{\mathrm{N_D}} = 350{,}9\ \mathrm{kJ/kg}.$$

Schließlich folgt für den Wirkungsgrad des GuD-Prozesses

$$\eta_{\mathrm{GuD}} = \frac{w_{\mathrm{N_{GuD}}}}{q_{\mathrm{zu_G}}} = 0{,}495.$$

Es ist zu beachten, dass hier bereits die Abgasverluste berücksichtigt sind. Der Wirkungsgrad des Kombiprozesses ist also größer als die Wirkungsgrade der Einzelprozesse.

14.2.1.1 Gasturbinenprozess mit Wassereinspritzung

Zu einer Alternative zum GuD-Prozess könnte sich für Anlagen kleinerer Leistung der Gasturbinenprozess mit Wassereinspritzung entwickeln (STIG-Prozess).[4] Bei diesem Prozess wird der mit der Abgaswärme der Gasturbine

[4] Dieser Prozess ist in der amerikanischen Literatur auch als Cheng – Prozess bekannt. STIG steht für STeam Injected Gasturbine cycle.

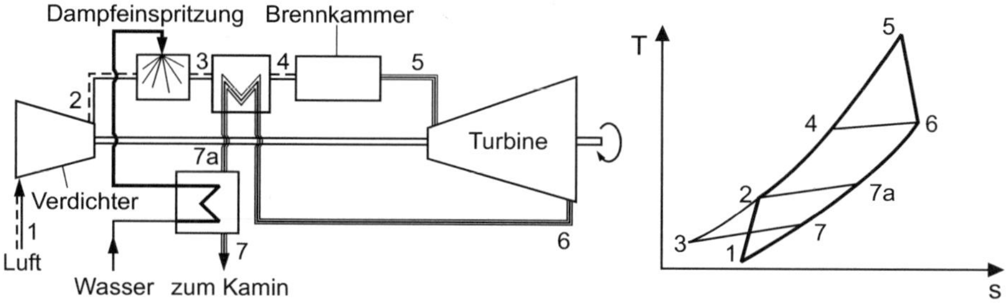

Abbildung 14.9. Schema und *T,s*-Diagramm für einen Gasturbinenprozess mit Wassereinspritzung

im Abhitzekessel erzeugte Dampf durch Eindüsung in die Brennkammer für den Prozess nutzbar gemacht. Für die Durchführung des Prozesses ist neben der Gasturbine nur noch ein Abhitzekessel erforderlich, was zu einer im Vergleich zum GuD-Prozess einfacheren Anlagentechnik bei einem immer noch beachtlichen Wirkungsgrad führt, vgl. Abb. 14.9 und [8], [10]. Wegen des reduzierten Luftmassenstroms ist die erforderliche Antriebsleistung für den Verdichter geringer als beim einfachen Gasturbinenprozess und die Turbinenleistung infolge der Dampfeindüsung höher. Im Vergleich zu einer GuD Anlage ist der erreichbare Wirkungsgrad um ca. 6% Punkte geringer ($\eta_{WE} = ca.0,94\eta_{GuD}$).

Den Vorteilen dieses Prozesses – einfacher Aufbau und geringe Investitionskosten – stehen im Vergleich zum GuD-Prozess als Nachteile der Wasserverbrauch und der geringere Wirkungsgrad gegenüber. Die Anlagentechnik für den STIG-Prozess ist ausgereift, der Prozess wird für Anlagen bis ca. 40 MW Leistung weltweit eingesetzt.

Eine weitere Prozessvariante ist der sogenannte HAT-Prozess[5], bei dem zusätzlich zur Abwärme der Gasturbine noch die durch Zwischenkühlung der Verbrennungsluft zwischen zwei Verdichterstufen entzogene Wärme zur Dampferzeugung genutzt wird. Wie beim STIG-Prozess wird der erzeugte Dampf in die Brennkammer eingeführt. Wegen der Zwischenkühlung verbessert sich im Vergleich zum STIG-Prozess der Verdichterwirkungsgrad und infolge der größeren Dampfmenge ergibt sich weiter eine höhere Turbinenleistung. Bei einer optimierten Anlagentechnik ist zwar der resultierende Wirkungsgrad η_{HAT} größer als η_{STIG} aber immer noch geringer als η_{GuD}. Durch die aufwendige Zwischenkühlung geht gegenüber dem GuD-Prozess der Vorteil des einfacheren Aufbaus verloren.

[5] HAT steht für: Humid Air Turbine

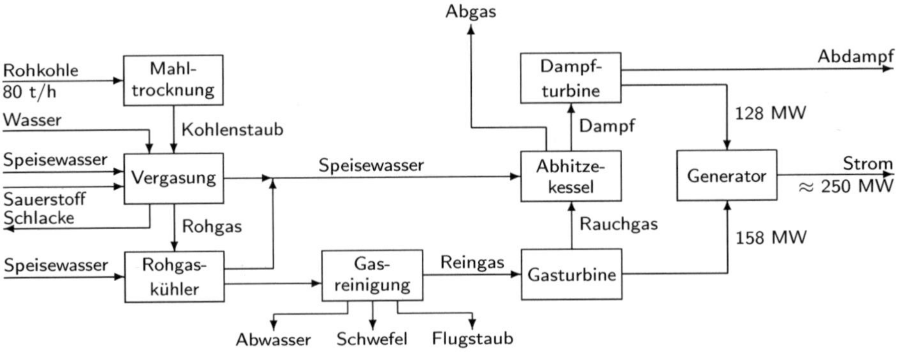

Abbildung 14.10. Blockschema eines 250 MW-Kombikraftwerkes mit integrierter Kohlevergasung

14.2.1.2 Kombiprozess mit integrierter Kohlevergasung

Grundlegende Voraussetzung für den Kombiprozess mit integrierter Kohlevergasung[6] ist die Bereitstellung gasturbinenverträglicher Rauchgase. Die zur Zeit in Form von Demoanlagen ausgeführten Projekte werden bei Gasturbineneintrittstemperaturen von ca. 1 000°C in der Regel ohne Zusatzfeuerung betrieben. Ein vereinfachtes Blockschema der 250 MW-Anlage „Buggenum" [18], die 1993 in den Niederlanden in Betrieb genommen wurde, ist in Abb. 14.10 dargestellt. Dieses Kombikraftwerk, das mit einer Flugstrom-Sauerstoffvergasung der Firma Shell ausgerüstet ist, erreicht einen Wirkungsgrad von 43%. Die spezifischen Investitionskosten wurden mit ca. 3 400 DM/kW damaliger Währung angegeben. Für eine ähnlich konzipierte Anlage mit 300 MW Leistung, die mit rheinischer Braunkohle betrieben werden sollte, wurden von der RWE Energie AG umfangreiche Studien durchgeführt, aus Gründen der Wirtschaftlichkeit aber nicht weiter verfolgt.

14.2.1.3 Kombiprozess mit Zusatzfeuerung

Die Abgase der Gasturbinen haben noch einen Sauerstoffgehalt von 15–18%. Diese können nun als Sauerstoffträger für eine Zusatzfeuerung dienen. Bei mit Öl oder Gas gefeuerten Anlagen hatte sich diese Lösung als zweckmäßig erwiesen und wurde mehrfach ausgeführt [11]. Bei mit Kohle betriebenen Zusatzfeuerungen hat es sich aus anlagentechnischen Gründen als günstiger erwiesen, die Abwärme aus der Gasturbine in einem separaten Abhitzekessel zu nutzen und den erzeugten Dampf vor der Mitteldruckturbine mit dem Dampfstrom aus dem Zwischenüberhitzer zusammenzuführen. Bezüglich der möglichen Varianten der Zusammenführung, die als *Verbundblock* bezeichnet werden, sei auf [14] und Abb. 14.11 verwiesen.

[6] In der Literatur als IGCC-Anlagen bezeichnet, IGCC: Integrated Gasification Combined Cycle.

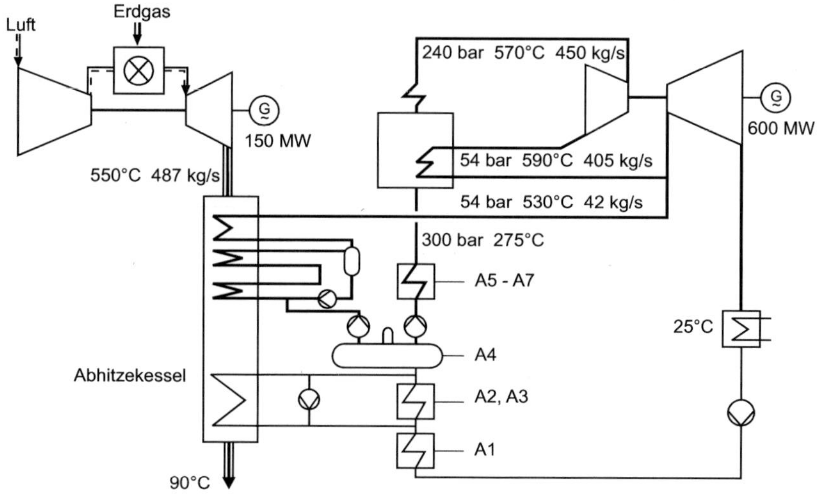

Abbildung 14.11. Schema eines 750 MW-Verbundblocks mit kohlegefeuertem Dampferzeuger

Der Wirkungsgrad eines Verbundblocks errechnet sich aus

$$\eta_{\mathrm{VB}} = \frac{P_{\mathrm{N_G}} + P_{\mathrm{N_D}}}{\dot{Q}_{\mathrm{G}} + \dot{Q}_{\mathrm{F}}} = \frac{\eta_{\mathrm{G}}\dot{Q}_{\mathrm{G}} + \eta_{\mathrm{D}}\left(\dot{Q}_{\mathrm{F}} + \dot{Q}_{\mathrm{G}}\left(1 - \eta_{\mathrm{G}}\right)\right)}{\dot{Q}_{\mathrm{G}} + \dot{Q}_{\mathrm{F}}} . \tag{14.9}$$

Hier ist $\dot{Q}_{\mathrm{F}}$ die Wärmeleistung der Zusatzfeuerung. η_{VB} wird durch die Zusatzfeuerung verbessert, wenn

$$\frac{\partial \eta_{\mathrm{VB}}}{\partial \dot{Q}_{\mathrm{F}}} > 0 \tag{14.10}$$

gegeben ist. Nach einigen Umformungen folgt schließlich die Bedingung

$$\frac{\partial \eta_{\mathrm{D}}}{\partial \dot{Q}_{\mathrm{F}}} \geq \frac{\eta_{\mathrm{D}}}{P_{\mathrm{N_D}}}(\eta_{\mathrm{VB}} - \eta_{\mathrm{D}}). \tag{14.11}$$

Diese Bedingung sagt aus, dass der Wirkungsgrad des Kombiprozesses durch die Zusatzfeuerung nur dann verbessert wird, wenn sich dadurch der Wirkungsgrad des Dampfkraftprozesses stärker erhöht als die rechte Seite von (14.11). Die Erhöhung von η_{D} muss umso größer sein, je größer η_{D} und die Differenz $(\eta_{\mathrm{VB}} - \eta_{\mathrm{D}})$ sind. Bei modernen Gasturbinen mit Eintrittstemperaturen oberhalb von ca. 1 000°C ist (14.11) nicht mehr erfüllt.

Die Zusatzfeuerung mit Kohle wird bei Neuanlagen aus anderen Gründen als dem der Wirkungsgradverbesserung angewandt. Ein Gesichtspunkt ist, dass ein preiswerter bzw. immer verfügbarer Brennstoff verwendet werden kann.

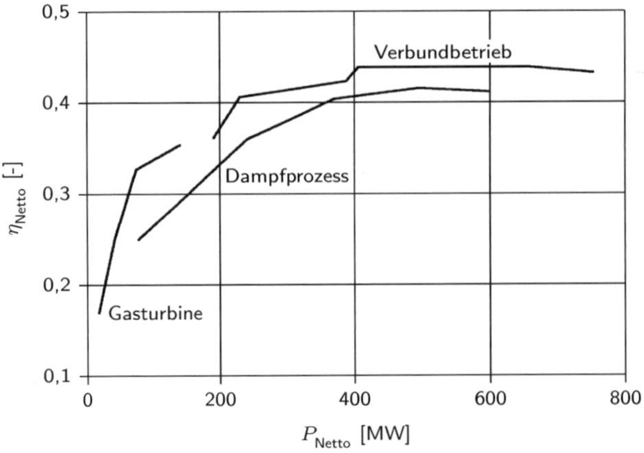

Abbildung 14.12. Einzel- und Summenwirkungsgrade eines Verbundblocks

14.3 Kombikraftwerke mit aufgeladener Feuerung und Heißgasreinigung

14.3.1 Allgemeines

Bei dieser Variante sind Verdampfer, Überhitzer und Zwischenüberhitzer in die Brennkammer der Gasturbine integriert, und der Economizer ist hinter der Gasturbine angeordnet, vgl. Abb. 14.13. Es besteht eine gemeinsame Feuerung für die Gasturbine und den Dampfteil.

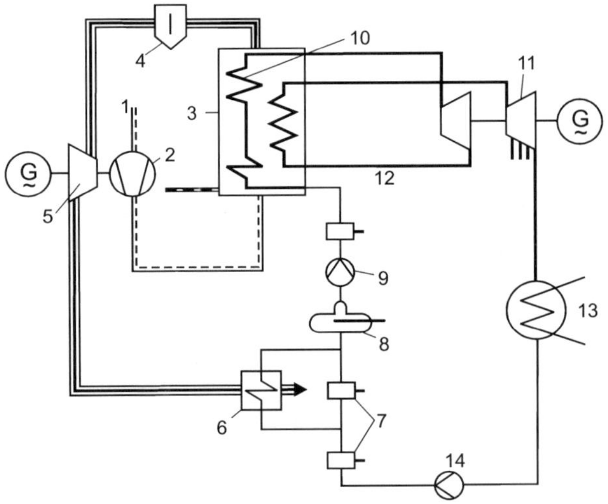

1 Luftansaugung
2 Verdichter
3 Druckwirbelschicht
4 Heißgasentstauber
5 Gasturbine
6 ND-Economizer
7 Speisewasservorwärmer
8 Speisewasserbehälter
9 Speisepumpe
10 Dampferzeuger
11 Turbogruppe
12 Zwischenüberhitzer
13 Kondensator
14 Kondensatpumpe

Abbildung 14.13. Kombianlage mit Druckwirbelschichtfeuerung

Der Vorteil des Prozesses besteht in der kompakten Bauweise, denn bei höheren Drücken ist wegen der größeren Massenstromdichte der gasseitige Wärmeübergang besser und demzufolge die erforderliche Wärmeaustauscherfläche geringer. Als verfahrenstechnischer Vorteil kommt hinzu, dass wegen des Wärmeabbaus in der Brennkammer die Eintrittstemperatur in die Gasturbine ohne einen zusätzlichen Luftüberschuss erreicht werden kann. Der Luftüberschuss kann vielmehr nach den Erfordernissen der Feuerung eingestellt werden.

Nach Austritt aus dem Dampferzeuger werden die unter Druck stehenden Verbrennungsgase zur Gasturbine geleitet. Vor dem Eintritt in diese sind mit Heißgasfiltern die Ballaststoffe bis auf zulässige Restmengen zu entfernen. Zur Lösung dieser Aufgabe werden mechanische Filter in der Form von Zyklonabscheidern und keramischen Kerzenfiltern verwendet. Da mit diesen Einrichtungen die Anforderungen der bestehenden Hochtemperaturgasturbinen nur schwer erfüllbar erscheinen, wird an der Entwicklung verschleißfester Gasturbinen gearbeitet, für die ein höherer Staubgehalt zulässig ist.

Die Anforderungen bzgl. der Gasreinheit können allerdings auch durch Übergang auf den geschlossenen Gasturbinenprozess erfüllt werden. Bei diesem erfolgt die Wärmezufuhr an das Arbeitsmittel vor der Turbine mit einem Wärmeaustauscher. Hinter der Turbine durchströmt das Arbeitsmittel einen Kühler und wird danach wieder vom Verdichter angesaugt. Die Komponenten dieses Prozesses (Verdichter, Wärmeaustauscher, Turbine und Kühler) entsprechen den Komponenten einer Dampfkraftanlage [7].

14.3.2 Anlagen mit aufgeladener Wirbelschicht

Bei diesem Anlagenkonzept ist der direkte Einsatz von Kohle bei einem Kombikraftwerk möglich. Sie wird dazu als Kohle/Wasser-Suspension mit Pumpen in die unter einem Druck von ca. 12 bar stehende Wirbelschicht eingebracht. In dieser laufen zum einen die Verbrennungsreaktionen ab, und zum anderen wird durch Kalkzugabe der Brennstoffschwefel gebunden. Durch eine geeignete Reaktionsführung wird eine geringe NO_x-Bildung sichergestellt und mit Tauchheizflächen in der Wirbelschicht die zulässige Temperatur von ca. 850°C für die Schwefeleinbindung eingehalten. Die abgeführte Wärme dient zusammen mit der Abgaswärme aus der Gasturbine zum Betreiben eines hochwertigen Dampfkraftprozesses, vgl. das Anlagenschema in Abb. 14.13 sowie [7] und [1].

Vorteile des Konzeptes bestehen hinsichtlich der kompakten Bauweise und in der Integration der Umweltschutzmaßnahmen. Ein Nachteil ist die Begrenzung der Gasturbineneintrittstemperatur durch die Wirbelschicht, in der wegen der Schwefeleinbindung eine Temperatur von ca. 850°C einzuhalten ist. Wegen dieser Temperaturgrenze kann das Wirkungsgradpotential nicht voll ausgenutzt werden. Die erreichbaren Wirkungsgrade liegen bei 43% und damit im Bereich der Dampfkraftwerke, vgl. Abb. 14.14.

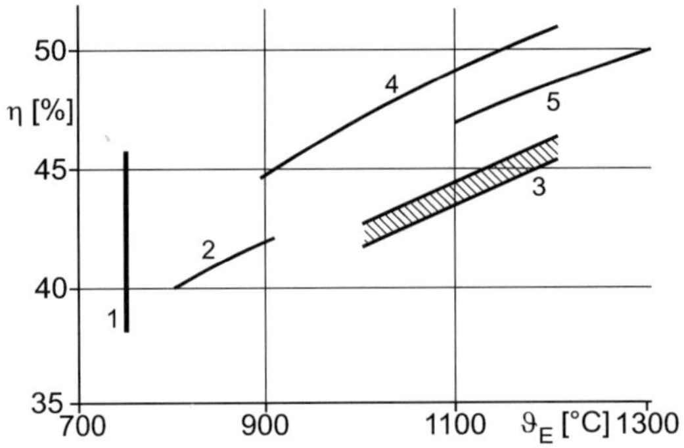

1 Dampfkraftprozess
2 Kombikraftwerk mit Druckwirbelschicht
3 Kombikraftwerk mit Kohlevergasung
4 Kombikraftwerk mit Erdgasfeuerung
5 Kombikraftwerk mit Druckschmelzfeuerung

Abbildung 14.14. Wirkungsgrad von Kombiprozessen als Funktion der Gasturbineneintrittstemperatur. Der Bereich für den Dampfkraftprozess ist nur zum Vergleich aufgeführt

Zur Zeit sind drei Druckwirbelschicht-Kombianlagen mit einer elektrischen Leistung von jeweils 70 MW im Bau oder in Betrieb. Die erste dieser Anlagen wird seit 1992 von den Stadtwerken Stockholm zur Kraft-Wärme-Kopplung eingesetzt.

14.3.3 Anlagen mit aufgeladenen Staubfeuerungen

Eine gewisse Vereinfachung der Prozesskette bei einem gleichzeitigen Übergang auf noch höhere Eintrittstemperaturen in die Gasturbine bietet eine unter Druck arbeitende Schmelzkammerfeuerung. Dabei wird wie bei öl- und gasgefeuerten Brennkammern das Heißgas direkt zur Turbine geführt. Bei diesem Anlagenkonzept sind zur Entfernung der Schadgase am „kalten Ende" REA- und DeNOx-Anlagen vorzusehen, vgl. Abb. 14.15.

Ein großtechnisch noch nicht gelöstes Problem ist dabei allerdings die Filtrierung der Rauchgase, die bei hoher Temperatur zu erfolgen hat und die trotzdem ausreichend sein muss, um Korrosionen und Erosionen in der Gasturbine zu vermeiden. Bei der Schmelzkammer wird die Heißgasreinigung noch dadurch erschwert, dass sich die Ascheanteile noch im flüssigen Zustand befinden. Bezüglich des Entwicklungsstandes sei auf die Literatur verwiesen [13].

14.4 Andere Vorschaltprozesse

14.4.1 Allgemeines

Der Erhöhung des Frischdampfzustandes beim Dampfkraft-Prozess sind wegen des gleichzeitigen Auftretens hoher Temperaturen und hoher Drücke aus Werkstoffgründen Grenzen gesetzt. Eine Möglichkeit zur Erhöhung der Frischdampftemperatur besteht nun darin, Arbeitsmittel mit einem niedrigeren

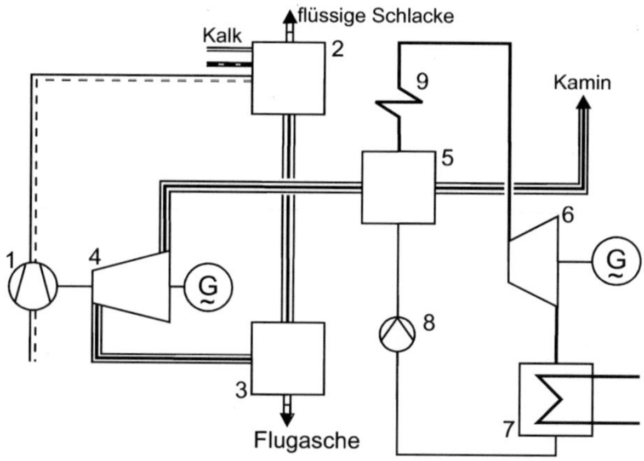

1 Verdichter
2 Brennkammer
3 Staubfilter
4 Gasturbine
5 Abhitzekessel
6 Dampfturbine
7 Kondensator
8 Speisepumpe
9 Überhitzer

Abbildung 14.15. Schema eines Kombikraftwerkes mit aufgeladener Schmelzkammerfeuerung

Dampfdruck als Wasser zu verwenden. An diese sind folgende Anforderungen zu stellen:

- Sie müssen über die höchste Prozesstemperatur hinaus chemisch stabil sein
- sie dürfen nicht aggressiv gegen die Werkstoffe von Kessel und Turbine sein
- der höchsten Prozesstemperatur darf ein nicht zu hoher und der niedrigsten ein nicht zu geringer Sättigungsdruck entsprechen

Obgleich im Prinzip eine Reihe von Stoffen als Arbeitsmittel in Frage kommen, bleiben nach genauerer Untersuchung allein Quecksilber, Kalium und Cäsium übrig. Bei den anderen Stoffen handelt es sich um organische Substanzen, die bei hohen Temperaturen zerfallen, oder es sind anorganische Verbindungen, die stark korrosiv wirken.

Die Verwendung von Quecksilber als Arbeitsmittel wurde bereits um 1900 vorgeschlagen. In den USA wurden von 1917 bis 1948 insgesamt sieben Quecksilber-Dampfkraftwerke errichtet. Das letzte davon wurde bis 1968 betrieben. Obwohl sich diese Anlagen im Betrieb bewährten, ergaben sich technische und praktische Gründe, die eine Weiterentwicklung nicht ratsam erscheinen lassen:

- Bei Temperaturen über 620°C ergeben sich nicht akzeptable Korrosionsraten für Chrom-Nickel-Stähle. Mit dieser Temperaturgrenze ist der Vorteil gegenüber dem klassischen Kraftwerksprozess nur gering.
- Für eine 500 MW-Anlage wird eine Quecksilbermenge von $1{,}8 \cdot 10^6$ kg benötigt; dies ist ca. 20% der Weltjahresproduktion.
- Quecksilberdämpfe sind hochgiftig.

Cäsium scheidet für absehbare Zeit wegen seines hohen Preises als Arbeitsmittel aus, so dass als Alternative Kalium übrigbleibt.

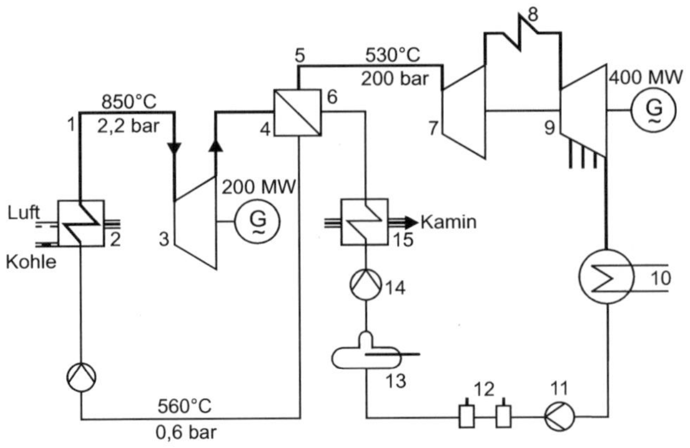

1	Kaliumkreislauf	6	Verdampfer/Überhitzer	11	Kondensatpumpe
2	Kaliumverdampfer	7	HD-Turbine	12	Vorwärmer
3	Kaliumturbine	8	Zwischenüberhitzer	13	Speisewasserbehälter
4	Kaliumkondensator	9	ND-Turbine	14	Speisepumpe
5	Wasserkreislauf	10	Kondensator	15	Economizer

Abbildung 14.16. Schaltschema eines Kalium-Wasserdampfprozesses

14.4.2 Zweistoff-Kraftwerksprozesse mit Kalium und Wasser

Dieser Kraftwerksprozess besteht aus zwei gekoppelten Kreisläufen mit Kalium und Wasser als Arbeitsmittel, vgl. [12]. Der Prozess ist in Abb. 14.16 im Schaltbild und in Abb. 14.17 im *T,s*-Diagramm dargestellt.

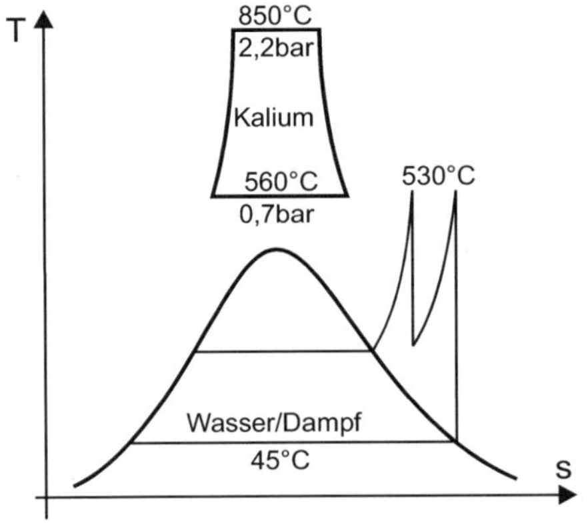

Abbildung 14.17. *T,s*-Diagramm eines Kalium-Wasser-Dampfkraftprozesses (schematisch)

Die Verdampfung des Kaliums erfolgt bei einem Druck von 2,3 bar und einer Temperatur von 850°C. Die Zusammenführung mit dem Wasser/Dampfprozess geschieht im Kondensator des Kalium-Prozesses, der gleichzeitig Verdampfer des Wasserteils ist. Bei optimaler Abstimmung beträgt das

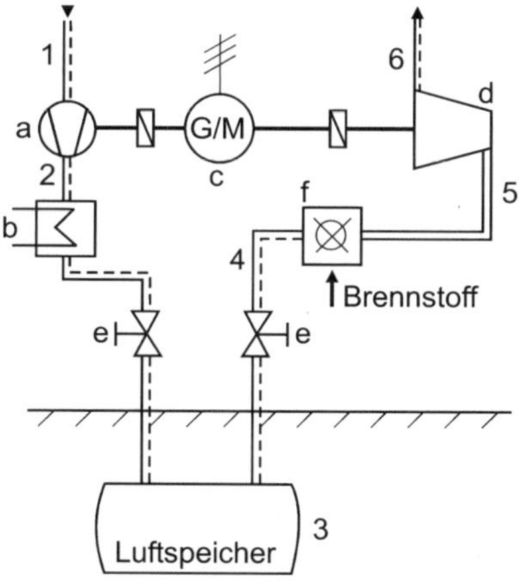

a Verdichter
b Luftkühler
c Motor/Generator
d Turbine
e Schieber
f Brennkammer

Abbildung 14.18. Schema eines Luftspeicherkraftwerks

Verhältnis der Leistungsabgabe des Kaliumkreislaufs zu der des Dampfkreislaufs 1:2. Es ergibt sich ein Nettowirkungsgrad von 48%.

Trotz des hohen Wirkungsgrades ist es aber nicht sicher, ob eine solche Anlage wirtschaftliche Vorteile brächte. Dies liegt vor allem am erforderlichen Einsatz von teilweise nicht gut bekannten austenitischen Werkstoffen für Teile des Kaliumkreises und der auch damit zusammenhängenden Frage nach der Verfügbarkeit.

14.5 Energiespeicherung mit Luftspeicher-Gasturbinenkraftwerken

Aus dem Gasturbinenprozess kann ein im Prinzip sehr einfaches Verfahren hergeleitet werden, um Energie in einer für die Stromerzeugung geeigneten Form zu speichern. Es besteht darin, komprimierte Luft in ein unterirdisches Reservoir zu pumpen. Während des Spitzenbedarfs wird diese Luft benutzt, um einen Gasturbinenprozess zu betreiben. Zur Veranschaulichung ist der Prozess in den Abbildungen 14.18 und 14.19 dargestellt.

Der normale Gasturbinenprozess kann in die Teilschritte Verdichtung der Verbrennungsluft und Entspannung der Verbrennungsgase aufgeteilt werden. Beim Luftspeicherkraftwerk werden diese Teilprozesse zeitlich entkoppelt. Die Verdichtung erfolgt dabei zu Schwachlastzeiten des Hochspannungsnetzes, um billigen Grundlaststrom auszunutzen. Zu Spitzenlastzeiten kann dann die Speicherluft als Verbrennungsluft für eine Gasturbinenbrennkammer verwendet werden. Durch Entspannen der Verbrennungsgase in einer Turbine kann mechanische Energie für den Antrieb eines Generators bereitgestellt werden. Da die Verdichterarbeit etwa 60% der gewonnenen Turbinenarbeit erfordert, kann so für eine beschränkte Zeit etwa das 2,5-fache an Leistung bei gleicher Turbinengröße an das Netz abgegeben werden.

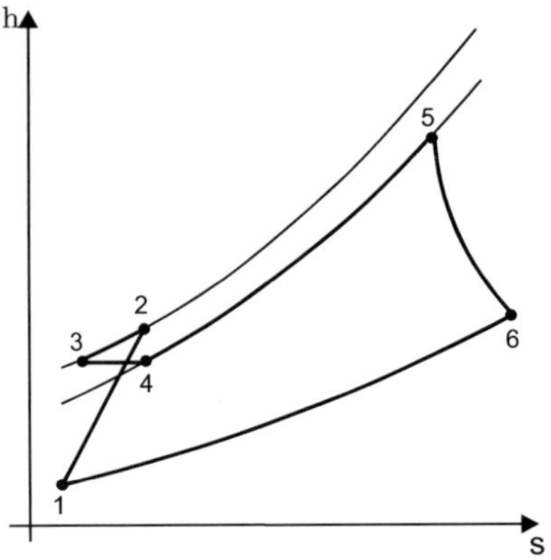

Abbildung 14.19. h,s-Diagramm für ein Luftspeicherkraftwerk; der Schritt 2 – 3 ergibt sich aus der isobaren Abkühlung im Luftkühler „b“.

Ein Unterschied zum gewöhnlichen Gasturbinenprozess besteht darin, dass die verdichtete Luft nach dem Verdichter vor der Einspeicherung in die unterirdische Kaverne auf Temperaturen unter ca. 60°C abgekühlt werden muss. In der Kaverne kühlt sich dann die Luft weiter auf die Temperatur des Erdreichs ab. In der Brennkammer ist deshalb zusätzlich eine Aufwärmung erforderlich. Dies kann allerdings auch durch regenerativen Wärmeaustausch mit den Turbinenabgasen geschehen.

Um möglichst viel Energie in einem vorgegebenen Volumen zu speichern, wird die Luft in der Kaverne auf ca. 70 bar verdichtet. Bei einer adiabaten Verdichtung würde sich die Luft auf eine Temperatur von etwa 800°C erwärmen. Daraus würde sich zum einen eine hohe Verdichtungsarbeit und zum anderen eine hohe Beanspruchung der Verdichterbauteile ergeben. Um beides zu vermeiden, wird die Zwischenkühlung beim Verdichter angewandt und die Temperatur nach der Verdichtung auf ca. 250°C gehalten.

Zur optimalen Ausnutzung des zur Verfügung stehenden Druckgefälles erfolgt die Entspannung in zwei Stufen: mit einer HD- und einer ND-Turbine mit Zwischenüberhitzung. Die Berechnung des Wirkungsgrades kann unter Beachtung der Besonderheiten nach Abschn. 3.3 erfolgen. Aber bereits die hier durchgeführten Überlegungen zeigen, dass der Wirkungsgrad dem eines offenen Gasturbinenprozesses entspricht.

Verglichen mit der Energiespeicherung in einem Wasserpumpwerk hat dieses Prinzip im wesentlichen drei Vorteile:

- Die Energiespeicherung pro Volumen ist größer,
- es kommen mehr geologische Formationen wie z.B. Salzstöcke und Kavernen in Felsgestein in Frage, und
- der Landverbrauch ist gering.

Die erste kommerzielle Speicheranlage, die nach dem hier beschriebenen Prinzip arbeitet, steht in der Nähe von Oldenburg. Als Speicher werden Kavernen in einem Salzstock mit einem Volumen von $3 \cdot 10^5$ m^3 verwendet. In diesen Kavernen wird die Luft bei 70 bar gespeichert. Die Anlage kann bei einer zulässigen Druckabsenkungsgeschwindigkeit von 10 bar/h etwa 2 Stunden lang eine Leistung von 290 MW abgeben. Als Energieaufwand für jede abgegebene Kilowattstunde sind dabei 0,8 kWh elektrischer Energie für die Verdichtung der Luft und 1,6 kWh an Brennstoffenergie für die Wärmezufuhr in der Brennkammer erforderlich. Die Anlage ist seit 1979 in Betrieb [9]. Über in den USA geplante und ausgeführte Anlagen wird in [2] berichtet.

14.6 Fazit

Die Kombination des Gasturbinen- mit dem Wasserdampfprozess ergibt im Vergleich zu beiden Einzelprozessen eine Verbesserung des Umwandlungswirkungsgrades um 5 bis 10 Prozentpunkte. Die Nutzung von Kohle ist dabei mit zwei unterschiedlichen Anlagentypen möglich:

- durch Integration einer Kohlevergasungsanlage und
- durch Verwendung einer druckbefeuerten Brennkammer.

Zur optimalen Ausschöpfung des Wirkungsgradpotentials ist für beide Typen noch die Heißgasentstaubung für den großtechnischen Einsatz zu entwickeln. Wenn auch bei der Druckfeuerung noch grundsätzliche Forschungsarbeiten zu leisten sind, besteht kein Zweifel an der Eignung von Gasturbinen für den Einsatz in kohlegefeuerten Kombikraftwerken. Aufgrund der Wirkungsgradverbesserung ergibt sich eine bedeutende Verminderung der Umweltbelastung.

Eine zu den Kombiprozessen verwandte Lösung ist der Zweistoff-Dampfkraftprozess. Zur Erreichung von hohen Wirkungsgraden sind allerdings Temperaturen im Bereich von 800–900°C notwendig, was zu den bekannten Werkstoffproblemen führt.

Durch eine zeitliche Entkoppelung des Verdichter- und Turbinenbetriebs und Zwischenspeicherung der verdichteten Luft kann mit dem Gasturbinenprozess eine Energiespeicherung durchgeführt werden. Solchen Speicheranlagen kommt im Hinblick auf die Nutzung regenerativer Energiequellen in Zukunft größere Bedeutung zu.

Literatur

1. Bunthoff, D., Meier, H.J.: Umweltfreundliches Kraftwerk mit Druckwirbelschichtfeuerung. VGB Kraftwerkstechnik **67**, 751–757 (1987)
2. Clausen, B.R., Schainker, R.B.: Compressed air energy storage demonstration plant. Proc. Amer. Power Conf. **49**, 204–208 (1987)
3. Friedrich, R.: Das Vorbild der heutigen Gasturbine. VGB Kaftwerkstechnik **70**, 995–999, (1990)
4. Hübner, K., Pavone, D., Schmidt, D. und Weber, E.: Möglichkeiten der Gasreinigung im temperaturbereich oberhalb 1000 °CVGB Kraftwerkstechnik **68**, 931–935 (1998)

5. Dibelius, G., Pitt, R., Ziemann, M.: Die Gasturbine im Wandel technologischer und wirtschaftlicher Entwicklungen. VGB Kraftwerkstechnik **61**, 75–82 (1981)
6. Peter, F., König, H.-H., Schüller, K.H.: Stand und Entwicklung der Technik thermischer Kraftwerke. BWK **33**, 207–215 (1981)
7. Croonenbrock, R.: Druckaufgeladene Wirbelschichtfeuerungen – Erfahrungen und Konzepte für größere Einheitsleistung. Jahrbuch der Dampferzeugertechnik, 6. Ausgabe. Vulkan, Essen 1989, 46–60
8. Franke, U.: Gasturbinenkonzepte mit Wassereinsatz. VGB Kraftwerkstechnik **73**, 125–129 (1993)
9. Herbst, H.-C., Maaß, P.: Das 290 MW-Luftspeicher-Gasturbinenkraftwerk Huntorf – Bau, Inbetriebnahme, Betriebserfahrungen. VGB Kraftwerkstechnik **60**, 174–187 (1980)
10. Kail, Chr.: Analyse von Kraftwerksprozessen mit Gasturbinen unter energetischen, exergetischen und ökonoischen Aspekten. Dissertation TU München (1998)
11. Löhle, H.: Der kombinierte Gas-Dampfturbinenblock Altbach der Neckarwerke – Auslegung, Fahrweise und erste Betriebsbewährung. VGB Kraftwerkstechnik **53**, 579–592 (1973)
12. v. Lojewski, D., Urban, H.: Der Zweistoff-Dampfprozess mit Kalium/Wasser-Dampfkreislauf. Jahrbuch der Dampferzeugertechnik, 6. Ausgabe. Vulkan, Essen 1989, 79–99
13. Preußer, G., Spindler, K.: Kohlenstaubdruckfeuerung – Stand, Wirkungsgrad und Entwicklungsziele. VGB Kraftwerkstechnik **68**, 917–921 (1988)
14. Rieder, J., Hesse, H.-G., Pöhler, F., Sigg, J.: Kraftwerk Franken II, 3. Ausbau, Verbundblock mit 750 MW. VGB Kraftwerkstechnik **75**, 181–190 (1995)
15. Thomlinson, L.O., Anderson, R.O., Smith, R.W.: GE-STAG Combined cycle power plant. Proc. Amer. Power Conf. **49**, 129–138 (1987)
16. Traupel, W.: Thermische Turbomaschinen, 2 Bände. Springer, Berlin Heidelberg New York 1977
17. Weinzierl, K.: Weiterentwicklung des kombinierten Gas-/Dampfturbinenkraftwerkes (GKD) mit integrierter Kohlevergasung. VGB Kraftwerkstechnik **69**, 635–640 (1989)
18. Zon, G.D., de Winter, H.M.J., Willeboer, W.: Kohlevergasung im Dienste der Stromerzeugung: die Demo-KV STEG. VGB Kraftwerkstechnik **74**, 436–441 (1994)

15

Alternative Prozesse zur Nutzung fossiler Brennstoffe

Die Entwicklung alternativer Prozesse zur Nutzung fossiler Brennstoffe wird mit dem Ziel durchgeführt, den Umwandlungswirkungsgrad in elektrische Energie zu verbessern und die Prozesstechnik zu vereinfachen. Bei den in den vorhergehenden Kapiteln betrachteten Prozessen führt man die jeweilige Primärenergie zunächst in Wärme über. In einem weiteren Schritt wird dann die Wärme mittels eines thermodynamischen Kreisprozesses in mechanische Arbeit umgewandelt. Der thermische Wirkungsgrad des Umwandlungsprozesses ist dabei durch den 2. Hauptsatz in der Form des Carnot-Faktors η_C begrenzt, welcher vom Verhältnis der Temperaturen von der Wärmeabfuhr zur Wärmezufuhr gemäß (3.13) abhängt. Zur Erreichung hoher Wirkungsgrade bestehen zwei Möglichkeiten:

- Es werden Umwandlungsprozesse gewählt, bei denen der Zwischenschritt über die Wärmeenergie vermieden wird
- Das Temperaturverhältnis aus ab– und zugeführter Wärme wird minimiert

15.1 Brennstoffzellen

15.1.1 Grundlagen

Nach dem 2. Hauptsatz ist der Wirkungsgrad der Energieumwandlung am höchsten, wenn sie auf reversiblem Weg erfolgt. Bei dem Weg über die Verbrennung wird die Irreversibilität durch den unkontrollierten Elektronenaustausch zwischen den Reaktionspartnern bei der Verbrennung verursacht. Der Elektronenaustausch kann auf kontrolliertem Weg vorgenommen werden, wenn die Brennkammer durch eine Elektrolysezelle ersetzt wird. In solchen Zellen werden die Elektronen über einen Leiter ausgetauscht, der direkt mit einem Verbraucher elektrischer Energie verbunden werden kann. Die chemische Energie des Brennstoffes wird dabei direkt in elektrische Energie umgewandelt. Energieumwandlungssysteme, die nach diesem Prinzip arbeiten, nennt man Brennstoffzellen. Der Aufbau einer solchen Zelle ist in Abb. 15.1 schematisch dargestellt.

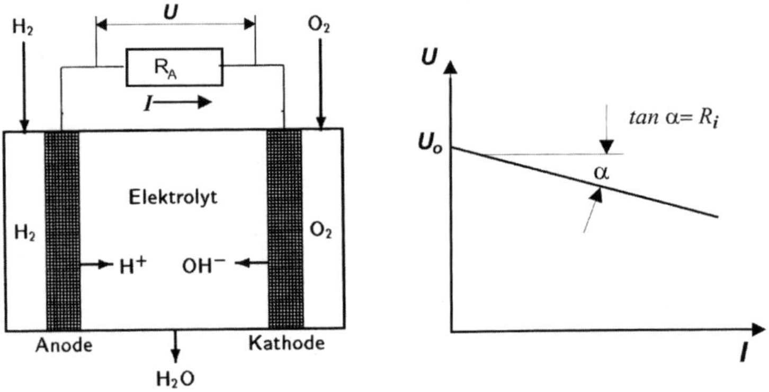

Abbildung 15.1. Schematischer Aufbau einer H_2/O_2 Brennstoffzelle mit einem basischen Elektrolyten. Rechts: Ideale Spannung–Strom Kennlinie. Positiv geladene Ionen (Kationen) wandern von der Anode zur Kathode durch den Elektrolyten, negativ geladene Ionen (Anionen) in entgegengesetzter Richtung von der Kathode zur Anode.

Bei einer Wasserstoff-Sauerstoffzelle wird der Wasserstoff auf der Oberfläche der Anode durch Einwirkung von Wärme oder durch die katalytischen Eigenschaften des Anodenmaterials ionisiert. Zwischen Anode und Kathode besteht eine Potentialdifferenz, so dass freie Elektronen durch den äußeren Leiter und den Verbraucher zur Kathode wandern und dabei Arbeit leisten können. Die Wasserstoffionen verbinden sich schließlich an der Oberfläche der Kathode mit den OH-Ionen zu Wasser:

$$\begin{array}{lll} \text{Anodenreaktion} & H_2 & \longrightarrow 2\,H^+ + 2\,e^- \\ \text{Kathodenreaktion} & \frac{1}{2}\,O_2 + H_2O + 2\,e^- & \longrightarrow 2\,OH^- \\ \hline \text{Zellreaktion} & H_2 + \frac{1}{2}\,O_2 & \longrightarrow H_2O \end{array}$$

Die Summenreaktion entspricht der gewöhnlichen Wasserstoffverbrennung. Als Katalysatoren dienen Platin, Nickel und Silber, als Elektrolyt werden wässrige Lösungen von Kaliumhydroxid (KOH) oder Phosphorsäure (H_3PO_4) verwendet. Für einen stationären Betrieb muss dem System ständig Wasserstoff und Sauerstoff zugeführt werden. Das entstehende Wasser ist in geeigneter Weise abzuführen.

Die Umwandlung von chemischer in elektrische Energie erfolgt hier isotherm, z.B. bei Umgebungstemperatur. Man spricht deshalb auch von einer kalten Verbrennung. Brennstoffzellen sind demnach keine Wärmekraftmaschinen und ihr Wirkungsgrad ist nicht durch den Carnot-Faktor begrenzt.

Wichtig für die Funktion der Zelle ist, dass die Elektroden feine Poren aufweisen. Durch die Poren der Elektroden können der Wasserstoff und der Sau-

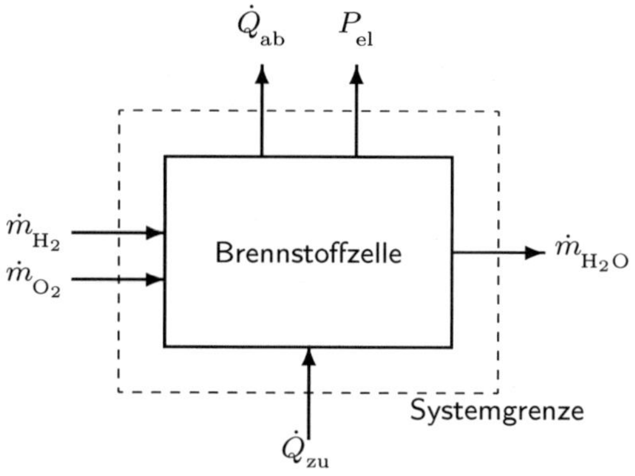

Abbildung 15.2. Massen- und Energieströme bei einer H_2/O_2-Brennstoffzelle

erstoff diffundieren und schließlich in Gegenwart des Elektrolyten unter Freisetzung von elektrischer Energie zu Wasser reagieren.

Das Konzept der Brennstoffzelle wurde 1938 von Schönbein[1] und 1839 von Grove[2] entdeckt und ist damit genauso alt wie die Dynamomaschine zur Umwandlung von mechanischer Energie in Strom. Schönbein hatte gefunden, dass zwischen zwei in eine Elektrolytlösung eintauchenden Platinelektroden ein elektrischer Strom fließt, wenn in die Lösung Wasserstoff und Sauerstoff eingebracht werden. Das Arbeitsprinzip der Brennstoffzelle ist erstaunlich einfach. Bei der technischen Realisierung haben sich aber derartige Schwierigkeiten ergeben, dass die Vorteile des hohen Wirkungsgrades und der Einfachheit der Anordnung bisher aufgewogen wurden.

15.1.2 Thermodynamik der Brennstoffzelle

Die Brennstoffzelle ist ein offenes thermodynamisches System, in dem die Energiewandlung durch Wärmeaustausch mit der Umgebung als isothermer Prozess abläuft, vgl. Abb. 15.2. Die Einsatzstoffe und Reaktionsprodukte werden bei konstanter Temperatur und konstantem Druck zu- bzw. abgeführt.

Die bei der Oxidation des Brennstoffes freiwerdende Enthalpiedifferenz (Heizwert) kann nach den Sätzen der Thermodynamik in andere Energieformen überführt werden. Aus dem 1. Hauptsatz folgt:

$$\mathrm{d}h = \mathrm{d}q + V\,\mathrm{d}p = T\,\mathrm{d}s + \mathrm{d}w \tag{15.1}$$

$\mathrm{d}w$ ist die der Zelle entnehmbare Arbeit, für die bei isothermer Prozessführung

$$\mathrm{d}w = (\mathrm{d}h - T\,\mathrm{d}s)_{T=\mathrm{const}} = \mathrm{d}\,(h - T\,s)_{T=\mathrm{const}} = \mathrm{d}g \tag{15.2}$$

gilt. g bezeichnet die spezifische freie Enthalpie (Gibb'sches Potential), vgl. z.B. [1]. Die gewinnbare Arbeit hängt noch davon ab, ob das Reaktionsprodukt

[1] Christian Friedrich Schönbein (1799 bis 1868), Professor an der Universität Basel; Entdecker des Ozons und der Nitrocellulose.

[2] William Grove (1811–1896)

gasförmig oder flüssig ist, d.h. der Heiz- oder Brennwert gewonnen werden kann, und bei welcher Temperatur der Prozess abläuft. Für eine Wasserstoffzelle mit flüssigem Endprodukt bei 300 K ergibt sich die spezifische Arbeit zu $\Delta w = -1{,}18 \cdot 10^5$ J/kg, die nach

$$\Delta w = \left(h_{H_2O(l)} - \left(h_{H_2} + \frac{1}{2} h_{O_2}\right)\right) - T\left(s_{H_2O(l)} - \left(s_{H_2} + \frac{1}{2} s_{O_2}\right)\right) = \Delta g \tag{15.3}$$

berechnet wird. Die Zahlenwerte für die spezifische Bildungs–Enthalpie und Entropie können z.B. aus [2] und einschlägigen Handbüchern entnommen werden.

Aus (15.2) kann der thermodynamische Wirkungsgrad der Brennstoffzelle bestimmt werden:

$$\eta_{th} = \frac{\Delta w}{\Delta h} = \frac{\Delta g}{\Delta h} = 1 - \frac{T\,\Delta s_{T\,=\,\mathrm{const}}}{\Delta h} = \frac{\Delta \text{freie Enthalpie}}{\Delta \text{Reaktionsenthalpie}} \tag{15.4}$$

Da nach der Definition die Reaktionsenthalpie Δh – dies ist bei einer Verbrennungsreaktion der negativ gerechnete Heizwert – für einen energieliefernden Prozess negativ ist, kann bei einer positiven Reaktionsentropie η_{th} größer als Eins werden. Es wird dabei Wärme aus der Umgebung aufgenommen und in elektrische Energie umgewandelt. Dies tritt bei realen Zellen jedoch nicht auf, da bei Strombelastung aufgrund des inneren Widerstands Joule'sche Wärme entsteht und die Zelle sich aufheizt. Für eine Wasserstoffzelle ist bei 300 K, einem Druck von 1 bar und flüssigem Endprodukt $\Delta h = -285{,}8$ kJ/mol und $\Delta s = -162{,}4$ J/mol K, damit folgt für den Wirkungsgrad

$$\eta_{th(l)} = 0{,}94.$$

Bezieht man die Energieumwandlung auf den Heizwert, legt also gasförmige Endprodukte zugrunde, ergibt sich entsprechend mit $\Delta h = -241{,}8$ kJ/mol und $\Delta s = -44{,}4$ J/mol K

$$\eta_{th(g)} = 0{,}94.$$

Die der Brennstoffzelle entnehmbare Arbeit kann auch aus der Zellspannung U_0 und der Ladungsmenge dQ bestimmt werden. Pro H_2-Molekül werden $n = 2$ Elementarladungen $e = 1{,}602 \cdot 10^{-19}$ C transportiert. Dies ergibt pro mol H_2 die Energie:

$$\Delta g = -n\,N_A\,e\,U_0 = n\,F\,U_0 \tag{15.5}$$

Hier ist n die Zahl der Ladungsträger pro Molekül, $N_A = 6{,}023 \cdot 10^{23}$ die Avogadro- oder Loschmidt-Zahl und $F = 9{,}6485 \cdot 10^4$ C/mol die Faraday-Konstante. Aus (15.2) und (15.5) kann die Zellspannung

$$U_0 = \frac{-\Delta g}{n\,F} = \frac{-\left(\Delta h - T\,\Delta s\right)_{T\,=\,\mathrm{const}}}{n\,F} \tag{15.6}$$

bestimmt werden. Für die Wasserstoffzelle mit gasförmigem Endprodukt ergibt sich bei 300 K und $n = 2$

$$U_0 = 1{,}23 \text{ V}.$$

U_0 ist die Ruhe- oder Leerlaufspannung beim Strom Null. Wenn ein Strom I fließt, vermindert sich die abgreifbare Klemmenspannung um das Produkt aus dem inneren Widerstand R_I der Brennstoffzelle und dem Strom I. Für die Klemmenspannung U gilt dann:

$$U = U_0 - R_I\, I \tag{15.7}$$

In Tabelle 15.1 sind die thermodynamischen Daten einer H_2/O_2-Zelle zusammengestellt. Bemerkenswert ist, dass der thermodynamische Wirkungsgrad bei gasförmigem Endprodukt höher als beim flüssigen ist.

Tabelle 15.1. Enthalpie, freie Enthalpie, Zellspannung und thermodynamischer Wirkungsgrad einer Wasserstoffzelle als Funktion der Temperatur

Endprodukt	T [K]	Δh [kJ/mol]	Δg [kJ/mol]	Δs [J/mol K]	U_0 [V]	η_{th} [–]	η_C^a [–]
gasförmig	300	-242,0	-228,7	-44,1	1,19	0,94	0
	400	-243,0	-224,0	-47,3	1,16	0,92	0,25
	500	-243,9	-219,2	-49,6	1,14	0,90	0,40
	1 000	-247,8	-192,7	-55,2	1,00	0,78	0,70
	1 500	-250,2	-164,4	-57,3	0,70	0,54	0,85
flüssig	300	-285,8	-236,9	-163,0	1,23	0,83	0
	373	-283,4	-225,1	-155,0	1,14	0,78	0,20

[a] $\eta_C = 1 - T_0/T$ und $T_0 = 300$ K.

Leistung einer Brennstoffzelle:

Wir betrachten die in Abb. 15.1 dargestellte Schaltung einer Brennsstoffzelle mit einem inneren Widerstand R_I und dem äußeren Widerstand R_A. Es ist klar, dass durch den Spannungsabfall am Innenwiderstand der Zelle Abwärme erzeugt wird, die den Wirkungsgrad mindert und aus der Zelle abgeführt werden muss. Die entnehmbare Leistung der Zelle errechnet sich aus dem Produkt aus abgreifbarer Spannung und Stromstärke: $P = U\,I$. Dabei gilt für die Spannung U und die Stromstärke I:

$$U = U_0 - R_I\, I = R_A I \quad \textit{und} \quad I = \frac{U_0}{R_I + R_A} \tag{15.8}$$

Damit folgt für die Leistung:

$$P = \underbrace{U_0 I}_{reversibel} - \underbrace{R_I I^2}_{Wärmeverlust} = R_A I^2 = \frac{R_A}{(R_I + R_A)^2} {U_0}^2 \tag{15.9}$$

Man sieht, dass für $R_A = 0$ und $R_A \to \infty$ die Leistung $P = 0$ ist, da entweder U oder I gleich Null ist. Dazwischen liegt für $\mathrm{R_A} = \mathrm{R_I}$ ein Maximum für die Leistung:

$$P_{max} = \frac{U_0^2}{4R_I} \qquad mit \quad I = \frac{U_0}{2R_I} \quad \text{und} \quad U = \frac{U_0}{2} \tag{15.10}$$

Zur Bewertung des Innenwiderstandes wird ein Spannungswirkungsgrad definiert; aus (15.8) folgt:

$$\eta_{\mathrm{U}} = \frac{\text{tatsächliche Zellspannung}}{\text{reversible Zellspannung}} = \frac{U}{U_0} = 1 - \frac{R_I\, I}{U_0} \tag{15.11}$$

Bei geringen Leistungen (Strömen) nähert sich η_{U} dem Wert 1, bei maximaler Leistung ist $\eta_{\mathrm{U}} = 0{,}5$.
Der real erreichbare Wirkungsgrad einer Brennstoffzelle ist wegen folgender Effekte geringer als der theoretische Wirkungsgrad η_{th} nach (15.4):

1. In der Nähe von I=0 gibt es einen steilen Spannungsabfall, bevor die Strom-Spannungskennlinie durch den linearen Ansatz 15.8 angenähert werden kann, vgl. Fig. 15.3. Dies beruht auf Sekundäreffekten, Abschirmung der Elektroden durch Raumladungen, Entstehung anderer Komponenten (H_2O_2) etc., die hier nicht weiter diskutiert werden sollen.
   Die durch den Spannungsabfall in der Brennstoffzelle erzeugte Wärme muss abgeführt werden.
2. Bei realen Zellen wird nicht der gesamte zugeführte Brennstoff genutzt, dies wird durch einen Brenngasnutzungsgrad erfasst:
$$\eta_{\mathrm{B}} = \frac{\text{genutzte Brenngasmenge}}{\text{zugeführte Brenngasmenge}} \tag{15.12}$$
3. Für den Gesamtwirkungsgrad ist weiter der Energiebedarf für die Brennstoffaufbereitung, die Kühlung der Zelle sowie die Zu- und Abfuhr der Stoffströme zu berücksichtigen. Dies wird durch einen Verlustwirkungsgrad η_{V} erfasst.

Der Gesamtwirkungsgrad einer Brennstoffzelle η_{BZ} schreibt sich dann wie folgt:

$$\eta_{\mathrm{BZ}} = \eta_{th} \eta_{\mathrm{U}} \eta_{\mathrm{B}} \eta_{\mathrm{V}} \tag{15.13}$$

Ein Nachteil der Brennstoffzellen ist die auf den Zellenquerschnitt bezogene geringe Energiedichte von ca. 1 Watt/cm^2 oder 10 kW/m^2. Für eine Leistung von 60 kW ist damit eine Zelle mit 6 m^2 Querschnittsfläche erforderlich. Man hilft sich damit, dass man Zellen mit einer Querschnittsfläche von ca. 100 cm^2 hintereinanderschaltet, um die gewünschte Spannung und Leistung zu erhalten. Im Falle eines 60 kW Antriebs sind 600 Zellen erforderlich, die mit Brennstoff und Sauerstoff versorgt werden müssen sowie mit elektrische Leitern zu verbinden sind.

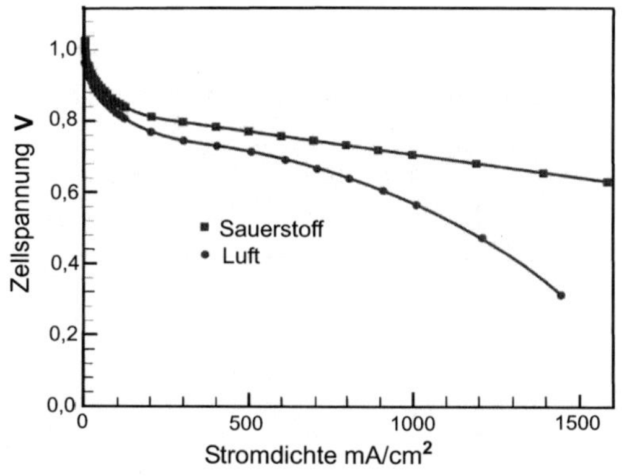

Abbildung 15.3. Strom-Spannungskennlinie einer kommerziellen PEFC Brennstoffzelle bei 80°C und 1 bar.

Beispiel 15.1. Eine H_2/O_2-Zelle wird bei einer Temperatur von 300 K betrieben und verbraucht pro Stunde 1 kg Wasserstoff. Das Produkt der Teilwirkungsgrade η_U, η_B und η_V betrage 0,55 und als Endprodukt fällt Wasserdampf an. Man bestimme die Leistung der Zelle und den abzuführenden Wärmestrom.

Lösung. Nach Tabelle 15.1 ist $\Delta h = -242{,}0$ MJ/kmol und $\Delta g = -228{,}7$ MJ/kmol. Die reversibel zu gewinnende Leistung ergibt sich nach Gl. 15.2 aus der freien Enthalpie. Mit ($M_{H_2} = 2{,}016$ kg/kmol) folgt:

$$P = -\Delta g \, \frac{\dot{m}_{H_2}}{M_{H_2}} = 31{,}51 \text{ kW}.$$

Der theoretische Wirkungsgrad gemäß 15.4 ergibt sich zu

$$\eta_{th} = \frac{\Delta g}{\Delta h} = 0{,}945.$$

Für den Gesamtwirkungsgrad folgt mit Gl. 15.13

$$\eta_{BZ} \approx \eta_{th}\eta_U\eta_B\eta_V = 0{,}519.$$

Es folgt die reale Zellenleistung

$$P_{BZ} = \eta_{BZ} \, P = 16{,}35 \text{ kW}$$

und die abzuführende Wärme

$$\dot{Q}_{ab} = \left(1 - \eta_{th}\eta_U\right) P = -15{,}16 \text{ kW}.$$

15.1.3 Typenvielfalt

Erste Anwendung fanden Energieumwandler auf der Basis der Brennstoffzelle als Stromquellen für Unterseeboote und um 1960 in der Raumfahrt. Sie haben sich dabei als zuverlässige, kompakt aufgebaute und einfach zu betreibende Systeme erwiesen. Für den kommerziellen Einsatz sind gegenwärtig

Tabelle 15.2. Typen von Brennstoffzellen

AFC	Alkalische Brennstoffzelle (Alkaline Fuel Cell)
PAFC	Phosphorsaure-BZ (Phosphoric Acid FC)
PEFC	Polymerelektrolyt-BZ (Proton Exchange Membrane FC)
MCFC	Carbonatschmelzen-BZ (Molten Carbonate FC)
SOFC	Festoxid-BZ (Solid Oxid FC)

fünf Typen in der Entwicklung, die sich hinsichtlich des verwendeten Elektrolyten und der Betriebstemperatur unterscheiden, vgl. Tabelle 15.2 und Tabelle 15.3. Nach ihrer Betriebstemperatur können diese Typen in Niedertemperaturzellen (AFC, PAFC, PEFC) mit Betriebstemperaturen zwischen 80°C und 200°C und Hochtemperaturzellen (MCFC, SOFC) mit Betriebstemperaturen >600°C unterschieden werden:

Tabelle 15.3. Typen von Brennstoffzellen und deren Charakteristik

Typ	Anoden-Reaktion	Elektrolyt	Trans-fer-Ion	Kathoden-Reaktion	Tempera-tur °C [a)]	Druck bar
PEFC	$H_2 \rightarrow 2H^+ + 2e^-$	Polymer	H^+	$2H^+ + \frac{1}{2}O_2 + 2e^- \rightarrow H_2O$	80–100	1–10
AFC	$H_2 + 2\,OH^- \rightarrow 2\,H_2O + 2e^-$	KOH + aqua	OH^-	$H_2O + \frac{1}{2}O_2 + 2e^- \rightarrow 2OH^-$	80–200	1–16
PAFC	$H_2 \rightarrow 2\,H^+ + 2e^-$	H_3PO_4 + aqua	H^+	$2H^+ + \frac{1}{2}O_2 + 2e^- \rightarrow H_2O$	90–200	1-16
MCFC	$H_2 + {CO_3}^{2-} \rightarrow CO_2 + H_2O + 2e^-$	$LiKCO_3$	${CO_3}^{2-}$	$CO_2 + \frac{1}{2}O_2 + 2\,e^- \rightarrow {CO_3}^{2-}$	~700	1–10
SOFC	$H_2 + O^{2-} + 2e^- \rightarrow H_2O$	ZrO_2	O^{2-}	$\frac{1}{2}O_2 + 2e^- \rightarrow O^{2-}$	~1000	10

[a)] Bei den (PEFC, AFC, PAFC) – Brennstoffzellen mit wässrigen Elektrolyten muss der Druck des Elektrolyten über dem Dampfdruck von Wasser liegen.

1. Die Niedertemperaturzellen werden bei weniger als ~200°C betrieben, ihre Abwärme kann bestenfalls zur Raumheizung verwendet werden, weitere charakteristische Merkmale sind:
   - Bei den Niedertemperaturzellen ist die Reaktionsgeschwindigkeit gering. Deshalb kann bei diesen Typen nur Wasserstoff als Energieträger eingesetzt werden. Die Gewinnung von Wasserstoff aus Erdgas oder anderen Kohlenwasserstoffen, die als Brennstoff-Reformierung bezeichnet wird, ist ein aufwendiger und mit Verlusten verbundener Prozess, der den Gesamtwirkungsgrad zusätzlich mindert.
   - Die Anode muss aus Platin oder anderen wertvollen Metallen hergestellt werden, um die Zellreaktion zu katalysieren. Die dafür erforderliche Materialmenge ist ein bestimmender Kostenfaktor bei der Herstellung dieser Brennstoffzellen.
   - Wegen der niedrigen Betriebstemperatur können für die Herstellung der Zelle und der erforderlichen Stützkonstruktion billige Materialien verwendet werden.
2. Die Hochtemperaturzellen weisen Betriebstemperaturen >600°C auf, ihre Abwärme kann wie bei den Gasturbinen in einem nachgeschalteten Dampfkraftprozess genutzt werden.
   - Wegen der hohen Betriebstemperatur sind keine Katalysatoren aus Edelmetallen erforderlich.
   - Wegen der erforderlichen Aufwärmung auf Betriebstemperatur sind die Anfahrzeiten lang.

Neben der Betriebstemperatur ist die Art des Elektrolyten von Bedeutung. Flüssige Elektrolyten haben normalerweise eine höhere Ionenleitfähigkeit und bieten damit geringere Zellwiderstände als Feststoffelektrolyten, sie sind aber andererseits korrosiv, was die Lebensdauer der Zellen verkürzt und zu höheren Betriebs- und Investitionskosten führt.

15.1.3.1 Entwicklungsstand

Anwendung fanden Brennstoffzellen bisher in Bereichen, bei denen Kosten keine Rolle spielen, andererseits aber die gebotenen Vorzüge - sie sind leichter als Batterien und leiser als Dieselgeneratoren - sehr hoch bewertet werden. Der Entwicklungsstand der verschidenen Typen kann wie folgt gekennzeichnet werden:

AFC: Alkalische Brennstoffzellen (AFC) wurden seit 1960 für die Verwendung in der Raumfahrt entwickelt und im Rahmen des Appollo– und des Spaceshuttle– Programms auch eingesetzt. Wegen ihres hohen elektrischen Wirkungsgrads, ca. 60% im Reingasbetrieb, und ihrer leicht beherrschbaren Arbeitstemperatur von etwa 80 °C werden sie noch heute in den Spaceshuttle–Raumfähren eingesetzt. Da alkalische Brennstoffzellen jedoch für ihren Betrieb hochreinen Wasser- und Sauerstoff benötigen – die Reaktion ist sehr empfindlich gegenüber Kohlendioxid – Verunreinigungen im Wasserstoff und Sauerstoff –, kommen sie für die breite Anwendung in der Energieerzeugung nicht in Frage. Ferner ist die Weiterentwicklung weitgehend eingestellt.

PAFC: Dieser Typ von Zellen ist am weitesten entwickelt und hat die Kommerzialisierung erreicht. So wird z. B. von der Firma IFC (International Fuel Cells), Hartford USA, eine 200 kW Einheit unter dem Namen PC25 zu kommerziellen Bedingungen angeboten. Die PC25 hat ein Leistungsgewicht von 18 kg/kW, einen elektrischen Wirkungsgrad von ca. 40% und eine Leistungsdichte von 1,5 kW/m^2. Der Elektrolyt, konzentrierte Phosphorsäure, ist als Gel in einer Siliciumcarbid – Matrix fixiert.

Die bisher größten PAFC Anlagen mit Leistungen von 11 MW bzw. 5 MW wurden von dem Versorgungsunternehmen Tokyo Electric Power Co. (TEPCO) erstellt. Beide Anlagen werden mit Erdgas betrieben, der Nettowirkungsgrad der größeren liegt bei 41,8% und die Kaltstartzeit beträgt ca. 5 Stunden. Die Anlagen wurden von den Firmen Toshiba/IFC und Fuiji Electric Co. geliefert.

Die Arbeitstemperatur von ca. 200 °C macht die phosphorsaure Brennstoffzelle ideal für die stationäre Energieerzeugung in kleinen Blockheizkraftwerken. Betrieben werden phosphorsaure Brennstoffzellen mit Wasserstoff. Mit einem vorgeschalteten Reformer können auch Erdgas oder Methanol verwendet werden. Die Anlagen reagieren empfindlich auf das Katalysatorgift CO, weshalb das Prozessgas gereinigt werden muss. Schwachstellen der PAFC sind u.a. die Degradation der mit Platin ($\sim$1mg/cm^2) belegten Zellmembranen: >10% in 40000 h.

PEFC: Bei dieser Zelle wird ein polyelektrolytisches Gel als Elektrolyt verwendet. Von diesem werden aus dem Gelnetzwerk H^+-Ionen freigesetzt, der Ladungsausgleich erfolgt ähnlich wie bei der PAFC. Die PEFC benötigt hochreinen Wasserstoff, ihre Betriebstemperatur liegt gewöhnlich unter 100°C.

Alle namhaften Automobilfirmen bemühen sich seit Jahren, die PEFC als Kraftquelle für den Antrieb zu nutzen und haben eine Reihe von Prototypen entwickelt. Beispiele sind die Fahrzeuge NECAR 1 bis NECAR 5 sowie F–Cell von Mercedes–Benz. Für Busse ist diese Technik bereits soweit entwickelt, dass in mehreren Städten PEFC-Busse im Linienbetrieb getestet werden. Ferner werden Prototypen für den Einsatz in Blockheizkraftwerken erprobt. Schwachstellen sind die Lebensdauer der Membran– und Elektrodenmaterialien, sowie die Empfindlichkeit gegen Katalysatorgifte.

SOFC: Dieser Zellentyp nutzt einen Effekt, nach dem der Festelektrolyt aus ZrO_2 bei Temperaturen von 1 000°C zwar die Migration des Ladungsträgers (O^{2-}) zulässt, aber immer noch ein schlechter elektrischer Leiter ist [9]. Der elektrochemische Prozess in einer Feststoffelektrolyt-Brennstoffzelle ist durch

$$\begin{array}{llll}
\text{Anodenreaktion} & H_2 & + O^{2-} & \longrightarrow H_2O + 2\,e^- \\
 & (CO & + O^{2-} & \longrightarrow CO_2 + 2\,e^-) \\
\text{Kathodenreaktion} & \frac{1}{2}\,O_2 & + 2\,e^- & \longrightarrow O^{2-} \\
\hline
\text{Zellreaktion} & H_2 & + \frac{1}{2}\,O_2 & \longrightarrow H_2O
\end{array}$$

gegeben. Wichtigstes Element ist der Festelektrolyt, der bei bisher ausgeführten Zellen aus Zirkondioxid (ZrO_2) besteht, das mit Yttriumoxid (Y_2O_3) stabilisiert ist. Die Elektroden sind aus einem porösen, hitzebeständigen keramischen Material hergestellt. Zur Erzeugung einer großen Kontaktfläche werden die Zellen z.B. als zylinderförmige Elemente ausgebildet. Durch Parallel- und Reihenschaltung solcher Elemente ergeben sich Module beliebiger Leistung. Es erscheint möglich, Module mit Leistungsdichten von 0,4 MW/m^3 zu erhalten. Die Hauptschwierigkeiten dieser Technik liegen auf der Materialseite. So steht bisher die Elektrolytkeramik nur in Form kleiner Röhrchen von ca. 2,5 cm Durchmesser zur Verfügung.
Mit 800 bis 1000 Grad Celsius arbeitet die SOFC unter allen Brennstoffzellen mit den höchsten Temperaturen. Sie ist daher besonders für Heizkraftwerke und industrielle Anwendungen geeignet. Aber auch Kleinsysteme für Einfamilienhäuser sind in der Entwicklung. Die SOFC kann mit Wasserstoff betrieben werden. Wegen der hohen Betriebs–Temperaturen können auch CO und Kohlenwasserstoffe direkt als Brennstoffe eingesetzt werden.
Die Forschung konzentriert sich auf die Entwicklung dünnerer und auch alternativer Elektrolyte, die geringere Temperaturen ermöglichen sollen.
MCFC: Bei den MCFC (Molten Carbonate Fuel Cell) besteht der Elektrolyt aus alkalischen Metallsalzmischungen (Lithium- und Calziumcarbonat), die bei einer Temperatur von etwa 650°C im flüssigen Zustand vorliegen. Als Brennstoff werden Wasserstoff, Kohlegas und Erdgas verwendet. Bei Verwendung von Kohlegas und Erdgas werden in die Gaskanäle Katalysatoren eingebaut, an denen die im Brennstoff enthaltenen Kohlenwasserstoffe unter Nutzung der Abwärme durch Zugabe von Dampf in zwei Schritten zu H_2 und CO_2 konvertiert werden:

$$\begin{array}{ll} \text{Dampfreformierung} & CH_4 + H_2O, \longrightarrow CO + 3H_2 \\ \text{Konvertierung} & CO \;\; + H_2O \;\; \longrightarrow CO_2 + H_2 \end{array}$$

Der elektrochemische Prozess in einer MCFC-Zelle ist durch die folgenden Reaktionen gegeben:

$$\begin{array}{lll} \text{Anodenreaktion} & H_2 + CO_3^{2-} & \longrightarrow H_2O + CO_2 + 2\,e^- \\ \text{Kathodenreaktion} & \frac{1}{2}\,O_2 + CO_2 + 2\,e^- & \longrightarrow CO_3^{2-} \\ \hline \text{Zellreaktion} & H_2 + \frac{1}{2}\,O_2 & \longrightarrow H_2O \end{array}$$

Bei den hohen Betriebstemperaturen von 650°C laufen die chemischen Reaktionen so schnell ab, dass keine Katalysatoren erforderlich sind. Wie die Reaktionsgleichungen zeigen, erfolgt die Ionenleitung innerhalb des Elektrolyts durch die CO_3-Ionen. Um eine Abreicherung des CO_2 in der Schmelze zu verhindern, Umriss der Schmelze mit dem Sauerstoff ständig CO_2 zugeführt werden. Die hohe Arbeitstemperatur ermöglicht bei der MCFC neben der Strom- und Wärmeproduktion auch die Erzeugung von Dampf. Dieser kann entweder eine nachgeschaltete Dampfturbine antreiben, was den elektrischen

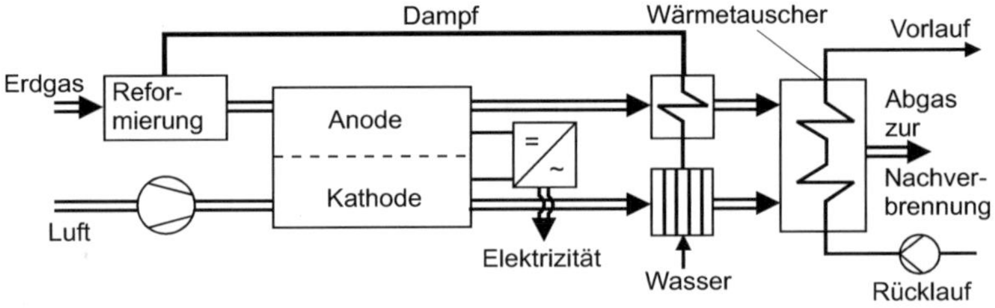

Abbildung 15.4. Schema eines Brennstoffzellenkraftwerkes mit PAFC-Zellen und Wärmeauskopplung

Wirkungsgrad erhöht, oder direkt in industriellen Anlagen als Prozessdampf Verwendung finden. Aufgrund der hohen Arbeitstemperatur in der Zelle kann die Reformierung von Erdgas zu Wasserstoff und Kohlendioxid intern erfolgen. Ein externer Reformer ist nicht nötig. Die hohen Temperaturen und die aggressiven flüssigen Salze des Elektrolyten stellen hohe Anforderungen an das Material. Die Lebensdauer der Zellen wird durch die langsame Auflösung der Nickeloxidkathoden begrenzt. Dabei wandern Ni^{2+}-Ionen durch den Elekrolyten zur Anode und lagern sich dort ab.
Von der MTU-Friedrichshafen werden unter dem Namen HotModul MCFC Anlagen zur Erzeugung von Strom und Prozesswärme zu kommerziellen Bedingungen angeboten.

15.1.4 Aufbau eines Brennstoffzellenkraftwerks

Ein Brennstoffzellenkraftwerk, vgl. die Abbildungen 15.4 und 15.5, besteht aus drei miteinander verbundenen Hauptkomponenten:

- dem System zur Aufbereitung der Reaktionsteilnehmer
- den Brennstoffzellen
- der Leistungselektronik

In der Brennstoffaufbereitung wird aus dem zu verarbeitenden fossilen Brennstoff ein wasserstoffreiches Gas extrahiert. Dabei wird angestrebt, einen Teil der in der Brennstoffzelle anfallenden Abwärme zu verwerten. Die Brennstoffzelle ist eine Gleichstromquelle mit vergleichsweise niedriger Spannung. Im Hinblick auf die weitere Spannungswandlung werden von den Zellen Betriebsspannungen von wenigstens 24 V gefordert. Diese Spannung wird durch Serienschaltung individueller Zellen zu einem Zellenpaket, einem sogenannten Stack, erreicht.
Selbst bei hohen Gesamtwirkungsgraden von 50% fällt ein Großteil der eingesetzten Energie als Abwärme an. Das Temperaturniveau der anfallenden Wärme ist systembedingt. Es liegt bei 200°C für alkalische und saure Niedertemperaturbrennstoffzellen und bei bis zu 1 000°C für Hochtemperaturzellen mit Festelektrolyten. Wie bei den Wärmekraftwerken ist eine Nutzung der

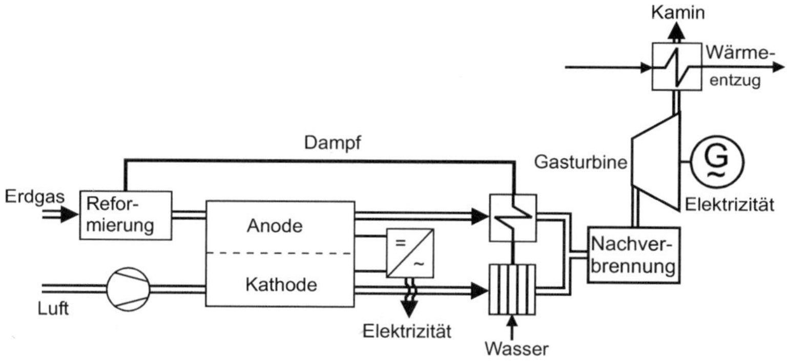

Abbildung 15.5. Schema einer Kombianlage mit Feststoffelektrolytzellen und einer nachgeschalteten Gasturbine

Abwärme in Form der Kraft-Wärme-Kopplung möglich, noch interessanter ist aber bei den Hochtemperaturzellen die Kombination mit einem Dampfkraftprozess. Mit einem solchen Kombiprozess würden sich Wirkungsgrade im Bereich von über 60% für die Umwandlung der Brennstoffenergie in elektrischen Strom ergeben.

15.1.5 Fazit

Die Brennstoffzelle bietet die Möglichkeit, chemische Energie fossiler Brennstoffe auf statischem Weg in elektrische Energie umzuwandeln. Dabei werden Energiedichten erreicht, die über denen von Batteriespeichersystemen liegen. Diese Eigenschaft machte die Brennstoffzelle für Anwendungen in der Raumfahrt interessant. Dies auch deshalb, weil dort die technischen Anforderungen hinsichtlich einer kompakten Bauweise und hoher Zuverlässigkeit gegenüber den Investitions- und Betriebskosten wichtiger sind. Bei den bisherigen Anwendungen kamen ausschl. mit Wasserstoff und Sauerstoff gespeiste Zellen zum Einsatz.

H_2/O_2-Niedertemperaturzellen mit sauren und alkalischen Elektrolyten sind technisch ausgereift und stehen im Prinzip für eine Anwendung in kleinen Kraftwerkseinheiten bereit. Seit 1985 wurden in Japan mehrere Anlagen mit Leistungen von bis zu 11 MW zur Demonstration der Technik in Betrieb genommen. Besondere Vorteile der Brennstoffzellen für den Einsatz in Kraftwerken sind:

- keine mechanisch bewegten Teile
- Modulbauweise, kann einfach an eine geforderte Kapazität angepasst werden.
- elektrische Nettowirkungsgrad einschl. Brennstoffaufbereitung von ca. 45% möglich
- Eignung zum vollautomatischen Betrieb

Obwohl es in der jüngeren Vergangenheit große Fortschritte in der Entwicklung der Brennstoffzellen gegeben hat und diese im Prinzip ihre Einsatzfähigkeit bewiesen haben, bestehen nach wie vor zahlreiche Probleme, die einer Einführung dieser Technik entgegenstehen. Die wichtigsten davon sind:

- Zuverlässigkeit und Lebensdauer
- Investitions- und Wartungskosten
- Haltbarkeit der Elektroden und der Konstruktionswerkstoffe bei den Hochtemperaturzellen

Abgesehen von der durch die niedrige Diffusionsgeschwindigkeit der Ionen im Elektrolyten bedingten geringen Energiedichte von ca. 600 W/m^2 an den Elektroden besteht der Hauptnachteil der Brennstoffzellen in dem hohen Materialaufwand. Das Leistungsgewicht einer PAFC-Anlage beträgt einschl. der Strukturmaterialien ca. 130 kg/kW. Zum Vergleich: Das Leistungsgewicht eines Ottomotors liegt bei 1,5 kg/kW und das eines Gasturbinen-Kombikraftwerkes bei 15 kg/kW.

15.2 Magnetohydrodynamische Energiewandler

15.2.1 Grundlagen

Die magnetohydrodynamische Energiewandlung (MHD) beruht auf dem Prinzip der *elektromagnetischen Induktion*, das auch bei der konventionellen Dynamomaschine genutzt wird. Nach diesem Prinzip wird in einem elektrisch leitenden Material eine Spannung induziert, wenn sich dieses relativ zu einem Magnetfeld bewegt. Beim MHD-Generator strömt ein elektrisch leitendes Fluid – ein Plasma – durch ein Magnetfeld. Infolge der Wirkung des Magnetfeldes kommt es in dem Fluid zu einer Separation ungleichnamiger Ladungen und damit zur direkten Umwandlung von potentieller Energie des Plasmas in elektrischen Strom.

Abb. 15.6 zeigt das Schema eines MHD-Generators. Das Arbeitsmittel, ein heißes ionisiertes Gas, wird in einem divergierenden Kanal entspannt. An den Seitenwänden des Kanals sind Elektroden angeordnet und das Magnetfeld verläuft parallel zur z-Achse. Bei einer solchen Anordnung werden Spannungen sowohl in transversaler als auch in axialer Richtung der Strömung induziert. Die erstere wird durch das Faraday'sche Induktionsgesetz[3] beschrieben und die zweite resultiert aus dem Hall-Effekt[4]. Das Auftreten beider Effekte ist durch eine geeignete Anordnung der Elektroden zu berücksichtigen.

Die elektrische Leitfähigkeit ist eine wichtige Eigenschaft des Arbeitsmittels in MHD-Generatoren. Will man die Rauchgase aus der Verbrennung fossiler Brennstoffe als Arbeitsmittel verwenden, müssen diese im Plasmazustand

[3] Nach M. Faraday (1791–1867).
[4] Nach E.H. Hall (1855–1938).

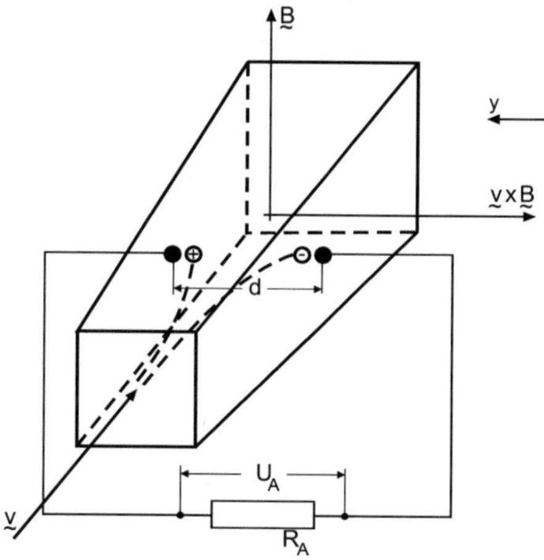

B	angelegtes Magnetfeld
v	Strömungsgeschwindigkeit
$\mathbf{v} \times \mathbf{B}$	Orientierung der Lorentz-Kraft
d	Elektrodenabstand
U_A	Spannung unter Last
R_A	Lastwiderstand

Abbildung 15.6. Schema eines MHD-Generators mit den notwendigen Komponenten Kathode, Anode, Magnet und isolierende Wände

vorliegen, um elektrisch leitend zu sein. Die atomaren Bindungen der Elektronen mit den Kernen sind in diesem Zustand aufgebrochen – das Gas besteht dann vorwiegend aus freien Elektronen und positiv geladenen Ionen. Die teilweise Ionisierung eines Gases erreicht man durch Erhitzen auf hohe Temperaturen (> 2 000°C). Aus praktischen Gründen sollte die Leitfähigkeit mindestens 10 S/m betragen. Bei Verbrennungsgasen erreicht man Werte in dieser Größenordnung bei Temperaturen von 2 000–2 500°C nur durch Zusatz von leicht ionisierbaren Materialien wie Cäsium oder Kalium.

Strömt ein Plasma mit der Geschwindigkeit $\mathbf{v} = (u, v, w)^T$ durch ein homogenes Magnetfeld $\mathbf{B}$, dessen Feldlinien senkrecht zur Strömungsrichtung stehen, werden die Ladungsträger senkrecht zur Geschwindigkeit und senkrecht zum Magnetfeld abgelenkt. Die Ablenkung resultiert aus der auf Teilchen mit der Ladung q wirkenden *Lorentz-Kraft*[5]

$$\mathbf{F} = q\,\mathbf{v} \times \mathbf{B}\,. \tag{15.14}$$

Die positiven Ionen werden somit zur Kathode und die Elektronen zur Anode abgelenkt. Durch die Ladungstrennung werden die Elektroden aufgeladen und es entsteht ein induziertes elektrisches Feld

$$\mathbf{E}_{\text{ind}} = -\mathbf{v} \times \mathbf{B}\,, \tag{15.15}$$

das schließlich die Separation weiterer Ladungsträger verhindert. Bei der vorgegebenen Geometrie und einem Elektrodenabstand d folgt für die Leerlaufspannung

$$U_0 = u\,B\,d\,. \tag{15.16}$$

[5] Nach H.A. Lorentz (1853–1928), niederländischer Physiker und Nobelpreisträger.

Die Spannung zwischen den beiden Elektroden kann über einen Lastwiderstand abgegriffen und genutzt werden. Eine Maschine, die nach diesem Prinzip mechanische Energie in elektrische umwandelt, nennt man *Faraday-Generator*. Hohe Leerlaufspannungen ergeben sich nach (15.16) bei großen Geschwindigkeiten, hohen magnetischen Feldstärken oder großem Elektrodenabstand. Die größte Stromdichte

$$\mathbf{i}_\mathrm{K} = \frac{1}{\rho}\left(\mathbf{v} \times \mathbf{B}\right) \tag{15.17}$$

ergibt sich dagegen im Kurzschlussbetrieb. Darin ist ρ der spezifische Widerstand des ionisierten Gases. Wird mit einem Widerstand R_A eine Spannung U_A zwischen den Platten und damit ein elektrisches Feld $\mathbf{E}_\mathrm{A}$ eingestellt, ergibt sich eine induzierte Stromdichte

$$\mathbf{i}_\mathrm{ind} = \frac{1}{\rho}\left(\mathbf{v} \times \mathbf{B} - \mathbf{E}_\mathrm{A}\right). \tag{15.18}$$

Dieser induzierte Strom erzeugt durch Wechselwirkung mit dem Magnetfeld die flächenspezifische Kraft

$$\mathbf{f}_\mathrm{ind} = -\mathbf{i}_\mathrm{ind} \times \mathbf{B}\,, \tag{15.19}$$

welche die Bewegung des Plasmas hemmt.

Dieser Kraft wird durch den Druckgradienten ∇p im Kanal das Gleichgewicht gehalten:

$$\nabla p = \mathbf{f}_\mathrm{ind} = -\mathbf{i}_\mathrm{ind} \times \mathbf{B}\,. \tag{15.20}$$

Bei der Geometrie nach Abb. 15.7 gilt bei Vernachlässigung der Massenkräfte

$$\frac{\mathrm{d}p}{\mathrm{d}x} = -i_\mathrm{ind}\, B\,. \tag{15.21}$$

Hier sind:

$\mathrm{d}p/\mathrm{d}x$	Druckabfall im Kanal
i_ind	Betrag der Stromdichte
B	Betrag des Magnetfeldes
x	Koordinate in Strömungsrichtung

Die induzierte Kraft (15.19) wirkt mit unterschiedlichem Vorzeichen auf die Elektronen und Ionen des Plasmas und induziert so eine Ladungstrennung in Strömungsrichtung. Diese Ladungstrennung bewirkt ein elektrisches Feld (Hall-Feld), das ebenfalls entgegengesetzt zur Strömungsgeschwindigkeit gerichtet ist, vgl. hierzu Abb. 15.7.
Infolge des Hall-Feldes

$$\mathbf{E}_\mathrm{H} = K_\mathrm{H}\, \mathbf{i}_\mathrm{ind} \times \mathbf{B} \tag{15.22}$$

ergibt sich ein Spannungsgefälle in Strömungsrichtung, welches beim *Hall-Generator* mit geeigneten Elektroden abgegriffen und zur Stromerzeugung genutzt wird, vgl. Abb. 15.8. Die Hall-Konstante K_H kann durch die Teilchendichte n_e der freien Elektronen und die Elementarladung e gemäß

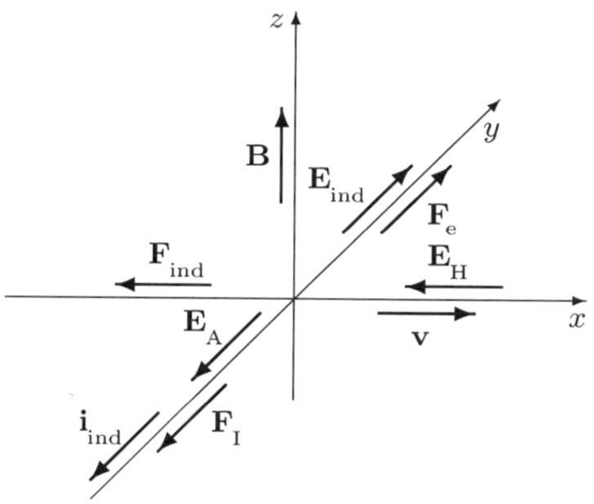

$\mathbf{v}$	Strömungsgeschwindigkeit
$\mathbf{B}$	angelegtes Magnetfeld
$\mathbf{E}_{ind}$	induziertes E-Feld
$\mathbf{E}_A$	äußeres E-Feld
$\mathbf{E}_H$	Hall-Feld
$\mathbf{F}_e$	Lorentz-Kraft auf ein Elektron
$\mathbf{F}_I$	Lorentz-Kraft auf ein Kation
$\mathbf{F}_{ind}$	induzierte Kraft
$\mathbf{i}_{ind}$	induzierte Stromdichte

Abbildung 15.7. Vektoren zur Beschreibung der Bewegung geladener Teilchen in einem Magnetfeld. Das äußere E-Feld resultiert aus der Spannung, mit welcher der produzierte Strom abgegeben wird

$$K_H = \frac{1}{n_e e} \tag{15.23}$$

ausgedrückt werden. Das Hall-Feld ist in allen Leitern präsent, hat allerdings in metallischen Leitern keinen praktischen Effekt. In MHD-Generatoren kann es im Gegensatz dazu dominieren, was auf die unterschiedliche Beweglichkeit der Elektronen und Ionen im Plasma zurückzuführen ist. Bei hohen Gasdrücken wird wegen häufiger Stöße der Elektronen mit den Gasmolekülen die Elektronenbewegung vom Fluid bestimmt, es dominiert das Spannungsgefälle zwischen den sich im Kanal gegenüber liegenden Elektroden, d.h. $\mathbf{E}_H$ in (15.24) ist klein gegenüber $\mathbf{v} \times \mathbf{B}$ und kann vernachlässigt werden. Bei geringen Gasdrücken dominiert umgekehrt $\mathbf{E}_H$. Unter Berücksichtigung des Hall-Feldes modifiziert sich die Stromdichte nach (15.18) zu

$$\mathbf{i}^* = \frac{1}{\rho}\left(\mathbf{v} \times \mathbf{B} - \mathbf{E}_A - \mathbf{E}_H\right) . \tag{15.24}$$

MHD-Wandler können, abhängig vom Beitrag des Hall-Feldes E_H, entweder als Faraday- oder als Hall- Generatoren betrieben werden. Man kann sie als eine Stromquelle mit einer spezifischen Leistung von

$$\dot{w} = \mathbf{i}^* \cdot \left(\mathbf{E}_A + \mathbf{E}_H\right) \tag{15.25}$$

ansehen. Unter Berücksichtigung der unvermeidlichen Ohm'schen Verluste ergibt sich für die Leistungsdichte im Kanal

$$\dot{w}_g = \mathbf{i}^* \cdot \left(\mathbf{E}_A + \mathbf{E}_H\right) + \mathbf{i}^* \cdot \rho\, \mathbf{i}^* . \tag{15.26}$$

Diese Leistung ist von der Flüssigkeitsströmung aufzubringen. Wegen (15.24) folgt für (15.26) die Darstellung

$$\dot{w}_g = \mathbf{i}^* \cdot \left(\mathbf{E}_A + \mathbf{E}_H + \rho\, \mathbf{i}^*\right) = \mathbf{i}^* \cdot \mathbf{v} \times \mathbf{B} . \tag{15.27}$$

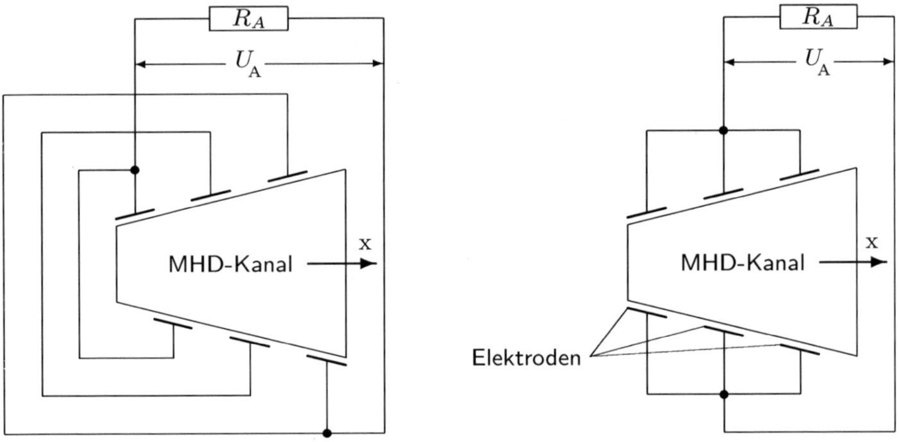

Abbildung 15.8. Elektrodenanordnung bei MHD-Kanälen, links: Hall-Generator, rechts: Faraday-Generator

Mit (15.25) und (15.27) kann der Umwandlungswirkungsgrad η_{el} der mechanischen in die elektrische Energie definiert werden:

$$\eta_{\mathrm{el}} = \frac{\dot{w}}{\dot{w}_{\mathrm{g}}} = \frac{|\mathbf{E}_{\mathrm{A}} + \mathbf{E}_{\mathrm{H}}|}{|\mathbf{v} \times \mathbf{B}|} \tag{15.28}$$

Für den Fall, dass der Strom der Ladungsträger quer zur Strömungsrichtung den Strom in Strömungsrichtung weit überwiegt, wird der erzeugte elektrische Strom durch segmentierte Elektroden gemäß dem rechten Teilbild von Abb.15.8 abgegriffen; der MHD-Kanal wird als Faraday-Generator betrieben. Für die Hall-Konstante gemäß (15.23) gilt in diesem Fall $K_H \ll 1$.

Die mit den Elektroden abgegriffene Spannung U_A ergibt sich als Differenz der Leerlaufspannung U_0 (15.16) und dem Spannungsabfall im Plasma infolge des ohmschen Widerstandes des Plasmas $\Delta U_P = \rho di$:

$$U_A = U_0 - \Delta U_P = U_0 - \rho di = U_0 - \frac{R_P}{A} i = \frac{R_A}{A} i \tag{15.29}$$

Hierbei ist $i = J/A$ die spezifische Stromdichte, A die Querschnittsfläche des Plasmakanals (Fläche der Elektroden), d der Abstand der Elektroden, R_P der spezifische ohmsche Widerstand des Plasmas und R_A der externe Widerstand. Für die Stromdichte i folgt:

$$i = \frac{J}{A} = \frac{\text{Strom}}{\text{Fläche}} = \frac{U_0 - \Delta\, U_P}{\rho\, d} = \frac{U_0}{\rho d}\left(1 - \frac{R_P}{R_A}\right) = \frac{U_0}{\rho d}\left(1 - K\right). \tag{15.30}$$

Das Verhältnis

$$K = \frac{\Delta U_P}{U_0} = \frac{\Delta U_P}{uBd}$$

heißt Lastfaktor. Für die abgegebene Leistung pro Volumen, d.h. die Leistungsdichte, ergibt sich:

$$\dot{w} = \frac{I\,U_A}{A\,d} = i\frac{U_A}{d} = i\frac{KU_0}{d} = \frac{u^2B^2}{\rho}K(1-K) \tag{15.31}$$

$A\,d = V$ ist das Volumen zwischen den Elektroden des MHD Kanals. Die Leistungsdichte $\dot{w}$ des MHD-Kanals ist eine Funktion des Lastfaktors K; $\dot{w}$ verschwindet für $K = 0$ und $K = 1$. Bei $K = 0$ ist $U_A = 0$, die erzeugte Spannung wird durch den ohmschen Widerstand des Plasmas abgebaut und in Wärme umgewandelt (Kurzschluss); bei $K = 1$ ist $J = 0$, es fließt kein Strom (Leerlauf). Für die maximale Leistungsdichte $\dot{w}_{max} = \dot{w}(K_{max})$ gilt die Bedingung $d\dot{w}/dK = 0$. Es folgt: $K_{max} = 1/2$ und

$$\dot{w}_{max} = \frac{1}{4}\frac{u^2B^2}{\rho} \tag{15.32}$$

Für die Berechnung des Wirkungsgrads des MHD Kanals nehmen wir an, dass die Joule'sche Wärme $\dot{Q}_J$ aufgrund des ohmschen Widerstandes im Plasma der dominierende Verlust sei. Für den spezifischen Verlust pro Volumen gilt:

$$\frac{\dot{Q}_J}{V} = \dot{q} = \frac{I^2}{Ad}R_P = \frac{i^2A^2}{Ad}\frac{d\rho}{A} = \frac{u^2B^2}{\rho}(1-K)^2 \tag{15.33}$$

Für den Wirkungsgrad des Kanals folgt:

$$\eta_M = \frac{\dot{w}}{\dot{w}+\dot{q}} = \frac{1}{1-\dot{q}/\dot{w}} = \frac{1}{1-(1-K)/K} = K \tag{15.34}$$

Bei maximaler Leistungsdichte ist $K(\eta_{max}) = K_{max} = 0,5$ und damit auch

$\eta_M(max) = 0,5$.

Neben der Joule'schen Wärme entstehen weitere Verluste durch die innere Reibung des Plasmas im Kanal und durch Wärmeverluste über die Kanalwände, die wir hier nicht berücksichtigt haben. Wegen dieser Verluste dürfte der Wirkungsgrad von mit Kohle gefeuerten MHD-Knälen bestenfalls bei $0,25$ liegen, d.h. nur 25% der in den Kanal eingebrachten Energie wird in Elektrizität umgewandelt.

Für den Gesamtwirkungsgrad eines Kohlekraftwerkes mit vorgeschalteten MHD-Generator (η_M) und einem daran anschließenden Dampfprozess (η_D)erhält man:

$$\eta_{gesamt} = \eta_M + \eta_D - \eta_M\eta_D \tag{15.35}$$

Vergleiche hierzu die Herleitung der analogen Gleichung (14.6) bei Dampfkraftwerken mit vorgeschalteter Gasturbine.

Beispiel 15.2. Gegeben sei ein MHD-Kanal gemäß Abb.(15.6) mit einem Magnetfeld in z-Richtung $B_z = 4$ T, einer mittleren Breite $d = 1$ m und Elektrodenflächen von jeweils A=1 m^2.[6] Die Geschwindigkeit des Plasmas betrage $u = 1\,000$ m/s und

[6] 1T=1 Tesla, SI-Einheit der Magnetflussdichte, 1T=1N/(A m)=1N/(C m/s). A, C sind die SI-Einheiten Ampere und Coulomb.

der spezifische Widerstand $\rho = 0{,}1\ \Omega$ m.[7] Der Kanal werde als Faraday-Generator betrieben.

Wie groß sind Leerlaufspannung, Kurzschlussstrom, maximal entnehmbare elektrische Leistung und der elektrische Wirkungsgrad?
Welchen Gesamtwirkungsgrad erhält man, wenn dem MHD Generator ein Dampfkraftwerk mit einem Wirkungsgrad von 40% nachgeschaltet wird?

Lösung. Die Leerlaufspannung wird nach (15.16)

$$U_0 = u\,B\,d = 1000\frac{\text{m}}{\text{s}} \cdot 4\frac{\text{N}}{\text{Am}} \cdot 1\text{m} = 4\,000\ \frac{\text{Nm}}{\text{C}} = 4000\ \text{V}$$

berechnet. Aus (15.30) folgt mit $K = 0$ für den Kurzschlussstrom

$$I_{\text{K}} = \frac{u\,B\,A}{\rho} = 40\,000\ \text{A}.$$

Für die maximal entnehmbare Leistung gilt nach (15.32) mit K=0,5:

$$P_{\text{max}} = \dot{w}_{\text{max}}\,A = \frac{1}{4}\frac{u^2 B^2}{\rho} A d = 40\ \text{MW}$$

Daraus resultiert mit (15.30) für die Stromdichte bei maximaler Leistung

$$\dot{i}_{\text{max}} = \frac{u\,B}{2\,\rho}$$

und entsprechend die Stromstärke

$$I_{\text{max}} = \dot{i}_{\text{max}}\,A = \frac{u\,B\,A}{2\,\rho} = 20\,000\ \text{A}$$

Die äußere Spannung bei maximaler Leistung ergibt sich aus

$$U_{\text{Amax}} = U_0 - \frac{\rho\,d}{A}\dot{i}_{\text{max}} = \frac{1}{2}\,u\,B\,d = 0,5 \cdot 1000\frac{\text{m}}{\text{s}} \cdot 4\frac{\text{N}}{\text{Am}} \cdot 1\text{m} = 2\,000\ \text{V}.$$

Aus (15.34) folgt schließlich für den Umwandlungswirkungsgrad

$$\eta_{\text{M}} = \frac{U_{\text{Amax}}}{u\,B} = 0{,}5.$$

Für den Gesamtwirkungsgrad eines Dampfkraftwerkes mit vorgeschaltetem MHD Generator folgt mit (15.35):

$$\eta_{gesamt} = 0,5 + 0,4 - 0,5 \cdot 0,4 = 0,7.$$

Das Beispiel zeigt, dass zur Erreichung hoher Wirkungsgrade und großer Leistungen eine große Geschwindigkeit des Gasstrahls, hohe Magnetfeldstärken und große Massenströme erforderlich sind. Weiter muss zur Erreichung eines hohen Ionisierungsgrades und damit einer guten Leitfähigkeit des Plasmas mit hohen Temperaturen gearbeitet werden. Die große Geschwindigkeit und die hohe Temperatur des Plasmas bringen große Probleme für das Material des MHD– Kanals mit sich.

[7] $1\Omega = 1$ Ohm, Ohm ist die SI-Einheit für den elektrischen Widerstand.

Die vollständige Berechnung der Umwandlung von thermischer in elektrische Energie in einem MHD-Generator erfordert neben der Kenntnis der hier besprochenen elektrischen Vorgänge auch die Analyse der strömungsmechanischen Abläufe. Für eine derartige Untersuchung stehen die Bilanzgleichungen für Masse, Impuls und Energie sowie die thermische Zustandsgleichung des Arbeitsmittels zur Verfügung. Auch unter der vereinfachenden Annahme eines adiabaten Strömungsvorganges und konstanter Stoffparameter ist die Berechnung komplex, so dass dafür auf die Literatur [10], [11] verwiesen wird.

15.2.2 MHD-Kraftwerke

Bei fossil gefeuerten MHD-Anlagen hat die offene Prozessführung funktionelle Vorteile. Zum einen kann die Wärme durch Verbrennen der Brennstoffe in der Brennkammer ohne Zwischenschaltung eines Wärmeaustauschers direkt zugeführt werden und zum anderen können dadurch höhere Betriebstemperaturen erreicht werden.

Da die Leitfähigkeit des Plasmas mit der Temperatur stark abnimmt, kann das Arbeitsmittel in einem MHD-Kanal nur bis auf ca. 2 300 K entspannt werden. Zur Nutzung der Restwärme verknüpft man den MHD-Generator zweckmäßig mit einem konventionellen Kraftwerk. Das Schema einer solchen Anlage ist in Abb. 15.9 dargestellt, vgl. [12] und [13].

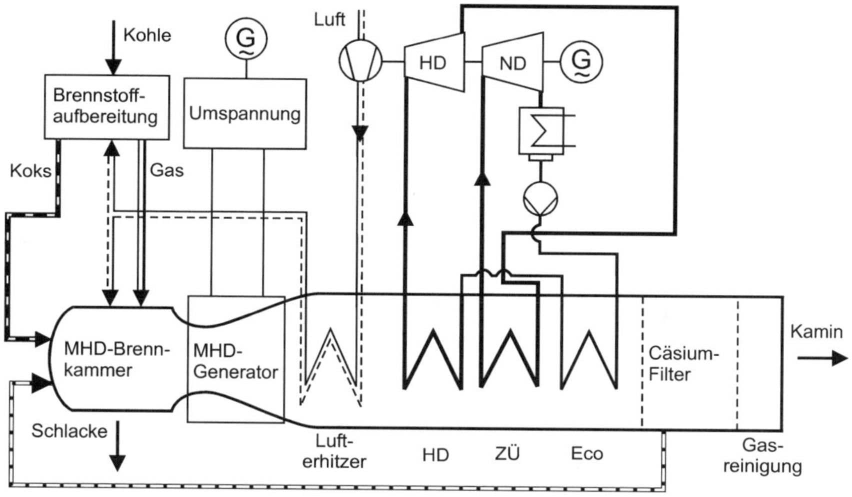

Abbildung 15.9. Anlagenschema eines kohlegefeuerten MHD-Kraftwerks. Wie die Gasturbine bei den Kombikraftwerken wird auch der MHD Generator einem Dampfkraftprozess vorgeschaltet.

Der aufbereitete Brennstoff wird zur Erreichung möglichst hoher Temperaturen (angestrebt werden 3 000 K) mit vorgewärmter Luft oder vorgewärmtem

Sauerstoff in der Brennkammer bei einem Druck von ca. 10 bar verbrannt. Die Verbrennungsgase bilden bei diesen hohen Temperaturen ein Plasma, dessen Leitfähigkeit σ durch Impfung mit *Saatmaterial* (Kalium oder Cäsium) zusätzlich erhöht wird. Die Leitfähigkeit weist eine starke Temperaturabhängigkeit auf und beträgt bei Rauchgasen mit 1 Gew.-% Kalium unter einem Druck von 10 bar bei 2 000 K ca. 1 S/m und bei 3 000 K ca. 110 S/m.

Vor dem MHD-Wandler werden die Verbrennungsgase in einer Düse auf Überschallgeschwindigkeit beschleunigt und durchströmen anschließend unter Wechselwirkung mit dem Magnetfeld den Kanal.

Am Kanalaustritt ist ein Diffusor zur Druckrückgewinnung angebracht, in dem die Geschwindigkeit der Verbrennungsgase in statischen Druck umgewandelt wird. An diesen schließt sich der Lufterhitzer und die Anlage zur Rückgewinnung des in der Brennkammer zugegebenen Kaliums bzw. Cäsiums an. Die Rückgewinnung dieser Impfstoffe ist auch insofern von Wichtigkeit, als diese Stoffe in den nachfolgenden Kesselheizflächen Korrosion und Verschmutzungen verursachen können.

Nach theoretischen überlegungen sollten bei MHD-Dampfkraftwerken Umwandlungswirkungsgrade von ca. 62% erreicht werden. Vom erzeugten Strom werden dabei etwa 60% vom MHD-Wandler und 40% vom Dampfteil geliefert [13].

Trotz großer Anstrengungen ist man bei den MHD-spezifischen Entwicklungsaufgaben noch weit von einer Lösung entfernt. Bislang wurden nur einige Testgeneratoren in Laboratorien erstellt und betrieben. Hauptsächlich wegen des schnellen Verschleißes der Elektroden bei den hohen anliegenden Temperaturen wurden auch bei aschefreien Brennstoffen bisher nur kontinuierliche Betriebszeiten von Stunden bzw. wenigen Tagen erreicht. Über neuere Testergebnisse mit einer kohlegefeuerten Versuchsanlage wird in [12] berichtet.

Der Realisierung einer kommerziellen MHD-Anlage stehen eine ganze Reihe von offenen Fragen entgegen. Einige der Problembereiche sind:

- MHD-Kanal. Aufgrund verschiedener Effekte ist die Energieausbeute im Kanal bei Testanlagen weit von den theoretisch möglichen 100% entfernt. Die Hauptursachen dafür sind in der irreversiblen Expansion, Stromverlusten durch ungenügende Isolierung, Wärmeverluste an die Kanalwand sowie Inhomogenitäten in der Geschwindigkeits- und Temperaturverteilung zu suchen.
  Neben diesen funktionellen Problemen bestehen gravierende Schwierigkeiten bei den Werkstoffen, die hauptsächlich mit den hohen Temperaturen zusammenhängen. Eine gute Lösung hierfür ist derzeit nicht abzusehen.
- Lufterhitzer. Nach dem Anlagenschema soll mit den Verbrennungsgasen, die den Diffusor mit 2 300 K verlassen, die Verbrennungsluft auf 2 100 K erhitzt werden. Bisher wurden derart hohe Temperaturen auch in Pilotanlagen noch nicht für längere Zeit erreicht. Auch die Lösung dieser Aufgabe ist noch offen.

- Saatmaterial. Die Kosten des Saatmaterials (meist K_2CO_3) machen eine Wiedergewinnung erforderlich. Wegen des Schwefelgehaltes der Kohle wird ein großer Anteil in K_2SO_4 umgewandelt, das bei niedrigen Temperaturen als Staub vorliegt und aus der Flugasche extrahiert werden muss.
- Verschmutzung der Wärmeaustauscherflächen. Die Verschmutzung und Korrosion der Kesselheizflächen und des Lufterhitzers sind wegen des Kaliumzusatzes schwerwiegender als bei herkömmlichen kohlegefeuerten Dampferzeugern.

15.2.3 Fazit

Von allen Vorschaltprozessen für den klassischen Dampfprozess weist der MHD-Generator die höchste mittlere Temperatur der Wärmezufuhr auf, und hat daher auch potentiell den höchsten thermodynamischen Wirkungsgrad. Wirkungsgrade von über 60% scheinen nach der Theorie im Bereich des Möglichen zu liegen.
Allerdings hat bisher keiner der in Laboranlagen getesteten MHD-Generatoren eine positive Energiebilanz gezeigt. Das Hauptproblem scheint dabei die Strömung im MHD-Kanal zu sein. Die nicht vermeidbare Abkühlung des Plasmas in Wandnähe scheint zu einer Strömung zu führen, deren Zustandsänderung eher bei konstanter Enthalpie (isenthalpe Drosselung) als bei konstanter Entropie (isentrope Expansion) verläuft. Der Stand der Komponentenentwicklung in den USA ist in [14] dargestellt. Über MHD-Entwicklungsprogramme in Europa und Japan ist nichts bekannt geworden.
Auf dem Weg zu einer kommerziellen Anlage sind aber auch außerhalb des eigentlichen MHD-Generators schwierige Aufgaben zu lösen. Die meisten davon sind durch das hohe Temperaturniveau im Plasmakanal bedingt, für dessen Konstruktion alle bisher bekannten metallischen Werkstoffe ausscheiden. Auch bei den Elektroden haben Erosion, Korrosion und Wärmespannungen die Betriebszeit auf weniger als 1 000 Stunden begrenzt. Trotz einer intensiven Forschung ist die kommerzielle Realisierung einer MHD-Anlage derzeit nicht abzusehen.

Literatur

1. Atkins, P. W.: Physikalische Chemie. (2. Auflage) VCH, Weinheim 1996
2. CRC Handbook of Chemistry and Physics. CRC Press, New York (2008)
3. Kordesch, K.F.: Brennstoffbatterien. Springer, Wien 1974
4. Le, M.T., Holman, R.R., Liao, W.L.: Effects on operating parameters on PAFC stack performance. IECEC Proceedings 1988, Vol. 2, 251–257
5. Baur, E., Brunner, R.: Über das Verhalten von Sauerstoff-Elektroden in Carbonatschmelzen. Zeitschr. für Elektrochemie **41**, 794–796 (1935)
6. Broers, C.H.J.: High temperature cells with carbonate paste electrolytes fuel cells. Amerc. Inst. of Chem. Engineers, New York 1963

7. Ketelaar, J.A.A.: Molten carbonate fuel cells. In: Appleby, A.J.: Fuel cells. Trends in research and application. Springer, Berlin Heidelberg New York 1987
8. www.siemenswestinghouse.com/en/fuelcells/sofc
9. Vielstrich, M.: Brennstoffelemente. Verlag Chemie, Weinheim 1965
10. Rosa, R.J.: Magnetohydrodynamic energy conversion. McGraw-Hill, New York 1968
11. Schmidt, E.F.: Unkonventionelle Energiewandler. Elitera, Berlin 1975
12. Chapman, J.N.: Performance calculations for mature technology MHD steam combined cycle power plants. IECEC Proceedings 1987, 1 497–1 502
13. Chang, S.L. Hu, N.: System analysis of high performance MHD systems. IECEC Proceedings 1988, Vol. 4, 455–460
14. Burkhardt, T., Funk, G., Glovan, R. et. al.: Coal-fired MHD topping cycle hardware and test progress at the component development and integration facility. IECEC Proceedings 1988, Vol. 4, 445–454

Teil III

Nutzung nuklearer und regenerativer Energien

16

Kernspaltung

Obwohl die Kernenergie erst seit etwa 50 Jahren für den Menschen zugänglich ist, hat sie im Jahr 2006 weltweit ca. 13% der Elektrizitätsversorgung getragen. Länder wie Frankreich, Finnland und Japan, die sich in ihrer Energiewirtschaft bereits stark auf die Kernenergie stützen, planen ebenso wie China, Indien, Iran und einige Länder Osteuropas den weiteren Ausbau der nuklearen Energieversorgung.

In einigen westlichen Ländern, insbesondere den USA, Schweden und Deutschland, befindet sich die Kernenergie aus politischen Gründen in einer Sackgasse. Dies hängt nicht zuletzt damit zusammen, dass die Kernenergie nur in komplexen und nicht ungefährlichen Anlagen nutzbar gemacht werden kann und diese Technologie sich ferner als weit kostspieliger erwiesen hat als ursprünglich abgeschätzt. Die Kernenergie bietet aber so viele Nutzungsmöglichkeiten, dass eine Auseinandersetzung mit ihr unumgänglich ist.[1]

16.1 Grundlagen

16.1.1 Kernaufbau, Kernreaktionen

Wir wissen aus zahlreichen Experimenten, dass Atome einen mittleren Durchmesser von ca. 10^{-10} m haben, ihre Masse und positive elektrische Ladung aber in einem kleinen Kern konzentriert ist, der einen Durchmesser von nur etwa 10^{-14} m hat.[2] Atome sind elektrisch neutral: Für jedes positiv geladene Proton im Kern gibt es ein negativ geladenes Elektron in der Hülle. Die chemische Identität eines Atoms ist durch die Zahl Z seiner Protonen festgelegt, die *Kernladungszahl* oder *Ordnungszahl* genannt wird. Bei einer chemischen

[1] Kernspaltung ist keine Erfindung der Ingenieure. 1972 entdeckten französische Geologen bei der Suche nach Uran in der Gegend von Oklu in Gabun, Westafrika, Überreste eines natürlichen Kernreaktors, der vor etwa zwei Milliarden Jahren von selbst entstanden war; für weitere Informationen vgl. www.curtain.edu.au, Suchwort: Oklu.

[2] In diesem Abschnitt wird an einige Tatsachen aus der Atomphysik erinnert. Für eine umfassende Darstellung vgl. z.B. [6] und [10].

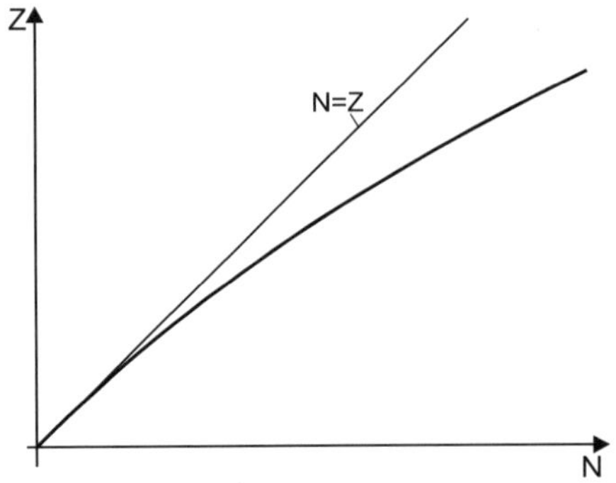

Abbildung 16.1. Neutronenzahl N und Kernladungszahl Z von natürlichen Isotopen

Reaktion ändert sich im Molekülverbund i.allg. die Anzahl der mit einem Atom verbundenen Elektronen; es gewinnt oder verliert Elektronen an ein anderes Atom oder teilt sich Elektronen mit diesem. Eine wichtige Größe des Kerns ist seine Masse. Als atomare Masseneinheit u wurde 1/12 der Masse des Kohlenstoffisotops $^{12}_{6}C$ festgelegt:

$$1\ \mathrm{u} = 1{,}6598 \cdot 10^{-27}\ \mathrm{kg}.$$

In dieser Masseneinheit hat das Wasserstoffatom, das aus einem Proton und einem Elektron besteht, die Masse von etwas mehr als 1 u. Elektronen haben nur etwa 1/2 000 der Masse des Protons. Protonen und Elektronen machen nicht die gesamte Masse eines Atoms aus. Ein großer Teil der Masse eines Kerns wird von den Neutronen beigetragen. Dies sind elektrisch neutrale Teilchen, die etwa dieselbe Masse wie ein Proton haben. Die Zahl A der Kernteilchen oder *Nukleonen* eines Atoms ist die Summe aus der Zahl Z der Protonen und der Zahl N der Neutronen:

$$A = Z + N\ .$$

A wird auch *Massenzahl* genannt.

Wegen der Existenz der Neutronen ist es möglich, dass zwei Atome eine gleiche Kernladungszahl Z haben, und sich daher chemisch gleich verhalten, aber eine unterschiedliche Massenzahl A. Solche Atome nennt man *Isotope*. Alle Elemente haben Isotope, die aber zum größten Teil instabil sind. Natürlich vorkommendes Uran z.B. besteht aus einem Isotopengemisch, das 0,006% $^{234}_{92}U$, 0,711% $^{235}_{92}U$ und 99,283% $^{238}_{92}U$ enthält. Die hochgestellte Zahl ist die Massenzahl, der tiefgestellte Wert stellt die Kernladungszahl dar.

In Abb. 16.1 ist die Protonenzahl Z der in der Natur vorkommenden stabilen Isotope als Funktion der Neutronenzahl N aufgetragen. Man erkennt aus der Abbildung die Variation des Verhältnisses Z zu N. Für $A < 40$ ist $Z/N \approx 1$ und für $A = 200$ etwa 0,6. Für den Übergang eines instabilen Kerns in einen stabilen durch Kernrektionen gibt es drei Wege:

1. *$\beta^{+/-}$-Zerfall*

Gegeben sei der Kern $^{11}_{6}C$, der für seine Masse eine zu große elektrische Ladung besitzt. Durch Umwandlung eines Protons in ein Neutron erfolgt ein Übergang in einen anderen Kern, der in diesem Fall stabil ist. Es folgt:

$$p + \text{Energie} \longrightarrow n + \beta^+ + \nu ; \tag{16.1}$$

β^+ ist ein Positron oder positives Elektron, ν ist ein Neutrino. Für die Kernumwandlung ergibt sich

$$^{11}_{6}C \longrightarrow {}^{11}_{5}B + \beta^+ + \nu . \tag{16.2}$$

Der Kohlenstoffkern $^{11}_{6}C$ wurde in einen Kern des Elements Bor $^{11}_{5}B$ umgewandelt.
Andere Kerne können das gleiche Ergebnis erreichen, indem sie ein Elektron aus ihrer Elektronenhülle einfangen und so ein Proton in ein Neutron umwandeln. Man spricht dann von Elektroneneinfang:

$$^{7}_{4}Be + \beta^- \longrightarrow {}^{7}_{3}Li . \tag{16.3}$$

Umgekehrt erfolgt bei einer für die Kernmasse zu geringen Ladung der Übergang durch Umwandlung eines Neutrons in ein Proton:

$$n \longrightarrow p + \beta^- + \overline{\nu} , \tag{16.4}$$

wobei β^- ein Elektron und $\overline{\nu}$ ein *Antineutrino* ist. Dieser Vorgang heißt β-Zerfall, z.B.

$$^{11}_{4}Be \longrightarrow {}^{11}_{5}B + \beta^- + \overline{\nu} . \tag{16.5}$$

Die kinetische Energie der β^-- und β^+-Teilchen liegt im Bereich von 0–1 MeV.[3]

2. *α-Zerfall*
   Bei schwereren Kernen, die zu viele Neutronen und zu viele Protonen enthalten, kann ein Ladungsüberschuss durch Emission eines α-Teilchens, dies ist ein $^{4}_{2}He$-Kern, reduziert werden:

$$^{A}_{Z}K \rightarrow {}^{A-4}_{Z-2}K + \alpha . \tag{16.6}$$

   Dabei nimmt die Massenzahl um vier und die Kernladungszahl um zwei Einheiten ab. Die kinetische Energie der α-Teilchen liegt im Bereich von einigen MeV. Die Kernreaktionen nach (16.2), (16.5) und (16.6) bezeichnet man als radioaktiven Zerfall. Auch der so entstandene Kern kann instabil sein. Ist dies so, kann ein zweiter oder dritter Zerfallsschritt auftreten. So zerfällt z.B. das Uranisotop $^{238}_{92}U$ in vierzehn Schritten, und die Zerfallskette endet beim stabilen Bleiisotop $^{206}_{82}Pb$. Blei repräsentiert das obere Ende des Bereiches der stabilen Elemente – Elemente mit einer größeren Massenzahl zerfallen spontan. Häufig sendet ein Kern bei einer α- oder β-Umwandlung zusätzlich noch γ-*Strahlen* aus; dies sind sehr hochfrequente Photonen. α-, β- und γ-Strahlen bezeichnet man zusammenfassend als *Radioaktivität.*

[3] Maßeinheit für die Energie in der Atomphysik ist das Elektronenvolt (eV). Es gilt die Umrechnung: 1 eV= 1,602 $\cdot 10^{-19}$ J, entsprechend ist 1 MeV = 10^6 eV.

3. *Spontane Spaltung sehr schwerer Kerne* ($A > 230$)
Schwere Kerne können ohne äußere Einwirkung unter Abgabe von Neutronen und γ-Strahlung in leichtere Kerne zerfallen, die ihrerseits häufig β-instabil sind:
$$^{A}_{Z}\mathrm{K} \longrightarrow \mathrm{K}_1 + \mathrm{K}_2 + \text{einige}\,(\mathrm{n} + \gamma) + \text{Energie} \tag{16.7}$$
Die spontane Spaltung eines schweren Atomkerns setzt etwa 200 MeV an Energie pro Kern frei, erfolgt aber mit einer sehr geringen Zerfallsrate (Halbwertszeiten in der Größenordnung von 10^{15} Jahren). Die spontane Kernspaltung setzt der Masse der Kerne eine Obergrenze und damit auch der Zahl der natürlich vorkommenden Elemente.
4. *Induzierte Spaltung schwerer Kerne*
Der Spaltungsprozess schwerer Kerne kann bei einigen Elementen - insbesondere bei Uran und Plutonium - herbeigeführt und zudem beliebig beschleunigt werden, wenn man deren Atomkerne mit Neutronen bombardiert. Dabei werden die Kerne durch Neutroneinfang zunächst in einen angeregten Zustand versetzt und zerfallen dann in zwei kleinere Kerne. Wie bei der spontanen Spaltung werden noch einige Neutronen und Energie frei. Diesen Prozess nennt man induzierte oder auch kontrollierte Kernspaltung.[4]

Neutronen sind gebunden in einem Kern im allgemeinen stabil. Als *freies Neutron* zerfällt es wie beim β-Zerfall in Proton, Elektron und Antineutrino. Die zugehörige Halbwertszeit beträgt 636 Sekunden. Im Unterschied dazu ist ein *freies Proton* (das ist ein solches, das nicht an einen Kern gebunden ist) stabil.
Der räumlich und zeitlich völlig ungeordnete radioaktive Zerfall von Isotopen kann durch ein statistisches Gesetz beschrieben werden. Die Zahl $\mathrm{d}n$ der in der Zeit $\mathrm{d}t$ zerfallenden Atome eines Isotops ist gemäß
$$\mathrm{d}n = -\lambda\, n\, \mathrm{d}t \tag{16.8}$$
der Zahl der vorhandenen Atome n und der Zeitspanne $\mathrm{d}t$ proportional. Nach einer Integration über t erhält man
$$n = n_0 \exp\left(-\lambda\, t\right). \tag{16.9}$$
Hier ist n_0 die Zahl der Atome zur Zeit $t = 0$, n die Zahl der zur Zeit t noch vorhandenen Atome und λ die Zerfallskonstante, die der mittleren Lebensdauer des Elements entspricht. Für die *Halbwertszeit* τ, nach der die Zahl der anfangs vorhandenen Atome auf die Hälfte abgenommen hat, gilt die Gleichung
$$\tau_{1/2} = \frac{\ln 2}{\lambda}\,. \tag{16.10}$$

[4] Die induzierte Kernspaltung wurde 1938 von O. Hahn (1879–1968) und F. Straßmann (1902–1980) entdeckt. Die erste korrekte Interpretation des Vorganges gaben L. Meitner (1878–1968) und O.R. Frisch (1904–1979).

Jedes radioaktive Element besitzt eine eindeutige Zerfallskonstante bzw. Halbwertszeit. Wir kennen keinen Weg, den radioaktiven Zerfall zu beschleunigen oder zu bremsen. Anzumerken ist, dass der radioaktive Zerfall ein Zufallsprozess ist:

> *Er verläuft stets mit der von der Natur vorgegebenen Geschwindigkeit und setzt damit Zeitmaßstäbe.*

Beim Auftreffen auf Materie ionisiert radioaktive Strahlung Atome und wird dabei abgebremst. Die Eindringtiefe hängt hauptsächlich von der Energie der Strahlung ab. $\alpha-, \beta-, \gamma-$ Strahlung von 1 MeV dringt beim Auftreffen auf Wasser 0,001, 0,5 bzw. 33 cm tief ein, bei 10 MeV sind es 0,01, 7 und 55 cm; bei Luft ist die Eindringtiefe um den Faktor 1000 größer. Die Unterschiede in der Eindringtiefe ergeben sich aus der Masse der Partikel: $\alpha-$Teilchen sind Helium Kerne, $\beta-$Teilchen Elektronen bzw. Positronen, während $\gamma-$ Strahlen hochenergetische Lichtquanten sind.

Beispiel 16.1. Die Erdkruste enthält radioaktive Elemente wie $^{238}_{92}\text{U}$ und $^{232}_{90}\text{Th}$, die durch α-Zerfall Energie abgeben. Der Massenanteil von $^{238}_{92}\text{U}$ in Granit beträgt heute etwa $5 \cdot 10^{-6}$. Die Halbwertszeit von $^{238}_{92}\text{U}$ ist $4{,}5 \cdot 10^9$ Jahre. Wieviel Zeit vergeht, bis der Massenanteil des $^{238}_{92}\text{U}$ um 10% abgenommen hat?

Lösung. Anzuwenden sind die Gleichungen (16.9) und (16.10). Wegen (16.10) ist

$$\lambda = \frac{\ln 2}{\tau_{1/2}} \; ;$$

aus (16.9) ergibt sich mit $n/n_0 = 0{,}9$

$$\ln 0{,}9 = -\lambda\, t \, .$$

Durch Kombination der beiden Gleichungen erhält man

$$t = -\tau_{1/2} \frac{\ln 0{,}9}{\ln 2} = 0{,}68 \cdot 10^9 \text{ Jahre.}$$

Die elektrisch geladenen Teilchen und die γ-Strahlung ionisieren Atome, schlagen also Elektronen aus deren Hülle. Es ist evident, dass die Wirkung der Strahlung von der Zerfallsrate $\mathrm{d}n/\mathrm{d}t$ der Kerne abhängt:

$$R(t) = -\frac{\mathrm{d}n}{\mathrm{d}t} = \lambda n_0 \exp\left(-\lambda\, t\right) = \lambda n(t) = \frac{\ln 2}{\tau_{1/2}} n(t). \tag{16.11}$$

Die Zerfallsrate R zu einer Zeit t ist also proportional zur Zahl der verbliebenen Kerne $n(t)$ und umgekehrt proportional zur Halbwertszeit. Die Gesamtzerfallsrate einer Materialprobe aus gegebenenfalls mehreren radioaktiven Stoffen wird als *Aktivität* bezeichnet. Die Einheit für die Aktivität ist das Becquerel[5]:

1 Becquerel = 1 Bq = 1 Zerfall pro Sekunde.

[5] Antoine Henri Becquerel (1852–1908); Entdecker der Radioaktivität.

Ursprünglich wurde das *Curie* als Maßeinheit verwendet[6]:

$$1 \text{ Curie} = 1 \text{ Ci} = 3{,}7{\cdot}10^{10} \text{ Bq}.$$

Das historische Maß *Curie* entspricht der Aktivität von $1g$ Radium.
Die Wirkung von Strahlung auf ein Lebewesen hängt von der durch die Wirkung der Strahlung im betreffenden Lebewesen deponierten Energie ab, der *Energiedosis* D:

$$D = \frac{\text{durch Strahlung deponierte Energie}}{\text{Körpermasse}}$$

$$1 \text{ Gray} = 1 \text{ Gy} = 1 \ \frac{\text{J}}{\text{kg}}$$

Die in einem Körper deponierte Energie[7] ist noch kein befriedigendes Maß für die Schädlichkeit von Strahlung für Lebewesen, da neben der Energie noch die ionisierende Wirkung anzurechnen ist. Um dies zu berücksichtigen wurde die Einheit *Sievert* (Sv)[8] eingeführt, mit der die Äquivalenzdosis H gemessen wird. Es gilt:

$$H = Q \cdot D$$

Hierin ist D die Energiedosis in *Gray* und Q ein Qualitätsfaktor zur Berücksichtigung der Gewebeschädigung der Strahlung. Q hat den Wert 1 für Röntgen-, γ–, β–Stahlung und 20 für α–Strahlung.
Zusätzlich zu den oben genannten drei Arten der Strahlung gibt es als Folge einer Kernspaltung noch die Neutronenstrahlung, vgl. Gl. (16.7). Auch Neutronen-Strahlen können indirekt und direkt ionisieren. Langsame Neutronen werden von anderen Kernen eingefangen und wandeln diese zu radioaktiven Kernen um, die ihrerseits unter Emission von α–, β– oder γ– Strahlen zerfallen. Schnelle Neutronen übertragen bei Stößen mit Atomkernen soviel Energie, dass die emittierte α–, β– und γ– Strahlung die direkte Folge sind.

Ionisierende Strahlung war in der Natur in Form von kosmischer und terrestrischer Strahlung von jeher vorhanden. Im Mittel absorbiert jeder Erdbewohner daraus eine Dosis von 2 mSv/a. Das Leben auf der Erde hat sich unter Einwirkung dieser natürlichen Strahlung entwickelt, obwohl jede Art und jede Dosis von ionisierender Strahlung schädlich für das Zellgewebe sein kann. Ionisierende Strahlung lässt sich nur mithilfe besonderer Messinstrumente nachweisen. Strahlenschutzmaßnahmen müssen deshalb ständig von Messungen begleitet werden. Solche Messungen sind nur möglich, wenn Wechselwirkungen der Strahlung mit Materie stattfinden. Erst wenn die Strahlung eine nachweisbare Veränderung hervorruft, kann diese erfasst und bewertet werden. Der Grad der Veränderung ist dann ein Maß für die Intensität der

[6] Marie Curie (1867-1934), Entdeckerin des Radiums.
[7] Zum Vergleich: Bei der Behandlung von Krebs ist lokal zur Abtötung der Krebszellen eine Dosis von ca. 100 Gy erforderlich.
[8] Rolf Sievert (1896 – 1966), schwedischer Arzt.

verursachenden Strahlung.
Die biologische Wirkung von Strahlung auf Menschen kann unterteilt werden in:

- Somatische Effekte (Erbrechen, Verlust der Haare, Verbrennungen, Leukämie etc.), die durch die Aufnahme einer Dosis von 1 Sv ausgelöst werden können. Die Aufnahme einer Dosis von 5 Sv in kurzer Zeit gilt als lethal.
- Genetische Effekte (Mutationen), diese werden möglicherweise erst bei späteren Generationen sichtbar.

Über die biologische Wirkung radioaktiver Strahlung und den Strahlenschutz gibt es eine umfangreiche Literatur, vgl. z. B. [9]

Beispiel 16.2. Angenommen, eine Person nimmt $\gamma-$ und $\beta-$Strahlung mit einer Energiedosis von 4 Gray auf. Wie ändert sich ihre Körpertemperatur, wenn die zugeführte Energie vollständig in Wärme umgewandelt wird?

Lösung. Die zugeführte Energiedosis entspricht einer Energiemenge von 4 J/kg, so dass sich für die Temperaturänderung ΔT folgende Bilanz ergibt:

$$\Delta T = \frac{Q/m}{c_p} = \frac{4J/kg}{4180J/kg\ K} = 0,95 \cdot 10^{-3} K$$

Da der menschliche Körper zum Großteil aus Wasser besteht, wurde für die spezifische Wärme c_p der Wert für Wasser genommen.
Die schädliche Wirkung radioaktiver Strahlung entsteht offensichtlich nicht durch die Erwärmung des Körpers, sondern aufgrund der Störung der Zellfunktion.

16.1.2 Induzierte Kernspaltung

Das Uranisotop $^{235}_{92}\mathrm{U}$ hat unter den natürlich vorkommenden Isotopen die einzigartige Eigenschaft, durch Absorption eines langsamen Neutrons[9] zu zerfallen. Die bei der Absorption des Neutrons freiwerdende Bindungsenergie von 7 MeV regt den entstehenden Zwischenkern $^{236}_{92}\mathrm{U}$ so stark an, dass er sich spaltet. Der Spaltungsprozess kann symbolisch wie folgt beschrieben werden:

$$^{235}_{92}\mathrm{U} + \mathrm{n} \longrightarrow {}^{236}_{92}\mathrm{U} \longrightarrow {}^{A}_{Z}\mathrm{X} + {}^{A'}_{Z'}\,\mathrm{Y} + x\,\mathrm{n} + \mathrm{Energie}\,, \tag{16.12}$$

mit $Z + Z' = 92$ und $A + A' + x = 236$. x ist die Anzahl der bei der Spaltung freiwerdenden Neutronen. Spaltreaktionen anderer schwerer Kerne sind in Tabelle 16.1 zusammengestellt.
Aus der Tabelle erkennt man, dass zur Spaltung über Zwischenkerne mit einer geraden Zahl von Protonen und Neutronen keine zusätzliche kinetische Energie der Neutronen erforderlich ist. Ein Neutron mit der kinetischen Energie von 1 eV = 1/2 m v^2 = kT hat eine Geschwindigkeit von 1,37 × 10^4 m/s, im thermischen Gleichgewicht entspricht dies einer Temperatur von ca. 10^4 K.[10]

---
[9] Langsame, auch thermische Neutronen genannt, befinden sich bei Zimmertemperatur im thermischen Gleichgewicht mit ihrer Umgebung.
[10] k ist die Boltzmann Konstante: k = 1,38·10^{-23} J/K.

Tabelle 16.1. Neutronenspaltung schwerer Kerne

Kern	$^{232}_{90}$Th	$^{233}_{92}$U	$^{234}_{92}$U	$^{235}_{92}$U	$^{236}_{92}$U	$^{238}_{92}$U	$^{237}_{93}$Np	$^{239}_{94}$Pu	$^{240}_{94}$Pu
Zwischenkern	$^{233}_{90}$Th	$^{234}_{92}$U	$^{235}_{92}$U	$^{236}_{92}$U	$^{237}_{92}$U	$^{239}_{92}$U	$^{238}_{93}$Np	$^{240}_{94}$Pu	$^{241}_{94}$Pu
erf. Energie [MeV]	1,3	0	0,4	0	0,8	1,2	0,4	0	> 0

Die ohne zusätzliche Energie der Neutronen spaltbaren Kerne heißen *starke*, die anderen *schwache Kernbrennstoffe*. Bei der Spaltung von schweren Kernen in leichtere wird die in diesen, in Form der größeren Bindungsenergie der Nukleonen, gespeicherte Energie frei und letztlich über die kinetische Energie der Spaltprodukte in Wärme umgewandelt. Die Menge der pro Kern gespeicherten Bindungsenergie errechnet sich aus der bekannten Beziehung über die Äquivalenz von Energie und Masse zu

$$B_{\text{Kern}} = \left(Z\, m_{\text{p}} + N\, m_{\text{n}} - m_{\text{Kern}}\right) c^2 \,. \tag{16.13}$$

Die Masse des Kerns m_{Kern} ist geringer als die Masse seiner Bausteine im ungebundenen Zustand. In Abb. 16.2 ist die Bindungsenergie pro Nukleon B_{Kern}/A als Funktion der Massenzahl dargestellt. Aus dem Bild erkennt man, dass sehr leichte und sehr schwere Kerne geringere Bindungsenergien pro Nukleon aufweisen als die Kerne im mittleren Bereich.
Für das Uranisotop $^{235}_{92}$U mit einer Massenzahl A von 235 beträgt die im Kern gespeicherte Bindungsenergie 1 794 MeV, und für einen Kern mit der Massenzahl $A = 115$ beträgt die Bindungsenergie 977 MeV. Bei der Spaltung eines schweren in zwei gleichschwere leichtere Kerne wird eine Bindungsenergie von 260 MeV frei. Allerdings ist die Spaltung in zwei gleich große Kerne sehr selten, so dass im Mittel nur mit 200 MeV gerechnet werden kann, vgl. Abb. 16.3. Bei der Spaltung von einem Kilogramm $^{235}_{92}$U ($2{,}56 \cdot 10^{24}$ Atome) ist dies eine Energiemenge von $1 \cdot 10^{8}$ MJ. Im Unterschied zu chemischen Reaktionen, z.B. einer Verbrennung, ist die Spaltung eines schweren Kerns in zwei leichtere noch nicht abgeschlossen. Sie dauert vielmehr wegen des nachfolgenden Zer-

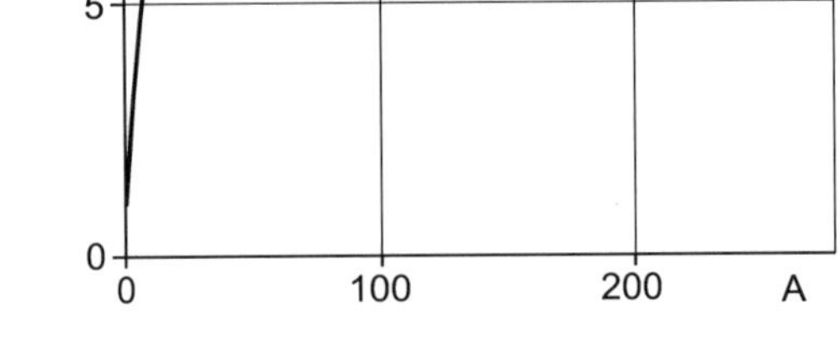

Abbildung 16.2. Bindungsenergie pro Nukleon als Funktion der Massenzahl

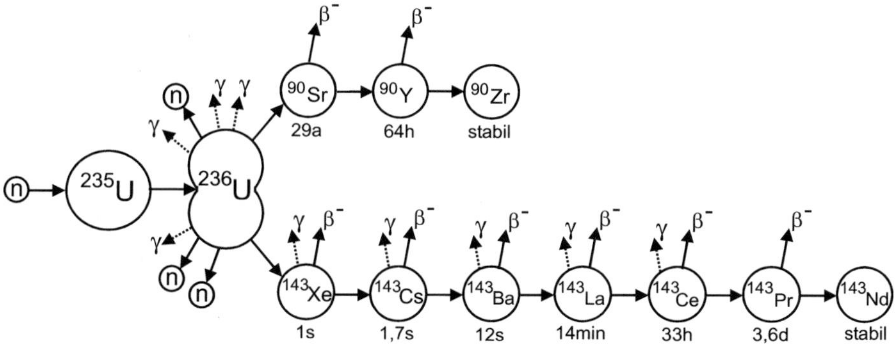

Abbildung 16.3. Beispiel für die Spaltung eines U-235 Kerns mit Spaltprodukten und deren Zerfallsketten. Die Spaltung in zwei Kerne gleicher Masse ist selten. Ein $^{235}_{92}$U-Kern kann auf viele verschiedene Arten in zwei mittelschwere Kerne zerfallen.

falls von radioaktiven Zwischenkernen mit geringer Energiefreisetzung noch über Jahre an.

Auch durch die Verschmelzung von leichteren Kernen zu einem schwereren wird Bindungsenergie frei, bei der Fusion von 4 Wasserstoffkernen zu einem Heliumkern ist dies eine Menge von 28,3 MeV. Dies sind ca. $6{,}7 \cdot 10^8$ MJ/kg Helium.

Ein Vergleich mit dem Brennwert fossiler Brennstoffe (Kohle mit $B =$ 30 MJ/kg) ergibt für die freigesetzte Energie die Relation

$$B_{\text{Kohle}} : B_{\text{U-Spaltung}} : B_{\text{H-Fusion}} = 1 : 3 \cdot 10^6 : 2 \cdot 10^7. \tag{16.14}$$

Chemische Reaktionen, wie sie bei der Verbrennung von Kohle auftreten, geschehen in der Elektronenhülle der Atome. Kernreaktionen wie die Spaltung dagegen im Kern. Die Energieumsätze in der Hülle betragen einige eV pro Elektron und im Kern einige MeV pro Nukleon. Diese Tatsache spiegelt sich in den vorstehenden Verhältniszahlen wieder.

Beispiel 16.3. Wir betrachten die Spaltung eines $^{235}_{92}$U Kerns gemäß Abb. 16.3 und fragen, welche Energiemenge dabei freigesetzt wird.
Die Reaktionsgleichung für diese Spaltung lautet:

$$^{235}_{92}U + n \rightarrow ^{236}_{92} U \rightarrow ^{90}_{40} Zr + ^{143}_{60} Nd + 3n$$

Gegeben sind die folgenden Atom- und Teilchenmassen:

$^{235}_{92}$U	235,0439 u
$^{143}_{60}$Nd	142,9098 u
$^{90}_{40}$Zr	89,9047 u
n	1,00867 u

Lösung. Nach der einsteinschen Relation gilt für die Zerfallsenergie Q:

$$\mathrm{Q} = \Delta mc^2$$

Wobei Δm die Massenänderung durch die Reaktion bezeichnet. Für Δm folgt aus der Reaktionsgleichung:

$$\Delta m = (142{,}9098\ u + 89{,}9047\ u + 2 \cdot 1{,}00867\ u) - 235{,}0439\ u = -0{,}21205\ u$$

Für die Zerfallsenergie ergibt sich daraus:

$$Q = (-0{,}21205\ u)(931,5\ MeV/u) = -197{,}5\ MeV$$

Dieser Wert stimmt recht gut mit dem vorstehenden Schätzwert überein.

16.1.3 Kettenreaktion

Bei der Spaltung eines Urankerns entstehen zwei mittelschwere Kerne. Außerdem werden dabei einige Neutronen freigesetzt, da das Verhältnis der Zahl der Neutronen zu den Protonen für die Spaltprodukte kleiner ist als für Uran, vgl. Abb. 16.1. Pro Spaltvorgang eines $^{235}_{92}$U-Kerns werden 2 bis 3 Neutronen frei. Der größte, hier mit a bezeichnete Teil dieser freiwerdenden Neutronen entsteht unmittelbar nach der Spaltung (10^{-14} s), man bezeichnet sie als *prompte Neutronen*. Auch nach der Emission der prompten Neutronen besteht bei den Spaltprodukten noch ein Neutronenüberschuss, der zum größten Teil durch β-Zerfall gemäß (16.4), (16.5) abgebaut wird und zu einer Kernumwandlung führt, vgl. auch Abb. 16.3. Hin und wieder entstehen beim Ablauf der Zerfallskette Zwischenkerne, die *verzögert* Neutronen abgeben. Die zwei wesentlichen Beiträge zu der Produktion der verzögerten Neutronen kommen aus dem Zerfall der Zwischenkerne ^{87}Br, Halbwertszeit τ=55,6 s, und ^{137}J, mit τ=24,5 s. Den Anteil der *verzögerten Neutronen*; bezeichnen wir mit β. Das Auftreten der verzögerten Neutronen ist für die Leistungsregelung eines Reaktors von Wichtigkeit. Ihr zeitliches Auftreten ist durch die Zerfallseigenschaften der Kerne bestimmt, von denen sie ausgesandt werden. Der Einfachheit halber fassen wir sie zu einer einzigen Gruppe zusammen, die wir durch ihre mittlere Lebenszeit l_p kennzeichnen können. Bei der thermischen Spaltung von $^{235}_{92}$U ist beispielsweise $\beta = 0{,}0065$ und $l_p = 14$ s.

Die freigesetzten Neutronen können dazu verwendet werden, um die Reaktion in einer geeigneten Materialanordnung selbsttätig weiterzuführen, indem mit ihnen neue Spaltprozesse eingeleitet werden: Es entsteht eine *Kettenreaktion*. Die Kettenreaktion wird bei Verwendung von $^{235}_{92}$U als Spaltmaterial praktisch unterbrochen, wenn die Energie der Neutronen über ca. 1 eV liegt. Bei Neutronen mit geringer Energie ist nämlich die Wahrscheinlichkeit eines Spaltprozesses größer als bei solchen mit großer Energie. Neutronen, deren Energie geringer ist als 1 eV, nennt man *thermische Neutronen*. Diese Bezeichnung besagt, dass die kinetische Energie dieser Neutronen von der Größenordnung der Energie der thermischen Molekularbewegung bei Betriebstemperatur des Reaktors ist (ca. 500K). Reaktoren, die mit Neutronen in diesem Energiebereich arbeiten, bezeichnet man als *thermische Reaktoren*.

Die beim Spaltprozess emittierten Neutronen haben eine mittlere kinetische Energie von 2 MeV. Zur Fortführung der Kettenreaktion sind die schnellen Spaltneutronen auf das thermische Energieniveau abzubremsen. Dies gelingt mit Hilfe eines Materials, das die Neutronen durch elastische Stöße an seinen Kernen abbremst. Ein solcher Stoff wird *Moderator* genannt. Gute Moderatoren haben die Eigenschaft, Neutronen abzubremsen, aber nicht zu absorbieren. Als besonders geeignet dafür haben sich leichtes und schweres Wasser sowie Graphit erwiesen. Leichtes Wasser bremst zwar am besten, absorbiert aber auch Neutronen, D_2O und hochreines Graphit absorbieren dagegen kaum. DO_2 und Graphit moderierte Reaktoren können wegen des geringeren Neutronenverlusts mit Natururan betrieben werden, bei mit Leichtwasser moderierten Reaktoren ist dagegen das spaltbare ^{235}U-Isotop anzureichern. Für eine stationäre Kettenreaktion muss in einem Reaktor eine *kritische Brennstoffmasse* vorhanden sein. Diese ist temperaturabhängig und bei Betriebstemperatur eines Reaktors um ein mehrfaches größer als bei Umgebungstemperatur. Wenn man verhindert, dass die bei den ersten Reaktionen auftretende Wärmeentwicklung die Kernbrennstoffe auseinander treibt, kann innerhalb von 10^{-4} s eine Energie von ca. 10^{12} J freigesetzt werden. Schon bald nach der Entdeckung der künstlichen Kernspaltung wurde vorgeschlagen, die Kernspaltung für den Bau von *Atombomben* zu nutzen.[11]

In Tabelle 16.2 sind die kritischen Massen für den reinen Brennstoff ohne Moderator zusammengestellt. Dabei wird vorausgesetzt, dass die Masse in Form einer Kugel mit dem Durchmesser d vorliegt und keine Neutronen über die Kugeloberfläche entweichen.

16.1.4 Spaltreaktionen

Die von einem thermischen Neutron eingeleitete Spaltung eines $^{235}_{92}$U-Kerns liefert im Mittel 200 MeV als thermisch verwertbare Energie, die gemäß Tabelle 16.3 über die Reaktionsprodukte verteilt sind.

[11] Während des zweiten Weltkrieges wurden in den USA Bomben entwickelt, die sowohl hochangereichertes $^{235}_{92}$U als Sprengstoff enthielten, als auch solche, bei denen $^{239}_{94}$Pu verwendet wurde. Die am 6. August 1945 um 9.15 Uhr über dem Stadtzentrum von Hiroshima gezündete Bombe „Little Boy", deren Sprengkraft 12 500 t TNT entsprach, bestand aus $^{235}_{92}$U als Sprengstoff. Dabei wurde rund 1 kg Uran gespalten und 1 g Masse in Energie verwandelt. Am 9. August 1945 wurde um 12.00 Uhr mittags über Nagasaki die aus $^{239}_{94}$Pu hergestellte Bombe „Fat Man" mit einer Sprengkraft von 22 000 t TNT gezündet.

Bei den Bombenabwürfen kamen in Hiroshima 140 000 und in Nagasaki 100 000 Menschen ums Leben. Von diesen Menschen wurden jeweils fast alle durch die innerhalb von Sekundenbruchteilen freigesetzte immense Energiemenge getötet und nicht infolge radioaktiver Strahlung. Die freigesetzte Energie erzeugte riesige Feuerbälle von hohem Druck und hoher Temperatur, die sich mit Überschallgeschwindigkeit ausbreiteten und Gebäude und andere Strukturen der beiden Städte vollständig zerstörten.

Tabelle 16.2. Kritische Masse von Kernbrennstoffen bei 25°C

Brennstoff	Reinheit [%]	m [kg]	d [m]
$^{235}_{92}U$	94	25	0,15
$^{239}_{94}Pu$	99	8	0,1

Die Energie der Spaltprodukte und der β-Strahlung wird praktisch von den Brennstoffelementen absorbiert; die Neutronen geben ihre Energie an den Moderator ab. Die Energie der γ-Strahlung wird von den Brennstoffelementen, dem Moderator, aber auch der Reaktorstruktur absorbiert. Die Energie der Neutrinos geht dem System verloren, denn die Neutrinos kennen fast keine Wechselwirkung mit der übrigen Materie. Die verwertbare Spaltenergie beträgt demnach

$$\varepsilon = 200 \text{ MeV/Spaltung} \approx 3{,}2 \cdot 10^{-11} \text{ J/Spaltung.}$$

1 kg $^{235}_{92}U$ enthält

$$\frac{1}{235 \cdot 1{,}6598 \cdot 10^{-27}} = 2,56 \cdot 10^{24} \text{ Atome.}$$

Der Brennwert von $^{235}_{92}U$ beträgt bei vollständiger Spaltung

$$B = 2,56 \cdot 10^{24} \text{ Atome/kg} \cdot 3{,}2 \cdot 10^{-11} \text{ J/Atom} = 8{,}19 \cdot 10^{13} \text{ J/kg.}$$

Beispiel 16.4. Ein Kernkraftwerk mit einer elektrischen Leistung von 1 000 MW arbeitet mit einem Wirkungsgrad von η= 0,32.
Welche Masse m an $^{235}_{92}U$ wird verbraucht, wenn die Anlage ein Jahr (8 000 h) mit Vollast betrieben wird?
Wie viel Masse Δm wird dabei in Energie verwandelt?

Lösung. Die thermische Leistung $\dot{Q}$ des Reaktors beträgt P/η, bei einer Betriebszeit Δ t = 8000 h ergibt dies eine Wärmemenge:

$$Q = \frac{1000\,\text{MW}}{0,32} 8000\text{h} \cdot 3600 \frac{\text{s}}{\text{h}} = 9 \cdot 10^{16} J$$

Tabelle 16.3. Energie der Spaltprodukte eines $^{235}_{92}U$-Kerns

	Energieart	Energie [MeV]	Reichweite [m]
Spaltprodukte	kinetisch	167	$< 10^{-2}$
Neutronen	kinetisch	5	< 1
prompte γ-Strahlung		7	< 10
verzögerte γ-Strahlung aus Spaltprodukten		6	< 10
β-Strahlung		5	$< 0{,}1$
Neutrinos		12	∞
Gesamt		202	

Mit dem Brennwert $B = 8{,}19 \cdot 10^{13}$J/kg folgt für die erforderliche Menge an Kernbrennstoff:

$$m = \frac{Q}{B} = \frac{9 \cdot 10^{16}\ \mathrm{J}}{8{,}19 \cdot 10^{13}\ \mathrm{J/kg}} = 1\,098\ \mathrm{kg}$$

Nach der einsteinschen Relation gilt für die in Energie umgewandelte Masse Δm:

$$\Delta m = \frac{Q}{c^2} = \frac{9 \cdot 10^{16} J}{(300 \cdot 10^6)^2 m^2/s^2} = 1\ kg$$

Für die induzierte Spaltung eines $^{235}_{92}$U-Kerns ist es notwendig, dass ein Neutron in die unmittelbare Nähe des Kerns kommt. Neben der Spaltung gibt es dabei zwei weitere Möglichkeiten für die Wechselwirkung zwischen Kern und Neutron: Absorbtion und Streuung. Im letzten Fall wird das Neutron aus seiner Bahn abgelenkt und gibt dabei Energie an den streuenden Kern ab. Bei der Absorbtion wird das Neutron eingefangen und es entsteht ein Kern mit einer höheren Massenzahl. Zur quantitativen Erfassung der Wechselwirkung wird ein *Wirkungsquerschnitt* σ definiert. Entsprechend der drei Möglichkeiten der Wechselwirkung unterscheiden wir zwischen dem *Spaltungsquerschnitt* σ_{f}, dem *Absorbtionsquerschnitt* σ_{a} und dem *Streuquerschnitt* σ_{s}.[12]
Der Wirkungsquerschnitt gibt die Zahl der Reaktionen an, die zwischen den mit einer Teilchendichte n_{N} in einem Target der Dicke d enthaltenen Kernen und den mit einer Rate I auftreffenden Neutronen stattfinden. I beschreibt eine Neutronenzahl pro Flächeneinheit und Zeit $[I] = [\mathrm{cm}^{-2}\ \mathrm{s}^{-1}]$. Für die Zahl der Spaltvorgänge in einem Target der Fläche a folgt

$$F = \sigma_{\mathrm{f}}\, n_{\mathrm{N}}\, a\, d\, I\ . \tag{16.15}$$

Der Spaltungsquerschnitt liegt für die meisten Kerne in einem Bereich von 10^{-22} – 10^{-26} cm^2. Als Maßeinheit für den Wirkungsquerschnitt wurde die Größe

$$1\ \mathrm{barn} = 10^{-24}\ \mathrm{cm}^2$$

gewählt.[13] Bei Spaltstoffen kennzeichnet σ_{a} die Möglichkeit eines Neutroneneinfangs ohne Spaltung und σ_{f} entsprechend die Möglichkeit einer Spaltreaktion. Die Gesamtzahl der Neutroneneinfänge ergibt sich durch Addition von σ_{a} und σ_{f}. Im Falle von $^{235}_{92}$U lauten die Zahlen für σ_{a}, σ_{f} im Falle thermischer Neutronen (0,025 eV):

$$\sigma_{\mathrm{ges}} = \sigma_{\mathrm{a}} + \sigma_{\mathrm{f}} = 78,5 + 583,6 = 682,1\ \mathrm{barn};$$

Für $^{238}_{92}$U in Wechselwirkung mit thermischen Neutronen ist $\sigma_{\mathrm{f}} = 0$, $\sigma_{\mathrm{a}} = 2,74\, barn$.
Treffen bereits moderierte thermische Neutronen auf Natururan mit 0,7% $^{235}_{92}$U

[12] Die Indizes a, f und s stehen für **a**bsorption, **f**ission, **s**cattering.

[13] Die Fläche von 1 barn ist in etwa gleich Quadrat eines Kerndurchmessers.

und 99,3% ${}^{238}_{92}$U, so kann die Wahrscheinlichkeit einer Kernspaltung w_f bei bekannten Wikungsquerschnitten bestimmt werden:

$$w_f = \frac{0,7 \cdot \sigma_{f,235}}{0,7(\sigma_{f,235} + \sigma_{a,235}) + 99,3 \cdot \sigma_{a,238}} =$$

$$= \frac{0,7 \cdot 583,6}{0,7(583,6 + 78,5) + 99,3 \cdot 2,74} = 0,55$$

Die Wahrscheinlichkeit w_f für die Spaltung eines ${}^{235}_{92}$U Kerns im Natururan beträgt damit 55%. w_f kann durch Anreicherung mit ${}^{235}_{92}$U erhöht werden, so erhält man für auf 3% angereichertes Uran eine Spaltwahrscheinlichkeit von 78%.
Analog kann auch die Wahrscheinlichkeit für die Produktion von Konversionskernen durch Absorbtion von Neutronen bestimmt werden. Für 3% angereichertes Uran erhalten wir:

$$w_k = \frac{3 \cdot \sigma_{a,235} + 97 \cdot \sigma_{a,238}}{3(\sigma_{f,235} + \sigma_{a,235}) + 97 \cdot \sigma_{a,238}} =$$

$$= \frac{3 \cdot 78,5 + 97 \cdot 2,74}{3(583,6 + 78,5) + 97 \cdot 2,74} = 0,22 = 22\%$$

Pro gespaltenem Kern werden noch 22/78 = 0,28 Konversionskerne (${}^{236}_{92}$U, ${}^{239}_{93}$Pu) durch Absorbtion von Neutronen erzeugt.
Wirkungsquerschnitts-Tabellen findet man in einschlägigen Handbüchern [1].

Beispiel 16.5. Ein Neutronenstrahl mit $I = 10^{12}$ Neutronen pro cm^2 und Sekunde trifft auf eine Folie aus reinem ${}^{235}_{92}$U. Die Fläche der Folie betrage 10 cm^2 und ihre auf die Fläche bezogene Masse sei $\rho_f = 1$ mg/cm^2, der Spaltungsquerschnitt betrage $\sigma_f = 100$ barn, vgl. Abb. 16.4. Wie groß ist die Spaltrate?

Lösung. In Anlehnung an (16.15) folgt

$$F = \sigma_f \, n_N \, a \, d \, I$$

mit

$$a \, d \, n_N = a \, N_A \, \frac{\rho_f}{A} \,.$$

Hier ist N_A die Avogadrozahl und A die Massenzahl von ${}^{235}_{92}$U. Daraus resultiert eine Spaltrate

$$F = 2{,}56 \cdot 10^9 \; s^{-1} .$$

Abb. 16.4 zeigt die Spaltungsquerschnitte von ${}^{235}_{92}$U und ${}^{238}_{92}$U als Funktion der Neutronenenergie E. Der Spaltungsquerschnitt für ${}^{235}_{92}$U nimmt mit E ab, während ${}^{238}_{92}$U ein typisches Schwellenverhalten zeigt. ${}^{238}_{92}$U lässt sich nur durch energiereiche (schnelle) Neutronen spalten, während für langsame Neutronen der Absorptionsquerschnitt σ_a größer ist als der Spaltquerschnitt σ_f.

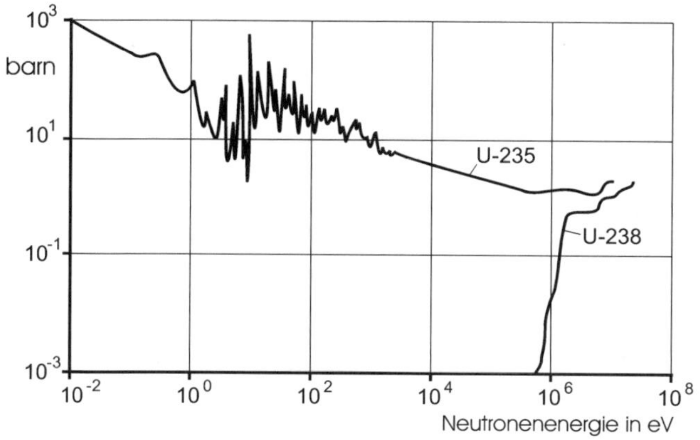

Abbildung 16.4. Spaltungsquerschnitte σ_f von $^{235}_{92}$U und $^{238}_{92}$U in Abhängigkeit der Energie der eingefangenen Neutronen

Im Bereich zwischen 1 und 1 000 eV zeigt σ_{f} für $^{235}_{92}$U ausgeprägte Maxima und Minima. Von der kernphysikalischen Deutung her handelt es sich dabei um eine Resonanzerscheinung in der Wechselwirkung zwischen Kern und Neutron, die durch die Wellennatur beider Partikel bestimmt ist. Bei *Resonanzgeschwindigkeit* werden auch noch weiter von einem Kern entfernte Neutronen eingefangen, der Wirkungsquerschnitt ist entsprechend aufgebläht. Resonanzen treten auch bei der Absorption von Neutronen durch $^{238}_{92}$U auf, dies macht man sich beim Aufbau der sogenannten Schnellen Brüter zunutze.

Es gibt eine Reihe von Prozessen, die die Anzahl und Energie der für weitere Spaltvorgänge verfügbaren Neutronen beeinflussen. So erkennt man aus Abb. 16.4, dass für die schnellen Neutronen mit einer Energie >1 MeV eine von Null verschiedene Wahrscheinlichkeit für eine Spaltreaktion mit $^{238}_{92}$U besteht. Bei dieser Reaktion wird andererseits die Zahl der Neutronen um einen Faktor ε vermehrt. ε liegt typischerweise zwischen 1,02 und 1,04. Zwei bis vier Prozent der für die Spaltung verfügbaren Neutronen stammen also aus schnellen Spaltreaktionen.

Im weiteren Verlauf werden die Neutronen durch elastische und inelastische Stöße abgebremst. Dabei wird ein Anteil im mittleren Energiebereich von $^{235}_{92}$U durch Resonanzabsorption absorbiert. Die Wahrscheinlichkeit, dass ein Neutron beim Abbremsen der Resonanzabsorption entgeht, bezeichnen wir mit p. p liegt bei thermischen Reaktoren im Bereich zwischen 0,74 und 0,85.

Während des Bremsvorgangs diffundieren die Neutronen über größere Strecken. Ein Anteil l_{f} gelangt dabei an die äußere Oberfläche der Reaktoranordnung und geht nach außen verloren. Den innerhalb der Anordnung verbleibenden Anteil bezeichnen wir mit $(1 - l_{\mathrm{f}})$. Von diesen wird ein Teil f vom Moderator, dem Strukturmaterial des Reaktors, den Spaltprodukten, sowie dem Material in den Steuerstäben des Reaktors absorbiert, ein weiterer Anteil l_{th} geht der Anlage im bereits abgebremsten Zustand nach außen verloren.

Bezeichnet z die Zahl der Neutronen die ursprünglich durch Spaltung von $^{235}_{92}\mathrm{U}$ frei geworden sind, so stehen jetzt noch

$$z\,\varepsilon\,p\left(1-l_{\mathrm{f}}\right)\left(1-l_{\mathrm{th}}\right)(1-f) \tag{16.16}$$

Neutronen für weitere Reaktionen zur Verfügung. Von diesen wird noch ein Teil η absorbiert, um $^{238}_{92}\mathrm{U}$ in $^{239}_{94}\mathrm{Pu}$ bzw. $^{235}_{92}\mathrm{U}$ in $^{236}_{92}\mathrm{U}$ umzuwandeln. Von der Anzahl z der Neutronen der ersten Generation der thermischen Spaltung von $^{235}_{92}\mathrm{U}$ bleibt damit für eine thermisch induzierte Spaltung in der zweiten Generation noch der Anteil

$$k_{\mathrm{e}}=\varepsilon\,p\left(1-l_{\mathrm{f}}\right)\left(1-l_{\mathrm{th}}\right)\left(1-f\right)\eta\,, \tag{16.17}$$

wobei $\eta=z(1-g)$ gesetzt wurde. Für den Fortgang der Kettenreaktion muss $k_{\mathrm{e}}>1$ gelten. Für $k_{\mathrm{e}}=1$ heißt der Reaktor kritisch. Der Übersichtlichkeit halber seien die Definitionen der in (16.17) eingehenden Größen zusammengestellt:

Schnellspaltfaktor

$$\varepsilon=\frac{\text{Zahl der insgesamt durch Spaltung erzeugten Neutronen}}{\text{Zahl der durch thermische Spaltung erzeugten Neutronen}} \tag{16.18}$$

Regenerationsfaktor

$$\eta=\frac{\text{Zahl der durch thermische Spaltung erzeugten Neutronen}}{\text{Zahl der im Brennstoff absorbierten thermischen Neutronen}} \tag{16.19}$$

thermische Nutzung

$$(1-f)=\frac{\text{Zahl der im Brennstoff absorbierten thermischen Neutronen}}{\text{Zahl der in der Anordnung absorbierten thermischen Neutronen}} \tag{16.20}$$

Resonanzentkommwahrscheinlichkeit

$$p=\frac{\text{Zahl der auf thermische Energie moderierten Neutronen}}{\text{Zahl der in der Anordnung verbliebenen schnellen Neutronen}} \tag{16.21}$$

Verbleibfaktor für schnelle Neutronen

$$\left(1-l_{\mathrm{f}}\right)=\frac{\text{Zahl der in der Anordnung verbliebenen schnellen Neutronen}}{\text{Zahl der insgesamt durch Spaltung erzeugten Neutronen}} \tag{16.22}$$

und *Verbleibfaktor für thermische Neutronen*

$$\left(1-l_{\mathrm{th}}\right)=\frac{\text{Zahl der in der Anordnung absorbierten thermischen Neutronen}}{\text{Zahl der auf thermische Energie moderierten Neutronen}} \tag{16.23}$$

Beim Einsetzen der so definierten Faktoren in (16.17) heben sich die in Zähler und Nenner stehenden Ausdrücke gegeneinander auf. Dies ist kennzeichnend für Kettenreaktionen.

Von den sechs Faktoren in (16.17) sind zwei (ε, η) überwiegend von den Brennstoffeigenschaften abhängig. Man bezeichnet sie deshalb als Brennstofffaktoren. Bei l_{f} und l_{th} ist die Geometrie der Anordnung maßgebend. Bei p und f kommt es schließlich auf das Mengenverhältnis des Brennstoffes zu den anderen Stoffen im Kern an. Alle Faktoren werden zudem noch von der Neutronenenergie beeinflusst.

Die Verteilung der Neutronen im Inneren des Reaktors ist eine komplexe Funktion, die vom Ort, der Zeit und der Energieverteilung der Neutronen abhängt. In der Randzone des Reaktors ist die Neutronenverteilung in komplexer Weise von der Geometrie abhängig. Aus diesem Grund werden für Grundsatzuntersuchungen vielfach unendlich ausgedehnte Reaktoren vorausgesetzt. Ein solcher Reaktor hat keine Oberfläche, der Verbleibfaktor für schnelle und thermische Neutronen ist deshalb gleich Eins. Ein solcher Reaktor hat keine Leckverluste. Die Gleichung (16.17) vereinfacht sich zu

$$k_{\infty} = \varepsilon\, p\, (1 - f)\, \eta\,. \tag{16.24}$$

Diese Beziehung wird häufig als *Vier-Faktoren-Formel* bezeichnet.

Nach der Herleitung kann k_{∞} als Vermehrungsfaktor der Neutronenzahl von der j-ten zur $(j+1)$-ten Reaktionsstufe definiert werden:

$$k_{\infty} = \frac{\text{Neutronenzahl } n_{j+1} \text{ der } (j+1)\text{-ten Generation}}{\text{Neutronenzahl } n_{j} \text{ der } j\text{-ten Generation}} \tag{16.25}$$

Je nach dem Wert von k_{∞} können drei Betriebsarten eines Reaktors unterschieden werden:

$k_{\infty} > 1$: *überkritisch*
$k_{\infty} = 1$: *kritisch*
$0 < k_{\infty} < 1$: *unterkritisch*

Für einen stationären Betrieb muss $k_{\infty} = 1$ sein, andernfalls ergibt sich von einer Generation zur nächsten die Veränderung

$$\Delta n_{j} = n_{j+1} - n_{j} = n - \frac{n}{k_{\infty}} = \rho n\,. \tag{16.26}$$

Die Bedingung $k_{\infty} = 1$ kann durch Einstellung der Eigenschaften des Moderators erreicht werden , vgl. Abschnitt (16.3.1.2).

Es sei nun Λ die mittlere Lebensdauer der Neutronen einer Generation, also die Zeit, die vergeht, bis die j-te Generation von Neutronen die $(j+1)$-te produziert hat, Λ wird auch als *Zykluszeit* bezeichnet. Bei thermischen Reaktoren ist Λ die Summe aus der Zeit für die Produktion der Neutronen l_P, der Zeit für die Moderation und der thermischen Diffusion der Neutronen im Reaktor, vgl. Abschnitt (16.1.3):

$$\Lambda = l_P + l_M + l_D \tag{16.27}$$

Für die prompten Neutronen ist die Zeitdifferenz zwischen Spaltung eines Kerns und dem Erscheinen der Neutronen geringer als 10^{-12} s; für die verzögerten Neutronen ist $l_P = 14\ s$ für U-235 und 10,7 s für Pu-239. Bei mit leichtem Wasser moderierten Reaktoren beträgt der Zeitbedarf für die Moderation $l_M = 10^{-5}$ s und für die thermische Diffusion $l_D = 10^{-3}$ s. Damit ergibt sich für U-235 Kerne die mittlere Lebensdauer der prompten Neutronen $\Lambda_p \approx 10^{-3}$ s und für das Kollektiv aus 99,35% prompten und 0,65% verzögerten Neutronen Λ_v zu:

$$\Lambda_v = 0,9935 \cdot 10^{-3}\ \text{s} + 0,0065 \cdot 14\ \text{s} = 0,091\ \text{s} \tag{16.28}$$

Für Pu-239 ist Λ_v =0,032 s.
Obwohl der Anteil der verzögerten Neutronen weniger als ein Prozent ausmacht, haben sie einen entscheidenden Einfluss auf die Lebensdauer. Für die Änderung der Zahl der Neutronen von der Generation mit der Zahl n zur nächsten Generation mit der Zahl n_i innerhalb einer Zeitspannne dt gilt:

$$\frac{\mathrm{d}n}{\mathrm{d}t} = \frac{n_i - n}{\Lambda} = \frac{n[(n_i/n) - 1]}{\Lambda} = \frac{n[k-1]}{\Lambda} \approx \frac{n\rho}{\Lambda}$$

Statt mit dem Vermehrungsfaktor k wird meist mit der vorstehend eingeführten Größe ρ gearbeitet, die als *Reaktivität* bezeichnet wird. Denn für k-Werte in der Nähe von eins gilt in guter Näherung: $k - 1 \approx \rho$. Durch Integration der Gleichung folgt:

$$n = n_0\ exp\{\frac{(k-1)\ t}{\Lambda}\} = n_0\ exp(\frac{\rho t}{\Lambda}) = n_0\ exp(\frac{t}{t_R}) \tag{16.29}$$

Darin bezeichnet $t_R = \Lambda/\rho$ die *Reaktorperiode*; t_R ist die Zeit in der sich die Leistung des Reaktors um den Faktor e vergrößert.
Da die Neutronenpopulation im Reaktor direkt proportional zur Leistung P des Reaktors ist, gilt auch:

$$P = P_0\ exp(\frac{t}{t_R}) \tag{16.30}$$

Die Gln. (16.29), (16.30) zeigen, dass sich Neutronenpopulation und Reaktorleistung exponentiell mit der Zeit ändern. Zur Herleitung beider Gleichungen wurde für die Lebensdauer Λ der Spaltneutronen ein Mittelwert genommen. In der Realität variiert Λ der verzögerten Neutronen zwischen 0,23 s und 55,7 s. Deshalb ist die Anwendbarkeit der Gln. (16.29), (16.30) für ρ auf das Intervall $\pm 0,005$ beschränkt. Für U-235 entspricht dies einer Reaktorperiode von t_R = 91 s.

Beispiel 16.6. In einem speziellen Fall betrage die mittlere Lebensdauer der Neutronen eines mit U-235 betriebenen Reaktors Λ = 0,09 s und die Reaktivität ρ = 0,001 und 0,005. Man berechne die Zeit, die vergeht, bis sich die Neutronenpopulation verdoppelt, verzehnfacht bzw. verhundertfacht hat.

Lösung. Aus (16.29) folgt damit unmittelbar

$$\frac{n(t)}{n_0} = \exp\left(\frac{\Delta t}{t_\mathrm{R}}\right) = 2$$

und weiter

$$\Delta t_2 = \ln 2\, t_R$$

bzw.

$$\Delta t_{10} = \ln(10)\, t_R, \qquad \Delta t_{100} = \ln(100)\, t_R.$$

Mit den gegebenen Werten für ρ und Λ ergeben sich für $t_R = \Lambda/\rho$ die Werte: 90 s und 18 s.

t_R [s]	Δt_2 [s]	Δt_{10} [s]	Δt_{100} [s]
18	12,4	41,5	82,9
90	62,4	207,3	414,5

Die Zahl der Neutronen wächst um den Faktor 1,011 bzw. 1,057 pro Sekunde. Wären alle Neutronen prompt, so würde sich der Faktor 150 ergeben. Das Vorhandensein der verzögerten Neutronen setzt die Geschwindigkeit des Neutronenzuwachses stark herab und macht so die Regelung der Reaktivität möglich.

Wir haben mit β den Anteil der verzögerten Neutronen bezeichnet, so dass $(1 - \beta)$ der Anteil der prompten Neutronen ist. Wir können demnach auch den Vermehrungsfaktor k gemäß Gl.(16.25) in zwei Teile zerlegen. Der erste $(1-\beta)k$ stellt den Anteil der prompten Neutronen dar, der zweite, βk, den der verzögerten Neutronen. Wenn nun die Größe $(1-\beta)k$ beim Betrieb des Reaktors so eingestellt wird, dass $(1 - \beta)k \leq 1$ ist, so wird der Neutronenzuwachs von einer Generation zur nächsten von den verzögerten Neutronen bestimmt. Man stellt deshalb beim Hochfahren eines Reaktors den Vermehrungsfaktor zwischen 1 und $(1 + \beta)$ ein. Die Leistung wächst dann relativ langsam und eine wirksame Regelung ist sichergestellt.
Wenn der Vermehrungsfaktor k gleich $(1 + \beta)$ ist, nennt man den Reaktor prompt kritisch, da die Kettenreaktion allein von den prompten Neutronen aufrechterhalten werden kann. Überschreitet k diesen Wert, so wird die Zunahme der Neutronen und auch der Reaktorleistung, unabhängig von den verzögerten Neutronen, allein von den prompten verursacht. Dieser Zustand muss in der Praxis vermieden werden, da der Reaktor dann nur schwer zu steuern ist.
Wie beim Hochfahren eines Reaktors wird auch beim Herunterfahren die Reaktorleistung durch die verzögerten Neutronen beeinflusst. Es werden nämlich für eine gewisse Zeit noch verzögerte Neutronen emittiert und halten so eine Spaltungsrate aufrecht, die größer ist, als wenn alle Neutronen prompt wären. Das Abfahren eines Reaktors wird also durch die verzögerten Neutronen langsamer.
Der Vermehrungsfaktor einer Reaktoranordnung hängt von vielen Einflussfaktoren ab. Einer der wichtigsten davon ist die Temperatur T im Reaktor. Wir definieren dazu einen Reaktivitäts-Koeffizienten α_T:

$$\alpha_T = \frac{d\rho}{dT} \tag{16.31}$$

Würde in einem Reaktor die Temperatur zunehmen und in der Folge gleichzeitig die Reaktivität ρ wachsen, könnte dies zu einer Selbstzerstörung des Systems führen. Würde dagegen bei einem Temperaturanstieg die Reaktivität abnehmen, würde die Spaltungsrate und damit die Wärmeproduktion zurückgehen. Das System ginge selbsttätig in seinen Ursprungszustand zurück. Es ist also zu untersuchen, ob $\mathrm{d}\rho/\mathrm{dT}$ größer oder kleiner Null ist!
Diese Aufgabe können wir hier nicht exakt untersuchen, stattdessen wollen wir mit heuristischen Argumenten eine erste Antwort geben. Bei einer Temperaturerhöhung dehnen sich Brennstoffelemente, Moderator und Reaktorstruktur aus. Die Anzahl der Atomkerne pro Volumen, die für eine Wechselwirkung mit den Neutronen zur Verfügung stehen, nimmt deshalb ab. Damit wird sich die mittlere freie Weglänge der Neutronen vergrößern. Daraus resultiert eine Zunahme der Leckverluste; die Verbleibfaktoren $\left(1 - l_{\mathrm{f}}\right)$, $\left(1 - l_{\mathrm{th}}\right)$ und damit auch die Reaktivität werden kleiner. Als Resultat der Temperaturerhöhung ergibt sich aus diesem Teilaspekt eine Verminderung des Vermehrungsfaktors.

Nach einigen elastischen Stößen mit den Kernen des Moderators ist die Energie der Neutronen gleich der Energie der thermischen Molekularbewegung der Moderatoratome. In der Theorie der Neutronenmoderation wird gezeigt, dass der Spaltungsquerschnitt des Bremsvorgangs gemäß

$$\frac{\mathrm{d}\sigma}{\sigma} = -\frac{1}{2}\frac{\mathrm{dT}}{\mathrm{T}} \tag{16.32}$$

von der Temperatur abhängt. Nach dieser Beziehung nimmt der Wirkungsquerschnitt für den Bremsvorgang mit zunehmender Temperatur ab. Wegen dieses Effektes wird die Reaktivität und damit der Vermehrungsfaktor mit steigender Temperatur kleiner.

Bei einer Temperaturerhöhung nimmt die Resonanzabsorption zu. Dieser Effekt kommt durch die geänderte relative Bewegung der Neutronen und der $^{238}_{92}$U-Kerne zustande und wird in der Literatur als *Dopplerverbreiterung* bezeichnet. Die Resonanzabsorption der $^{238}_{92}$U-Kerne kann zu einer Kernumwandlung durch Neutroneneinfang in $^{239}_{92}$U führen oder zu einer Spaltung. Ersteres vermindert die Reaktivität, während durch die Spaltung die Reaktivität vergrößert wird. Bei thermischen Reaktoren heben sich die beiden Effekte auf, während bei so genannten schnellen Reaktoren der zweite Effekt überwiegen kann.
Zusammenfassend kann gesagt werden, dass bei einem thermischen Reaktor die Reaktivität mit zunehmender Temperatur abnimmt, es ist:

$$\frac{\mathrm{d}\rho}{\mathrm{dT}} < 0 \tag{16.33}$$

Ein thermischer Reaktor besitzt daher eine stabile Selbstregulierung. Bei kommerziellen Druckwasserreaktoren ist $\mathrm{d}\rho/\mathrm{dT} \approx -10^{-4}\ \mathrm{K}^{-1}$.
Bei einer Fehlsteuerung kann es bei thermischen Reaktoren zwar zu einer Überhitzung des Reaktorkerns und im Grenzfall zu einer Kernschmelze kommen, thermische Reaktoren können aber nicht „explodieren“!

16.1.5 Nachwärme

Auch nach Beendigung der Spaltprozesse wird in einem Reaktor durch das verzögerte Abklingen der Radioaktivität noch Wärmeenergie frei. Diese Nachwärme muss durch geeignete Maßnahmen abgeführt werden. Das zeitliche Abklingen der Leistung wird durch die Formel von Way und Wigner [4]

$$P = P_0 \cdot 6{,}1 \cdot 10^{-3} \left(t^{-0{,}2} - \left(t + t_0\right)^{-0{,}2}\right) \tag{16.34}$$

beschrieben, in der P_0 die Leistung während der Betriebszeit, t_0 die Betriebszeit des Reaktors in Tagen und t die Zeit nach dem Abschalten in Tagen ist.

Beispiel 16.7. Ein Reaktor war 300 Tage mit einer Leistung von 1 800 MW in Betrieb. Wie groß ist seine Nachwärmeleistung einen, zehn bzw. hundert Tage nach dem Abschalten?

Lösung. Aus (16.34) folgt

$$P(1\ \text{Tag}) = 7{,}5\ \text{MW}, \quad P(10\ \text{Tage}) = 3{,}4\ \text{MW}, \quad P(100\ \text{Tage}) = 1{,}1\ \text{MW}.$$

Um eine Überhitzung des Kerns zu vermeiden, ist dieser Wärmestrom mit einem Nachkühlsystem abzuführen.

16.1.6 Konversion und Brüten

Die Resonanzabsorption von langsamen Neutronen durch $^{232}_{90}\text{Th}$ und $^{238}_{92}\text{U}$ verschlechtert zwar die Neutronenbilanz, wandelt aber andererseits schwache Kernbrennstoffe in starke um.
Dabei kommt es zu zwei verschiedenen Umwandlungsprozessen, dem *Uran-Plutonium-Zyklus*

$$^{238}_{92}\text{U} + \text{n} \longrightarrow {}^{239}_{92}\text{U} \longrightarrow {}^{239}_{93}\text{Np} + \beta^- \longrightarrow {}^{239}_{94}\text{Pu} + \beta^- \tag{16.35}$$

und dem *Thorium-Uran-Zyklus*

$$^{232}_{90}\text{Th} + \text{n} \longrightarrow {}^{233}_{90}\text{Th} \longrightarrow {}^{233}_{91}\text{Pa} + \beta^- \longrightarrow {}^{233}_{92}\text{U} + \beta^- \,. \tag{16.36}$$

Die Zwischenprodukte haben eine endliche Lebensdauer und können während dieser Zeit einen weiteren Neutroneneinfang erleiden. Das Ergebnis eines solchen Prozesses sind dann wieder schwache Kernbrennstoffe.

Ein Maß für die Kernumwandlung ist die *Konversionsrate*

$$C_\text{R} = \frac{\text{Zahl der neu erzeugten, thermisch spaltbaren Kerne}}{\text{Zahl der Neutroneneinfänge in thermisch spaltbaren Kernen}} \,. \tag{16.37}$$

Sie kann auch ausgedrückt werden durch

$$C_\text{R} = \varepsilon\,\eta - 1 - L \,, \tag{16.38}$$

wobei ε der Schnellspaltfaktor und η der Regenerationsfaktor ist, vgl. (16.17), L steht für den Leckverlust. Im Falle von $C_\text{R} > 1$ produziert der Reaktor mehr

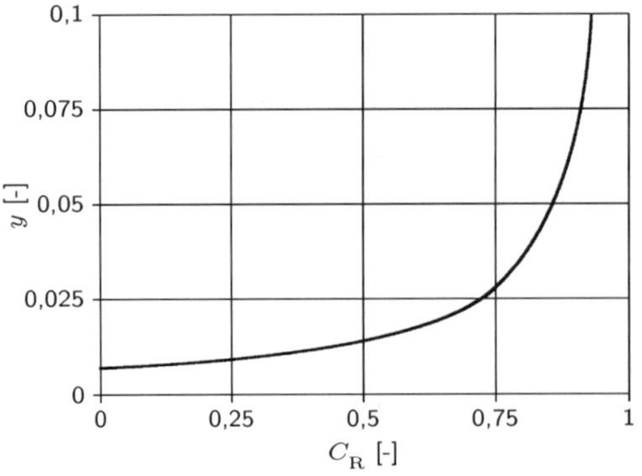

Abbildung 16.5. Brennstoffausnutzung in einem Brutreaktor als Funktion der Konversionsrate

leicht spaltbaren Brennstoff als er selbst verbraucht. Solche Reaktoren nennt man *Brutreaktoren* oder kurz *Brüter*. Ist $C_R < 1$, spricht man von *Konversion*.

Beispiel 16.8. Man bestimme die Brennstoffausnutzung y eines Reaktors in Abhängigkeit von der Konversionsrate. Der Ausgangsbrennstoff enthalte einen Massenanteil $\gamma_{U\text{-}235} = 0{,}007$ an ${}^{235}_{92}U$ (Natururan).

Lösung. Von dem Massenanteil $\gamma_{U\text{-}235}$ des ${}^{235}_{92}U$ im Natururan kann ein Anteil $\gamma_{U\text{-}235}\,C_R$ des schwer spaltbaren ${}^{238}_{92}U$ in ${}^{239}_{94}Pu$ konvertiert werden, vom Anteil $\gamma_{U\text{-}235}\,C_R$ wiederum $\gamma_{U\text{-}235}\,C_R\,C_R$ usw., in Gleichungsform:

$$y = \gamma_{U\text{-}235}\left(1 + C_R + C_R^2 + C_R^3 + \ldots\right) = \frac{\gamma_{U\text{-}235}}{1 - C_R} \,.$$

Die rechte Seite entspricht einer geometrischen Reihe, die für $C_R < 1$ konvergiert. Für $C_R \to 1$ steigt die Nutzung drastisch an, vgl. Abb. 16.5. Ist $C_R > 1$, kann im Prinzip das im Brennstoff enthaltene ${}^{238}_{92}U$ bzw. ${}^{232}_{90}Th$ vollständig in den starken Brennstoff ${}^{239}_{94}Pu$ bzw. ${}^{233}_{92}U$ konvertiert werden. Der Realisierung stehen aber technische und wirtschaftliche Fakten entgegen:

- Beim Brutvorgang werden auch schwache Kernbrennstoffe ${}^{240}_{94}Pu$ und ${}^{241}_{94}Pu$ gebildet
- Vor einer Verwendung in einem Brutreaktor muss das im Natururan enthaltene ${}^{235}_{92}U$ stark angereichert werden
- Das erbrütete Material muss aufwendig aufbereitet werden

16.2 Aufbau von Kernreaktoren

16.2.1 Allgemeines

Seit der Entdeckung der Kernspaltung durch Hahn und Straßmann im Jahre 1938 wurde ihre technische Anwendung mit großem Einsatz entwickelt. Auch wenn die Anstrengungen zuerst der Entwicklung einer Bombe galten, hat man doch parallel dazu immer die mögliche Anwendung für die Deckung des zivilen Energiebedarfs beachtet. Die Umwandlung der Kernenergie in Elektrizität wird unter Anwendung des Dampfkraftprozesses durchgeführt. Dem Kernreaktor kommt dabei die Aufgabe zu, die für die Dampferzeugung erforderliche Wärme bereitzustellen. Er übernimmt damit die der Feuerung bei fossilen Kraftwerken entsprechende Funktion.

Kernreaktoren sind Systeme, in denen nebeneinander Prozesse der Kernspaltung, Energieumwandlung und Strahlungsfreisetzung ablaufen. Die Erfüllung der Anforderungen dieser drei Funktionen erfordert die Lösung der drei Grundaufgaben der Reaktortechnik:

1. Das kernphysikalische System erfordert eine konstruktive und werkstofftechnische Auslegung, so dass die Kernspaltung als kontrollierte Kettenreaktion kontinuierlich abläuft.
2. Die bei der Abbremsung der Reaktionsprodukte in Wämeenergie umgewandelte Kernenergie ist auf einem für die Umwandlung der Wärme in mechanische Arbeit günstigen Temperaturniveau abzuführen.
3. Die bei der Kernspaltung freiwerdende Strahlung ist durch geeignete Hüllen derartig abzuschirmen, dass die Umwelt vor schädlichen Einwirkungen geschützt ist.

Seit dem Bau des ersten Reaktors[14] im Jahre 1942 wurden mehrere hundert Reaktoren unterschiedlichen Typs errichtet. Unterschiede zwischen den einzelnen Bauarten bestehen hauptsächlich hinsichtlich der Art des Wärmetransportes vom Reaktor zur Turbine.[15] Kernreaktoren können nach verschiedenen Gesichtspunkten klassifiziert werden:

a) Nach dem überwiegenden Energieniveau E_N der Spaltneutronen in
   - thermische Reaktoren mit $E_N < 1$ eV, was der Energie der Wärmebewegung des Strukturmaterials entspricht
   - epithermische Reaktoren, 1 eV $< E_N <$ 100 000 eV,
   - schnelle Reaktoren, $E_N > 0{,}1$ MeV
b) nach der Anordnung von Moderator und Brennstoff in
   - homogene Reaktoren und

---

[14] Der erste Kernreaktor wurde von Enrico Fermi gebaut und in Betrieb genommen; er hat damit als erster die technische Möglichkeit einer sich selbst erhaltenden Kernspaltungs-Kettenreaktion nachgewiesen. Die Untersuchung wurde während des 2. Weltkrieges in den Vereinigten Staaten im Rahmen des Manhatten-Projekts unternommen, das schließlich auch zur Erfindung und Herstellung der Atombombe führte. Enrico Fermi (1901 – 1954), italienisch – amerikanischer Physiker und Nobelpreisträger.

[15] Das Versuchsatomkraftwerk Kahl (VAK) wurde 1961 in Betrieb genommen und war das erste Kernkraftwerk in der Bundesrepublik. Es wurde von der AEG gebaut und mit einem Siedewasserreaktor der Firma General Electric ausgestattet. Auftraggeber und Betreiber des Kraftwerkes waren die Firmen RWE Energie AG und Bayernwerk AG.

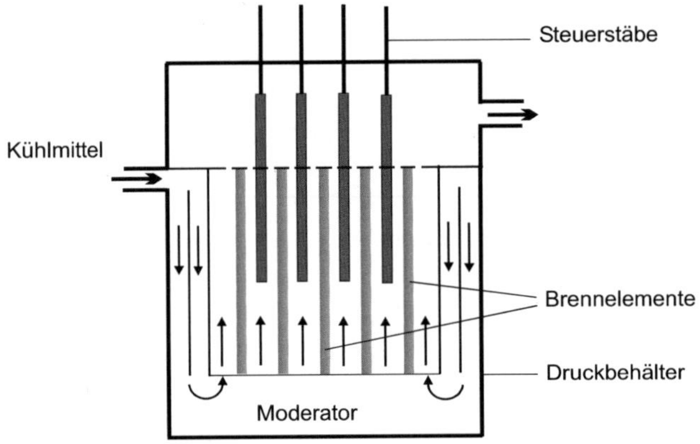

Abbildung 16.6. Schematische Darstellung eines Reaktorkerns mit Wasser als Kühlmittel und Moderator.

- heterogene Reaktoren

c) nach dem Anwendungszweck
- Leistungsreaktoren
- Forschungsreaktoren

d) nach dem Brennstoff:
- Natururan (0,7% $^{235}_{92}$U) setzt gute, d.h. wenig Neutronen absorbierende Moderatoren voraus (D_2O, Graphit)
- schwach angereichertes Uran (< 5% $^{235}_{92}$U), auch für weniger gute Moderatoren geeignet (z.B. normales Wasser)
- hoch angereichertes Uran, ist für schnelle Brutreaktoren erforderlich

16.2.2 Reaktoren für Kraftwerke

Mit Ausnahme des Hochtemperaturreaktors THTR 300 waren alle der in der Bundesrepublik zur Stromerzeugung eingesetzten Reaktoren *Leichtwasserreaktoren*. Es handelt sich dabei um heterogene Reaktoren, bei denen die beim Spaltprozess entstehenden Neutronen mit normalem Wasser moderiert werden. Der Moderator ist gleichzeitig das Kühlmittel für die Brennstäbe. Bei den Leichtwasserreaktoren unterscheidet man weiter Druckwasser- und Siedewasserreaktoren. Der heterogene Aufbau des Reaktorkerns eines Leichtwasserreaktors ist in Abb. 16.6 schematisch dargestellt. Das gleichzeitig als Moderator dienende Kühlmittel strömt achsenparallel zwischen den zylindrischen Brennstäben entlang, die in einem regelmäßigen Raster angeordnet sind.[16] Im Prinzip unterscheidet sich der Wärmeaustausch zwischen Brennstab und Kühlflüssigkeit nicht von der Kühlung der Heizflächen bei fossil gefeuerten

[16] Der Grund für die Selektion der Leichtwasserreaktoren für den Einsatz in Kraftwerken liegt wohl darin, dass diese frühzeitig zur kommerziellen Reife entwickelt wurden und sich in der Folge bei der Energiewirtschaft ein internationaler Trend für die Auswahl dieses Reaktortyps herausbildete.

Abbildung 16.7. Dargestellt ist der Kopfbereich eines Brennelements für einen Druckwasserreaktor.
Ziffer 1–Brennstäbe, Ziffer 2–Steuerstäbe Die Steuerstäbe sind über eine Spinne zu einem Steuerelement vereint. Die Steuerung geschieht durch Verschiebung der Steuerelemente in den Leerrohren der Brennelemnte mittels Schrittmotoren. Bei einer Abschaltung fallen die Steuerelemente durch die Schwerkraft in ihre Endposition.
Das linke Teilbild zeigt einen Schnitt durch einen Brennstab. Durch die in der linken oberen Ecke des Bildes zu sehende Feder wird im gasdichten Hüllrohr ein Volumen zur Aufnahme gasförmiger Spaltprodukte freigehalten.

Dampferzeugern. Bei einem Reaktor der 1 200 MW-Klasse enthält der Kern einige zehntausend Brennstäbe mit rund 100 t schwach angereichertem (<4–5% $^{235}_{92}$U) Urandioxid bzw. einem Gemisch aus Urandioxid und Plutoniumdioxid ($^{239}_{94}$Pu) als Brennstoff. Die Brennstäbe sind lange zylindrische Gebilde, von ca. 10 mm Durchmesser und ca. 5 m Länge. Sie bestehen aus einem gasdichten Hüllrohr, in das der Brennstoff in der Form einer Schichtung gesinterter Brennstofftabletten eingefüllt ist. Das nahtlose Hüllrohr besteht aus Zircaloy, einer Legierung aus Zirkon und Zinn, die eine nur geringe Neutronenabsorption aufweist. Die Brennstäbe sind mit Helium gefüllt, was den Wärmeübergang zwischen den Brennstofftabletten und dem Hüllrohr verbessert; ferner wird freies Volumen zur Aufnahme gasförmiger Spaltprodukte vorgehalten. Jeweils 18×18 Brennstäbe werden mittels Abstandshaltern zu einem Brennelement zusammengefasst, vgl. Abb. 16.7. In dieser Brennstab-Matrix sind 24 Positionen von Leerrohren mit etwa gleichem Durchmesser und gleicher Länge bestückt. Diese Leerrohre dienen als Führungsrohre für die aus Neutronen absorbierendem Material (Bor, Cadmium) bestehenden Steuerstäbe, die zur Regulierung des Neutronenhaushaltes eingeführt werden.

Wie die Brennstäbe im Brennelement, sind die Brennelemente im Reaktorkern in einer Matrix fixiert. Der Reaktorkern mit all seinen Einbauten ist sowohl beim Druck- als auch Siedewasserreaktor in den Reaktordruckbehälter integriert. Dieser Behälter ist bei einem 1 300 MW-Druckwasserreaktor ca. 12 m hoch, hat einen Durchmesser von 6 m, eine Wanddicke von etwa 150 mm und ein Gesamtgewicht von ca. 500 t. Er ist so ausgelegt, dass er beim Betriebsdruck (ca. 175 bar) und der Betriebstemperatur (ca. 350°C) ausreichende Sicherheitsreserven besitzt. Er wird aus einem niedriglegierten Feinkornstahl gefertigt, der gute Schweißqualität mit hoher Zähigkeit und geringer Versprödungsneigung unter Neutronenbestrahlung verbindet. Durch

bruchmechanische Untersuchungen und umfangreiche Qualitätsprüfungen bei der Fertigung wird sichergestellt, dass auch nach 40-jähriger Betriebszeit ein Sprödbruch ausgeschlossen bleibt und Betriebseinschränkungen nicht erforderlich werden.
Die Kühlmitteltemperatur ist so festzulegen, dass die zulässige Temperatur ϑ_{zul} der Brennelementhüllrohre nicht überschritten wird. Bei den üblichen Werkstoffen (Zircaloy) beträgt ϑ_{zul} ca. 350°C. Die maximale Kühlmitteltemperatur bestimmt auch den Druck. Beim Siedewasserreaktor ist er gleich dem Siededruck von ca. 70 bar, und beim Druckwasserreaktor liegt er in einigem Abstand über dem Siededruck, meist über 150 bar.

16.3 Grundzüge der Reaktorwärmetechnik

16.3.1 Leistungsdichte

Die Leistungsdichte L [W/cm^{-3}] in einem Reaktorkern ist proportional zur Neutronenflussdichte Φ [cm^{-2}s^{-1}], der Teilchendichte an spaltbaren Atomkernen n_{K} [cm^{-3}] und dem Spaltungsquerschnitt σ_{f}:

$$L = \varepsilon\, n_{\mathrm{K}}\, \sigma_{\mathrm{f}}\, \Phi = \varepsilon\, \Sigma\, \Phi\,. \tag{16.39}$$

ε ist hier die pro Spaltvorgang freigesetzte Energie, Σ heißt im Gegensatz zu σ_{f} *makroskopischer Spaltungsquerschnitt.*

Beispiel 16.9. Natururan der Dichte $\rho_{\mathrm{U}} = 19$ kg/m^3 und mit einem Massenanteil von $\gamma_{\text{U-235}} = 0{,}007$ an $^{235}_{92}$U befindet sich in einem thermischen Neutronenfluss von $\Phi = 10^{13}$ cm^{-2}s^{-1}. Der Spaltungsquerschnitt beträgt $\sigma = 570$ barn. Wie groß ist die Leistungsdichte?

Lösung. Die Leistungsdichte L ergibt sich aus (16.39). Die dabei erforderliche Teilchendichte n_{K} an $^{235}_{92}$U ermittelt man durch

$$n_{\mathrm{K}} = \frac{N_{\mathrm{A}}}{A_{\text{U-235}}}\, \gamma_{\text{U-235}}\, \rho_{\mathrm{U}} = 3{,}4 \cdot 10^{17}\ \mathrm{cm}^{-3}.$$

Mit einer Energiefreisetzung pro Spaltvorgang von $\varepsilon = 200$ MeV $= 3{,}2 \cdot 10^{-11}$ J folgt

$$L = \varepsilon\, n_{\mathrm{K}}\, \sigma\, \Phi = \varepsilon\, \Sigma\, \Phi = 62\ \mathrm{J/cm^3 s} = 62\ \mathrm{MW/m^3}.$$

Die räumliche und zeitliche Verteilung des Neutronenflusses wird durch Diffusionsprozesse bestimmt und hängt weiter stark von der Geometrie ab. Für die Vorausberechnung wurden leistungsfähige Modelle entwickelt, die wir aber hier nicht weiter untersuchen wollen.

16.3.1.1 Temperaturverteilung im Brennstab

Die in den Brennstäben innerhalb des Brennstoffes in Wärme umgewandelte Energie ist durch Wärmeaustausch am Außenmantel der Stäbe an das Kühlmittel abzugeben. Dabei ergibt sich die Frage nach dem Temperaturverlauf innerhalb des Stabes.

Für die Berechnung des Temperaturfeldes im Stab steht die Wärmeleitungsgleichung in einem Kontinuum

$$\rho\, c_p\, \frac{\partial \vartheta}{\partial t} = \nabla(\lambda\, \nabla \vartheta) + L \tag{16.40}$$

zur Verfügung. Die darin enthaltenen Größen sind:

- ρ Dichte
- c_p spezifische Wärmekapazität
- λ Wärmeleitfähigkeit des Brennstoffs
- L Leistungsdichte
- ∇ Nabla-Operator

Nimmt man an, dass das Temperaturfeld stationär und symmetrisch zur Stabachse ist und längs des Stabes nicht variiert, lautet (16.40) in Zylinderkoordinaten

$$\frac{1}{r}\frac{\mathrm{d}}{\mathrm{d}r}\left(\lambda\, r\, \frac{\mathrm{d}\vartheta}{\mathrm{d}r}\right) + L = 0\,. \tag{16.41}$$

In erster Näherung nehmen wir weiter an, dass die Leistungsdichte unabhängig von r sei. Damit kann (16.41) sofort integriert werden. Man erhält

$$\lambda\, r\, \frac{\mathrm{d}\vartheta}{\mathrm{d}r} = -\frac{r^2}{2}\, L + C\,. \tag{16.42}$$

Unter der Bedingung, dass die Temperatur in der Mitte des Stabes ihr Maximum erreicht, d.h.

$$\left.\frac{\mathrm{d}\vartheta}{\mathrm{d}r}\right|_{r=0} = 0 \tag{16.43}$$

ist, folgt wegen $C = 0$

$$\frac{\mathrm{d}\vartheta}{\mathrm{d}r} = -\frac{r\, L}{2\,\overline{\lambda}}\,. \tag{16.44}$$

Dabei wurde eine konstante mittlere Wärmeleitfähigkeit

$$\overline{\lambda} = \frac{1}{2}\Big(\lambda(r=0) + \lambda(r=r_1)\Big) \tag{16.45}$$

vorausgesetzt. Gibt man die Temperatur ϑ_1 bei $r = r_1$ vor, erhält man durch eine weitere Integration die Temperaturverteilung

$$\vartheta(r) = \vartheta_1 + \frac{L}{4\,\overline{\lambda}}\left(r_1^2 - r^2\right) \tag{16.46}$$

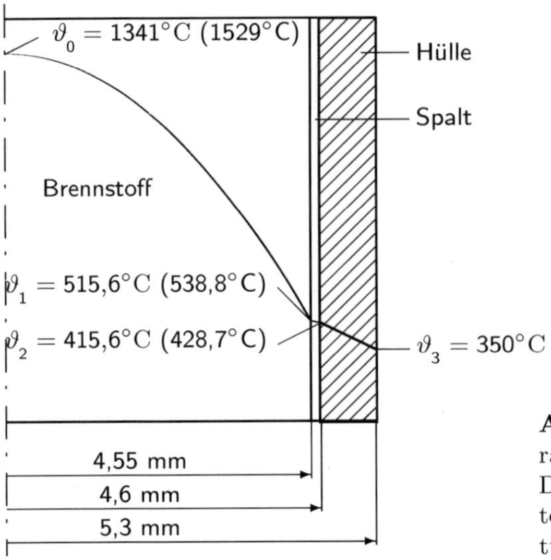

Abbildung 16.8. Radiale Temperaturverteilung in einem Brennstab. Die in Klammern gesetzten Werte entsprechen einer Lastüberschreitung von 20%.

im Brennstab. Die Temperatur ändert sich also mit dem Quadrat des Abstandes von der Achse. Für eine vorgegebene Temperatur ϑ_1 und eine maximal zulässige Temperatur ϑ_0 erhält man aus (16.46) die maximal zulässige Leistungsdichte

$$L_{max} = \frac{4\,\overline{\lambda}\,(\vartheta_0 - \vartheta_1)}{r_1^2} \,. \tag{16.47}$$

Der pro Längeneinheit des Brennstabes abzuführende Wärmestrom

$$\dot{q} = \pi r_1^2 L$$

muss über einen eventuellen Spalt zwischen Brennstoff und Hülle und das Hüllenmaterial selbst an die Kühlflüssigkeit abgeleitet werden. Da sowohl der Spalt als auch die Dicke der Hülle klein gegen den Durchmesser des Stabes sind, ergibt sich in beiden Bereichen eine lineare Temperaturverteilung. Für den Spalt gilt

$$(\vartheta_2 - \vartheta_1) k_{Sp} \pi 2 r_1 = \pi r_1^2 L \quad \rightarrow \quad \vartheta_2 = \vartheta_1 + \frac{1}{k_{\mathrm{Sp}}} \frac{r_1 L}{2} \tag{16.48}$$

k_{Sp} ist die Wärmedurchgangszahl des Spaltes, die in der Größenordnung von $1\ \mathrm{W/cm^2K}$ liegt. Für die Hülle gilt entsprechend

$$\vartheta_3 = \vartheta_2 + \frac{1}{k_{\mathrm{H}}} \frac{r_1^2 L}{2\, r_2} \,. \tag{16.49}$$

k_{H} ist hier die Wärmedurchgangszahl der Hülle; für eine Hülle aus Zircaloy mit einer Dicke von 0,7 mm und $\lambda_{\mathrm{H}} = 0{,}136\ \mathrm{W/cmK}$ ist $k_{\mathrm{H}} = 1{,}51\ \mathrm{W/cm^2K}$.

In Abb. 16.8 ist die radiale Temperaturverteilung in einem Brennstab für eine Leistungsdichte von 440 W/cm^3 bei einer mittleren Wärmeleitfähigkeit von 0,027 W/cmK dargestellt. Im Betrieb einer Anlage muss mit Lastüberschreitung von ca. 20% gerechnet werden. Für diesen Fall ergeben sich die in Klammern dargestellten Temperaturen. Die errechneten Werte zeigen, dass die Temperatur in der Stabmitte auch bei einer Lastüberschreitung noch weit unter dem Schmelzpunkt des Brennstabmaterials liegt.

16.3.1.2 Reaktordynamik und Regelung

Bei den Leichtwasserreaktoren wird während des Betriebes kein Brennstoff zugeführt und es werden auch die entstehenden Spaltprodukte nicht entnommen. Die Folge ist, dass die Leichtwasserreaktoren zu Beginn des Leistungsbetriebes mit einer Überschussreaktivität ausgestattet sein müssen, die ihrerseits durch Einfang überschüssiger Neutronen entsprechend zu steuern ist, was durch Änderung der Moderation erreicht werden kann. Zu diesem Zweck wird bei Druckwasserreaktoren dem Kühlmittel ein Neutronen absorbierender Stoff, z.B. Bor, zugegeben. Durch eine Aufbereitung des Kühlmittels kann der betreffende Stoff auch wieder aus dem Kühlmittel entfernt werden. Auf diese Weise kann die Reaktivität des Reaktors auf das erforderliche Niveau eingestellt werden. Dieses Verfahren wird für Regelvorgänge mit langsamen Reaktivitätsänderungen benutzt.
Für schnelle Reaktivitätsänderungen werden Regel- oder Steuerstäbe in den Reaktorkern eingefahren. Diese bestehen aus stählernen Hüllrohren, die mit einem Neutronen absorbierenden Stoff gefüllt sind, z.B. Bor, Indium oder Cadmium; sie werden mit speziellen Antrieben durch die in die Brennelemente integrierten Führungsrohre in den Reaktorkern eingeführt. Im Bedarfsfall ist es möglich, den Reaktor durch schnelles Einfahren der Steuerstäbe rasch abzufahren.

16.3.2 Druckwasserreaktor

Kennzeichnend für den Druckwasserreaktor (DWR) ist das Bestehen von zwei Stoffkreisläufen, dem Kühlmittel- oder Primärkreislauf und dem Arbeitsmittel- oder Sekundärkreislauf. Der Primärkreis transportiert die im wesentlichen in den Brennstäben freigesetzte Wärme zu einem Wärmeaustauscher und gibt diese an den Sekundärkreis ab. Mit dem Sekundärkreis wird ein Dampfkraftprozess betrieben, wobei der Wärmeaustauscher als Dampferzeuger dient. In Abb. 16.9 ist das Prinzip der Schaltung dargestellt.

Der Druck im Primärkreislauf wird so hoch über dem Sättigungsdruck gewählt, dass ein Sieden der Kühlflüssigkeit nicht vorkommt. Unter diesen Bedingungen wird das Auftreten der Siedekrise vermieden, die den Wärmeübergang zwischen der Brennstaboberfläche und der Kühlflüssigkeit drastisch vermindern würde. Die mittlere Volumenleistung im Kern eines Druckwasserreaktors kann wegen der günstigen Bedingungen für die Wärmeabfuhr mit etwa 100 MW/m^3 = 100 kW/l ausgeführt werden.

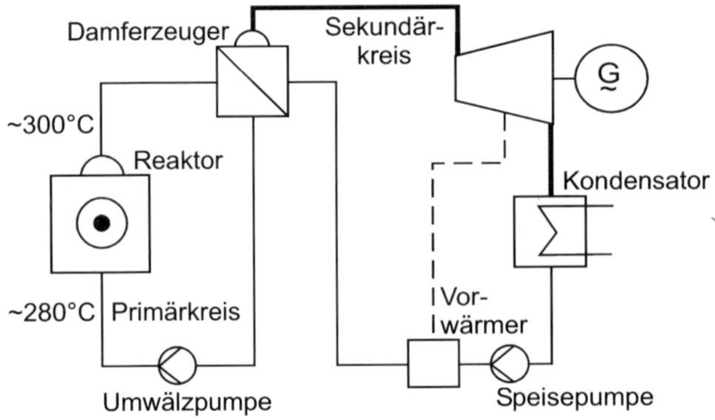

Abbildung 16.9. Schaltung eines Kraftwerks mit Druckwasserreaktor

Die Differenz zwischen Ein- und Austrittstemperatur des Kühlmittels (ϑ_1 und ϑ_2) wird im Interesse eines gleichmäßigen Temperaturniveaus im Kern möglichst klein gewählt. Ausgeführt wurden $\vartheta_1 = 288°C$ und $\vartheta_2 = 315°C$ bei einem Druck von 150 bar. Die Siedetemperatur bei diesem Druck liegt bei 342°C.

Technische Daten eines ausgeführten Druckwasserreaktors			
Kernbrennstoff	UO_2/MOX	*Moderator*	H_2O, *voll entsalzt*
Anreicherung U-235	*bis 4%*	*Reaktorleistung*	*3.750 MW*
Brennstoffmenge	*103 t*	*Bruttoleistung*	*1.440 MW*
Brennelemente	*193*	*Nettoleistung*	*1.3750 MW*
Brennstäbe	*45.548*	*Wirkungsgrad*	*36,4%*
Steuerstäbe	*61*	*Leistungsdichte*	*93,2* MW/m^3

Beispiel 16.10. Bei einem Druckwasserreaktor mit einer thermischen Leistung von 3 500 MW wird als Kühlmittel Wasser verwendet. Die Ein- und Austrittstemperatur

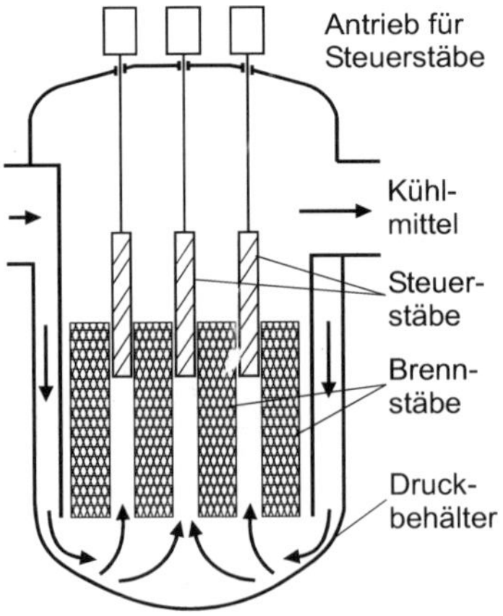

Abbildung 16.10. Aufbau eines Druckwasserreaktors

des Kühlmittels ist mit $\vartheta_1 = 288°C$ und $\vartheta_2 = 315°C$ festgelegt. Das Kühlmittel besitzt eine spezifische Wärmekapazität von $c_p = 5{,}5$ kJ/kgK.

a) Welcher Massenstrom ist unter diesen Randbedingungen erforderlich?
b) Die Abweichung der maximalen Leistungsdichte im Kern von der mittleren wird durch den Leistungsformfaktor ϕ gekennzeichnet. Wie groß ist die maximale Aufheizspanne des Kühlmittels $\Delta\vartheta_{max}$ für $\phi = 0{,}65$?

Lösung. a) Es gilt

$$\dot{m} = \frac{P}{c_p \, \Delta\vartheta} = 23{,}5 \cdot 10^3 \text{ kg/s} .$$

b) Die maximale Aufheizspanne beträgt

$$\Delta\vartheta_{max} = \frac{\Delta\vartheta}{\phi} = 41{,}5°C.$$

16.3.3 Siedewasserreaktor

Beim Siedewasserreaktor (SWR) – mit Wasser als Kühlmittel und Moderator – lässt man das Wasser zum Sieden kommen. Zur Erzielung einer sicheren Wärmeabfuhr aus dem Kern wird das System im Zwangumlauf betrieben, die Umlaufzahl liegt im Bereich von 5–8. Im Oberteil des Reaktordruckbehälters sind Wasserabscheider angeordnet. Das abgetrennte Wasser wird in den Umwälzkreislauf zurückgegeben und der Dampf zur Turbine geleitet. Hinter dem Wasserabscheider sind noch Dampftrockner eingebaut, die eventuell vom Dampfstrom mittransportiertes Wasser abtrennen. Beim Sieden werden in der flüssigen Phase gelöste aktivierte Korrosionsprodukte praktisch vollständig zurückgehalten, so dass der produzierte Dampf sofort zur Turbine geführt werden kann. Bei Siedewasserreaktoren mit Direktkreislauf ist im Vergleich zu den Druckwasserreaktoren kein Dampferzeuger erforderlich. Dies ist insofern ein Vorteil, als sich der Dampferzeuger als eine relativ störanfällige Komponente erwiesen hat. Das Schema eines Kraftwerkes mit einem Siedewasserreaktor ist in Abb. 16.11 dargestellt.

Die Leistungsdichte im Kern ist gegenüber dem Druckwasserreaktor wegen der in der Tendenz ungünstigeren Wärmeübertragungsverhältnisse geringer; ein typischer Wert ist 60 MW/m^3.

Wegen des Platzbedarfes der Dampftrockner werden die Steuerstäbe von unten in den Kern eingeführt, Abb. 16.12. Dies ist insofern ein Vorteil, als sich damit die Absorberstäbe in der Regel im unteren Kernbereich befinden, während im oberen Bereich die Dampfbildung stattfindet. Da ein höherer Dampfanteil ebenfalls den Neutronenfluss vermindert, wirken beide Maßnahmen im gleichen Sinn.

Ein Systemnachteil des Siedewasserreaktors bestand früher darin, dass er nicht zur Netzregelung herangezogen werden konnte. Um dies zu illustrieren, denken wir uns den Reaktor mit einer bestimmten Last und Steuerstabstellung im Betrieb. Wir nehmen nun an, dass das Netz eine höhere Leistung

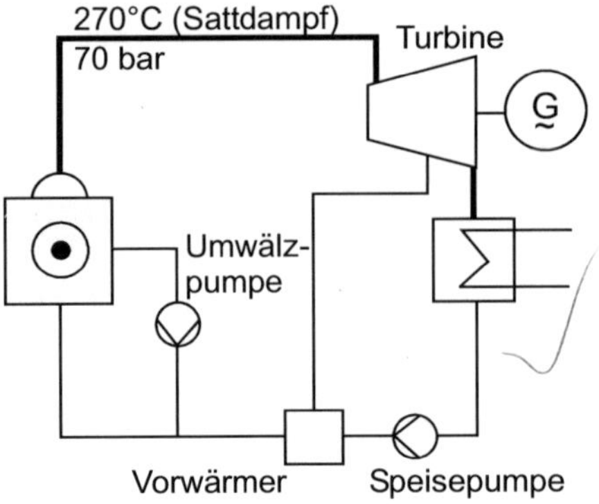

Abbildung 16.11. Schaltschema eines Kraftwerks mit Siedewasserreaktor

verlangt. Um dem nachzukommen, wird das Turbinenventil geöffnet. Dadurch wird sich der Dampfstrom zur Turbine erhöhen und der Druck im System sinken. In der Folge kommt es zu einer Dampfblasenbildung innerhalb des auch als Moderator fungierenden Kühlmittels und damit zu einer Verminderung der Moderatorwirkung. Parallel dazu geht die Wärmeleistung zurück. Bei einer Lastabsenkung ist es umgekehrt. Der hier beschriebene Nachteil kann durch eine dem Verhalten der Regelstrecke angepasste Regelung ausgeglichen werden.

Die Mehrzahl der kommerziellen Kernkraftwerke der ersten Generation in der Bundesrepublik waren Siedewasserreaktoren; so Grundremmingen (Auftrag 1962), Lingen (1964) und Würgassen (1967). Zu dieser Zeit wurde der SWR-Typ wegen seiner Einfachheit bevorzugt, denn im Unterschied zum DWR schien es möglich zu sein, mit einem Einkreissystem die Wärme aus dem Reaktorkern abzuführen. Auf diese Weise wurde aber auch das Turbinenhaus zum radioaktiven Schutzbereich, der ein wachsendes Ausmaß an Schutzmaßnahmen erforderte.

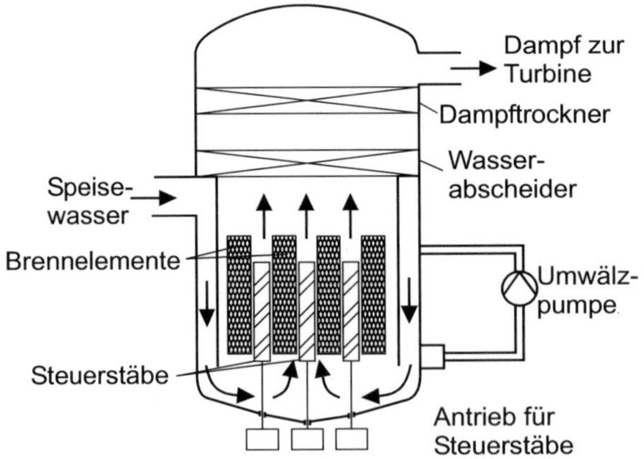

Abbildung 16.12. Aufbau eines Siedewasserreaktors

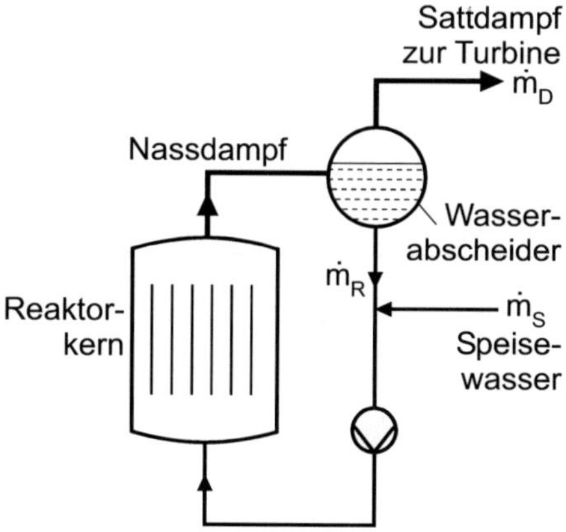

Abbildung 16.13. Schema eines Umwälzsystems für einen Siedewasserreaktor

Nach den ersten Betriebsjahren stellte sich in den siebziger Jahren heraus, dass dieser Typ in der damaligen Bauweise sich „nicht gut" bewährte. Diese Bauweise wurde daher in der Folgezeit praktisch aufgegeben.[17]

Beispiel 16.11. Für die in Abb. 16.13 dargestellte Schaltung eines Siedewasserreaktors ist der Dampfgehalt vor dem Wasserabscheider als Funktion des Umlaufverhältnisses R anzugeben.

Lösung. Eine Masse- und Wärmebilanz liefert die Beziehungen

$$\dot{m}_{\mathrm{D}} = \dot{m}_{\mathrm{S}}$$

und

$$\dot{m}_{\mathrm{S}} + \dot{m}_{\mathrm{R}} = \dot{m}_{\mathrm{E}} \,.$$

Für den Dampfgehalt folgt

$$x_{\mathrm{A}} = \frac{\dot{m}_{\mathrm{D}}}{\dot{m}_{\mathrm{S}} + \dot{m}_{\mathrm{R}}} \,.$$

Für das Umlaufverhältnis ergibt sich

$$R = \frac{\dot{m}_{\mathrm{R}}}{\dot{m}_{\mathrm{D}}} = \frac{1 - x_{\mathrm{A}}}{x_{\mathrm{A}}} \,.$$

Damit wird

$$x_{\mathrm{A}} = \frac{1}{1 + R} \,.$$

Hinter dem Wasserabscheider und dem Dampftrockner liegt der Wassergehalt im Bereich von 0,5%.

[17] Nach 1970 wurden in der Bundesrepublik 17 Druckwasser- und 3 Siedewasserreaktoren in Auftrag gegeben.

16.3.4 Brutreaktoren

Beim Brutreaktor wird ein Teil der bei der Spaltung von $^{235}_{92}$U oder $^{239}_{94}$Pu freiwerdenden Neutronen dazu verwendet, um nach den Reaktionsgleichungen (16.35) und (16.36) aus schwachen Kernbrennstoffen starke zu erzeugen. Nach Vorausberechnungen sollte es möglich sein, Konversionsraten im Bereich von 1,1 bis 1,2 technisch zu realisieren. Ein Brutreaktor kann während seines Betriebes demnach mehr Brennstoff erzeugen, als er selbst für seinen künftigen Betrieb braucht. Es dauert bei den vorhersehbaren Konversionsraten aber 10 bis 20 Jahre, bis ausreichend viel Brennstoff für die Beschickung eines zweiten Reaktors erbrütet wird. Im Prinzip bietet der Brutreaktor die Möglichkeit einer *unbegrenzten* Energieversorgung.

Ein Brüter muss nach anderen Gesichtspunkten konzipiert werden als ein thermischer Reaktor. Nach Abb. 16.4 ist der Einfangquerschnitt von $^{238}_{92}$U für schnelle Neutronen um etwa zwei Größenordnungen geringer als für die Spaltung von $^{235}_{92}$U mit thermischen Neutronen. Zusätzlich werden für den Brutvorgang Neutronen verbraucht. Um kritische Bedingungen zu erreichen, wird als Spaltstoff ein hoch mit Plutonium angereicherter Kernbrennstoff gewählt, typischerweise enthält ein Brennstab ein Gemisch aus 80% UO_2 und 20% PuO_2. Um das Brennstoffinventar gering zu halten, wird ferner der Neutronenfluss erheblich höher gewählt als bei thermischen Reaktoren. Um dies zu erreichen, unterteilt man den Kern eines Brutreaktors in zwei Zonen: in der inneren Zone befinden sich die Brennstäbe mit der hohen Konzentration an PuO_2, während in der umgebenden äußeren Zone, der Brutzone, $^{238}_{92}$U in $^{239}_{94}$Pu umgewandelt wird. Um durch Resonanzabsorption von Neutronen durch $^{238}_{92}$U eine Brutrate > 1 zu erreichen, muss ein Brutreaktor mit schnellen Neutronen betrieben werden. Daher dürfen sich im Reaktorkern keine Stoffe mit einer geringen Atommasse befinden - Brutreaktoren arbeiten ohne Moderator.

Die hohe Konzentration an spaltbarem Material ergibt große Leistungsdichten. Für die Wärmeabfuhr sind deshalb hohe Wärmeübergangszahlen erforderlich, die man z.B. mit flüssigem Natrium als Kühlmittel erzielen kann. Natrium wird auch deshalb gewählt, weil es nur einen geringen Wirkungsquerschnitt für Neutronenabsorption hat und praktisch nicht als Moderator wirkt.

Auch wenn der Absorptionsquerschnitt von Natrium gering ist, wird das als Kühlmittel durch den Reaktor strömende flüssige Natrium doch radioaktiv. Es entsteht radioaktives $^{24}_{11}$Na, das unter Aussendung eines Betateilchens zu Magnesium zerfällt.

$$^{23}_{11}Na \; + \; ^{1}_{0}n \rightarrow \; ^{24}_{11}Na \text{ (Aktivierung)} \tag{16.50}$$

$$^{24}_{11}Na \rightarrow \; ^{0}_{-1}e \; + \; ^{24}_{12}Mg \text{ (radioaktiver Zerfall)} \tag{16.51}$$

Um das radioaktive Natrium in der Sicherheitszone des Reaktorgebäudes zu halten, wird die Wärme über einen zweiten Natrium Kreislauf dem Wasser-Dampf-Prozess zugeführt.

Die Schwierigkeiten bei der Errichtung kommerzieller Brutreaktoren sind groß. So ist z.B. die Werkstoffbelastung durch den hohen Fluss schneller Neutronen ungleich höher als bei Leichtwasserreaktoren, was den Einsatz hochwertiger, in Testreaktoren erprobter Stähle erfordert. Insgesamt mag dies der Grund dafür sein, dass heute weltweit nur noch eine derartige Anlage in Betrieb ist.

Das größte Kernkraftwerk mit einem Brutreaktor, die 1 200 MW Anlage Superphénix in Creys-Malville, war mit zahlreichen Unterbrechungen von 1986 bis 1998 in Betrieb. Der Reaktor hat während seiner gesamten Betriebszeit seine Nennleistung nicht erreichen können.
Auch unter den Befürwortern der Kernenergienutzung besteht keine Einigkeit in der Bewertung der bei Brutreaktoren bestehenden Risiken, vgl. [2].

16.3.5 Hochtemperaturreaktoren

Die Leichtwasserreaktoren haben zwei systembedingte Nachteile: Sie benötigen große Mengen an Natururan und haben wegen der Beschränkung der oberen Prozesstemperatur auf ca. 350°C nur einen geringen Wirkungsgrad. Auch beim natriumgekühlten Brutreaktor ist die Austrittstemperatur aus dem Reaktor wegen der metallischen Hüllen der Brennstoffelemente auf ca. 500°C beschränkt. Zur Erreichung höherer Temperaturen ist eine neue Technologie für die Wärmeabfuhr aus dem Reaktor und für den Aufbau der Brennelemente erforderlich.

Die Senkung des Verbrauchs an Natururan kann nur durch eine Verbesserung der Neutronenökonomie erreicht werden. Dazu ist der Reaktor so zu betreiben, dass wie beim Schnellen Brüter pro Kernspaltung viele Neutronen freiwerden, die anschließend im Mittel mehr als einen Spaltkern durch Konversion erzeugen. Die Hauptmerkmale einer verbesserten Reaktorbaureihe sind damit:

- Sie sind gute Brutreaktoren und
- sie haben hohe Austrittstemperaturen.

Bei dem in der Bundesrepublik entwickelten Hochtemperatur-Kugelhaufenreaktor werden diese Vorgaben erreicht, indem für den Reaktorkern nur keramische Materialien zum Einsatz kommen und die Wärmeabfuhr mit Helium durchgeführt wird.[18] Das Spaltmaterial befindet sich in Graphitkugeln von ca. 6 cm Durchmesser, die auch während des Reaktorbetriebes nachgefüllt oder herausgenommen werden können.

Wegen des Fehlens von neutronenabsorbierenden Strukturmaterialien im Kern sind die Neutronenverluste gering. Die überschüssigen, d.h. für die Spaltreaktionen nicht notwendigen Neutronen können damit zur Konversion von

[18] In der Nähe von Hamm (Westfalen) wurde von 1985 bis 1989 ein Hochtemperaturreaktor (THTR–300) betrieben. Aus wirtschaftlichen Gründen wird diese Reaktorlinie in Deutschland zur Zeit nicht weiterverfolgt.

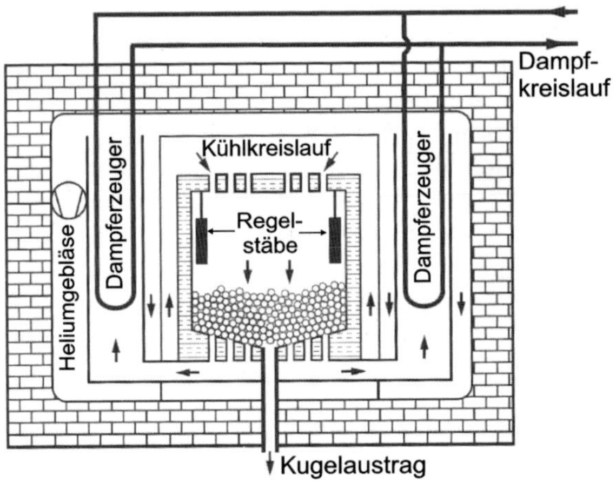

Abbildung 16.14. Prinzipieller Aufbau eines Hochtemperatur-Kugelhaufenreaktors. Die im Reaktor erzeugte Wärme wird mittels Helium von den kugelförmigen Brennelementen zu den Dampferzeugern transportiert.

Kernbrennstoffen verwendet werden. Graphit ist ein Werkstoff, der außergewöhnlich beständig gegen mechanische und chemische Beanspruchungen ist. Bis zu einer Temperatur von 2 000°C nimmt die mechanische Festigkeit noch zu. Erst bei 3 600°C geht er durch Sublimation vom festen in den gasförmigen Zustand über. Jede Kugel mit etwa 200 g Masse enthält ca. 1 g $^{235}_{92}U$ und ca. 10 Gramm Thorium. Im Betrieb wird das $^{235}_{92}U$ durch thermische Neutronen gespalten und gibt Wärme ab. Gleichzeitig entsteht aus $^{232}_{90}Th$ durch Neutroneneinfang das Uranisotop $^{233}_{92}U$, welches ebenfalls ein starker Kernbrennstoff ist.

Ein Reaktor mit einer Wärmeleistung von 800 MW enthält ca. 650 000 Kugeln, davon ca. 360 000 Brennelementkugeln, 250 000 Graphitkugeln als zusätzliche Moderatoren und 40 000 Bor-haltige Absorberkugeln zur Einstellung der Reaktivität. Die Kugeln befinden sich in einem zylindrischen Behälter aus Graphitblöcken von 6 m Durchmesser und 12 m Höhe, der zur Strhlungsabschirmung mit einem Stahlmantel umgeben ist.

Gekühlt werden die heißen Kugeln im Reaktorkern mit dem Edelgas Helium, das mit Gebläsen durch die Schüttung gedrückt wird. Damit ist sichergestellt, dass auch bei den im Kern vorliegenden hohen Temperaturen keine chemischen Reaktionen auftreten. Es können Reaktoraustrittstemperaturen im Bereich von 800 bis 900°C erreicht werden.

Die Leistungsregelung und Abschaltung erfolgt mit Hilfe von Steuerstäben, die in die Kugelschüttung eingefahren werden. Ein Vorteil dieses Reaktortyps ist auch der stark negative Temperaturtransient bzgl. der Reaktivität, wodurch eine inhärente Abschaltsicherheit bei Temperaturerhöhungen gegeben ist.

Die hohe Temperatur der vom HTR abgegebenen Wärme eröffnet eine Vielzahl von Anwendungen: Im Falle der Stromerzeugung kann neben dem Dampfkraft- auch der Gasturbinenprozess oder eine Kombination von beiden

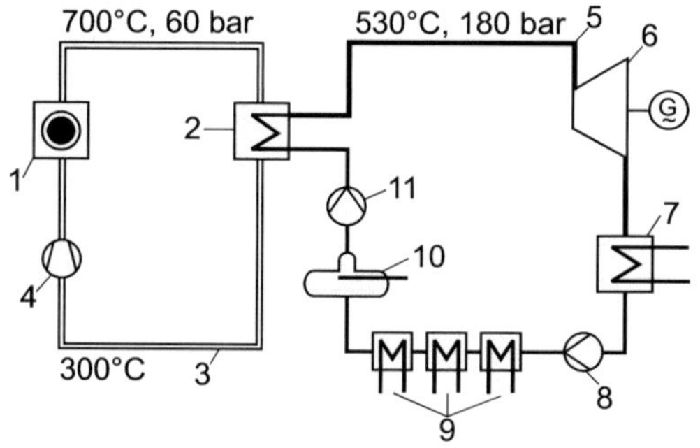

1 Reaktor
2 Dampferzeuger
3 Heliumkreislauf
4 Heliumgebläse
5 Dampfkreislauf
6 Turbogruppe
7 Kondensator
8 Kondensatpumpe
9 Vorwärmer
10 Speisewasserbehälter
11 Speisepumpe

Abbildung 16.15. Schema eines Kraftwerks mit einem Hochtemperaturreaktor

angewendet werden. Ebenfalls kann Prozesswärme für die chemische Industrie bereitgestellt werden.

Ein Schema eines Dampfkraftwerkes mit einem Hochtemperaturreaktor ist in Abb. 16.15 dargestellt. Die Wärmezufuhr zum Dampfkraftprozess erfolgt durch Wärmeaustausch mit dem heißen Helium aus dem Reaktor in separaten Wärmeaustauschern.

16.4 Entsorgung

Der Kern eines Leichtwasserreaktors mit 1 GW elektrischer Leistung wird bei seiner Inbetriebnahme mit 100 t auf 4% ^{235}U angereichertem Uran beschickt. Diese Brennstoffmenge würde im Prinzip ausreichen, um den Reaktor vier Jahre lang mit Vollast zu betreiben. Um aber die Brennstoffausnutzung zu optimieren, werden beim regulären Betrieb alle 12 Monate während eines etwa vierwöchigen Stillstandes ein Viertel der Brennstäbe durch solche mit frischem Brennstoff ausgetauscht. Dabei werden alte und neue Brennstäbe im Reaktor so verteilt, dass im Mittel eine Energieproduktion von 30 MW pro t Brennstoff erreicht wird. Die aus dem Reaktorkern entnommenen ausgebrannten Brennstäbe werden zunächst für eine Zeit von bis zu zwei Jahren in einem Kompaktlager zwischengelagert, das sich innerhalb des Reaktorgebäudes befindet. Das Kompaktlager ist im Prinzip ein Wasserbecken mit einem angeschlossenen Kühlsystem. In diesen Wasserbecken wird die Zerfallswärme der radioaktiven Spaltprodukte, hauptsächlich Cäsium-137, Strontium-90 und Jod-131, durch natürliche Konvektion abgeleitet. Ohne Kühlung würde die Zerfallswärme die Hüllrohre auf Rotglut erhitzen. Die abzuführende Zerfallswärme unmittelbar nach der Entnahme aus dem Reaktor entspricht einer Leistung von ca. 20 MW/t. Nach zwei Jahren klingt die Wärmeentwicklung auf ca. 4 MW/t ab. Entsprechend zur Wärmeentwicklung klingt auch die Aktivität von ca. $8 \cdot 10^{16}$ Bq (Becquerel) pro Tonne Schwermetall ab, so dass diese nach zwei Jahren Lagerzeit noch etwa $1 \cdot 10^{16}$ Bq beträgt. Nach ca. zwei Jahren wurden die Brennelemente bisher in ein externes Zwischenlager überführt, wo sie gegebenenfalls für mehrere Jahrzente zwischengelagert werden.

Außer den Spaltprodukten (3,2%) enthalten die ausgebrannten Brennelemente noch folgendes radioaktives Material: 95% an ^{238}U, 0,9% an ^{235}U, 0,9% an ^{239}Pu und 0,06% Transurane. Für die Entsorgung der ausgebrannten Brennelemente gibt es grundsätzlich zwei Wege: *Wiederaufbereitung* und *Direkte Endlagerung*. Bis zur Novellierung des Atomgesetzes im Jahr 1994, die unter dem politischen Druck massiver Proteste einer entschlossenen Minderheit durchgeführt wurde, hatte die Wiederaufbereitung Vorrang vor der direkten Entsorgung. Nach einer weiteren Novellierung des Gesetzes ist seit dem Jahr 2000 in Deutschland die Endlagerung ohne Wiederaufbereitung vorgeschrieben. Ein Standort für die Endlagerung ist bisher nicht festgelegt, vorgesehen ist ein Salzstock bei Gorleben. Für die Auswahl eines Standorts gibt es strenge Kriterien:

1. Tektonische Stabilität für lange Zeiträume
2. Ausschluss von Wassereinbrüchen, die zu einer Verteilung des radioaktiven Materials führen könnten
3. Thermische Stabilität des Gesteins gegen die auftretende Abwärme

Ähnlich wie Kohlendioxid müssen auch die radioaktiven Spaltprodukte nicht für immer aber doch für eine sehr sehr lange Zeit weggeschlossen werden. Am gefährlichsten ist die Radioaktivität von Stoffen deren Halbwertzeit in der Größenordnung einer menschlichen Lebensspanne liegt. Strontium–90 hat z.B. eine Halbwertzeit von 30 Jahren. Es emittiert den größten Teil seiner Radioaktivität innerhalb der Lebensdauer eines Menschen. Erst nach zehn Halbwertzeiten ist die Radioaktivität auf weniger als ein Promille des Anfangswerts abgeklungen und nach 10.000 Jahren erst auf das Niveau von Uranerz, aus denen die Kernbrennstoffe ursprünglich gewonnen wurden.

Wegen der langen Zeitspanne bis zum Abklingen der Strahlung ist es unmöglich, die Erfüllung der oben genannten Forderungen im strengen Sinn zu garantieren. Aus diesem Grund werden weltweit Entsorgungsstandorte als Zwischenlager deklariert. Da zudem die direkte Endlagerung (vorläufig) kostengünstiger ist als eine Wiederaufbereitung, haben sich die Betreiber von Kernkraftwerken mit der politischen Administration auf diesen Weg verständigt.

Bei der Wiederaufbereitung werden die in den ausgedienten Brennelementen enthaltenen starken Kernbrennstoffe ^{235}U und ^{239}Pu, bei einem 1300 MW Kraftwerk sind dies zusammen ca. 400 kg pro Jahr, mittels einer chemischen Zubereitung extrahiert und können dann in frischen Brennelementen weiterverwendet werden. Damit sind die Endlagerprobleme im Prinzip geringer, dafür nimmt aber die Menge schwachradioaktiver Abfälle zu. Es gibt zur Zeit weltweit zwei Anlagen, eine in La Hague in Frankreich und eine in Sellafield in England, in denen die Aufbereitung ausgebrannten Brennelementen auf kommerzieller Basis durchgeführt wird.

16.5 Sicherheit und Risiken

16.5.1 Vorbemerkung

Wie bei den anderen Prozessen der Energieumwandlung ist auch bei der Kernenergie mit Risiken zu rechnen. Von der Bewertung der Risiken hängt es nun ab, ob die Kernenergie einen bedeutenden Platz bei unserer Energieversorgung einnehmen wird oder nicht. Über diese Frage hat in den letzten Jahren eine heftige Auseinandersetzung stattgefunden, die sich im wesentlichen auf drei Aspekte konzentriert hat:

- die Sicherheit der gegenwärtigen Kernkraftwerke
- die Langzeitlagerung radioaktiver Abfälle
- die Rolle, die Kernkraftwerke bei der Verbreitung von Atomwaffen spielen können

Von diesen drei Themen ist die Weitergabe von Atomwaffen ein rein politisches Problem; ferner ist die Herstellung von *waffenfähigem Material* jedem Land, das Zugang zu Natururan hat, mit einfachen Mitteln möglich und demnach nicht an die Nutzung der Kernenergie gebunden. Für die Lagerung radioaktiven Abfalls wurde eine Anzahl von technischen Lösungen ausgearbeitet, von denen aber noch keine verwirklicht wurde; dies ebenfalls aus zumindest teilweise politischen Gründen.

Obwohl auch die Beurteilung der Sicherheit von Kernkraftwerken nicht nur technische Aspekte hat, wollen wir uns allein vom technischen Standpunkt aus mit dieser Frage beschäftigen.

16.5.2 Reaktorsicherheit

Das von einem Kernreaktor ausgehende Gefahrenpotential kann wie folgt charakterisiert werden:

- Durch die Kernspaltung und die Reaktion dabei freiwerdender Neutronen mit anderen Materialien werden in einem Reaktor radioaktive Substanzen gebildet, die sich im Brennstoff bzw. in der Reichweite des Neutronenfeldes ansammeln.
- Die Energiefreisetzung in einem einmal betriebenen Reaktor kann nicht unmittelbar auf Null zurückgefahren werden. Es entsteht vielmehr Nachwärme, die durch geeignete Maßnahmen abzuführen ist, vgl. Abschn. 16.1.5.
- In einem Reaktor sind durch die dort befindlichen Stoffe im Prinzip die Voraussetzungen für die Freisetzung einer nach menschlichen Maßstäben fast unbeschränkten Energiemenge gegeben.

16.5.2.1 Inhärente Sicherheit

Die heute im kommerziellen Einsatz befindlichen Leichtwasserreaktoren sind derart konzipiert, dass sich die Kettenreaktion bei einem Temperaturanstieg im Kern verlangsamt. Dies hängt damit zusammen, dass die Anzahl der Moderations- und Spaltreaktionen mit der Temperatur abnimmt, vgl. Abschn. 16.1.4. Man bezeichnet diesen Effekt als inhärente Sicherheit der thermischen Reaktoren. Sollte die Temperatur des Reaktorkerns z.B. wegen Ausfalls der Kühlkreisläufe weiter ansteigen, kommen die Moderationsprozesse zum Erliegen und die Kettenreaktion wird mangels thermischer Neutronen unterbrochen. Bei einem thermischen Reaktor kann es damit keine „nukleare Exkursion" geben. Allerdings würde bei einem solch großen Störfall die Anlage selbst Schaden nehmen, was unter Umständen eine Stillegung des Kraftwerks bedeuten würde.

Das Risiko des Reaktorbetriebes liegt also nicht in der Freisetzung großer Energiemengen; so entsprach auch beim bisher schwerwiegendsten Reaktorunfall in Tschernobyl im Jahr 1986 die insgesamt freigesetzte Energie nur einem Äquivalent von einigen 100 t Steinkohle.

16.5.2.2 Emission radioaktiver Elemente

Bei der Nutzung der Kernenergie besteht eine potentielle Gefährdung durch radioaktive Strahlung. Diese ist dadurch gegeben, dass im Reaktor und anderen Anlagenteilen wie z.B. Belade- und Transporteinrichtungen für die Kernbrennstoffe große Mengen an radioaktiven Stoffen enthalten sein können.

Die Gefährdung biologischen Lebens durch radioaktive Stoffe beruht letztlich auf der Zerstörung verschiedener im Körpergewebe vorkommender Moleküle (z.B. der Proteine) durch unmittelbare Wechselwirkung mit den α-, β- oder γ-Strahlen. Typische Folgen einer Strahlenschädigung sind die Zerstörung der Gewebestruktur, bösartige Tumore und eine erhöhte Mutation der Erbanlagen. Die Schäden für eine bestimmte Strahlenart sind der absorbierten Dosis proportional.

Radioaktive Stoffe gibt es allerdings seit dem Beginn der Schöpfung, und wir haben schon vor dem Anfang des Atomzeitalters mit ihnen leben müssen. Dies gibt uns die Möglichkeit, die zusätzliche Gefährdung durch Kernkraftwerke abzuschätzen, indem wir die von ihnen ausgehende Radioaktivität mit der natürlichen vergleichen. Vielfach durchgeführte Messungen an zahlreichen Anlagen haben gezeigt, dass die radioaktiven Emissionen im Normalbetrieb weit unter den Schwankungen der natürlichen Radioaktivität liegen, von der bisher ein Einfluss auf die Gesundheit nicht nachgewiesen werden konnte.

Unstrittig ist, dass die Freisetzung großer Mengen radioaktiver Stoffe das eigentliche Risiko des Reaktorbetriebes darstellt. Um die in einem Kernkraftwerk beschäftigten und in der Umgebung lebenden Menschen zu schützen, werden konstruktive Vorsorgemaßnahmen getroffen, die bei einem Druckwasserreaktor wie folgt dargestellt werden:

- Der Brennstoff ist so aufbereitet, dass die bei der Kernspaltung entstehenden Spaltprodukte bis auf wenige Prozent im Kristallgitter gebunden werden.

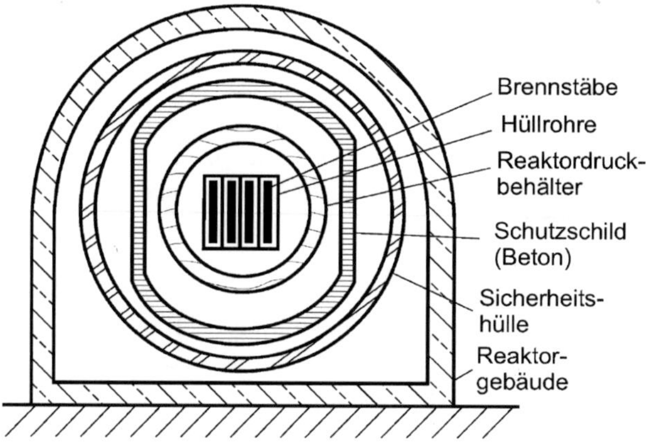

Abbildung 16.16. Sicherheitsbarrieren eines Leichtwasserreaktors

- Die Hüllrohre der Brennstoffelemente aus Zircaloy sind gasdicht und druckfest verschweißt, so dass auch gasförmige Spaltprodukte nicht austreten können.
- Weitere Barrieren wie Sicherheitsbehälter und Stahlbetonhülle des Reaktors ergänzen diese Maßnahmen, Abb. 16.16.

16.5.2.3 Risikobeurteilung, Schutzmaßnahmen

Über technische Unfälle an heutigen Leichtwasserreaktoren liegt eine ausführliche Studie, der sog. Rasmussen-Bericht [8] vor. Die entscheidende Aussage des Berichtes ist, dass auch bei einem größten anzunehmenden Unfall nur ein Bruchteil der im Reaktor enthaltenen Radioaktivität in die freie Atmosphäre gelangen wird, und auch dieser nur im Umkreis von wenigen Kilometern. Wenn dies richtig ist, folgt bei einer plausiblen Abschätzung der Wahrscheinlichkeit eines Unfalls stets das Ergebnis, dass die Gefährdung der Menschen durch Unfälle an Leichtwasserreaktoren um Größenordnungen geringer als z.B. die Gefährdung durch den Straßenverkehr. Dabei stellt sich allerdings die grundsätzliche Frage der Beurteilung eines mit sehr geringer Wahrscheinlichkeit eintretenden Schadens. Dieses Problem wurde in der Literatur ausführlich diskutiert [5]. Es wird deshalb hier nicht weiter vertieft.

Unter dem *größten anzunehmenden Unfall* (GAU) versteht man den größten Unfall, der noch so wahrscheinlich ist, dass er bei der Systemauslegung berücksichtigt werden muss und Vorsorge für seine Beherrschung zu treffen ist. Bei den Leichtwasserreaktoren ist dies der Abriss des größten Stutzens am Reaktorbehälter. Durch Gegenmaßnahmen muss dann ein Schmelzen des Kerns verhindert werden.

Einen Unfall, der nicht mehr durch technische Vorrichtungen beherrscht werden kann, nennt man *Super-GAU*. Ein Super-GAU wäre das Durchschmelzen des Reaktorkerns und das dann noch immer unwahrscheinliche Austreten der geschmolzenen Masse ins Freie. Ein solcher Unfall würde durch das Versagen des Kühlsystems, z.B. durch ein Leck eingeleitet, wobei die vorgesehenen Sicherheitssysteme versagen würden. Bei einem Leichtwasserreaktor würde sich der Kern nach einer Zeit von einigen Stunden unzulässig aufheizen und zu schmelzen beginnen. Zum zusätzlichen Schutz vor dem Austritt von Radioaktivität sind mehrere Barrieren vorgesehen. Zunächst ist der größte Teil der Spaltprodukte in die Brennstoffmatrix eingebaut. Gasförmige Anteile werden durch die dichte Brennstoffhülle zusammengehalten. Der Reaktorkern befindet sich innerhalb des Reaktordruckbehälters in der Form einer Kugel mit einer Wandstärke von 30 mm. Dieser das gesamte Primärsystem umschließende Behälter ist so ausgelegt, dass er einem Druck widerstehen könnte, der bei der Verdampfung der gesamten Kühlflüssigkeit enstehen würde. Schließlich ist der Reaktordruckbehälter noch von einer etwa 3 m dicken Stahlbetonhülle umgeben, der den Reaktorkern vor äußeren Einwirkungen schützt. Der Reaktor ist durch diese Maßnahmen so konzipiert, dass selbst bei einem durch Kühlmittelausfall ausgelöstem Super-GAU nur ein Teil des in ihm enthaltenen radioaktiven Materials freigesetzt wird[19].

Betriebsstörungen, die wie bei jeder technischen Anlage vorkommen können, begegnet man durch *Redundanz* wichtiger Komponenten, wobei die Funktionsfähigkeit dieser Systeme durch periodische Überprüfungen gewährleistet wird. Ein weiteres wichtiges Prinzip ist das der *diversitären Redundanz*, mit dem man dem gleichzeitigen Ausfall aus gemeinsamer Ursache begegnet. Es wird besonders bei der Stromversorgung und bei der Instrumentierung angewandt.

Am 28. März 1979 entwickelte sich in der Folge einer Fehlbedienung in einer Reaktoranlage in der Nähe von Harrisburg/USA ein schwerer Störfall. Dabei blieb der Reaktorkern zu lange ohne Kühlung, so dass fast alle Brennstoffhüllen undicht wurden und sogar ein großer Teil der Brennstäbe schmolz. Trotzdem konnten durch die beschriebenen Barrieren Schäden von der Umgebung des Reaktors ferngehalten werden. Es wurde niemand verletzt, auch die durchschnittliche Strahlendosis der in der Umgebung des Kraftwerks lebenden Menschen war mit 0,0017 mSv gering. Diese Dosis entspricht in etwa der Belastung durch Höhenstrahlung bei einem Interkontinentalflug. Der wirtschaftliche Schaden am Reaktor selbst war allerdings immens; die Anlage konnte nicht wieder instandgesetzt werden und musste demontiert werden. Dieser Unfall hat die Notwendigkeit gut ausgelegter Reaktordruckbehälter aufgezeigt. In der westlichen Welt werden alle Reaktoren mit solchen Ummantelungen in der Form von Stahl- und/oder Spannbetonkonstruktionen ausgeführt.
Die bisher schwersten Reaktorunfälle ereigneten sich 1957 in Windscale in Großbritannien und 1986 in Tschernobyl/Ukraine. Es handelte sich in beiden Fällen um bauartspezifische Unfälle, die bei kommerziellen Leichtwasserreak-

[19] Nach dem zitierten Rasmussen-Bericht ist einmal innerhalb von 30 000 Reaktorbetriebsjahren mit einem Unfall zu rechnen, der nicht mehr durch die technischen Einrichtungen beherrscht wird.

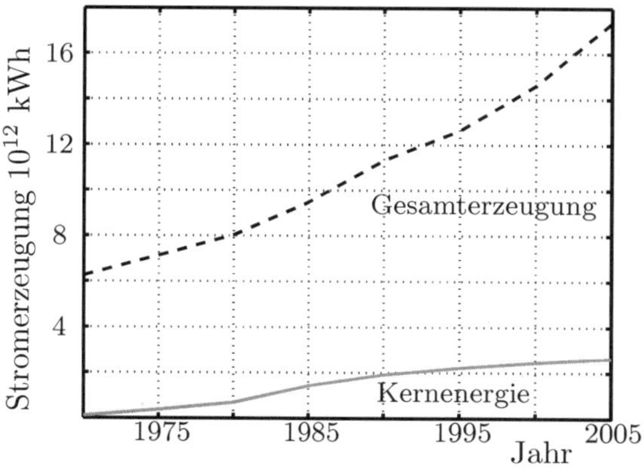

Abbildung 16.17. Obwohl weltweit seit 1990 nur drei neue Anlagen in Betrieb genommen wurden und die Erzeugung stagnierte, lag der Beitrag der Kernenergie zur Stromerzeugung 2006 weltweit bei 15%. In Deutschland lag der Anteil der Kernkraftwerke an der Stromversorgung im Jahr 2007 22,3%.

toren nicht vorkommen können. Für die Beschreibung des Kernschmelzunfalls in Harrisburg und der schweren Unfälle von Windscale und Tschernobyl sei auf die Literatur [7] verwiesen.

16.6 Fazit

Der Betrieb bestehender Kernkraftwerke beweist, dass die Kernenergie technisch nutzbar ist. Andererseits bestehen noch offene Fragen, aber auch ein großes Entwicklungspotential dieser Technologie, so dass wir es uns nicht leisten können, auf Forschung und Entwicklung auf diesem Gebiet zu verzichten. Weltweit waren im Jahr 2006 431 Kernkraftwerke mit einer Nennleistung von ca. 400 GW in Betrieb, die einen Anteil von 14,6% an der Stromerzeugung hatten. Im Jahr 2007 waren 14 Anlagen in Planung oder im Bau, so dass für das Jahr 2 020 mit einer Gesamtzahl von ca. 450 Anlagen gerechnet werden kann. Die größten Reaktoren haben eine Leistung von 1 450 MW (Anlage Chooz, Frankreich), das größte Kernkraftwerk mit einer Leistung von 9 100 MW in zehn Blöcken befindet sich in Fukushima, Japan. Ein Maß für den Entwicklungsstand der Anlagen ist die Arbeitsverfügbarkeit. Für die 19 Anlagen in der Bundesrepublik erreichte diese mit Revision und Brennelementwechsel im Jahr 2000 den Wert von 89,8%[20], die beste Anlage erreichte dabei 96,2%.

Mit der Änderung des Atomgesetzes im Jahr 2001 hat in Deutschland der planmäßige Ausstieg aus der friedlichen Nutzung der Kernenergie, wie er von der Politik gewollt wird, begonnen. Mit sicherheitstechnischen, ökologischen oder ökonomischen Fakten ist der Ausstieg nicht zu begründen. Wie die Erfahrung mit dem Betrieb der bestehenden Anlagen zeigt, ist die Nutzung der Kernenergie in Deutschland eine Erfolgsgeschichte.

[20] Dieser gegenüber früheren Jahren niedrige Mittelwert ist durch geplante Revisionsarbeiten an den Anlagen Biblis A und Biblis B bedingt.

Literatur

1. CRC Handbook of Chemistry and Physics. CRC Press (2008)
2. Garwin, R., Charpak G.: Megawatts and Megatons. University of Chicago Press 2001
3. Gladstone, S., Edlund, M.C.: Kernreaktortheorie. Springer, Wien 1961
4. Gladstone, S., Loveberg, R.H.: Kontrollierte thermonukleare Reaktionen. Thiemig, München 1964
5. Hartwig, S.: Prognostische Konsequenzermittlung bei größeren Störfällen. In: Lange, S. (Hrsg.): Ermittlung und Bewertung industrieller Risiken. Springer, Berlin Heidelberg New York 1984, 75–87
6. Mayer-Kuckuck, T.: Kernphysik. B.G. Teubner, Stuttgart 1979
7. Michaelis, H.: Handbuch der Kernenergie. Econ, Düsseldorf 1986
8. Rasmussen, N.C. et. al.: Reactor safety study: An assessment of accident risks in US commercial nuclear power plants. Report WASH-1400, US Nuclear Regulatory Commission 1975
9. Schmidt, T. (Hrsg.): Handbuch diagnostischer Radiologie. Springer, Berlin (2003)
10. Segrè, E.: Nuclei and Particles. Benjamin-Press, New York 1965
11. Smidt, D.: Reaktortechnik (2 Bände). Braun, Karlsruhe 1976
12. Ziegler, A.: Lehrbuch der Reaktortechnik. Springer, Berlin Heidelberg New York 1983

17

Kernfusion

Im Unterschied zur Nutzung der Kernspaltung, die bereits zahlreiche großtechnische Anwendungen gefunden hat, ist die Entwicklung der kontrollierten Kernfusion noch vollständig offen. Trotzdem wurde sie bereits vielfach als die Hauptenergiequelle der Zukunft dargestellt. Dies hängt damit zusammen, dass die mit der technischen Realisierung verbundenen Schwierigkeiten um Größenordnungen unterschätzt wurden. Dieses Kapitel bringt eine kurze Einführung in das Gebiet, für eine ausführliche Darstellung sei auf [8], [9] verwiesen. Der allergrößte Teil der Energie, die uns auf der Erde zur Verfügung steht, wird durch Verschmelzung leichter Elemente in unserer Sonne freigesetzt. In erster Linie geschieht dies durch die Fusion von vier Wasserstoffkernen zu einem Heliumkern. Dabei wird, wie in Abschn. 16.1 abgeschätzt, eine Energiemenge von 27 MeV pro entstandenem He-Kern frei. Der Prozess der thermonuklearen Fusion, an dem vier Atome beteiligt sind, läuft aber nicht in einem Schritt ab. Es ergibt sich vielmehr ein mehrstufiger Prozess:

$$
\begin{aligned}
&{}^1_1\mathrm{H} + {}^1_1\mathrm{H} \longrightarrow {}^2_2\mathrm{He} \longrightarrow {}^2_1\mathrm{H} + \nu + \beta^+ && (17.1)\\
&{}^2_1\mathrm{H} + {}^1_1\mathrm{H} \longrightarrow {}^3_2\mathrm{He} + \gamma && (17.2)\\
&{}^3_2\mathrm{He} + {}^3_2\mathrm{He} \longrightarrow {}^4_2\mathrm{He} + 2\,{}^1_1\mathrm{H} && (17.3)
\end{aligned}
$$

Es ist bekannt, dass der β-Zerfall der ersten Reaktion sehr langsam erfolgt, die Halbwertzeit beträgt $1,4 \cdot 10^{10}$ Jahre; deshalb verbrennt der Wasserstoff in der Sonne auch nur langsam. In einer technischen Anlage muss ein Prozess aber schnell ablaufen. Man geht deshalb davon aus, bei der Fusion Deuterium (H^2_1) als Brennstoff zu verwenden. Damit ergibt sich die Reaktionskette:

$$
\begin{aligned}
&{}^2_1\mathrm{H} + {}^2_1\mathrm{H} \longrightarrow {}^3_2\mathrm{He} + \mathrm{n} \quad (+3{,}2\ \mathrm{MeV}) && (17.4)\\
&{}^2_1\mathrm{H} + {}^2_1\mathrm{H} \longrightarrow {}^3_1\mathrm{H} + \mathrm{p} \quad (+4{,}0\ \mathrm{MeV}) && (17.5)\\
&{}^2_1\mathrm{H} + {}^3_1\mathrm{H} \longrightarrow {}^4_2\mathrm{He} + \mathrm{n} \quad (+17{,}6\ \mathrm{MeV}) && (17.6)\\
&{}^2_1\mathrm{H} + {}^3_2\mathrm{He} \longrightarrow {}^4_2\mathrm{He} + \mathrm{p} \quad (+18{,}3\ \mathrm{MeV}) && (17.7)
\end{aligned}
$$

Deuterium ist ein stabiles Isotop des Wasserstoffs; seine Häufigkeit im Vergleich zum Wasserstoff ist etwa 1 : 6 700. Es ist daher möglich, Deuterium mit physikalischen oder chemischen Methoden aus Wasser zu isolieren. Die Energiefreisetzung bei der Fusion von Deuterium beträgt etwa 3 MeV pro Nukleon gegenüber 1 MeV pro Nukleon bei der Spaltung von Uran.

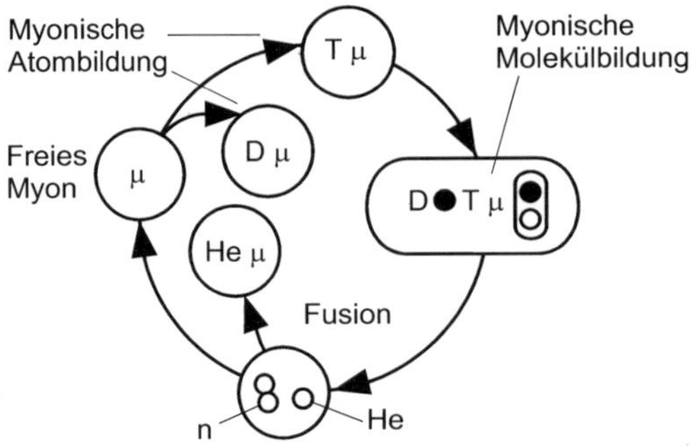

Abbildung 17.1. Prinzip der myonenkatalysierten Kernfusion: das Myon ersetzt das Elektron eines Tritiumatoms und schirmt so die abstoßende Coulombkraft des Kerns ab, so dass die Möglichkeit einer Fusion mit einem Deuteriumkern besteht.

Versucht man z.B. einen D-Kern und einen T-Kern in Kontakt zu bringen, muss zunächst Energie aufgewendet werden, um die potentielle Energie infolge der positiven elektrischen Ladung beider Kerne zu überwinden (Coulomb-Barriere). Diese beträgt etwa 0,1 MeV. Erst bei einem Abstand von der Größenordnung des Kerndurchmessers überwiegen die anziehenden Kernkräfte und die Fusion kann stattfinden. Zur Überwindung der Ladungsabstoßung bestehen zwei Möglichkeiten:

- Kalte Fusion mittels eines Katalysators
- thermonukleare Fusion

Die Möglichkeit, Kernfusionen zu katalysieren, wurde Ende der vierziger Jahre aufgrund theoretischer Überlegungen von Andrej Sacharow[1] vorhergesagt. Als Katalysator wurden *Myonen* (elektronenartige Elementarteilchen) vorausgesetzt. Myonen kommen in der kosmischen Sekundärstrahlung vor, die beim Auftreffen der Primärstrahlung aus dem Weltall in der oberen Atmosphäre entsteht. Sie können auch im Labor erzeugt werden, indem ein Strahl sehr schneller Ionen z.B. auf eine Probe von Kohlenstoff gelenkt wird. In den sechziger Jahren wurden von Myonen katalysierte Kernfusionen experimentell nachgewiesen, vgl. [5].

Eine von Myonen induzierte Kernfusion läuft auch bei niedrigen Temperaturen in einer Kammer ab, die mit Deuterium und Tritium gefüllt ist. Dringt ein Myon in die Kammer ein, stellt es eine enge Bindung zwischen einigen Wasserstoffatomen her, die dabei verschmelzen. Das Myon wird wieder freigesetzt und könnte weitere Fusionen katalysieren, vgl. Abb. 17.1. Die bei der myon-katalysierten Fusion freigesetzte Wärmeenergie könnte zum Betreiben eines Dampfkraftprozesses verwendet werden.

[1] Andrej Dimitrijewitsch Sacharow (21.05.1921 – 14.12.1989); russischer Kernphysiker, Dissident und Nobelpreisträger. Er verteitigte die Menschenrechte und unterstützte die Zivilgesellschaft. Von Sacharow stammen die drei wichtigsten Verfahren zur Realisierung der kontrollierten Kernfusion: der magnetische thermonukleare Reaktor (die heutige Tokamak-Anordnung), die Myonenkatalyse von Kernfusionsreaktionen, die er kalte Fusion nannte, und der Einsatz gepulster Laserstrahlen zur Aufheizung von Deuterium.

Die Nutzung des beobachteten Effektes zur Energiegewinnung ist aber deshalb nicht möglich, weil die Reaktionen zu langsam ablaufen: Ein Myon hat im Mittel eine so kurze Lebensdauer, dass es bestenfalls nur eine Kernverschmelzung katalysieren kann. Der Energieaufwand für die Darstellung eines Myons ist selbst bei Voraussetzung einer idealen Maschine etwa sechsmal größer als der Energiegewinn bei einer katalysierten Fusion. Unter realen Bedingungen dürfte der Faktor aber eher bei zwanzig liegen. Nach dem gegenwärtigen Kenntnisstand kann demnach kein Konzept zur Energiegewinnung mittels myonkatalysierter Kernfusionen entwickelt werden. In [5] sind die Grundlagen des hier behandelten Effekts zusammenfassend dargestellt.

Erfolgversprechender erscheint die Möglichkeit der thermonuklearen Fusion von Deuterium und Tritium innerhalb eines kleinen Volumens, die hier ausführlicher behandelt werden soll. Damit thermonukleare Fusion möglich wird, muss der in einem Volumen V eingeschlossenen Brennstoff extrem zu einem Plasma erhitzt werden. Denn wenn ein Deuteriumkern eine mittlere kinetische Energie von 0,1 MeV besitzt, entspricht dies einer Temperatur von ca. $1 \cdot 10^9$ K. Neben der Temperatur ist aber für eine Zündung noch eine ausreichende Teilchendichte n während einer Zeitdauer τ erforderlich.
Der für eine Zündung erforderliche Zusammenhang zwischen den drei Größen Temperatur T, Teilchendichte n und Zeitdauer τ, ergibt sich aus einer Energiebilanz. Wir betrachten dazu ein D-T-Plasma mit $n/2 = n_D$ Deuterium-, $n/2 = n_T$ Tritiumkernen und n Elektronen pro Volumeneinheit und der Temperatur T. Jedes Teilchen hat dann die Energie $3/2kT$. Zum Aufheizen des Plasmas muss demnach zunächst die Energiemenge

$$Q_H = 2n\frac{3}{2}kT$$

aufgewendet werden. Damit die Energiebilanz positiv wird, muss während der Einschlusszeit τ des Plasmas eine größere Energiemenge durch Fusion freigesetzt werden; für die durch Fusion in der Zeit τ freigesetzt Energie gilt:

$$Q_F = n_D n_T \langle\sigma v\rangle E\tau = \frac{n^2}{4}\langle\sigma v\rangle E\tau.$$

Hierbei ist E die bei einer Fusionreaktion freigesetzte Energie und $\langle\sigma v\rangle$ der Reaktionsparameter für die Fusionsreaktion. $\langle\sigma v\rangle$ ist das Produkt aus dem Wirkungsquerschnitt σ für die Fusion und der Relativgeschwindigkeit v der stoßenden Teilchen, wobei über die Geschwindigkeitsverteilung im Plasma zu mitteln ist; vgl. z. B. [9]. Aus der Bedingung $Q_F > Q_H$ folgt:

$$n\,\tau > \frac{12kT}{\langle\sigma v\rangle E}\,. \qquad (17.8)$$

Mit den Zahlenwerten E = 17,6 MeV, T = 10^9K und $\langle\sigma v\rangle = 10^{-22}$ m^3s^{-1} folgt schließlich die Bedingung:

$$n\,\tau > 10^{22}\frac{s}{m^3}. \qquad (17.9)$$

Diese Beziehung zwischen der Plasmadichte und der Zeitdauer, während der die hohe Dichte bei einer Temperatur von ca. $1 \cdot 10^9$ K vorliegen muss, heißt *Lawson-Kriterium*.

Beispiel 17.1. Eine weitere Reaktion zur Energiegewinnung ist die Verschmelzung von Wasserstoff mit Tritium. Man berechne die Energiemenge, die bei der Reaktion von 1 kg Wasserstoff frei wird. Die Atomgewichte von ${}^1_1\mathrm{H}$, ${}^3_1\mathrm{H}$ und ${}^4_2\mathrm{He}$ betragen 1,007825, 3,01605 und 4,00260 u. Verwenden Sie die Lichtgeschwindigkeit $c = 2{,}9979 \cdot 10^8$ m/s.

Lösung. Es gilt die Reaktionsgleichung

$$ {}^1_1\mathrm{H} + {}^3_1\mathrm{H} \longrightarrow {}^4_2\mathrm{He} + \mathrm{Energie}\ . $$

Danach reagieren 1,007825 kg ${}^1_1\mathrm{H}$ mit 3,01605 kg ${}^3_1\mathrm{H}$ und bilden 4,00260 kg ${}^4_2\mathrm{He}$. Der Massendefekt beträgt

$$ \Delta m = \left(m_{{}^1_1\mathrm{H}} + m_{{}^3_1\mathrm{H}} \right) - m_{{}^4_2\mathrm{He}} = 0{,}021275\ \mathrm{kg}. $$

Bezogen auf die Ausgangsprodukte Wasserstoff und Tritium ist dies ein Massenverlust von $\Delta m_{\mathrm{sp}} = 5{,}29 \cdot 10^{-3}$ kg pro kg Brennstoff. Der Brennwert errechnet sich nach der Einstein'schen Beziehung zu

$$ B = \Delta m_{\mathrm{sp}}\, c^2 = 4{,}75 \cdot 10^{14}\ \mathrm{J/kg}. $$

Hieraus könnte der gegenwärtige globale Energiebedarf von $1,4 \cdot 10^{14}$ kWh/a für etwa eine halbe Minute gedeckt werden.

17.1 Fusionsreaktoren

Seit mehr als fünfzig Jahren wird an der zivilen Nutzung der Kernfusion geforscht. Trotz unübersehbarer Fortschritte müssen aber bis zu ihrer wirtschaftlichen Nutzung noch viele technologische Aufgaben gelöst werden. Im Mittelpunkt steht dabei die Frage, wie das heiße Plasma eingeschlossen werden kann, denn es ist klar, dass dafür normale Materialien nicht in Frage kommen. Bisher wurden dafür zwei sehr unterschiedliche Lösungsansätze entwickelt:

- Berührungsloser Einschluss und Erhitzung in einem magnetischen Feld
- Verdichtung und Erhitzung eines in einer Hohlkugel eingeschlossenen Deuterium/Tritium Gemischs durch Implosion unter äußerer Bestrahlung (Trägheitseinschluss)

17.1.1 Magnetischer Einschluss

Bei den für Kernfusionen notwendigen Temperaturen liegen die beteiligten Stoffe im Gaszustand vor. Die atomaren Bindungen der Elektronen an die Kerne sind aufgebrochen, so dass das Gas aus Ionen und Elektronen besteht. Dieser Zustand wird als *Plasma* bezeichnet. Die Materie in der Sonne, aber

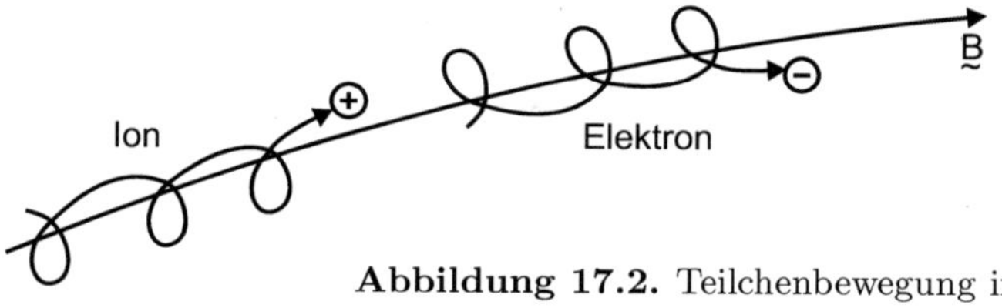

Abbildung 17.2. Teilchenbewegung in einem Magnetfeld

auch diejenige in den Neonröhren unserer Lampen, befinden sich im Plasmazustand.

An einem elektrisch geladenen Teilchen, das sich mit der Geschwindigkeit **v** in einem magnetischen Feld **B** bewegt, greift nach (15.14) die Lorentz-Kraft **F** an, die senkrecht zu **v** und **B** steht. Bezeichnet m die Teilchenmasse, lautet die Bewegungsgleichung

$$m\,\frac{\mathrm{d}\mathbf{v}}{\mathrm{d}t} = \mathbf{F} = q\,\mathbf{v} \times \mathbf{B}\,. \tag{17.10}$$

Da die Beschleunigung senkrecht zur Geschwindigkeit gerichtet ist, ändert sich die Geschwindigkeit nicht dem Betrag nach, sondern nur in der Richtung. Zunächst nehmen wir an, dass **v** keine Komponente in Richtung von **B** hat. Das Teilchen bewegt sich dann unter Einwirkung der Kraft $q\,v\,B$ mit konstanter Geschwindigkeit auf einer Kreisbahn. Der Bahnradius r_{G} bestimmt sich aus dem Gleichgewicht zwischen der auf dem Magnetfeld beruhenden Kraft und der Zentrifugalkraft gemäß

$$q\,v\,B = m\,\frac{v^2}{r_{\mathrm{G}}}\,.$$

Hier steht v für den Betrag des Vektors $v = |\mathbf{v}|$. Die Kreisfrequenz der Umlaufbewegung ergibt sich zu

$$\omega_{\mathrm{G}} = \frac{v}{r_{\mathrm{G}}} = \frac{m\,v}{q\,B}\,.$$

ω_{G} heißt *gyromagnetische Frequenz* und r_{G} *Gyrationsradius.*
Hat **v** auch eine Komponente in Richtung von **B**, so ist in den vorstehenden Gleichungen v durch v_{s} zu ersetzen, wobei mit v_{s} die zu **B** senkrechte Komponente von **v** gemeint ist. Die zu **B** parallele Komponente von **v** bleibt unverändert. Aus der Überlagerung beider Komponenten des Geschwindigkeitsvektors folgt unmittelbar, dass das Teilchen eine wendelartige Bewegung längs einer magnetischen Feldlinie als Achse durchführt, vgl. Abb. 17.2. Gemäß der durch (15.14) definierten Kraft drehen sich Ionen und Elektronen wegen des unterschiedlichen Vorzeichens von q im entgegengesetzten Sinn. Unsere Überlegungen führen zu dem Ergebnis, dass die Bahnen der geladenen Teilchen an die Kraftlinien gebunden sind. Es scheint damit eine Möglichkeit zu bestehen, mit einem Magnetfeld ein Plasma einzuschließen. Als Anordnung denken wir zunächst an einen Torus, vgl. Abb. 17.2. Wie kann man nun aber vermeiden, dass das Plasma mit der Wand in Kontakt kommt? Eine Kontraktion des

Plasmas könnte durch ein azimutales Feld bewirkt werden. Ein solches Feld wird aber durch die sich parallel zum Führungsmagnetfeld bewegenden Plasmateilchen induziert, denn nach dem *Biot-Savart'schen Gesetz* induziert ein in einem Leiter fließender Strom I ein azimutales Magnetfeld der Stärke

$$B_\vartheta = \frac{\mu_0 I}{2\pi r}\,, \tag{17.11}$$

worin r der radiale Abstand vom Leiter ist und μ_0 die Induktionskonstante. Im stationären Zustand wird die Kraftwirkung des selbstinduzierten Feldes auf die Teilchen in einem Volumenelement durch den Druckgradienten ausgeglichen. Für ein Element mit der Ionendichte n_I und der Geschwindigkeit $\mathbf{v}_\mathrm{I}$ folgt für die Ionen mit der Ladung e

$$n_\mathrm{I} e\,\mathbf{v}_\mathrm{I} \times \mathbf{B}_\vartheta = -\nabla p_\mathrm{I}\,. \tag{17.12}$$

Hier ist p_I der entgegen der Richtung der Oberflächennormalen des Volumenelements wirkende hydrodynamische Druck und e die Ladung des Ions. Entsprechend gilt für die Elektronen mit der negativen Ladung

$$n_\mathrm{e}\,(-e)\,\mathbf{v}_\mathrm{e} \times \mathbf{B}_\vartheta = -\nabla p_\mathrm{e}\,. \tag{17.13}$$

Hier sind ∇p_I und ∇p_e die durch Ionen bzw. Elektronen entstandenen Druckgradienten. In einem Wasserstoffplasma sind n_I und n_e gleich und werden gleich n gesetzt. Durch Addition beider Gleichungen folgt

$$n\,e\left(\mathbf{v}_\mathrm{e} - \mathbf{v}_\mathrm{I}\right) \times \mathbf{B}_\vartheta = -\nabla p\,. \tag{17.14}$$

Dabei ist p der aus den Partikeldrücken auf die Ionen und Elektronen resultierende Druck. $\left(\mathbf{v}_\mathrm{e} - \mathbf{v}_\mathrm{I}\right)$ stellt die effektive Geschwindigkeit der Ladungsbewegung dar und der Term $n\,e\left(\mathbf{v}_\mathrm{I} - \mathbf{v}_\mathrm{e}\right)$ ist dann gleich der Stromdichte $\mathbf{i}$. Für zeitlich konstante Felder gilt nach den Maxwell'schen Gleichungen der Elektrodynamik

$$\nabla \times \mathbf{B}_\vartheta = \mu_0\,\mathbf{i} \tag{17.15}$$

mit der Induktionskonstanten $\mu_0 = 1{,}2566 \cdot 10^{-6}\ \mathrm{N/A^2}$. Damit folgt

$$(\nabla \times \mathbf{B}_\vartheta) \times \mathbf{B}_\vartheta = -\mu_0 \nabla p\,. \tag{17.16}$$

Wegen der Identität

$$\nabla \times \mathbf{B}_\vartheta \times \mathbf{B}_\vartheta = -\frac{1}{2}\,\mathbf{B}_\vartheta^2 + \mathbf{B}_\vartheta \cdot \nabla \mathbf{B}_\vartheta \tag{17.17}$$

und

$$\mathbf{B}_\vartheta \cdot \nabla \mathbf{B}_\vartheta \equiv \mathbf{0} \tag{17.18}$$

gilt für ein Feld mit geraden, parallelen Kraftlinien

$$\nabla\left(-p + \frac{\mathbf{B}_\vartheta^2}{2\,\mu_0}\right) = 0\,. \tag{17.19}$$

Daraus ergibt sich

$$-p + \frac{\mathbf{B}_\vartheta^2}{2\,\mu_0} = \text{const} \ .$$

Da B_ϑ in großer Entfernung vom Zentrum verschwindet, kann die Konstante o.B.d.A. zu Null gesetzt werden. Im Innern des Plasmaschlauches, d.h. für $r < R$, herrscht damit nach (17.11) der Druck

$$p_0 = p(r < R) = \frac{\mu_0 I^2}{4\,\pi^2\,R^2} \ . \tag{17.20}$$

Hierbei ist R der Radius des Schlauches.
Damit ist gezeigt, dass das Plasma durch die Wechselwirkung des Plasmastroms mit dem von ihm erzeugten Magnetfeld zu einem Schlauch, genauer: zu einem Torus, zusammengezogen wird (Pinch-Effekt).
Für den Druck im Plasma gilt nach der statistischen Mechanik

$$p = n\,k\,T \tag{17.21}$$

mit der Teilchendichte $n = n_\mathrm{I} + n_\mathrm{e}$, der Boltzmann-Konstante k und der Temperatur T. Damit folgt aus (17.20) die *Bennet-Gleichung*

$$I^2 = \frac{4\,\pi\,N\,k\,T}{\mu_0} \ . \tag{17.22}$$

Hier ist $N = \pi\,R^2\,n$ die Teilchendichte pro Längeneinheit [cm^{-1}] im Plasmaschlauch mit dem Radius R.

Beispiel 17.2. Man berechne den erforderlichen Strom, um bei einer Temperatur von $T = 1 \cdot 10^9$ K und einer Teilchendichte $n = 2 \cdot 10^{15}\ \mathrm{cm}^{-3}$ ein Plasma auf einem Durchmesser von $D = 2$ m zusammenzuhalten. Wie groß ist die dazu erforderliche Magnetfeldstärke?

Lösung. Der Druck im Zentrum des Plasmas ergibt sich nach (17.21) zu

$$p = n\,k\,T = 276 \cdot 10^5\,Pa = 276 \text{ bar}.$$

Damit folgt aus (17.22) für den erforderlichen Strom

$$I^2 = 87,1 \cdot 10^{13}\ \mathrm{A}^2,$$

und damit

$$I = 29,5 \cdot 10^6\ \mathrm{A}.$$

Aus (17.11) ergibt sich die azimutale Komponente des Magnetfeldes zu

$$B_\vartheta = \frac{\mu_0\,I}{\pi\,D} = 5,87\ \mathrm{N/Am} = 5,87\ \mathrm{T}.$$

Um ein Plasma bei den für eine Kernfusion erforderlichen Temperaturen einzuschließen, braucht man große Ströme und hohe magnetische Feldstärken.
Tesla [T] ist eine relativ große Einheit. Zum Vergleich: In der Nähe starker Permanentmagnete herrschen Felder von ca. 0,1 T. Leistungsfähige Elektromagnete für Anwendungen in der Industrie erzeugen Feldstärken von ca. einem Tesla.

Das Erreichen der Zündbedingungen bei einem magnetischen Einschluss wird durch das Auftreten von Energieverlusten erschwert. Diese haben folgende Ursachen:

- Die Strömung im Magnetfeld ist nicht stabil, weshalb aus dem Einschlussraum Teilchen entweichen.
- Während die Teilchen im Plasma die Feldlinien des Magnetfeldes umkreisen, können sie zusammenstoßen. Dadurch können ihre Bahnen so stark gestört werden, dass sie den Einschlussraum verlassen.
- Verunreinigungen im Plasma können Energie in Form ultravioletter Strahlung abgeben und so das Plasma kühlen.

Die Ergebnisse von theoretischen Studien über diese Verlustquellen haben dazu geführt, dass man sich bei den in den vergangenen zwei Jahrzehnten gebauten Laboranordnungen den Zündbedingungen zumindest annäherte. Selbst wenn bei einem Experiment die Zündbedingungen erreicht sind, stehen dem Bau einer kommerziellen Anlage noch etliche technische Probleme entgegen. Eines ergibt sich z.B. aus der im Magnetfeld gespeicherten Energie, die spontan frei werden kann. Zur Abschätzung betrachten wir ein Torusvolumen von $V = 800\ \mathrm{m}^3$ und mit einem Magnetfeld von 5,87 T. Die darin gespeicherte Energie beträgt:

$$E_\vartheta = \frac{B_\vartheta^2 \cdot V}{2\mu_0} = 10\,287\ \mathrm{MJ}$$

Diese Energiemenge wird beim Zusammenbruch des Magnetfeldes innerhalb von Sekundenbruchteilen frei und muss von der Konstruktion des Fusionsreaktors aufgenommen werden.

Das Tokamak-Konzept

Das bisher erfolgreichste Konzept der Fusionsforschung ist als *Tokamak* bekannt. Dies ist eine Abkürzung der russischen Worte „Toroidalny kamer magnitnymi katuschkami“ (Ringbrennkammer mit Magnetspule). Bei diesem Konzept wird das Plasma in einem Torus eingeschlossen. Zu diesem Zweck ist eine stromführende Spule um den Torus gewickelt, die ein ringförmiges Magnetfeld erzeugt, welches das Plasma von der Wand fernhält. Um das eingeschlossene Plasma im Gleichgewicht zu halten, ist zusätzlich noch ein im Plasma tangential fließender Strom erforderlich. Dieser Strom wird induziert, indem man den Plasmatorus zur Sekundärspule eines Transformators macht, vgl. Abb. 17.3. Mit einem solchen Transformator kann aber der Strom im Plasmaschlauch nicht kontinuierlich in eine Richtung getrieben werden, da sonst die Stromstärke in der Primärwicklung unendlich groß würde. Dies bedeutet aber auch, dass das thermonukleare Feuer in einem Tokamak von Zeit zu Zeit erlischt. Man rechnet mit Pulsen von jeweils 1 000 s Leistungsbetrieb und 50 s Pause. Das Plasma im Tokamak bildet einen geschlossenen Stromkreis, das durch den induzierten Strom bis auf etwa 10^7 K aufgeheizt wird.

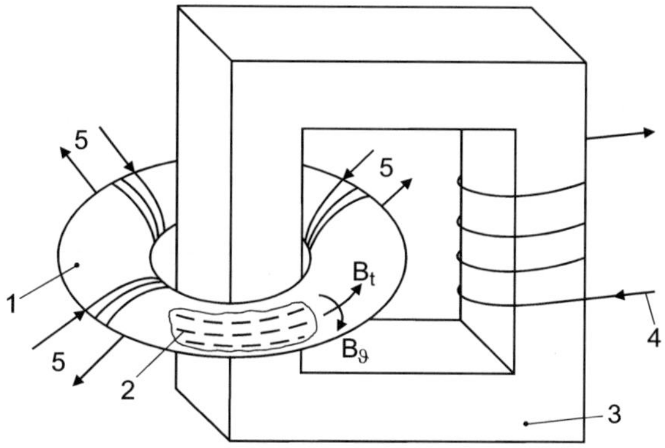

1 Brennkammer
2 Plasmaschlauch
3 Eisenjoch
4 Primärspule
5 Toroidspule

B_t Tangentialfeld
B_ϑ Azimutalfeld

Abbildung 17.3. Grundelemente des Tokamak

Bei diesen Temperaturen wird das Plasma so gut leitend, dass der Strom ohne nennenswerten Widerstand fließt. Für die weitere Temperaturerhöhung bis zur Zündung der Fusionsreaktion ist deshalb eine Zusatzheizung erforderlich. Dazu werden entweder hochfrequente Wellen oder Strahlen hochenergetischer neutraler Atome oder Moleküle verwendet, vgl. [8]. Für das Einsetzen der Fusionsreaktion ist eine Temperatur von mindestens $1 \cdot 10^9$ K erforderlich. Nach dem Lawson-Kriterium (17.9) muss dieser Zustand für eine von der Teilchendichte abhängende Mindestzeit aufrechterhalten werden.
In Abb. 17.4 sind die wichtigsten Teilsysteme dargestellt, die allen Fusionsreaktoren mit magnetischem Einschluss gemeinsam sind. Das Magnetfeld umschließt das Plasma, ein Brennstoffkreislaufsystem hält es rein und versorgt es mit thermonuklearem Brennstoff, ein Zusatzheizsystem erhöht seine Temperatur. Die erste Materialschicht des Reaktors muss der vom Plasma abgestrahlten Wärme widerstehen. An diese schließt sich das *Blanket* an, in dem die bei der Fusion freiwerdenden Neutronen abgebremst werden und ihre Bewegungsenergie in Form von Wärme abgeführt wird. Die Wärme wird auf ein Kühlmittel übertragen und schließlich zur Dampferzeugung verwendet. Mit dem heißen Dampf werden Turbogeneratoren betrieben, die die Fusionswärme in Elektrizität umwandeln. Im Blanket wird außerdem Lithium der Neutronenstrahlung ausgesetzt, um das für den Prozess notwendige Tritium zu gewinnen.

Auch in einem Fusionsreaktor sind radioaktive Stoffe vorhanden, z.B. muss das bei der Reaktion verwendete Tritium im Reaktor eingeschlossen werden. Allerdings sind von diesem nur wenige Gramm im Reaktor enthalten, da der Brennstoff kontinuierlich von außen zugegeben wird. Bei einer Unterbrechung der Versorgung würde die Fusionsreaktion unverzögert erlöschen, so dass eine unkontrollierbare Reaktion nicht möglich ist. Wegen des geringen Inhaltes des Reaktors an radioaktivem Material kann eine Strahlenbelastung der Umgebung auch bei einem Unfall ausgeschlossen werden.
Bei Experimenten mit Tokamak-Anordnungen wurden bis 1995 in jeweils separaten Versuchen Teilchendichten von $2 \cdot 10^{14}$ cm^{-3}, Ionentemperaturen von bis zu $4 \cdot 10^8$ K und Einschlusszeiten von über 1 s erreicht. Wie Abb. 17.5

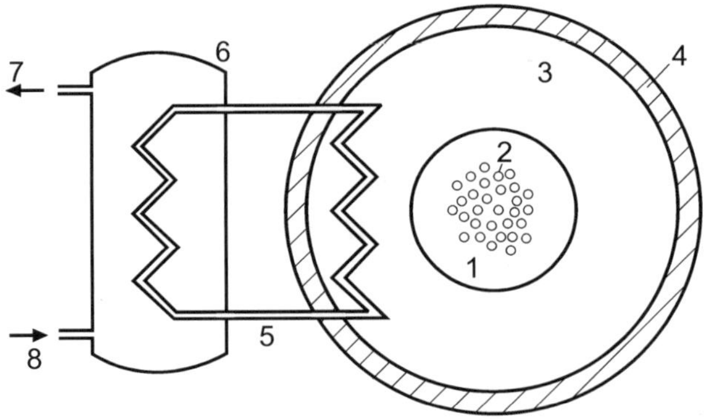

1 Reaktor
2 Plasmaschlauch
3 Wärmeabsorber
4 Strukturmaterial
5 Kühlmittelkreislauf
6 Dampferzeuger
7 Dampf zur Turbine
8 Speisewassereintritt

Abbildung 17.4. Schema eines Fusionsreaktors mit magnetischem Einschluss

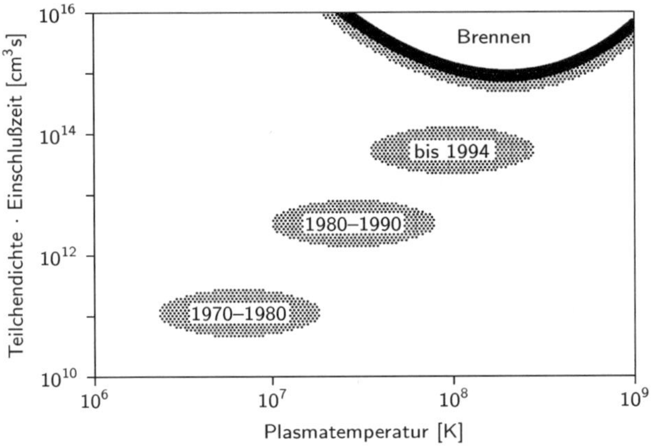

Abbildung 17.5. Fortschritte der Fusionsforschung

zeigt, ist das Fusionsprodukt nunmehr nur noch um einen Faktor 10 von der Zündung entfernt.

Zur weiteren Förderung und Entwicklung ist in weltweiter Zusammenarbeit der Bau eines Tokamak-Testreaktors ITER (Internationaler Thermonuklearer Test Reaktor) geplant, der eine thermische Leistung von 500 MW über Zeiträume von ca. einer Stunde liefern soll.[2] Nach Abschluss des ITER-Projekts soll als nächste Anlage ein Demonstrationsreaktor (DEMO) in Angriff genommen werden, der bereits alle Funktionen eines Fusionskraftwerkes erfüllt. Schreitet die Entwicklung nach diesem Plan voran, so könnte – bei Planungs-, Bau- und Testzeiten von 25 Jahren für ITER und DEMO – ein kommerzielles Fusionskraftwerk in der zweiten Hälfte des Jahrhunderts wirtschaftlich nutzbare Energie liefern [4], [10], [2].

[2] Die finanzielle Größenordnung wird mit 15 Mrd. US$ abgeschätzt. Zum Vergleich: In Deutschland wurden pro Jahr ca. 120 Mio. Euro für die Fusionsforschung aufgewendet.

Beispiel 17.3. Der in Bau befindlichen ITER-Reaktor hat ein Volumen von ca. 800 m^3. Unter Betriebsbedingungen wird die Teilchendichte 10^{15} $1/cm^3$ betragen und die Temperatur 10^8 K. Unter der Annahme, dass das Tritium-Plasma das Volumen zur Hälfte füllt, schätze man die eingeschlossene Masse an ^{3}H-Ionen ab.

Lösung. Die Masse M ergibt sich als Produkt der Anzahl N der ^{3}H-Ionen mit deren Masse $m = 3 \cdot u = 3 \cdot 1{,}67 \cdot 10^{-27}$ kg.
Damit wird:

$$M = \frac{1}{2} \cdot 800\,\mathrm{m}^3 \cdot 10^{15}\ \frac{1}{\mathrm{cm}^3} \cdot 3 \cdot 1{,}67 \cdot 10^{-27}\mathrm{kg} = 2 \cdot 10^{-3}\ \mathrm{kg}$$

Die Masse des im Reaktorvolumen eingeschlossenen Tritiums, einem β-Strahler mit einer Halbwertszeit von 12 a, ist mit ca. 2 Gramm gering.

17.1.2 Trägheitseinschluss

Die Zündbedingung für einen Fusionsreaktor ist dann erreicht, wenn das Produkt aus Teilchendichte und Einschlusszeit einen Mindestwert erreicht hat, vgl. (17.9). Beim magnetischen Einschluss wird eine lange Verweilzeit (ca. 10 s) angestrebt. Die erforderliche Teilchendichte liegt dann bei ca. 10^{14} $1/cm^3$.

Beim Trägheitseinschluss wird umgekehrt eine hohe Teilchendichte bei kurzer Verweilzeit angestrebt. Dies versucht man in der Weise zu erreichen, dass eine kleine Kugel (Pellet) aus Fusionsmaterial durch Zuführung eines großen Energiebetrages, z. B. durch Lichtpulse eines Hochleistungslasers, in kurzer Zeit (ca. 10^{-9} s) auf Fusionstemperatur aufgeheizt wird. Mit Zunahme der Temperatur beginnt das Pellet sich auszudehnen. Die dabei erreichte Beschleunigung wird durch die Masse der Brennstoffionen (d.h. ihre Trägheit) bestimmt. Durch den Rückstoß der sich ausdehnenden Materie wird der Anteil des Plasmas im Zentrum durch eine nach innen gerichtete Stoßwelle zusätzlich verdichtet und auf Fusionstemperatur erhitzt, so dass für eine kurze Zeitspanne das Lawson Kriterium erfüllt ist und die Fusionsreaktion einsetzen kann, [1]. Dieses Konzept wird im Prinzip bei den heutigen *Wasserstoffbomben* angewendet, bei denen man zur Aufheizung eine Spaltungsreaktion benutzt. Für die Realisierung in Kraftwerken denkt man an eine Energiezufuhr mit Laserlicht oder Teilchenstrahlen, die von allen Seiten her auf das Pellet gerichtet werden [3], [6]. Wegen der kurzen Impulsdauer von einigen Nanosekunden sind Leistungen in der Größenordnung von 10^{14} W erforderlich. Durch die Zündung eines Pellets würde eine Energiemenge von ca. 10^8 J frei. Dies entspricht der Energiefreisetzung einer Explosion von etwa 5 kg TNT, die bei einem Kraftwerk periodisch wiederholt werden muss. Für eine Anlage mit von einer elektrischen Leistung 500 MW wären pro Sekunde 10 Pellets zu zünden. Bisher ist nicht klar, wie z.B. die Struktur eines solchen Kraftwerks, die einer derartigen Beanspruchung auf Dauer widersteht, gestaltet werden kann.

Eine Variante des Trägheitseinschlusses ist die Fusion per Sonolumineszenz. Damit bezeichnet man das Leuchten kollabierender Gasbläschen, die sich bilden, wenn man einer Flüssigkeit z.B. intensiven Neutronenstrahlen aussetzt. In [11] wird berichtet, dass Kernverschmelzung von Deuterium zu Tritium in einer Acetonlösung herbeigeführt wurde, deren Wasserstoffatome durch Deuterium ersetzt wurden. Durchgeführte Kontrollexperimente hätten die Ergebnisse bestätigt; allerdings steht die Reproduktion der Ergebnisse durch andere Forschergruppen aus.

17.2 Fazit

Die Kernfusion ist so faszinierend, weil es sich um eine unerschöpfliche Energiequelle handelt, mit deren erfolgreicher Entwicklung das Problem der Energieversorgung für alle Zeiten gelöst wäre. Denn die für den Prozess erforderlichen Grundstoffe sind auf der Erde in großer Menge und gleichmäßiger Verteilung vorhanden.
Nachdem schon seit Jahrzehnten an der zivilen Nutzung der Kernfusion geforscht wird, arbeiten seit 2006 die Fusionsprogramme der Europäischen Union, Japans, der USA, Russlands sowie der Länder China, Indien und Süd-Korea, im Rahmen des Projekts ITER gemeinsam daran, einen Fusionsreaktor zu entwickeln [1], [7]. Der ITER wird in Südfrankreich gebaut, die erste Inbetriebsetzung ist für 2018 geplant. Ziel ist es zu zeigen, dass es physikalisch und technisch möglich ist, durch Kernverschmelzung Energie zu gewinnen.

Literatur

1. Clery, Daniel: Fusions great bright hope. Science **324**, 326–330, (2009)
2. Clery, Daniel: ITERs 12 Million Dollar Gamble.. Science **314**, 238–242, (2006)
3. Craxton, R.S., McCrory, R.L., Soures, J.M.: Laser-induzierte Kernfusion. Spektrum der Wissenschaft 1986, 10, 98–110
4. Grieger, G.: Stand und Aussichten der Fusionsforschung. VGB Kraftwerkstechnik **73**, 17–21 (1993)
5. Jones, S.E.: Muon-catalysed fusion revisited. Nature **321**, 127–133 (1986)
6. Kodama, R. et all: Fast heating scalable to laser fusion ignition. Nature **418**, 933 (2002)
7. www.iter.org
8. Raeder, J., Borraß, K., Bünde, R. et. al.: Kontrollierte Kernfusion. B.G. Teubner, Stuttgart 1981
9. Schuhmacher, U.: Fusionsforschung Wiss. Buchgesellschaft, Darmstadt 1993
10. Sessler, A.M., Stix, T.H., Rosenbluth, M.N.: Build the international thermonuclear experimental reactor? Physics Today **49**, 21–25 (1996)
11. Yiban Xu, Adam Butt: Confirmatory experiments for nuclear emissions during acoustic cavitation. Nuclear Eng. and Design **235**, 1317 – 1324 (2005)

18

Nutzung erneuerbarer Energiequellen

Es ist vorherzusehen, dass es bei der sich abzeichnenden Verknappung der einfach nutzbaren und preiswerten fossilen Energierohstoffe aufgrund des bestehenden Nachfragedrucks zu drastischen Preiserhöhungen kommen wird. Diese können zwar von den Industrieländern noch kompensiert werden, nicht aber von den Staaten der sog. dritten Welt, die vielmehr noch für lange Zeit auf preiswerte fossile Energierohstoffe angewiesen sein werden. Wenn es gelänge, kurzfristig wenigstens einen Teil des wachsenden Energiebedarfs aus *erneuerbaren* oder *regenerativen Energiequellen*[1] zu decken, würde dies zu einer Entspannung des Marktes für fossile Energieträger beitragen.

Ein anderer Grund für das zunehmende Interesse an erneuerbaren Energiequellen liegt in den Umweltrisiken, die sich bei der Nutzung der fossilen und nuklearen Energieträger gezeigt haben. Bei den fossilen Brennstoffen ergibt sich ein nur schwer abschätzbares globales Umweltrisiko aus der Freisetzung von Kohlendioxid. Während der letzten dreißig Jahre hat man eine deutliche Zunahme von Kohlendioxid in der Atmosphäre festgestellt. Es besteht die begründete Befürchtung, dass sich eine weitere Zunahme negativ auf die globalen Klimaverhältnisse auswirken wird. Bei der Kernenergie ist zudem die Aufarbeitung und Lagerung von radioaktiven Abfällen nur im Grundsatz gelöst. Ein weiterer Grund für die Entwicklung von Energiesystemen auf der Basis erneuerbarer Energiequellen besteht darin, eine Alternative zu den fast unerschöpflichen Energieressourcen zu schaffen, die uns im Prinzip mit der Kernfusion und der Kernspaltung bei Einsatz der Brütertechnologie zur Verfügung stehen.

Ein Entwicklungsschub für die Nutzung regenerativer Energiequellen wurde durch die erste Ölkrise 1973 ausgelöst. Ziel war es, zumindest Teilbereiche mit einer autarken Energieversorgung aus diesen Quellen zu schaffen.
In diesem Kapitel werden die technischen Möglichkeiten zur Nutzung der auch in Mitteleuropa verfügbaren Energiequellen Sonne, Wind und Wasserkraft soweit behandelt, wie es für eine erste Bewertung erforderlich ist. Eine vollständigere Darstellung wird z.B. in [10], [11] und [25] gegeben.

---

[1] Zu den erneuerbaren Energiequellen werden auch die in Abschnitt 2.3 behandelte Erdwärme und die Biomasse gezählt. Biomasse ist ein Kurzzeitspeicher der Sonnenenergie, die Nutzung erfolgt meist mit Rost- oder Wirbelschichtfeuerungen.

18.1 Wasserkraft

Von dem gesamten Wasser auf der Erde nimmt nur ein sehr geringer Teil von ~0,1% an dem von der Sonne getriebenen Kreislauf teil. Mehr als 99% sind in den Grundwasser-Aquiveren, dem Eiskörper an den Polen und in den Becken der Ozeane fixiert, dieses Wasser ändert seine Lage nur in geologischen Zeiträumen. Trotz des geringen Anteils sind die Mengenströme des Kreislaufwassers riesig, vgl. Tabelle (18.1).

Tabelle 18.1. Wasservorkommen auf der Erde

Lokalität	*Menge kg*	*Anteil %*
Flüsse, Bäche	$7,2 \cdot 10^{14}$	0,0002
Wasserdampf in Atmosphäre	$1,27 \cdot 10^{16}$	0,005
Süßwasserseen	$1,7 \cdot 10^{17}$	0,012
Grundwasser	$8,6 \cdot 10^{18}$	0,6
Polareis	$3,0 \cdot 10^{19}$	2,1
Ozeane/ Meere	$1,4 \cdot 10^{21}$	97,2

Der erste Hinweis auf die Nutzung der Wasserkraft mit Wasserrädern im Imperium Romanum findet sich bei Vitruv[2]. Mit den Wasserrädern wurde die kinetische Energie fließenden Wassers zum Mahlen von Getreide genutzt. Diese Vorgänger der heutigen Wasserturbinen wurden in Europa im 18. und 19. Jahrhundert verfeinert und weiterentwickelt. Heute wird etwa ein Sechstel der weltweit erzeugten Elektrizität mit Wasserturbinen gewonnen. Wasserkraftwerke werden auch in Zukunft eine bedeutende Rolle in der Energiewirtschaft spielen. Bei der Nutzung der Wasserkraft sind zu unterscheiden:

- *Laufwasser- und Speicherkraftwerke.* Bei diesen macht man sich den natürlichen Wasserkreislauf aus Verdunstung, Niederschlag und Strömung des Wassers zum Meer zunutze. Laufwasserkraftwerke nutzen das Gefälle in Flüssen und Kanälen. Meist handelt es sich um Niederdruckanlagen mit geringen Fallhöhen und großen Massenströmen. Speicherkraftwerke dagegen sind Hochdruckanlagen an Talsperren und Gebirgsseen mit großen Fallhöhen, aber geringen Massenströmen.
- *Gezeitenkraftwerke.* Durch die Gravitation des Mondes und der Sonne entstehen in den Meeren der Erde jeweils auf der von Mond und Sonne ab- und zugewandten Seite Flutberge, die ihrerseits die Entstehung von Fluttälern bedingen. Die Höhendifferenz zwischen Flutberg und Fluttal kann mittels geeigneter Wehre und Turbinen zur Erzeugung von Strom genutzt werden.
- *Wellenkraftwerke.* Wellen werden durch den Wind infolge der Reibung der Luft mit der Wasseroberfläche erzeugt. Das Anheben und Absenken des Meeresspiegels infolge der Wellenbewegung führt zu einer periodischen Änderung der potentiellen Energie großer Wassermassen, die im Prinzip in Nutzenergie umgewandelt werden kann.

[2] Vitruv (ca. 85–22 v. Chr.), römischer Schriftsteller.

18.1.1 Laufwasserkraftwerke und Speicherkraftwerke

18.1.1.1 Allgemeines, Systemaufbau

Etwa ein Drittel der von der Erde absorbierten Sonnenenergie wird für die Aufrechterhaltung des Wasserkreislaufes verbraucht. Dieser Energiestrom von ca. $40 \cdot 10^{15}$ W verdampft pro Sekunde $18{,}2 \cdot 10^{9}$ kg Wasser. Wenn wir annehmen, dass ein Drittel dieser Menge über Land als Regen niedergeht und im Mittel ein realisierbares Gefälle von 50 m für die Umwandlung potentieller in mechanische Energie zur Verfügung steht, dann beträgt der im Prinzip nutzbare globale Energiefluss der Wasserkraft ≈ 3 TW. Diese Leistung erscheint zwar als riesig, sie ist aber geringer als die Nennleistung aller im Jahr 2008 weltweit installierten Kraftwerke, die ca. 4 TW beträgt.
Die heute installierten und im Bau befindlichen Wasserkraftanlagen erreichen eine Leistung von ca. 0,8 TW.
Wasserkraftwerke zur Umwandlung der potentiellen Energie des Wassers in mechanische Arbeit bestehen aus den Hauptkomponenten

- Speicheranlage (Stausee, Staubecken)
- Entnahmeeinrichtung (Rechen, Schütz)
- Leitung vom Stausee zur Turbine
- Turbine und Generator
- einer Anlage zur Wasserabführung (Unterwasser)

Das mechanische Leistungspotential des mit einer Gefällehöhe H gespeicherten Wassers ergibt sich aus

$$P_{\text{mech}} = \dot{m}\, g\, H\ . \tag{18.1}$$

Hier ist $\dot{m}$ der Massenstrom durch die Turbine und g die Schwerebeschleunigung. Die Energieumwandlung in elektrischen Strom ist mit Verlusten verbunden, die jeweils durch einen Wirkungsgrad erfasst werden. Für Leistungsabgabe des Generators P_{el} ergibt sich die Darstellung:

$$P_{\text{el}} = \eta_{\text{G}}\, \eta_{\text{T}}\, \eta_{\text{S}}\, P_{\text{mech}} = \eta_{\text{N}}\, P_{\text{mech}} \tag{18.2}$$

Mit den Wirkungsgraden $\eta_{\text{G}} = 0{,}96$–$0{,}98$ für den Generator, $\eta_{\text{T}} = 0{,}90$–$0{,}95$ für die Turbine und $\eta_{\text{S}} = 0{,}95$–$0{,}98$ für die strömungsführenden Bauteile ergeben sich für den Nettowirkungsgrad η_{N} Werte im Bereich von 0,82–0,91.

Beispiel 18.1. Betrachtet werde ein 100 MW-Speicherkraftwerk mit einem realisierbaren Gefälle von 200 m und einem Nettowirkungsgrad von 0,8. Berechnen Sie

a) den Wirkungsgrad der Umwandlung der Sonnenenergie in Strom
b) den Einzugsbereich
c) den Flächenbedarf

Nehmen Sie eine Niederschlagsmenge $v = 1\,500\ \text{l/m}^2\text{a}$ an, von der $f = 50\%$ in die Oberflächengewässer abfließen und gesammelt werden können. Das Volumen des Speichersees soll auf eine Trockenperiode von längstens 30 Tagen ausgelegt werden.

Lösung. a) Für die zu erzeugende Leistung P_{el} ist nach (18.1) und (18.2) ein Massenstrom von

$$\dot{m} = \frac{P_{\text{el}}}{\eta_{\text{N}}\, g\, H} = 63\,710 \text{ kg/s} = 2{,}01 \cdot 10^{12} \text{ kg/a}$$

erforderlich. Dieser Massenstrom wird mit Sonnenenergie verdampft, wozu bei einer Verdampfungsenthalpie von 2,4 MJ/kg Wasser ein Wärmestrom von

$$\dot{Q} = \dot{m}\, \Delta h_{\text{V}} = 1{,}53 \cdot 10^5 \text{ MW}$$

notwendig ist. Der Wirkungsgrad der Umwandlung von Sonnenenergie in Strom ergibt sich daraus zu

$$\eta = \frac{P_{\text{el}}}{\dot{Q}} = 0{,}0654\%.$$

b) Die Größe des Einzugsgebietes ist

$$A = \frac{\dot{m}}{f\, \rho\, v} = 2{,}7 \cdot 10^9 \text{ m}^2 = 2\,700 \text{ km}^2.$$

c) Der Mindestinhalt des Speicherbeckens muss

$$V_{\text{Sp}} = \frac{\dot{m}\, t}{\rho} = 1{,}65 \cdot 10^8 \text{ m}^3$$

betragen. Bei einer mittleren Tiefe von 20 m ergibt dies eine Beckenfläche von 8,26 km^2 oder 2,9 × 2,9 km^2. Bezogen auf die Beckenfläche ergibt sich eine Leistungsdichte von 12 W/m^2; Zum Vergleich: die 14.000 MW Anlage Itaipu im Grenzgebiet zwischen Brasilien und Paraguay hat eine Beckenfläche von $1,5 \cdot 10^9$ m^2 und damit eine Lestungsdichte von $9,3$ W/m^2.

Wasserkraftwerke können außer zur Bereitstellung von Energie auch zur Energiespeicherung verwendet werden. Energiespeicher sind notwendig, denn die Elektrizitätswerke stehen von jeher vor dem Problem, die schwankende Nachfrage nach Strom zuverlässig und kostengünstig zu befriedigen. Besondere Schwierigkeiten bereiten dabei kurzzeitige Nachfragespitzen, vgl. Abb. 1.9. Dieses Problem wäre gelöst, wenn es gelänge, den zu Zeiten geringen Bedarfs, nachts und am Wochenende, produzierten Strom für Zeiten großer Nachfrage aufzubewahren. Die einzigen Speichersysteme, die sich bisher im größeren Maßstab für diesen Zweck in der Stromerzeugung bewährt haben, sind die *Pumpspeicherwerke.* Bei diesen wird überschüssiger Strom dazu verwendet, mittels Speicherpumpen Stauseen aufzufüllen. Wird die gespeicherte Energie zu Spitzenlastzeiten des Netzes wieder benötigt, lässt man das Wasser durch die Turbine wieder auf das tiefere Niveau zurücklaufen. Zur Lösung der Aufgabe bestehen zwei Möglichkeiten für die Anordnung von Pumpe und Turbine:

- Turbine/Generator und Pumpe/Motor getrennt
- Pumpturbine und Motor/Generator integriert in je einer Einheit

Bei der zweiten Variante sind die Aufwendungen geringer. Allerdings ist zwischen beiden Betriebsarten eine Drehrichtungsumkehr erforderlich, so dass die Umschaltzeiten zwischen Pumpen- und Turbinenbetrieb anwachsen.

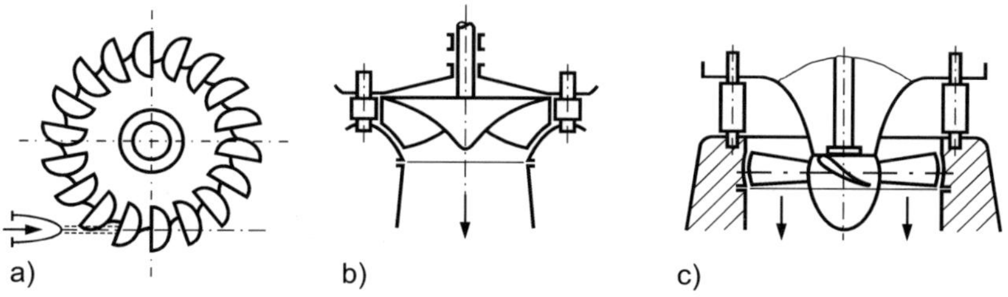

Abbildung 18.1. Bauarten von Wasserturbinen: a) Peltonturbine, b) Francisturbine, c) Kaplanturbine

Derartige Pumpspeicherwerke bestehen bereits in größerer Zahl. Es sind Leistungen bis 200 MW und Höhendifferenzen von einigen 100 m realisiert. Da sowohl beim Pump- als auch beim Turbinenbetrieb Verluste entstehen, liegt der Nettowirkungsgrad derartiger Anlagen bei 80%.

18.1.1.2 Wasserturbinen

Die bei Wasserkraftwerken eingesetzten Turbinen sind Strömungsmaschinen. Sie funktionieren nach denselben Prinzipien wie die in Kap. 8 behandelten Dampfturbinen. Unterschiede ergeben sich aus den Eigenschaften der Arbeitsmittel. Wasser hat im Unterschied zu Wasserdampf eine größere Dichte und ist fast inkompressibel. Aus diesem Grunde haben Wasserturbinen eine höhere Leistungsdichte als Dampfturbinen; sie haben meist nur eine Stufe und die Schaufelanzahl am Radumfang ist gering.

Wasserturbinen wurden für Leistungen von bis zu 1 000 MW mit Laufraddurchmessern von bis zu 11 m ausgeführt. Das Gefälle liegt bei ausgeführten Anlagen zwischen 1 m bei *Flusskraftwerken* und 2 000 m bei *Hochdruckanlagen* mit künstlichen Stauseen im Hochgebirge. Zur Bewältigung dieses großen Fallhöhenbereiches haben sich drei Turbinentypen durchgesetzt, vgl. Abb. 18.1. Dabei ist jeder dieser Bauarten ein Fallhöhenbereich zugeordnet.

Die Leistung einer Wasserturbine ist proportional zu Massenstrom und Fallhöhe. Zur Charakterisierung der einzelnen Typen wird eine dimensionsbehaftete spezifische Drehzahl n_{q} definiert. Man versteht darunter die Drehzahl eines gedachten, dem betreffenden Laufrad geometrisch ähnlichen Rades, das bei 1 m Fallhöhe einen Durchsatz von 1 m^3/s haben würde. Für diese Größe findet man mit den Methoden der Ähnlichkeitsmechanik die Beziehung

$$n_{\mathrm{q}} = \frac{n\sqrt{\dot{V}}}{H^{3/4}} . \tag{18.3}$$

Hier ist n die Drehzahl der Maschine in min^{-1}, $\dot{V}$ der Volumenstrom in m^3/s und H die Fallhöhe in m.

Nach ihrer Arbeitsweise werden die Wasserturbinen eingeteilt in:

- *Gleichdruckturbinen*, bei denen der statische Druck am Eintritt in bzw. beim Austritt aus dem Laufrad gleich groß ist, was eine Teilbeaufschlagung zulässt.
- *Überdruckturbinen*, bei denen der statische Druck am Eintritt in das Laufrad größer als am Austritt ist und die daher nur Vollbeaufschlagung erlauben.

Peltonturbine

Es handelt sich um eine teilbeaufschlagte Gleichdruckturbine mit tangentialer Wasserzuführung zum Laufrad mit 1–6 Freistrahldüsen. Die Regelung erfolgt über eine Verstellung des Massenstroms durch eine Veränderung des Querschnitts der Düsen. Der Regelbereich reicht von 20–100% Last bei fast konstantem Wirkungsgrad. Für Schnellabschaltungen werden Strahlablenker verwendet. Die Peltonturbine eignet sich besonders für Fallhöhen im Bereich von 300–2 000 m. Es wurden Einheitsleistungen bis 300 MW ausgeführt. Die charakteristische Drehzahl n_q variiert zwischen 3 und 20 min^{-1}.

Francisturbine

Die Francisturbine hat ein Leit- und Laufrad, die immer von außen nach innen durchströmt werden; die Abströmung erfolgt stets axial. Das Wasser wird mit einer Einlaufspirale achsensymmetrisch in das Leitrad geführt, dessen Schaufeln drehbar gelagert sind. Dem Laufrad nachgeschaltet ist ein Diffusor (Saugschlauch), mit dem die kinetische Energie des Wassers möglichst vollständig genutzt werden soll. Zur Regelung werden die Leitschaufeln verstellt; der Regelbereich liegt bei einem nahezu konstanten Wirkungsgrad zwischen 30 und 100%. Die Francisturbine eignet sich für Fallhöhen zwischen 40 und 700 m bei Einheitsleistungen bis 1 000 MW. Die spezifische Drehzahl n_q liegt zwischen 20 und 100 min^{-1}.
Die bisher größten Wasserkraftwerke, die Anlage Itaipu in Brasilien/Paraguay mit 14.000 MW und das 3-Schluchten Kraftwerk am Yangtse Fluss in China mit einer installierten Leistung von 18.200 MW, sind mit Turbinen der Bauart Francis ausgerüstet. Die Laufräder der 26 Turbineneinheiten des 3-Schluchten Werks haben einen Durchmesser von 10 m und ein Gewicht von 420 Tonnen, die Fallhöhe des Wasser beträgt 80 m und der Massenstrom pro Turbine beträgt bei voller Leistung 950 kgs^{-1}.

Kaplanturbine

Bei Kaplanturbinen sind sowohl die radialen Leitschaufeln als auch die axialen Laufschaufeln verstellbar, woraus sich gegenüber der Francisturbine ein besserer Wirkungsgrad bei Teillasten ergibt. Kaplanturbinen eignen sich besonders für niedrige und schwankende Fallhöhen. Es wurden Einheitsgrößen bis 200 MW ausgeführt; die spezifische Drehzahl liegt zwischen 90 und 300 min^{-1}.
Über die Theorie und Anwendungstechnik der Wasserturbinen besteht eine umfangreiche Literatur; für ein weiterführendes Studium sei auf [4], [21], [20] und [28] verwiesen.

18.1.1.3 Umweltbelastungen

Obgleich die Speicherkraftwerke eine emissionsfreie Energiequelle sind, hat der Bau von Dämmen und großen Reservoiren doch tiefgreifende Wirkungen auf Flüsse und Oberflächengewässer und zwar allein schon wegen der Mächtigkeit dieser Bauwerke. Aus den Entwurfsspezifikationen der großen Dämme ergibt sich ein Speichervolumen von insgesamt ca. 10.000 km^3; dies ist etwa fünfmal mehr als das Gesamtvolumen aller großen Flüsse unserer Welt. Die Gesamtfläche aller Speicherseen mit einer Stauhöhe von über 25 m beträgt mehr als 200.000 km^2, sie ist damit etwa halb so groß wie die Fläche Deutschlands.

Ökologische Auswirkungen sind besonders von sehr großen Wasserkraftwerken bekannt. So führt z.B. die Wasserverdunstung beim Assuan-Staudamm in Oberägypten zu einer Versalzung des aufgestauten Wassers und auch des abfließenden Nilwassers. Dies hat Folgen für die Trinkwasserversorgung des ganzen Landes. Im Dreiländereck zwischen Ungarn, Österreich und Slowakei wurde 1989 der Bau eines Laufwasserkraftwerkes in den Donauauen wegen erwarteter Nachteile für die Umwelt eingestellt.

Der Bau der großen Staudämme war schon immer mit oft zwangsweiser Umsiedlung von meist armen Menschen verbunden. Es wird geschätzt, dass im vergangenen Jahrhundert verbunden mit Wasserkraftprojekten mehr als 80 Millionen Menschen umgesiedelt wurden. Im Zuge des Baus des 3-Schluchten-Projekts am Yangtse Fluss mussten ca. 1,3 Millionen Menschen ihre Häuser und Höfe verlassen; meist Mitglieder bäuerlicher Familien, denen ihr fruchtbares Land durch Überflutung verloren ging. Erschwerend kommt hinzu, dass es sich um eine Gegend handelt, wo es offensichtlich an geeignetem Land für landwirtschaftliche Siedlungen mangelt; bezüglich der Beeinträchtigung unserer Umwelt durch große Dämme sei auf [24] erwiesen.

18.1.2 Gezeitenkraftwerke

Die Gezeiten kommen aufgrund der Gravitation des Mondes und der Sonne zustande. Ihr Erscheinen ist mit dem Umlauf des Mondes um die Erde (Umlaufzeit 24 h 50') bzw. der Erde um die Sonne verknüpft. Die Wirkung der Sonne auf die Gezeiten ist etwa halb so groß wie die des Mondes. Eine Überlagerung beider Effekte führt an den Küsten zu Spring- bzw. Nippfluten. Wirken Sonne und Mond in gleicher Richtung, beträgt der Tidenhub auf offener See ca. 1 m. In einigen Buchten und Flussmündungen sind aber viel höhere Tidenhübe zu beobachten. Diese kommen durch Resonanzerscheinungen der periodisch auf- und ablaufenden Gezeiten unter bestimmten Randbedingungen zustande.

Für eine Abschätzung möglicher Resonanzerscheinungen betrachten wir die Oberflächenwellen in einem Wasserbecken der Tiefe H und der Länge L; die Längsausdehnung sei groß gegen die Tiefe. Das Becken sei auf einer Seite offen und dort an das offene Meer angeschlossen. Zur Beschreibung der durch Wellen von Ort und Zeit abhängigen Wasserhöhe $y(t) = H + \eta(t)$ gilt die aus der Strömungsmechanik gut bekannte Gleichung für die Ausbreitung von Oberflächenwellen

$$\frac{\partial^2 \eta}{\partial t^2} = g\, H\, \frac{\partial^2 \eta}{\partial x^2} \,. \tag{18.4}$$

η ist hier die Abweichung von der mittleren Höhe. Am offenen Ende ($x = L$) gelten die Randbedingungen:

$$\eta(L, t) = \eta_0 \cos(\omega_G t) \tag{18.5}$$

und

$$\frac{\partial \eta}{\partial t}(0, t) = 0 \,. \tag{18.6}$$

Die Lösung des Randwertproblems lautet:

$$\eta(x, t) = \eta_0 \, \frac{\cos \dfrac{2\,\pi\, x}{\lambda}}{\cos \dfrac{2\,\pi\, L}{\lambda}} \cos \omega_G t \tag{18.7}$$

mit der Wellenlänge

$$\lambda = \frac{2\,\pi\, \sqrt{g\, H}}{\omega_G} \,. \tag{18.8}$$

Hier ist η_0 die Wellenamplitude und ω_G die Kreisfrequenz der Gezeiten auf dem offenen Meer. Man erkennt aus (18.7), dass für $\cos(2\,\pi\, L/\lambda) = 0$ Resonanz vorliegt.

Dann ist

$$\frac{2\,\pi\, L}{\lambda} = (2n-1)\,\frac{\pi}{2}\,, \quad n = 1, 2, 3, \ldots \,. \tag{18.9}$$

Hieraus folgt mit (18.8), dass Resonanz möglich ist, wenn

$$L = (2n-1)\,\frac{\pi}{2}\,\frac{\sqrt{g\, H}}{\omega_G}\,, \tag{18.10}$$

vgl. Abb. 18.2.

Beispiel 18.2. Die Bay of Fundy an der kanadischen Ostküste hat eine Länge von 270 km und eine mittlere Tiefe von 70 m. Am Landende treten Tidenhöhen von bis zu 15 m auf. Ist dies eine Resonanzerscheinung?

Lösung. Bei einer Dauer des Gezeitenzyklus von $\tau_G = 12$ h ist die Kreisfrequenz der Gezeiten

$$\omega_G = \frac{2\,\pi}{\tau_G} = 1{,}45 \cdot 10^{-4}\ \mathrm{s}^{-1}.$$

Aus (18.8) berechnet man die Wellenlänge

$$\lambda = 1{,}13 \cdot 10^6\ \mathrm{m}\,.$$

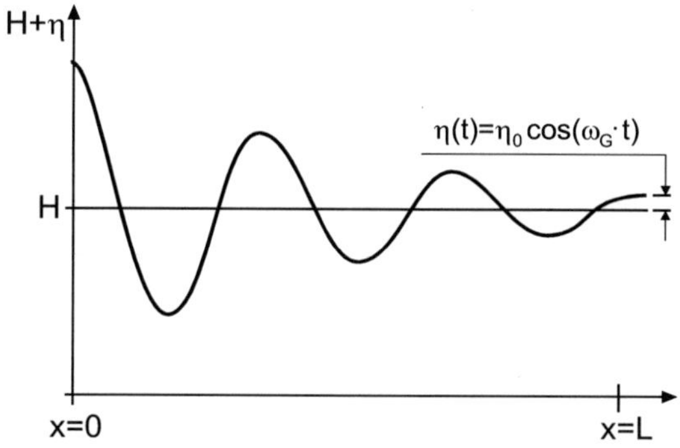

Abbildung 18.2. Wasserstandsschwingung in einem einseitig offenen Kanal

Aus (18.10) folgt

$$n = \frac{1}{2} + \frac{2L}{\lambda} = 0{,}977 \approx 1 \; ,$$

es liegt also Resonanz vor. Dieses einfache Modell beschreibt allerdings die Vorgänge nur im Prinzip. Über ein genaueres Modell wird in [13] berichtet.

Für Gezeitenkraftwerke bestehen zwei Möglichkeiten:

1. Nutzung der auftretenden Höhenunterschiede beim Gezeitenwechsel
2. Direkte Umwandlung der kinetischen Energie der Gezeitenströmung mit einer Turbine

Die Gezeiten haben gegenüber anderen erneuerbaren Energiequellen einen großen Vorteil: Ebbe und Flut sind periodische Erscheinungen und damit berechenbar. Dagegen ist man bei Wind- und Solarenergieanlagen von den äußeren Gegebenheiten, dem Wetter, abhängig. Die Gezeiten sind zuverlässiger!

18.1.2.1 Bauarten von Gezeitenkraftwerken

Bei den bisher gebauten Anlagen nutzt man die Höhendifferenz zwischen den Wasserständen in mindestens zwei Becken. Hiervon ist eines meist die offene See, während das andere z.B. durch Eindämmung einer Bucht erzeugt wird. Der beim Gezeitenwechsel auftretende Höhenunterschied der Wasserstände wird genutzt, um das Wasser bei ablaufender Flut hinter einer Eindämmung aufzustauen und bei niedrigem Wasserstand (bei Ebbe) durch eine Turbine abfließen zu lassen.
Voraussetzung für einen Turbinenbetrieb ist eine Mindestdifferenz der Wasserspiegelhöhe beider Becken, die abhängig vom Tidenhub zeitweise unterschritten wird. Es entstehen somit Wartezeiten, innerhalb derer kein Strom erzeugt werden kann. Diese Wartezeiten können mit geeigneten Mehrbeckenanlagen verkürzt werden. Die Becken können dann darüberhinaus als Pumpspeicher genutzt werden. Bei dieser Art der Wasserkraftnutzung wird die bei Laufwasserkraftwerken gut bewährte Technik eingesetzt.

An der Mündung der Rance bei St. Malo in Frankreich wurde 1966 ein Gezeitenkraftwerk mit einer Nennleistung von 10 × 24 MW in Betrieb genommen, dessen mittlere Leistungsabgabe über 2 × 11 Stunden 70 MW beträgt. Es ist als Einbeckenanlage angelegt, wobei die Turbinen Wasserspiegeldifferenzen in beiden Richtungen nutzen können. Der 750 m lange Damm schafft eine Speicherfläche von 22 km^2 und der Tidenhub beträgt 13 m.

Die potentielle Energie der im Staubecken befindlichen Wassermenge errechnet sich zu:

$$E = \rho_{H_2O} g \, A \frac{\delta^2}{2} \tag{18.11}$$

Hierbei ist A die Fläche des Wasserspiegels und δ der Tidenhub.
Der Faktor 1/2 berücksichtigt, dass die mittlere Höhe des Wasserspiegels gleich dem halben Tidenhub ist. Werden sowohl der Wasserzufluss (Ebbe → Flut) als auch der Wasserabfluss (Flut → Ebbe) zur Energiewandlung genutzt, so beträgt die Zeitdauer einer Periode ca 6 h = 21600 s. Damit folgt mit Gl. (18.11) für den mittleren Energiestrom der Anlage

$$P = \frac{E}{6\,h} = 855\ MW. \tag{18.12}$$

Dieser Energiestrom kann mittels Wasserturbinen mit einem Wirkungsgrad von ca. 0,2 in Strom umgewandelt werden, so dass sich mit den gegebenen Zahlenwerten für die Anlage St. Malo eine mittlere elektrische Leistung von ca. 170 MW ergibt.

Gezeitenkraftwerke sind nur dort sinnvoll, wo ein hoher Tidenhub und entsprechend günstige topographische Verhältnisse vorliegen. Das weltweite Potential wird auf 300 GW geschätzt. Allerdings ist hiervon aus ökologischen und wirtschaftlichen Gründen nur ein kleiner Teil nutzbar.

Stömungskraftwerke in der Gezeitenströmung wandeln die kinetische Energie der Strömung direkt mittels Turbine und Generator in elektrische Energie um. Wegen der im Vergleich zur Luft hohen Dichte des Wassers benötigen sie im Vergleich zu Windturbinen weit geringere Strömungsgeschwindigkeiten, sie beginnen bereits bei Geschwindigkeiten von 2 m/s zu arbeiten. Eine Pilotanlage wurde im Rahmen eines deutsch-britischen Projekts *Seaflow* vor der Küste Cornwalls in einer Tiefe von 30 m installiert und 2003 in Betrieb genommen. Die Turbine hat einen Rotordurchmesser von 5m und soll eine Leistung von 300 kW abgeben. Als nächster Schritt ist der Bau einer 1 MW Anlage geplant.

18.1.3 Wellenenergie

Die großen Ozeane und ihre Nebenmeere bedecken etwa 70% der Erdoberfläche. Wellen in den Meeren entstehen durch Wechselwirkung des Windes mit der Wasseroberfläche. Bei einer mit v_w fortschreitenden Wellenbewegung kreisen die Wasserteilchen der Oberfläche in vertikalen Kreisbahnen um praktisch

ortsfeste Zentren, vgl. Abb. 18.3. Für die Geschwindigkeit der Kreisbewegung gilt: $v_z = R\omega$, ω ist die Winkelgeschwindigkeit der Drehbewegung.
Die Höhe der Wellen ist abhängig von Stärke und Dauer des Windes, der Wassertiefe und der Ausdehnung der wirksamen Wasseroberfläche.
Bei „glatten Wellen", d.h. kleinen Auslenkungen $H = 2R$, kann die Wellenoberfläche nach Fig. 18.13 durch eine Cosinuskurve dargestellt werden:

$$h(x) = R \cos(2\pi \frac{x}{\lambda})$$

Im Wellental haben die Wasserteilchen die Geschwindigkeit $v_T = v_W + v_Z$ und auf dem Wellenberg $v_B = v_W - v_Z$. Die durch die Welle transportierte kinetische Energie ist dabei gleich der Differenz der potentiellen Energie zwischen Wellenberg und Wellental:

$$\Delta E = \frac{m}{2}(v_T^2 - v_B^2) = 2m\, v_W v_Z = 2m\, v_W R\omega = 2m\, v_W 2\pi R\nu = mgH$$

mit $H = 2R$. Dabei ist $\nu = \omega/(2\pi)$ die Wellenfrequenz; ν kann gemäß $\nu = 1/T$ durch die Wellenperiode T ausgedrückt werden. Aus der Gleichsetzung der Differenz der kinetischen und potentiellen Energie ergibt sich für die Wellengeschwindigkeit:

$$v_w = \frac{g}{2\pi\nu} = \frac{gT}{2\pi}$$

Per Definitionem gilt dann für die Wellengeschwindigkeit v_W:

$$v_W = \nu\lambda \text{ und ferner: } v_W = \sqrt{\frac{g\lambda}{2\pi}}, \ \nu = \frac{1}{T} = \sqrt{\frac{g}{2\pi\lambda}}, \ \lambda = \frac{gT^2}{2\pi}. \qquad (18.13)$$

Die Geschwindigkeit v_W ist nach Gl. (18.13) von der Wellenlänge abhängig, die langwelligen sind schneller und laufen den kurzwelligen davon; letztere dissipieren ihre Energie durch Turbulenzen.
Bei der Berechnung der Wellenleistung ist die Massenverteilung und die Lage

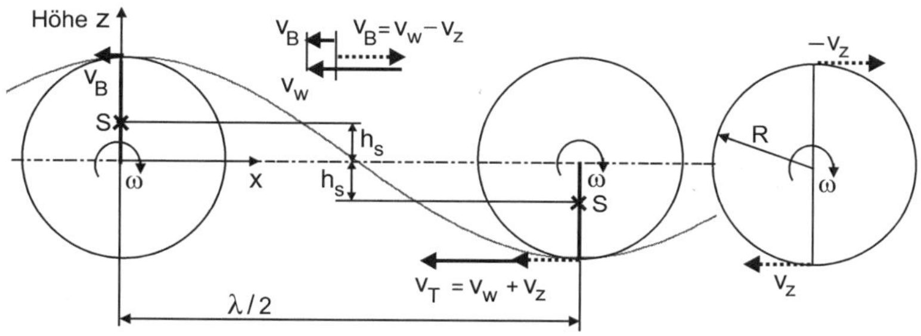

Abbildung 18.3. Bewegung einer fortschreitenden Oberflächenwelle. Die Welle bewegt sich mit der Geschwindigkeit v_w von rechts nach links; überlagert ist eine Drehbewegung mit der Winkelgeschwindigkeit ω.

des Massenschwerpunktes „S“ von Wellenberg und Wellental zu berücksichtigen, vgl. Abb. 18.3. Die Masse der oberen Hälfte der Welle pro Längeneinheit Tiefe (l) ergibt sich zu:

$$\frac{m}{l} = \rho_{H_2O} 2R \int_{-\lambda/4}^{\lambda/4} cos(2\pi \frac{x}{\lambda})\mathrm{d}x = \rho_{H_2O} \frac{\lambda R}{\pi}$$

Für den Abstand h_s zwischen dem Schwerpunkt „S“ der oberen Hälfte der Welle, vgl. Abb. 18.3, und der Symmetrielinie gilt:

$$h_s = \frac{\int_{-\lambda/4}^{\lambda/4} \frac{1}{2} R^2 cos^2(2\pi \frac{x}{\lambda})\mathrm{d}x}{\int_{-\lambda/4}^{\lambda/4} R\ cos(2\pi \frac{x}{\lambda})\mathrm{d}x} = \frac{\pi R}{8}$$

Damit erhalten wir für die spezifische Leistung pro Längeneinheit Tiefe der Welle:

$$\frac{P}{l} = mg2h_s \nu = \rho_{H_2O}\, g \frac{\lambda R^2}{4} \nu \tag{18.14}$$

Mit $2R = H$, H steht für die Wellenhöhe, und wegen $\nu = 1/T$ sowie $\lambda = gT^2/(2\pi)$, kann Gl. (18.14) auch wie folgt geschrieben werden:

$$\frac{P}{l} = \frac{1}{32\pi} \rho_{H_2O}\, g^2 H^2 T = 0{,}98 H^2 T \ [\mathrm{kW/m}] \tag{18.15}$$

Hierbei ist:

- ρ_{H_2O} die Dichte des Meerwassers (1,025 kg/m^3)
- g die Erdschwere (9,81 m^2/s)
- T die Wellenperiode, die Zeit zwischen dem Passieren zweier Wellentäler
- H die Wellenhöhe in Metern

Die totale von der Welle transportierte Leistung aus kinetischer und potentieller Energie ist, mirabile dictu, gleich dem doppelten des Wertes nach Gl. (18.15), vgl. z.B. [2]. Damit ist im idealen Fall:

$$\left.\frac{P}{l}\right|_{ideal} = 1{,}96\ H^2 T \ [\mathrm{kW/m}] \tag{18.16}$$

An der Nordseeküste findet man H=1,5 m und λ =50 m. Die ideale Wellenleistung pro Meter Küste beträgt damit 24,5 kW/m. Von dieser Energie kann nur ein Anteil von ca. 20% geerntet werden, d.h. $\approx$ 5 kW/m. Die deutsche Nordseeküste hat eine Länge von ca. 500 km. Wir nehmen an, dass ein Viertel der Küste über eine Strecke von 125 km für die Ernte der Wellenenergie genutzt werden kann. Die Leistung einer solchen Anlage würde ca. 625 MW betragen, was der Leistung eines mittleren Kohlekraftwerks entspricht.

Beispiel 18.3. Typische Wellen an der Westküste Schottlands haben eine Periode von 10 s und eine Höhe von 2 m. Welche Frequenz, Länge und Geschwindigkeit haben diese Wellen und welche Leistung kommt ihr zu? Wie ändert sich die Leistung, wenn bei einem Sturm die Wellenhöhe bei gleicher Periode auf 6 m zunimmt?

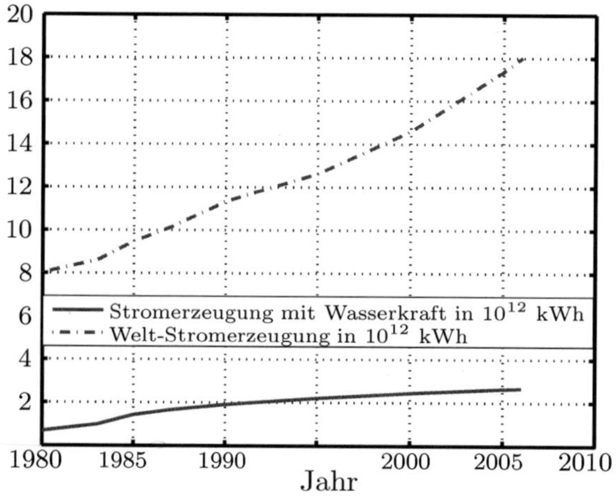

Abbildung 18.4.
Energieeinspeisung der weltweit installierten Wasserkraftwerke in das elektrische Netz. Die Nennleistung aller im Jahr 2006 im Betrieb befindlichen Anlagen betrug etwa 770 GW.

Lösung. Die Frage nach Frequenz, Länge und Geschwindigkeit kann mit Gl. (18.13) beantwortet werden:

$$\nu = \frac{1}{T} = \frac{1}{10} = 0{,}1 \ s^{-1}$$

$$\lambda = \frac{gT^2}{2\pi} = \frac{9{,}81 \cdot 10^2}{2\pi} = 156{,}1 \ m$$

$$v_W = \nu\lambda = \frac{156{,}1}{10} = 15{,}61 \ m$$

Mit Gl.(18.15) ergibt sich für die Leistung:

$$\left.\frac{P}{l}\right|_{ideal} = 1{,}96 H^2 T = 1{,}96 \cdot 2^2 \cdot 10 = 78{,}4 \text{ kW/m}$$

Bei einem Sturm mit 6 m Wellenhöhe wächst die Leistung auf:

$$\left.\frac{P}{l}\right|_{Sturm} = 705{,}6 \text{ kW/m}$$

Die hier abgeschätzte Variation der Leistung der Wellen gibt einen Hinweis auf die Beanspruchung der für die Ernte der Wellenenergie erforderlichen Bauwerke und illustriert die technischen Schwierigkeiten, die bei der Nutzung der Energie der Meereswellen zu lösen sind.

18.1.4 Fazit

Die Wasserkraft ist eine attraktive Quelle sauberer, regenerativer Energie. Wie die anderen Energiequellen bleibt sie nicht ohne Auswirkungen auf die Umwelt. Es könnte allerdings sein, dass sich ihre Einwirkungen gegenüber den anderen Energiequellen als vertretbarer erweisen.

Für die Elektrizitätswirtschaft bieten die Speicherkraftwerke den Vorteil, dass diese mit geringen Zusatzinvestitionen außer zur Strombereitstellung auch zur Energiespeicherung und damit zur Abdeckung der Spitzenlast eines Netzes verwendet werden können. Bei einer erwarteten Spitze kann die Wasserturbine bei kleiner Leistung in drehender Reserve gehalten werden, bei Bedarf kann die Leistung so schnell gesteigert werden wie es die Turbinenventile zulassen.

Risiken der Wasserkraft bestehen hauptsächlich hinsichtlich der großen Dämme. Im Jahresdurchschnitt kommt es weltweit im Zusammenhang mit diesen Dämmen zu einem Unglück. Das bisher die meisten Opfer fordernde Ereignis dieser Art ereignete sich 1966 am Vaiont-Damm in Norditalien. Dabei blieb der Damm zwar intakt, aber eine über die Dammkrone hinweggehende Welle überschwemmte und zerstörte ein Dorf am Dammfuß.

18.2 Sonnenenergie

Unsere Sonne ist ein gewöhnlicher Durchschnittsstern der Milchstraßengalaxie. In einer klaren Nacht können wir unzählige Sterne von ihrer Art mit bloßem Auge sehen. Zum großen Teil verschwimmen sie in der Ferne zu jener milchigen Struktur am Nachthimmel, die wir Milchstraße nennen. Die Sonne wird von den Astrophysikern als *Hauptreihenstern* der Leuchtkraftstufe V eingestuft. Hauptreihensterne decken ihren Energiebedarf durch die Fusion von Wasserstoffkernen zu Helium. Die Sterne der Hauptreihe entwickeln und verändern sich nur langsam über einen Zeitraum von mehreren Milliarden Jahren.

Nach derzeitigen Kenntnissen ist die Sonne vor ca. 4,6 Mrd. Jahren entstanden. Sie ist damit ein relativ junger Stern in unserer etwa 15 Mrd. Jahre alten Milchstraße. Seit die Sonne zu leuchten begann, hat sie in jeder Sekunde 5 Mrd. kg Wasserstoff zu Helium verbrannt. Trotz dieses gewaltigen Verbrauches wäre noch ausreichend Brennstoff für weitere 100 Mrd. Jahre vorhanden. Allerdings wird nach den gegenwärtigen Modellen der Sternentwicklung die Leuchtkraft der Sonne zunehmen: Wenn sie ein Alter von 6 Mrd. Jahren erreicht hat, wird sich ihr Volumen um den Faktor 3 vergrößert haben und ihre Leuchtkraft um 15% zunehmen.

Unter diesen Bedingungen dürfte sich das Klima auf der Erde drastisch verändern: Eis und Schnee sind dann in den heutigen gemäßigten Zonen unbekannt, und am Polarkreis werden sich Temperaturen wie heute in Nordafrika einstellen. Sofern das Leben dann nicht in äußere Zonen des Sonnensystems ausgewichen ist, dürfte es in ernste Schwierigkeiten kommen. Nach menschlichen Maßstäben gehen die beschriebenen Veränderungen aber so langsam vor sich, dass wir die Sonne als gleichbleibend ansehen können. Die wichtigsten Daten unserer Sonne sind in Tabelle 18.2 zusammengestellt.

Die Leistungsdichte der „Energiequelle“ Sonne ist mit $1{,}88 \cdot 10^{-4}$ W/kg sehr gering. Man erkennt dies durch einen Vergleich mit dem spezifischen Energiebedarf des menschlichen Gehirns. Dieses hat einen Leistungsbedarf von durchschnittlich 20 W und eine Masse von etwa 1,3 kg. Der spezifische Leistungsbedarf beträgt damit etwa 15 W/kg. Die Energiedichte im Gehirn ist damit 100 000 mal höher als in der Sonne! Trotz der geringen Energiedichte pro Masseneinheit ist die Sonne die wichtigste Primärenergiequelle für die Erde. Die auf die Erde treffende Strahlungsleistung ist ca. 12 000 mal größer als der Leistungsbedarf unserer technischen Zivilisation.

Die Energie der Sonnenstrahlung weist eine spektrale Verteilung auf, die in guter Näherung der Strahlung eines schwarzen Körpers bei einer Temperatur von 6 200 K entspricht, vgl. Abb. 18.5. Es gelten folgende Zuordnungen:

$3 \leq \lambda < 365$ nm: ultraviolette Strahlung oder UV-Strahlung
$365 \leq \lambda \leq 750$ nm: sichtbares Licht
$\lambda > 750$ nm: infrarote Strahlung oder IR-Strahlung

Die spektrale Zusammensetzung ändert sich allerdings beim Durchgang durch die Erdatmosphäre infolge von Streuung und Absorption. Die Strahlung im kurzwelligen Bereich wird im wesentlichen durch Streuung geschwächt, während im Infrarotbereich eine Verminderung durch die Absorption des Wasserdampfes und des Kohlendioxids auftritt. Aus den beiden Effekten resultiert eine Verschiebung der mittleren Bestrahlungsstärke zum langwelligen Bereich hin, d.h. zu Lichtquanten mit geringerer Energie.

Bei einem mittleren Abstand der Erde von der Sonne von $1{,}495 \cdot 10^{11}$ m beträgt die Leistungsdichte der Sonnenstrahlung am äußeren Rand der Atmosphäre $S = 1{,}37$ kW/m^2. Die Größe S wird auch als *Solarkonstante* bezeichnet; sie schwankt zwischen Sonnennähe und Sonnenferne der Erdbahn um ± 3%. Eine weitere Variation von ca. ±0,1% ergibt sich durch die periodisch auftretenden Sonnenflecken.

Die auf den Rand der Erdatmosphäre auftreffende Strahlungsleistung $\dot{q}_S$ ist allerdings geringer. Sie hängt vom *Einfallwinkel* ψ der Strahlung und dem Abstand zur Sonne ab, vgl. Fig. 18.6:

Tabelle 18.2. Die heutige Sonne

Alter	$4{,}6 \cdot 10^{9}$	a	Leuchtkraft	$3{,}96 \cdot 10^{26}$	W
Masse	$1{,}99 \cdot 10^{30}$	kg	Leistungsdichte	$1{,}88 \cdot 10^{-4}$	W/kg
Radius	$6{,}96 \cdot 10^{8}$	m	Oberflächenenergiefluss	$6{,}3 \cdot 10^{7}$	W/m^2
Abstand zur Erde	$1{,}495 \cdot 10^{11}$	m	Oberflächentemperatur	5 785	K

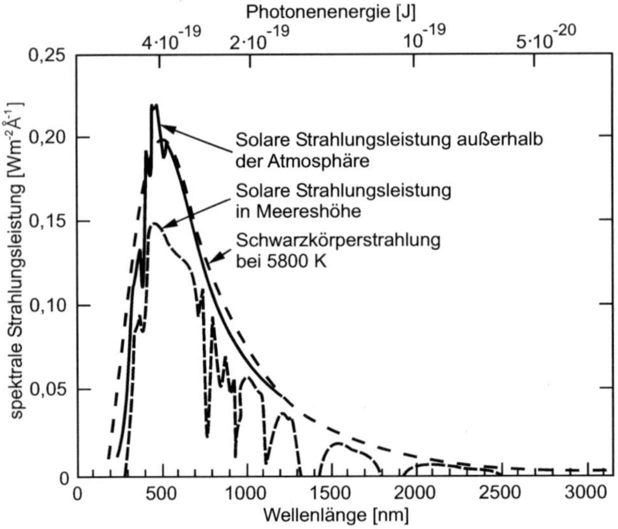

Abbildung 18.5. Die Solarstrahlung am äußeren Rand der Atmosphäre und auf der Erdoberfläche im Vergleich mit der Schwarzkörperstrahlung

$$\dot{q}_S = S\left(\frac{D}{d}\right)^2 \cos\psi\ . \tag{18.17}$$

Hier sind D und d der mittlere bzw. der aktuelle Abstand zwischen Erde und Sonne. Für den Einfallwinkel ψ gilt bei einer horizontalen Fläche die trigonometrische Beziehung

$$\cos\psi = \sin\varphi\,\sin\delta + \cos\varphi\,\cos\delta\cos\gamma\ . \tag{18.18}$$

Hier ist φ der *Breitengrad* und δ die *Deklination*, der Winkelabstand zwischen Sonnenhöchststand und Himmelsäquator. Für δ gilt in Grad:

$$\delta = 23,45 \cdot \sin(\frac{284+d}{365}360), \tag{18.19}$$

dabei ist d der Tag im Jahr. Der *Stundenwinkel* γ wird von 12.00 Uhr Mittag an gezählt, es ist:

$$\gamma = \frac{\text{Minuten vor }(-)\text{ oder nach }(+)\text{ 12.00 Uhr Mittag}}{4}\ . \tag{18.20}$$

Ist der Kosinus des mit (18.18) berechneten Einfallwinkels negativ, so ist die Sonne unter den Horizont gesunken; die Strahlungsleistung $\dot{q}_S$ gemäß 18.17 ist dann gleich Null zu setzen. Falls die betrachtete Fläche um den Winkel β nach Norden oder Süden geneigt ist, muss φ durch $\varphi - \beta$ bzw. $\varphi + \beta$ ersetzt werden, vgl. Abb. 18.6. Aus (18.17) und (18.18) folgt unmittelbar, dass die Sonneneinstrahlung für die Orte nördlich bzw. südlich der Wendekreise rasch abnimmt. So beträgt zum Frühlingsbeginn ($\delta = 0$) die maximale Sonneneinstrahlung in Lübeck ($\varphi = 54°$) nur 60% des entsprechenden Wertes am Äquator.

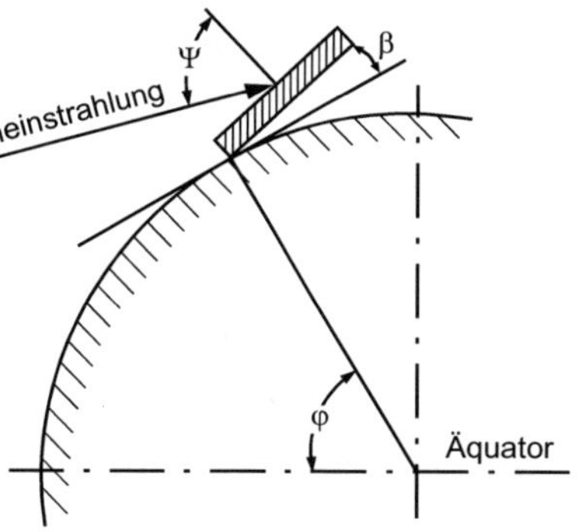

Abbildung 18.6. Zusammenhang zwischen Einfallwinkel und Breitengrad

Desweiteren spielen für die Sonneneinstrahlung noch folgende Effekte, die Intensität und Spektrum der Strahlung beeinflussen, eine Rolle:

- Reflexion an der Atmosphäre und der Erdoberfläche
- Streuung an den Molekülen der Atmosphäre
- Absorption an Wasserdampf, Ozon und Aerosolen

Der erste Effekt wird durch die Albedo (das Rückstrahlungsvermögen) charakterisiert. Diese ist definiert als das Verhältnis der reflektierten zur einfallenden Strahlung. Der Wert der Albedo hängt stark von der Oberflächenbeschaffenheit ab. So sind Eis, Schnee und Sand ausgezeichnete Reflektoren, Baumkronen und andere Vegetation sowie die Meere dagegen absorbieren die einfallende Strahlung gut, vgl. Tabelle 18.3. Über die Jahreszeit und über die Erde gemittelt beträgt die Albedo ca. 0,3. Allerdings ist dieser Wert nicht genau bekannt, außerdem hat er sich mit der Zeit infolge menschlicher Aktivitäten – z.B. der Rodung von Wäldern – verändert. Ein Teil der relativ nah über der Erdoberfläche an Wolken, Staub und Wassertröpfchen gestreuten Strahlung geht ebenfalls für die Nutzung auf der Erde verloren, während der andere Teil

Tabelle 18.3. Albedo für verschiedene Oberflächen (Schätzwerte)

Objekt	Albedo A	Anteil an Erdoberberfläche f	Reflexion R = f A
Eis/Schnee	0,7 – 0,8	0,04	0,022
Vegetation	0,15 – 0,25	0,12	0,024
Siedlungen/Strassen	0,2 – 0,3	0,003	0,0003
Wasser	0,05 – 0,08	0,36	0,02
Wolken	0,48 – 0,54	0,46	0,24
Erde		1,0	0,32

die Erde als *diffuse Himmelsstrahlung* erreicht.[3] Die auf der Erde auftreffende Einstrahlung besteht damit aus zwei Komponenten:

- der *direkten Einstrahlung*, das ist die um Absorption und Streuung geminderte extraterrestrische Strahlung, und
- der diffusen Himmelsstrahlung, die durch Streuung der direkten Einstrahlung in der Atmosphäre entsteht.

Die Summe beider Komponenten heißt *Globalstrahlung*. Die Globalstrahlung ist orts- und zeitabhängig. In Abb. 18.2 sind die monatlichen Mittelwerte der Globalstrahlung und ihrer Komponenten für Hamburg während der Jahre 1966–1974 in Abhängigkeit von der Jahreszeit dargestellt. Die Abbildung zeigt, dass der diffuse Anteil überwiegt.

Bei der Berechnung der Direkteinstrahlung auf die Erdoberfläche sind die Absorptions- und Streuverluste in der Atmosphäre zu berücksichtigen. Näherungsweise gilt für die Einstrahlung zur Mittagszeit

$$\dot{q}_{\mathrm{D}}(z,t) = S \exp\left(-\frac{0{,}3}{\cos\psi}(1-\frac{z}{h})\right)\left(\frac{D}{d}\right)^2 \cos\psi \,. \tag{18.21}$$

Hierin ist:

$\psi(t)$: der von Jahres-, Tageszeit und Ort abhängige Einfallwinkel der Sonnenstrahlung
z: die Höhenkoordinate des betreffenden Ortes in [m]
h: die Dicke der Luftschicht (10000 m)
S: die Solarkonstante

Der Einfluss der Bewölkung wurde in der Formel außer acht gelassen, weil man nur dann von direkter Sonnenstrahlung spricht, wenn die Sonnenstrahlen ohne direkte Wechselwirkung mit Wolken die Erde erreichen.

[3] Für eine ausführliche Darstellung des Strahlenklimas der Erde vgl. z. B. [23].

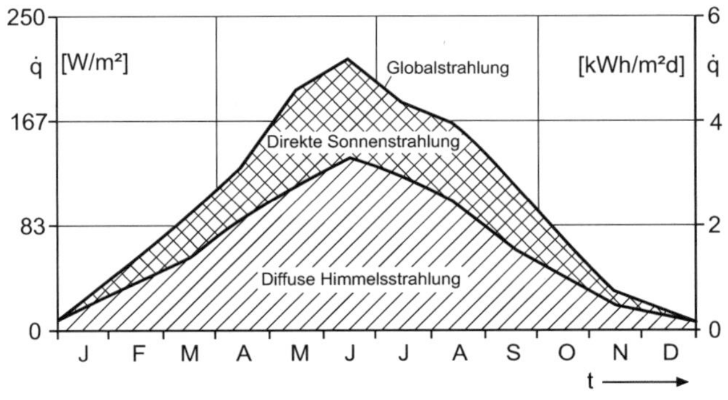

Abbildung 18.7. Tagesmittelwert der Globalstrahlung und ihrer Komponenten auf eine horizontale Fläche für Hamburg (1963–1965)

Tabelle 18.4. Anhaltswerte für die direkte Einstrahlung auf eine horizontale Fläche in kW/m^2 [23]

Einfallwinkel	0^0	30^0	60^0	80^0	85^0
Hochgebirge	1,16	0,97	0,50	0,12	0,04
Tiefebene	1,04	0,89	0,43	0,085	0,026
Großstadt	0,97	0,79	0,36	0,058	0,015
Industriegebiet	0,86	0,69	0,28	0,036	0,008

Beispiel 18.4. Es ist die Direkteinstrahlung für Karlsruhe ($\varphi = 50°$) um 12.00 Uhr Mittag ($\gamma = 0°$) an einem klaren Tag zur Sommer- und Wintersonnenwende abzuschätzen. Die Deklination δ und das Abstandsverhältnis D/d haben an diesen Tagen die Werte (+23,45°; 0,984) und (-23,45°; 1,017).

Lösung. Der Einstrahlwinkel kann aus (18.18) berechnet werden. Am Mittag der Sommersonnenwende ist $\cos\psi = 0{,}8945$, und am Mittag der Wintersonnenwende ist $\cos\psi = 0{,}2849$. Für die Direkteinstrahlung zur Sommersonnenwende folgt aus (18.21)

$$\dot{q}_D = 0{,}949 \text{ kW/m}^2 ;$$

für die Wintersonnenwende ergibt sich

$$\dot{q}_D = 0{,}247 \text{ kW/m}^2 .$$

An einem klaren Tag trägt die direkte Einstrahlung 90 bis 95% zur Globalstrahlung bei und die diffuse entsprechend nur 5 bis 10%. Nach unserer Erfahrung sind aber wolkenlose Tage eher die Ausnahme. Dies zeigt sich auch in den in Abb. 18.2 dargestellten Messwerten für beide Strahlungskomponenten für Hamburg. Da die Bewölkung in der Bundesrepublik im Mittel nur wenig unter der von Hamburg liegt, folgt aus der Abbildung, dass in unseren Breiten die diffuse Strahlung im jahreszeitlichen Mittel von gleicher Größenordnung ist wie die direkte. Dies ist für die Art der Nutzung der Solarenergie von erheblicher Bedeutung.

In Mitteleuropa beträgt die globale Einstrahlung etwa 1 000–1 500 kWh/m^2a, in den Wüstengebieten Nordafrikas 2 200 kWh/m^2a. Wie die Tabelle zeigt, variiert der diffuse Anteil der Einstrahlung zwischen Nord und Süd nur wenig, der direkte Anteil ist dagegen im Süden fünfmal größer als im Norden, vgl. Tabelle 18.5 und [18].

18.2.1 Wärmetransport durch Strahlung

Wenn eine materielle Fläche der Sonnenstrahlung $\dot{q}_S$ ausgesetzt wird, kann diese absorbiert, transmittiert oder reflektiert werden. Bezeichnet $\dot{q}_S$ die Leistungsdichte der Strahlung, gilt für die entsprechenden Strahlungsanteile die Energiebilanz

$$\dot{q}_S = \alpha\,\dot{q}_S + \tau\,\dot{q}_S + \rho\,\dot{q}_S , \tag{18.22}$$

Tabelle 18.5. Jahresmittelwerte für die globale Sonneneinstrahlung und den direkten Strahlungsanteil für einige ausgewählte Orte in kWh/m^2a

Ort	globale Einstrahlung	direkte Strahlung	diffuse Strahlung
Wadi Dhuliel (Jordanien)	2.113	1.485	628
Almeria	1.784	1.138	646
Athen	1.584	978	606
Neapel	1.529	869	660
Bordeaux	1.350	715	635
Zürich	1.135	613	522
Stuttgart	1 138	631	507
London	898	358	540
Hamburg	978	562	416
Bergen (Norwegen)	785	315	470

und damit ist

$$\alpha(\lambda, T) + \tau(\lambda, T) + \rho(\lambda, T) = 1 \ . \tag{18.23}$$

Hier ist α der Absorptions-, τ der Transmissions- und ρ der Reflexionsgrad der Fläche. Die Abhängigkeit der Faktoren von der Wellenlänge λ der Strahlung führt z.B. zum sogenannten Treibhauseffekt: Glas absorbiert den ultravioletten Anteil der Sonnenstrahlung, reflektiert aber den im Innern des Treibhauses teilweise in Infrarotstrahlung umgewandelten Teil des sichtbaren Lichtes. Die bei einer bestimmten Temperatur T über λ integrierten Faktoren heißen Absorptions-, Transmissions- und Reflexionskoeffizienten.

Für $\alpha = 1$ ist die Fläche ein *schwarzer Körper*, der die auftreffende Strahlung vollständig absorbiert.[4] Für $\rho = 1$ ist die Fläche ein idealer Reflektor (Spiegel) und für $\tau = 1$ ein transparentes Medium. Dies sind idealisierte Grenzfälle, die in der Natur nicht vorkommen und technisch nur näherungsweise realisiert werden können. Für einen undurchsichtigen Körper ($\tau = 0$) folgt aus der Energiebilanz

$$\alpha\,(\lambda, T) = 1 - \rho\,(\lambda, T) \ . \tag{18.24}$$

Neben dem schwarzen Körper betrachtet man als weiteres Modell noch den *grauen Körper*. Die Absorptionsfähigkeit eines grauen Körpers ist kleiner als eins, aber für alle Frequenzen gleich und hängt nur von der Temperatur, dem Material und dem Zustand seiner Oberfläche ab, es ist: $\alpha^{grau}\,(\lambda, T) = \alpha\,(T) < 1$. Die Erfahrung lehrt, dass Körper, die Strahlung absorbieren, auch Energie abstrahlen. Die Abstrahlung wird durch den Emissionskoeffizienten $\varepsilon(\lambda, T)$

[4] Ein schwarzer Körper absorbiert bei beliebiger Temperatur alle auf ihn einfallende Strahlung beliebiger Frequenz. Folglich ist der Absorptionsgrad für alle Temperaturen und Frequenzen bzw. Wellenlängen gleich eins: $\alpha^{schw}\,(\lambda, T) = 1$.

berücksichtigt, der als das Verhältnis der spezifischen Ausstrahlung eines beliebigen Körpers zu der des schwarzen Körpers definiert ist. Befindet sich ein Körper bei einer Temperatur T im Strahlungsgleichgewicht mit seiner Umgebung, strahlt er genau soviel Energie ab wie er von der Umgebung aufnimmt. Daraus folgt

$$\varepsilon\,(\lambda, T) = \alpha\,(\lambda, T)\,. \tag{18.25}$$

Die Aussage wurde von Kirchhoff aus dem 2. Hauptsatz der Thermodynamik abgeleitet und wird als *Kirchhoffsches Gesetz* bezeichnet[5]. Nach dem Kirchhoffschen Gesetz strahlt ein Körper, der im Intervall von λ bis $\lambda + d\lambda$ bei gegebener Temperatur T keine Strahlung absorbiert, in diesem Intervall bei der Temperatur T auch keine Strahlung aus. Technische Oberflächen können als graue Strahler behandelt werden. Die Intensitätsverteilung $\dot{I}(\lambda, T)$ ihrer Strahlung ist um einen konstanten Faktor kleiner als die Intensität $\dot{I}_s(\lambda, T)$ des schwarzen Körpers bei gleicher Temperatur:

$$\varepsilon(T) = \frac{\dot{I}(\lambda, T)}{\dot{I}_s(\lambda, T)} = \text{const.} \tag{18.26}$$

$\dot{I}_s(\lambda, T)$ ist durch das *Planck'sche Strahlungsgesetz*[6]

$$\dot{I}_s(\lambda, T) = \frac{2\,\pi\,h\,c^2}{\lambda^5}\left(\exp\left(\frac{h\,c}{k\,\lambda\,T}\right) - 1\right)^{-1} \tag{18.27}$$

mit der *Planck'schen Konstante* $h = 6{,}626 \cdot 10^{34}$ Js, der Boltzmann-Konstante $k = 1{,}381 \cdot 10^{-23}$ J/K und der Lichtgeschwindigkeit $c = 2{,}9979 \cdot 10^8$ m/s gegeben. Aus einer Integration des Planck'schen Gesetzes über λ ergibt sich das Stefan-Boltzmann'sche Gesetz, das für graue Strahler in der modifizieren Form

$$\dot{q}(T) = \varepsilon\,\sigma_S\,T^4 \tag{18.28}$$

gilt.[7] Hier ist ε der Emissionskoeffizient und $\sigma_S = 5,67 \cdot 10^{-8} W m^{-2} K^{-4}$ die Strahlungskonstante des schwarzen Körpers.

Bei elektrischen Leitern ist die Strahlungsintensität unregelmäßig über den Wellenlängenbereich verteilt. Bei drei- und mehratomigen Gasen liegt eine selektive Bandenstrahlung vor, d.h. sie absorbieren und emittieren nur in bestimmten Wellenlängenbereichen. Ein- und zweiatomige Gase sind dagegen *diatherm*, d.h. für Wärmestrahlung vollständig durchlässig, weshalb sie Wärmestrahlung weder absorbieren noch emittieren oder reflektieren.

Zur Erläuterung der obigen Zusammhänge wird der Energiestrom zwischen zwei unendlich ausgedehnten, parallelen Platten bestimmt, die als graue, undurchlässige Strahler betrachtet werden und die Temperaturen T_1 und

[5] Gustav R. Kirchhoff (1824–1887)

[6] Max Planck (1858–1947), deutscher Physiker und Nobelpreisträger.

[7] Ludwig Boltzmann (1844 – 1906), Josef Stefan (1835 – 1893)

T_2 haben. Der Zwischenraum der Platten sei diatherm. Wir bezeichnen die Absorptions- und Emissionskoeffizienten mit α_1, α_2 bzw. ε_1, ε_2. Jede der Flächen absorbiert, reflektiert und emittiert Strahlung. So setzt sich die Strahlungsleistung $\dot{Q}_1$ der Fläche 1 aus der Emissionsleistung $\dot{E}_1$ und der Reflexion $r_1 \dot{Q}_2$ der einfallenden Strahlungsleistung $\dot{Q}_2$ zusammen. Es gilt

$$\dot{Q}_1 = \dot{E}_1 + r_1 \dot{Q}_2 \tag{18.29}$$

und

$$\dot{Q}_2 = \dot{E}_2 + r_2 \dot{Q}_1 \, . \tag{18.30}$$

Für graue Strahler ist

$$r = 1 - \alpha = 1 - \varepsilon \, . \tag{18.31}$$

Damit folgt für die Strahlungsleistungen $\dot{Q}_1$ und $\dot{Q}_2$

$$\dot{Q}_1 = \frac{\dot{E}_1 + (1 - \varepsilon_1)\, \dot{E}_2}{\varepsilon_1 + \varepsilon_2 - \varepsilon_1 \varepsilon_2} \tag{18.32}$$

bzw.

$$\dot{Q}_2 = \frac{\dot{E}_2 + (1 - \varepsilon_2)\, \dot{E}_1}{\varepsilon_1 + \varepsilon_2 - \varepsilon_1 \varepsilon_2} \, . \tag{18.33}$$

Der ausgetauschte Wärmestrom ergibt sich als Differenz

$$\dot{Q}_{12} = \dot{Q}_1 - \dot{Q}_2 = \frac{\varepsilon_2 \dot{E}_1 + \varepsilon_1 \dot{E}_2}{\varepsilon_1 + \varepsilon_2 - \varepsilon_1 \varepsilon_2} \, . \tag{18.34}$$

Mit dem Stefan-Boltzmann-Gesetz folgt

$$\dot{Q}_{12} = A\, \varepsilon_{12}\, \sigma_{\mathrm{S}} \left(T_1^4 - T_2^4 \right) \tag{18.35}$$

mit A als Fläche der Platten und

$$\varepsilon_{12} = \left(\frac{1}{\varepsilon_1} + \frac{1}{\varepsilon_2} - 1 \right)^{-1} \, . \tag{18.36}$$

Wie das Beispiel zeigt, ist der Wärmeaustausch durch Strahlung von der Geometrie abhängig. Wird z.B. ein Körper mit der Oberfläche A_1 vollständig von einer strahlenden Oberfläche A_2 eingeschlossen, gilt für den Austauschkoeffizienten

$$\varepsilon_{12} = \left(\frac{1}{\varepsilon_1} + \frac{A_1}{A_2} \frac{1}{\varepsilon_2} - 1 \right)^{-1} \, . \tag{18.37}$$

Durch das Flächenverhältnis wird berücksichtigt, dass alle Strahlung von Köper 1 den Körper 2 trifft, aber die von Körper 2 nur teilweise auf Körper 1 auftrifft, vgl. [27].

18.2.2 Technische Nutzung der Sonnenenergie

18.2.2.1 Thermische Solarzellen - Flachglaskollektoren

Die Sonnenenergie kann für recht unterschiedliche Zwecke einer Nutzung zugänglich gemacht werden[8]:

- Bereitstellung von Niedertemperaturwärme für Heizzwecke und Warmwasserbereitung
- Bereitstellung von Hochtemperaturwärme für thermische Kraftwerke
- direkte Umwandlung in elektrischen Strom mit Solarzellen

Neben dieser aktiven Nutzung ist auch eine passive Nutzung möglich. Darunter versteht man die dem Klima besonders angepasste Gestaltung von Gebäuden (große Fensterflächen im Süden, Ost-West-Ausrichtung etc.), worauf aber hier nicht weiter eingegangen werden soll.

Für Heizzwecke und Warmwasserbereitung sind thermische Solarzellen weit verbreitet, die oft auch als Sonnenkollektoren bezeichnet werden. Ihre wichtigste Komponente ist der *Absorber*. Aufgabe eines Absorbers ist es, die kurzwellige Sonnenstrahlung vollständig aufzunehmen ($\alpha = 1$) und einen möglichst großen Teil davon in Wärme umzuwandeln. Ein idealer Absorber reflektiert langwellige (Wärme-) Strahlung vollständig ($\rho = 1$) und emittiert damit nach dem Kirchhoff'schen Gesetz keine Wärmestrahlung. Dieses selektive Absorptionsvermögen ist kein Widerspruch zu den Hauptsätzen der Thermodynamik. Diese verlangen nur, dass für einen Körper im Strahlungsgleichgewicht mit seiner Umgebung die abgestrahlte Energie gleich der absorbierten ist und die Temperatur der abgestrahlten Energie höchstens gleich der Temperatur der absorbierten Energie ist. Ein wellenlängen-selektives Absorptionsvermögen hat, wie das nachfolgende Beispiel zeigt, im Vergleich zu einem nicht-selektiven eine Temperaturerhöhung des betreffenden Körpers zur Folge. In Tabelle 18.6 sind die optischen Eigenschaften einiger technischer Oberflächen zusammengestellt. Wir betrachten einen grauen Körper, der sich im Strahlungsgleichgewicht mit seiner Umgebung befindet. Der Körper empfängt Strahlung mit der Leistungsdichte $\dot{q}_{\mathrm{A}}$ und absorbiert den Anteil $\alpha_{\mathrm{A}}\, \dot{q}_{\mathrm{A}}\, A$. Hier ist α_{A} das Absorptionsvermögen und A die Projektionsfläche des Körpers in Bezug auf die Anstrahlung. Mit dem Stefan-Boltzmann'schen Gesetz folgt aus der Energiebilanz

$$\alpha_{\mathrm{A}}\, \dot{q}_{\mathrm{A}}\, A = \varepsilon_{\mathrm{A}}\, \sigma_{\mathrm{S}}\, T_{\mathrm{A}}^4\, A\,. \tag{18.38}$$

Im Strahlungsgleichgewicht emittiert der Körper die aufgenommene Strahlung bei der Gleichgewichtstemperatur T_{A}.

Beispiel 18.5. Welche maximale Temperatur T_{A} kann mit einem selektiven Absorber realisiert werden? Das Absorptionsvermögen für sichtbares Licht α_{A} sei 0,9 und das Emissionsvermögen ε_{A} für Wärmestrahlung 0,1. Die Direkteinstrahlung

[8] Eine Zusammenstellung möglicher Nutzungssysteme ist in [10], [16] gegeben.

Tabelle 18.6. Optische Eigenschaften verschiedener Flächen

Material	Wellenlängenbereich					
	sichtbares Licht			Wärmestrahlung		
	α	τ	ρ	$\alpha = \varepsilon$	τ	ρ
Fensterglas	0,02	0,97	0,01	0,94	0	0,06
Glas In_2O_3	0,10	0,85	0,05	0,15	0	0,85
lackiertes Blech	0,97	0	0,03	0,97	0	0,03
Schwarzchrom (Cr und CrO)	0,88	0	0,12	0,1	0	0,9
Aluminium, aufgerauht	0,7	0	0,3	0,1	0	0,9
Glasspiegel, beschichtet mit						
Silber	0,13	0	0,87	–	–	–
Aluminium	0,25	0	0,75	–	–	–

der Sonne $\dot{q}_S$ betrage an einem klaren Tag 900 W/m^2 und an einem Tag mit leichter Bewölkung 400 W/m^2. Der Absorber ist in einen Flachkollektor eingebaut, der senkrecht zur Sonneneinstrahlung steht.

Lösung. Aus der Energiebilanz (18.38) erhält man die gesuchte Absorbertemperatur

$$T_A = \sqrt[4]{\frac{\alpha_A \dot{q}_A}{\varepsilon_A \sigma_S}} ,$$

wobei für den senkrecht zur Sonneneinstrahlung stehenden Flachkollektor $\dot{q}_A = \dot{q}_S$ gilt. An dem klaren Tag bei $\dot{q}_S = 900$ W/m^2 ist

$$T_A = 614{,}8 \text{ K} = 341{,}6°\text{C},$$

an dem bewölkten Tag bei $\dot{q}_S = 400$ W/m^2 ist

$$T_A = 502{,}0 \text{ K} = 228{,}8°\text{C}.$$

Diese Temperaturen würden sich ohne Entnahme von Nutzwärme und ohne weitere Verluste einstellen.

In der Praxis wird die Wärmeabstrahlung des Absorbers durch Überdecken mit einer lichtdurchlässigen aber für Wärmestrahlung undurchlässigen Glasscheibe unterdrückt, vgl. Abb. 18.8. Neben der Verminderung des Strahlungsverlustes, der dann vernachlässigbar klein gegen den Verlust durch Konvektion ist, wird durch die Anordnung von ein oder mehreren Glasplatten infolge der Rückstrahlung das Temperaturniveau des Absorbers angehoben. Die Glasscheibe reflektiert die vom Absorber ausgehende Wärmestrahlung und strahlt sie wieder zum Absorber zurück. Bei n Abdeckschichten ergibt sich für die Einstrahlung auf den eigentlichen Absorber im idealen Fall:

$$\dot{q}_{ein} = (n + 1)\dot{q}_s$$

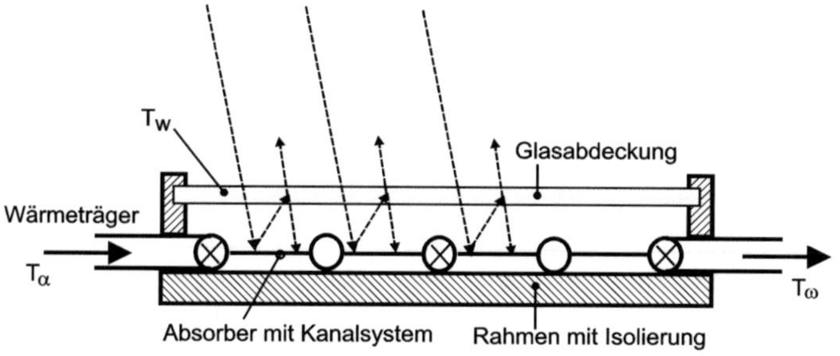

Abbildung 18.8. Prinzip einer thermischen Solarzelle. Die maximal erreichbare Temperatur des Wärmeträgerfluids hängt von der Intensität der Einstrahlung, den Wärmeverlusten des Kollektors und der Menge der abgeführten Nutzwärme ab.

Für die Absorbertemperatur folgt bei n Glasschichten, falls aus dem Absorber keine Wärme entnommen wird:

$$T_A\{\mathrm{n\,Glasplatten}\} = (\mathrm{n}+1)^{1/4}\mathrm{T_A}\{\mathrm{keine\,Glasplatte}\}$$

Zur Entnahme der Nutzwärme wird in den Absorber ein Wärmeaustauscher integriert, aus dem die geerntete Sonnenenergie mittels einer Flüssigkeit, die als Wärmeträger dient, abgezogen werden kann. Es ist klar, dass die erreichbare Temperatur des Wärmeträgers (T_ω) von der Intensität der Sonneneinstrahlung, der entnommenen Wärmeleistung und den Wärmeverlusten durch Abstrahlung und Konvektion abhängt. Strahlungsverluste sind bei Niedertemperatur-Kollektoren gering, der Einfachheit halber fassen wir sie mit dem Konvektionsverlust zusammen. Wegen der ungleichförmigen Temperaturverteilung auf der Oberfläche des Kollektors lässt sich der Konvektionsverlust ($\dot{Q}_{kv}$) nur schwer berechnen, er wird vielmehr für jede Kollektorbauart empirisch ermittelt. Zur rechnerischen Erfassung wird ein linearer Ansatz gesetzt:

$$\dot{q}_{kv} = k_v\,(T_w - T_u)A_k \tag{18.39}$$

Hierbei ist: A_k die Fläche des Kollektors, T_w die mittlere Temperatur des Kollektors, T_u die Umgebungstemperatur; der Verlustfaktor k_v hat die Dimension $\mathrm{Wm^{-2}K^{-1}}$ und ist ein Maß für den Wärmeübergang zwischen Kollektor und Umgebung.

Für die nutzbare Wärmeleistung des Kollektors gilt dann in linearer Näherung:

$$\dot{Q}_{Nutz} = \eta_0\dot{q}_s A_k - k_v\,(T_w - T_u)A_k \tag{18.40}$$

$\dot{q}_s$ ist die auf den Kollektor auftreffende Globalstrahlung des Sonnenlichts, η_0 heißt Konversionsfaktor, er ist das Produkt aus Absorptionskoeffizient α des Absorbers und Transmissionskoeffizient τ der Glasplatte. Richtwerte für Kollektoren zur Bereitstellung von Niedertemperaturwärme: $\eta_0 \approx 0,8$ und $k_v \approx 4 \div 6\ \mathrm{Wm^{-2}\,K^{-1}}$. Damit erhält man für den Wirkungsgrad:

$$\eta_{Nutz} = \frac{\dot{Q}_{Nutz}}{\dot{q}_s A_k} = \eta_0 - \frac{k_v \left(T_w - T_u\right)}{\dot{q}_s} \qquad (18.41)$$

Das Temperaturniveau der aus dem Kollektor entnommenen Wärme ergibt sich aus einer Energiebilanz, für die Differenz zwischen der Aus- und Eintrittstemperatur $T_\omega - T_\alpha$ des Wärmeträgers gilt:

$$\dot{m}\, c_p \left(T_\omega - T_\alpha\right) = \eta_{Nutz} A_k \dot{q}_s \qquad (18.42)$$

Die Gln.(18.41, 18.42) stellen Geraden dar. Trägt man η_{Nutz} gegen $(T_\omega - T_\alpha)$ auf, so ergibt der Schnittpunkt der beiden Geraden den Arbeitspunkt des Sonnenkollektors.
Die thermischen Solarzellen zur Bereitstellung von Niedertemperaturwärme von Warmwasser mit ca. 60°Csind technisch ausgereift, sie sind aber aufwendig und teuer.[9] Ferner haben sie einen prinzipiellen Nachteil: Die Wärmeleistung fällt dann an, wenn sie am wenigsten gebraucht wird, nämlich bei großer Sonneneinstrahlung.

18.2.2.2 Heliostat, Rinnenkollektor, Absorber

Thermische Solarkraftwerke unterscheiden sich von den klassischen thermischen Kraftwerken durch zwei Komponenten: dem Sammler (Konzentrator) des Sonnenlichts und dem Absorber, der das Sonnenlicht absorbiert und in Wärme umwandelt. Um hohe Wirkungsgrade bei der Energiewandlung der geernteten Wärme in elektrischen Strom zu erzielen, muss die Wärme auf einem hohen Temperaturniveau (>500°C) dem Kraftwerksprozess zur Verfügung gestellt werden.
Wir betrachten einen Absorber für die Bereitstellung von Hochtemperaturwärme, der sich im Strahlungsgleichgewicht mit seiner Umgebung befindet. Der Absorber empfängt Strahlung mit der Leistungsdichte $\dot{q}_{\mathrm{A}}$ und absorbiert den Anteil $\alpha_{\mathrm{A}}\, \dot{q}_{\mathrm{A}}\, A$. Hier ist α_{A} das Absorptionsvermögen und A die Projektionsfläche des Körpers in Bezug auf die Anstrahlung. Im Strahlungsgleichgewicht emittiert der Absorber gemäß (18.38) die aufgenommene Strahlung bei der Gleichgewichtstemperatur. Wird dem System eine Nutzwärme $\dot{Q}_{\mathrm{N}} = \dot{q}_{\mathrm{N}}\, A_{\mathrm{A}}$ entzogen, stellt sich eine niedrigere Temperatur ein. Für die Höhe dieser Temperatur sind auch die auftretenden Verluste von Bedeutung:

- Abstrahlung im langwelligen Bereich
- Reflexion am Absorber
- Wärmeverluste durch Konvektion

[9] Bei der für Mitteleuropa typischen Einstrahlung von 1 000 kWh/(m^{2}a) ergeben sich für auf dem Markt angebotene Absorber-Systeme Wärmepreise von ca. 0,2 Euro pro kWh. Diese Angabe bezieht sich auf eine Solaranlage mit einer Kollektorfläche von 2 700 m^2 und einem Warmwasser-Wärmespeicher mit 25 000 m^3. Die Anlage versorgt ein Gebäude mit 20 000 m^2 Nutzfläche, der solare Deckungsanteil beträgt ca. 50%. Gegenüber dem konventionellen Wärmepreis von 0,06 Euro/kWh ergibt sich ein Teuerungsfaktor von 3 bis 4.

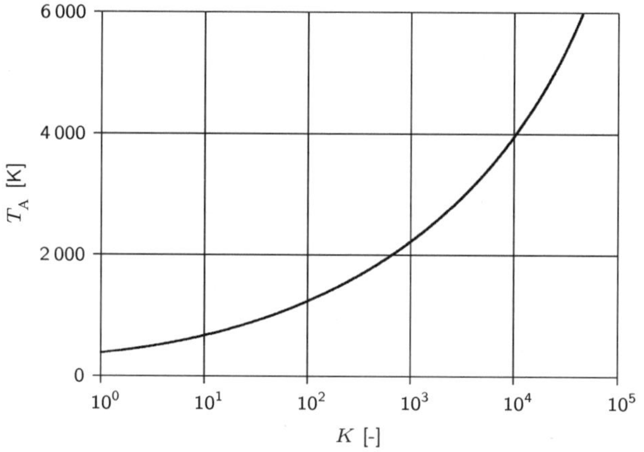

Abbildung 18.9. Absorbertemperaturen in Abhängigkeit vom Konzentrationsverhältnis

Die Energiebilanz lautet bei Beachtung der Verluste

$$\dot{q}_A A_A =$$
$$\dot{q}_N A_A + \varepsilon_A \sigma_S \left(T_A^4 - T_U^4\right) A_A + \alpha_K \left(T_A - T_U\right) A_A + \rho_A \dot{q}_A A_A \,. \qquad (18.43)$$

Hier ist ρ_A der Reflexions-, ϵ_A der Emissionskoeffizient und α_K die Wärmeübergangszahl infolge Konvektion.
Aus (18.38) und (18.43) folgt, dass zur Erreichung hoher Absorbertemperaturen T_A die Leistungsdichte der Strahlung erhöht werden muss. Am Einfachsten geschieht dies mit Spiegeln, die von verschiedenen Orten aus das einfallende Sonnenlicht auf die Absorberfläche konzentrieren; zur Kennzeichnung wird der *Konzentrationsfaktor* K eingeführt:[10]

$$K = \frac{\text{Absorberfläche}}{\text{Spiegelfläche}} = \frac{\text{Strahlungsdichte auf Spiegelfläche}}{\text{Strahlungsdichte auf Absorberfläche}} = \frac{\dot{q}_A}{\dot{q}_K}. \qquad (18.44)$$

Damit folgt bei einer verlustfreien Anordnung für die Energiestromdichte am Absorber:

$$\dot{q}_A = K \, \dot{q}_S \,. \qquad (18.45)$$

Hierbei ist $\dot{q}_S$ die Intensität der Solarstrahlung am Spiegel. Analog zu (18.38) folgt für die maximale Absorbertemperatur

$$T_A = \sqrt[4]{\frac{\alpha_A \, K \, \dot{q}_S}{\varepsilon_A \, \sigma_S}} \,. \qquad (18.46)$$

In Abb. 18.9 ist T_A als Funktion des Konzentrationsfaktors K dargestellt. Konstruktiv zu realisieren sind bei Kollektoren in der Form von Parabolrinnen

[10] Nach Berichten aus der Antike hat bereits Archimedes mit Spiegeln das Sonnenlicht gebündelt und damit im Jahr 212 v. Chr. die römische Flotte, die seine Heimatstadt Syrakus belagerte, in Brand gesetzt.

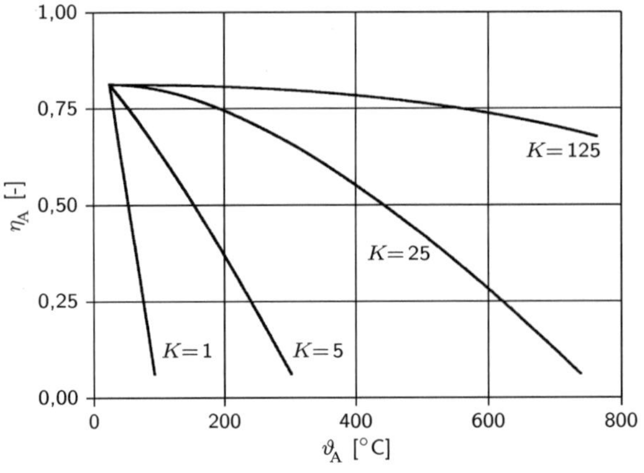

Abbildung 18.10. Wirkungsgrad eines Absorbers in Abhängigkeit von der Absorbertemperatur und dem Konzentrationsverhältnis

K-Werte bis ca. 150, mit Spiegeln in Form von Paraboloiden K-Werte von ca. 1 000 und mit Heliostaten K-Werte von ca. 1 000 – 4 000.

Wird dem Absorber Nutzwärme $\dot{Q}_N = \dot{q}_N A_A$ entzogen, so stellt sich eine niedrigere Temperatur ein, die aus der Energiebilanz (18.43) berechnet werden kann. Mit (18.43) kann ferner der *Absorber-Wirkungsgrad* bestimmt werden:

$$\eta_A = \frac{\dot{q}_N}{\dot{q}_A} = 1 - \frac{\varepsilon_A \sigma_S \left(T_A^4 - T_U^4\right) + \alpha_K \left(T_A - T_U\right)}{\dot{q}_A} - \rho_A . \tag{18.47}$$

In Fig. 18.10 ist der Wirkungsgrad η_A nach (18.47) als Funktion der Absorbertemperatur mit dem Konzentrationsverhältnis K (18.44) als Parameter dargestellt. Weil die Verluste mit der vierten Potenz der Absorbertemperatur zunehmen, nimmt der Wirkungsgrad mit steigender Temperatur ab. Die relative Abnahme ist bei mittleren Werten des Emissionskoeffizienten ε_A größer als bei kleinen. Zusätzlich zu berücksichtigen sind die Reflexionsverluste der Spiegel. Diese betragen bei aluminiumbeschichteten Glasspiegeln ca. 25% und bei mit Silber beschichteten ca. 15%. Um hohe Absorbertemperaturen und gute Wirkungsgrade zu erhalten, muss der Konzentrationsfaktor K Werte größer 150 annehmen. Um dies zu erreichen, kann nur mit der direkten Komponente der Sonnenstrahlung gearbeitet werden, ferner müssen die für die Konzentration des Sonnenlichts erforderlichen Spiegel jederzeit auf die Sonne ausgerichtet sein.

18.2.3 Thermische Solarkraftwerke

Turmkraftwerke

Die Umwandlung von Wärme in elektrischen Strom in konventionellen Dampfkraftwerken erfolgt heute bei Temperaturen bis ca. 600°C. Die Bereitstellung von Wärme in diesem Temperaturbereich erfordert die Konzentration der Sonnenstrahlung mit optischen Systemen. Die zwei wichtigsten Bauarten von

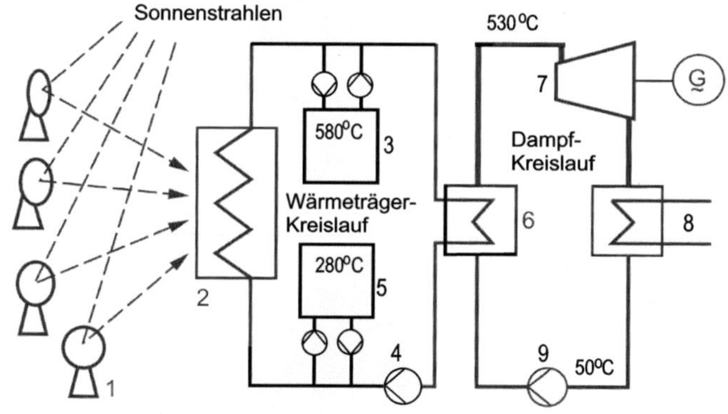

1 Heliostaten
2 Receiver
3 Speicher - heiß
4 Umwälzpumpe
5 Speicher - kalt
6 Dampferzeuger
7 Turbogruppe
8 Kondensator
9 Speisepumpe

Abbildung 18.11. Schema eines Turmkraftwerkes mit Wärmespeichern

thermischen Solarkraftwerken sind die *Turm- und Farmkraftwerke.*[11] Beim *Turmkraftwerk* wird die Sonnenstrahlung mit beweglichen Spiegeln auf einen zentral angeordneten Absorber gerichtet, der üblicherweise auf einem Turm untergebracht ist, vgl. Fig. 18.11. Systeme, welche die eingefangene Sonnenstrahlung im Tages- und Jahresverlauf auf einen festen Absorber richten – der auch als *Receiver* bezeichnet wird –, nennt man *Heliostaten.* Die empfangene solare Strahlungsenergie wird im Absorber in Form von Wärme an einen Energieträger übergeben. Dabei werden Wärmestromdichten von typischerweise 1000 kW/m^2 erreicht, was den Einsatz von hitzebeständigem Material verlangt (Keramik oder Austenite). Zur Kühlung der hochbeanspruchten Wärmetauscher werden geschmolzene Salze (z. B. $NaNO_3$) verwendet, die auch zur Energiespeicherung genutzt werden können. Die thermischen Energiespeicher können in sonnenreichen Zeiten geladen werden, so dass in sonnenarmen Stunden oder nachts der Dampf für die Turbinen des Kraftwerks mit Energie aus dem Wämespeicher erzeugt werden kann. Durch Integration eines ausreichend bemessenen Wärmespeichers können Solarthermische Kraftwerke planbar im so genannten Mittellastbereich eingesetzt werden.

Mit Kreisprozessen, deren Dampfparameter mit den Betriebsdaten fossil gefeuerter Kraftwerke vergleichbar sind, wird die zugeführte Wärme schließlich in mechanische Arbeit umgewandelt. Turmkraftwerke können wegen der großen Strahlungskonzentration mit hohen oberen Prozesstemperaturen arbeiten. Bei diesem Anlagentyp werden deshalb die höchsten Wirkungsgrade für die Wandlung der Sonnenenergie in mechanische/elektrische Energie erreicht. Als möglich erscheinen Nettowirkungsgrade im Bereich von $\eta = 0{,}2$–0,3. Die erforderliche Spiegelfläche pro kW Nennleistung einer Anlage liegt bei einer Einstrahlungsdichte von 0,9 kW/m^2 bei 5–6 m^2. Der gesamte spezifische Flächenbedarf ist um den Faktor 3–4 größer; ein im Mittellastbereich einsetz-

[11] Das erste thermische Solarkraftwerk wurde 1912 von den Amerikanern F. Shuman und C.V. Boys im Westen der USA gebaut und in Betrieb genommen [8].

bares Turmkraftwerk mit einem Wärmespeicher und einen Nennleistung von 50 MW hat an einem Standort mit einer Einstrahlung von 2200 kWh/a, wie sie z. B. bei einem Standort in Nordafrika vorliegen, einen Platzbedarf von ca. 1,5 km^2.

Das bisher größte Turmkraftwerk SolarTwo wurde in Barstow, Kalifornien errichtet. Es hat eine Nennleistung von 12,5 MW und wurde 1996 in Betrieb genommen. Das Heliostatenfeld besteht aus 1018 Einheiten mit jeweils 39,1 m^2 Spiegelfläche und weiteren 108 Heliostaten mit je 95 m^2 Spiegeln. Die Heliostaten bündeln das eingefangene Sonnenlicht auf einen Absorber, der auf einem 91 m hohen Turm steht. Die Leistung des gebündelten Sonnenlichts beträgt bei Vollast 48 MW, die Leistungsdichte der Strahlung am Absorber beläuft sich dabei 920 kW/m^2. Die Wärmetauscherrohre des Absorbers werden mit einer Salzschmelze gekühlt. Die Schmelze wird mit einer Temperatur von 288°C zugeführt, sie wird im Absorber auf 588°C erhitzt und dann in einen Behälter geleitet, der seinerseits dem Dampferzeuger die notwendige Energie liefert und auch als Energiespeicher dient. Die Stromerzeugung wird mit einem Wasserdampfprozess durchgeführt; Dampfdaten: 10 MPa, 538°C. Der Nettowirkungsgrad unter Nominalbedingungen beträgt 21,7%. Die Anlage wurde bis 1999 betrieben.

Farmkraftwerke

Bei den *Farmkraftwerken* ist der Absorber dezentral angeordnet und üblicherweise in die einzelnen Kollektoren integriert, vgl. Fig. 18.12. Die rinnenförmigen Parabolspiegel der Kollektoren bündeln die eingefangenen Sonnenstrahlen auf ihre Brennlinie, in der das vom Wärmeträger durchströmte Absorberrohr angeordnet ist. Nach Aufnahme der Wärmestrahlung im Absorberrohr wird die Wärmeträgerflüssigkeit zum Dampferzeuger weitergeleitet. Wegen der geringeren Konzentration der Sonnenstrahlen ist bei den Farmkraftwerken die obere Prozesstemperatur niedriger als bei den Turmkraftwerken, sie beträgt typischerweise 300 bis 350°C. Die Parabolspiegel werden in Ost/West– Richtung aufgestellt, deshalb kann im Unterschied zu den Heliostaten auf eine vom Sonnenstand abhängige Spiegelnachführung verzichtet werden, wodurch sich die Konstruktion der Kollektoren erheblich vereinfacht.

Wie bei den Turmkraftwerken kann durch Integration eines Wärmespeichers erreicht werden, dass das Kraftwerk auch nachts oder bei Bewölkung betrieben werden kann. Im Vergleich zu einer Anlage ohne Speicher wird dazu das Kollektorfeld größer dimensioniert, um bei Sonnenschein auch die Wärmespeicher aufladen zu können. Um Wärme für einen achtstündigen Betrieb einer 50 MW Kraftwerksturbine bereitzustellen, ist ein Speicher mit ca. 30.000 t Hochtemperatursalz erforderlich.

Wegen der vergleichsweise geringen oberen Prozesstemperatur (~350°C) liegt bei den Farmkraftwerken der Wirkungsgrad nur bei η = 0,14–0,2. Pro kW elektrischer Leistung ist damit bei einer Leistungsdichte der Sonnenstrahlung von 0,8 kW/m^2 eine Kollektorfläche von 7 –10 m^2 erforderlich. Die relativ niedrigen Wirkungsgrade der solarthermischen Kraftwerke resultieren aus den Verlusten in der Umwandlungskette. Im einzelnen sind dies:

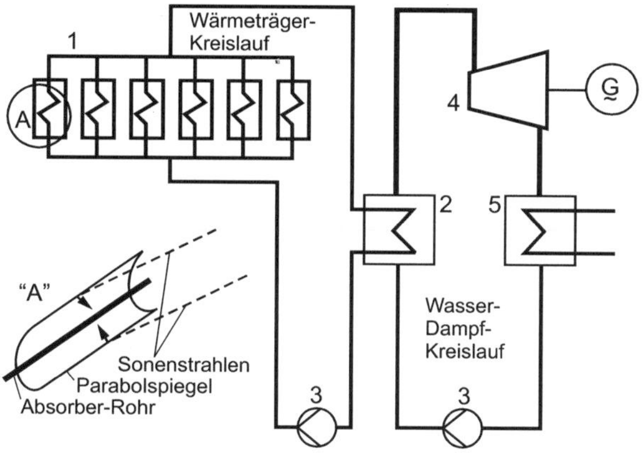

1 dezentrale Absorber
2 Dampferzeuger
3 Umwälzpumpe
4 Turbine
5 Kondensator

Abbildung 18.12. Aufbau eines Farmkraftwerkes

- Verluste der Spiegel (Reflektoren) ($\eta_R = 0{,}75$–$0{,}9$)
- Verluste des Absorbers ($\eta_A = 0{,}9$)
- Wirkungsgrad des Kreisprozesses ($\eta_{KP} = 0{,}3$–$0{,}5$)
- Wirkungsgrad des Generators ($\eta_G = 0{,}96$)
- Eigenbedarf der Anlage ($\eta_E = 0{,}95$)
- Energiebedarf für das Warmhalten der Anlage während der Nachtstunden ($\eta = 0{,}9$)

Ein großer Vorteil der solarthermischen Kraftwerke besteht darin, dass auf eine in fossil gefeuerten Dampfkraftwerken erprobte Technik zurückgegriffen werden kann. Die technischen Risiken von Farmkraftwerken sind deshalb gering. In den USA sind Anlagen dieses Typs seit mehr als 20 Jahren erfolgreich im Betrieb, ohne das größere Ausfälle bekannt geworden sind.
Die auf ein Kilowatt installierte Leistung bezogenen Investitionskosten für ein Farmkraftwerk mit Energiespeichern zur Überbrückung sonnenarmer Zeiten an einem Standort mit einer Einstrahlung von 2.200 kWh/a werden derzeit (2009) auf 6.000 bis 7.000 € beziffert. Die Stromgestehungskosten von in Südspanien in Betrieb befindlichen Anlagen belaufen sich auf 25 Cent pro kWh und für die energetische Amortisationszeit werden rund 5 Monate angegeben[12].

Im US-Bundesstaat Kalifornien wurden seit 1984 neun hybride Farmkraftwerke mit gasbefeuerten Zusatzkesseln und einer Gesamtleistung von 354 MW erstellt. Aufgrund von Steuervorteilen für Solarkraftwerke konnte der erzeugte Strom zu Marktpreisen abgegeben werden. Nachdem 1990 durch eine der Steuergesetze die gewährten Vorteile teilweise zurückgenommen wurden, musste die Betreibergesellschaft wegen finanzieller Verluste Vergleich anmelden. Von 1990 bis 2009 sind in den USA keine Neuanlagen mehr erstellt worden.
Die größten der in Kalifornien betriebenen Anlagen haben eine Nominalleistung von 80 MW. Ihr Spiegelfeld mit einer Aperturfläche von 484.000 m^2 ist aus 95 m langen und 5,76 m breiten Parabolrinnen aufgebaut, die das einfallende Licht auf das

[12] Angaben der Firma Solar Millenium AG in [17], S.14.

80-fache konzentrieren. Die Absorber werden mit Thermoöl gekühlt, das dabei auf 400°C erhitzt wird. Das heiße Thermoöl liefert 75% der für die Dampferzeugung erforderlichen Energie, die weiteren 25% werden mit einer Gas-Zusatzfeuerung zugeführt. Die Dampfparameter am Turbineneintritt sind mit 10 MPa und 371°C ausgeführt. Der solar-elektrische Wirkungsgrad beträgt 14,3%, die Stromgestehungskosten werden mit 15 Cent pro kWh angegeben und der Flächenbedarf der Anlage mit 1,62 km^2 [17].
Die wesentlichen Einschränkungen der Anlagen rühren von der Instabilität des eingesetzten Wärmeträgeröls her, das mit einer Rate von 6% pro Jahr ausgetauscht werden muss.

18.2.4 Photovoltaische Energieumwandlung

18.2.4.1 Einleitung

Licht kann durch Nutzung des photovoltaischen Effekts auf direktem Weg in elektrische Energie in Form eines Stroms der Stärke I bei einer Spannung U umgewandelt werden. Obwohl dieser Effekt schon seit mehr als 150 Jahren bekannt ist, wurde seine Ausnutzung zur Energieumwandlung erst durch die Erfindung der Halbleiterdioden im Jahre 1954 möglich. Die ersten Solarzellen hatten einen Umwandlungswirkungsgrad von ca. 4%, und der von ihnen produzierte Strom war mehr als 100 mal teurer als der aus einer konventionellen Energiequelle. Heute ist der so bereitgestellte Strom nur noch etwa um den Faktor 10 teurer, und auch der Wirkungsgrad hat sich auf ca. 14% verbessert. Es besteht die begründete Erwartung, dass die Kosten durch eine Verbesserung der Herstellungsverfahren weiter gesenkt werden können und auch für den Wirkungsgrad noch ein Verbesserungspotential vorhanden ist.
Ein großer Vorteil der Solarzellen besteht in ihrer Zuverlässigkeit und ihrer langen Lebensdauer. Bekannt ist ihre Verwendung bei Konsumgütern wie Taschenrechnern und Armbanduhren, aber auch in der Raumfahrt z.B. als Energiequelle für Kommunikationssatelliten. Im Jahr 2003 wurden weltweit Solarzellen mit einer Nennleistung von ca. 100 MW für die verschiedensten Anwendungszwecke produziert und installiert. Diese Zubaurate entspricht einem Wachstum von ca. 40% pro Jahr. Ursache für diese exorbiante Wachstumsrate waren nicht zuletzt die Unterstützungsprogramme, die in allen der Internationalen Energieagentur (IEA) angehörenden Staaten zur Förderung der Solarstromindustrie aufgelegt wurden.
Zur Zeit werden große Anstrengungen unternommen, die Kosten der photovoltaischen Energieumwandlung zu senken. Ziel ist es, diese Technologie für die Bereitstellung von Strom im Leistungsbereich von 10–100 kW kommerziell nutzbar zu machen [5], [12].

Eine andere Möglichkeit, das Sonnenlicht direkt zu nutzen, ist mit der Photosynthese gegeben. Bei dieser benutzt man die Photonen der Sonnenstrahlung, um Wassermoleküle in Wasserstoff und Sauerstoff zu zerlegen. Die bisher bekannt gewordenen photoelektrischen Systeme zeigen Wirkungsgrade von ca. 10%. Sie sind damit als Energiewandler effektiver als die grünen

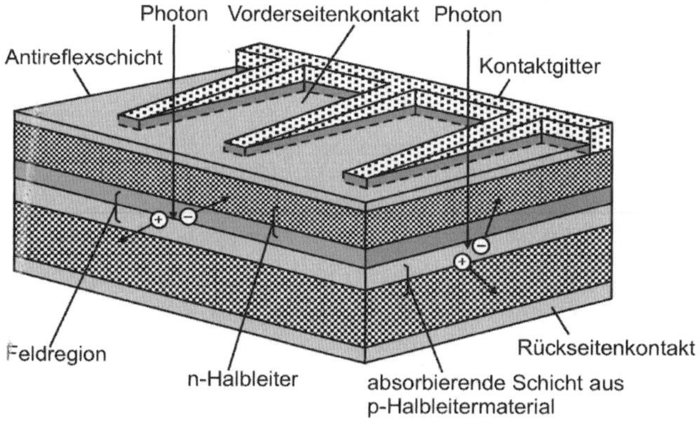

Abbildung 18.13. Prinzipieller Aufbau einer Solarzelle

Pflanzen. Für eine Darstellung der Grundlagen dieses Verfahrens sei auf die Literatur verwiesen [19].

18.2.4.2 Prinzip und Technologie

Eine Solarzelle ist im Prinzip eine große Diode, in welcher der Strom freier Ladungsträger in der einen Richtung verhindert und in der anderen begünstigt wird. Dies wird durch ein lokales elektrisches Feld im Inneren der Diode erreicht, das durch Verbindung zweier Halbleitermaterialien entsteht. Typischerweise handelt es sich dabei um zwei Siliziumschichten, von denen die eine durch den Einbau einer geringen Zahl von Fremdatomen in das Si-Gitter eine geringe Elektronenleitfähigkeit (n-Leiter), die andere durch Einbau anderer Fremdatome eine geringe Leitfähigkeit bzgl. des Wanderns von Elektronenfehlstellen (p-Leiter) aufweist.
Infolge der Dotierung besteht im n-Bereich ein Überschuss an Elektronen und im p-Bereich ein Überschuss an positiven Ladungen (Elektronenfehlstellen). Wegen dieses Konzentrationsunterschieds diffundieren Elektronen in das p-Gebiet und Elektronenfehlstellen in das n-Gebiet. Im Kontaktbereich zwischen dem n- und dem p-Leiter entsteht so ein elektrisches Feld. Dieses Feld verursacht seinerseits Feldströme beider Ladungsträger, die den Diffusionsströmen genau entgegengerichtet sind. Im Gleichgewicht kompensieren sich diese Ströme, wodurch der Gesamtstrom durch die Kontaktfläche zu Null wird.
Im Bereich zwischen dem n- und dem p-Leiter entstehen so Gebiete mit ortsfesten elektrischen Ladungen. Das mit den ortsfesten Ladungen verbundene elektrische Feld wird Ladungsträger eines gegebenen Vorzeichens vorantreiben und die des entgegengesetzten Vorzeichens zurückweisen, vgl. Fig. 18.14.

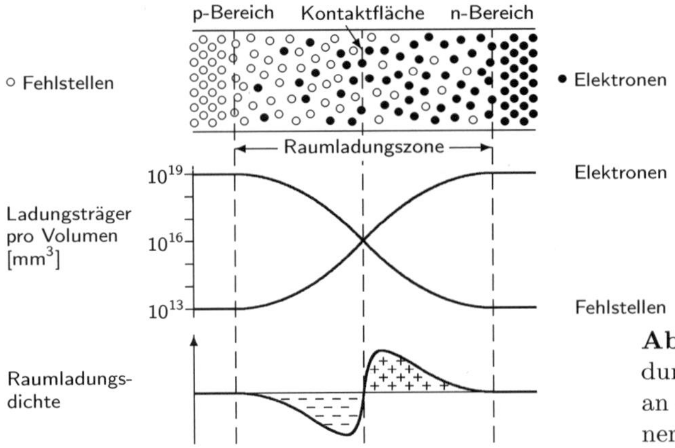

Abbildung 18.14. Ladungsträgerkonzentration an der pn-Grenzschicht einer Solarzelle

Da eine unbeleuchtete Solarzelle im Prinzip Eigenschaften einer Diode hat, kann ihr Verhalten in einer gewissen Näherung durch die *Shockley'sche Diodengleichung*[13]

$$i_D = i_S \left(\exp\left(\frac{e\,U}{k\,T}\right) - 1 \right) \tag{18.48}$$

beschrieben werden. Hier ist i_D die Dichte des Diffusionsstroms pro Flächeneinheit, i_S die Sperrstromdichte, U die anliegende Spannung, e die Elementarladung, k die Boltzmann-Konstante und T die Temperatur.

Die Gleichung zeigt, dass beim Anlegen einer negativen Spannung an das n-Gebiet, d.h. einer Spannung in Sperrichtung ($U < 0$), bei einer unbeleuchteten Zelle ein kleiner Sperrschichtsättigungsstrom (Diffusionsstrom) $I_D \approx -I_S$ fließt und bei einer Spannung in Vorwärtsrichtung der Diffusionsstrom exponentiell ansteigt.

Wenn Lichtquanten ausreichend hoher Energie in die Zelle einfallen, werden nach dem lichtelektrischen Effekt freie Ladungsträger in Form von Elektronen und Elektronenfehlstellen erzeugt, vgl. Fig. 18.14. Für diesen Vorgang gilt die *Einstein'sche Gleichung* [14]

$$h\,\nu = A + W$$

mit der Planck'schen Konstante h und der Lichtfrequenz ν. A ist die zur Ablösung der Elektronen aus ihren festen Bahnen erforderliche Arbeit und W die Restenergie des Lichtquants, die sich in der Photozelle in Wärme umsetzt. Da der photoelektrische Effekt ein Quanteneffekt ist, hängt die erzeugte Spannung nicht von der Intensität der Sonnenstrahlung ab. Ebenso wirkt diffuses und direktes Licht gleich.

[13] William B. Shockley (1910–1989), englisch – amerikanischer Physiker, erhielt zusammen mit John Bardeen und Walter Brattain den Nobelpreis für die Entwicklung des Transistors.

[14] Albert Einstein (1879–1955), deutsch–amerikanischer Physiker, Nobelpreisträger.

Beispiel 18.6. Welche Energie E hat ein Lichtphoton aus dem sichtbaren Bereich?

Lösung. Nach Abb. 18.5 liegt der sichtbare Bereich bei $\lambda = 0{,}365$–$0{,}750\ \mu$m. Damit folgt

$$E = h\,\nu = h\,\frac{c}{\lambda}\,.$$

Ein Photon mit der Wellenlänge 0,365 μm besitzt eine Energie von

$$E = 5{,}44 \cdot 10^{-19}\ \mathrm{J} = 3{,}40\ \mathrm{eV},$$

eines mit der Wellenlänge 0,750 μm eine von

$$E = 2{,}65 \cdot 10^{-19}\ \mathrm{J} = 1{,}65\ \mathrm{eV}.$$

Offenbar ist der kurzwellige Anteil des Lichtes energiereicher.

Entscheidend für die Umwandlung des Sonnenlichts in Elektrizität ist, dass die durch die Lichteinwirkung erzeugten Ladungsträger durch das elektrische Feld in entgegengesetzte Richtungen getrieben werden. Denn sowohl das Elektron als auch die Fehlstelle sind frei beweglich und würden nach kurzer Zeit unter Abgabe von Energie wieder rekombinieren, wenn sie nicht schnell voneinander getrennt würden. Für die photoelektrische Energiewandlung sind damit zwei Prozesse maßgebend:

- Die Erzeugung freier Ladungsträger durch Absorption von Strahlung
- die Ausbildung eines elektrischen Feldes bzw. eines äußeren Stromes durch Trennung der freien Ladungsträger in dem elektrischen Feld der Sperrschicht

Der so erzeugte elektrische Gleichstrom wird aufrechterhalten, solange Licht auf die Zelle trifft.
Bei einer Silizium Solarzelle beträgt die abgegriffene Spannung etwa 0,5 Volt. Diese Klemmenspannung ist nur schwach von der Lichteinstrahlung abhängig, während die Stromstärke proportional mit der Beleuchtungsstärke zunimmt, vgl. Fig. 18.15. Die Leistung – das Produkt aus Strom und Spannung – einer Solarzelle ist temperaturabhängig; höhere Zelltemperaturen führen zu niedrigeren Leistungen und damit auch geringeren Wirkungsgraden.

Die Beleuchtung der Photozelle führt damit zum Fließen eines zusätzlichen Photostroms mit der Stromdichte i in $[A/m^2]$, der eine positive Spannung in Vorwärtsrichtung aufbaut, so dass das Verhalten einer beleuchteten Zelle durch

$$i = i_{\mathrm{K}} - i_{\mathrm{S}}\left(\exp\left(\frac{e\,U}{k\,T}\right) - 1\right) \tag{18.49}$$

beschrieben wird. Bei Leerlauf, d.h. $i = 0$, tritt an der Zelle die Leerlaufspannung U_0 und bei Kurzschluss die Kurzschlusstromdichte i_{K}; i_{S} heißt Sperrstromdichte. Die Differenz zwischen i_{K} und i wird durch den Innenwiderstand der Zelle verbraucht und in Wärme umgewandelt.

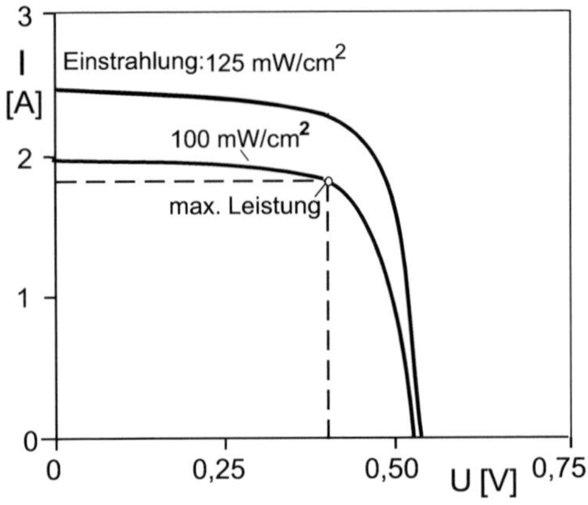

Abbildung 18.15. Strom-Spannungskennlinie einer Silizium-Solarzelle mit einer Fläche von 100 cm^2.

Die spezifische Leistung einer Zelle pro Flächeneinheit p ist das Produkt aus Spannung und Strom:

$$p = U\,i = U\,i_K - U\,i_S \left(\exp\left(\frac{e\,U}{k\,T} \right) - 1 \right) \tag{18.50}$$

Ein Extremum der spezifischen Leistung ergibt sich aus der Bedingung $\mathrm{d}p/\mathrm{d}U = 0$ bei der Spannung U_{max} durch die Gleichung

$$\exp\left(\frac{e\,U_{max}}{k\,T} \right) = \frac{1 + \dfrac{i_K}{i_S}}{1 + \dfrac{e\,U_{max}}{k\,T}} \tag{18.51}$$

Die maximale Leistungsdichte ergibt sich zu:

$$p_{max} = \frac{U_{max}\,(i_S + i_K)}{1 + \dfrac{k\,T}{e\,U_{max}}} \tag{18.52}$$

und für den maximalen Umwandlungswirkungsgrad der Zelle folgt:

$$\eta_{max} = \frac{p_{max}}{p_{ein}} \tag{18.53}$$

p_{ein} ist die Leistungsdichte der auf die Zelle auftreffenden Strahlung.

Beispiel 18.7. Eine Solarzelle wird bei einer Temperatur von 27°C betrieben und weist eine Sperrstromdichte von $9 \cdot 10^{-9}$ A/m^2 auf. Bei einer Einstrahlung von 900 W/m^2 beträgt die Kurzschlusstromdichte 200 A/m^2.

Gesucht sind die erforderliche Zellenfläche für eine Leistung von 1 000 W und der Wirkungsgrad.

Lösung. Die implizite Gleichung (18.51) für U_{max} bringt man zunächst in die zur Iteration geeignete Form

$$U_{max} = \frac{kT}{e} \ln \left(\frac{1 + \frac{i_K}{i_S}}{1 + \frac{e\,U_{max}}{k\,T}} \right).$$

Die Durchführung der Iteration liefert

$$U_{max} = 0{,}537 \text{ V}.$$

Für die Leistungsdichte folgt aus (18.52)

$$p_{max} = 102{,}4 \text{ W/m}^2.$$

Die erforderliche Zellenfläche ergibt sich damit zu

$$A = \frac{P}{p_{max}} = 9{,}764 \text{ m}^2.$$

Für den Wirkungsgrad folgt schließlich

$$\eta_{max} = \frac{p_{max}}{\dot{q}_S} = 0{,}1138.$$

Dieses Beispiel macht deutlich, dass zur Ernte der Solarenergie große Flächen erforderlich sind.

18.2.4.3 Herstellung und Systemtechnik

Am weitesten entwickelt ist die Silizium-Solarzelle aus monokristallinem Material, die im Prinzip etwa 44% des eingestrahlten Sonnenenergiestromes nutzen kann. Sie ist empfindlich für Wellenlängen zwischen $0{,}35 \cdot 10^{-6}$ und $1{,}1 \cdot 10^{-6}$ m (sichtbarer Bereich bis infrarot). Von diesem Anteil gehen ca. 16% durch Wärmeerzeugung und andere Prozesse verloren, so dass der theoretisch zu erreichende Grenzwirkungsgrad bei 28% liegt. Weitere Verluste – Reflexion an der Oberfläche der Zelle (3–6%) und Serienwiderstandsverluste (5–8%) – verringern den tatsächlichen Wirkungsgrad einer Solarzelle für die Umwandlung von Sonnenlicht in elektrischen Strom auf ca. 20%. Durch Verwendung von Mehrschichtzellen mit unterschiedlichen Absorptionseigenschaften scheint es physikalisch möglich, weit höhere Wirkungsgrade zu erreichen. In der technischen Entwicklung sind bereits Zellen, die Wirkungsgrade von 30% erreichen sollen [14], [1].

Zur Herstellung von monokristallinen Siliziumzellen benötigt man hochreines Halbleitermaterial. Zu dessen Darstellung werden aus einer Siliziumschmelze monokristalline Stäbe gezogen, die anschließend in dünne Scheiben, die sogenannten Wafer, zersägt werden. Dieses Verfahren ist energieaufwendig und teuer. Die kommerziell verfügbaren Zellen werden deshalb aus polykristallinem Silizium hergestellt. Dazu wird flüssiges Silizium in Blöcke gegossen. Beim Erstarren entstehen allerdings unterschiedlich große Kristallstrukturen, an deren Grenzen sich Defekte ausbilden, die dann einen geringeren Wirkungsgrad der Solarzelle zur Folge haben. Eine typische kommerzielle Solarzelle aus polykristallinem Silizium hat eine Fläche von 100 cm^2 und produziert bei maximaler Lichteinstrahlung von 1 kW/m^2 und einem Wirkungsgrad von 10% eine elektrische Leistung von 1 W. Der Aufbau einer Zelle ist in Fig. 18.13 schematisch dargestellt. Der Materialaufwand und auch die Kosten für die Herstellung einer Zelle werden wesentlich von der Absorptionsfähigkeit des verwendeten Materials bestimmt. Die Solarzellen benötigen wegen des relativ geringen Lichtabsorbtionskoeffizienten eine Dicke von mehr als 100 μm. Die Zellen werden nach dem Stand der Technik aus ca. 0,4 mm dicken Wafern gefertigt, angestrebt wird mit optimierten Produktionstechniken die Verarbeitung von 0,3 mm dicken Wafern; längerfristig scheint die Handhabung von 0,15 mm dicken Wafern realisierbar. Die so hergestellten Zellen haben eine Lebensdauer von mehr als 15 Jahren. Wegen des energieintensiven Herstellungsprozesses ist das Verhältnis zwischen der von der Zelle während ihrer Lebensdauer eingefangenen Energiemenge zu der für ihre Herstellung erforderlichen relativ gering. Bei einer angenommenen Lebensdauer von 20 Jahren, einem Modulwirkungsgrad von 13 % und einer Sonneneinstrahlung von 980 kWh/(m^2 a), dies entspricht der Einstrahlung von Aachen, wird in etwa die Energiemenge mit der Solarzelle eingefangen (4586 MJ),die auch für Herstellung eines 300 μm dicken Wafers erforderlich ist (4813 MJ); bei einem 150 μm dicken Wafer vermindert sich der Energieaufwand auf 2900 MJ, so dass die Energiebilanz positiv wird.[15] Ziel der derzeitigen Bemühungen ist es, den notwendigen Energieeinsatz für die Herstellung der Zellen zu vermindern. Eine Möglichkeit dazu besteht im Übergang zu *Dünnschichtzellen*. Dabei wird das Silizium direkt aus der Schmelze auf das Trägermaterial aufgebracht und es entsteht eine Siliziumschicht mit amorpher Struktur. Durch eine geeignete Behandlung – man lässt Wasserstoff in die Schicht diffundieren – kann ein Teil der im amorphen Silizium bestehenden Defekte „geheilt" werden. Damit wird es möglich, auch das amorphe Silizium zu dotieren. Die derzeit mit kommerziellen Dünnschichtsolarzellen erreichten Wirkungsgrade liegen bei 8%.

Um den von den Solarzellen bereitgestellten Strom einer Nutzung zuzuführen, ist die Zelle in ein Generatorsystem zu integrieren. Wegen der geringen gelieferten Gleichspannung müssen dazu zunächst viele Zellen in komplizierten Reihen- und parallelschaltungen zusammengeführt werden. Sodann wird die Gleichspannung mit einem Wechselrichter in Wechselstrom umgewandelt, der mittels eines Transformators auf jede erforderliche Effektivspannung tranformiert werden kann. Die weiteren Komponenten des Systems sind demnach:

- Gleichstrom/Wechselstromwandler (Wechselrichter)
- Stromspannungsregler
- Batterien als Stützsysteme

[15] Der Primärenergiebedarf für die Solarmodulproduktion ist aus [3] entnommen. Die von dem Solarmodul geerntete Energie wächst proportional zur Einstrahlung. In Südeuropa z. B. würde der kommulierte Energieertrag bei ca. 8.000 MJ liegen.

vgl. das Schema in Fig. 18.16. Die Umformverluste bei kommerziellen Anlagen können mit 5–8% bezogen auf die Stromabgabe der Solarzelle angenommen werden. Das größte, seit 1988 in Betrieb befindliche photovoltaische Solarkraftwerk befindet sich in Clarissa Plains in Kalifornien und hat eine Spitzenleistung von 6,4 MW.

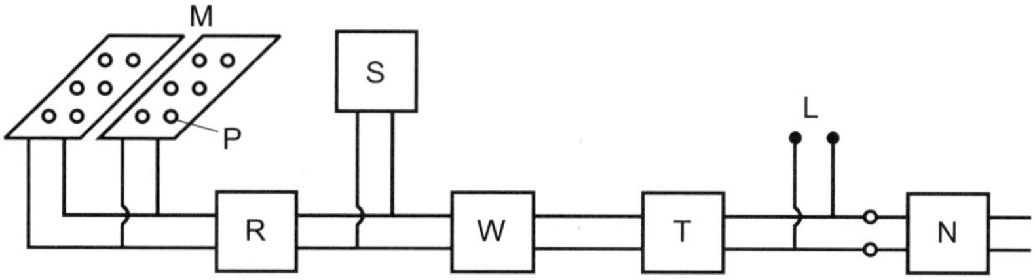

P	Photozelle	S	Speicher (Batterie)	L	Eigenbedarf
M	Zellenmodul	W	Stromwandler	N	Netz
R	Spannungsregler	T	Transformator		

Abbildung 18.16. Hauptkomponenten eines Solarzellenkraftwerkes

Beispiel für eine ausgeführte Anlage: Im Herbst 2004 wurde in Emmendingen am Kaiserstuhl eines der größten frei finanzierten Solarkraftwerke Deutschlands in Betrieb genommen. Die 750 000.– Euro teure Anlage hat eine Modulfläche von 1500 m^2, die auf dem Dach einer Fabrikhalle montiert ist, und wird pro Jahr ca. 163.000 kWh in das öffentliche Netz einspeisen; was im Jahresmittel einer Leistung von 20 kW entspricht. Die spezifischen Investitionskosten betragen 37 000.– Euro pro kW und der spezifische Flächenbedarf ergibt sich zu 75 m^2 pro kW.
Als Vergütung erhält der Eigentümer nach dem Erneuerbaren–Energien–Gesetz 45,7 Cent pro kWh als Grundvergütung plus 11,7 Cent, da es sich um eine Anlage kleiner 30 kW handelt, die auf einem Gebäude montiert ist; die gesamte Vergütung beträgt damit 57,4 Cent pro kWh. Zum Vergleich: Strom aus Kraft-Wärmekopplung Chemischer Fabriken wird zur Zeit mit 2,5 Cent pro kWh vergütet.
Zum Vergleich der Größenordnung: Um im Jahresmittel ein großes Braunkohlenkraftwerk mit einer Leistung von 1000 MW zu ersetzen, wäre bei den genannten Parametern eine Solarzellenfläche von $3{,}75 \cdot 10^6$ m^2 = 3,75 km^2 erforderlich; inclusive der notwendigen Flächen für Instandhaltung und Servicegebäude einen Gesamtflächenbedarf von rd. 5 km^2. Nimmt man beim Braunkohlekraftwerk die anteilige Fläche eines Tagebaus hinzu, so ist die für eine Solarzellenanlage erforderliche Fläche nur dreimal größer. Allerdings produziert das Braunkohlenkraftwerk seinen Strom rund um die Uhr, die Solarzellen aber nur wenn die Sonne scheint. Um dies auch mit der Solaranlage zu leisten, brauchen wir noch einen Energiespeicher, mit dem wir durch z. B. Elektrolyse Wasserstoff erzeugen ($\eta_{Elektrolyse}$=0,75), wenn die Sonne scheint, und einen Energiewandler, z. B. eine Gasturbine (η_{GuD}=0,6), mit der wir auch bei Nichtverfügbarkeit der Solaranlage Strom erzeugen können. Die erforderliche Fläche für die Solarzellen vergrößert sich dann um den Faktor (1+(0,75/0,6)=3,2 auf rd. 16 km^2. Um diesen Faktor würden sich auch die spezifischen Investitionskosten verändern.

Eine größere Sonneneinstrahlung bei gleichzeitig höherer Strahlungsleistung liegt im Weltraum vor. Es wurden deshalb auch Vorschläge ausgearbeitet, Sonnenenergie mittels großflächiger Solarzellensatellitenstationen, die sich in einer Höhe von 36 000 km auf einer geostationären Umlaufbahn befinden, abzuernten. Hier könnte durch ständiges Ausrichten der Zellen gegen die Sonne nahezu permanent Energie gesammelt werden. Mit einer Fläche von 100 km^2 würde sich bei einem Wirkungsgrad von 10% eine Leistung von 14 000 MW erreichen lassen. Diese Leistung wäre dann in der Form von Mikrowellen auf Empfangsantennen auf die Erde zu übertragen. Für die Energieübertragung wird ein Wirkungsgrad von 70% für möglich gehalten. Ob allerdings der Aufwand für den Bau einer solchen Anlage durch den Energiegewinn je ausgeglichen wird, ist zumindest fraglich [6].

18.2.5 Fazit

Die von der Sonne eingestrahlte Energie wurde von den Menschen schon immer genutzt. Ihr Potential ist so mächtig, dass damit im Prinzip der gesamte Energiebedarf der Weltgesellschaft mehrfach gedeckt werden könnte. Dabei erweist sich aber die geringe Energiedichte der Sonneneinstrahlung, die das biologische Leben auf der Erde erst zugelassen hat, als Nachteil. Der technische Aufwand für die Ernte der Sonnenenergie ist deshalb groß. Ihre Nutzung zur Bereitstellung von Hochtemperaturwärme oder Elektrizität lohnt sich nur in Gegenden mit einer hohen Direkteinstrahlung.

Sonnenenergie muss entweder bei Anfall genutzt oder bis zum Verbrauch gespeichert werden. Die Energiespeicherung hat sich als aufwendig und teuer erwiesen. Großtechnisch eingesetzt werden im Bereich der Elektrizitätswirtschaft bisher Luftspeicherkraftwerke sowie Wasserkraftspeicher, vgl. hierzu die Abschnitte 14.5 und 18.1, und die Speicherung von Sonnenwärme in heißen Salzen bei den thermischen Solarkraftwerken.

Bei den meisten der bisher bekannt gewordenen Anwendungen der Sonnenenergie wird das Speicherproblem umgangen, indem zur Stützung auf jederzeit verfügbare konventionelle Energie zurückgegriffen wird.

18.3 Windenergie

Aufgrund der zeitlichen Variation der Solarstrahlung und der lokalen Unterschiede in den Bedingungen für die Absorption der eingestrahlten Energie kommt es zu Temperatur-, Dichte- und Druckunterschieden in der Atmosphäre. Der Druckunterschied löst dann eine Luftströmung aus, die man als Wind bezeichnet. Nach der in Abschnitt 1.1.1 diskutierten globalen Energiebilanz werden auf diese Weise etwa 2% der eingestrahlten Sonnenenergie in kinetische Energie der Luft- und Wasserströmungen umgesetzt. Nehmen wir von den 2% einen Anteil von 1/3 für die Luftströmungen, so entspricht das einer mittleren Leistung von 400 Terawatt (TW) und damit pro Jahr einer

verfügbaren Primärenergie von 400 TWa. Dies ist etwa 4 mal mehr Energie, als von allen Pflanzen pro Jahr in Biomasse eingepeichert wird.
Der treibenden Kraft aus den Luftdruckunterschieden überlagert sich aufgrund der Rotation unseres Planeten noch die Corioliskraft. Durch das Zusammenspiel dieser Kräfte und der Wirkung der inneren Reibung in den erdnahen Luftschichten kommt es zur Ausbildung von permanenten Luftströmungen. Das sind die Passatwinde am Äquator, die Westwindzonen auf der nördlichen und südlichen Hemisphäre und auch die Strahlströme in großen Höhen. Neben diesen globalen Luftströmungen gibt es auch lokale Winde – z.B. die Küstenwinde, die ihre Ursache in der unterschiedlichen Erwärmung der Luft über dem Land und dem Wasser haben.

Von besonderer Bedeutung für die Nutzung der Windenergie ist die atmosphärische Grenzschicht. Sie stellt den Teil der Atmosphäre dar, der infolge der Bodenreibung und des Impulstransportes innerhalb der Luftströmung in direkter Wechselwirkung mit dem Erdboden steht. Innerhalb der Grenzschicht lassen sich drei Schichten voneinander abgrenzen: die viskose Unterschicht, die am Boden haftet und nur einige Zentimeter dick ist, die durch die Bodenreibung allein bestimmte turbulente Prandtl- oder Bodenschicht und die durch das Zusammenspiel aller Kräfte bedingte Ekmann-Schicht. Die Dicke der Prandtl-Schicht wird in der Literatur mit 100 m angegeben, sie ist unser unmittelbarer Lebensraum und auch die Windturbinen unterliegen ihrem Einfluss. Eine besondere Eigenschaft der Luftströmung in der Prandtl-Schicht ist die Böigkeit, die mit der Strömungsturbulenz zusammen hängt. Unter Böigkeit versteht man die stoßartige Änderung sowohl der Geschwindigkeit als auch der Richtung der Strömung, sie hängt von der Geschwindigkeit und auch der Beschaffenheit des Bodens ab. Die Böigkeit ist ausschlaggebend für die Beanspruchung bzw. Belastung von Bauteilen der Windturbinen. Gemessene Windeigenschaften für viele Orte sind im Europäischen Windatlas [26] zusammengestellt.

Als erste haben wohl die Menschen im Nahen Osten und Ägypten bereits vor Beginn unserer Zeitrechnung damit begonnen, die Energie des Windes mit Windrädern zur Bewässerung ihrer Felder und für das Mahlen von Getreide zu nutzen. Seit dem Mittelalter wurde die Windenergie zunehmend auch in Europa genutzt. Um das Jahr 1900 waren z.B. in Dänemark Anlagen mit einer Gesamtleistung von 200 MW installiert. Die Windnutzung ging dann parallel mit dem Ausbau des Stromnetzes und der damit erreichten Verfügbarkeit preiswerter, bequem zu handhabender und jederzeit abrufbarer elektrischer Energie zurück. Bereits um 1930 war die Nutzung des Windes praktisch bedeutungslos geworden. Seit der ersten Energiekrise im Jahr 1974 ist man auch in den Industrieländern wieder auf die Windenergie zurückgekommen. Weltmeister in der Windenergienutzung ist derzeit Deutschland, was auf die staatliche Förderung durch die sogenannte Einspeisungsverordnug zurückzuführen ist. Die Technik der Windenergienutzung ist ausgereift, sie wird z. B. in [7] und [15] ausführlich dargestellt.

18.3.1 Grundlagen

Die Probleme bei der Nutzung der Windenergie sind gut bekannt: Der Wind weht wo er will, er ist naturgemäß unvorhersehbar und in seiner Energiedichte stark schwankend. Ebenso ist eine Speicherung unmöglich; eine Energienutzung ist nur zeitgleich mit dem Auftreten des Windes möglich.
Es ist naheliegend, den Wind durch seine Geschwindigkeit zu charakterisieren. Wegen der starken Schwankungen wird mit zeitlichen Mittelwerten

$$\overline{v} = \frac{1}{t_2 - t_1} \int_{t_1}^{t_2} v(t)\,\mathrm{d}t \tag{18.54}$$

gerechnet. Von besonderem Interesse sind die Jahresmittelwerte $\overline{v}_i$. Daraus bildet man den langjährigen Mittelwert:

$$\overline{\overline{v}} = \frac{1}{n} \sum_{i=1}^{n} \overline{v}_i \; . \tag{18.55}$$

Die Windverhältnisse in Deutschland werden durch die Angabe der Jahresmittelwerte an verschiedenen Orten in Tabelle 18.7 verdeutlicht. Offenbar

Tabelle 18.7. Langzeitmittelwerte der 10 m über dem Boden gemessensn Windgeschwindigkeit an einigen Orten; Mittelungszeit: 8 Jahre, Flaute: Windgeschwindigkeit kleiner als 5 m/s

Standort	$\overline{v}$ [m/s]	Flautendauer [h/a]	längste Flaute [h]
List/Sylt	7,13	2365	130
Cuxhaven	5,5	4030	172
Norderney	7,5	2190	83
Hannover	4,1	6044	273
Kahler Asten	5,5	3854	139
Karlsruhe	2,5	7796	535
Passau	1,9	8410	998

verlieren die Winde aufgrund von Hindernissen und der Bodenreibung an Energie. In Süddeutschland wird erst in einer Höhe von ca. 1 200 m die mittlere Windstärke an der Nordseeküste in 10 m Höhe erreicht. Die Abnahme der Windgeschwindigkeit in Bodennähe hängt mit der inneren Reibung der Luftmassen zusammen. In erster Näherung kann für die Erfassung der Höhenabhängigkeit der Windgeschwindigkeit bis zu einer Höhe von etwa 150 m über dem Boden die sogenannte Hellmansche Höhenformel

$$\overline{v}(h) = \overline{v}_\nu \left(\frac{h}{h_\nu}\right)^\chi \; [\mathrm{m/s}]$$

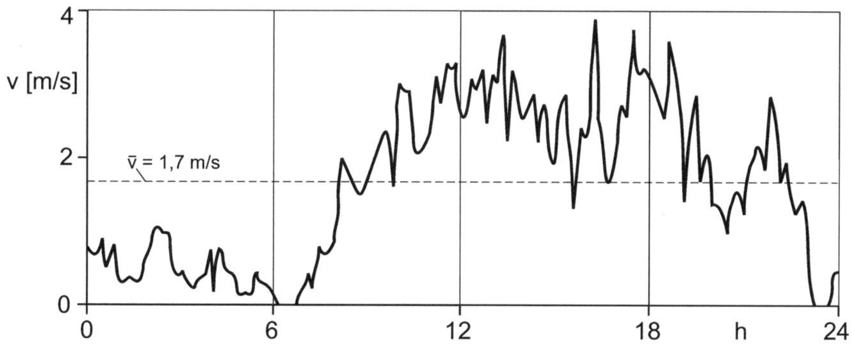

Abbildung 18.17. Gemessener Verlauf der Windgeschwindigkeit an einem Tag im Herbst

verwendet werden. Hierbei ist h die Höhe über dem Boden in Metern und $\overline{v}_\nu$ die mittlere Windgeschwindigkeit der Referenzhöhe, meist h_ν=10 m, in m/s. Die Konstante χ heißt Hellman-Exponent und hängt von der Geländeform und auch der Höhe ab; es ist $\chi = 0{,}11$ für ebenes Gelände und $\chi = 0{,}26$ für Siedlungen oder hügelige Waldflächen.

Die Langzeitmittelwerte geben erste Hinweise über das Potential der Windenergie an einem bestimmten Standort. Für die Belastung von Bauteilen sind die kurzfristigen Schwankungen von Bedeutung, die durch Böen und Windturbulenz verursacht werden. Beispielhaft dafür ist in Fig. 18.17 ein typischer zeitlicher Geschwindigkeitsverlauf dargestellt. Die kurzzeitigen Abweichungen vom Mittelwert betragen bis zu 50%.
Genau so wichtig wie die Kenntnis des Mittelwerts ist die der Häufigkeitsverteilung der Windgeschwindigkeit, die sich mit der sogen. Weibull-Verteilung approximieren lässt, vgl. [26]:

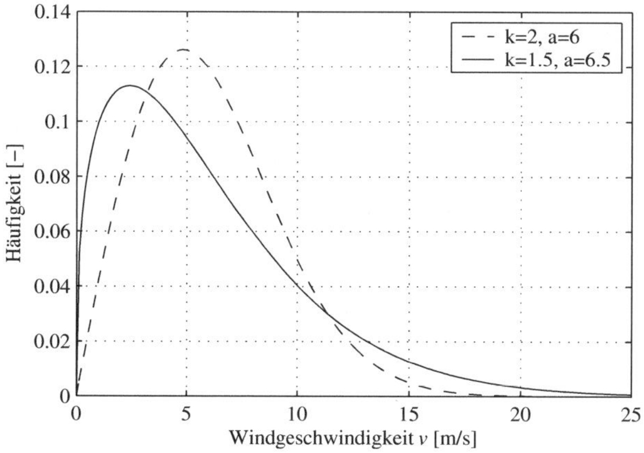

Abbildung 18.18. Auswirkung der Variation der Weibull-Parameter einer Verteilung bei konstanter mittlerer Geschwindigkeit

$$f(v) = \frac{k}{A}(\frac{v}{A})^{k-1} \cdot e^{-(\frac{v}{A})^k} \qquad (18.56)$$

Hierbei ist:

v: Betrag der Windgeschwindigkeit in m/s
k: Formparameter
A: Skalierungsparameter in m/s

Der zur Approximation von Windstatistiken passende Formfaktor liegt für ebenes Gelände bei $k = 2$. Der Skalierungsparameter A ist ein Maß für die Gleichverteilung der Geschwindigkeiten; große Werte von A bedeuten ein relativ häufiges Vorkommen starker Winde.

Die Leistungsdichte des Windes wird auf eine Fläche normal zur Strömungsrichtung bezogen. Die kinetische Energie dE eines Masseneelements dM, das in der Zeit dt durch eine Fläche A strömt, ergibt sich zu:

$$\mathrm{d}E = \frac{1}{2}\, v^2 \,\mathrm{d}M = \frac{1}{2}\, v^2 \,\rho\, v\, A\, \mathrm{d}t = \frac{1}{2}\, \rho\, v^3\, A\, \mathrm{d}t \qquad (18.57)$$

Für die Leistungsdichte des Windes folgt

$$p_{\mathrm{W}} = \frac{1}{A}\,\frac{\mathrm{d}E}{\mathrm{d}t} = \frac{\rho}{2}\, v^3 = \frac{1}{2}\, \dot{m}\, v^2 \qquad (18.58)$$

mit der Massenstromdichte $\dot{m} = \rho\, v$. Die Menge an Windenergie, die in der Zeit zwischen t_1 und t_2 durch eine zur Windrichtung beliebig liegende Fläche A strömt, ergibt sich damit zu:

$$E = \int\limits_A \int\limits_{t_1}^{t_2} \frac{\rho}{2}\, v^2\, \mathbf{v} \cdot \mathbf{n}\, \mathrm{d}t\, \mathrm{d}A \qquad (18.59)$$

Hier ist $\mathbf{n}$ die Normale der Fläche A. Die Bandbreite der Leistungsdichte p_{W}, die von der 3. Potenz der Windgeschwindigkeit abhängt, ist groß. Fig. 18.19 zeigt die Leistungsdichte für charakteristische Mittelwerte der Geschwindigkeit. Die unterschiedlichen Größenordnungen bringen große Probleme für die Bemessung von Bauteilen mit sich.

Wegen der starken Abhängigkeit der Leistung von der Windgeschwindigkeit ist ein hoher Jahresmittelwert der Windgeschwindigkeit für eine effektive Nutzung entscheidend. Welcher Anteil der Windenergie kann aber durch Abbremsen der Windströmung mit technischen Hilfsmitteln extrahiert werden?

18.3.2 Windenergienutzung

Zur Ernte der Windenergie werden Windräder verwendet.[16] Wir betrachten ein solches Rad der Breite $b-a$ mit horizontaler Achse, vgl. Fig. 18.20. Das Rad

[16] Es gibt zwei Arten von Windrädern: solche mit senkrechter und solche mit waagrechter Drehachse. Ein moderner Vertikalachser ist der Darrieus–Rotor. Er arbeitet nach dem Auftriebsprinzip und hat meist zwei Rotorblätter, die wie eine

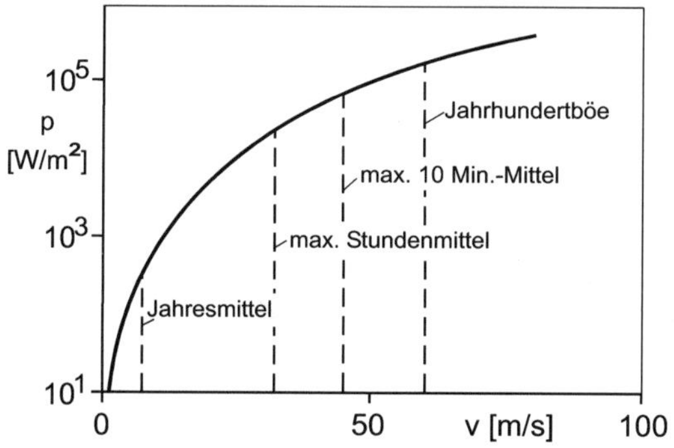

Abbildung 18.19. Leistungsdichte des Windes

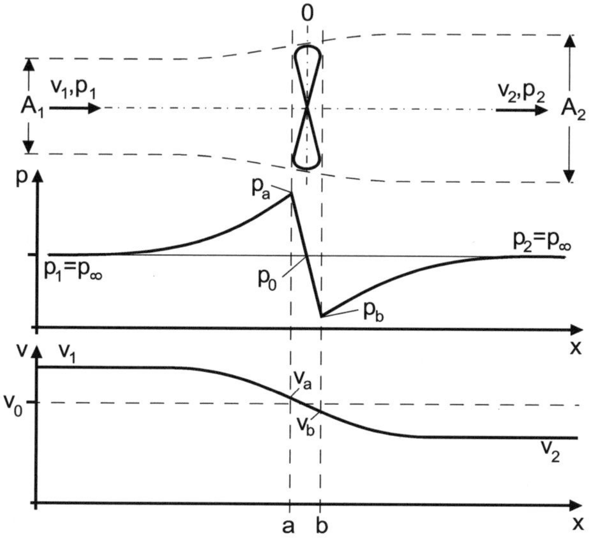

Abbildung 18.20. Druck- und Geschwindigkeitsprofil beim Durchstömen einer Windturbine

werde mit der Geschwindigkeit v_1 angeblasen; infolge der Stauwirkung nimmt der Druck vor dem Rad zu und die Geschwindigkeit ab. Weiter soll noch vorausgesetzt werden, dass die mittlere Umfangsgeschwindigkeit der Flügelenden wesentlich größer ist als die Windgeschwindigkeit und ferner Reibungsverluste vernachlässigt werden können.

Bei Geschwindigkeiten unter 60 m/s kann der Wind in guter Näherung als eine inkompressible Strömung betrachtet werden. Wir setzen weiter voraus, dass die Strömungsgrößen über die jeweiligen Querschnitte konstant seien und setzen für den eingezeichneten Kontrollraum die Bilanzgleichungen der Strömungsmechanik an. Die Kontinuitätsgleichung liefert die Aussage

$$\dot{m} = \rho\, v_1\, A_1 = \rho\, v_0\, A_0 = \rho\, v_2\, A_2\ . \tag{18.60}$$

Schraubenlinie gewunden sind. Seine Funktion ist von der Windgeschwindigkeit unabhängig. Da sein Rotor näher zum Boden steht, ist seine Energieausbeute im Vergleich zu Horizontalachsern geringer (≈75%).

Hier ist $\dot{m}$ der Massenstrom durch die Flächen A_1 bzw. A_2. Nach der Bernoulli-Gleichung der Strömungsmechanik ist unter den getroffenen Voraussetzungen die Summe

$$p + \frac{\rho}{2} v^2 = \text{const} \tag{18.61}$$

längs einer Stromlinie konstant. Damit folgt für die Druckdifferenz zwischen den Orten a und b des Windrades:

$$p_a - p_b = \left(p_1 + \frac{\rho}{2} \left(v_1^2 - v_a^2 \right) \right) - \left(p_2 + \frac{\rho}{2} \left(v_2^2 - v_b^2 \right) \right) \tag{18.62}$$

Wir setzen weiter voraus, dass die Turbine die Windströmung nur geringfügig stört. Der Druck weit vor und weit hinter der Turbine ist dann gleich dem Umgebungsdruck p_∞:

$$p_1 = p_2 = p_\infty \tag{18.63}$$

Ferner können wir annehmen, dass die Geschwindigkeit innerhalb des Turbinenrades sich nur wenig ändert und setzen in erster Näherung:

$$v_0 \approx v_a \approx v_b \tag{18.64}$$

Mit (18.63) und (18.64) folgt aus (18.62) für die Kraftkomponente in Strömungsrichtung auf das Turbinenrad:

$$F_x = \left(p_a - p_b \right) A = \frac{\rho}{2} \left(v_1^2 - v_2^2 \right) A \tag{18.65}$$

Darin ist A die vom Turbinenrad überstrichene Fläche. Nach dem Impulssatz der Strömungsmechanik gilt für F_x auch die Beziehung:

$$F_x = \dot{m} \left(v_1 - v_2 \right) = \rho \, v_0 \left(v_1 - v_2 \right) A \tag{18.66}$$

Durch Gleichsetzen von (18.65) und (18.66) folgt:

$$v_0 = \frac{1}{2} \left(v_1 + v_2 \right) \tag{18.67}$$

Die Leistung P_T, die vom Turbinenrad aus der Windströmung extrahiert wird, ergibt sich aus der Differenz der Windleistungen vor und hinter dem Rad:

$$\begin{aligned} P_\mathrm{T} &= \frac{\dot{m}}{2} \left(v_1^2 - v_2^2 \right) = \frac{\rho}{4} \left(v_1 + v_2 \right) \left(v_1^2 - v_2^2 \right) A \\ &= \frac{\rho}{4} v_1^3 \left(1 + \frac{v_2}{v_1} \right) \left(1 - \frac{v_2^2}{v_1^2} \right) A \end{aligned} \tag{18.68}$$

Das Verhältnis der extrahierten Leistung zur Windleistung bzgl. der vom Rotor überstrichenen Fläche wird als *Leistungsbeiwert* C_P bezeichnet. Aus (18.58) und (18.68) folgt:

$$C_P = \frac{1}{2} \left(1 + \frac{v_2}{v_1} \right) \left(1 - \frac{v_2^2}{v_1^2} \right) \tag{18.69}$$

Man kann einfach zeigen, dass C_P für $v_2/v_1 = 1/3$ ein Maximum hat mit

$$C_P = \frac{16}{27} \approx 0{,}593.$$

Auch eine ideale Windturbine kann damit nur ca. 60% der angebotenen Windleistung nutzen. Dieses Gesetz wurde 1919 von Albert Betz formuliert. Es ist überraschend, dass man in der Lage ist, eine derart allgemeine Aussage zu treffen, die für alle Windturbinen mit scheibenförmigen Rotoren gilt. Die Leistung gemäß 18.69 und 18.68 kann auch als

$$P_\mathrm{T} = C_P \frac{\rho}{2} v_1^3 A \tag{18.70}$$

geschrieben werden. Für das am Turbinenrad angreifende Drehmoment gilt dann

$$L = \frac{P_\mathrm{T}}{\omega} = P_\mathrm{T} \frac{r}{u} = C_P \frac{\rho}{2} v_1^2 \frac{r}{\lambda_\mathrm{S}} A\,. \tag{18.71}$$

Hier ist r der Radius des Turbinenrades, v_1 die Windgeschwindigkeit und

$$\lambda_\mathrm{S} = \frac{\text{Umfangsgeschwindigkeit des Rotors}}{\text{Windgeschwindigkeit}} = \frac{u}{v_1} \tag{18.72}$$

die *Schnellaufzahl.* λ_S ist eine wichtige Kennzahl zur Klassifizierung von Turbinenrädern. Eine detaillierte Betrachtung ergibt, dass der Umwandlungsgrad einer Turbine und das Drehmoment stark von λ_S abhängen. Wie Fig. 18.21 zeigt, liegen die Leistungsbeiwerte ausgeführter Maschinen zwischen 0,3 und 0,45. Aus der Abbildung folgt ferner, dass das Anfahrmoment für die einzelnen Rotorbauarten stark unterschiedlich ist. Dies bedeutet, dass Arbeitsmaschinen mit einem hohen Anlaufmoment nur von einem Vielblattrotor angetrieben werden können.

Nach Abb. 18.21 drehen Windräder mit wenigen Flügeln schneller als solche mit vielen Flügeln. Dies liegt daran, dass bei den Windrädern nicht nur der Winddruck sondern auch die auf die sich drehenden Rotorblätter wirkende Kraft infolge der Umströmung von Bedeutung ist. Deshalb drehen auch kleine Windräder schneller als große. Entscheidend für die Drehzahl sind Form und Stellung der Rotorblätter, eine Reduzierung bis auf zwei ist problemlos möglich. Zum Beispiel dreht sich ein großer Rotor mit 120 m Durchmesser etwa 15 mal pro Minute, während ein Kleiner Rotor mit 3 m Durchmesser 600 Umdrehungen pro Minute ausführt.

Aus 18.70 folgt, dass:

1. die aus der Windströmung extrahierte Leistung mit der dritten Potenz der Windgeschwindigkeit variiert
2. die Leistung proportional zu der vom Rotor überstrichenen Fläche ansteigt
3. der Leistungsbeiwert **??**, der identisch mit dem Wirkungsgrad der Windturbine ist, maximal einen Wert von $C_p = 0,59$ annehmen kann; die tatsächlich erzielten Rotorwirkungsgrade sind kleiner und liegen maximal bei $\eta_R = 0,5$

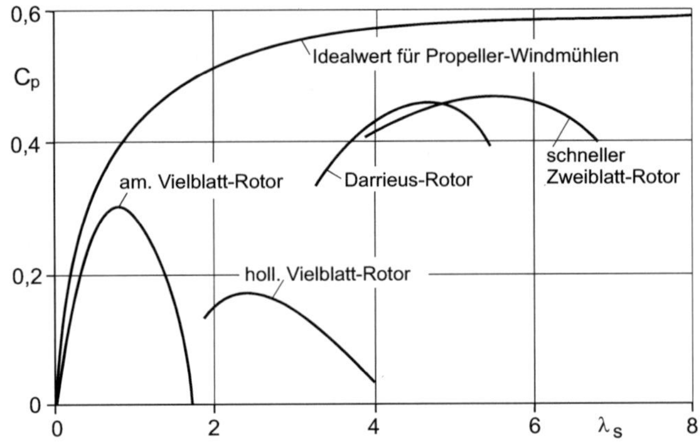

Abbildung 18.21. Leistungsbeiwerte verschiedener Typen von Windturbinen

Die Umwandlung der vom Rotor extrahierten kinetischen Energie in elektrische ist mit weiteren Verlusten verbunden; im Einzelnen sind dies:

- elektrischer Generator: $\eta_1 = 0,92$
- elektrischer Transformator: $\eta_2 = 0,94$
- Rotorausrichtung nach Windrichtung und -stärke: $\eta_3 = 0,95$

Daraus folgt für den Gesamtwirkungsgrad einer Windkraftanlage:

$$\eta_W = \eta_R \cdot \eta_1 \cdot \eta_2 \cdot \eta_3 = \; 0,41. \tag{18.73}$$

Beispiel 18.8. Eine Windturbine mit einem Rotordurchmesser von 120 m arbeitet bei einer Windgeschwindigkeit von 7 m/s mit einer Drehzahl von $n = 30$ min^{-1} und einem Leistungsbeiwert von 0,4. Die Lufttemperatur beträgt 15°C und der Druck 1 013 mbar. Die spezifische Gaskonstante von Luft R ist 0,2869 kJ/kgK.

Man bestimme die Leistungsdichte, die spezifische Rotorleistung, die abgegebene Leistung, das Drehmoment an der Welle und die Kraft auf den Rotor.

Lösung. Die Dichte der Luft kann mit der Zustandsgleichung eines perfekten Gases zu

$$\rho = \frac{p}{RT} = 1{,}225 \text{ kg/m}^3$$

bestimmt werden. Aus (18.58) folgt die Leistungsdichte des Windes

$$p_{\text{W}} = \frac{\rho}{2} v^3 = 210 \text{ W/m}^2$$

von der nach (18.70)

$$p_{\text{T}} = C_P \, p_{\text{W}} = 84 \text{ W/m}^2$$

gewinnbar sind. Die Leistung des Windrades beträgt nach (18.70)

$$P_{\text{T}} = p_{\text{T}} \frac{d^2}{4} \pi \approx 950 \text{ kW}.$$

Das Drehmoment an der Welle berechnet sich mit (18.71):

$$L = \frac{P_{\mathrm{T}}}{2\,\pi\,n} = 5\,044 \text{ Nm}.$$

Zur Bestimmung der Kraft F_x auf das Rad benutzt man die aus (18.65) entstandene Gleichung

$$F_x = \frac{\rho}{2} v_1^2 \left(1 - \frac{v_2^2}{v_1^2}\right) \frac{d^2}{4} \pi = 1,567 \cdot 10^5 \text{ N},$$

wobei das Verhältnis $v_2/v_1 = 0{,}7339$ durch Lösung der kubischen Gleichung (18.69) erhalten wurde.

18.3.3 Betrieb von Windanlagen

Bereits aus einer Analyse der Gleichungen (18.70) und (18.71) werden die mit der Nutzung der Windenergie verbundenen Schwierigkeiten ersichtlich. Die beiden Gleichungen zeigen die starke Abhängigkeit der vom Windrad aufgenommenen Leistung und des Drehmoments an der Radwelle von der Windgeschwindigkeit und dem Raddurchmesser. Wegen der Proportionalität der Leistung zur 3. Potenz der Geschwindigkeit ergeben sich bereits aus vergleichsweise geringen Fluktuationen der Windgeschwindigkeit große Änderungen in der aufgenommenen Leistung. So ergibt eine Abnahme der Geschwindigkeit um 20% bereits eine Leistungsabnahme um ca. 50%, und bei einer Halbierung der Geschwindigkeit würde die Leistung auf 12% zurückgehen. Weil die Verluste bei der Energieumwandlung fast unabhängig von der Leistungsabgabe sind, ist die tatsächliche Leistungsabnahme noch größer.

Große Fluktuationen der von der Turbine abgegebenen Leistung sind aus mehreren Gründen unerwünscht: Aus diesen würden sich u.a. Schwankungen in der Netzfrequenz und große Beanspruchungen der Bauteile ergeben. Zur Vermeidung dieser Nachteile werden Windräder so ausgelegt, dass bereits bei einer mittleren Geschwindigkeit die volle Leistung erreicht wird. Bei größeren Geschwindigkeiten wird die Leistung mit Hilfe der Regelung konstant gehalten, z.B. durch Verstellen der Flügelanstellung, vgl. Fig. 18.22. Bei zu großen und zu kleinen Windgeschwindigkeiten wird die Anlage abgestellt.

Grenzen für die maximale Leistung einer Anlage sind durch die auftretenden Belastungen und die Randbedingung der wirtschaftlichen Umsetzung gegeben. Wenn man in erster Näherung annimmt, dass die Belastungen mit denen eines Flugzeugtragflügels vergleichbar sind, sollten Anlagen mit einem Rotordurchmesser von ca. 120 m realisierbar sein. Zu den größten heute in Betrieb befindlichen Anlagen zählen die drei Zweiblatt-Windturbinen in Boone (North Carolina), der Rotordurchmesser beträgt 91,5 m und die Nennleistung 2,5 MW. Allerdings hat die Erfahrung gezeigt, dass kleinere Anlagen wirtschaftlicher sind. Der Grund dafür liegt darin, dass die Rotorfläche und damit auch die Leistung einer Anlage nur mit dem Quadrat des Durchmessers wächst, die Masse des benötigten Materials aber mit der 3. Potenz.

18.3.4 Aufwindkraftwerk

Ein Aufwindkraftwerk besteht aus einer Kombination eines Treibhauses, eines Kamins und eines Windrades, vgl. Fig. 18.23. Das durch ein lichtdurchlässiges Dach eingestrahlte Sonnenlicht wird am Boden absorbiert und erwärmt die darüberliegende Luft wie in einem Treibhaus. In der Mitte des Daches steht eine Kaminröhre. Der Kamin ist an seinem Fuß unterhalb des Dachanschlusses offen, ist aber dicht mit der Dachfläche verbunden. Infolge der Kaminwirkung strömt die unter dem Dach erwärmte Luft durch die Röhre nach oben und saugt dabei Luft aus der Umgebung an. Die unter dem Dach erwärmte Luft erzeugt so einen Aufwind im Kamin, der zum Antrieb eines Windrades genutzt werden kann, vgl. [22].

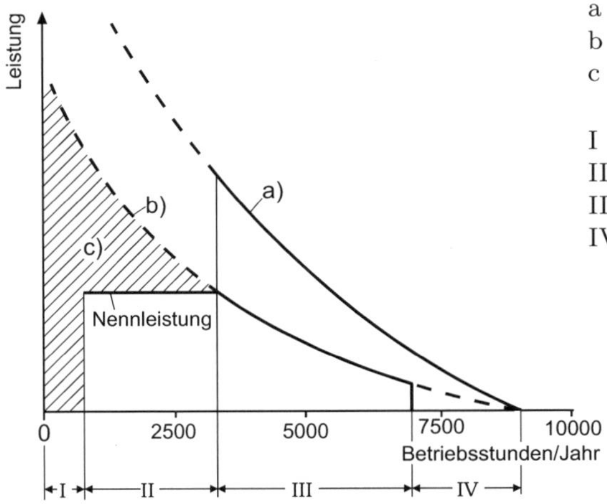

a Windleistung
b Extrahierbare Leistung
c Nicht nutzbarer Anteil

I Wind zu stark
II Betriebszeit bei Nennleistung
III Betriebszeit bei Teillast
IV Wind zu schwach

Abbildung 18.22. Leistungs-Windgeschwindigkeitscharakteristik einer Windturbine

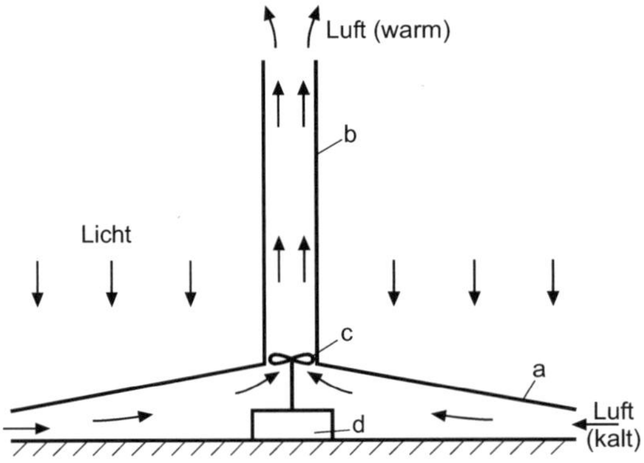

a Lichtdurchlässiges Dach
b Kamin
c Windturbine
d Generator

Abbildung 18.23. Schema und Wirkungsweise eines Aufwindkraftwerkes

Die Aufwindgeschwindigkeit ist umso größer, je wärmer die ihm zugeführte Luft gegenüber der Umgebung und je höher der Kamin ist. Für die treibende Druckdifferenz der Kaminströmung gilt in linearer Näherung

$$\Delta p = \left(\rho_0 - \overline{\rho_i}\right) g\, H = \frac{p_0}{R}\left(\frac{1}{T_0} - \frac{1}{\overline{T_i}}\right) g\, H = \Delta\rho\, g\, H \qquad (18.74)$$

mit:

- p_0 Umgebungsdruck ,
- T_0 Umgebungstemperatur,
- $\overline{T_i}$ mittlere Temperatur im Kamin,
- H Kaminhöhe,
- $\overline{\rho_i}$ mittlere Dichte im Kamin.

Unter der Voraussetzung, dass $\Delta\rho/\rho \ll 1$ ist, folgt aus der Bernoulli-Gleichung der Strömungsmechanik für die maximale Aufwindgeschwindigkeit

$$v = \sqrt{\frac{2\,\Delta p}{\rho_i}}\ . \qquad (18.75)$$

Die Leistung, die mit einer Turbine der Strömung entnommen werden kann, ist höchstens gleich dem Energiestrom P_{max} im Kamin. Für diesen gilt

$$P_{max} = \dot{m}\,\frac{\rho}{2}\,v^2 = \dot{m}\,\Delta\rho\, g\, H\ . \qquad (18.76)$$

Der maximale Wirkungsgrad des Aufwindkraftwerkes ergibt sich damit zu

$$\eta_{max} = \frac{P_{max}}{\dot{Q}_S} = \frac{g\,H}{c_p\,T_0}\ . \qquad (18.77)$$

In den Wirkungsgrad geht als einzige Anlagengröße nur die Kaminhöhe H ein. Mit $c_p = 1$ kJ/kgK für Luft und $T_0 = 300$ K folgt

$$\eta_{max} \approx H\,3{,}3 \cdot 10^{-5}\ . \qquad (18.78)$$

Bei einer technisch denkbaren Kaminhöhe von 1 000 m ergibt sich ein auf die Turbinenleistung bezogener spezifischer Flächenbedarf a von

$$a = \frac{1}{\eta_{max}\,\dot{q}_S} \approx 30\ \mathrm{m^2/kW}. \qquad (18.79)$$

Für ein Kraftwerk mit 100 MW Leistung wäre eine Sammelfläche von $3 \cdot 10^6$ m^2 = 3 km^2 erforderlich, was einem Kreis mit einem Durchmesser von 1,95 km entspricht. Der Durchmesser der Kaminröhre würde bei einer Windgeschwindigkeit von 10 m/s ca. 88 m betragen. Diese Zahlen zeigen, dass die Anlagen zur Erzeugung künstlichen Windes riesige Bauwerke wären.

Bei einer in Manzanares/Spanien erstellten Pilotanlage hatte das Dach eine Fläche von 50 000 m^2 und der Kamin bei 2 m Durchmesser eine Höhe von 200 m. Bei einer Sonneneinstrahlung von 800 W/m^2 lag die Temperatur

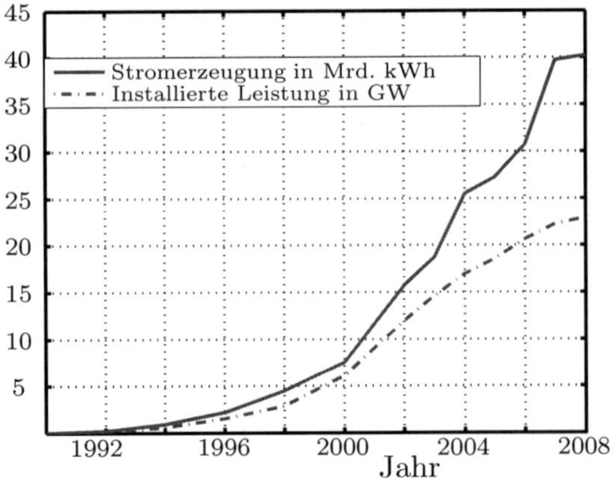

Abbildung 18.24. Windenergieeinspeisung in das Verbundnetz der Bundesrepublik. Mit einer vergleichbaren installierten Leistung haben die noch im Betrieb befindlichen Kernkraftwerke im Jahr 2007 142 Mrd. kWh in das Netz eingespeist.

unter dem Dach im Mittel um 20°C über der Umgebungstemperatur und die Nennleistung der Windturbine betrug 100 kW.

18.3.5 Fazit

Anlagen zur Nutzung der Windenergie sind im Leistungsbereich von einigen kW bis zu zwei MW technisch gut entwickelt und haben sich an vielen Standorten im Betrieb bewährt. Der Nachteil der Windenergie ist das mit der dritten Potenz der Windgeschwindigkeit schwankende Energieangebot: bei einer Halbierung der Windgeschwindigkeit erzeugt ein Windrad nur noch ein Achtel des Stromes. Diese Abhängigkeit macht ein jederzeit verfügbares Stützsystem erforderlich.

Ende des Jahres 2007 waren weltweit Windturbinen mit einer Nennleistung von 93.800 MW installiert. Davon allein $\approx$20.000 Windanlagen in Deutschland mit einer Nennleistung von 22.600 MW, die im Jahr 2008 ca. $40 \cdot 10^9$ kWh Strom, das waren ca. 6,5% der gesamten Erzeugung, in das öffentliche Netz einspeisten; dies entsprach einer über das Jahr gemittelten Leistung von 4.589 MW, vgl. Fig. [18.24]. Die mittlere Jahresleistung aller 20.000 Windanlagen in Deutschland entsprach damit in etwa der Bruttoleistung des mit Braunkohle betriebenen Kraftwerkstandorts Neurath des RWE.
Die Windenergie hat sich in Deutschland zu einer Großtechnik mit einer starken Lobby entwickelt. Anlass für diese Entwicklung sind die massiven Subventionen auf der Grundlage des Erneuerbaren-Energien-Gesetzes. Durch die darin festgelegten Einspeisevergütungen kann an geeigneten Standorten viel Geld erwirtschaftet werden.

18.4 Folgerungen für die Nutzung regenerativer Energiequellen

Es ist faszinierend, über unerschöpfliche Quellen zu verfügen bzw. etwas umsonst zu bekommen. So ist es nicht verwunderlich, dass auch in die regenerierbaren Energiequellen große Hoffnungen gesetzt werden. Diese Hoffnungen haben sich bisher insofern nicht erfüllt, als sich die Erschließung dieser Quellen als technisch aufwendig und kostspielig erwiesen hat.
Der Beitrag der erneuerbaren Energiequellen zur globalen Stromerzeugung betrug im Jahr 2006 rund 3270 Mrd. kWh, was einem Anteil von 18% an der Stromerzeugung entspricht [9]. Davon haben die Wasserkraftwerke 2639 Mrd. kWh geliefert; 631 Mrd. kWh wurde von Anlagen beigetragen, die Geothermie, Windenergie, Solareinstrahlung und Biomasse als Primärenergiequelle nutzen. Der Beitrag der erneuerbaren Energiequellen zur globalen Stromerzeugung ist seit Jahren rückläufig, er betrug im Jahr 1990 noch ca. 20%.
Von den drei behandelten regenerativen Energieformen kann die Wasserkraft, deren Nutzung gut entwickelt ist, nur einen ergänzenden Beitrag liefern. Auch die Windenergie, für deren Nutzung technische Lösungen vorliegen, kann aufgrund ihres beschränkten Potentials andere Energiequellen nicht ersetzen. Es kommt hinzu, dass sie nach Anfall verbraucht werden muss. Um die Versorgung mit Energie sicherzustellen, sind daher jederzeit verfügbare Stützsysteme erforderlich.
Allein die Sonnenenergie ist in so großen Mengen verfügbar, dass theoretisch unser gesamter Energiebedarf daraus gedeckt werden könnte. Wegen der geringen Energiedichte sind aber sehr große Flächen für ihre Ernte erforderlich. Bei der derzeit verfügbaren Technik ist für den Bau entsprechender Anlagen ein Energieaufwand erforderlich, der bei den in Mitteleuropa gegebenen Einstrahlverhältnissen des Sonnenlichts in derselben Größenordnung liegt wie die während der Lebenszeit einer Anlage gewonnene Energie. Auch wenn außer Zweifel steht, dass noch ein erhebliches Potential für technische Verbesserungen besteht, wird die Nutzung der Sonnenenergie für die Bereitstellung von Elektrizität vergleichsweise teurer bleiben. Auch die Sonnenenergie erfordert Stützsysteme, die auf jederzeit verfügbare Energiequellen zurückgreifen können und bei Nichtverfügbarkeit der Solarenergie die Versorgung übernehmen. Dies macht Doppelinvestitionen erforderlich.

Literatur

1. Bloss, Cortalan, Pfisterer: Stand und Perspektiven der Photovoltaik. Institut für physikalische Elektronik, Universität Stuttgart, 1988
2. Elmore, W.C., M.A. Heald: Physics of waves. Dover, New York 1969
3. Eversheim, W., G. Schweitzer, T. Albrecht: Energetische Bewertung eines zukunftsweisenden Produktionskonzepts für Solarzellen. VDI Bericht Nr. 1457, 313 – 322, (1999)

4. Gieseke, J., Mosonyi, E.: Wasserkraftanlagen. Planung, Bau und Betrieb. Springer-Verlag, Heidelberg 2003
5. Grätzel, M.: Low cost and efficient photovoltaic conversion by nanocristalline solar cells. Chemie Ingenieur Technik **67**, 1 300–1 305 (1995)
6. Glaser, P.E.: Economic and environmental costs of satellite solar power. Mechanical Engineering **10**, 32–37 (1978)
7. Hau, E.: Windenergieanlagen. Springer, Heidelberg 1996
8. Halacy, D.S.: The coming age of solar energy. Harper & Row, New York 1963
9. IEA Renewables Information 2006 International Energy Agency (IEA), Paris 2007
10. Kaltschmitt, M., Wiese, A.: Erneuerbare Energien. Systemtechnik, Wirtschaftlichkeit, Umweltaspekte. Springer, Berlin 1997
11. Kleemann, M., Meliß, M.: Regenerative Energiequellen, 2. Auflage. Springer, Berlin Heidelberg New York 1993
12. Lewerenz, H.-J., Jungblut, H.: Photovoltaik. Springer, Berlin Heidelberg New York 1995
13. Meriam, M.F.: Wind, waves and tides. Annual Review of Energy **3**, 29–56 (1978)
14. Mitchell, R.L., Surek, T.: Photovoltaic research projects: A foundation of tomorrows's utility-scale electricity. Proc. 23rd IECEC-Conference, 107–117 (1987)
15. Molly, JP.: Windenergie. C.F. Müller, Karlsruhe 1991
16. Morse, F.M., Simmons, M.K.: Solar energy. Annual Review of Energy **1**, 131–158 (1976)
17. Munich Re-*newables*: Unser Beitrag für eine CO_2– arme Energieversorgung. Münchner Rückversicherung AG, München (2009)
18. Palz, W., Greif, J: European Radiation Atlas. Springer, Berlin Heidlberg 1996
19. Parkinson, B. A.: An overview of the progress in photochemical energy conversion. J. Chem. Education **60**, S. 338 ff (1983)
20. Quantz, L., Meerwarth, K.: Wasserkraftmaschinen, 11. Auflage. Springer, Berlin Heidelberg 1963
21. Raabe, J.: Hydraulische Maschinen und Anlagen, Teil II: Wasserturbinen. VDI-Verlag, Düsseldorf 1970
22. Schlaich, J.: Aufwindkraftwerke – Das Prinzip, der Prototyp in Spanien, Zukunftsaussichten. VGB Kraftwerkstechnik **62**, 926–929 (1982)
23. Schulze, R. W.: Strahlenklima der Erde. Steinkopf, Darmstadt 1970
24. Scudder, Thayer: The Future of Large Dams: Dealing with the Social, Environmental and Political Costs. Earthscan 2005
25. Tester, J.W. Drake, E.M., Driscoll, M.J., Golay, M.W., Peters, W.A.: Sustainable Energy: Choosing among options. MIT Press, Cambridge, Massachusetts 2005
26. Troen, I., Petersen, E. L.: Europäischer Windatlas. Risö National Laboratory, Roskilde, Denmark 0. J.
27. VDI-Wärmeatlas. 9. Auflage, Springer, Berlin Heidelberg 2002
28. www.voith.com, Homepage der Firma Voith GmbH

Teil IV

Zukunftsperspektiven

19

Status unserer Energieversorgung

Es ist die nächste und im gewissen Sinne wichtigste Aufgabe unserer bewußten Naturerkenntnis, dass sie uns befähige, zukünftige Erfahrungen vorauszusehen, um nach dieser Voraussicht unser gegenwärtiges Handeln einrichten zu können.
Heinrich Hertz (1857–1894)

Das Leben muß vorwärts gehen, verstehen können wir es aber nur rückwärts.
Sören Kierkegaard (1813–1855)

19.1 Gegenwärtiger Stand

Die Kraftwerkstechnik zur Erzeugung von elektrischem Strom ist eine der großen Entwicklungen des vergangenen Jahrhunderts. Es ist offensichtlich, dass die Nutzung der Elektrizität das tägliche Leben in einer Weise verändert und erleichtert hat, wie es vorher nicht vorauszusehen war. Im Jahr 2006 wurden weltweit $18{,}01 \cdot 10^{12}$ kWh = 18.010 TWh Strom erzeugt und verbraucht, die installierte Leistung aller Kraftwerke betrug rd. $4{,}2 \cdot 10^{9}$ kW, vgl. Abb. 19.1. Trotz eines ungebrochenen Wachstums seit mehr als 100 Jahren nimmt der Stromverbrauch noch immer mit einer Rate von 3% pro Jahr zu. Für 2015 wird mit einem weltweiten Strombedarf von 21.500 GWh gerechnet; dabei liegen die Zuwachsraten in den Industrieländern wie den USA und Westeuropa bei ca. 1% und in den so genannten Schwellenländern China, Indien und Indonesien eher bei 10% pro anno.

Für die Einsatzenergien besteht ein Energiemix aus hauptsächlich fünf Energiearten: Kohle, Erdgas, Wasserkraft, Kernenergie und Erdöl, wobei regional allerdings sehr unterschiedliche Kombinationen vorzufinden sind. Während Norwegen seinen Strombedarf fast ausschließlich aus Wasserkraft deckt, wird in Südafrika der Strom zu mehr als 90% mit kohlegefeuerten Dampfkraftwerken erzeugt. Der Beitrag des Erdöls ist nur noch in den Golfstaaten dominierend (fast 100%), ist aber auch in Ländern wie Italien (65%) und Japan (30%) relativ hoch. Der Anteil des Erdgases erreicht in den Niederlanden 65%, Kernkraft erreicht in Frankreich (77%), in Ungarn (50%) und in Taiwan

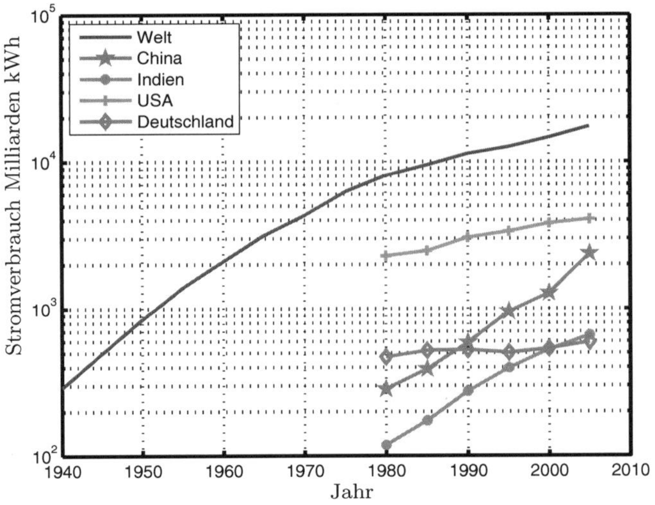

Abbildung 19.1. Weltweite Bruttostromerzeugung in Terawattstunden; nach www.eia.doe.gov und IEA. Die Darstellung zeigt die Dominanz der USA und die großen Zuwachsraten in den sich zu Industriegesllschaften entwickelnden Ländern Indien und VR China.

(39%). Weltweit werden etwa zwei Drittel des Stroms aus fossilen Brennstoffen gewonnen, der Anteil der Wasserkraft liegt bei 18% und der Anteil der Kernkraft bei 16%. Obwohl Länder wie Island, aber auch Guatemala einen Großteil ihres Strombedarfs aus geothermischer Energie gewinnen, liegt weltweit der Anteil des aus Windkraft, Solarenergie und geothermischer Energie gewonnen Stromes in der Summe unter 0,5% und ist damit unbedeutend. An dieser Verteilung wird sich auch in der nahen Zukunft nichts ändern, denn die Anlagen, mit denen der für 2015 geschätzte Mehrbedarf gedeckt werden soll, befinden sich bereits im Bau- oder Planungsstadium.

Wie der Stromverbrauch wird auch der Gesamtverbrauch an Primärenergie, der im Jahr 2004 bei $14{,}2 \cdot 10^9$ tSKE lag und gegenüber 2003 um 4,3% zugenommen hat, auf rd. $17 \cdot 10^9$ tSKE im Jahr 2015 ansteigen. Wie Abb. 1.3 zeigt, wird der Primärenergiebedarf zu rd. 85% durch Verbrennung fossiler Brennstoffe gedeckt.[1] Die gesamte energiebedingte Emission von CO_2 wird bis 2015 um ca. 20% auf rd. $30 \cdot 10^9$ t ansteigen.

Aufgrund der in den vorhergehenden Kapiteln zusammengetragenen Fakten werden die beiden nächsten Generationen zur Sicherung ihrer Energieversor-

[1] Es gibt keine offizielle Weltenergiestatistik. Die hier mitgeteilten Zahlenwerte für den Energieverbrauch sind aus der BP Statistical Review of World Energy (www.BP.com) und aus dem International Energy Annual der Energy Information Administration des US-Department of Energy (www.eia.doe.gov) entnommen.

gung eine Aufgabe von besonderer Art zu lösen haben, die sich aus einem Komplex historisch gewachsener Probleme zusammensetzt, die wie folgt charakterisiert werden können:

1. Wir stehen mitten in einer Bevölkerungsexplosion.
2. Die modernen Gesellschaften haben einen großen Energiebedarf.
3. Die bekannten Reserven der leicht zu fördernden fossilen Energieträger Erdöl und Erdgas gehen ihrer Erschöpfung entgegen.
4. Die Emission der Treibhausgase muss vermindert werden.
5. Können nichtfossile Energieträger die Kohle, das Erdgas und das Erdöl ersetzen?

19.1.1 Bevölkerungsexplosion

Durch ein mehr als exponentielles Wachstum im vergangenen Jahrhundert hat die Weltbevölkerung von 1 Milliarde im Jahr 1840 über 2 Milliarden 1930 auf gegenwärtig 6,4 Milliarden Menschen zugenommen. Nun, da das Tempo der Zunahme seit 1970 abgenommen hat, hoffen wir, dass es bald zum Stillstand kommen wird, und sich um 2050 ein neues Gleichgewicht bei nicht mehr als 9 Milliarden Menschen einstellen wird.
Die Unterschiede in der Entwicklung des Wirtschaftens in den verschiedenen Ländern der Erde haben zum Resultat, dass auf einen Bewohner der reichen Länder vier arme Menschen in der so genannten Dritten Welt kommen. Auch diese Menschen sehen fern, erleben Besucher aus den Industrieländern und wünschen sich eine Teilhabe an deren Reichtum. So, wie die Menschen in Südkorea und Taiwan es geschafft haben, sich den Anschluss an den Lebensstandard der USA und der europäischen Länder zu erarbeiten, werden auch die Bewohner anderer Länder dies mit aller Macht anstreben und niemand wird sie dabei aufhalten können. Die Aufgabe wird also sein, mehr Menschen Gelegenheit zum Erreichen eines höheren Lebensstandards zu geben, ohne gleichzeitig diesen Standard durch Überbeanspruchung der Ressourcen unserer Erde zunichte zu machen.

19.1.2 Warum verbrauchen moderne Gesellschaften soviel Energie?

Um zu existieren, benötigen alle Lebewesen den stetigen Zufluss geordneter Energie mit niedriger Entropie, so genannter freier Energie, um den Ordnungszustand in ihrem Körper und in ihrer Umgebung aufrechtzuhalten. Die Zufuhr freier Energie ist über die Nahrung möglich; für einen erwachsenen Menschen sind etwa 2400 Kilokalorien oder 10 Megajoule pro Tag erforderlich. Dies ergibt einen mittleren Energiefluss von ca. 120 Watt. Dieser Zufluss an freier Energie genügt, um uns gerade am Leben zu halten. Wird körperliche Arbeit verrichtet, nimmt der Nahrungsbedarf entsprechend zu. Etwa ein

Sechstel der zugeführten Energie verbraucht das menschliche Gehirn. Es verarbeitet freie Energie mit einer Dichte von 20 W/(1,35 kg) = 15 W/kg.[2] Daneben verlangt unser Körper aber auch nach der richtigen Temperatur, der richtigen Feuchtigkeit etc. in seinen Häusern und Wohnungen. Das Schaffen dieses Mikroklimas, das dem Klima in der ursprünglichen Heimat des Menschen, dem subtropischen Afrika, entspricht, kostet viel Energie. Dasselbe gilt für andere Aktivitäten, die wir für ein bequemes Leben als notwendig erachten. Allerdings ist der Energieverbrauch in den einzelnen Staatengruppen extrem unterschiedlich, je nach technischer und wirtschaftlicher Entwicklung schwankt er zwischen rd. 40 kgSKE pro Kopf und Jahr in den armen Ländern Afrikas und rd. 11.487 kgSKE in Nordamerika. Was rechtfertigt nun die Bereitstellung eines solch ungeheueren Energiestroms in den Industrieländern?

Es ist der geltend gemachte Bedarf!

Damit ist natürlich die Frage nach der Legitimation des Energiebedarfs nicht beantwortet, die Frage gewinnt vielmehr noch an provokativem Charakter. Viele werden mit ihr die Vorstellung von einer ihrem unwiderruflichen Untergang zutreibenden unersättlichen Konsumgesellschaft verbinden. Dieser Sachverhalt macht auf ein ernstes Problem aufmerksam:

Es geht um die unablässig expandierende menschliche Bedürfniswelt.

Der moderne Mensch hat sich in seiner Freiheit, mit seiner Vernunft und seinen Wünschen diese Bedürfniswelt in seiner Selbstinszenierung als ein offenes System geschaffen, Grenzen ergeben sich dabei allenfalls aus der Beschränkung der Möglichkeiten der menschlichen Produktivität und der verfügbaren Ressourcen.

Nach einem solchen Verständnis ist die moderne Wirtschaft eine Innovativwirtschaft. Sie unterscheidet sich von traditionellen Formen des Wirtschaftens durch die systematische Anwendung und Ausweitung technisch rationaler Mittel zur Beschaffung, Herstellung und zum Transport von Gütern, die den menschlichen Bedürfnissen entsprechen sollen. Diese Art des Wirtschaftens ist aber nur dann aufrechtzuerhalten, wenn ein ausreichender Energiestrom zur Verfügung steht. Im Laufe ihrer Geschichte haben die Menschen in den Industrieländern kontinuierlich mehr Energie verbraucht. Dies lag zum einen an der Zunahme der Bevölkerung selbst, vor allem aber an dem von Kulturstufe zu Kulturstufe zunehmenden Pro-Kopf-Verbrauch dieser wachsenden Bevölkerung. Bis zum Jahr 1700 wurde der Energiebedarf vollständig durch Nutzung regenerativer Energiequellen gedeckt. Billig und reichlich vorhanden hat die Kohle im 19. Jahrhundert den nachwachsenden Energierohstoff Holz abgelöst. Sie hat die erste industrielle Revolution angetrieben und war ab 1900 die dominierende kommerzielle Energiequelle. Erst die große Flutwelle des billigen Erdöls, die ab 1950 vom Nahen Osten, Venezuela und den Vereinigten Staaten ausging und die Weltmärkte überschwemmte, hat der Kohle ihre Stellung

---

[2] Im Vergleich zu unserer Sonne, die nukleare Energie in thermische und elektromagnetische Strahlung umwandelt und eine Energiedichte von ca. 0,2 Milliwatt/kg aufweist, ist die Energiedichte in unserem Gehirn um den Faktor 100.000 größer.

streitig gemacht und die Kohle als wichtigste Energiequelle verdrängt. Öl war einfacher zu fördern, zu transportieren und zu veredeln und wurde billiger als Kohle auf den Märkten angeboten, was sich als entscheidender Vorteil erwies. Die niedrigen Preise führten seit 1900 zu einem beispiellosen Anstieg des Energiekonsums in den USA und Europa: Er nahm um den Faktor 16 zu. Parallel mit der Zunahme des Energieverbrauches wurden trotz der billigen Energiepreise die Techniken zur Energienutzung fortlaufend verbessert: 1913 waren bei der BASF noch 100 GJ erforderlich um eine Tonne Ammoniak herzustellen, heute benötigen wir dafür nur noch 26 GJ pro Tonne Ammoniak. Beeindruckend ist auch die Wirkungsgradsteigerung der Dampfkraftwerke von ca. 5% im Jahr 1900 auf heute 46% bei Kohlekraftwerken und 57% bei Gas- und Dampfturbinen-Kraftwerken. Durch die Steigerung der Energieeffizienz hat die tatsächliche Verfügbarkeit von Energie noch weit stärker zugenommen als der Primärenergieverbrauch, realistisch dürfte der Faktor 25 sein.
In diesem Zusammenhang stellt sich unweigerlich die Frage nach den Möglichkeiten für unsere Energieversorgung; dies insbesondere auch deshalb, weil der Höhepunkt des weltweiten Energieverbrauchs noch vor uns liegt: Spätestens im Jahr 2020 wird bei einer auf ca. 8 Milliarden Menschen angewachsenen Weltbevölkerung mit einer Verdoppelung des Primärenergieverbrauches zu rechnen sein.
Die Sicherstellung einer nachhaltigen Energieversorgung ist damit zum Kernproblem der modernen Gesellschaft geworden. Nachhaltige Entwicklung bedeutet: Eine Balance zwischen ökonomischen, ökologischen und gesellschaftlichen Zielen bezogen auf die heutige und kommende Generationen.

19.1.3 Die fossilen Energiequellen gehen ihrer Erschöpfung entgegen

Trotz jahrzehntelanger, intensiver Bemühungen, Ersatz für die fossilen Energieträger zu finden, decken diese immer noch rd. 85% des Primärenergiebedarfs. Selbst Vertreter der Energieindustrie weisen in öffentlichen Stellungnahmen immer wieder darauf hin, dass die leicht und mit bekannter Technik zu gewinnenden Gas- und Erdölreserven, die als konventionelle Energiereserven bezeichnet werden, nur noch für wenige Jahrzehnte reichen[3]. Damit ist aber nicht gesagt, dass dann das gesamte Öl und Gas aus dem Erdinnern aufgebraucht ist. Allerdings sind die Reserven, die dann noch vorhanden sind, schwerer zugänglich und stärker verunreinigt, was höhere Kosten für Förderung und Weiterverarbeitung mit sich bringen wird. Man bezeichnet sie deshalb als nichtkonventionelle Reserven.
Von vielen Ökonomen wird angeführt, dass bei steigenden Preisen ein gleitender Übergang von den kostengünstigen, konventionellen, zu den teueren

[3] *The World has 40 years of oil and 60 years of gas; the challenge is to use it wisely.* Zitat aus einer Rede von P. Sutherland, Chairmen der BP Inc., auf der Welt-Energiekonferenz 2003.

nichtkonventionellen Energiereserven stattfinden wird, und dass dieser Wechsel nur von den ökonomischen Randbedingungen abhängig sei. Diese Sichtweise berücksichtigt nicht, dass dazu neue Techniken erforderlich sind, die erst noch entwickelt werden müssen.
Im Unterschied zu Erdöl und Gas sind die Kohlevorräte größer, sie reichen bei gegenwärtiger Förderung noch ca. 240 Jahre. Kohle ist aber schwieriger zu fördern als Öl oder Gas, dazu schmutziger in der Handhabung und aufwendiger in der Verarbeitung.
Das Problem ist nicht nur, dass die konventionellen fossilen Energiequellen mittelfristig erschöpft sein werden, das noch größere Problem sind die mit der wachsenden Nutzung fossiler Energiequellen einhergehenden Umweltveränderungen. Viele Erkenntnisse sprechen dafür, dass der Treibhauseffekt aufgrund der CO_2-Emissionen eine Tatsache ist. Nach Meinung maßgeblicher Experten muss die dadurch verursachte Erhöhung der Temperatur unserer Atmosphäre auf 2°C beschränkt werden, um dadurch verursachte nachteilige Veränderungen in unserer Umwelt in Grenzen zu halten. Dazu ist es notwendig, den CO_2–Anteil in der Atmosphäre bei rd. 450 ppm zu stabilisieren. Das wird nur gelingen, wenn insbesondere die Industrieländer, die rd. die Hälfte des gesamten CO_2–Ausstoßes verursachen, ihre Emissionen drastisch reduzieren. Dies schließt auch die Sequestration mittels CO_2-Abtrennung und -Endlagerung ein, die von einigen Industriestaaten stark forciert wird.

19.1.4 Gibt es Ersatz für die fossilen Energiequellen?

Die Potentiale der regenerierbaren Energiequellen, wie Sonnen-, Windenergie, Biomasse etc., sind nur schwer abzuschätzen. Gemeinsam ist den regenerativen Energiequellen die geringe Leistungsdichte pro Fläche, das häufig ungünstige Verhältnis zwischen Aufwand und Ertrag und die Abhängigkeit von Tages- und Jahreszeiten sowie den klimatischen Verhältnissen. Im Unterschied zu den *mengenbegrenzten* hochkonzentrierten fossilen und nuklearen[4] Energiequellen sind sie *leistungsbegrenzt.*
Wasserkraft: Am weitesten entwickelt ist die Nutzung der Wasserkraft. Hierbei wird die potentielle Energie fallenden Wassers mittels Turbinen in mechanische bzw. elektrische Energie umgewandelt. Weltweit gibt es z.Zt. rd. 45.000 Dämme mit einer Höhe von mehr als 10 m, mit denen das Wasser von Flussläufen aufgestaut und zur Stromerzeugung verwendet wird. Die Leistung dieser Anlagen reicht von wenigen Kilowatt bis zu 12.600 MW der derzeit größten Anlage Itaipu im Süden von Brasilien. Die Wasserkraft deckt weltweit ca. 16% des Strombedarfs, bzw. 2% des Energiebedarfs; ihr Potential ist in den Industrieländern weitgehend ausgeschöpft. Nutzbare Reserven für Wasserkraftwerke befinden sich allenfalls noch in Afrika, Asien und Südamerika.
Windenergie: Etwa 2 % der auf die Erde eingestrahlten Sonnenenergie werden ständig in Strömungsenergie der Atmosphäre umgesetzt. Daraus resultiert ein denkbares weltweites Potential an Windenergie von ca. $3{\cdot}10^6$ GW.

[4] Bei Nutzung in unseren heutigen Leichtwasserreaktoren.

Aus Gründen des Materialaufwandes und der Baustabilität werden Anlagen zur Nutzung der Windenergie auf ca. 100 m Bauhöhe beschränkt sein. Dabei muss in Kauf genommen werden, dass unter dem Einfluss der bodennahen Reibung der Luftmassen die Windgeschwindigkeit zum Boden hin stark abnimmt. Unter Berücksichtigung dieser beiden Randbedingungen beträgt das technisch realisierbare Potential bestenfalls 2% der Gesamtenergie des Windes oder $60 \cdot 10^3$ GW, die global mit Windturbinen aus der Atmosphäre entnommen werden könnten. Die im Wind enthaltene Energiedichte pro Flächeneinheit verändert sich mit der dritten Potenz seiner Geschwindigkeit. Bei einer mittleren Geschwindigkeit von 10 m/s (36 km/h) ergibt sich eine Energiedichte von 600 Watt pro m^2 Windradfläche. Dieses Energieangebot wird von einer guten Windturbine bestenfalls zu 40% genutzt, im Idealfall zu 60%. Die Leistungsausbeute pro m^2 Windradfläche beträgt damit ca. 0,25 kW; ein Windrad mit 100 m Durchmesser hat dann eine Leistungsabgabe von etwa 2 MW. Mittlere Windgeschwindigkeiten von 10 m/s kommen in Europa nur in Küstenregionen und einigen Gebirgslagen vor; schon bei 6 m/s (21,6 km/h) vermindert sich die spezifische Leistungsausbeute auf 0,05 kW pro m^2 und die Leistung des 100 m Rades von 2 MW auf 400 kW. Im Übrigen sind die Probleme, die mit der Nutzung der Windenergie verbunden sind, gut bekannt: Der Wind ist seiner Natur nach chaotisch, praktisch unberechenbar, in seiner Energiedichte stark schwankend und seine Energie ist nicht direkt speicherbar.

Sonnenenergie: Auch bei der Nutzung der Sonnenenergie besteht das Hauptproblem darin, aus einem diffusen, schwankenden Angebot zuverlässige Nutzenergie zu extrahieren. In Mitteleuropa werden von der Sonne im Jahresmittel etwa 1000 kWh pro m^2 eingestrahlt[5]. Auf den ersten Blick scheint es deshalb vielversprechend, die *kostenlose* Solarenergie für Heizzwecke zu verwenden. Die Sonne ist in unseren Breiten aber die unzuverlässigste aller Energiequellen. Enorme Schwankungen sind die Regel. An einem sonnigen Junitag wird im Vergleich zu einem bedeckten Tag im Januar etwa die fünfzigfache Energiemenge eingestrahlt. Aber gerade in den Wintermonaten ist der Bedarf an Energie für Heizung und Warmwasser am größten. Für eine Direktnutzung der Sonne für Heizzwecke benötigt man also Langzeitspeicher für den Sommer/Winter-Ausgleich. Trotz intensiver Bemühungen sind aber solche Speicher nicht verfügbar, und niemand weiß, ob es sie jemals geben wird.

Alle Sammeleinrichtungen für Sonnenenergie, dabei besonders die Solarzellen und die Spiegelsysteme von photovoltaischen bzw. thermischen Solarkraftwerken, sind wegen ihrer großen flächenhaften Ausdehnung und notwendigerweise exponierten Bauweise vollständig der Witterung ausgesetzt - Schmutz, Regen, Schnee und Stürme setzen ihnen zu und setzen sie häufig außer Betrieb. Es ist also unerlässlich, ein zusätzliches Energiesystem vorzusehen, wenn man auf

[5] Zum Vergleich: Der Jahresbedarf an Energie für Heizung und Warmwasserbereitung eines gut isolierten Einfamilienhauses mit 140 m^2 Wohnfläche beträgt rd. 25.000 kWh.

die Zuverlässigkeit der Energieversorgung nicht verzichten will. In den von der Sonne benachteiligten nördlichen Industrieländern scheidet wegen des hohen Anteils diffuser Strahlung an unserem Sonnenlicht die Nutzung der Solarstrahlung mittels Spiegelsystemen praktisch aus. Dies gilt auch für die Nutzung der Photovoltaik, denn wegen des hohen Aufwandes für die Fertigung der Solarzellen-Anlagen ist der Energieeinsatz für die Herstellung dieser Systeme von gleicher Größenordnung wie die während der Betriebszeit geerntete Energiemenge, vgl. Kapitel 18.2.

Biomasse: Die Biomasse entspricht dem Anteil der Sonnenenergie, der global von den Pflanzen biologisch fixiert wird. Von dieser Biomasse, die einer Menge von 160 Mrd. t Trockenmasse entspricht, lebt alles, was kreucht und fleucht. Von der Produktion der Landfläche beansprucht der heutige Mensch zusammen mit den von ihm gehaltenen Haustieren gut 40%. Mit dem verbliebenen Anteil müssen sich die vom Menschen unabhängigen Lebewesen begnügen, darunter etwa 3 Millionen Tierarten. Nennenswerte Reserven gibt es nicht, es ist vielmehr ein Leben von der Hand in den Mund. Es ist unwahrscheinlich, dass wir unseren Anteil an der Nutzung der Biomasse noch wesentlich erhöhen können. Und zwar auch dann nicht, wenn die Bevölkerung bis Mitte des Jahrhunderts auf dann 9 Milliarden Menschen anwachsen sollte. Wir müssen uns fragen, ob es überhaupt von Vorteil für unsere Gesellschaft wäre, wenn wir nach der Inanspruchnahme des Erbes der fossilen Brennstoffe nun auch noch den mit uns die Erde bevölkernden Lebewesen ihren Anteil am energetischen Einkommen der Erde streitig machen würden.

Fazit: Es spricht natürlich nichts dagegen, Holzabfälle, Stroh, Klärschlamm und Müll energetisch zu nutzen und Wind- und Sonnenenergie zu ernten, wenn immer das ökologisch vertretbar und technisch möglich ist. Das Nutzungspotential der regenerativen Energiequellen ist aber bescheiden und wird uns nicht aus einer Energieklemme helfen. Selbst bei einer optimalen Nutzung werden wir immer auf Stützsysteme angewiesen sein.

Atomenergie–Kernspaltung und Kernfusion: Zu den nichtfossilen Energieträgern gehört auch die Atomenergie, auf die in den 60er Jahren des vergangenen Jahrhunderts große Hoffnungen gesetzt wurde. Das Versprechen war, dass Strom aus Kernkraftwerken billig und für alle Zeiten verfügbar sein würde. Obwohl weltweit 433 Reaktoren mit einer Gesamtleistung von rd. 400 GW in Betrieb sind, die rd. 16% des Strombedarfs decken, hat die Kernenergie die in sie gesetzten Hoffnungen nur zum Teil erfüllt. Nicht zuletzt deshalb, weil die mit der Nutzung der Kernspaltung verbundenen unerwünschten Nebeneffekte schwerwiegender waren, als vorhergesehen. Das Hauptproblem für die Weiterentwicklung der Kernkraftwerke sind aber nicht diese Nebeneffekte, denen im Prinzip mit technischen Mitteln begegnet werden kann, sondern die Versorgung mit Kernbrennstoffen. Dem könnte nur abgeholfen werden, wenn die Entwicklung der Brütertechnologie wieder aufgenommen würde. Nur mit den Brütern sind wir in der Lage, das in großen Mengen vorhandene Uranisotop 238 in für unsere Reaktoren nutzbare Kernbrennstoffe umzuwandeln.

Neben den bisher nur schwer beherrschbaren Problemen der Sicherheit für den Brüter, für die noch keine befriedigenden Lösungen erprobt sind, können dann aber auch die Fragen der Endlagerung des radioaktiven Abfalls und der Proliferation waffenfähigen Plutoniums nicht länger unbeantwortet bleiben. Zur Zeit wird nur in Japan an der Lösung dieser Aufgaben gearbeitet.
In dieser Situation setzen viele ihre Hoffnungen auf die Kernfusion, die schon lange ein Schwerpunkt der Forschung ist. Zur Einleitung einer Fusion von zwei Deuteriumkernen zu Helium in einem künftigen Kraftwerk wird ein Gas auf sehr hohe Temperaturen erhitzt und in einem Magnetfeldkäfig eingeschlossen. Zur Zündung muss das Produkt aus Temperatur, Teilchenzahl und Einschlusszeit einen Wert von $2{\cdot}10^{22}$ überschreiten. Obwohl in den vergangenen 50 Jahren der Fusionsforschung große Fortschritte gemacht wurden, muss bei dem erreichten Entwicklungsstand immer noch mehr Energie aufgewendet werden, um die Fusionsreaktion zu zünden, als durch die Fusionsleistung in den bestehenden Versuchsreaktoren freisetzt wird. Der Durchbruch zur Herstellung eines kommerziellen Fusionsreaktors, der mindestens 10 mal mehr Energie liefert als er für seinen Betrieb braucht, soll der internationale Testreaktor ITER bringen, der zur Zeit in Südfrankreich gebaut wird.

19.1.5 Die Emission der Treibhausgase muss vermindert werden.

Die sehr hohe Wahrscheinlichkeit einer weltweiten Klimaänderung bei weitergehenden CO_2-Emissionen hat die britische Regierung veranlasst, den ehemaligen Weltbank-Chefökonomen und jetzigen Leiter ihres volkswirtschaftlichen Dienstes, Nicholas Stern, zu beauftragen, einen Bericht über die wirtschaftlichen Folgen einer globalen Erwärmung anzufertigen[9]. Der „Stern–Bericht“ stützt sich auf bestehende klimatologische Modelle, die eine durchschnittliche Erwärmung um 2 bis 5 °C für die nächsten 100 Jahre prognostizieren, sofern die gegenwärtigen Emissions–Trends bestehen bleiben. Die Hauptaussagen des Berichtes sind:

1. Der Klimawandel ist eine Bedrohung des Lebens auf der Erde. Es ist aber immer noch möglich, die schlimmsten Risiken und Auswirkungen des Klimawandels mit tragbaren Kosten zu vermeiden, wenn jetzt schnell auf nationaler und internationaler Ebene gehandelt wird.
2. Die jährlichen Kosten für die Stabilisierung der Treibhausgaskonzentration zwischen 500 und 550 ppm Kohlendioxidäquivalenten werden schätzungsweise bei etwa 1 Prozent des globalen Bruttoinlandsprodukts liegen, wenn jetzt begonnen wird, entschieden zu handeln.
3. Die Kosten des Klimawandels werden, wenn nicht gehandelt wird, bis zum Jahr 2050 pro Jahr dem Verlust von wenigstens 5 Prozent der globalen Wirtschaftsleistung entsprechen. Wenn man eine breitere Palette von Risiken und Einflüssen berücksichtigt, könnten die Schäden auf 20 Prozent oder mehr der erwarteten Wirtschaftsleistung ansteigen. Hierbei ist zu be-

merken, dass Entwicklungs- und Schwellenländer die ökonomischen Folgen des Klimawandels überdurchschnittlich stark zu spüren bekommen.

4. Die Welt braucht sich nicht zwischen der Vermeidung des Klimawandels und der Förderung von Wachstum und Entwicklung zu entscheiden. Die Bekämpfung des Klimawandels ist langfristig gesehen eine Strategie für mehr Wachstum und kann auf eine Weise erfolgen, die die Wachstumsambitionen reicher oder armer Länder nicht behindert. Maßnahmen gegen den Klimawandel schaffen neue Märkte, zum Beispiel Märkte für Technologien zur CO_2–neutralen Energieerzeugung.

Der Stern-Bericht wurde so einflussreich, weil er sehr klare Aussagen macht. Ganz zentral: Im Vergleich zu den wirtschaftlichen Schäden - gar nicht zu reden von den politischen und humanitären - für die Menschen und die Erde, die ein ungehemmter Klimawandel noch in diesem Jahrhundert und im nächsten mit sich bringen würde, wäre der Aufwand für eine rasche Begrenzung der Emissionen, die den Klimawandel verursachen, gering und preiswert.
Der Nutzen einer konsequenten Klimastrategie wird allerdings erst in einigen Jahrzehnten erkennbar, wenn die Emissionen und die Erwärmung nicht mehr zunehmen. Der Aufwand dafür ist aber heute zu organisieren und zu finanzieren. Der Report ist dabei insofern parteiisch, als er sich ausschließlich auf CO_2-Vermeidungsstrategien konzentriert anstatt auch Anpassungs- und Mitigationstrategien zu berücksichtigen.
Die Schäden des Klimawandels werden regional und sozial ungleich verteilt sein, und einige Länder könnten angesichts des Aufwands zur Minderung der Treibhausgase versucht sein, die Option „Trittbrettfahren“zu wählen. Den Folgen sinkender landwirtschaftlicher Erträge, steigender Meeresspiegel und panischer Migration würde sich aber kein Land vollständig entziehen können.

19.2 Mögliche Entwicklungen

Unsere Welt ist ein so komplexes System, dass es uns unmöglich ist, ihr Verhalten gedanklich zu erfassen. Wohl erstmals für die Erstellung des Berichts an den Club of Rome *“Die Grenzen des Wachstums“*, der im Jahr 1970 veröffentlicht wurde und großes Aufsehen erregte, wurden Rechner zu Hilfe genommen, um unsere komplexe Welt zu verstehen und zukünftige Entwicklungen zu simulieren [1]. Zu diesem Zweck wurde die *Welt*, d.h. die Menschen, ihre Umwelt, ihre Technik, ihre Sozialordnung, ihre Erwartungen u.s.w., in vereinfachter Form mittels Gleichungen abgebildet und zu einem mathematischen Modell des Systems *Welt* zusammengefügt. Nach Festlegung der Modellparameter durch Vergleich der errechneten Lösungen mit dem bekannten Verhalten in der Vergangenheit, konnte das Verhalten des Systems *Welt* in der Zukunft *simuliert* werden. Dabei wurde gefunden, dass bei einem andauernden Wachstum von Wirtschaft und Bevölkerung mit den Gradienten der 70er Jahre die Ressourcen schon zur Jahrhundertwende erschöpft sein würden und es bereits

eine Generation später unter der Last der weiter wachsenden Bevölkerung zu einem Kollaps der Weltwirtschaft kommen würde. Die Jahrhundertwende liegt nun hinter uns und es ist nichts Dramatisches passiert.
Worin haben sich die Autoren des Berichts *"Die Grenzen des Wachstums"* geirrt oder was haben sie nicht berücksichtigt? Offenbar hatten sie übersehen, dass das *"System Welt"* nichtlinear ist. Zudem traten in der realen Welt völlig unerwartete Veränderungen auf, die zu großen technischen, wirtschaftlichen und auch politischen Umwälzungen führten, und durch die das dem Bericht zugrunde gelegte Weltmodell obsolet wurde, vgl. hierzu [2], [3]. Wer hätte 1970 auch den Zusammenbruch der Sowjetunion oder das Internet vorhersehen können.
Der Misserfolg des Berichts *"Die Grenzen des Wachstums"* befreit uns aber nicht davon, Vorsorge für den Energienachschub für die Zukunft zu treffen, denn die technischen und wirtschaftlichen Entwicklungen auf dem Gebiet der Energiebereitstellung benötigen Vorlaufzeiten von Jahrzehnten. Wenn wir bis zum Jahr 2025 etwas verändern wollen, müssen wir praktisch jetzt damit beginnen. Um den Entscheidungsträgern in der Energiewirtschaft und der Politik belastbare Grundlagen für deren Handlungen zu schaffen, wurden von verschiedenen Institutionen so genannte Energie-Szenarien entwickelt, vgl. z.B. [4]. Vereinfachend können zwei Gruppen von Ratschlägen unterschieden werden:

- **Szenarium "Weiter so"**
- **Alternativszenario**

Weiter so: Die Befürworter dieses Szenarios setzen voraus, dass es uns gelingt, die CO_2 Sequestrierung umzusetzen, den Fusionsreaktor zu entwickeln und zu betreiben, die Probleme des schnellen Brüters zu lösen und Satelliten im Weltraum zu stationieren, mit denen wir Sonnenenergie im großtechnischen Maßstab nutzbar machen können. Mit diesen Maßnahmen gelingt es nach Meinung dieser Autoren, das Primärenergieangebot bis 2050 auf 30 GtSKE und bis 2100 auf 46 GtSKE zu steigern[6]. Vertreter dieser Gruppe sind z.B. Hoffert und Kollegen [5]. Die Schwäche der in [5] entworfenen Vision ist es, dass gegenwärtig die technischen Möglichkeiten zur großtechnischen Nutzung von CO_2 Sequestrierung, Kernfusion, Brütertechnologie usw. noch vollständig offen sind; es wird deshalb auch auf die Forschungsanstrengungen verwiesen, die für die Realisierung derartiger Techniken erforderlich sind.
Sollte die Umsetzung des skizzierten Programms gelingen, so hätten wir das Energieproblem für die Erde gelöst. Die Bewohner der reichen Länder bräuchten sich keine Gedanken um Energieeinsparungen zu machen und es wäre genügend Energie verfügbar, um den Bewohnern armer Länder den Anstieg ihres Lebensstandards zu ermöglichen.

[6] Dieses Energieangebot entspricht den Vorgaben des Scenarios "business as usual" des IPCC (Intergovernmental Panel on Climatic Change) und auch dem sogenannten Scenario B der WEC (World Energy Conference).

Alternativszenario: Dieses Szenario stellt Aspekte der ökologisch nachhaltigen Entwicklung sowie den Ausgleich zwischen den reichen Ländern im Norden und den Ländern im Süden in den Vordergrund, vgl. [6] und auch [3], [7], [8]. Als Annahme liegt zu Grunde, dass der Energieverbrauch in den armen Ländern nur in dem Maße zunimmt, wie er in den reichen Ländern reduziert wird; ferner ist festgelegt, dass der pro Kopf Verbrauch an Primärenergie sich angleicht auf mittelfristig 2,5 tSKE bzw. 3 tSKE. Dies setzt voraus, dass in den entwickelten Ländern der Energieverbrauch drastisch zu vermindern ist – in Deutschland z.B. auf ein Drittel. Um das Einsparziel zu erreichen und gleichzeitig den Komfort zu halten, müsste z.B. der Bezinverbrauch eines Mittelklassewagens, der heute bei einer Fahrstrecke von 20.000 km rund 2.000 Liter beträgt, auf 3,3 Liter pro 100 km reduziert werden.
Eine Reduzierung des Primärenergieverbrauchs auf 3 tSKE pro Kopf ist ohne eine drastische Veränderung unserer Lebensweise nicht möglich. Die Wohlstandshoffnungen vieler Menschen würden sich dann nicht mehr realisieren lassen.
Fazit: Das Studium dieser Extremszenarien lässt uns erkennen, dass wir vor einer schwierigen Aufgabe stehen, für die es keine elegante und bequeme Lösung gibt. Schon der Blick in die Länder der Dritten Welt lehrt uns, dass wir allein von der Natur nicht leben können. Wir werden auch in Zukunft auf die von uns durch den Einsatz von Energie geschaffene Umwelt angewiesen sein. Was sollen wir also tun, wenn uns die natürlichen Energiequellen nicht ausreichen und die leicht erschließbaren erschöpft sind oder nicht eingesetzt werden dürfen?

1. Wir müssen die Welt als ein „begrenztes System“begreifen, in dem es kein andauerndes Wachstum geben kann.
2. Wir werden zur Sicherung unserer Energieversorgung, d.h. zur Sicherung unserer Lebensmöglichkeiten, auf alle zugänglichen Energieträger zugreifen.
3. Es ist unsere Aufgabe sicherzustellen, dass wir nicht als Nebenfolge der Energiegewinnung und Energieverwendung die Stoff- und Energiekreisläufe der Natur destabilisieren.
4. Als Ingenieure ist es unsere Aufgabe, ungewollte Nebenfolgen des Einsatzes der jeweiligen Energieträger und der zur Nutzung verwendeten Verfahren vor deren Durchführung zu erkennen und zu vermeiden.
5. Wir werden versuchen, Vorteile aus einem sich z. B. ergebenden Treibhauseffekt zu nutzen und sich ergebende Nachteile zu mildern.
6. Als Weltgemeinschaft dürfen wir uns keinen großen Fehler erlauben, denn es wird niemand da sein, der einen solchen korrigiert.

Möglicherweise sind wir als Weltgemeinschaft in eine ähnliche Situation geraten wie Captain MacWhirr in der Erzählung *Taifun* von Josef Conrad. Captain MacWhirr befährt mit seinem neuen Schiff das Südchinesische Meer und gerät dabei in einen Sturm. Trotz eines extrem fallenden Barometers und anderer Anzeichen für einen Taifun fehlt ihm die Fantasie, um sich die Gewalt eines

Wirbelsturms, der sein Schiff zerstören könnte, vorzustellen. MacWhirr hält starr an seinem Kurs fest und murmelt nur gelegentlich in seinen Bart: *verdammt schlechtes Wetter heute.* Zwar hat er noch Glück und kann sein Schiff mit letzter Kraft in den Hafen bringen – die Schönheit des Schiffes ist aber dahin.

Literatur

1. Meadows, Donella u.a.: Die Grenzen des Wachstums. Bericht des Club of Rome zur Lage der Menschheit. DVA, Stuttgart (1972)
2. Meadows, Donella u.a.: Die neuen Grenzen des Wachstums. DVA, Stuttgart (1992)
3. Erbrich, P.: Grenzen des Wachstums im Widerstreit der Meinungen. Kohlhammer, Stuttgart (2004)
4. Nakicenovic, N., A. Grübler: Global Energy Perspectives. Cambridge University Press (1998)
5. Hoffert, Martin, I., u.a.: Advanced Technology Paths to Global Climate Stability: Energy for a Greenhouse Planet. Nature **298**, 981 – 987, (2002)
6. Herrera, A. O., H. D. Scolnik: Grenzen des Elends. Das Bariloche-Modell. S. Fischer-Verlag, Frankfurt a. M., (1977)
7. Lovins, A. B.: Weniger Energie – mehr Gewinn. Spektrum d. Wissenschaft, **10**, 44 - 53, (2005)
8. Ehrlich, P. und Ehrlich, A.: One with Niniveh: Politics, Consumption and the Human Future. Island Press, Washington (2004)
9. www.html-treasury.gov.uk

Der Himmel hat seine Beweggründe, die Erde ihre Hilfsquellen, der Mensch seine politische Ordnung und bildet so mit den beiden erstgenannten eine Dreiheit. Doch er begeht einen Fehler, wenn er die Grundlagen dieser Dreiheit mißachtet, indem er auf die beiden anderen übergreift.

Xuan Quang Xunxi (3. Jahrhundert v. Chr.)

A

Anhang

A.1 h,s-Diagramm für Wasser

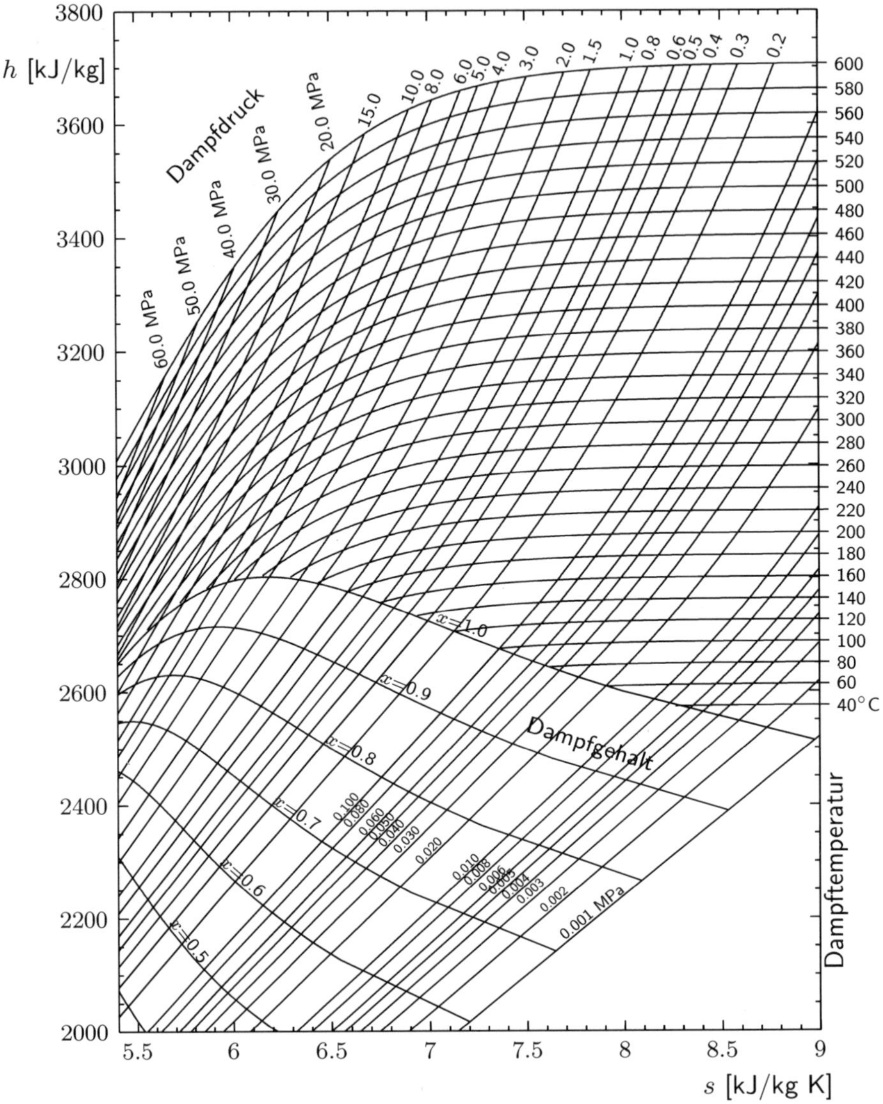

A.2 h,p-Diagramm für Wasser

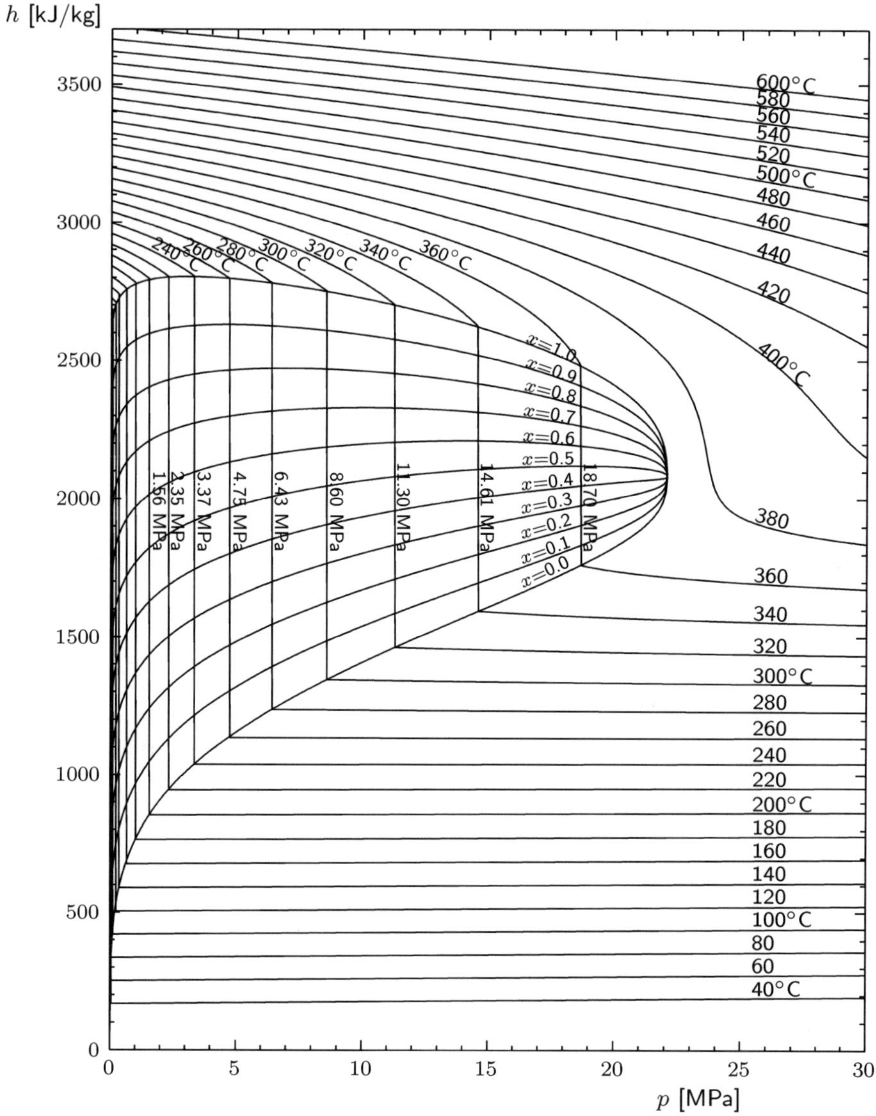

A.3 T,s-Diagramm für Wasser

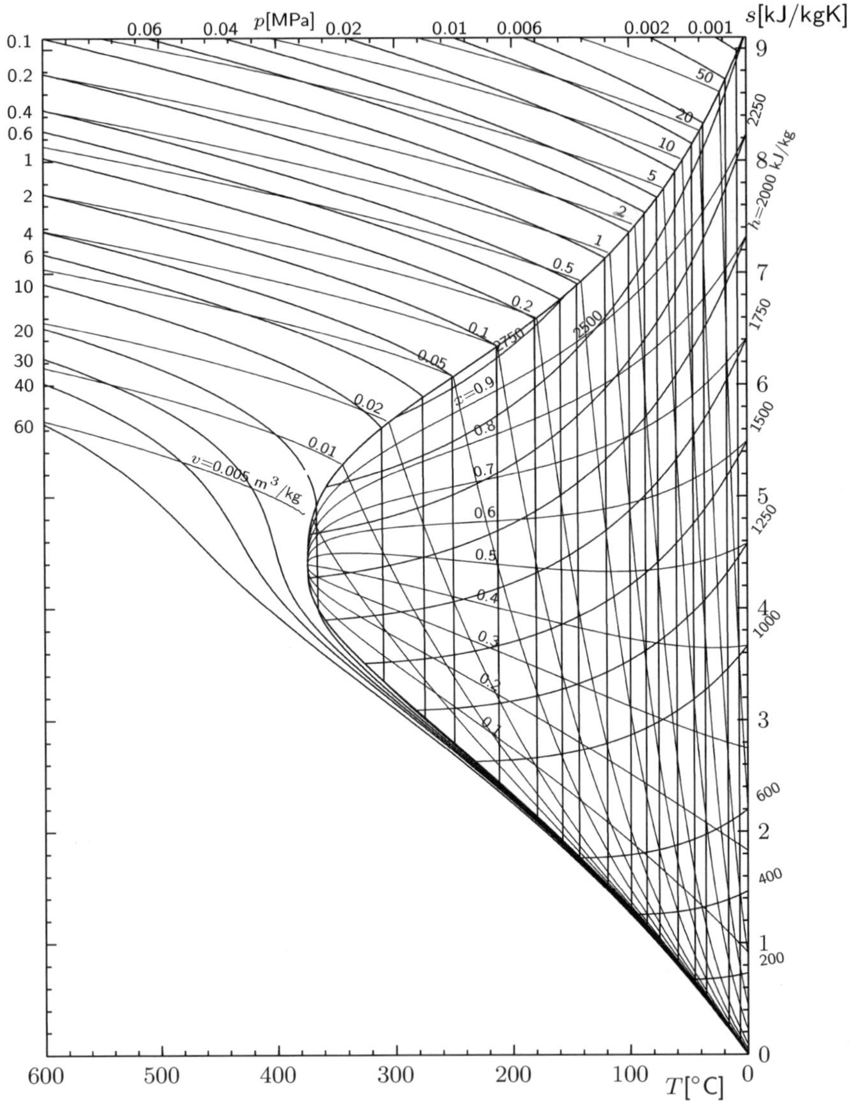

A.4 Dezimalfaktoren

Bezeichnug:	**Faktor:**	
kilo (k)	10^3	1 000
Mega (M)	10^6	1 000 000
Giga (G)	10^9	1 000 000 000
Tera (T)	10^{12}	1 000 000 000 000
Peta (P)	10^{15}	1 000 000 000 000 000

A.5 Physikalische Konstanten

Avogadro'sche oder Loschmidt'sche Zahl	$N_A = 6{,}022 \cdot 10^{23}$ mol^{-1}
Boltzmann-Konstante	$k = 1{,}381 \cdot 10^{-23}$ J/K
Elementarladung	$e = 1{,}602 \cdot 10^{-19}$ C
Faraday'sche Konstante	$F = 9{,}649 \cdot 10^4$ C/mol
Induktionskonstante	$\mu_0 = 1{,}2566 \cdot 10^{-6}$ N/A^2
Planck'sche Konstante	$h = 6{,}626 \cdot 10^{-34}$ Js
Erdbeschleunigung	$g = 9{,}807$ m/s^2 (Mittelwert)
Solarkonstante	$S = 1\,372$ W/m^2 (Mittelwert)
Strahlungszahl	$\sigma_S = 5{,}67 \cdot 10^{-8}$ W/m^{2}K^4
Molvolumen bei Normalbedingungen	$V_m = 22{,}414 \cdot 10^{-3}$ m^3/mol
Universelle Gaskonstante	$R = 8{,}3144$ J/molK
Lichtgeschwindigkeit	$c = 2{,}9979 \cdot 10^8$ m/s
Atomare Masseneinheit	u $= 1{,}6598 \cdot 10^{-27}$ kg
Ruhemasse eines Elektrons	$m_e = 9{,}1096 \cdot 10^{-31}$ kg $= 0{,}0005486$ u
Ruhemasse eines Neutrons	$m_n = 1{,}6749 \cdot 10^{-27}$ kg $= 1{,}0086654$ u
Ruhemasse eines Protons	$m_p = 1{,}6726 \cdot 10^{-27}$ kg $= 1{,}0072766$ u

A.6 Einheiten

A.6.1 Basiseinheiten

Länge	1 Meter	= 1 m
Masse	1 Kilogramm	= 1 kg
Zeit	1 Sekunde	= 1 s
Temperatur	1 Kelvin	= 1 K
Stromstärke	1 Ampere	= 1 A
Stoffmenge	1 Mol	= 1 mol
Lichtstärke	1 Candela	= 1 cd

A.6.2 Abgeleitete Einheiten

Ladung	1 Coulomb	= 1 C = 1 As
Spannung	1 Volt	= 1 V = 1 W/A
Widerstand	1 Ohm	= 1 Ω = 1 V/A
Magnetischer Fluss	1 Weber	= 1 Wb = 1 Vs
Magn. Feldstärke	1 Tesla	= 1 T = 1 Wb/m^2
Kraft	1 Newton	= 1 N = 1 kgm/s^2
Druck	1 Pascal	= 1 Pa = 1 N/m^2
		= 10^{-5} bar
Energie	1 Joule	= 1 J = 1 Nm
		= 1 Ws
	1 Elektronenvolt	= 1 eV = 1,602 · 10^{-19} J
	1 Kilowattstunde	= 1 kWh = 3,6 · 10^6 J
	1 kg Steinkohleneinheit	= 1 kg SKE = 29,3 · 10^6 J
	1 kg Öläquivalent	= 1 kg OE = 41,869 · 10^6 J
	1 Terawattjahr	= 1 TWa = 8,76 · 10^{12} kWh
		= 1,0565 · 10^9 t SKE
Leistung	1 Watt	= 1 W = 1 J/s
	1 Kilowatt	= 1 kW = 10^3 W = 1,341 PS
	1 Megawatt	= 1 MW = 10^6 W

Sachverzeichnis